Toxikologie

Wolfgang Dekant / Spiros Vamvakas

Toxikologie

Eine Einführung für Chemiker, Biologen und Pharmazeuten

unter Mitarbeit von Hannelore Popa-Henning

2. Auflage

ELSEVIER
SPEKTRUM
AKADEMISCHER
VERLAG

Spektrum
AKADEMISCHER VERLAG

Zuschriften und Kritik an:
Elsevier GmbH, Spektrum Akademischer Verlag, Verlagsbereich Biologie, Chemie und Geowissenschaften, Frank Wigger, Slevogtstr. 3–5, 69126 Heidelberg

Anschrift der Autoren:
Wolfgang Dekant / Spiros Vamvakas
Institut für Toxikologie
Universität Würzburg
Versbacher Str. 9
97078 Würzburg

Bibliografische Information Der Deutschen Bibliothek
Die Deutsche Bibliothek verzeichnet diese Publikation in der Deutschen Nationalbibliografie; detaillierte bibliografische Daten sind im Internet über http://dnb.ddb.de abrufbar.

05 06 07 08 09 5 4 3 2 1 0

Planung und Lektorat: Frank Wigger, Bettina Saglio
Redaktion: Angela Simeon
Herstellung: Elke Littmann
Layoutkonzept: TypoDesign Hecker, Leimen
Satz: Mitterweger & Partner, Plankstadt
Druck und Bindung: Krips b.v., NL-Meppel
Umschlaggestaltung: WSP Design, Heidelberg
Gedruckt auf 90 g Tauro Offset, TCF, chlorfrei gebleicht

Printed in The Netherlands
ISBN 3-8274-1452-0

Aktuelle Informationen finden Sie im Internet unter www.elsevier.de

Inhalt

Vorwort zur zweiten Auflage XIV

Vorwort zur ersten Auflage XV

1 Grundbegriffe und Aufgabengebiete der Toxikologie 1

1.1 Definition der Toxikologie 1
1.2 Das Berufsbild des Toxikologen und spezielle Arbeitsfelder in der Toxikologie 1
Exkurs 1.1: Ein Blick in die Geschichte der Toxikologie 2
Exkurs 1.2: Informationsquellen in der Toxikologie 4
1.3 Grundlagen der toxischen Wirkungen von Chemikalien 6
1.3.1 Stoffe können über verschiedene Wege in den Organismus gelangen 7
1.3.2 Toxische Effekte auf ein Versuchstier oder einen Menschen können nach dem Ort ihres Auftretens unterschieden werden 8
1.3.3 Dauer und Häufigkeit des Stoffkontakts haben großen Einfluss auf toxische Wirkungen 8
1.3.4 Auch die Wahl der Tierspezies und die Art der Aufnahme beeinflussen das Ausmaß der toxischen Wirkungen 9
1.3.5 Im Gemisch können sich die toxischen Wirkungen von Stoffen verändern 10
1.3.6 Sowohl Toxikokinetik als auch Toxikodynamik beeinflussen die toxischen Wirkungen 10
1.4 Akute Intoxikation 11
1.5 Dosis-Wirkungs-Beziehungen 12
Exkurs 1.3: Rezeptortheorie und Dosis-Wirkungs-Beziehungen 13
1.6 Chronische Intoxikation 21
1.7 Dosis-Wirkungs-Beziehungen bei Summationsgiften 21
Exkurs 1.4: Wichtige Begriffe in der Toxikologie 22
Weiterführende Literatur 24

2 Quellen toxischer Stoffe und Formen der Exposition 25

2.1 Akute Vergiftungen 26
2.1.1 Immer wieder kommt es zu Unfällen beim bewussten Umgang mit toxischen Chemikalien 26

2.1.2 Oft ist sich der Verbraucher möglicher Gefahren durch toxische Chemikalien nicht bewusst 27
2.2 Chronische Vergiftungen 28
2.3 Unfreiwillige Exposition mit potenziell chronischen Wirkungen 28
2.3.1 Luftverunreinigungen können als Gase, Dämpfe oder Schwebstoffe vorliegen und werden vor allem inhaliert 28
2.3.2 Viele – auch natürliche – Inhaltsstoffe der Nahrung können toxisch wirken 30
2.3.3 Auch über das Trinkwasser gelangen Schadstoffe in den Organismus 33
Weiterführende Literatur 34

3 Mechanismen toxischer Wirkungen 35

3.1 Akute und chronische Toxizität 35
3.1.1 Toxische Fremdstoffe greifen in zentrale physiologische Prozesse der Zelle ein 35
Exkurs 3.1 Toxische Wirkungen und die Vernetzung molekularer Prozesse in der Zelle 38
3.1.2 Zelluläre Strukturen sind Angriffspunkte für toxische Fremdstoffe 38
Exkurs 3.2: Hemmung des Citratzyklus durch Fluoracetat 42
3.2 Chemische Kanzerogenese 44
3.2.1 Krebserkrankungen sind in den industrialisierten Ländern die zweithäufigste Todesursache 44
3.2.2 Tumorzellen wachsen unkontrolliert 45
3.2.3 Tumoren entstehen in einem mehrstufigen Prozess 46
3.2.4 Verschiedene Reaktionswege führen zu DNA-Schäden 49
3.2.5 Mutationen: Verschiedene Typen und ihr Stellenwert in der Kanzerogenese 51
3.2.6 Onkogene und Tumorsuppressorgene 53
3.2.7 Kanzerogene Stoffe können auch über nicht gentoxische Mechanismen Krebs erzeugen 55
Weiterführende Literatur 57

4 Aufnahme, Verteilung, Stoffwechsel und Ausscheidung von Fremdstoffen 59

4.1 Einführung 59
4.2 Resorption 61
4.2.1 Im Magen-Darm-Trakt werden fast nur lipophile Verbindungen resorbiert 61
4.2.2 Die große Oberfläche der Lunge ermöglicht eine schnelle Aufnahme von Gasen 63

4.2.3 Die intravenöse Injektion spielt in der Toxikologie nur eine geringe Rolle 65
4.2.4 Auch die Aufnahme lipophiler Stoffe über die Haut kann zu Vergiftungen führen 66
4.2.5 Die Gabe in die Bauchhöhle (intraperitoneal) spielt wegen der schnellen Resorption eine wichtige Rolle in der experimentellen Toxikologie 67
4.3 Verteilung von Fremdstoffen 68
Exkurs 4.1: Pharmakokinetik und Toxikokinetik 69
4.4 Speicherung von Fremdstoffen 72
4.4.1 Die reversible Bindung an Plasmaproteine kann einen wichtigen Speicher für Fremdstoffe darstellen 73
4.4.2 Sehr lipophile Verbindungen reichern sich im Fettgewebe an 73
4.5 Biotransformation von Fremdstoffen 73
4.5.1 Stoffwechselreaktionen werden in Phase-I- und Phase-II-Reaktionen eingeteilt 74
4.5.2 Biotransformierende Enzyme finden sich in besonders hohen Konzentrationen in der Leber 75
4.5.3 Funktionalisierungsreaktionen umfassen Oxidationen, Reduktionen und Hydrolysen 76
Exkurs 4.2: Nomenklatur von Cytochrom-P-450-Enzymen 77
4.5.4 Konjugationsreaktionen koppeln Fremdstoffe mit gut wasserlöslichen, körpereigenen Stoffen 83
4.6 Bioaktivierung 89
4.6.1 Biotransformationen können aus manchen Substanzen stabile, aber toxische Metabolite bilden 90
4.6.2 Bei Bioaktivierungsreaktionen entstehen überwiegend reaktive Elektrophile 91
4.6.3 Manche Bioaktivierungsreaktionen produzieren Radikale 93
4.6.4 Reaktive Sauerstoffspezies können toxische Wirkungen hervorrufen 94
4.6.5 Die Zelle entgiftet metabolisch gebildete reaktive Zwischenstufen auf verschiedene Weise 95
4.6.6 Reaktive Zwischenstufen reagieren auch mit zellulären Makromoleküle 98
4.7 Faktoren, die den Fremdstoffwechsel beeinflussen 103
4.7.1 Die Verfügbarkeit des Stoffes in der metabolisierenden Zelle beeinflusst maßgeblich die Biotransformation 103
4.7.2 Die Aktivität einzelner Fremdstoffwechselenzyme unterliegt zahlreichen Einflüssen 103
4.7.3 Metabolisierende Enzyme können sogar interindividuell unterschiedlich aktiv sein 107
4.7.4 Alter, Ernährung, Geschlecht und Krankheiten beeinflussen die Biotransformation 108

4.8 Ausscheidung von Fremdstoffen 109
4.8.1 Die renale Elimination ist für viele Fremdstoffe der bedeutendste Weg der Ausscheidung 109
4.8.2 Die Leber spielt auch bei der Ausscheidung von Fremdstoffen eine bedeutende Rolle 111
Weiterführende Literatur 113

5 Erfassung toxischer Wirkungen 115

5.1 Analytische Bestimmung toxischer Verbindungen 115
5.1.1 Die Probennahme darf die Proben nicht verfälschen 115
5.1.2 Toxikologische Analytik erfordert empfindliche und substanzspezifische Verfahren 116
Exkurs 5.1: Einsatz von massenspektrometrischen Verfahren 117
Exkurs 5.2: Good Laboratory Practice (GLP) 118
5.2 Toxikologische Untersuchungsverfahren 119
5.2.1 Prüfungen auf akute Toxizität dienen einer ersten Abschätzung der toxischen Wirkungen 119
5.2.2 Prüfungsrichtlinien regeln die Prüfung bei einmaliger und wiederholter Applikation 121
5.2.3 Spezielle Untersuchungen prüfen die Hautverträglichkeit 124
5.2.4 Krebserzeugende Wirkungen einer Substanz im Tier weisen auf ein mögliches Krebsrisiko für den Menschen bei Exposition hin 126
5.2.5 Eine fruchtschädigende Wirkung kann nur ein spezieller Test aufdecken 129
5.2.6 Kurzzeittests zur Erfassung gentoxischer Wirkungen werden in Bakterien, in Säugerzellen in vitro und im Ganztier in vivo durchgeführt 133
Weiterführende Literatur 140

6 Epidemiologie der Vergiftungen und Prinzipien der Vergiftungsbehandlung 143

6.1 Vergiftungen: Ursachen und Häufigkeit 143
6.2 Allgemeine Aspekte der Diagnose und Behandlung von Vergiftungen 145
6.2.1 Aus den klinischen Symptomen einer Vergiftung kann man oft nicht auf den Giftstoff schließen 145
6.2.2 Der Giftstoffnachweis erfordert die Sicherstellung (Asservierung) von Untersuchungsmaterial 146

6.2.3 Die Giftidentifizierung erfolgt im Labor mit instrumentell-analytischen Methoden 146
6.2.4 In der Therapie der Vergiftungen spielten früher Gegenmittel (Antidote) eine große Rolle 146
6.3 Intensivmedizinische Maßnahmen 148
6.3.1 Intensivmedizinische Maßnahmen halten die Vitalfunktionen des Organismus aufrecht 148
6.3.2 Magenspülung und forcierte Diarrhö verhindern eine weitere Giftresorption 149
6.3.3 Verschiedene Maßnahmen beschleunigen die Elimination von Giftstoffen aus dem Blutkreislauf 152
Weiterführende Literatur 155

7 Toxikologie von Industrie- und Umweltchemikalien 157

7.1 Lösungsmittel 157
Exkurs 7.1: Wirkung von Inhalationsnarkotika 158
7.1.1 Halogenierte aliphatische Kohlenwasserstoffe 158
7.1.2 Chlorierte Methane 159
7.1.3 Kohlenwasserstoffe 162
7.1.4 Methanol 165
7.1.5 Benzin und Kerosin 166
7.2 Industrielle Zwischenprodukte 166
7.2.1 Vinylchlorid 166
7.2.2 Ethen und Butadien 167
7.2.3 Aromatische Amine und aromatische Nitroverbindungen 167
Exkurs 7.2: Bildung von Met-Hämoglobin durch Fremdstoffe 168
7.2.4 Reizgase sowie reizende und ätzende Stoffe 169
Exkurs 7.3: Chemische Kampfstoffe 171
7.3 Umweltschadstoffe 172
7.3.1 Polychlorierte Dibenzo-p-Dioxine 172
Exkurs 7.4: Äquivalentfaktoren für Dioxine 173
7.3.2 Polychlorierte und polybromierte Biphenyle 174
7.3.3 Kohlenmonoxid 176
7.3.4 Blausäure und Cyanide 176
7.3.5 Luftverschmutzung/Smog 178
7.4 Schwermetalle und Metalloide 180
7.4.1 Toxizität ausgewählter Metalle und ihrer Verbindungen 181
Exkurs 7.5: Toxische Wirkungen metallorganischer Verbindungen 186
Exkurs 7.6: Behandlung akuter und chronischer Metallvergiftungen 190
Exkurs 7.7: Kanzerogenität von Metallen 192

7.5	**Pestizide**	193
7.5.1	Einleitung	193
7.5.2	Organochlorverbindungen	194
7.5.3	Organische Phosphorsäureester (Alkylphosphate)	199
7.5.4	Carbaminsäureester (Carbamate)	205
7.5.5	Pyrethroide	206
7.5.6	Herbizide	208
7.5.7	Fungizide	210
7.5.8	Rodentizide	213
Weiterführende Literatur		215

8 Genussgifte 219

8.1	**Zigaretten und Tabak**	219
8.1.1	Chemie des Rauchvorgangs	220
8.1.2	Pharmakokinetik und Metabolismus von Nicotin	220
8.1.3	Weitere Komponenten im Tabakrauch	221
8.1.4	Toxische Wirkungen des Tabakrauchens	223
8.2	**Alkohol, Alkoholabhängigkeit, Alkoholismus**	227
8.2.1	Toxikokinetik von Ethanol	227
8.2.2	Akute und chronische Wirkungen des Konsums alkohlischer Getränke	229
8.2.3	Toxische Wirkungen übermäßiger und lang andauernder Alkoholaufnahme (Abusus)	231
8.3	**Rauschmittel oder psychotrope Substanzen**	235
8.3.1	Amphetamin und Derivate	235
8.3.2	3,4-Methylendioxy-methamphetamin (MDMA)	236
8.3.3	Cocain	238
8.3.4	Cannabis	239
	Exkurs 8.1: Tetrahydrocannabinol als Arzneimittel	240
8.3.5	Lysergsäurediethylamid (LSD)	240
8.3.6	Phencyclidin	241
8.3.7	Heroin	242
	Exkurs 8.2: Abhängigkeit von psychotropen Substanzen	243
Weiterführende Literatur		243

9 Natürliche Gifte in Pflanzen und Tieren 247

9.1 Pflanzengifte 247
9.1.1 Alkaloide 247
9.1.2 Toxische Proteine 249
9.1.3 Pilzgifte 250
9.2 Bakterielle Toxine in Nahrungsmitteln 252
Exkurs 9.1: Botulinustoxin als Arzneimittel 254
9.3 Tierische Gifte 254
9.3.1 Schlangengifte 255
Exkurs 9.2: Therapeutische Anwendung von Schlangengiften 256
Exkurs 9.3: Allergische Reaktionen 257
9.3.2 Hymenopterengifte: Bienen, Wespen und Hornissen 260
9.3.3 Gifte von Meerestieren: Tetrodotoxin in Kugelfischen und Saxitoxine in Muscheln 261
9.3.4 Aktiv giftige Fischarten 262
9.4 Kanzerogene Naturstoffe 262
9.4.1 Aflatoxine 262
9.4.2 Cycasin 263
9.4.3 Pyrrolizidinalkaloide 264
9.4.4 Safrol 264
9.4.5 Aristolochiasäure 264
9.4.6 Kanzerogene Inhaltsstoffe im Adlerfarn 265
9.4.7 Hydrazine 265
Exkurs 9.4: Krebshemmende Wirkung von pflanzlichen Inhaltsstoffen 266
9.4.8 Heterozyklische aromatische Amine in hitzebehandeltem Fleisch und Fisch 267
9.4.9 Acrylamid 269
Weiterführende Literatur 270

10 Arzneimitteltoxikologie 273

10.1 Präklinische Prüfung 274
Exkurs 10.1: Geschichte der Arzneimitteltoxikologie 275
10.2 Klinische Prüfung 276
10.3 Nutzen-Risiko-Abwägung in der Arzneimitteltoxikologie 277
Weiterführende Literatur 279

11 Grundlagen der toxikologischen Risikocharakterisierung 281

11.1 Einführung 281
11.2 Allgemeines Vorgehen bei der Risikocharakterisierung 284
11.2.1 Experimentell-toxikologische Untersuchungen sind ein wichtiger Bestandteil der Risikoabschätzung 284
Exkurs 11.1: Biomonitoring als Methode zur genaueren Bestimmung von Exposition, Schadwirkungen und individueller Empfindlichkeit 288
11.3 Risikocharakterisierung 289
11.3.1 Die Risikoabschätzung kann qualitativ und quantitativ durchgeführt werden 290
11.3.2 Stoffe mit toxikologischer Wirkungsschwelle (Konzentrationsgifte) haben eine wirkungsfreie Dosis 290
11.3.3 Für Stoffe ohne Wirkungsschwelle (Summationsgifte) existiert theoretisch keine wirkungsfreie Dosis 292
11.3.4 Quantitative Krebsrisikoabschätzungen ergeben Zahlenwerte für zu erwartende Tumorinzidenzen 295
11.3.5 Kanzerogenitätsstudien mit hohen Dosen können das Krebsrisiko überschätzen 296
11.4 Die Rolle mechanistischer Untersuchungen bei der Ableitung von Dosis-Wirkungs-Beziehungen 297
11.5 Vorgehen bei der Risikoabschätzung am Beispiel von TCDD 298
Weiterführende Literatur 300

12 Gesetze 303

12.1 Vorbemerkungen 303
12.2 Anmeldung und Zulassung als Regelungsinstrumente im Chemikalienrecht 303
12.3 Entwicklung gesetzgeberischer Maßnahmen im Chemikalienrecht 304
12.4 Das Chemikaliengesetz 305
12.4.1 Das Chemikaliengesetz unterscheidet zwischen „neuen Stoffen" und „alten Stoffen" 306
12.4.2 Für Arzneimittel, Kosmetika und Tabakerzeugnisse gilt das Chemikaliengesetz nicht 306
Exkurs 12.1: Neue Entwicklungen in der Europäischen Chemikalienpolitik 307
Exkurs 12.2: Definitionen im Chemikaliengesetz 307
12.4.3 Neue Stoffe sind vor der Vermarktung einer toxikologischen Prüfung zu unterziehen 308

12.4.4 Zur Anmeldung von Chemikalien müssen umfangreiche Daten vorliegen 311
12.4.5 Außerhalb Deutschlands gelten bei der Regulierung von Industriechemikalien andere Maßstäbe 311
12.5 Gefahrstoffverordnung und Chemikalienverbotsverordnung 312
12.5.1 Gefährliche Stoffe müssen mit Gefahrensymbolen sowie R- und S-Sätzen gekennzeichnet werden 312
Exkurs 12.3: Wichtige Begriffe der Gefahrstoffverordnung und Chemikalienverbotsverordnung 313
12.5.2 Gefährliche Stoffe müssen nach der Schwere der potenziellen Schadwirkungen eingestuft werden 318
Exkurs 12.4: Aufbau des Sicherheitsdatenblattes 320
12.5.3 Die Gefahrstoffverordnung bestimmt Schutzvorschriften beim Umgang mit Gefahrstoffen 321
12.5.4 Die Chemikalienverbotsverordnung verbietet die Produktion besonders gefährlicher Stoffe und regelt die Abgabe von gefährlichen Stoffen 322
12.6 Gesetzliche Regelungen für Pflanzenschutzmittel 322
12.7 Rechtliche Regelungen zum Einsatz von Lebensmittelzusatzstoffen und Kosmetika 325
Weiterführende Literatur 326

Glossar 327

Index 337

Vorwort zur zweiten Auflage

Die jetzt zehn Jahre nach der ersten Ausgabe erscheinende Neuauflage unseres Toxikologie-Lehrbuchs ist revidiert und gestrafft worden. Unter anderem ist beispielsweise das Kapitel zur Kanzerogenese mit allen neuen Erkenntnissen aktualisiert worden.

Gleichzeitig wurde das Konzept des Buches und die Zielgruppen auf Pharmazeuten erweitert und zwei neue Kapitel integriert. Die Toxikologie der Genussgifte Alkohol, Tabakrauchen und verschiedener Rauschmittel ist nach allen Schätzungen für um Größenordnungen mehr Gesundheitsschäden in der Bevölkerung verantwortlich als die in der Presse viel zitierten Industrie- und Umweltchemikalien und sollte deshalb in der Lehre der Toxikologie einen hohen Stellenwert haben. Das Prinzip der Nutzen-Risikoanalyse in der Arzneimitteltoxikologie unterscheidet sich (noch) von der Philosophie der Bewertung bei anderen Chemikalien. Praktisch alle wirksamen Arzneimittel haben unerwünschte Wirkungen, diese werden bei der Abwägung eventueller Risiken mit dem möglichen therapeutischen Erfolg verglichen; bei Industriechemikalien steht auch bei der Bewertung nur das oft hypothetische Risiko im Mittelpunkt.

Die Neuauflage fällt in eine Zeit wieder steigender Studentenzahlen in den Naturwissenschaften, in denen besonders in der Chemie, der Lebensmittelchemie und der Pharmazie die Toxikologie an vielen Universitäten ein fester Bestandteil des Lehrplans geworden ist. Weiterhin kommt die Neuauflage parallel zu einem steigenden Bedarf an fachkundigen Toxikologen mit naturwissenschaftlichem Hintergrund, auch bedingt durch gesetzgeberische Initiativen der Europäischen Union unter dem Kürzel REACH (Registration, Evaluation and Authorisation of Chemicals). Zur Umsetzung dieser Gesetzesinitiative gibt es einen beträchtlichen Bedarf an Toxikologen. Parallel sinkt leider die Ausbildungskapazität in Toxikologie durch Streichung und Umwidmung von Ausbildungsstätten, die immer noch hauptsächlich in den medizinischen Fakultäten der Universitäten angesiedelt sind.

Wir wollen mit der Neuauflage den Studierenden und Absolventen naturwissenschaftlicher Fachrichtungen einen soliden Grundstock an Fachwissen in Toxikologie vermitteln und die Begeisterung für das vielfältige und interdisziplinäre Fach Toxikologie wecken. Auch an der Entstehung der Neuauflage waren viele unserer Mitarbeiter beteiligt, denen wir für Ihre Anregungen herzlich danken. Besonderer Dank gilt Hannelore Popa-Henning, die durch ihr großes Engagement und ihre selbstständige Erledigung vieler technischer Aspekte der Manuskripterstellung entscheidend zum Entstehen des Buches beigetragen hat.

Würzburg, London, im August 2004

Wolfgang Dekant
Spiros Vamvakas

Vorwort zur ersten Auflage

Der Schutz ihrer Mitglieder vor chemikalienbedingten Gesundheitsschäden ist ein wichtiges Ziel unserer Gesellschaft. So regeln heute mehrere Gesetze die Herstellung und die Nutzung chemischer Stoffe. Im Bereich der Forschung und Ausbildung gewinnt zudem die Toxikologie, die Schadwirkungen chemischer Substanzen auf Lebewesen beschreibt, zunehmend an Bedeutung; als Wahl- oder Pflichtveranstaltung ist sie auf Empfehlung wissenschaftlicher Fachgesellschaften mittlerweile in naturwissenschaftliche Studiengänge, besonders in das Chemiestudium, integriert. Auch für Biologen hat sich die Toxikologie mehr und mehr zu einem wichtigen Tätigkeitsfeld entwickelt.

Viele Lehrbücher, besonders die auf Studenten der Medizin oder Ärzte ausgerichteten, behandeln die Toxikologie gemeinsam mit der Pharmakologie, aber oft in weit geringerem Umfang; nicht selten wird sie im Zusammenhang mit dem Nachweis und der Behandlung von Vergiftungen präsentiert. Mit dem vorliegenden Lehrbuch wollen wir die moderne Toxikologie in einer auf den Naturwissenschaftler ausgerichteten Form darstellen – unter besonderer Betonung von Wirkmechanismen und anhand aktueller Probleme. Um die Einarbeitung in das multidisziplinäre Fach Toxikologie zu erleichtern, vermittelt das Buch auch relevantes Basiswissen aus Biochemie, Anatomie und Physiologie. Neben Studenten der Chemie und Biologie soll es auch praktisch tätigen Naturwissenschaftlern (Chemikern, Biologen, Pharmazeuten, Lebensmittelchemikern) sowie Medizinern, die sich mit toxikologischen Fragestellungen befassen müssen, als Einführung in die Toxikologie dienen.

Struktur und Schwerpunkte des Buches beruhen auf dem Konzept des Unterrichts in Toxikologie, wie er seit Anfang der Achtzigerjahre von den Dozenten des Instituts für Toxikologie der Universität Würzburg für Studenten der Chemie abgehalten wird. Deren positive Resonanz war ein wichtiges Motiv für uns, den Stoff und die Art der Darbietung einem breiten Publikum zugänglich zu machen.

Beim Aufbau des Buches haben wir versucht, dem Leser durch ausformulierte Zwischenüberschriften, eine Stichwortschau zu jedem Kapitel sowie durch Fettdruck der Glossarbegriffe (bei ihrem ersten Auftreten) den Einstieg in den Lehrstoff zu erleichtern sowie die Darstellung übersichtlich zu gestalten. In Exkursen zu den einzelnen Kapiteln finden sich interessante und für das jeweilige Thema relevante Aspekte, die meist nicht direkten Lernstoff, sondern ergänzende Informationen darstellen. Zu jedem Kapitel gehört eine Liste mit weiterführender Literatur, meist in Form von Übersichtsartikeln oder Monographien; allgemeine Informationsquellen zur Toxizität bestimmter Stoffe oder Stoffgruppen sind auch in einem Exkurs in Kapitel 1 aufgeführt.

An der Entstehung dieses Buches waren viele Kollegen und Mitarbeiter beteiligt. Allen voran möchten wir Professor Dietrich Henschler für seine aktive Unterstützung bei der Erstellung des Manuskripts und für die durch ihn, während der langjährigen Arbeit an seinem Institut, vermittelten Konzepte und Kenntnisse danken. Für wertvolle Hinweise zur modernen Vergiftungsbehandlung möchten wir uns herzlich bei Professor H. H. Maurer, Universität des Saarlandes, bedanken. Auch Dr. Detlef Bittner und unseren Doktoranden sind wir für konstruktive Vorschläge bei der Erstellung zu Dank verpflichtet.

Würzburg, im Juli 1994

Wolfgang Dekant
Spiros Vamvakas

1 Grundbegriffe und Aufgabengebiete der Toxikologie

Geschichte und Aufgabengebiete der Toxikologie • Grundbegriffe • DosisWirkungs-Beziehungen • Reversible und irreversible Vorgänge • Informationsquellen

1.1 Definition der Toxikologie

Toxikologie ist die Lehre von Schadeffekten chemischer Stoffe auf Lebewesen. Sie hat die Aufgabe, die Art der Schadeffekte (und ihre biochemischen, physiologischen und pathologischen Mechanismen) quantitativ zu erfassen, das **Risiko** der Exposition gegenüber chemischen Stoffen (sowohl synthetischer als auch natürlicher Herkunft) für die Gesundheit von Mensch und Tier abzuschätzen und dadurch die Gefahren von Vergiftungen abzuwenden. Die Toxikologie leistet damit Beratung bei der Entwicklung von Schutz- und Vorsorgemaßnahmen und leitet Ärzte bei der Erkennung, Behandlung und Vorbeugung von Vergiftungen an.

Wegen der Komplexität der beobachteten, durch unterschiedlichste Chemikalien verursachten Effekte sind zum Verständnis der Toxikologie Kenntnisse aus verschiedenen Fachdisziplinen notwendig.

1.2 Das Berufsbild des Toxikologen und spezielle Arbeitsfelder in der Toxikologie

Die Toxikologie ist ein interdisziplinäres Fach. Grundlagenfächer der Toxikologie sind Physiologie, Biochemie, Chemie und Pathologie.

Die Toxikologie hat sich im deutschen Sprachraum aus der **Pharmakologie** entwickelt und ist erst spät zum selbstständigen Fach geworden. Beide Disziplinen verwenden teilweise identische Methoden und befassen sich mit demselben Ziel: der Aufklärung der Wechselwirkung von chemischen Stoffen mit dem Organismus. Aus der Dosisabhängigkeit dieser Wechselwirkungen ergaben sich früher die Unterschiede zwischen den beiden Fächern. Bei niedrigen Dosen können chemische Stoffe nützliche Wirkungen zur Behandlung von Krankheiten haben; höhere Dosen erzeugen schädliche Wirkungen. Heute ist die Aussage „Toxikologie ist Pharmakologie bei hohen Dosen“

Exkurs 1.1: Ein Blick in die Geschichte der Toxikologie

Das Interesse der Öffentlichkeit an der Toxikologie wurde erst in den letzten 40 Jahren durch Medienberichte über Unfälle in der Industrie und über Umweltprobleme geweckt; die Kenntnis und die gezielte Anwendung toxischer Stoffe sind allerdings schon sehr alt. In Griechenland wurden schon vor mehr als 2000 Jahren toxische Stoffe (pflanzliche und tierische Gifte sowie Metalle) gezielt zum Zwecke von Mord und Selbstmord eingesetzt, auch die Nutzung von Giftstoffen für die „chemische Kriegführung" war bekannt. Das Wort Toxikologie leitet sich sogar von der Nutzung toxischer Stoffe für die Kriegführung ab; *toxikon* bedeutet „giftige Substanz, in die Pfeilspitzen getaucht werden" und ist von dem Wort *toxon* für „Bogen" abgeleitet.

Schon im zweiten Jahrhundert vor Christus wurden erste Experimente zur toxischen Wirkung von Giftstoffen an Häftlingen durchgeführt und so viele Gifte erkannt. Wegen der weit verbreiteten Anwendung von Giftstoffen für Mordanschläge fielen auch erste Versuche zur Behandlung von Vergiftungen und zur Entwicklung von Gegenmitteln (Antidoten) in diese Zeit. Diese Versuche waren durchaus erfolgreich, wie das Beispiel des Königs Mithridates zeigt. Dieser nahm, um sich vor Vergiftungen zu schützen, regelmäßig eine Mischung aus ungefähr 50 verschiedenen Stoffen zu sich. Offenbar waren seine Mixturen durchaus als Antidote geeignet, denn als er sich selbst vergiften wollte, um der Gefangenschaft zu entgehen, misslang dieser Versuch.

In Rom wurden noch vor Christi Geburt wegen der weiten Verbreitung von absichtlichen Vergiftungen erste Gesetze zur Regulierung der Ausgabe von Giften erlassen. Bis in das Mittelalter war die Anwendung toxikologischer Kenntnisse auf die Mischung von Giften beschränkt und vor allem in Italien wurden professionelle Vergifter zur Beseitigung politischer Gegner, Rivalen und reicher Ehemänner angeheuert; Arsen war das „Modegift".

Eine wissenschaftliche Basis für die Toxikologie und der Einsatz gezielt geplanter Experimente zur Erfassung toxischer Wirkungen wurden von Paracelsus (1493–1541) entwickelt. Er erkannte auch als Erster chemisch definierte Stoffe als Auslöser von Vergiftungen. Sein wichtigster Beitrag zur Entwicklung der Toxikologie ist die erstmalige Erstellung von Dosis-Wirkungs-Beziehungen. In der Aussage »Alle Ding' sind Gift und nichts ohn' Gift; allein die Dosis macht, daß ein Ding' kein Gift ist« ist diese Grundlage der Toxikologie niedergelegt.

Die Entwicklung der Toxikologie zu einer eigenständigen Disziplin begann mit dem Leibarzt von Napoleon Bonaparte, dem Spanier Orfila (1787–1853), der Nachweismöglichkeiten für giftige Substanzen entwickelte und damit die forensische Toxikologie begründete. Im 19. Jahrhundert machten Chemie und Physiologie rasante Fortschritte; viele Entdeckungen in der Pharmakologie und der Physiologie beruhten auf dem Einsatz toxischer Stoffe zur Störung von Regelkreisläufen im Organismus. Dadurch leistete die Toxikologie einen wichtigen Beitrag zum Verständnis physiologischer Vorgänge.

In diese Zeit fallen auch die Industrialisierung der Gesellschaft und die beginnende Massenproduktion chemischer Stoffe und deren verbreiteter Einsatz; damit nahmen die Vergiftungsmöglichkeiten zu. Das Aufgabengebiet der Toxikologie erweiterte sich um gewerbliche Vergiftungen und die Überdosierung von Arzneistoffen. Im 20. Jahrhundert hatte der explosionsartige Fortschritt in den Naturwissenschaften, besonders in Chemie und Biochemie, einen bedeutenden Einfluss auf die Toxikologie. Wirkmechanismen toxischer Verbindungen auf molekularer Ebene wurden aufgeklärt. Die Entwicklung chromatographischer

Methoden und analytischer Verfahren im 20. Jahrhundert machte aus der rein beschreibenden Toxikologie eine quantifizierende Wissenschaft, die Stoffkonzentrationen in biologischen Systemen mit Stoffwirkungen in Beziehung setzen kann. Verbesserte Kenntnisse zur Toxikologie und daraus abgeleitete Schutzmaßnahmen verminderten die Zahl akuter Vergiftungen am Arbeitsplatz; dadurch wurde die Frage nach den Schadwirkungen durch kontinuierliche Aufnahme geringer Stoffmengen eine der wichtigsten Aufgaben der Toxikologie.

Erste Gesetze zur Vermeidung des Kontakts mit Giftstoffen am Arbeitsplatz hatte man schon im Mittelalter erlassen. Im 19. Jahrhundert erzwangen die zunehmenden Vergiftungsmöglichkeiten als Folge der Industrialisierung neue Vorschriften, die den Umgang mit toxischen Substanzen regulierten; auslösender Faktor für die Schaffung vieler Gesetze waren durch unwissentliche oder unsachgemäße Anwendung von Gebrauchschemikalien oder Arzneistoffen herbeigeführte Vergiftungsepisoden. Vor diesem Hintergrund kam es auch zum Aufbau von Behörden, die neue toxikologische Erkenntnisse in Gesetze und andere Regelinstrumente umsetzen.

jedoch falsch, da sich die Toxikologie meist mit Schadwirkungen geringer, chronisch aufgenommener Stoffmengen befasst, die ohne pharmakologischen Effekt sind.

In der Bundesrepublik tätige Toxikologen waren früher oft Ärzte und Tierärzte, toxikologische Lehrstühle und Institute gehören meist den medizinischen Fakultäten an. In jüngerer Zeit hat sich die Toxikologie durch Anwendung von physikochemischen, biochemischen und molekularbiologischen Methoden stark in die Richtung der Naturwissenschaften entwickelt; daher sind inzwischen viele Toxikologen in Forschung, Lehre und Verwaltung Naturwissenschaftler. Medizinische Aspekte spielen aber in der klinischen Toxikologie und der Arbeitsmedizin beim Erkennen und Behandeln von Giftwirkungen eine wichtige Rolle.

Die die Toxikologie vertretende Fachgesellschaft, die Deutsche Gesellschaft für Toxikologie in der DGPT (der Deutschen Gesellschaft für experimentelle und klinische Pharmakologie und Toxikologie), vergibt an Naturwissenschaftler mit langjähriger praktischer Tätigkeit an toxikologischen Einrichtungen und spezifischer Weiterbildung (in Form von Kursen) nach Ablegen einer Prüfung den Titel „Fachtoxikologe DGPT“. Von der Apothekerkammer wird im Rahmen einer Weiterbildung der Titel „Fachapotheker für Pharmakologie und Toxikologie“ verliehen. Ärzte und Tierärzte können den Titel „Fach(tier)arzt für Pharmakologie und Toxikologie“ erwerben.

Aufgrund der Vielfalt der Stoffgruppen und der daraus resultierenden komplexen Anforderungen an die Toxikologie hat diese eine Aufspaltung in bestimmte Arbeitsfelder erfahren, die im Folgenden kurz umrissen werden.

Die *Arzneimitteltoxikologie* spielt eine wichtige Rolle in der Entwicklung neuer Arzneistoffe; diese dient dazu, im Tierversuch die Verträglichkeit der jeweiligen Substanz zu testen und unerwünschte Wirkungen aufzudecken. Ein signifikanter Prozentsatz potenziell neuer Arzneistoffe wird aufgrund der durch die toxikologischen Untersuchungen aufgedeckten toxischen Wirkungen nie beim Menschen erprobt (Kapitel 10).

Die *Gewerbetoxikologie* steht in engem Verbund mit der Arbeitsmedizin und erarbeitet Kenntnisse über mögliche Vergiftungen beim Umgang mit chemischen Stoffen am Arbeitsplatz. Derartige Vergiftungen haben der toxikologischen Forschung wesentliche Impulse vermittelt. Anders als bei der Aufnahme von Giften aus der Umwelt sind hier Krankheitssymptome häufig einer spezifischen und quantifizierbaren Stoffexposition zuzuordnen. Die wichtigsten Aufgaben der Gewerbetoxikologie sind die Entwicklung von Schutzmaßnahmen vor beruflichen Vergiftungen und die Aufstellung von Toleranzgrenzen für Stoffe am Arbeitsplatz. Besonders hervorzuheben ist dabei die Verhütung von berufsbedingten Krebserkrankungen und anderen chronischen, auf chemische Einwirkungen zurückzuführenden Erkrankungen wie zum Beispiel die Lungenerkrankungen Asbestose oder **Silikose** (Kapitel 7).

Die *Umwelttoxikologie* (Ökotoxikologie) bearbeitet Schadwirkungen von Chemikalien auf Ökosysteme und Rückwirkungen dieser Schäden auf den Menschen und entwickelt Vorschläge für Präventivmaßnahmen. Grundlage der Umwelttoxikologie ist die Erfassung von potenziell toxischen Stoffen in Umweltmedien.

Die *Nahrungsmitteltoxikologie* bearbeitet die Schadwirkungen natürlicher und synthetischer Nahrungsmittelbestandteile sowie toxische Wirkungen von Trinkwasserverunreinigungen.

Die Therapie von Vergiftungen wird in der *klinischen Toxikologie* durchgeführt. Klinische Toxikologen diagnostizieren und therapieren akute Vergiftungen und beantworten Notfallanfragen. Die klinische Toxikologie entwickelt auch neue Behandlungsmethoden für Vergiftungen unter Berücksichtigung von Kenntnissen zu den Wirkmechanismen von Stoffen.

Auch in der Gesetzgebung zur Regulierung toxischer Chemikalien spielen Toxikologen eine wichtige Rolle. Die *regulatorische Toxikologie* charakterisiert das Risiko einer Stoffexposition. Auf der Basis von Gesetzen und Verordnungen wird dann entschieden, ob Stoffe für bestimmte Zwecke eingesetzt und/oder vermarktet werden können.

Auch einzelne Arbeitsrichtungen in der experimentellen Toxikologie können weiter unterteilt werden. Die *Neurotoxikologie* befasst sich beispielsweise mit Schadeffekten von Chemikalien auf das Nervensystem, die *Immuntoxikologie* behandelt Wirkungen auf das Immunsystem. Auch die Begriffe *biochemische Toxikologie* (Anwendung biochemischer Methoden zum Studium toxischer Wirkungen) oder *analytische Toxikologie* (quantitativer Nachweis toxischer Stoffe) sind gebräuchlich und geben weiteren Beleg für die Spezialisierung in der Toxikologie.

Exkurs 1.2: Informationsquellen in der Toxikologie

Da die Toxikologie ein interdisziplinäres Arbeitsgebiet ist, fließen in die Charakterisierung toxischer Wirkungen Informationen von vielen Seiten ein. Ein Übersichtswerk fasst die Quellen für toxikologische Informationen zusammen:

Wexler P, Hakkinen PJ, Kennedy GJr Stoss FW (1999; 3rd ed) Information Resources in Toxicology (Academic Press)

Neben Lehrbüchern (eine Auswahl gibt die Literaturliste zu diesem Kapitel) und Fachzeitschriften, die neueste Ergebnisse aus der toxikologischen Forschung veröffentlichen, existieren eine Reihe von Monographien zu toxischen Wirkungen bestimmter Stoffe. Diese werden von nationalen und internationalen Gremien herausgegeben und fassen alle bekannten Daten zu einer Substanz zusammen; sie sind daher schnelle und umfassende Informationsquellen. Die hier angegebenen

Monographien stellen eine Auswahl der wichtigsten Serien dar, viele der Monographien können über das Internet erhalten werden:

Die *Centers for Disease Control and Prevention* (CDC), eine Abteilung des amerikanischen Gesundheitsministeriums, und andere Behörden in den USA geben eine große Sammlung von Monograpien heraus, zum Beispiel *Toxicological Profiles*, die alle zu einer Substanz bekannten Daten zusammenfassen:

Agency for Toxic Substances and Disease Registry:
http://www.atsdr.cdc.gov/toxprofiles/

National Toxicology Program:
http://ntp-server.niehs.nih.gov/htdocs/liason/Factsheets/FactsheetList.html

Das *National Toxicology Program* veröffentlicht in der Serie *Technical Reports* darüber hinaus die Ergebnisse aller in dem Programm durchgeführten Kanzerogenitätsversuche. Diese Berichte enthalten auch kurze Zusammenfassungen der weiteren Kenntnisse zur Toxikologie der geprüften Stoffe (bis jetzt sind knapp 550 Stoffe erfasst).
http://www.epa.gov/epahome/techdoc.htm

U.S. Environmental Protection Agency:
http://www.epa.gov/ecotox/

Die Europäische Union verfasst *Risk Assessment Reports* über einzelne Stoffe, die in großen Mengen hergestellt werden:
http://ecb.jrc.it/existing-chemicals/

Die *International Agency for Research on Cancer* (IARC) veröffentlicht ebenfalls Informationen zur Kanzerogenität von Chemikalien. Die *Monographien* (bis jetzt sind etwa 500 erschienen) evaluieren die mögliche krebserzeugende Wirkung von Chemikalien.
http://www.iarc.fr/

Das *International Programme on Chemical Safety* gibt die *Environmental Health Criteria* heraus, die die Schadeffekte von Chemikalien auf die Umwelt und den Menschen beschreiben (mehr als 200 Bände).
http://www.who.int/pcs/

Informationen zu möglichen toxischen Wirkungen von Arzneimitteln können in den European Public Assessment Reports, welche auf der Website der Europäischen Arzneimittelagentur zu finden sind:
http://www.emea.eu.int

In Deutschland veröffentlicht die MAK-Kommission die Begründungen für die Festlegung von MAK-Werten. Diese Begründungen enthalten eine Übersicht über die zur Toxizität des Stoffes bekannte Literatur (etwa 750 Begründungen liegen vor). Eine vollständige Auflistung der bereits erschienenen Lieferungen findet sich im Internet unter:
www.dfg.wiley-vch.de

Greim H (Hrsg) Gesundheitsschädliche Arbeitsstoffe. Toxikologisch-arbeitsmedizinische Begründungen von MAK-Werten. Deutsche Forschungsgemeinschaft. Wiley-VCH 2003

1.3 Grundlagen der toxischen Wirkungen von Chemikalien

Ein Giftstoff kann im Prinzip als eine Verbindung definiert werden, die eine Schadwirkung auf Lebewesen auslöst. Dies ist allerdings keine praktisch tragfähige Definition, da toxische Wirkungen relativ sind und jede bekannte Chemikalie bei ausreichender Dosis einen toxischen Effekt erzielen kann. Tabelle 1.1 zeigt die Dosis verschiedener Chemikalien, die bei 50 % der behandelten Versuchstiere zu einer tödlichen Vergiftung führt (**LD_{50}**). Bestimmte Chemikalien sind schon in Mikrogrammmengen nach akuter Aufnahme hochtoxisch, andere verursachen auch bei Aufnahme großer Mengen keine nachweisbaren Schadwirkungen. Toxische Stoffe können sowohl Industriechemikalien als auch nieder- und hochmolekulare Naturstoffe sein.

Giftwirkungen sind gesundheitliche Folgen der Wechselwirkung von Chemikalien und Lebewesen (biologischen Systemen). Sie entsprechen dem Produkt aus der dem Stoff eigenen Wirkungsstärke und der Menge dieses Stoffes, mit der ein Lebewesen in Kontakt kommt oder die vom Lebewesen aufgenommen wird. Die aufgenommene Menge eines Stoffes wird als Belastung oder **Exposition** bezeichnet. Das Wort „Belastung“ beinhaltet schon eine Wertung und setzt Schadwirkungen beim Kontakt mit einem Stoff voraus; daher wird in diesem Buch der wertneutrale Begriff „Exposition“ verwendet. Exposition (*exposure* im Englischen) beschreibt nur den Kontakt mit einem Stoff, der nicht zwangsläufig zu Schadwirkungen führen muss. Toxische Wirkungen können nur dann auftreten, wenn der chemische Stoff oder sein im Körper gebildetes Umwandlungsprodukt in ausreichender Menge und genügend lange einwirken können. Giftwirkungen sind daher nicht allein von den physikalisch-chemischen Eigenschaften

Tabelle 1.1: Vergleich der akuten Toxizitäten verschiedener Stoffe in Versuchstieren

Chemikalie	Versuchstier	Aufnahmeweg	LD_{50} (mg/kg)
Ethanol	Maus	oral	10 000
Natriumchlorid	Maus	i.p.	4 000
Eisensulfat	Ratte	oral	1 500
Morphiumsulfat	Ratte	oral	900
Natrium-Phenobarbital	Ratte	oral	150
DDT	Ratte	oral	100
Picrotoxin	Ratte	s.c.	5
Strychninsulfat	Ratte	i.p.	2
Nicotin	Ratte	i.v.	1
Tetrodotoxin	Ratte	i.v.	0,10
Dioxin	Meerschweinchen	i.v.	0,001
Botulinustoxin	Ratte	i.v.	0,00001

i.p. = intraperitoneal; i.v. = intravenös; s.c. = subcutan

Tabelle 1.2: Beispiele toxischer Wirkungen eingeteilt nach Zeitabhängigkeit und Organspezifität

Exposition	Wirkungsort	toxische Wirkung	Stoffbeispiel
akut	lokal an der Einwirkungsstelle	Lungenschaden	Chlorgas
	systemisch	Hämolyse Nierenschaden	Arsenverbindungen Quecksilbersalze
	gemischt	Lungenschaden und Methämoglobinämie	Stickoxide
chronisch	lokal	Bronchitis	Schwefeldioxid
	systemisch	Leukämie Leberkrebs	Benzol Vinylchlorid
	gemischt	Blasenkrebs Lungenkrebs	Tabakrauch

eines Stoffes abhängig, sondern auch von Art, Häufigkeit und Dauer der Einwirkung sowie der Empfindlichkeit des biologischen Systems (Tabelle 1.2). Das Gift von *Clostridium botulinum* ist der bei Angabe der LD_{50}-Werte in Gewichtseinheiten am stärksten toxisch wirksame Stoff und wirkt bereits in Picogrammmengen tödlich. Vergiftungen durch diesen Stoff ereignen sich allerdings selten, da kaum jemand mit der Verbindung in Kontakt kommt (die Expositionsmöglichkeiten sind gering, Kapitel 9). Auch akute Vergiftungen mit anderen stark toxischen Verbindungen (z. B. mit Quecksilbersalzen) werden sehr selten (praktisch nur bei Aufnahme in Vergiftungsabsicht) beobachtet, obwohl diese Stoffe in geringen Konzentrationen im Blut der Bevölkerung nachweisbar sind und **ubiquitär** in der Umwelt vorkommen: Die Expositionshöhe ist gering. Zur Charakterisierung des Gefährdungspotenzials eines Stoffes sind daher neben Kenntnissen zur Art der toxischen Effekte und der zur Auslösung nötigen Dosis auch Informationen über die chemischen Eigenschaften des Stoffes und die Expositionsbedingungen nötig. Die wichtigsten Faktoren, welche die Toxizität beeinflussen, sind die Art der Stoffaufnahme sowie deren Dauer und Häufigkeit.

Stoffe können über verschiedene Wege in den Organismus gelangen 1.3.1

Die wichtigsten Aufnahmewege sind: Aufnahme über den Magen-Darm-Trakt (Ingestion), über die Lunge (Inhalation), über die Haut und Injektion in das Blut oder in Körpergewebe. Durch direkte Injektion in das Blut stellen sich toxische Effekte am schnellsten ein, gefolgt von Inhalation, Injektion in die Bauchhöhle (**intraperitoneal**) und oraler Gabe. Die physiologischen Gesetzmäßigkeiten, die für diese Abstufungen verantwortlich sind, sind in Kapitel 4 dargestellt.

1.3.2 Toxische Effekte auf ein Versuchstier oder einen Menschen können nach dem Ort ihres Auftretens unterschieden werden

Lokal wirksame Stoffe wirken an der Stelle ihres Kontakts mit dem Organismus, zum Beispiel beim Verschlucken ätzender Stoffe, bei der Inhalation von Reizgasen oder bei der Kontamination der Haut. Die Wirkungen sind meist auf die unmittelbar betroffenen Körperpartien wie Auge, Mund, Speiseröhre, Magen, Haut oder Lunge beschränkt. Lebensbedrohende Vergiftungen können auftreten, wenn für den Organismus lebenswichtige Organe (Atemtrakt, Speiseröhre) geschädigt werden.

Im Gegensatz dazu werden systemisch wirksame Stoffe über verschiedene Wege in den Organismus aufgenommen und dort verteilt. Die toxische Wirkung tritt an einem von der Eingangspforte mehr oder weniger weit entfernten Gewebe auf. Bis auf hochreaktive Stoffe wirken die meisten toxischen Verbindungen auf diese Weise; einige Verbindungen zeigen sowohl lokale als auch systemische Wirkungen. Bei systemisch wirksamen Stoffen ist die Toxizität auf verschiedene Organe unterschiedlich, meist werden nur bestimmte Organe geschädigt. Die selektive Organschädigung bei systemischer Verteilung eines Stoffes wird als **organspezifische Toxizität** bezeichnet. Für die organspezifische Toxizität eines Stoffes können selektive Anreicherungsmechanismen, die Konzentration von aktivierenden Enzymen im Zielorgan oder auch eine besondere Empfindlichkeit des Zielorgans gegenüber dem jeweiligen Stoff verantwortlich sein. Das häufigste Zielgewebe bei akuter Exposition ist das zentrale Nervensystem, gefolgt vom Blut und blutbildendem System, Leber und Niere. Toxische Wirkungen auf Knochen und Muskeln werden selten beobachtet.

1.3.3 Dauer und Häufigkeit des Stoffkontakts haben großen Einfluss auf toxische Wirkungen

Die Exposition gegenüber Chemikalien kann akut (meist einmalig) oder chronisch sein; beim Kontakt mit toxischen Stoffen am Arbeitsplatz sind die Grenzen oft fließend.

Im wissenschaftlichen Experiment dauern akute Expositionen weniger als 24 Stunden, wobei alle oben genannten Applikationswege gewählt werden können. Inhalationsversuche sind zur Simulierung der Arbeitszeiten oft auf acht Stunden beschränkt. Akute Expositionen führt man meist mit einmaliger Gabe des jeweiligen Stoffes durch, aber weniger toxische Substanzen können auch mehrmals verabreicht werden (Kapitel 4).

Toxizitätsuntersuchungen mit wiederholter Gabe eines Stoffes fallen in zwei Kategorien: **subchronisch** und **chronisch**. Im ersten Fall wird der Stoff wiederholt (meist täglich) über einen Zeitraum von einem Monat bis drei Monate hinweg verabreicht. Chronische Expositionen dauern über die ganze Lebenserwartung eines Versuchstieres (bei Nagern bis 24 Monate) an. Bei wiederholter Gabe eines Stoffes wählt man oft die orale Verabreichung mit dem Futter oder Trinkwasser. In Futter oder Trinkwasser nicht stabile Stoffe können auch per Schlundsonde direkt in den Magen gegeben werden; diese Applikationsform ist, wie die wiederholte Inhalation, aufwendig und schwierig (Toxizitätsuntersuchungen am Tier sind in Kapitel 5 beschrieben), wird aber oft in der Arzneimitteltoxikologie zur Simulierung der Aufnahme eines Arzneistoffes im Menschen angewendet.

Bei vielen chemischen Stoffen unterscheiden sich die toxischen Effekte nach akuter Exposition maßgeblich von denen nach chronischer Gabe. Als Beispiel können die Wirkungen des n-Hexans dienen (Abschnitt 7.1.3). Während eine akute Inhalation hoher Konzentrationen zu narkotischen Effekten führt, die nach Ende einer einmaligen Exposition ohne Folgen abklingen; bewirkt die chronische Exposition gegenüber niedrigeren Konzentrationen in der Atemluft (beispielsweise bei Klebstoffschnüfflern) irreversible Lähmungen der Arme und Beine.

Nach einmaliger Gabe eines Giftstoffes können toxische Effekte bei guter **Resorption** oder schnell eintretender Beeinträchtigung lebenswichtiger Organe und Regelmechanismen innerhalb kurzer Zeit auftreten, aber auch zeitlich verzögerte Wirkungen sind bekannt. Beispielsweise führt die einmalige Inhalation tödlicher Konzentrationen von Blausäure (HCN, der Wirkungsmechanismus ist in Abschnitt 7.3.4 beschrieben) innerhalb von Minuten zum Tode, während mit tödlichen Dosen an 2,3,7,8-Tetrachlordibenzodioxin (Abschnitt 7.3.1) der Tod der Versuchstiere erst nach zwei bis drei Wochen eintritt.

In Untersuchungen zur chronischen Toxizität werden nach jeder Stoffgabe oft auch akute Effekte beobachtet, die sich durchaus von den gegen Ende des Versuches beobachteten chronischen Wirkungen unterscheiden. Bei lipophilen Stoffen kann nach Expositionsspitzen Narkose auftreten, dagegen zeigen sich chronische Wirkungen niedrigerer Expositionen gegen viele lipophile Stoffe in Leberschäden. Daher müssen zur Charakterisierung der Gefährlichkeit eines Stoffes sowohl die Ergebnisse der Studien zur akuten als auch jene zur chronischen Toxizität herangezogen werden.

Auch die Wahl der Tierspezies und die Art der Aufnahme beeinflussen das Ausmaß der toxischen Wirkungen 1.3.4

Das Ausmaß toxischer Wirkungen wird maßgeblich durch die verwendete Tierspezies und den genutzten Tierstamm beeinflusst. Beispielsweise zeigt Acetaminophen einen LD_{50}-Wert nach oraler Gabe von 800 mg/kg in der Maus, 3 000 mg/kg im Meerschweinchen und 3 800 mg/kg in der Ratte. Beim Menschen wurde aus Vergiftungen ein LD_{50}-Wert von etwa 600 mg/kg abgeleitet.

Gerade bei Inhalationsexperimenten können bei verschiedenen Spezies starke Unterschiede in Art, Ausmaß und Ort toxischer Wirkungen auftreten, da die Anatomie des Atemtraktes große Unterschiede aufweist. Ratten sind obligate Nasenatmer, hingegen atmet der Mensch, unter körperlichem Stress am Arbeitsplatz, hauptsächlich durch den Mund.

Auch die Art der Aufnahme des Fremdstoffes hat einen maßgeblichen Einfluss auf die toxischen Wirkungen. Diese können bei oraler oder intraperitonealer Gabe stark unterschiedlich sein. Weitere Faktoren, die toxische Wirkungen beeinflussen, sind Alter der Versuchstiere, Ernährungszustand, Haltungsbedingungen und Speziesunterschiede in Proteinbindung und Biotransformation.

1.3.5 Im Gemisch können sich die toxischen Wirkungen von Stoffen verändern

Die toxische Wirkung einzelner Substanzen in Gemischen im Vergleich zur Einzelsubstanz kann durch gegenseitige Beeinflussung der Resorption, der **Plasmaeiweißbindung**, der **Biotransformation** und der Ausscheidung (Kapitel 4) verringert oder verstärkt werden. Beispielsweise kann ein im Gemisch vorhandener weiterer Stoff um biotransformierende Enzyme konkurieren; dadurch wird der Stoff nicht mehr im Organismus abgebaut, toxische Wirkungen können verstärkt werden. Neben diesen Effekten auf die **Toxikokinetik** (siehe unten) können auch Veränderungen der **Toxikodynamik** auftreten. Die Interaktion mehrerer Stoffe kann sich auf toxikodynamische Phänomene *additiv*, *überadditiv* und *subadditiv* auswirken. Bei additiven Effekten entspricht die beobachtete Wirkung der Summe der Einzeleffekte, bei überadditiven Effekten ist sie größer (Potenzierung) und bei subadditiven Effekten kleiner. Ein praktisches Beispiel für solche Wechselwirkungen mit gesundheitsschädlichen Folgen ist das Trinken von Alkohol und Rauchen (Kapitel 8).

1.3.6 Sowohl Toxikokinetik als auch Toxikodynamik beeinflussen die toxischen Wirkungen

Toxische Effekte eines chemischen Stoffes sind die Folge einer Reihe von komplexen Vorgängen bei der Wechselwirkung von Stoff und Organismus. Das Ausmaß der toxischen Wirkungen wird sowohl von der Stoffbewegung und dem Stoffwandel (Metabolismus) im Organismus (diese Faktoren beeinflussen die Konzentration des Stoffes am Wirkort im Organismus) als auch von seiner Interaktion mit bestimmten Makromolekülen beeinflusst. Da die Konzentration am Wirkort eine Funktion der Kinetik von Aufnahme und Ausscheidung des Stoffes und daher zeitabhängig ist, sind die toxischen Wirkungen ebenfalls zeitabhängig. Zeit- und Konzentrationsabhängigkeiten lassen sich getrennt beschreiben. Bei einer solchen Trennung sind die toxischen Wirkungen durch die toxikokinetische und die toxikodynamische Phase charakterisiert (Abbildung 1.1).

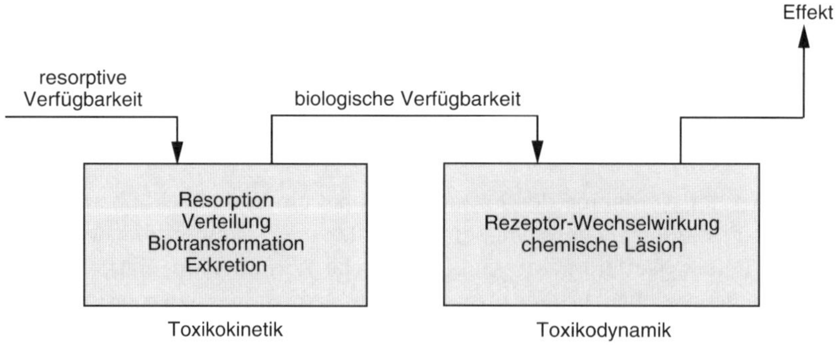

1.1 Toxikokinetische und toxikodynamische Phase bei der Wechselwirkung einer Substanz mit dem Organismus.

Die toxikokinetische Phase beschreibt die Art und Geschwindigkeit der Aufnahme des Stoffes in den Organismus, seine Verteilung und Umwandlung innerhalb des Körpers und die Geschwindigkeit seiner Ausscheidung. Diese Teilprozesse umreißen die Einwirkung des Organismus auf die Substanz. Die dafür maßgeblichen Grundlagen werden in Kapitel 4 dargestellt. Die toxikodynamische Phase beschreibt die Wechselwirkung der Substanz mit molekularen Strukturen des Organismus und damit spezifische Stoffwirkungen. Diese Interaktionen führen Veränderungen der Organisation des biologischen Systems und somit toxische Wirkungen herbei. Die toxikodynamischen Prozesse umfassen die Wirkung der Substanz auf den Organimus. Einige diesen Interaktionen zugrunde liegende Mechanismen werden in Kapitel 3 behandelt.

1.4 Akute Intoxikation

Bei reversiblen Wirkungen existiert eine Grenzkonzentration, unterhalb der kein toxischer Effekt zu beobachten ist (Exkurs 1.3).Wird diese Grenzkonzentration überschritten, ergibt sich ein toxischer Effekt, dessen Dauer und Stärke hauptsächlich durch die Toxikokinetik der Substanz beeinflusst wird. Bei oraler Gabe ist die Geschwindigkeit der Resorption durch die Schleimhäute des Magen-Darm-Traktes geschwindigkeitsbestimmend für das Anfluten des Stoffes im Organismus. Bei gleicher Dosierung und gleicher Eliminationsrate entscheidet die Resorptionsgeschwindigkeit über den Zeitverlauf der Stoffkonzentration im Blut und damit über das Ausmaß toxischer Wirkungen (Abbildung. 1.2).

Auch die Eliminationsgeschwindigkeit eines Stoffes oder seiner Metabolite bestimmt Ausmaß und Dauer der toxischen Wirkungen. Stoffe, die langsam eliminiert

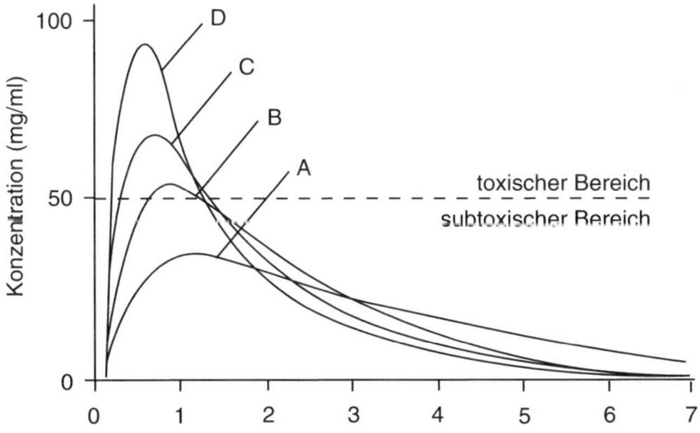

1.2 Korrelation der Zeitabhängigkeit der Blutspiegel eines Stoffes und der toxischen Wirkung. Dargestellt sind theoretische Blutspiegelkurven einer Substanz in Abhängigkeit von der Resorptionsgeschwindigkeit bei gleicher Dosis und Elimination. Je höher die Resorptionskonstante k_a (Aufnahme einer bestimmten Stoffmenge pro Zeiteinheit) liegt (A: $k_a = 1$, B: $k_a = 2$, C: $k_a = 3$, D: $k_a = 6$), desto schneller (und höher) steigt die Konzentration des Stoffes im Blut; bei einer sehr niedrigen Resorptionskonstanten kann die Konzentration stets im subtoxischen Bereich bleiben.

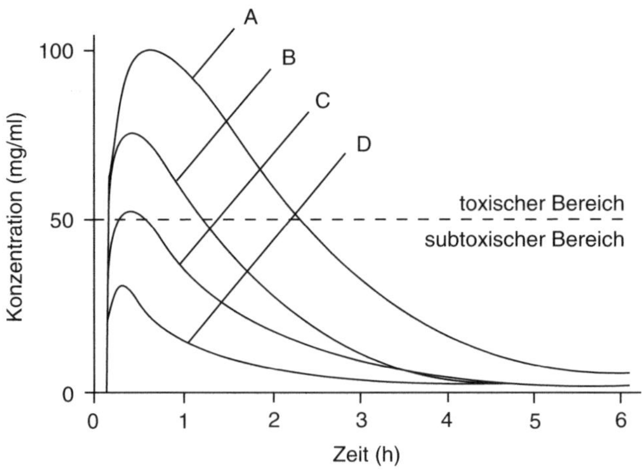

1.3 Korrelation der Zeitabhängigkeit der Blutspiegel eines Stoffes und der toxischen Wirkung. Dargestellt sind theoretische Blutspiegelkurven einer Substanz in Abhängigkeit von der Eliminationsgeschwindigkeit bei gleicher Dosis und Resorption. Die Höhe der Eliminationskonstante k_e (A: k_e = 1, B: k_e = 2, C: k_e = 4, D: k_e = 10) bestimmt, wie lange die Konzentration des Stoffes im toxischen Bereich bleibt. Bei sehr schneller Elimination kann die Stoffkonzentration im Organismus im subtoxischen Bereich bleiben.

werden, führen bei gleicher Dosis und Resorptionsrate, aber unterschiedlicher Eliminationsgeschwindigkeit, zu verschieden starken und unterschiedlich lang anhaltenden toxischen Wirkungen (Abbildung 1.3).

Eine direkte Korrelation zwischen der Konzentration des Stoffes am Wirkort und der toxischen Wirkung stellt den einfachsten Fall einer zeitabhängigen Wirkungsbeziehung dar. Bei akuten Vergiftungen kann die Korrelation zwischen Wirkung und Plasmaspiegel des Stoffes durch folgende Faktoren beeinflusst werden:

1. Die zeitliche Änderung der Stoffkonzentration am Wirkort verläuft nicht parallel zur Plasmaspiegelkurve
2. Die toxische Wirkung des Stoffes beruht auf der Bildung toxischer Metabolite (Bioaktivierung, siehe Kapitel 4).
3. Für die toxische Wirkung ist eine kumulative und irreversible Schädigung bestimmter Funktionen des Organismus verantwortlich, deren Folgen erst nach längeren Expositionszeiten und lange nach der Ausscheidung des Stoffes beobachtet werden.

1.5 Dosis-Wirkungs-Beziehungen

Wie schon Paracelsus erkannte, sind alle toxischen Wirkungen von Fremdstoffen relativ und von der Dosis abhängig; allein die Dosis macht aus, ob ein Stoff giftig ist oder nicht. **Dosis-Wirkungs-Beziehungen** beschreiben den Zusammenhang zwischen aufgenommener Dosis und dem Ausmaß der toxischen Wirkung. Sie stellen das wichtigste Konzept der Toxikologie dar und ihr Verständnis ist für die Charakterisierung und Beurteilung toxischer Wirkungen essenziell. Da der nach Gabe eines Fremdstoffes resultierende toxische Effekt sowohl eine Funktion der Dosis als auch eine Funktion der Zeit ist, trägt man in Dosis-Wirkungs-Beziehungen die innerhalb der Beobachtungszeit maximal erreichbare Wirkung auf; dadurch erhält man zeitunabhängige Kurven.

Folgende grundlegende Annahmen spielen eine bedeutende Rolle bei der Erstellung von Dosis-Wirkungs-Beziehungen:

1. Der toxische Effekt des Stoffes ist auf eine Wechselwirkung mit einem biologischen Makromolekül (Rezeptor) zurückzuführen.
2. Das Ausmaß der toxischen Wirkung verläuft proportional zur Konzentration des Stoffes am Rezeptor.
3. Die Konzentration am Rezeptor ist proportional der Dosis (Exkurs 1.3).

Exkurs 1.3: Rezeptortheorie und Dosis-Wirkungs-Beziehungen

Die molekularen Wechselwirkungen in der toxikodynamischen Phase beruhen auf Bindungen des Fremdstoffes an biologische Makromoleküle des Organismus, die auch als Rezeptoren bezeichnet werden. Der Begriff „Rezeptor" stammt aus der Pharmakologie; er bezeichnet Kontaktstellen (meist Proteine) mit hoher Affinität für körperfremde und für körpereigene Stoffe. Die Besetzung dieser Kontaktstellen durch einen Stoff bewirkt Veränderungen in physiologischen Regelmechanismen (Kapitel 3). Rezeptoren konnten lange nur durch die nach Gabe von Stoffen beobachteten Wirkungen beschrieben werden. Inzwischen wurden viele Proteine mit Rezeptoreigenschaften für körpereigene (z. B. Hormone) und körperfremde Stoffe (z. B. Dioxine, Abschnitt 7.3.1) isoliert und ihre Struktur aufgeklärt.

In der Toxikologie werden Stoffwirkungen oft nicht direkt durch Bindung eines Fremdstoffes an Proteine mit Rezeptoreigenschaften ausgelöst. Zur Analyse toxikodynamischer Vorgänge erweitert man den Rezeptorbegriff daher auf andere biologische Makromoleküle (Proteine mit oder ohne enzymatische Aktivität, Lipide, DNA).

Grundsätzlich lassen sich zwei Arten der Interaktionen unterscheiden. Der chemische Stoff kann sowohl reversibel als auch irreversibel an den Rezeptor gebunden werden. Nach diesem Verhalten kann man zwischen „Konzentrationsgiften" (reversible Bindung) und „Summationsgiften" (irreversible Bindung) unterscheiden. Bei „Konzentrationsgiften" ist die Bindung an den Rezeptor reversibel, nicht kovalent und abhängig von der Konzentration des toxischen Stoffes im Organismus. Mit zunehmender Besetzung des Rezeptors nimmt die Wirkungsstärke zu; nach Ausscheidung des Stoffes geht die Wirkung auf null zurück. Die Interaktionen zwischen Stoff und Rezeptor beruhen auf elektrostatischen Wechselwirkungen. Bei „Konzentrationsgiften" werden der Stoff oder seine Metabolite meist rasch wieder ausgeschieden oder entgiftet; die maximale Konzentration des Stoffes am Rezeptor stellt sich innerhalb der Beobachtungszeit ein.

„Summationsgifte" dagegen reagieren unter Bildung einer kovalenten Bindung mit dem Rezeptormolekül und bewirken eine irreversible Veränderung. Auch nach Ausscheidung des

Stoffes aus dem Organismus kann die Wirkung bestehen bleiben. Bei erneuter Aufnahme kann der toxische Stoff mit weiteren freien Rezeptormolekülen reagieren; die Wirkung des Stoffes kann somit somit additiv und kumulativ sein. Bei „Summationsgiften" werden Wirkungen nach der ersten Aufnahme oft nicht beobachtet, eine Schädigung kann erst nach mehrfacher und langfristiger Aufnahme beobachtbar sein. Die Wirkungen können trotzdem durch Reparatur geschädigter DNA oder Abbau und Neusynthese veränderter Proteine vollständig reversibel sein.

Bei „Konzentrationsgiften" lässt sich die Interaktion des Stoffes (S) mit dem Rezeptor (R) in einer *Gleichgewichtsreaktion* formulieren:

$$[S_f] + [R_f] \rightleftharpoons [SR] \quad \text{(Gl. 1.1)}$$

Dabei bezeichnet S_f die Konzentration des ungebundenen Stoffes und R_f die Konzentration an unbesetztem Rezeptor. Die toxischen Wirkungen beruhen auf der Zahl besetzter Rezeptoren und lassen sich durch die Rezeptortheorie quantitativ beschreiben, die dem *Massenwirkungsgesetz* unterliegt:

$$K_d = \frac{[S_f] \times [R_f]}{[SR]} \quad \text{(Gl. 1.2)}$$

K_d stellt die *Dissoziationskonstante* des Stoff-Rezeptor-Komplexes dar. Die Affinität eines chemischen Stoffes für den entsprechenden Rezeptor ist durch seine *Affinitätskonstante* gegeben:

$$K_a = \frac{1}{K_d} \quad \text{(Gl. 1.3)}$$

Der *Sättigungsgrad* y aller gleichartigen Rezeptoren ergibt sich als:

$$y = \frac{K_a \times [S]}{1 + K_a \times [S]} \quad \text{(Gl. 1.4)}$$

Der Sättigungsgrad hängt also von der Affinität des Stoffes zum Rezeptor und von dessen Konzentration am Rezeptor ab; diese Konzentration wird durch Dosis und toxikokinetische Einflüsse bestimmt. Bei Zugrundelegen dieses einfachen Modells ist der *Effekt* E eine Funktion des prozentualen Anteils der besetzten Rezeptoren und damit der Dosis. Die in Abbildung 1.4a mit linearer Auftragung gezeigte Kurve geht bei logarithmischer Auftragung der Dosis in eine S-förmige Kurve über (Abbildung 1.4b). Deren Wendepunkt charakterisiert die Konzentration, bei der die Wirkung 50 % der maximal möglichen Wirkung erreicht hat. Diese Konzentration wird als *ED_{50}-Wert* (50 % des maximalen Effekts) bezeichnet. Der ED_{50}-Wert ist zur Affinität der Substanz zum Rezeptor umgekehrt proportional.

Zusätzlich kann die Konzentration eines Stoffes am Rezeptor von der Anwesenheit anderer, auch körpereigener Substanzen abhängen, die um den gleichen Rezeptor konkurrieren. Stoffe, die an einen Rezeptor binden, können durch die Rezeptorbesetzung biologische Funktionsabläufe fördern. In diesem Fall besitzen sie eine so genannte **intrinsische Aktivität**; im Sinne der physiologischen Regulation ist ein solcher Stoff ein **Agonist**. Stoffe ohne intrinsische Aktivität, die jedoch eine Affinität für einen bestimmten Rezeptor haben, sind für den entsprechenden Regulationsmechanismus ein **Antagonist**. Solche Stoffe können bei ausreichend hoher Affinität die Bindung körpereigener Rezeptorsubstrate verhindern und dadurch ebenfalls physiologische Regelkreisläufe stören.

Sowohl agonistische als auch antagonistische Effekte von toxischen Stoffen stellen Beeinträchtigungen der physiologischen Steuermechanismen dar, die Gegenreaktionen auslösen können. Bei Agonisten mit intrinsischer Aktivität sind Rezeptorbesetzung und biologischer Effekt gekoppelt; für einfache biologische Systeme gilt aufgrund der Rezeptortheorie in erster Näherung folgender Zusammenhang: Die Intensität eines biologischen Effekts ist proportional zur

Stärke des auslösenden Reizes; die Reizstärke ist wiederum proportional zur Menge des gebildeten Fremdstoff-Rezeptor-Komplexes.

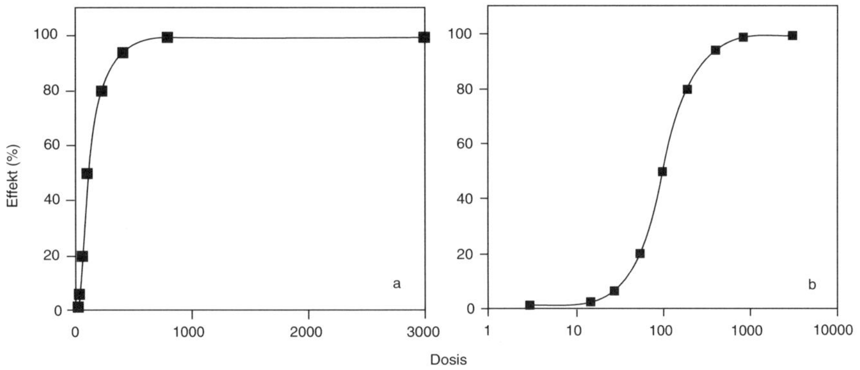

1.4 Darstellung der Dosis-Wirkungs-Beziehung eines rezeptorvermittelten Effekts in linearer (a) und halblogarithmischer Form (b). Der Wendepunkt der S-förmigen Kurve in b gibt den ED_{50}-Wert des Stoffes an (50 % der maximal erreichbaren Wirkung).

Dosis-Wirkungs-Beziehungen im toxikologischen Sinn ergeben sich aus der dosisabhängigen Zunahme einer graduell abgestuften Wirkungsintensität bis zum erreichbaren Wirkungsmaximum an einem einzelnen Individuum oder einem einfachen biologischen System (Enzym, Organfraktion, Gewebe). In Abhängigkeit von der Dosis wird entweder die Intensität eines Effekts an einem Versuchsobjekt oder die Häufigkeit (**Inzidenz**) des Effekts in einem Kollektiv (im Falle stochastischer Wirkungen) geprüft. Im ersten Fall nimmt die Intensität bis zum Wirkungsmaximum zu, im zweiten Fall steigt die Zahl der Mitglieder des Kollektivs, die den Effekt zeigen. Basis für die Dosis-Wirkungs-Beziehung bei reversiblen Effekten ist die Assoziation des Stoffes mit dem Rezeptor. Da die Konzentration des Stoffes am Rezeptor proportional zur Dosis ist, verlaufen Dosis-Wirkungs-Kurven wie Rezeptorbindungskurven. Dosis-Wirkungsbeziehungen für unterschiedliche Effekte eines Stoffes können unterschiedlich sein. Ein Beispiel ist die Dosis-Wirkungsbeziehung für die erwünschte therapeutische Wirkung eines Arzneimittels, die meist unterschiedlich zu den Dosis-Wirkungsbeziehungen für dessen unerwünschte Wirkungen ist.

Grundlagen für „individuelle“ Dosis-Wirkungs-Beziehungen sind auf bestimmte Stoffwirkungen zurückzuführende, abgestufte Effekte, die sich durch Messparameter erfassen lassen. Eine anschauliche Dosis-Wirkungs-Beziehung im Individuum tritt beim Genuss alkoholischer Getränke zutage (Tabelle 1.3). Das Trinken kleiner Mengen (niedriger Dosen) Ethanol führt nur zu geringen Beeinträchtigungen der motorischen Koordinations- und der geistigen Leistungsfähigkeit; bei mehr als 1,4 Promille Ethanol im Blut ist die Grenze einer akuten Intoxikation erreicht, bei mehr als 2,5 Promille tritt beim Nichtgewöhnten als massiver toxischer Effekt Bewusstlosigkeit auf. Dieser „maximale“ Effekt kann auch durch Dosiserhöhung nicht mehr übertroffen werden. (Die Toxikologie von ethanolhaltigen Getränken als Genussgifte ist in Kapitel 8 detailliert beschrieben.)

Tabelle 1.3: Symptome der Alkoholintoxikation (Rausch) bei steigenden Blutspiegeln von Ethanol

Blutkonzentration von Ethanol in Promille	Erscheinungen
0,3	erste Gangstörungen
0,5	leichte Einschränkung des Gesichtsfeldes und der Aufmerksamkeit
0,7–0,8	verlängerte Reaktionszeit, erste Sprachstörungen
1,2	mäßiger Rauschzustand
1,4	Koordinationsfähigkeit massiv beeinträchtigt
2,0	stark eingetrübtes Bewusstsein, Verlust des Erinnerungsvermögens
ab 2,4	Bewusstlosigkeit
4–5	tiefe Bewusstlosigkeit, Lebensgefahr

Für die toxikologische Beurteilung einer Substanz zieht man jedoch vor allem Dosis-Wirkungs-Kurven heran, die sich aus der dosisabhängigen Häufigkeit eines Effektes innerhalb eines Kollektivs ergeben. Die Art und Stärke der toxischen Wirkung muss vorher definiert werden; im Kollektiv lassen sich sowohl graduell abgestufte Effekte (z. B. eine dosisabhängige Enzyminhibition) als auch Alles-oder-Nichts-Effekte (Tod des Versuchstieres oder Auftreten eines Tumors) beobachten. Zur Verdeutlichung der Zusammenhänge sei ein Experiment dargestellt – die Bestimmung der akuten Toxizität einer hypothetischen Substanz in Mäusen –, in dem die Individuen nach dem Alles-oder-Nichts-Prinzip reagieren, das Kollektiv aber eine abgestufte, dosisabhängige Reaktion zeigt. Der Tod eines Versuchstieres innerhalb des Beobachtungszeitraums ist der am einfachsten feststellbare Indikator, und Untersuchungen zur akuten Toxizität stellen immer noch einen der wichtigsten Beurteilungsmaßstäbe für Stoffe dar; eine detaillierte Beschreibung des Vorgehens und der Probleme bei solchen Untersuchungen gibt Abschnitt 5.2.1. Bei Verwendung einer einzelnen Maus für einen Toxizitätsversuch besteht zwar eine bestimmte Wahrscheinlichkeit für den Eintritt des Todes, die von der Wirkungsstärke der Substanz und der individuellen Empfindlichkeit des Einzeltieres abhängt, doch erst in Kollektiven zeigt sich eine Dosisabhängigkeit. Bei niedrigen Dosen reagieren nur die empfindlichsten Tiere, bei steigender Dosierung stirbt ein zunehmender Anteil der Tiere; im Extremfall sterben alle Tiere (Abbildung 1.5).

Bei ausreichender Größe der Einzelgruppen und einer großen Anzahl von Gruppen ergeben sich bei linearer und halblogarithmischer Darstellung Beziehungen zwischen der Wirkung und der applizierten Dosis in Form von Kurven, die der Dosisabhängigkeit rezeptorvermittelter Wirkungen gleichen (Abbildung 1.6a, b).

Aus dem sigmoiden Kurvenverlauf (Abbildung 1.6b) einer log-normalverteilten Dosis-Wirkungs-Beziehung lässt sich die Antwort des Kollektivs bei niedrigen Dosen schwer ermitteln. Hierzu wären sehr große Tierzahlen nötig, was aus Tierschutz- und Kostengründen nicht durchführbar ist. Die Darstellung der Messdaten als Häufigkeitsverteilungen und die Anwendung statistischer Verfahren (Probit-Analyse) ermöglichen eine Extrapolation und erlauben es, Zahl und Größe der Gruppen ohne maßgebliche Beeinflussung des Ergebnisses zu verringern.

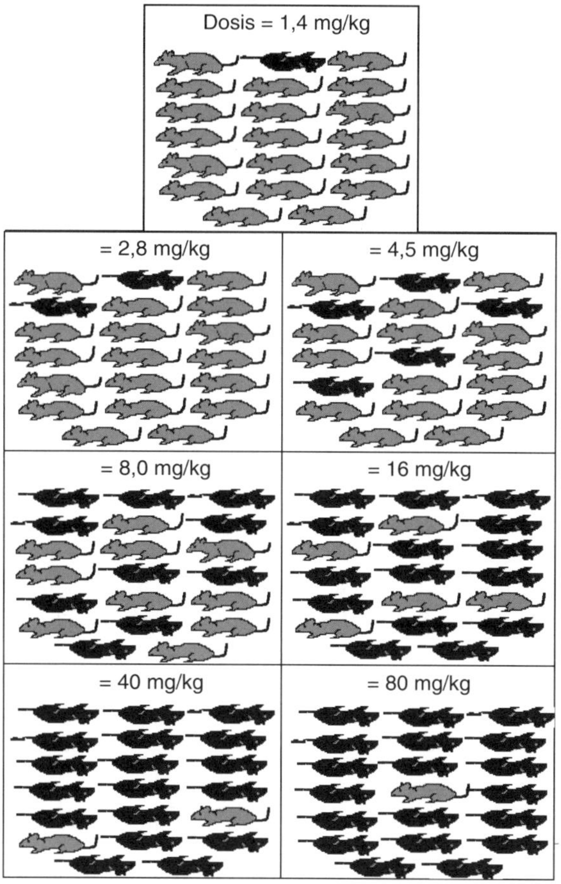

1.5 Dosis-Wirkungs-Beziehungen im Kollektiv; Bestimmung der akuten Toxizität einer hypothetischen Substanz in Nagern. Als einfach zu bestimmender Endpunkt für toxische Wirkungen wurde der Tod der Versuchstiere beobachtet, mit steigender Dosis sterben immer mehr Versuchstiere. Bei Auftragung der Zahl toter Tiere gegen die Dosis ergibt sich eine Dosis-Wirkungs-Beziehung im Kollektiv (Abbildungen 1.6 und 1.7). Experimente wie dieses dienen zur Bestimmung der LD_{50}-Werte.

Symmetrische Häufigkeitsverteilungen (Gauss-Verteilungen) erhält man aus den halblogarithmischen Dosis-Wirkungs-Kurven (Abbildung 1.6b), indem man von der Zahl der bei einer Dosis reagierenden Tiere die Zahl der auf die nächst niedrigere Dosis reagierenden Tiere abzieht. Die Ergebnisse solcher Untersuchungen können dann in einem Diagramm niedergelegt werden, das die Beziehung zwischen der Dosis und der Zahl der zusätzlich reagierenden Individuen graphisch wiedergibt (Abbildung 1.7). Ist die dosisabhängige Messgröße des Effekts wie im oben beschriebenen Experiment die Letalität eines Stoffes, so ist die effektive Dosis (ED_{50}) gleich der, bei der 50 % der Individuen reagieren (absterben), der *mittleren letalen Dosis* (LD_{50}).

Zur Überführung der sigmoiden Kurve in eine Gerade führt man eine so genannte Probit-(*probability units-*)Transformation durch (Abbildung 1.8). Durch die Probit-Transformation wird die sigmoide Kurve aus Abbildung 1.6b in eine Gerade überführt,

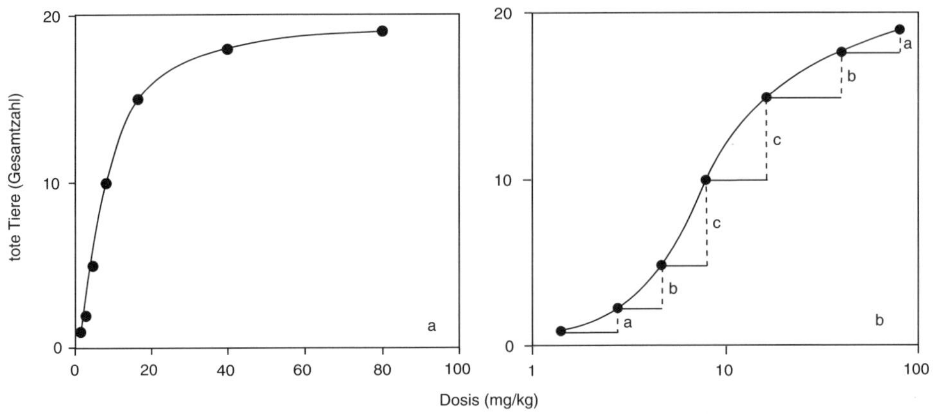

1.6 Auswertung des in Abbildung 1.5 dargestellten Versuchs durch lineare Auftragung (a) und halblogarithmische Auftragung (b) der Dosis-Wirkungs-Kurve. Die Stufen in b geben an, wie viele Tiere bei der nächsthöheren Dosis zusätzlich sterben.

deren Verlauf durch nur drei Messpunkte festgelegt werden kann. Diese Gerade kann auch sehr gut in den Bereich kleiner Dosen (die Wirkung bei diesen Dosen ist für den Menschen relevant) extrapoliert werden.

Mathematisch stellt die Probit-Transformation eine Integration der Flächen unter der Gauss-Verteilung dar. Da eine Gauss-Verteilung impliziert, dass definierte prozentuale

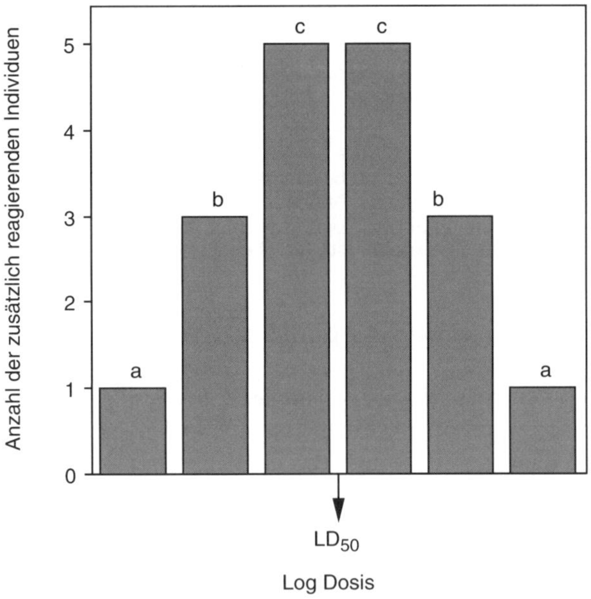

1.7 Umwandlung der Daten aus Abbildung 1.6b in eine Häufigkeitsverteilung. In diesem Beispiel liegt eine symmetrische Verteilung (statistische Normalverteilung, Gauss-Verteilung) vor; die Mittellinie, die das Diagramm in zwei Hälften teilt, gibt den LD_{50}-Wert an.

Anteile der Kurvenfläche vom Mittelwert aus durch die Standardabweichung oder ein Mehrfaches davon repräsentiert werden, lassen sich auf der Ordinate der Dosis-Wirkungs-Kurve auch äquidistante Probit-Einheiten auftragen, deren Abstand durch den Wert der Standardabweichung σ auf der Abszisse gegeben ist. Definitionsgemäß wird der 50-Prozent-Wert (also die Dosis, bei der 50 % der Tiere gestorben sind) als *Probit* 5 bezeichnet, Probit 4 beziehungsweise 6 entsprechen den Abständen $\pm\ \sigma$ oberhalb des 50-Prozent-Wertes der Verteilungsfunktion und Probit 3 beziehungsweise 7 $\pm$ 2 σ. Die Probit-Werte 2 bis 8 repräsentieren 0,1, 2,3, 15,9, 50,0, 84,1, 97,7 und 99,9 % der gesamten Fläche unter der Kurve (entspricht Gesamtmortalität). Aus statistischen Gründen ist die minimal mögliche Standardabweichung bei sehr niedrigen und sehr hohen Dosen (geringe Änderung in der Zahl reagierender Individuen in diesen Dosisbereichen) groß, dies bedingt eine der maßgeblichen Unsicherheiten bei der Extrapolation der nach hohen Dosen beobachteten Wirkungen auf sehr niedrige Dosen. Die aus statistischen Gründen minimal möglichen Fehler der Messwerte sind durch die gestrichelten Linien in Abbildung 1.8 angedeutet (siehe auch Kapitel 11).

Bei Auftragung der Daten aus dem Toxizitätsversuch in Abbildung 1.5 kann man den LD_{50}-Wert erhalten, indem man eine horizontale Linie von Probit 5 zur Dosis-Achse zieht und am Schnittpunkt eine senkrechte Linie fällt. Das gleiche Verfahren lässt sich zur Bestimmung der zur Tötung von 5 % des Kollektivs nötigen Dosis anwenden. Dieser liegt für unsere hypothetische Substanz bei 1,4 mg/kg.

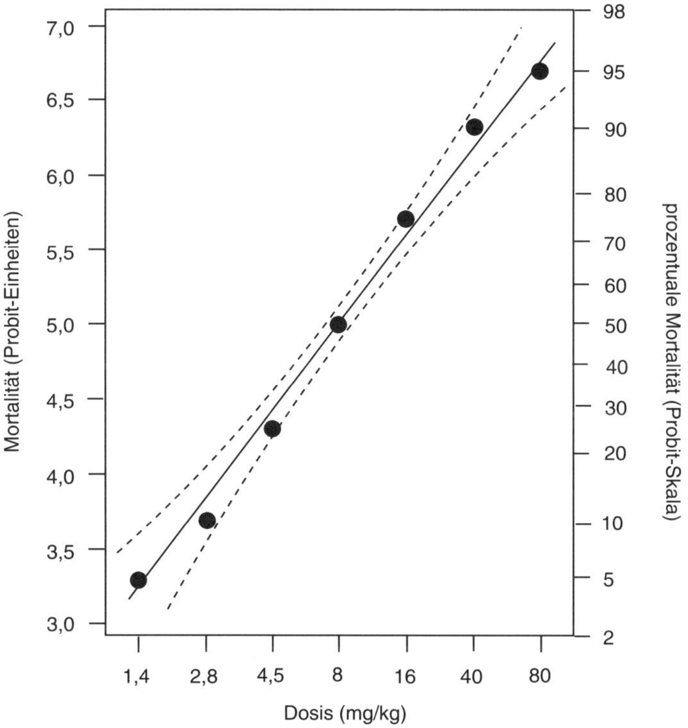

1.8 Darstellung der Ergebnisse des Versuchs aus Abbildung 1.5 in der Probit-(*probability units*-) Skala. Die gestrichelten Linien geben die minimal mögliche Streuung der Daten an.

Aus Probit-Transformationen lässt sich anhand der Steigung der Dosis-Wirkungs-Kurve (Abbildung 1.9) auch vergleichend die relative Wirkungsstärke von Substanzen ablesen. Stoff A und Stoff B in der Abbildung haben zwar einen identischen LD_{50}-Wert (10 mg/kg), unterscheiden sich aber im Verlauf der Dosis-Wirkungs-Kurven. Für Stoff A ergibt sich ein steiler Verlauf; bei Halbierung der LD_{50}-Dosis zeigen weniger als 5 % der mit dem Stoff behandelten Tiere einen Effekt, während bei gleicher Dosis von Stoff B noch ungefähr 30 % der Tiere betroffen sind. Der Verlauf der Dosis-Wirkungs-Beziehungen hat einen wichtigen Einfluss auf die Bewertung der Toxizität eines Stoffes und hängt von den Mechanismen der toxischen Wirkung ab. Bei Stoffen mit einer steilen Dosis-Wirkungs-Kurve, die als Arzneimittel eingesetzt werden, bringt schon eine kleine Erhöhung der Dosis ein Vergiftungsrisiko mit sich; interindividuelle Unterschiede in der Empfindlichkeit müssen bei der Beurteilung dieser Stoffe nur wenig berücksichtigt werden. Andererseits reagiert bei Stoffen mit einer flachen Dosis-Wirkungs-Kurve schon nach Aufnahme geringer Mengen der empfindliche Teil der Bevölkerung mit Vergiftungserscheinungen. Der Verlauf der Dosis-Wirkungs-Beziehungen und mögliche Gefährdungen besonders empfindlicher Menschen müssen daher in die Beurteilung eingehen.

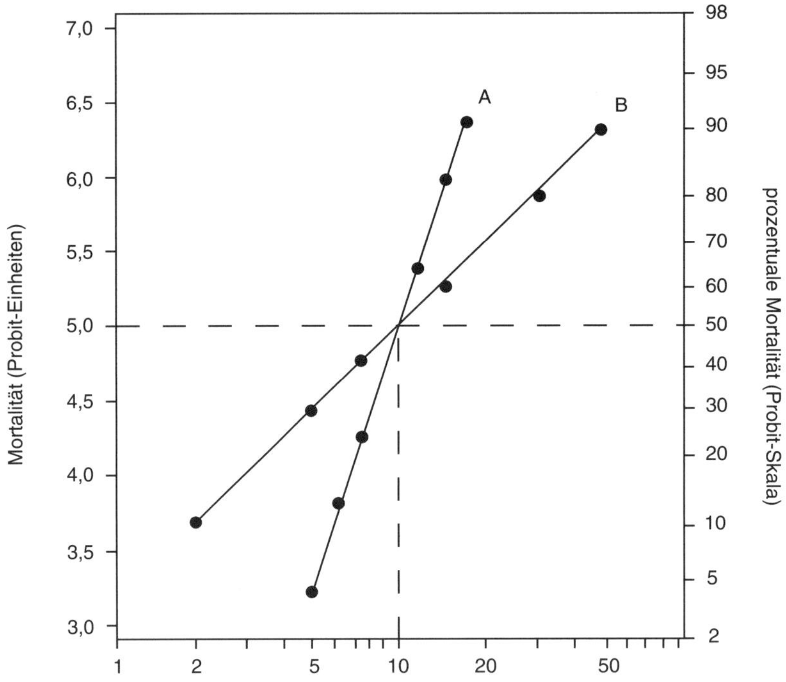

1.9 Vergleich der Dosis-Wirkungs-Kurven von zwei Stoffen mit identischen LD_{50}-Werten in der Probit-Skala.

1.6 Chronische Intoxikation

Bei chronischer Aufnahme eines Stoffes können auch Dosen, die nach einmaliger Aufnahme keine toxische Wirkung zeigen, nach ausreichend langer Exposition zu Schadwirkungen führen. Chronisch toxische Wirkungen sind oft auf Kumulationseffekte zurückzuführen. Dabei kann sowohl der toxische Stoff als auch der biologische Effekt kumulieren (Substanz- und Effektkumulation). Substanzkumulation tritt auf, wenn pro Zeiteinheit mehr Stoff zugeführt wird als durch Eliminationsvorgänge ausgeschieden werden kann. Da auch die Stoffelimination von der Konzentration im **Plasma** abhängig ist, stellt sich nach mehrmaliger Gabe ein Gleichgewicht zwischen Aufnahme und Ausscheidung ein (Abbildung 1.10). Die Gleichgewichtskonzentration ist stoffabhängig. Manche Stoffe sind schlecht ausscheidbar oder reichern sich in Speichergeweben wie Fett oder Knochen an. In diesen Speichergeweben gelagerte Stoffe zeigen oft keine toxischen Effekte. Erst nach Absättigung der Speichergewebe treten Wirkungen auf, deren Intensität dann mit den Plasmaspiegeln des Stoffes korreliert ist. Die Effektkumulation wird im folgenden Abschnitt beschrieben.

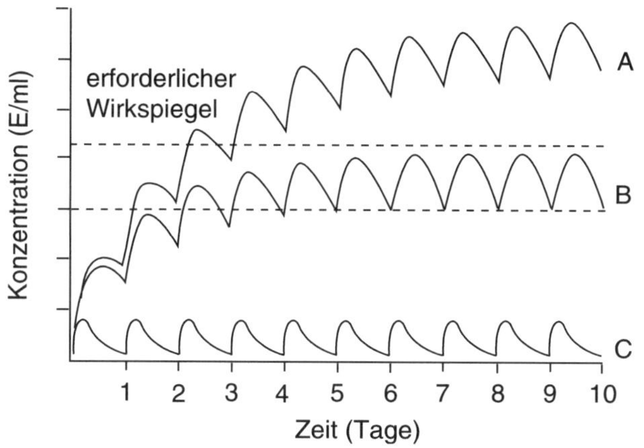

1.10 Kumulation eines Fremdstoffes bei kontinuierlicher Aufnahme unterschiedlicher Dosen und langsamer Ausscheidung (Kurven A und B). In den Kurven A und B übertrifft die Aufnahmegeschwindigkeit die Aussscheidungsgeschwindigkeit, es kommt zur Kumulation des Stoffes. In Kurve C wird pro Zeiteinheit genauso viel Stoff zugeführt, wie durch Eliminationsvorgänge ausgeschieden wird. Als Maß für die Stoffkonzentration im Organismus wurden die Konzentrationen des Stoffes im Plasma gemessen; E = willkürliche Einheiten.

1.7 Dosis-Wirkungs-Beziehungen bei Summationsgiften

Bei den irreversiblen Wirkungen von „Summationsgiften" können unterschiedliche Gesetzmäßigkeiten in den Dosis-Wirkungs-Beziehungen erwartet werden. Wegen der im Extremfall völlig irreversiblen Bindung von „Summationsgiften" an das Rezeptormolekül können die Wirkungen solcher Stoffe kumulieren. Bei gleichmäßig fortgesetzter Einwirkung ergibt sich eine Dosis-Zeit-Beziehung, bei der die Wirkung des Stoffes der über den Belastungszeitraum aufgenommenen Gesamtdosis entspricht. Stoffe, die diesen Dosis-Wirkungs-Beziehungen unterliegen, werden auch *cxt-Gifte* (c = Konzentration, t = Zeit der Einwirkung) genannt. Zu dieser Gruppe gehören zum Beispiel viele gentoxische chemische **Kanzerogene** (Kapitel 3.2). Bei „Summationsgiften" ist die erzielte Wirkung im Prinzip nicht von der Staffelung der Einzeldosen (Dosierungsintervall) abhängig; das Ausmaß der Wirkung wird von der Gesamtdosis bestimmt.

Bei „Konzentrationsgiften" kann man wegen der Reversibilität der Interaktionen wirkungsfreie Dosen beobachten; bestimmte Dosen des Stoffes sind notwendig, um messbare Effekte zu erzeugen. Daher lassen sich bei reversiblen Wirkungen auch „Schwellenwerte" definieren. Bei „Summationsgiften" hingegen können Schwellenwerte theoretisch nicht bewiesen werden. Der Verlauf der Kurven im sehr niedrigen Dosisbereich, der für den Menschen meist relevant ist, lässt sich nicht sicher extrapolieren, da auch bei Verwendung sehr großer Tierkollektive die gemessenen Änderungen zu gering sind. Diese Probleme beruhen auf dem großen Fehlerbereich der Probit-Transformation. Trotz langer Expositionen kann bei niedrigen Dosen infolge von Reparaturprozessen auch bei „Summationsgiften" eine wirkungsfreie Zone auftreten, die als „Schwellenkonzentration" gelten kann.

Exkurs 1.4: Wichtige Begriffe in der Toxikologie

Dieser Exkurs klärt die Definitionen wichtiger Begriffe, die zum Verständnis toxikologischer Fragen und gesetzlicher Regelungen zum Umgang mit toxischen Stoffen (Kapitel 12) notwendig sind.

»Die *Maximale Arbeitsplatzkonzentration* (MAK) ist die Konzentration eines Stoffes in der Luft am Arbeitsplatz, bei der im Allgemeinen die Gesundheit der Arbeitnehmer nicht beeinträchtigt wird.«[1]

Der MAK-Wert ist die höchstzulässige Konzentration eines Gefahrstoffes als Gas, Dampf oder Schwebstoff in der Luft am Arbeitsplatz, die nach dem gegenwärtigen Stand der Kenntnis auch bei wiederholter und langfristiger, in der Regel täglich achtstündiger Exposition bei einer durchschnittlichen Wochenarbeitszeit von 40 Stunden im Allgemeinen die Gesundheit der Beschäftigten nicht beeinträchtigt und diese nicht unangemessen belästigt. Die MAK-Werte dienen dem Schutz der Gesundheit am Arbeitsplatz. Sie werden für gesunde Personen im arbeitsfähigen Alter aufgestellt, wobei nach Möglichkeit die unterschiedliche Empfindlichkeit des arbeitsfähigen Menschen berücksichtigt wird. Die Überwachung der MAK-Werte kann durch Messungen der Konzentration des verwendeten Gefahrstoffes in der Luft am Arbeitsplatz erfolgen. Zusätzlich werden Analysen am biologischen Material (zum Beispiel im Blut und Harn) durchgeführt und ausgewertet.

»Der *Biologische Arbeitsplatztoleranzwert* (BAT) ist die Konzentration eines Stoffes oder seines Umwandlungsproduktes im Körper oder die dadurch ausgelöste Abweichung eines biologischen Indikators von seiner Norm, bei der im Allgemeinen die Gesundheit der Arbeitnehmer nicht beeinträchtigt wird.«[1]

Dieser BAT-Wert ist – vereinfacht ausgedrückt – die beim Menschen höchstzulässige Konzentration eines Gefahrstoffes (meist im Blut oder Harn gemessen), die nach dem gegenwärtigen Stand der wissenschaftlichen Kenntnis im Allgemeinen die Gesundheit der Beschäftigten auch dann nicht beeinträchtigt, wenn sie durch Einflüsse des Arbeitsplatzes erzielt wird. BAT-Werte dienen im Rahmen ärztlicher

1 Gefahrstoffverordnung

Vorsorgeuntersuchungen dem Schutz der Gesundheit am Arbeitsplatz.

»Die *Technische Richtkonzentration* (TRK) ist die Konzentration eines Stoffes in der Luft am Arbeitsplatz, die nach dem Stand der Technik erreicht werden kann.«[1]

Für erbgutverändernde Gefahrstoffe werden MAK-Werte nicht festgelegt. Da bestimmte krebserzeugende Stoffe technisch unvermeidlich sind, benötigt man Richtwerte für Schutzmaßnahmen und für die messtechnische Überwachung. Technische Richtkonzentrationen sind keine MAK-Werte, denn auch bei deren Einhaltung ist eine Gesundheitsgefährdung nicht vollständig auszuschließen. Unter der Technischen Richtkonzentration eines gefährlichen Stoffes versteht man diejenige Konzentration als Gas, Dampf oder Schwebstoff in der Luft, die als Anhaltspunkt für die zu treffende Schutzmaßnahme und für die messtechnische Überwachung am Arbeitsplatz heranzuziehen ist.

»Die *Auslöseschwelle* ist die Konzentration eines Stoffes in der Luft am Arbeitsplatz oder im Sinne des Biologischen Arbeitsplatztoleranzwertes (BAT) im Körper, bei deren Überschreitung zusätzliche Maßnahmen zum Schutze der Gesundheit erforderlich sind.«[1]

ADI-Werte (*acceptable daily intake*) sind ähnlich den MAK-Werten definiert und werden hauptsächlich für Nahrungsmittelzusatz- und Inhaltsstoffe (zum Beispiel Pestizide) aufgestellt. Auch ADI-Werte sind so festgelegt, dass nach Stand der wissenschaftlichen Kenntnis die lebenslange Aufnahme keine gesundheitsschädigenden Effekte auslösen darf.

Aus Dosis-Wirkungs-Beziehungen lassen sich für Stoffe mit reversibler Wirkung *lowest observed adverse effect levels* (**LOAEL**; Dosis, bei der erste toxische Effekte des Stoffes beobachtet werden) ableiten. Die Dosis, unterhalb derer keine Wirkung messbar ist, wird als *no observable adverse effect level* (**NOAEL**; Dosis, bei der keine Toxizität beobachtet wird) bezeichnet. Die NOAEL-Dosis muss allerdings nicht gleich dem *no effect level* (**NEL**; Dosis, bei der kein Effekt auftritt) sein, da möglicherweise Schadwirkungen aufgrund zu kleiner Kollektive oder zu unempfindlicher Messmethoden nicht entdeckt werden.

Der *margin-of-safety*-(MOS-)Wert zeigt den Unterschied zwischen einer tatsächlichen Exposition (ermittelt oder berechnet) und dem niedrigsten NOAEL der entsprechenden Substanz im Versuchstier. Beispielsweise liegt der MOS-Wert für eine Substanz mit einem NOAEL von 100 mg/kg und einer ermittelten Exposition von 1 mg/kg bei 100.

Der Begriff *margin of exposure* (MOE) wird verwendet, um Unterschiede zwischen den im Tierversuch wirksamen Dosen einer Substanz und der tatsächlichen Exposition des Menschen zu definieren, falls keine weiteren aussagekräftigen toxikologischen Daten zur Verfügung stehen.

Bei allen Applikationsformen, bei denen die aufgenommene Dosis gut abschätzbar ist (orale Gabe, Gabe in die Bauchhöhle), kann die effektive Dosis bestimmt werden. Die LD_{50} ist die Dosis eines Stoffes, die nach Applikation den Tod der Hälfte der Versuchstiere erwarten lässt. Sie wird, jedenfalls in den gesetzlichen Regelwerken, ausgedrückt in Milligramm pro Kilogramm Körpergewicht (mg/kg). Die Bezeichnung LD_{50} wird zwar auch bei Toxizitätsuntersuchungen nach Applikation auf die Haut angegeben; da in diesem Fall die effektive systemische Dosis nicht bekannt ist, ist die Bezeichnung LD_{50} nicht zutreffend.

Bei Inhalation gasförmiger Stoffe ist die vom Tier aufgenommene Dosis nur schwer bestimmbar; daher wird hier die für 50 % der Versuchstiere tödliche Konzentration des Stoffes in der Gasphase (LC_{50}) verwendet. Da dieser Wert zeitabhängig ist, müssen zum Vergleich von LC_{50}-Werten die Belastungszeiten identisch sein. In Untersuchungen zur Kanzerogenität von Chemikalien bezeichnet man die Dosis, die bei 50 % der verwendeten Tiere einen Tumor erzeugt, als *TD_{50}-Wert*.

1 Gefahrstoffverordnung

Weiterführende Literatur

Ballantyne B, Marrs T, Turner P (Hrsg.) (1993) General and Applied Toxicology. Macmillan Press, New York

Forth W, Henschler D, Rummel W, Förstermann U, Starke K (Hrsg.) (2001) Allgemeine und spezielle Pharmakologie und Toxikologie. 8. Aufl, Urban & Fischer, München

Hardman JG, Limbird LE (Hrsg.) (2001) Goodman and Gilman's The Pharmacological Basis of Therapeutics. 10. Aufl, McGraw-Hill, New York

Hayes WA (Hrsg.) (2001) Principles and Methods in Toxicology. 3. Aufl, Raven Press, New York

Klaassen CD (Hrsg.) (2001) Casarett and Doull's Toxicology. The basic science of poisons. 6. Aufl, McGraw-Hill Medical Publishing Division, New York

Loomis TA, Hayes AW (1996) Loomis's Essentials of Toxicology. Academic Press, San Diego

Marquardt H, Schäfer SG (Hrsg.) (2004) Lehrbuch der Toxikologie. 2. Aufl, Wissenschaftliche Verlagsgesellschaft, Stuttgart

2 Quellen toxischer Stoffe und Formen der Exposition

Quellen toxischer Stoffe • Akute Vergiftungen • Chronische Vergiftungen • Luftverunreinigungen • Toxische Chemikalien in Nahrung und Trinkwasser

Alle chemischen Stoffe können toxische Wirkungen auslösen; wie stark diese ausfallen, ist immer eine Frage der Dosis. Akute Vergiftungen werden wegen der auffälligen Symptome gewöhnlich leicht erkannt und lassen sich oft einer spezifischen Stoffbelastung zuordnen; sie beruhen immer auf der (kurzzeitigen) Aufnahme größerer Stoffmengen oder sehr stark wirksamer Verbindungen. Aber auch nach chronischer Aufnahme können Krankheiten durchaus in ursächlichen Zusammenhang mit einer bestimmten Stoffbelastung gebracht werden, etwa am Arbeitsplatz oder nach Einnahme von Medikamenten (also einer Einwirkung definierter Stoffe in hohen Konzentrationen im Vergleich zu der Umweltbelastung).

Besonders bei kanzerogenen Verbindungen wird die Bedeutung der chronischen Stoffaufnahme für die Wahrscheinlichkeit, an Krebs zu erkranken, sehr kontrovers diskutiert. Durch moderne analytische Methoden lassen sich krebserzeugende Stoffe in der Umwelt schon in sehr niedrigen Konzentrationen nachweisen. Doch fast unweigerlich führt der Nachweis solcher Stoffe in der Umwelt zu einer „kritischen" Berichterstattung in der Presse, deren Seriosität und Wahrheitsgehalt vom Laien kaum überprüft werden kann. In den so ausgelösten öffentlichen Diskussionen übersehen auch die beteiligten Politiker häufig das Grundprinzip der Toxikologie, die Dosis-Wirkungs-Beziehung, und die Notwendigkeit der Aufnahme des Giftstoffes in den Organismus zur Auslösung toxischer Wirkungen.

Das Erkennen der Rolle von Schadstoffen für bestimmte Erkrankungen und die Abschätzung des Gesundheitsrisikos durch einzelne Stoffe in der Umwelt wird durch die gewaltige Zahl genutzter beziehungsweise natürlich vorkommender Chemikalien massiv erschwert. Derzeit befinden sich ungefähr 30 000 Stoffe in technischer Anwendung, und davon werden über 400 in Mengen von mehr als 100 000 Tonnen pro Jahr hergestellt. Meist sind nur Stoffe mit hohem Produktionsvolumen oder zulassungpflichtige Stoffe (Kapitel 12) hinsichtlich ihrer toxischen Wirkungen gut charakterisiert.

Die Zahl natürlicher Nahrungsbestandteile, die in erheblichem Umfang in den menschlichen Körper gelangen (und die ebenfalls chemische Stoffe darstellen), ist sehr groß. Viele über die Nahrung aufgenommene Substanzen – sowohl natürliche Inhaltsstoffe der Nahrungsmittel wie auch bei deren Zubereitung entstehende Verbindungen –

sind weder in ihrer Struktur aufgeklärt noch auf ihre chronischen toxischen Wirkungen untersucht. Wegen der Bedeutung der Ernährung und damit der Nahrungsinhaltsstoffe für die Auslösung und den Verlauf chronischer Erkrankungen und Krebs (Kapitel 9) ist zu erwarten, dass man im Zuge der weiteren Erforschung der Wirkungen von Nahrungsinhaltsstoffen bedeutsame Belastungen mit Schadfolgen aufklären wird. Ein Beispiel dafür ist der Nachweis von Acrylamid in erhitzten Lebensmitteln (die Toxikologie von Acrylamid ist in Kapitel 9 beschrieben).

2.1 Akute Vergiftungen

Die Inzidenz akuter Vergiftungen in der Bundesrepublik Deutschland lässt sich nur unvollständig abschätzen. Die Zahl tödlicher Vergiftungen in Deutschland beläuft sich auf ungefähr 2 000 Fälle pro Jahr. An erster Stelle der Vergiftungsursachen stehen bei Erwachsenen Arzneimittel und bei Kindern im Haushalt verwendete Chemikalien und Arzneimittel; Chemikalien am Arbeitsplatz und Anwendung von Pestiziden spielen eine geringe Rolle. Eine genauere Aufschlüsselung der Vergiftungsursachen in der Bundesrepublik findet sich in Kapitel 6.

2.1.1 Immer wieder kommt es zu Unfällen beim bewussten Umgang mit toxischen Chemikalien

Unfälle beim bewussten Umgang mit toxischen Stoffen ereignen sich am Arbeitsplatz und nach Betriebsstörungen in Produktions- und Verarbeitungsanlagen. Absichtlich werden Gifte zum Zweck des Mordes oder Selbstmordes eingesetzt. Ein selten auftretendes, aber ernstes Problem stellen durch Explosion oder andere Störfälle bedingte Freisetzungen großer Giftstoffmengen dar (Tabelle 2.1). Trotz moderner Sicherheitstechnik haben solche Unfälle häufig zu Massenvergiftungen geführt, bei denen die Anzahl der zu behandelnden Opfer oft das größte Problem darstellt. Je nach **Persistenz** des Stoffes in der Umwelt und seiner Ausbreitung sind hier auch Übergänge von akuter zu chronischer Schädigung durch Rückstände möglich. Viele der in Tabelle 2.1 genannten Unfälle ereigneten sich wegen unzureichender Sicherheitsmaßnahmen (Bhopal) oder Anwendung besonders gefährlicher Prozesse. Allerdings können auch unter normalen Umständen sichere Produktionsprozesse zu Unfällen führen; die auslösenden Faktoren lassen sich meist trotz fortschreitender sicherheitstechnischer Analysen nicht vorhersehen und daher nicht ausschließen. Unfälle mit Freisetzung toxischer Chemikalien haben wegen der schwerwiegenden Folgen oft zur Einführung von Sicherheitsmaßnahmen und -verordnungen beigetragen.

Auch das Halten von giftigen Tieren (z. B. Giftschlangen und Skorpione als Hobby) und der Genuss von Giftpflanzen und -tieren sind unter „bewusstem Umgang mit toxischen Chemikalien“ zu erwähnen und führen immer wieder zu Vergiftungen. Als Beispiel für die bewusste Inkaufnahme eines Vergiftungsrisikos mit Todesfolge sei der in Japan als Delikatesse geltende Fugufisch genannt. Diese Kugelfischart enthält das sehr wirksame Peptidgift Tetrodotoxin (zu Struktur und Wirkungsmechanismen siehe Ab-

Tabelle 2.1: Einige Chemieunfälle mit Freisetzung größerer Mengen an toxischen Stoffen

Ort	Jahr	Vergiftung auslösender Stoff	Herkunft	Folgen
Hamburg	1928	Phosgen	Lager	10 Tote, 7 200 Verletzte
Seveso, Italien	1976	Tetrachlordibenzodioxin	Produktion von 2,4,5-Trichlorphenol	10 000 Evakuierte
Chicago, USA	1978	Schwefelwasserstoff	Leck eines Tankers	8 Tote, 29 Verletzte
London, Großbritannien	1980	Cyanid	Produktion	4 000 Evakuierte
Fitchburg, USA	1982	Vinylchlorid	Produktion	3 000 Evakuierte
Bhopal, Indien	1984	Methylisocyanat	Produktion	über 2 500 Tote, über 3 000 Erkrankte

schnitt 9.3.3). Der Fisch darf nur von speziell ausgebildeten Köchen zubereitet werden, doch trotz dieser Vorsichtsmaßnahme gibt es in Japan mehrere Dutzend Todesfälle pro Jahr, die auf unsachgemäße Zubereitung von Kugelfischen zurückzuführen sind.

Oft ist sich der Verbraucher möglicher Gefahren durch toxische Chemikalien nicht bewusst 2.1.2

Ein großer Teil der akuten Vergiftungen in der Bundesrepublik wird durch Chemikalien verursacht, die für Anwendungen im Haushalt verfügbar sind. Am häufigsten sind davon Kinder betroffen. Zahlreiche Haushaltschemikalien enthalten Säuren oder Laugen und wirken stark ätzend (Tabelle 2.2); bei Mischung verschiedener Reiniger können toxische Stoffe (z. B. Chlorgas) freigesetzt werden. Auch Lösungsmittelvergiftungen treten auf.

Tabelle 2.2: Gefährliche Stoffe im Haushalt, deren absichtliche oder unabsichtliche Aufnahme zu Vergiftungen führen kann

Art der Stoffe	Beispiele
säurehaltige Haushaltsprodukte	Entkalker, WC-Reiniger, Batterien, Rostentferner
laugenhaltige Haushaltsprodukte	Abflussreiniger, Ablaugemittel, Backofen- und Grillreiniger, Bleichmittel, Geschirrspülmaschinenreiniger
Detergenzien	Geschirrspülmittel, Waschmittel für Textilien
Petroldestillate	Bodenpflegemittel, Holzschutzmittel, Holzveredlungsmittel, Holzbeizen, Möbelpflegepolituren, Anzündprodukte, Autopolituren, Lampenöl
Ethylenglykol	Frostschutzmittel

2.2 Chronische Vergiftungen

Chronische Vergiftungen entstehen durch lang andauernde Aufnahme von Schadstoffen.Beim Umgang mit potenziell toxischen Stoffen am Arbeitsplatz kann man zwischen bewusster und unbewusster Exposition gegenüber toxischen Verbindungen unterscheiden; die Unterscheidung ist jedoch keineswegs absolut, da das Bewusstsein über die Giftwirkung eines Stoffes in der Bevölkerung stark unterschiedlich ist. Bei chronischem Kontakt mit toxischen Stoffen am Arbeitsplatz ist die Kenntnis einer möglichen Gefährdung gewöhnlich vorhanden. Dementsprechend ergreift man wirksame Maßnahmen zur Minderung der Exposition und Gefährdung.

Während hinsichtlich der Produktion und der Verarbeitung von Chemikalien ein Gefährdungsbewusstsein entstanden ist, mangelt es noch am Schutz der Endverbraucher vor chemischen Stoffen. Dem Nutzer sind die in vielen Endprodukten enthaltenen Chemikalien nicht bekannt, und infolge des fehlenden Wissens über toxische Wirkungen nimmt er potenzielle Gefährdungen nicht wahr. Die Kennzeichnungspflicht von Chemikalien nach dem Chemikaliengesetz (Kapitel 12) soll dem Verbraucher Kenntnisse zur Giftigkeit von Endprodukten vermitteln.

Auch der Begriff der bewussten Exposition ist relativ; als Beispiel kann die toxische Wirkung von Vinylchlorid und Asbest dienen. Bis zur Aufdeckung der krebserzeugenden Eigenschaften dieser Stoffe galten beide als wenig toxisch; dementsprechend war nur ein geringes Gefährdungsbewusstsein vorhanden. Zur Vinylchloridproduktion genutzte Kessel wurden ohne Atemschutz gereinigt; selbst äußerst stark wirksame Asbestformen bearbeitete man ohne Schutzmaßnahmen.

Zur Kategorie des bewussten Umgangs mit toxischen Verbindungen gehört auch die Aufnahme von Genussgiften. Hier ist vor allem der Genuss alkoholischer Getränke und das Rauchen zu nennen (Kapitel 8). Der Tabakrauch führt beim Raucher zu einer Exposition gegenüber potenziell gesundheitsschädigenden Chemikalien, die jegliche andere Stoffbelastung bei weitem übertrifft.

2.3 Unfreiwillige Exposition mit potenziell chronischen Wirkungen

2.3.1 ■ Luftverunreinigungen können als Gase, Dämpfe oder Schwebstoffe vorliegen und werden vor allem inhaliert

Unter den verschiedenen Umweltproblemen nimmt die Luftverschmutzung im Medieninteresse den breitesten Raum ein. Zu Luftverunreinigungen tragen Immissionen von Industrie, Energieerzeugung, Kraftfahrzeuge und Hausbrand bei. Verunreinigt wird die Luft zum einen durch feste Partikel wie Asche und Ruß. Diese können sich als Schwebstoffe lange in der Atmosphäre halten und weit verteilen. Sie können auch als Träger von adsorbierten Flüssigkeiten dienen; beispielsweise hat an Staubpartikel adsorbierte Schwefelsäure, die durch Oxidation und Hydrolyse aus Schwefeldioxid entsteht, eine sehr starke Reizwirkung auf den Atemtrakt. Den Schwebstoffen stehen gasförmige Verunreinigungen gegenüber, die meist in geringer Konzentration vorliegen.

Die wichtigsten Gase, die zur Luftverschmutzung beitragen, sind Stickoxide, Schwefeldioxid und Ozon. Die Toxikologie der einzelnen Luftschadstoffe ist ausführlich in Kapitel 7 beschrieben.

Industrielle Prozesse spielen als Quelle für diese Allgemeinluftverunreinigungen nur bei wenigen Stoffen eine wichtige Rolle; sie tragen hauptsächlich zur Belastung mit Lösungsmitteln bei. Aufgrund gesetzlicher Auflagen und der Überwachung ihrer Einhaltung haben Verunreinigungen der Luft durch technische Prozesse und die Energieerzeugung in der Bundesrepublik Deutschland kontinuierlich abgenommen.

Die Emission von Schwefeldioxid und Kohlenmonoxid aus gewerblichen Quellen ist durch Gesetze erfolgreich reduziert worden. Dagegen haben die verkehrsbedingten Emissionen von Kohlenmonoxid und Stickoxiden trotz gesetzlicher Regelungen nur teilweise abgenommen. PKW-, Bahn- und Flugverkehr tragen maßgeblich zur Emission von Stickoxiden und Kohlenwasserstoffen bei. Durch die Einführung des Katalysators im Ottomotor und Richtlinien zur Schadstoffemission von Dieselmotoren sind zwar die vom einzelnen Fahrzeug abgegebenen Schadstoffenmengen in verschiedenen Bereichen massiv reduziert worden, diese Reduktion wurde aber teilweise durch erhöhte Fahrleistungen wieder aufgehoben, besonders beim Schwerlastverkehr.

Weder die in die Umwelt abgegebenen Mengen an Schadstoffen noch die in der Außenluft gemessenen Konzentrationen sind gleichbedeutend mit den vom Menschen aufgenommenen Mengen. Da der Mensch sich einen Großteil seines Lebens in Gebäuden aufhält, stellt auch die Belastung von Innenräumen mit Schadstoffen einen bedeutsamen Faktor für potenzielle Gesundheitsrisiken dar. In Innenräumen finden sich Stoffe wie Formaldehyd und oft auch Benzen und Stickoxide (Tabelle 2.3).

Zur Verunreinigung der Innenraumluft tragen Heizquellen, Lösungsmittel, Ausdünstungen aus Möbeln sowie Chemikalien aus Farben und Klebstoffen bei. Die Hauptursache bildet allerdings der Tabakrauch. Durch Zigarrettenrauch können in Innenräumen weit höhere Schadstoffkonzentrationen als in der Außenluft entstehen: Das krebserzeugende Benzo[a]pyren liegt in stark verrauchten Innenräumen in Konzentrationen zwischen 20 und 60 ng/m^3 vor, während die Außenluftkonzentrationen üblicherweise zwischen 1 und 3 ng/m^3 betragen. Auch die Konzentrationen an Formaldehyd (aus Tabakrauch) überschreiten die Richtwerte teilweise massiv. Das durch Passivrauchen in Innenräumen induzierte Krebsrisiko wird nur von Radon übertroffen. Radon entsteht durch den Zerfall radioaktiver Übergangsmetalle in Gesteinen, die auch beim Hausbau verwendet werden. Das durch radioaktiven Zerfall neu gebildete Radon diffundiert aus den Mauern und reichert sich besonders in Kellerräumen oder schlecht gelüfteten Wohnräumen an.

Tabelle 2.3: Größenordnung des Verhältnisses zwischen mittlerer Innen- und Außenluftkonzentration für ausgewählte anorganische und organische Luftverunreinigungen

Stoff	Innen/Außen-Verhältnis	Bemerkungen
Schwefeldioxid	0,1–0,5	steigt mit fallender Außenluftkonzentration
Kohlenmonoxid	≤ 1 1–5	ohne CO-Quelle innen mit CO-Quelle innen
Stickoxide (berechnet als NO_2)	0,5–1 2–5	ohne NO_2-Quelle innen mit NO_2-Quelle innen
Schwebstaub	1 > 2	ohne Tabakrauch mit Tabakrauch
Asbest	< 1 1–3	ohne Asbestquellen innen mit Asbestquellen innen
Formaldehyd	10	
aliphatische Kohlenwasserstoffe	2–5	übliche Werte
Benzen	1–5	mit Tabakrauch manchmal noch höher
PAH (polyzyklische aromatische Kohlenwasserstoffe)	0,5 bis > 10	ohne Tabakrauch innen mit Tabakrauch innen

*Modifiziert nach Wichmann et al., 1992–2002.

2.3.2 Viele – auch natürliche – Inhaltsstoffe der Nahrung können toxisch wirken

Pestizidrückstände

Pestizidrückstände in Lebensmitteln haben eine starke Beachtung in der Öffentlichkeit gefunden. Die Lebensmittelbelastung mit Pestiziden zeigt aber eine rückläufige Tendenz. Als Pestizidrückstände kommen wegen ihrer Persistenz und guten Fettlöslichkeit hauptsächlich Organochlorverbindungen infrage (die Toxikologie von Pestiziden ist in Kapitel 7 dargestellt). Ihre Anwendung als Pestizide ist in der Bundesrepublik lange verboten; die Exposition ist zwar noch messbar, geht aber kontinuierlich zurück. Wegen ihrer Fettlöslichkeit lagern sich diese Stoffe unter anderem im Fettgewebe ein und werden mit der Muttermilch wieder abgegeben. Die Ausscheidung über die Muttermilch kann daher repräsentative Aussagen über die Exposition der Bevölkerung liefern (Abbildung 2.1).

Bei routinemäßigen Überprüfungen von Lebensmitteln stellte man zusätzlich fest, dass der Gehalt an Pflanzenschutzmittelrückständen die erlaubten Höchstmengen maximal in 5 % der untersuchten Proben überschritt. Allerdings ist ein Überschreiten die-

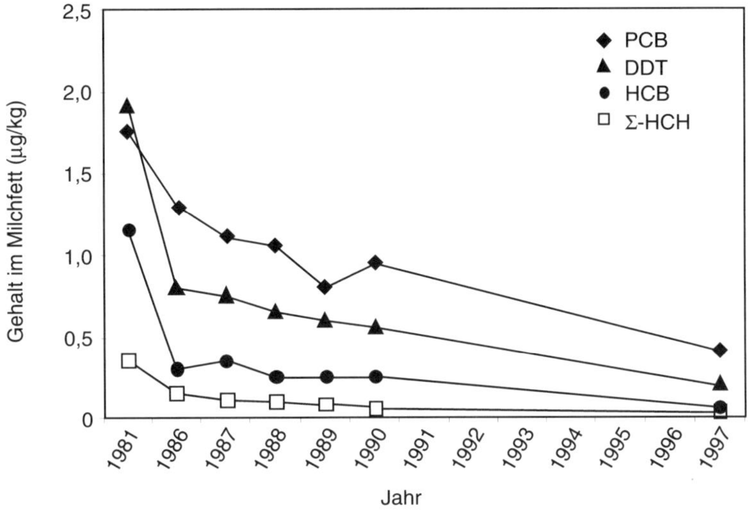

2.1 Zeitliche Veränderung der Gehalte an Organochlorverbindungen in Frauenmilchfett in den alten Bundesländern. PCB = Summe der polychlorierten Biphenyle und Metabolite, DDT = 1,1,1-Trichlor-2,2-(*p*-chlorphenyl)ethan und Metabolite, HCB = Hexachlorbenzol, Σ–HCH = Summe der Hexacyclohexanisomere.

ser Höchstwerte noch nicht mit einem gesundheitlichen Risiko verbunden, da die festgelegten Höchstmengen deutlich unter den zulässigen täglichen Aufnahmewerten liegen (zu Definitionen der ADI-Werte siehe Kapitel 1).

Natürliche Nahrungsinhaltsstoffe

Die natürlichen Bestandteile der vom Menschen aufgenommenen Nahrung bestimmen wesentlich den Gesundheitsstatus des Einzelnen. Falsche Ernährung ist zum Beispiel einer der wichtigsten Krebsrisikofaktoren (Kapitel 3). Die Nahrung des Menschen ist ein Gemisch sehr vieler Verbindungen; sie enthält sowohl niedermolekulare Stoffe als auch verschiedenartigste Makromoleküle. Die meisten Einzelstoffe sind natürlichen Ursprungs, einige werden zur Geschmacksverbesserung oder Stabilisierung der Nahrung absichtlich zugesetzt.

Lebensmittelzusatzstoffe werden schon sehr lange verwendet; das älteste Beispiel ist die Zugabe von Salz und von Gewürzen zur Geschmacksverbesserung beziehungsweise Haltbarmachung von Lebensmitteln. Definierte Lebensmittelzusatzstoffe kommen seit ungefähr 100 Jahren zum Einsatz. Gegenwärtig sind mehr als 2000 verschiedene Substanzen als Lebensmittelzusatzstoffe zugelassen. Lebensmittelzusatzstoffe müssen vor der Anwendung auf ihre Toxizität getestet werden. Auf der Grundlage dieser Toxizitätsprüfungen werden – unter Berücksichtigung von Sicherheitsspannen – Höchstmengenverordnungen und ADI-Werte festgelegt (Exkurs 1.4).

In ihrer Bedeutung für potenzielle Gesundheitsrisiken unterschätzt werden in Lebensmitteln vorhandene natürliche Schadstoffe: bestimmte Pflanzeninhaltsstoffe, Stoffwechselprodukte von Bakterien oder Pilzen und toxische Umwandlungsprodukte, die bei der Zubereitung der Nahrung entstehen (Kapitel 9).

Viele als Nahrungsmittel genutzte Pflanzen enthalten in geringen Mengen zahlreiche weitere Verbindungen, die bei Untersuchung mit den üblichen toxikologischen Testverfahren im Versuchstier toxische und kanzerogene Wirkungen ausüben. Allein frisch gebrühter Kaffee enthält, wie durch gaschromatographische Analyse nachgewiesen wurde, über 800 flüchtige Chemikalien, deren Toxikologie überwiegend wenig bekannt ist (Tabelle 2.4).

Tabelle 2.4: Konzentration von natürlichen Inhaltsstoffen in pflanzlichen Nahrungsmitteln, die unter den Bedingungen von Kanzerogenitätsstudien in Nagern krebserzeugend sind

Nutzpflanze oder pflanzliches Nahrungsmittel	in Nagern krebserzeugender Inhaltsstoff	Konzentration in Lebensmitteln (μg/kg)
Petersilie	5- und 8-Methoxypsoralen	14
Pilze	*p*-Hydrazinobenzoat	11
Senf	Allylisothiocyanat	10 000–70 000
schwarzer Pfeffer	Limonen	8 000
Jasmintee	Benzylacetat	80
Kartoffeln, Weintrauben	Kaffeesäure	50–200
Kaffee	Catechol	100

Einige der in Pflanzen vorkommenden toxischen Verbindungen können als natürliche Pestizide angesehen werden, da sie der Pflanze zur Abwehr von Fraßfeinden dienen. Diese Problematik wird ausführlicher in Kapitel 9 behandelt. Auch Glykoside wie Amygdalin, das unter Cyanidfreisetzung zerfällt, kommen in Pflanzen vor und können in pflanzlichen Nahrungsmitteln enthalten sein. Strukturen und Wirkungen sind wieder in Kapitel 9 detailliert beschrieben.

Toxische Stoffwechselprodukte von Bakterien und Pilzen wie Aflatoxine, Fumonisin oder Ochratoxin A stellen eine weitere wichtige Nahrungsmittelbelastung (in erster Linie bei unsachgemäßer Lagerung) dar.

Bei der Zubereitung von Lebensmitteln durch Hitzeeinwirkung entstehen durch Zersetzung natürlicher Lebensmittelinhaltsstoffe ebenfalls viele potenziell toxische Produkte. Als Inhaltsstoffe in gebratener Nahrung hat man Benzen, Acrolein, Acrylamid, verschiedene polyzyklische aromatische Kohlenwasserstoffe, Furfural und Nitrosamine nachgewiesen. Alle diese Stoffe sind in Versuchstieren krebserzeugend (zu Strukturen und Wirkungen siehe Kapitel 7 und 9).

Auch über das Trinkwasser gelangen Schadstoffe in den Organismus 2.3.3

Schadstoffe können auch über das Trinkwasser aufgenommen werden. Hierbei sind durch landwirtschaftliche Prozesse eingetragene oder bei der Wasseraufbereitung entstehende Stoffe, Lösungsmittelrückstände sowie in den Trinkwasserquellen natürlich vorkommende Stoffe wie Schwermetalle bedeutsam.

Als Düngemittel verwendetes Nitrat gelangt in landwirtschaftlich intensiv genutzten Gegenden in das Grund- und Trinkwasser. Die Nitratkonzentrationen im Trinkwasser reichen teilweise aus, um bei Genuss größerer Mengen bei Kleinkindern eine **Methämoglobinämie** (Exkurs 7.2) auszulösen. Daher sollte bei hohem Nitratgehalt Trinkwasser nicht zur Bereitung von Babynahrung verwendet werden.

Bei der Chlorung von Trink- und Brauchwasser (z. B. in Schwimmbädern) entstehen chlorierte Verbindungen wie Chloroform, Tetrachlorkohlenstoff, chlorierte Carbonsäuren und Chlorphenole, die ebenfalls toxische Wirkungen auslösen können. Bei der Chlorung von Wasser können vorhandene Huminsäuren in mutagene chlorierte Furanone umgewandelt werden.

Große Probleme für die Trinkwasserqualität können in begrenzten Gebieten „Altlasten" wie beispielsweise ins Erdreich abgeflossene Lösungsmittel verursachen. Diese können sich über größere Grundwasservolumen verteilen und gelangen dadurch auch ins Trinkwasser.

Die Belastung mit Schwermetallen stellt in der öffentlichen Trinkwasserversorgung in der Bundesrepublik Deutschland kein Problem dar, da die Trinkwasserquellen routinemäßig daraufhin untersucht werden. Allerdings kann durch Bleirohre in Gebäuden auch bei Nutzung des öffentlichen Trinkwassers die Bleibelastung massiv erhöht werden. Die Aufnahme von schwermetallhaltigem Wasser aus Hausbrunnen oder auch Heilquellen (die manchmal hohe Konzentrationen an Schwermetallen enthalten) hat in etlichen Fällen zu chronischen Vergiftungen geführt. In Taiwan liegt die Arsenbelastung des Trinkwassers, das meist aus durch den hohen Arsengehalt des Gesteins kontaminierten Hausbrunnen gewonnen wird, einer chronischen Vergiftung („Schwarzfußkrankheit") zugrunde, die mit massiven Durchblutungsmängeln einhergeht und sich letztendlich in Degenerationserscheinungen und in schwarzen Verfärbungen der Beine äußert. Bei den Erkrankten wird auch eine erhöhte Krebsinzidenz beobachtet. (Die Toxikologie von Arsen ist in Abschnitt 7. 4 dargestellt.)

Weiterführende Literatur

Ames BN (1992) Pollution, pesticides, and cancer. *J AOAC Internat* 75: 1–5

Guilmette RA, Johnson NF, Newton GJ, Thomassen DG, Yeh HC (1991) Risks from radon progeny exposure: what we know, and what we need to know. *Annual Review of Pharmacology and Toxicology* 31: 569–601

Helferich W, Winter CK (Hrsg.) (2000) Food Toxicology. CRC Press, New York

Kaiser U (1993) Passivrauchen – Ein unterschätztes umweltmedizinisches Problem. *Bundesgesundheitsblatt* 11: 469–471

Nau H, Steinberg P, Kietzmann M (2002) Lebensmitteltoxikologie. Thieme, Stuttgart

Ramon JM, Serra L, Cerdo C, Oromi J (1993) Dietary factors and gastric cancer risk. A case-control study in Spain. *Cancer* 71: 1731–5

Wichmann HE, Schlipköter HW, Füllgraff G (Hrsg.) (1992–2002) Handbuch der Umweltmedizin. ECOMED Fachverlag, Landsberg

3 Mechanismen toxischer Wirkungen

Toxische Wirkungen auf zentrale Stoffwechselwege • Chemische Kanzerogenese • Tumorzellen • Phasen der Tumorentstehung • Genmutationen • Onkogene • Nicht gentoxische Kanzerogene

Toxische Stoffe üben ihre Wirkungen aus, indem sie mit zellulären Elementen reagieren und dadurch physiologische Strukturen und Funktionen beeinträchtigen. Für das Verständnis der vielfältigen Mechanismen der Toxizität sind deshalb Grundkenntnisse der Architektur und der wesentlichen physiologischen Prozesse der Zellen erforderlich (wie sie in vielen Lehrbüchern der allgemeinen Biologie vermittelt werden).

3.1 Akute und chronische Toxizität

Wenn ein Fremdstoff mit toxischem Potenzial einmalig in ausreichend hoher Dosis auf den lebenden Organismus einwirkt, kann mehr oder weniger sofort eine akute Vergiftung entstehen. Der Begriff Vergiftung bezieht sich gewöhnlich auf klinische Symptome, zum Beispiel Atemnot, Blutdruckabfall, Erbrechen, Durchfall und Blutungen. Dagegen spricht man von Toxizität, wenn man die Veränderungen auf Organebene oder in einzelnen Zellen betrachtet, etwa die Zerstörung der Plasmamembranintegrität, die Beeinträchtigung der Energieproduktion in den Mitochondrien oder Veränderungen des physiologischen Ionenmusters der Zelle.

Toxische Fremdstoffe greifen in zentrale physiologische Prozesse der Zelle ein 3.1.1

Zwischen den verschiedenen biochemischen Kaskaden gibt es zahlreiche Verknüpfungen. So kommt es im Zuge der Toxizitätsentwicklung – selbst bei Stoffen, die primär einen selektiven Angriffspunkt haben – zu vielfachen Störungen der physiologischen Prozesse. In Tabelle 3.1 sind Veränderungen zellulärer Parameter aufgeführt, welche für die Auslösung des Todes einzelner Zellen bedeutsam sind.

Tabelle 3.1: Veränderungen zellulärer Parameter und ihre toxischen Folgen

Erhöhung der intrazellulären Ca^{2+}-Konzentration	Erniedrigung der intrazellulären ATP-Konzentration	Modifikation von Proteinthiolen und Disulfiden
↓	↓	↓
Aktivierung Ca^{2+}-abhängiger degradierender Enzyme, Zerstörung von Zellmembranen und Cytoskelettelementen, DNA-Fragmentierung	Störung des zellulären Ionenmusters, Beeinträchtigung der Proteinsynthese	Störung der Funktion sulfhydrylabhängiger Proteine (z. B. Ionenpumpen, Cytoskelettelemente)

Calciumhomöostase

Durch viele toxische Prozesse wird eine Beeinträchtigung der **Calciumhomöostase** (Aufrechterhaltung der Calciumgleichsgewichtskonzentration) induziert. Die Calciumkonzentrationen in der Zelle unterliegen einer strikten Kontrolle. Im Cytosol sind sie geringer als 10^{-6} M, während sie im Extrazellulärraum 10^{-3} M betragen. Durch spezialisierte Calciumtransportmechanismen und Calciumspeicher kann die Zelle die Calciumkonzentrationen entsprechend den aktuellen Bedürfnissen regeln. Dadurch wird die Aktivität calciumabhängiger Proteine reguliert, welche wichtige Funktionen bei der Zellteilung, der Differenzierung und beim Wachstum haben. Auf der anderen Seite kann eine anhaltende Erhöhung der zellulären Calciumkonzentrationen im Rahmen toxischer Prozesse zu einer Aktivierung calciumabhängiger degradierender Enzyme führen. Dazu gehören calciumabhängige Proteasen, Lipasen und Endonucleasen.

Die Aktivierung der calciumabängigen nichtlysosomalen Proteasen induziert eine Beeinträchtigung von Struktur und Funktion des Cytoskeletts (Abbildung 3.1). Das Cytoskelett ist über spezifische Proteine in der Plasmamembran der Zelle verankert und trägt dadurch wesentlich zur Integrität der Membran bei. So kommt es bei der Zerstörung dieser Verknüpfungen zur Bildung von charakteristischen Vorstülpungen der Plasmamembran in den extrazellulären Raum, für die sich der Begriff *Plasmamembranbläschen* etabliert hat. Eine weitere Beeinträchtigung der Plasmamembranintegrität bei toxisch erhöhten Calciumkonzentrationen wird durch die Aktivierung von calciumabhängigen Phospholipasen hervorgerufen. Im Zellkern kommt es schließlich durch die unphysiologische Aktivierung von calciumabhängigen Endonucleasen zu einer vermehrten Bildung von DNA-Doppelstrangbrüchen. Dieser schwerwiegende Schaden kann Struktur und Funktion des Genoms so weit beeinträchtigen, dass die Zelle stirbt (Exkurs 3.1).

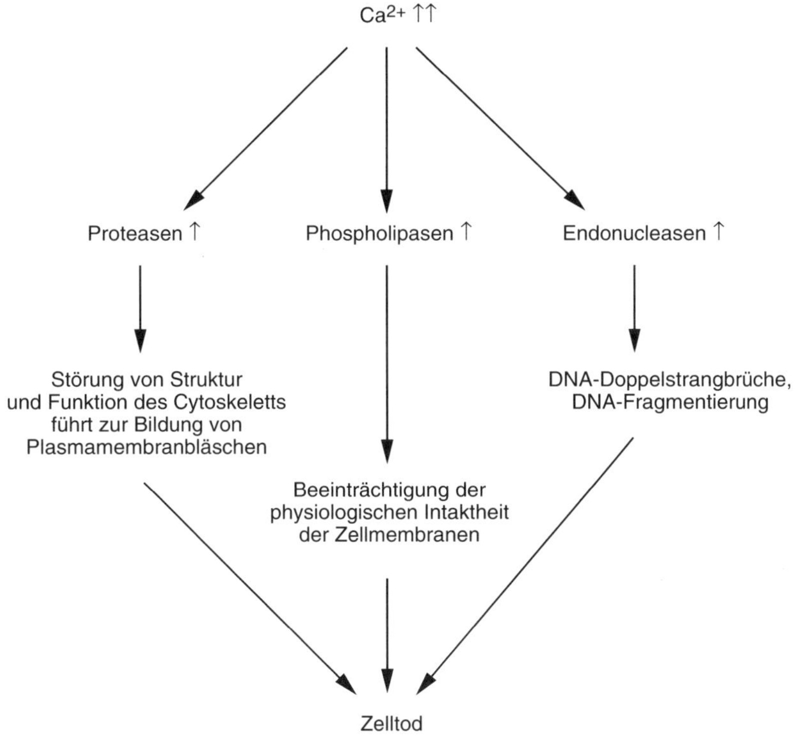

3.1 Calciumabhängige Mechanismen der Cytotoxizität: Anhaltende Erhöhung der zellulären Calciumkonzentrationen führt zur Aktivierung von calciumabhängigen degradierenden Enzymen und dadurch zur Zerstörung zellulärer Makromoleküle. Die nach oben zeigenden kleinen Pfeile kennzeichnen eine Konzentrations- beziehungsweise Aktivitätszunahme.

Abbau des zellulären ATP-Vorrats

Eine Verminderung der zellulären ATP-Konzentrationen durch Hemmung der für die ATP-Produktion verantwortlichen mitochondrialen Enzyme beeinflusst energieabhängige Prozesse. Einen besonderen Stellenwert hat die Beeinträchtigung der Funktion der Ionenpumpen in der Plasmamembran, der Na^+/K^+- und der Ca^{2+}-ATPase, weil sich dadurch das zelluläre Ionenmuster verändert. Außerdem wird ATP zur Proteinsynthese und zur Polymerisation der Mikrofilamente und damit zur Aufrechterhaltung des Cytoskeletts benötigt.

Modifikation von Proteinthiolen und Disulfiden

Proteinthiole und Disulfide spielen eine wichtige Rolle für Struktur und Funktion von vielen zellulären Proteinen. Sie stabilisieren die für die Substratbindung essenzielle Enzymkonformation und tragen zur enzymatischen Katalyse bei. Die Ca^{2+}-ATPasen der Plasmamembran und des endoplasmatischen Reticulums sind zum Beispiel sulfhydrylabhängige Enzyme. Weiterhin führt die erhöhte Oxidation von Thiolgruppen des Cytoskelettproteins Aktin zu Störungen im zellulären Gerüst und ist dadurch an der Bildung von Plasmamembranbläschen beteiligt. Zum Schutz der lebenswichtigen Proteinthiole verfügen alle Zellen über hohe Mengen von Nichtproteinthiolen, hauptsächlich **Glutathion**, das im Cytosol Konzentrationen von 5–10 mM aufweist. Seine Funktion besteht in dem Abfangen von reaktiven Fremdstoffen und Sauerstoffradikalen, bevor diese mit Proteinthiolen reagieren (Kapitel 4).

Exkurs 3.1 Toxische Wirkungen und die Vernetzung molekularer Prozesse in der Zelle

Die Analyse wichtiger Veränderungen der Zellphysiologie durch toxische Stoffe macht eines deutlich: Die Zellbiochemie kann nicht als eine Anzahl von separat verlaufenden Kaskaden betrachtet werden, sondern nur als ein funktionell zusammenhängendes System. So ist es auch möglich, dass bei selektiver Störung eines Prozesses ein Ausgleichsmechanismus einspringt, welcher die Zelle vorübergehend, bis zur Behebung des Schadens, stabilisiert. Als Beispiel kann man sich wieder die Calciumhomöostase vor Augen halten. Führt ein toxischer Fremdstoff zu einer mehr oder weniger selektiven Hemmung der Ca^{2+}-ATPase der Plasmamembran, so können die Mitochondrien für eine kurze Zeit das vermehrte cytosolische Calcium speichern, bis die Zelle wieder in der Lage ist, Calcium über die Ca^{2+}-ATPase in den Extrazellulärraum zu transportieren (Abschnitt 3.1.2). Der selektive Schaden führt damit nicht zum Zelltod. Falls jedoch ein toxischer Fremdstoff gleichzeitig zu einer Hemmung der Ca^{2+}-ATPase der Plasmamembran und der mitochondrialen Funktionen führt, besteht die Möglichkeit, dass durch die erhöhten Calciumkonzentrationen die Zelle stirbt.

3.1.2 Zelluläre Strukturen sind Angriffspunkte für toxische Fremdstoffe

Wichtig für die Beurteilung toxischer Prozesse ist nicht nur, welche biochemischen Kaskaden davon betroffen sind, sondern auch die Lokalisation des Schadens auf subzellulärer Ebene. Zusätzlich zum Zellkern und dem darin befindlichen Genom sind vier zelluläre Elemente häufiger Angriffspunkt toxischer Fremdstoffe: die Plasmamembran (besonders ihre Rezeptoren), die Mitochondrien, das endoplasmatische Reticulum und die Lysosomen (Tabelle 3.2).

Tabelle 3.2: Zelluläre Strukturen als Angriffspunkte toxischer Fremdstoffe und daraus resultierende funktionelle Störungen

Plasmamembran	Mitochondrien	endoplasmatisches Reticulum	Lysosomen
↓	↓	↓	↓
Störung des zellulären Ionenmusters, des interzellulären Informationsaustauschs und der Erregungsübertragung	Störung der Energieproduktion und des Calciumhaushalts	Störung des Fremdstoffmetabolismus und des zellulären Ionenmusters	Freisetzung lysosomaler degradierender Enzyme in das Cytosol

Toxische Effekte auf die Plasmamembran

Eine toxische Schädigung von Struktur und Funktion der Plasmamembran entsteht häufig durch die Induktion der Lipidperoxidation (Kapitel 4), die Degradation von Membranphospholipiden durch Aktivierung calciumabhängiger Phospholipasen, die Hemmung der Membranphospholipidsynthese oder die Modifikation von Membranproteinthiolen. Da die Plasmamembran als selektiver, dynamischer Filter fungiert, kommt es dadurch zu einer Beeinträchtigung von vielen zellulären Prozessen.

Die Ca^{2+}-ATPase, welche für den Calciumauswärtstransport verantwortlich ist, ist ein sulfhydrylabhängiges Enzym und kann demzufolge durch Thioloxidation oder durch kovalente Bindung von Fremdstoffmetaboliten gehemmt werden. Auch die Na^+/K^+-ATPase der Plasmamembran wird häufig durch die Einwirkung von toxischen Fremdstoffen inhibiert. Das Ergebnis ist eine Erhöhung der intrazellulären Na^+-Konzentration. Über die Verknüpfung mit dem Na^+/Ca^{2+}-Austauscher, der neben der Ca^{2+}-ATPase für die Aufrechterhaltung des Calciumgradienten sorgt, ergibt sich daraus auch eine Erhöhung der intrazellulären Ca^{2+}-Konzentration.

Auch die Ionenkanäle der Plasmamembran können Angriffspunkt von Nervengiften sein. Tetrodotoxin und Saxitoxin blockieren zum Beispiel den Natriumkanal und können dadurch zu Lähmungserscheinungen und Ateminsuffizienz führen (Kapitel 9).

Alle Organochlorinsektizide, darunter auch das bekannte DDT (Dichlordiphenyltrichlorethan), erzeugen bei einer Vergiftung zuerst Übererregbarkeit und Tremor; werden größere Mengen aufgenommen, treten Krämpfe und spastische Lähmungen auf (Kapitel 7). Zum Verständnis des Wirkungsmechanismus ist ein Exkurs in die Physiologie der Nervenzellerregung notwendig. Eine Überträgersubstanz, ein so genannter **Neurotransmitter** (zum Beispiel Acetylcholin oder Noradrenalin), bewirkt einen Einstrom von Na^+ in die Zelle. Dadurch wird das negative Ruhemembranpotenzial der Zelle von ursprünglich –70 mV in Richtung 0 mV erhöht (**Depolarisation**). Zum Wiederabbau des Ruhemembranpotenzials (Repolarisation) sinkt die Na^+-Permeabilität, gleichzeitig steigt die K^+-Permeabilität, sodass K^+ verstärkt in den Extrazellulärraum fließt. Durch die Einlagerung der Organochlorverbindungen in die Lipidmembran wird der Wiederverschluss der Natriumeinstromkanäle und die Wiederherstellung des physiologischen negativen Ruhemembranpotenzials verhindert. Folglich bleiben die Zellen auf einem gesteigerten Erregbarkeitsniveau, das sich klinisch in den oben beschriebenen Symptomen äußert.

Störungen von Rezeptor-Liganden-Interaktionen

Der Austausch von Information und die Abstimmung der Einzelzellen aufeinander ist Voraussetzung für die Funktion des Organismus. Die Informationsübertragung findet mittels Botenstoffen statt. Dazu gehören neben Hormonen die von Nervenzellen synthetisierten und in den Extrazellulärraum sezernierten Neurotransmitter. Diese Überträgerstoffe (z. B. Adrenalin, Noradrenalin, Serotonin, Acetylcholin) reagieren dann mit spezialisierten Rezeptoren, die an der Plasmamembran der benachbarten Zelle (Nerven-, Muskel- oder Drüsenzelle) sitzen. Den Ort der Erregungsübertragung bezeichnet man als **Synapse** (Abbildung 3.2).

Die Funktion von Nervenzellen wird häufig durch Fremdstoffe beeinträchtigt, welche strukturell physiologischen Rezeptorliganden ähneln und dadurch mit den Membranrezeptoren interagieren können. Die Bindung des physiologischen Neurotransmit-

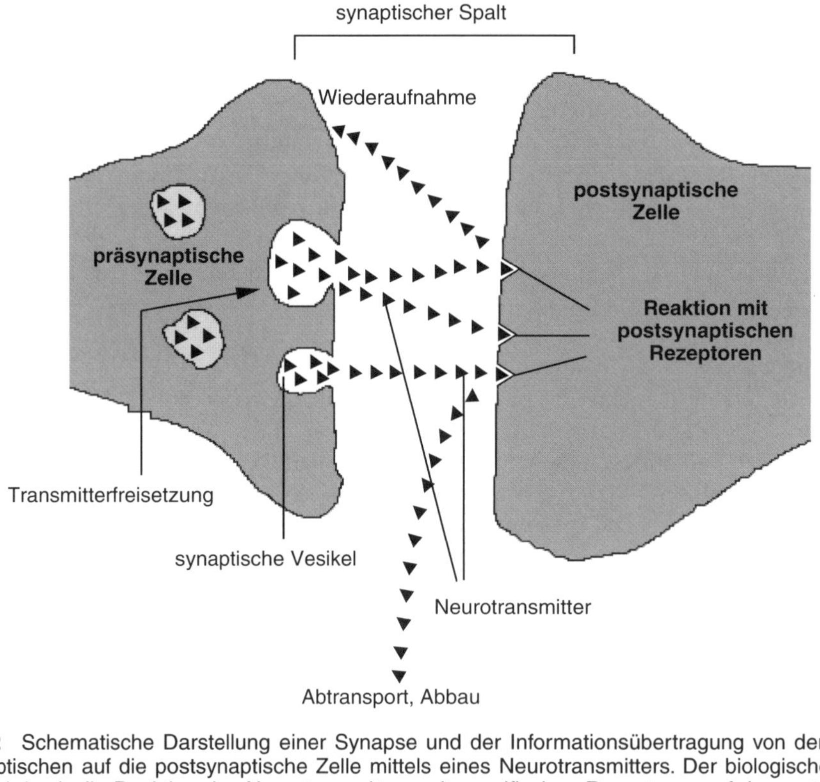

3.2 Schematische Darstellung einer Synapse und der Informationsübertragung von der präsynaptischen auf die postsynaptische Zelle mittels eines Neurotransmitters. Der biologische Effekt wird durch die Reaktion des Neurotransmitters mit spezifischen Rezeptoren auf der postsynaptischen Membran ausgelöst.

ters Acetylcholin an seinen Rezeptor induziert zum Beispiel die Öffnung von Ionenkanälen und die Erregung der entsprechenden Nervenzelle. Die Belladonna-Alkaloide Atropin und Scopolamin binden an die Acetylcholinrezeptoren, ohne dabei einen biologischen Effekt auszulösen, und hemmen damit acetylcholinvermittelte Prozesse durch die Blockade des Rezeptors.

Ein wichtiges Beispiel für toxische Effekte durch indirektes Eingreifen in Membranrezeptor-Liganden-Interaktionen stellt die akute Vergiftung durch organische Phosphorsäureester dar (Kapitel 7). Dem Mechanismus der toxischen Wirkung der Alkylphosphate liegt die Inaktivierung der Acetylcholinesterase zugrunde. Dieses Enzym hat die Aufgabe, das in den synaptischen Spalt sezernierte Acetylcholin schnell abzubauen, damit die nervale Erregung wieder abklingt. Durch die Hemmung der Acetylcholinesterase führen die Alkylphosphate zu einem Anstau von Acetylcholin und damit zu einer inneren Vergiftung durch das körpereigene Acetylcholin.

Toxische Effekte auf die Mitochondrien

Die Mitochondrien spielen eine zentrale Rolle bei der Homöostase des zellulären Ca^{2+}- und ATP-Spiegels. Bei erhöhten cytosolischen Calciumkonzentrationen wird vermehrt Calcium in die Mitochondrien aufgenommen. Die Calciumaufnahme in die Mitochondrien erfolgt ohne Verbrauch von Energie. Die treibende Kraft dafür ist die Potenzialdifferenz an der mitochondrialen Membran, die während der mitochondrialen Atmungsprozesse entsteht. Die aus dem Elektronentransport von oxidierbaren Substraten (**NADH**, **$FADH_2$**) auf molekularen Sauerstoff frei werdende Energie wird für den Protonentransport in den extramitochondrialen Raum benutzt. Dadurch bilden sich ein pH-Gradient und eine Potenzialdifferenz über die mitochondriale Membran hinweg aus. Diese Potenzialdifferenz ermöglicht die Calciumaufnahme in die Mitochondrien ohne Energieverbrauch. Dagegen bewirken energieverbrauchende ATPasen die Aufnahme von Calcium in das endoplasmatische Reticulum und den Calciumtransport durch die Plasmamembran. Aus diesem Grund sind die Mitochondrien besonders wichtig für den Schutz vor zu hohen Ca^{2+}-Konzentrationen im Rahmen toxischer Prozesse. Das überschüssige Calcium wird dabei vorübergehend in den Mitochondrien gespeichert, bis die Zelle in der Lage ist, das physiologische Calciumgleichgewicht wieder herzustellen. Die Ausübung dieser Schutzfunktion ist jedoch nicht unbegrenzt möglich, weil die Potenzialdifferenz an der mitochondrialen Membran auch für die Bildung von ATP die treibende Kraft ist. Da bei erhöhten Calciumkonzentrationen im Cytosol die Speicherung von Calcium in den Mitochondrien Vorrang vor der ATP-Synthese hat, kommt es in diesen Situationen zu einer Hemmung der Energieproduktion. Abhängig vom Ausmaß der toxischen Veränderungen kann letztendlich ein Teufelskreis entstehen, der zu massiven Störungen des zellulären Energiehaushalts und zum Absterben der Zelle führt.

Zahlreiche toxische Fremdstoffe beeinträchtigen zusätzlich direkt die mitochondriale ATP-Produktion, zum Beispiel durch Hemmung spezifischer Enzyme, welche in den Elektronenfluss der mitochondrialen Atmungskette oder in den Citratzyklus involviert sind (Exkurs 3.2).

Exkurs 3.2: Hemmung des Citratzyklus durch Fluoracetat

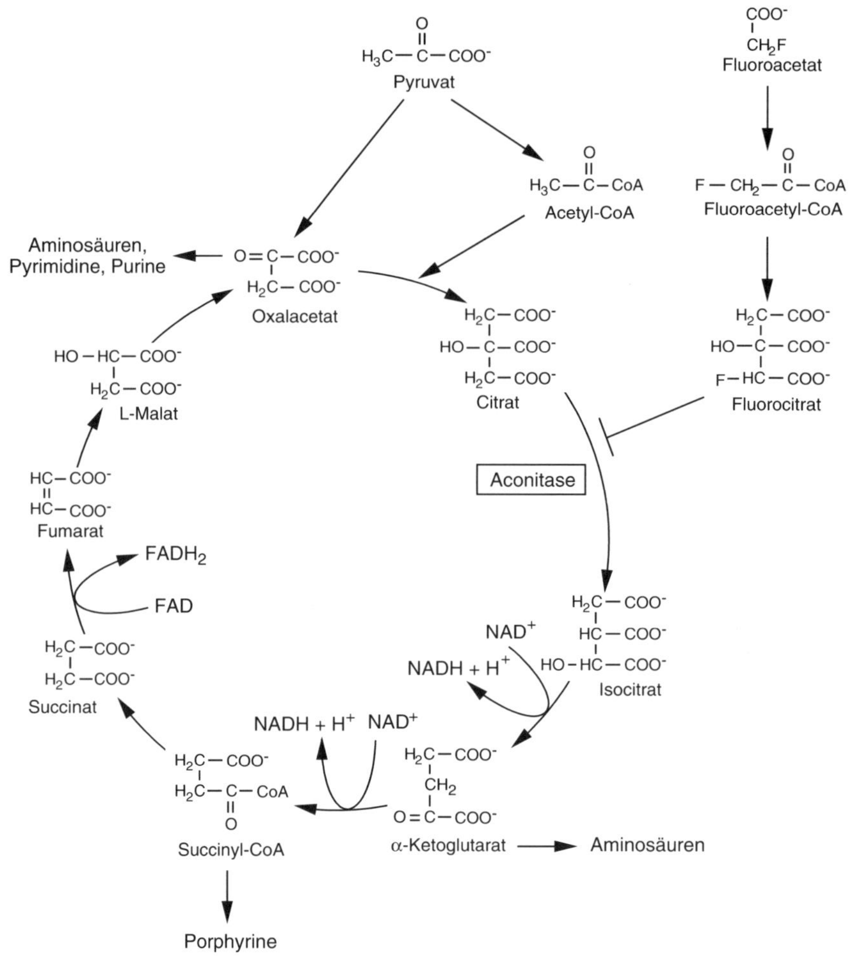

3.3 Der Citratzyklus nimmt eine zentrale Stellung im Stoffwechsel der Zelle ein. Zwischenprodukte des Citratzyklus dienen als Ausgangsmaterial für die Biosynthese von Proteinen, Kohlenhydraten, Porphyrinen, Purinen und Pyrimidinen. Außerdem werden die in den Zwischenschritten entstehenden Wasserstoffatome in der Atmungskette oxidiert und die dabei frei werdende Energie wird zur Bildung von ATP verbraucht. Durch die „letale Synthese" von Fluorcitrat aus Fluoracetat wird die Isomerisierung von Citrat durch die Aconitase gehemmt und damit der Citratzyklus vollständig unterbrochen. Es entsteht eine schwere Vergiftung mit möglicherweise tödlichem Ausgang.

Die hochspezifische und außerordentlich effektive Hemmung des Citratzyklus durch das aus Fluoracetat im Organismus entstehende Fluorocitrat liefert ein ausgezeichnetes Beispiel für den Eintritt von Giftstoffen in biochemische Regelkreise und die daraus in bestimmten Fällen resultierenden letalen Folgen.

Durch den Verzehr der Blätter von *Dichapetalum cymosum*, einer in Afrika vorkommenden Pflanze, entsteht bei den betroffenen Tieren innerhalb weniger Stunden ein ausgesprochen schweres Vergiftungsbild: Erbrechen und starke Bauchschmerzen, Herzrhythmusstörungen und Kreislaufschock, Nierenversagen und schließlich Krämpfe, Koma und Tod. Die giftige Substanz in diesen Blättern ist Fluoroacetat, das im Organismus zu Fluoroacetyl-CoA aktiviert wird und anschließend mit Oxalacetat Fluorocitrat bildet (Abbildung 3.3). Zum Verständnis der Giftwirkung von Fluorocitrat ist ein kurzer Exkurs in die Biochemie und die Bedeutung des Citratzyklus notwendig.

Der Citratzyklus, nach seinem Entdecker auch Krebs-Zyklus genannt, ist der gemeinsame Stoffwechselweg, in den alle zur Oxidation bestimmten Nahrungsstoffe als Acetyl-CoA einmünden. Die im weiteren Verlauf entstehenden Zwischenprodukte sind wichtiges Ausgangsmaterial für biosynthetische Prozesse. Neben dieser Rolle ist der Citratzyklus auch für die Energieproduktion von großer Bedeutung. Im ersten Schritt des Citratzyklus kondensiert Acetyl-CoA mit Oxalacetat zu Citrat, das dann unter der katalytischen Wirkung der Aconitase zu Isocitrat isomerisiert. Fluorocitrat hemmt die Aconitase und führt dadurch zur Unterbrechung des Citratzyklus.

Toxische Effekte auf das endoplasmatische Reticulum

Die aktive, ATP-verbrauchende Speicherung von Calcium im endoplasmatischen Reticulum ist ebenfalls an der Regulation der intrazellulären Calciumhomöostase beteiligt. Verglichen mit den Mitochondrien weist das endoplasmatische Reticulum eine zwar geringere Kapazität, dafür aber eine höhere Affinität für Calcium auf. Aus diesem Grund spielt das endoplasmatische Reticulum eine wichtige Rolle bei der Regulation der physiologischen Calciumkonzentrationen. Außerdem ist das endoplasmatische Reticulum in den ersten Stadien der Toxizität von Bedeutung, wenn die Calciumkonzentrationen im Cytosol noch vergleichsweise niedrig sind, jedoch eindeutig höher liegen als die normalen Werte.

In den Membranen des endoplasmatischen Reticulums findet sich eines der wichtigsten Enzymsysteme, das Fremdstoffe in bioaktive Substanzen aktivieren kann, die **Cytochrom-P-450**-abhängigen **Monooxygenasen**. Daher sind diese subzellulären Organellen häufig Angriffspunkt von intrazellulär entstehenden, zum Teil sehr kurzlebigen, reaktiven Intermediaten. Tetrachlorkohlenstoff (CCl_4) ist ein klassisches Beispiel für einen potenziell hepatotoxischen Fremdstoff, der durch die Cytochrom-P-450-abhängigen Monooxygenasen zu reaktiven Radikalen metabolisiert wird (Kapitel 4.5). Diese kurzlebigen Radikale schädigen primär Strukturen in der Umgebung ihres Entstehungsortes, also die Membranen des endoplasmatischen Reticulums. Biochemisch spiegelt sich die Toxizität von CCl_4 in der Beeinträchtigung der Proteinsynthese und der Akkumulation von Lipidtröpfchen wider. Die durch die Desintegration der Lipide verursachte Membranschädigung am endoplasmatischen Reticulum, aber auch an den Mitochondrien und anderen zellulären Membranen, führt zum Zusammenbruch der Elektrolytgradienten, zur Freisetzung von Enzymen aus ihrem physiologischen Wirkungsort und zu einer intrazellulären Anhäufung von Triglyceriden (Fetttröpfchen als morphologisches Korrelat), da durch die Membrandesintegration deren Transport von ihren Bildungsorten ins Blut gestört wird.

Toxische Effekte auf die Lysosomen

Eine Vielzahl von kationischen Fremdstoffen, darunter häufig verwendete Arzneimittel, führen zu einer Akkumulation von Phospholipiden in den Lysosomen, weil sie dort ihren Abbau hemmen. Diese Fremdstoffe bestehen aus einem hydrophoben Teil (eine aromatische oder gesättigte Ringstruktur, häufig mit Halogenatomen substituiert) sowie einem hydrophilen, bei physiologischem pH positiv geladenen Stickstoffatom. Die Hemmung des Phospholipidabbaus beruht entweder auf einer direkten Inhibition der lysosomalen Phospholipasen oder auf der Bildung von schwer abbaubaren Phospholipid-Fremdstoff-Komplexen. Die Phospholipidakkumulation verursacht eine Beeinträchtigung der lysosomalen Struktur und Funktion, Freisetzung lysosomaler degradierender Hydrolasen in das Cytosol und schließlich allgemeine Cytotoxizität. Diesem Toxizitätsmechanismus kommt in der Praxis eine besondere Bedeutung zu, weil er von vielen breit angewendeten Arzneimitteln induziert wird und wesentlich zu den am Menschen beobachteten Nebenwirkungen beiträgt. Zu diesen Medikamenten gehören die Aminoglycosid-Antibiotika und einige Psychopharmaka.

3.2 Chemische Kanzerogenese

3.2.1 Krebserkrankungen sind in den industrialisierten Ländern die zweithäufigste Todesursache

Die Mehrzahl der Krebserkrankungen ist immer noch schlecht heilbar und zeichnet sich durch einen Verlauf mit hohem Leidensdruck aus. Der dadurch bedingte Stellenwert der Erkrankung hat seit langer Zeit eine intensive Untersuchung der Pathogenese veranlasst. Viele Krebsarten haben äußere Ursachen; eine Beteiligung genetischer Prädisposition bei der Tumorentstehung scheint gering. Unter den äußeren Ursachen spielen chemische Stoffe eine wichtige Rolle; dazu gehören neben vom Menschen synthetisch produzierten Chemikalien besonders natürliche Stoffe aus Nahrung und Genussmitteln. Viren und energiereiche Strahlung sind ebenfalls an der Krebsentstehung im Menschen beteiligt (Tabelle 3.3).

Insgesamt betrachtet beruht der aktuelle Kenntnisstand über kanzerogene Verbindungen überwiegend auf tierexperimentellen Untersuchungen. Die Ursprünge der Erforschung der chemischen Kanzerogenese waren jedoch Beobachtungen am Menschen. So berichtete 1743 Ramazzini über Brustkrebs bei Nonnen und Hill beobachtete 1761 Nasenkrebs bei Tabakschnupfern. Den ersten Bericht über Krebs durch berufliche Exposition verdankt die chemische Kanzerogenese Sir Percival Pott. Dieser beschrieb 1775 das gehäufte Auftreten von Hodensackkrebs bei jungen Schornsteinfegern.

Tabelle 3.3: Krebsursachen und deren Anteile an der vermeidbaren Krebsmortalität in Prozent (aus Doll und Peto, J. Nat. Cancer Inst. 66, 1981)

Faktor oder Klasse von Faktoren	beste Schätzung	möglicher Bereich
Tabak	30	25–40
Alkohol	3	2–4
Ernährung	35	10–70
Nahrungszusätze	< 1	0–2
Fortpflanzungs- und Sexualverhalten	7	1–13
Beruf	4	2–8
Umweltverschmutzung	2	< 1–5
Industrieprodukte	< 1	<1–2
Arzneimittel und medizinische Anwendungen	1	0,5–3
geophysikalische Faktoren (z. B. Radon, energiereiche Strahlung aus natürlichen Quellen)	3	2–4
Infektionen	10 ?	1–?
unbekannte Faktoren	?	?

Tumorzellen wachsen unkontrolliert 3.2.2

Die Umwandlung einer körpereigenen, normalen Zelle in eine Tumorzelle kann durch Veränderungen im Erbgut verursacht werden. Die meisten bösartigen Tumoren gehen von einer einzigen Zelle aus, sie sind ursprünglich monoklonal. Tumorzellen unterscheiden sich von den Ausgangszellen durch ihre mehr oder weniger stark veränderte Morphologie, vor allem aber durch ihr unkontrolliertes Wachstum.

Bei Einzellern wie Hefen und Bakterien unterliegt jedes Individuum dem starken Selektionsdruck, so schnell wie möglich zu wachsen und sich zu teilen. Aus diesem Grund ist bei Bakterien und Hefen die Teilungsfähigkeit grundsätzlich nur durch die Verfügbarkeit von Nährstoffen beschränkt. In den vielzelligen Organismen dagegen sind die einzelnen Zellen (nur) Bestandteile eines komplexen Zellverbandes. Damit der Organismus funktionstüchtig bleibt, müssen Zellen oft auch dann auf die Teilung verzichten, wenn genügend Nährstoffe vorhanden sind. Dafür existieren Steuerungsmechanismen der Zellteilung, welche die Zellen über die Bedürfnisse ihrer Umgebung informieren. Auf diese Weise können sich Zellen bezüglich der Teilung an die jeweilige Situation des Gesamtorganismus anpassen. Gerade diese Regelkreise, die in der Entwicklung des jugendlichen Organismus für ein koordiniertes Wachstum und später beim Erwachsenen für eine konstante Organgröße und Anpassung an die geforderten Funktionen sorgen, sind in den Tumorzellen gestört. Die Tumorzellen wachsen nicht nur ungehemmt, sondern auch ohne jegliche Einordnung in den normalen Organbauplan (infiltrierendes Wachstum) und unter Gewebszerstörung (destruierendes Wachstum; Abbildung 3.4).

Andererseits können Tumorzellen viele Aufgaben der Ausgangszelle, aus der sie entstanden sind, nicht mehr erfüllen. Dazu gehören vor allem Funktionen, die zur Erhal-

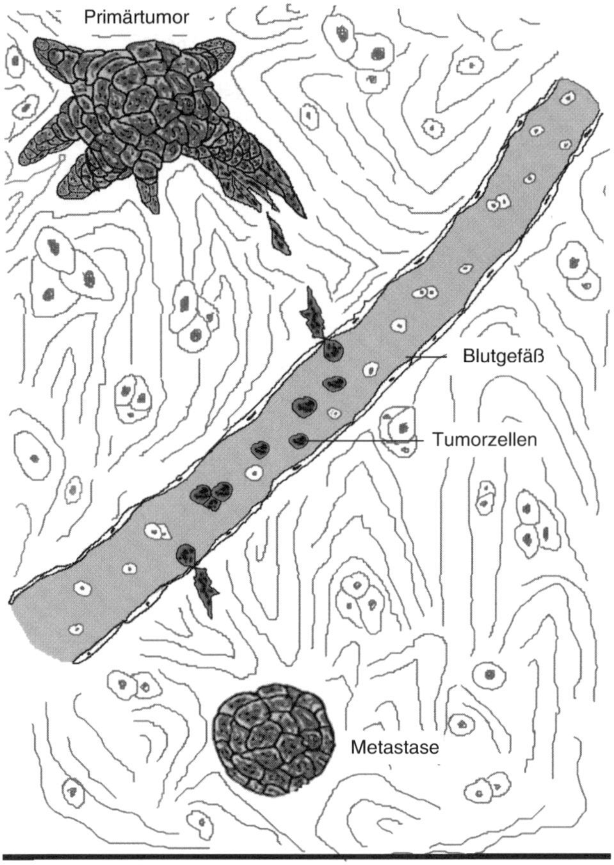

3.4 Mechanismus der Bildung von Tochtergeschwülsten (Metastasen): Der Primärtumor wächst destruierend und infiltrierend in das umgebende Gewebe. Einige Zellen lösen sich dabei ab, durchdringen die Basalmembran eines kleinen Blutgefäßes (Kapillare) und gelangen so in die Blutbahn. In einer vom Primärtumor mehr oder weniger weit entfernten Stelle des Organismus treten einige dieser mit dem Blut transportierten Tumorzellen durch die Gefäßwand in das umgebende Gewebe über und bilden dort eine Metastase.

tung des Gesamtorganismus beitragen, zum Beispiel Hormonproduktion und Informationsübertragung. Ferner besitzen Tumorzellen die Fähigkeit, ihren ursprünglichen Entstehungsort zu verlassen und nach dem Transport über die Blut- und Lymphbahnen an entfernten Stellen im Organismus anzusiedeln und neue Tumoren zu bilden (**Metastasierung**).

3.2.3 Tumoren entstehen in einem mehrstufigen Prozess

Obwohl am Menschen gezeigt werden konnte, dass für die meisten Krebsarten die Latenzzeit zwischen den ersten Ereignissen und dem Auftreten eines klinisch fassbaren Tumors zehn bis über 40 Jahre beträgt, beruht die Einteilung dieser Entwicklung in mehr oder weniger gut voneinander abgetrennte Phasen auf tierexperimentellen Befunden.

Schon vor über 60 Jahren wurde zum Beispiel demonstriert, dass die mechanische Reizung des Kaninchenohres (Kratzen), das vorher mit polyzyklischen Kohlenwasserstoffen bepinselt worden war, das Auftreten von Tumoren im Vergleich zum anderen Ohr, das nur mit polyzyklischen Kohlenwasserstoffen behandelt wurde, beschleunigt. In einem anderen Versuchsansatz führte die regelmäßige Behandlung mit Crotonöl zu einem beschleunigten Auftreten von Tumoren an der mit polyzyklischen Kohlenwasserstoffen vorbehandelten Mäusehaut: Wiederholte Verabreichung von 12-Tetradecanoyl-phorbol-13-acetat (TPA), einem Inhaltsstoff des Crotonöls, im Anschluss an eine einmalige unterschwellige Dosis des gentoxischen Kohlenwasserstoffes 7,12-Dimethylbenzanthrazen (DMBA), induziert die Bildung zahlreicher Hauttumoren. Durch DMBA allein oder durch Gabe beider Stoffe in der umgekehrten Reihenfolge (zuerst TPA, dann DMBA) entstehen keine Tumoren. Der erste, durch die Applikation von DMBA induzierte Schritt wird als **Initiation** bezeichnet, der durch wiederholte Gabe von TPA ausgelöste Vorgang als **Promotion** (Abbildung 3.5). Die Initiation wird als irreversibler Vorgang angesehen, denn er lässt sich mithilfe eines Promotors auch noch nach langer Zeit (einem Jahr im Mausmodell) nachweisen. Nach ausreichend hohen Dosen kann ein Initiator auch ohne nachfolgende Applikation eines Promotors Tumoren erzeugen; man spricht dann von einem kompletten Kanzerogen. Dagegen sind die Effekte des Promotors reversibel, weil Tumorpromotoren in dem oben beschriebenen

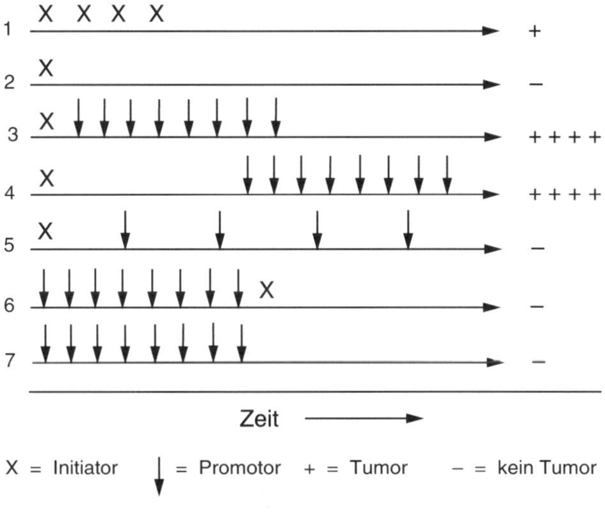

3.5 Mehrstufenmodell der Krebsentstehung am Beispiel der Erzeugung von Hauttumoren bei der Maus. Initiatoren können in ausreichender Dosierung auch in Abwesenheit von Promotoren Tumoren erzeugen (1); in diesem Fall wirken sie als komplette Kanzerogene. Bei zu geringer Dosis wird kein Krebs induziert (2). Promotoren verkürzen die Latenzzeit und erhöhen die Zahl der Tumoren pro Tier nur, wenn sie mit einer Mindestapplikationsfrequenz nach dem Initiator verabreicht werden (3, 4); diese hängt sowohl vom jeweiligen Promotor als auch vom Zielgewebe ab. Ist die Applikationsfrequenz des Promotors zu niedrig (5) oder erfolgt die Applikation in umgekehrter Reihenfolge, zuerst Promotor, dann Initiator (6), bleibt die Entstehung von Tumoren aus; Gleiches gilt für die alleinige Verabreichung des Promotors (7).

experimentellen Ansatz nicht mehr wirksam waren, wenn der Abstand zwischen den Applikationen zu groß wurde (häufiger als einmal, alle zwei bis vier Wochen). Bei zu langen Applikationsintervallen wurden auch dann keine Tumoren beobachtet, wenn die Gesamtdosis des Promotors konstant gehalten wurde.

Anhand dieser experimentellen Initiations-Promotions-Modelle stellt die Initiation eine vererbbare Veränderung dar. In den meisten Fällen handelt es sich um Folgen eines DNA-Schadens, der nicht repariert wurde und nach einem Replikationsschritt zu einer Mutation führt (Abschnitt 3.2.5). Initiierte Zellen reagieren auf einen Tumorpromotor in deutlich stärkerem Maße mit Vermehrung als normale Zellen des gleichen Gewebes (Abbildung 3.6). Mit anderen Worten bezeichnet man als Promotion die Beschleunigung der Tumorentstehung durch die präferentielle Vermehrung initiierter Zellen.

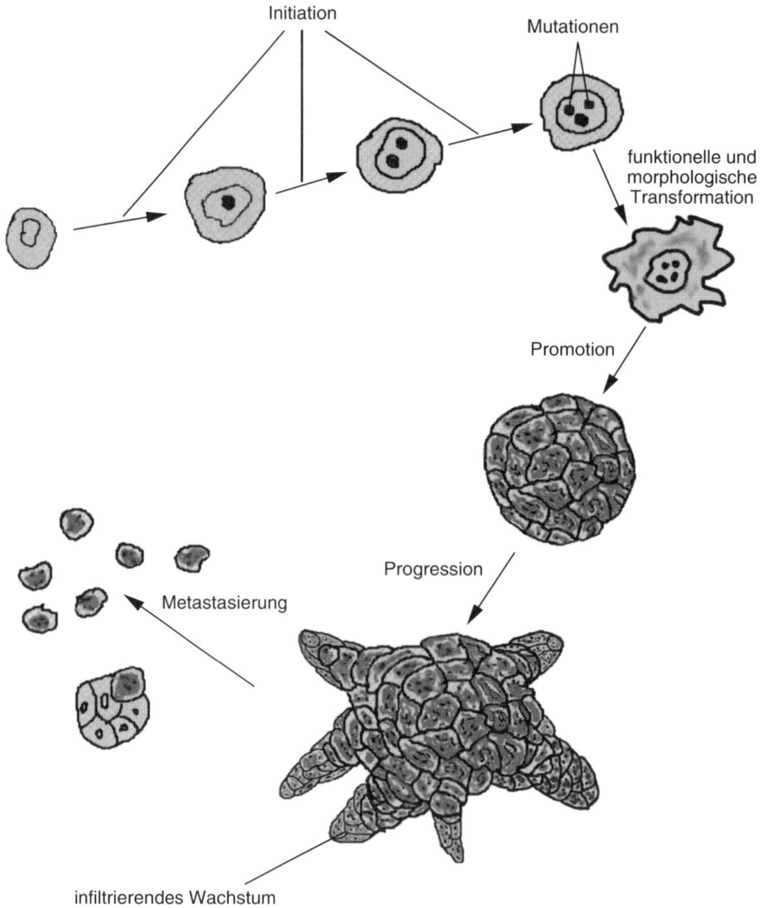

3.6 Der lange Weg von einer normalen Zelle zu einem bösartigen Tumor: Mehrere Mutationen in Proliferations- und Differenzierungsgenen bewirken die Umwandlung einer normalen Zelle in eine Tumorzelle (Initiation). Ein klinisch erfassbarer Tumor entsteht aber erst, wenn Tumorpromotoren die initiierte Zelle dazu bringen, sich stark zu vermehren (Promotion). In der dritten Phase nimmt die Bösartigkeit des Tumors zu (Progression). Er wächst destruierend in das benachbarte Gewebe, infiltriert Blutgefäße und bildet Tochtergeschwülste (Metastasen) in entfernten Organen.

Die im Laufe der Jahre neu gewonnenen Erkenntnisse haben zur Definition eines dritten Stadiums geführt. Ein klinisch fassbarer Tumor stellt nämlich weder phänotypisch noch genotypisch einen Endzustand dar. Neue Mutationen führen zu einer Zunahme der Wachstumsautonomie, des destruierenden Potenzials und der Metastasierungsfähigkeit des Tumorgewebes. Dieses Stadium der Zunahme der Bösartigkeit (Malignität) der Tumorzellen durch das Hinzukommen neuer mutativer Ereignisse bezeichnet man als **Progression**.

Verschiedene Reaktionswege führen zu DNA-Schäden 3.2.4

Bei der Umwandlung einer normalen Zelle in eine Tumorzelle spielen DNA-Schäden, welche nicht repariert werden und zu Mutationen führen, oft eine wichtige Rolle. In Tabelle 3.4 sind wichtige DNA-Schäden und ihre Entstehungsmechanismen aufgeführt.

Tabelle 3.4: Übersichtliche Darstellung häufiger DNA-Schäden

DNA-Schäden	Beispiele, ursächliche Agenzien
DNA-Basenmodifikationen	O^6-Methylguanin-Bildung durch Dimethylnitrosamin
	Oxidationsprodukte: Pyrimidinglykole, 8-Hydroxypurine, Formamidopyrimidine
	Thymindimere unter Einwirkung von UV-Strahlen
DNA-Strangbrüche	DNA-Einzelstrangbrüche durch reaktive Sauerstoffradikale
	DNA-Doppelstrangbrüche durch Aktivierung calciumabhängiger Endonucleasen
AP-Läsionen (APurinische/APyrimidinische Stelle)	Verlust einer DNA-Base durch Hydrolyse der glykosidischen Bindung (wird z. B. durch die N^7-Substitution von Purinen erleichert)

DNA-Basenmodifikationen

Die häufigsten DNA-Basenmodifikationen sind Produkte der Reaktion von Fremdstoffen oder ihrer Metabolite mit DNA-Basen unter Bildung so genannter DNA-Addukte. Eine andere Art der Modifikation entsteht durch die Reaktion von Sauerstoffradikalen mit der DNA (Kapitel 4). Eine häufige spontane Basenmodifikation ist die Desaminierung von Cytosin zu Uracil; jeden Tag finden 100 Desaminierungen pro Zelle statt (Abbildung 3.7).

DNA-Strangbrüche

Als DNA-Strangbruch wird die Hydrolyse einer Zucker-Phosphat-Bindung eines Nucleotids bezeichnet. An einer Doppelhelix sind Einzel- und Doppelstrangbrüche möglich, wobei quantitativ die Einzelstrangbrüche bei weitem überwiegen. DNA-Strangbrüche können zum einen durch die Reaktion von Hydroxylradikalen mit der DNA entstehen: Häufige Quellen von Hydroxylradikalen sind energiereiche Strahlung sowie der Stoffwechsel von körpereigenen und Fremdstoffen. Auf der anderen Seite entstehen DNA-Einzel- und DNA-Doppelstrangbrüche durch die katalytische Wirkung von DNAsen, Topoisomerasen und Endonucleasen. Toxikologisch bedeutsam werden diese Reaktionen vor allem bei Fremdstoffen, welche die Aktivität dieser Enzyme beeinflussen, zum Beispiel bei Topoisomerase-Hemmstoffen.

AP-Läsionen

Eine **AP-Läsion** (APurinische/APyrimidinische Stelle) entsteht durch die Hydrolyse einer glykosidischen Bindung und Verlust einer DNA-Base (Abbildung 3.7). Wie wir

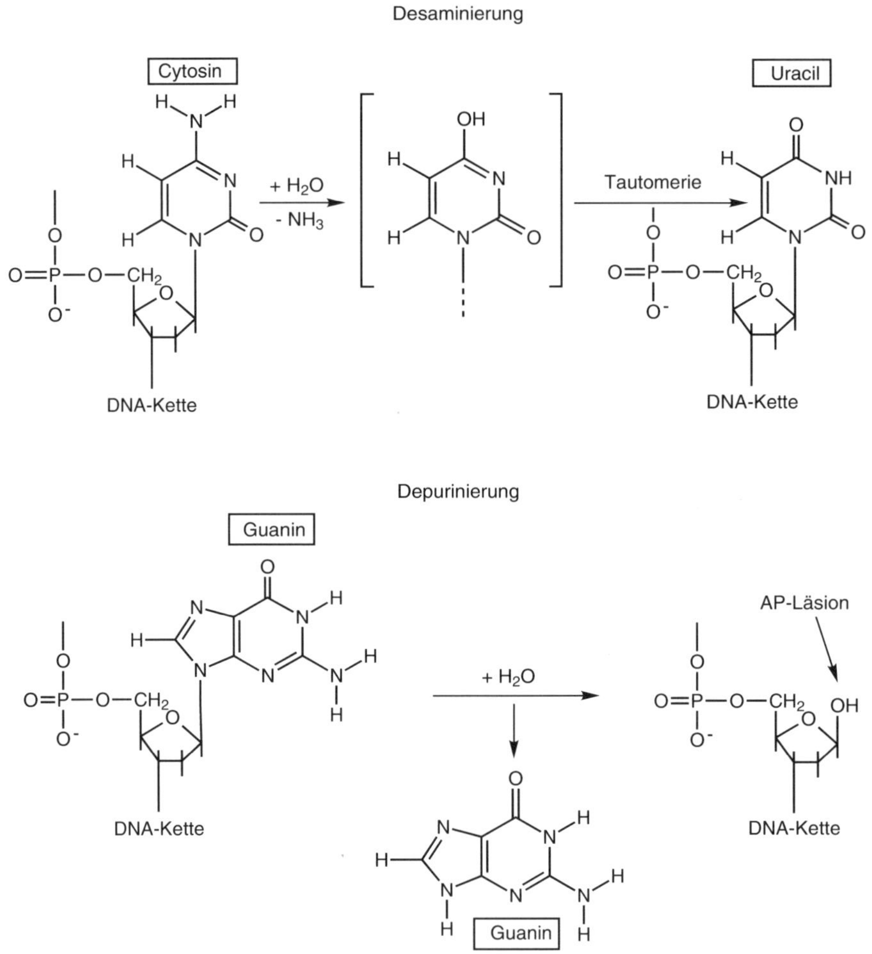

3.7 Desaminierung von Cytosin zu Uracil (oben) und Bildung einer AP-Läsion durch Hydrolyse der glykosidischen Bindung von Guanin zur Desoxyribose (Depurinierung, unten).

heute wissen, gehen jeden Tag etwa 5 000 Purinbasen aus dem Genom jeder menschlichen Zelle verloren, indem ihre glykosidische Bindung zur Desoxyribose gelöst wird. Die Hydrolyse von Guanin-Zucker-Bindungen wird durch die N^7-Substitution von Purinen erheblich erleichtert; dies ist die häufigste Basenmodifikation unter Einwirkung alkylierender Fremdstoffe.

Mutationen: Verschiedene Typen und ihr Stellenwert in der Kanzerogenese 3.2.5

Die Folgen der fremdstoffinduzierten und der spontanen, im Rahmen der DNA-Replikation und des körpereigenen Stoffwechsels entstehenden DNA-Schäden können sehr unterschiedlich sein. Einige Arten von DNA-Schäden bleiben mehr oder weniger folgenlos. So führt zum Beispiel die Methylierung von Guanin an der Position N^7 weder zu einer Blockade der DNA-Replikation noch zum Einbau von falschen Basen. Andere Arten von DNA-Schäden werden schnell und fehlerfrei von den DNA-Reparaturmechanismen behoben. Dazu gehören unter anderem die Basenmodifikationen und DNA-Strangbrüche, die im Zusammenhang mit dem physiologischen oxidativen Metabolismus entstehenden. Drittens können DNA-Schäden die DNA-Replikation – und damit die Zellteilung – oder die DNA-Transkription – und damit die Proteinsynthese – so schwerwiegend beeinträchtigen, dass die betroffene Zelle stirbt. Schließlich können DNA-Schäden zu bleibenden Veränderungen in der DNA führen, zu Mutationen, weil zum Beispiel eine Basenmodifikation die DNA-Polymerase veranlaßt, bei der Replikation der geschädigten DNA eine falsche Base einzubauen. Grundsätzlich unterscheidet man die in Tabelle 3.5 aufgeführten Typen von Mutationen.

Tabelle 3.5: Mutationsarten

Mutationsart	Beispiele
Genmutationen	Basenpaarsubstitutionen, Deletionen, Insertionen, Genumlagerungen (*gene rearrangements*), Genamplifikationen
Chromosomenmutationen	Chromosomenbrüche, Chromosomentranslokationen
Genommutationen	Verlust oder Erwerb ganzer Chromosomen, etwa durch Fehlverteilung während der Mitose

Genmutationen

Diese für den Prozess der Kanzerogenese sehr wichtigen Mutationen entstehen, wenn eine Basenmodifikation oder eine AP-Läsion von der DNA-Polymerase fehlinterpretiert wird und so zu einer Basensubstitution führt. Das O^6-Methylguanin paart zum Beispiel nicht mehr mit Cytosin, sondern mit Thymin. Als Folge dieser Fehlpaarung wird in der nachfolgenden DNA-Replikation in einer der Tochterzellen ein G-C- durch ein A-T-Basenpaar ersetzt (Abbildung 3.8). Aufgrund der Redundanzen im genetischen

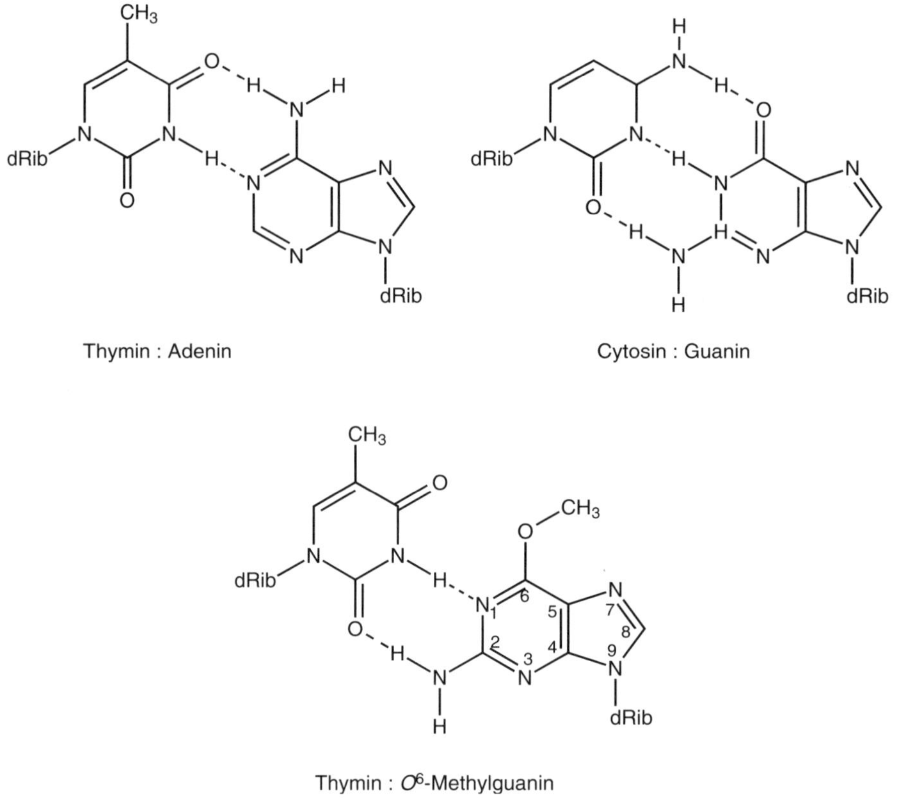

3.8 Die normale Basenpaarung (A:T und C:G) und die Entstehung einer Genmutation durch Fehlpaarung an einer modifizierten Base. Die dargestellte Paarung von O^6-Methylguanin mit Thymin (statt mit Cytosin) führt bei der nachfolgenden DNA-Replikation zum Ersatz des ursprünglichen C:G-Paares durch T:A in einem der Tochterstränge.

Code kann die Basensubstitution stumm bleiben, das heißt keine Folgen für die Translation haben. Einige Basenpaarsubstitutionen bewirken aber bei der Translation den Einbau einer falschen Aminosäure und damit möglicherweise Veränderungen in Struktur und Funktion des betroffenen Proteins. Schwerwiegende Veränderungen in Proteinen können entstehen, wenn in Anwesenheit bestimmter Basenaddukte die DNA-Polymerase eine Base überspringt (Deletion) oder zusätzlich einbaut (Insertion). Dadurch entsteht eine Verschiebung des DNA-Leserasters (*frameshift*-Mutation), sodass im Protein ab diesem Punkt alle Aminosäuren falsch sind. DNA-Strangbrüche können größere Deletionen und Umlagerungen im Genom (*gene rearrangements*) verursachen, die viele Basenpaare, eventuell auch ganze Gene betreffen. Schließlich können irreguläre Rekombinationsprozesse zu einer Vervielfachung von DNA-Abschnitten führen, zu einer **Genamplifikation**.

Chromosomenmutationen

Damit bezeichnet man Chromosomenbrüche und Chromosomentranslokationen, bei denen Chromosomenteile für das Genom verlorengehen oder auf ein anderes Chromosom übertragen werden. In beiden Fällen müssen DNA-Strangbrüche vorausgegangen sein.

Genommutationen

Den Verlust eines ganzen Chromosoms oder den Erwerb eines zusätzlichen, überzähligen Chromosoms nennt man Genommutation. In beiden Fällen hat der Kern nicht mehr die für die jeweilige Spezies richtige Anzahl von Chromosomen, er ist aneuploid.

Im Laufe eines Menschenlebens finden im Organismus durchschnittlich 10^{16} Zellteilungen statt. Die DNA-Replikation läuft nicht mit hundertprozentiger Genauigkeit ab, die spontane Fehlerrate in einem Gen liegt bei ungefähr einer Mutation pro 10^7 Zellteilungen. Daraus ergibt sich, dass im Laufe eines Menschenlebens jedes einzelne Gen 10^8- bis 10^{10}-mal die Chance hat, spontan zu mutieren. Bei der Betrachtung dieser extrem hohen Zahlen fragt man sich nicht, warum Krebs entsteht, sondern warum Krebs eigentlich so selten vorkommt. Wenn eine einzige Mutation in einem der Zellproliferations- oder -differenzierungsgene dazu führen würde, dass aus einer normalen Zelle eine bösartige Krebszelle entsteht, dann wäre der Mensch mit Sicherheit kein lebensfähiger Organismus. In der Realität müssen aber in einer Zelle mehrere mutagene Ereignisse zusammentreffen (man schätzt heute zwischen zwei und sieben), damit sie maligne entartet. Das zeigen auch epidemiologische Untersuchungen über den Zusammenhang zwischen Krebshäufigkeit und Alter. Wäre für die Tumorentstehung eine einzige Mutation verantwortlich, die Jahr für Jahr mit einer bestimmten Wahrscheinlichkeit auftreten kann, dann müßte die Wahrscheinlichkeit Krebs zu bekommen unabhängig vom Alter sein. In Wirklichkeit steigt aber diese Wahrscheinlichkeit für die meisten Krebstypen mit dem Alter steil an, und die Verdoppelung der Lebenserwartung in den Industriestaaten im letzten Jahrhundert hat wesentlich zu der Zunahme der Krebssterblichkeit im gleichen Zeitraum beigetragen.

Onkogene und Tumorsuppressorgene 3.2.6

Da nur ein kleiner Bruchteil des Genoms transkriptionell aktiv ist, verursachen die meisten Mutationen keine Veränderungen im Muster der Genexpression der Zelle. Dagegen können Läsionen in wachstumsregulierenden Genen, den so genannten **Protoonkogenen**, schwerwiegende Folgen für die Zelle haben. Protoonkogene gehören zum normalen Genbestand jeder Zelle, die von ihnen codierten Proteine sind an der Regulation der Proliferation und Differenzierung beteiligt.

Die meisten Protoonkogenprodukte sind an der Signaltransduktion beteiligt. Sie übernehmen zum Beispiel Funktionen als Membranrezeptoren, als Proteinkinasen oder sind als DNA-Bindungsproteine an der Regulation der Genexpression beteiligt (Tabelle 3.6).

Tabelle 3.6: Protoonkogene sowie Funktion und Lokalisation der von ihnen codierten Proteine

Protoonkogen	Funktion des Proteins	Lokalisation des Proteins
Proteine als Zelloberflächenrezeptoren		
erb R	epidermaler Wachstumsfaktor-Rezeptor	Plasmamembran
ros	Insulin-Rezeptor	Plasmamembran
Proteine mit Funktionen in der intrazellulären Signaltransduktion		
src	tyrosinspezifische Proteinkinase	plasmamembranassoziiert
abl	tyrosinspezifische Proteinkinase	Cytosol
fes	tyrosinspezifische Proteinkinase	Cytosol
mos	Serin-Threonin-Kinase	Cytosol
raf	Serin-Threonin-Kinase	Cytosol
ras	Guanosintriphosphat-(GTP-)bindendes Protein mit GTPase-Aktivität	plasmamembranassoziiert
Proteine mit Funktionen im Zellkern		
myc	DNA-Bindungsprotein	Zellkern
fos	DNA-Bindungsprotein	Zellkern
myb	DNA-Bindungsprotein	Zellkern

Die Aktivierung eines normalen Protoonkogens zu einem **Onkogen** kann durch Basenmodifikation, Genamplifikation oder Umlagerung auf eine neue, für das Gen falsche Position im Genom erfolgen. Folgen können eine Störung in der Regulation der Genexpression (erhöhte Expression oder Expression zum falschen Zeitpunkt) und strukturelle Veränderungen der Onkogenprodukte sein. Diese Abweichungen vom physiologischen Genexpressionsmuster tragen zur Umwandlung einer normalen Zelle in eine Krebszelle mit ungehemmtem und destruierendem Wachstum bei (**maligne Transformation**). Für die maligne Transformation einer normalen Zelle müssen mindestens zwei Protoonkogene zu Onkogenen umgewandelt werden.

Bei der Umwandlung einer normalen Zelle in eine bösartige Zelle sind nicht nur Veränderungen in der Expression wachstumsfördernder Protoonkogene beteiligt, sondern auch Verlust oder Inaktivierung von **Tumorsuppressorgenen** (Tabelle 3.7).

Die meisten bisher identifizierten Tumorsuppressorgene codieren für Proteine, die die Expression von Zellteilungsproteinen hemmen und damit die Zellteilung kontrollieren. Im Gegensatz zu den Onkogenen müssen in der Regel beide Allele eines Tumorsuppressorgens inaktiviert werden, damit die tumorsupprimierende Wirkung entfällt. Das Ausschalten beider Allele ist ein relativ seltenes Ereignis. Es gibt jedoch eine Reihe erblicher Defekte, bei denen ein Allel eines Tumorsuppressorgens inaktiviert ist. Durch die (exogene) Inaktivierung des zweiten Allels fällt die tumorsupprimierende Wirkung des zweiten Allels aus.

Das in humanen Tumoren (in ungefähr 50 % aller Tumoren) am häufigsten mutierte Gen, das p53 Gen, ist ebenfalls ein Tumorsuppressorgen. Bei diesem Gen ist schon die

Tabelle 3.7: Beispiele für in bestimmten Tumorarten fehlende oder inaktivierte Tumorsuppressorgene

Gen	Tumor
p53	50 % aller Tumoren beim Menschen
APC	familiäre adenomatöse Polyposis / kolorektales Karzinom
MCC	kolorektales Karzinom
VHL	Nierentumoren
WT1	Wilms Tumor
RB1	Retinoblastom / Osteosarkom
NF1	Neurofibromatom / Sarkom
DCC	kolorektales Karzinom

Mutation und Inaktivierung eines Allels ausreichend, um es wirkungslos werden zu lassen. Der Grund liegt darin, dass das Wildtyp-Protein die Eigenschaften eines rezessiven Tumorsuppressorgenprodukts hat, sich die mutierten Formen aber wie dominante Onkogenprodukte verhalten und so das Wildtypallelprodukt inaktivieren. Das p53 Gen wird durch DNA-Schäden in der Zelle aktiviert.

Die wichtigste Funktion des p53 Proteins besteht darin, in Zellen mit DNA-Schäden Wachstumsstopp und/oder Apoptose (programmierter Zelltod) zu induzieren. Welches von beiden Ereignissen eintritt, hängt vor allem vom Stadium des Zellzyklus und Art und Ausmaß der DNA-Schädigung ab. In Zellen mit DNA-Schäden, die sich in der frühen G_1-Phase befinden, bewirkt das p53 Gen eine Hemmung der weiteren Progression des Zellzyklus. Dies soll ausreichend Zeit für die DNA-Reparatur vor Eintritt der Zelle in die S-Phase gewährleisten. Befindet sich die Zelle zum Zeitpunkt der DNA-Schädigung bereits in der Teilungsphase oder ist der DNA-Schaden sehr ausgeprägt, induziert das p53 Gen den programmierten Zelltod. Sowohl der Wachstumsstopp als auch die Apoptose verhindern, dass geschädigte DNA an Tochterzellen weitergegeben wird. Das p53 Gen wurde sehr treffend als *guardian of the genome* (Wächter des Genoms) bezeichnet.

Die Erkennung der wichtigen Rolle von Onkogenen und Tumorsuppressorgenen in der Kanzerogenese wird möglicherweise auch den Weg zu neuen Therapiemöglichkeiten öffnen. Es gibt bereits Daten, die zeigen, dass eine therapeutische Inaktivierung eines Onkogens zum Verlust des malignen Phänotyps eines Tumors führen kann.

Kanzerogene Stoffe können auch über nicht gentoxische Mechanismen Krebs erzeugen 3.2.7

Fremdstoffinduzierte Mutationen können zwar an der Krebsentstehung beteiligt sein, sind jedoch nicht unbedingte Voraussetzung. In den letzten Jahren wurden immer mehr krebserzeugende Stoffe identifiziert, welche über einen epigenetischen Mechanismus, das heißt ohne direkte Veränderungen im Genom, wirken. Das biologische Resultat dieser Schäden ist in den meisten Fällen die Modulation der Zellproliferation und des Zelltodes.

Grundsätzlich können proliferationsinduzierende nicht gentoxische Kanzerogene in zwei große Gruppen eingeteilt werden. Stoffe der ersten Gruppe wirken cytotoxisch und verursachen Zelltod. Dadurch wird Zellproliferation induziert, bei der das zerstörte Gewebe so schnell wie möglich ersetzt werden soll, damit die Organfunktionen erhalten bleiben. Durch die Nekrosen kann auch oxidativer Stress durch die nachfolgenden Entzündungsreaktionen ausgelöst werden, welcher selber DNA-Schäden verursachen kann. Ein Beispiel für Krebsentstehung auf der Basis von cytotoxischen Prozessen im Tierversuch ist die Erzeugung von Nierentumoren durch 2,2,4-Trimethylpentan. Auch im Menschen wurden mehrfach chronische Entzündungsprozesse in verschiedenen Organen (z. B. Magen) mit erhöhter Tumorinzidenz in Zusammenhang gebracht. Daraus darf man aber nicht schließen, dass Krebs eine unvermeidbare Folge von cytotoxischen Prozessen ist; die meisten cytotoxischen Stoffe erzeugen auch bei längerer Einwirkung keine Tumoren. Die Gründe für diese Diskrepanzen sind nicht bekannt. Im Gegensatz zu dieser regenerativen Hyperplasie (Vergrößerung von Organen durch abnormes Zellwachstum) induzieren eine Reihe von kanzerogenen Fremdstoffen Zellproliferation in Abwesenheit von allgemeiner Cytotoxizität sowie Zellnekrosen. Diese direkt die Zellteilung fördernde Wirkung – additive Hyperplasie – wird bei kanzerogenen Hormonen und einer Reihe von Leberkanzerogenen beobachtet, zum Beispiel bei Di(2-ethylhexyl)phtalat, Ciprofibrat und anderen Stoffen, welche Peroxisomenproliferation in den Leberzellen induzieren.

Mehrere Mechanismen kommen als Verknüpfungsglieder zwischen erhöhter Zellproliferation respektive erniedrigter Apoptoserate und Tumorentstehung in Betracht. In einem Wechselspiel zwischen induzierter Zellproliferation bzw. erniedrigter Apoptoserate, welche zu vermehrter Fixierung von DNA-Schäden und zu Mutationen führt, und der Mutation in *caretaker*-Genen (DNA-Syntheseüberwachung und DNA-Reparatursysteme) oder in *gatekeeper*-Genen (Zellzyklus und Apoptose) kann sich die präkanzerogene Zelle adaptieren und zu Krebszellen transformieren.

Der Nachweis von gentoxischen Effekten schließt die Beteiligung der Induktion von Zellproliferation bei der Erzeugung von Tumoren nicht aus. In Tierversuchen produzieren viele gentoxische Kanzerogene Tumoren nur mit Dosierungen, welche gleichzeitig ausgeprägte unspezifische toxische Veränderungen hervorrufen. Beim Menschen ist bekannt, dass Infektion mit Viren, deren Proteine in den Zellzyklus eingreifen, notwendig ist, um Tumore hervorzurufen, wie zum Beispiel die Hepatitis-B Infektion bei hepatozellulärem Karzinom, welche in Gegenden mit hoher Aflatoxin/Ochratoxinkontamination von Lebensmitteln vorkommt. Die Tatsache, dass in vielen Fällen Art und Ausmaß der DNA-Bindung allein die organspezifische Kanzerogenese nicht erklären kann, ist ein weiterer Hinweis auf die Bedeutung der gegenseitigen Beeinflussung von gen- und cytotoxischen Prozessen für die Tumorentstehung *in vivo*.

Mehrere Mechanismen können bei der indirekten Veränderung der Genexpression durch nicht gentoxische, kanzerogene Stoffe beteiligt sein. Viele promovierende Stoffe wirken über Veränderungen in wichtigen Signaltransduktionswegen, deren Ursprung entweder die *gap junctions* für die interzelluläre Kommunikation oder ein Rezeptor in der Plasmamembran der Zelle sind. Dabei kann man grob drei Rezeptoren unterscheiden: Steroidrezeptoren, Tyrosinkinaserezeptoren und G-Protein-assoziierte Rezeptoren. Veränderungen in diesen Signaltransduktionswegen können zu unkontrolliertem Wachstum führen. Indirekte Erzeugung von DNA-Schäden kann beispielsweise auch durch Hemmung der Reparatur von endogenenen DNA-Schäden induziert werden. Eine weitere Möglichkeit indirekten Einflusses der Genexpression besteht in der Veränderung der DNA-Methylierung und Histon-Modifikation. Hypermethylierung reprimiert und Hypomethylierung induziert die Genexpression. Neben den Onkogenen und Tumorsuppressorgenen kann dadurch auch die Telomeraseaktivität induziert werden. Diese stabilisiert die Chromosomenenden, wodurch solche Krebszellen die *Seneszenz* (den Alterungsprozess) überwinden.

Weiterführende Literatur

Ames BN (1999) Micronutrient deficiencies. A major cause of DNA damage. *Ann N Y Acad Sci* 889: 87–106

Berg JM, Stryer L, Tymoczko JL (Hrsg.) (2003) Biochemie. 5. Aufl, Spektrum Akademischer Verlag, Heidelberg

Boobis AR, Fawthrop DJ, Davies DS (1989) Mechanisms of cell death. *Trends Pharmacol Sci* 10: 275–80

Doll R, Peto R (1981) The causes of cancer: quantitative estimates of avoidable risks of cancer in the United States today. *J Natl Cancer Inst* 66: 1191–308

Felsher DW (2003) Cancer revoked: oncogenes as therapeutic targets. *Nat Rev Cancer* 3: 375–80

Goodman JI, Watson RE (2002) Altered DNA methylation: a secondary mechanism involved in carcinogenesis. *Annu Rev Pharmacol Toxicol* 42: 501–25

Grander D (1998) How do mutated oncogenes and tumor suppressor genes cause cancer? *Med Oncol* 15: 20–6

Klaunig JE, Kamendulis LM, Xu Y (2000) Epigenetic mechanisms of chemical carcinogenesis. *Hum Exp Toxicol* 19: 543–55

Nicotera P, Bellomo G, Orrenius S (1990) The role of Ca^{2+} in cell killing. *Chem Res Toxicol* 3: 484–94

Osada H, Takahashi T (2002) Genetic alterations of multiple tumor suppressors and oncogenes in the carcinogenesis and progression of lung cancer. *Oncogene* 21: 7421–34

Sarasin A (2003) An overview of the mechanisms of mutagenesis and carcinogenesis. *Mutat Res* 544: 99–106

Stanley LA (1995) Molecular aspects of chemical carcinogenesis: the roles of oncogenes and tumour suppressor genes. *Toxicology* 96: 173–94

Thews G, Mutschler E, Vaupel P (1999) Anatomie, Physiologie, Pathophysiologie des Menschen. 5. Aufl, Wiss. Verl.-Ges., Stuttgart

Weinberg RA (1995) The molecular basis of oncogenes and tumor suppressor genes. *Ann N Y Acad Sci* 758: 331–8

Yu J, Ni M, Xu J, Zhang H, Gao B, Gu J, Chen J, Zhang L, Wu M, Zhen S, Zhu J (2002) Methylation profiling of twenty promoter-CpG islands of genes which may contribute to hepatocellular carcinogenesis. *BMC Cancer* 2: 29

4 Aufnahme, Verteilung, Stoffwechsel und Ausscheidung von Fremdstoffen

Physiologische Grundlagen der Resorption von Fremdstoffen • Verteilung von Fremdstoffen im Körper • Kinetik von Invasion und Elimination • Speicherung und Stoffwechsel von Fremdstoffen • Phase-I- und Phase-II-Reaktionen • Konjugationsreaktionen • Glucuronidierung • Glutathion-*S*-Transferasen • Induktion von Stoffwechselenzymen • Individuelle Unterschiede im Metabolismus • Ausscheidung von Fremdstoffen • Physiologie der Niere und Leber

4.1 Einführung

Hochreaktive Verbindungen können direkt am Ort ihrer Einwirkung (Haut, Lunge) toxische Effekte auslösen; die meisten anderen Verbindungen müssen erst in den Organismus aufgenommen werden. Die Geschwindigkeit und das Ausmaß der Aufnahme wie auch der Ausscheidung sind wichtige Einflussgrößen für die toxische Wirkung von Chemikalien. Die Toxizität eines Fremdstoffes ist dosisabhängig; bei höherer Dosis wird ein stärkerer toxischer Effekt beobachtet. Allerdings bestimmt letztendlich nicht die aufgenommene Dosis die toxische Wirkung eines Stoffes, sondern dessen Konzentration im Zielorgan. Diese Konzentration hängt von der Art der Stoffaufnahme, den chemischen Eigenschaften des Stoffes, der Biotransformation und der Ausscheidung sowie von Anatomie und Physiologie des Zielorgans ab. Abbildung 4.1 verdeutlicht die möglichen Wege der Aufnahme, Verteilung und Ausscheidung von Fremdstoffen.

Auf dem Weg zum Wirkort müssen Stoffe mehrere Barrieren überwinden. Die Aufnahme toxischer Verbindungen in das Blut und in Organe erfordert eine Passage durch biologische Membranen. Ebenso ist für die Abgabe von Stoffen in die Ausscheidungsmedien ein Membrandurchtritt nötig. Grundlagen zur Struktur von biologischen Membranen und Gesetzmäßigkeiten des Membrandurchtritts finden sich in Lehrbüchern der Biochemie und der physikalischen Chemie.

Die Membrangängigkeit von Verbindungen ist daher eines der wichtigsten Kriterien für ihre Verteilung. Polare Verbindungen mit niedrigem Molekulargewicht vermögen Membranen durch spezielle Poren zu passieren; dieser Durchtritt erfolgt durch Diffusion, aber seine Geschwindigkeit ist geringer als die der Passage durch den Lipidanteil. Da die Poren selbst geladene Moleküle enthalten, gibt es zwischen einfach und doppelt geladenen Substanzen große Unterschiede in der Durchtrittsgeschwindigkeit. Lipophi-

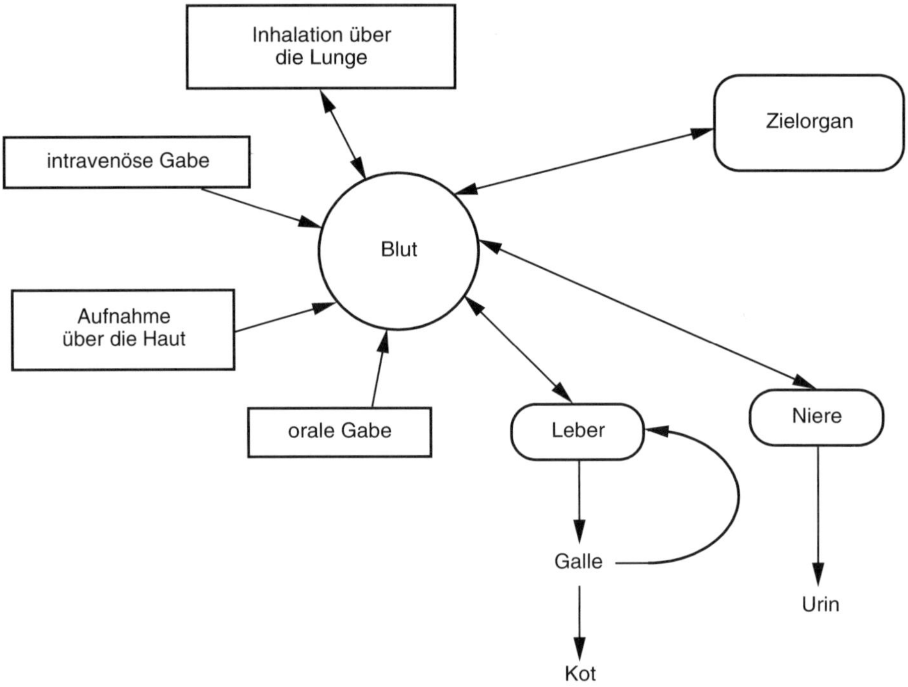

4.1 Wege der Aufnahme, Verteilung und Ausscheidung von Fremdstoffen im Organismus. Die Aufnahme von Stoffen kann über den Magen-Darm-Trakt, die Haut, die Lunge und durch Injektion erfolgen. Das Blut spielt die wichtigste Rolle bei der Verteilung von aufgenommenen Stoffen im Organismus. Die Ausscheidung von Fremdstoffen kann durch die Nieren mit dem Urin, über die Leber in den Darminhalt und damit in den Kot und über die Lunge durch Ausatmung stattfinden.

le Stoffe können leicht durch den Lipidanteil von Membranen diffundieren und werden schnell im Organismus verteilt. Der *Verteilungskoeffizient* $c_{org}/c_{wäss}$ beschreibt, wie sich ein Stoff aus einer wässrigen Lösung in ein organisches Lösungsmittel (meist Octanol) verteilt; er liefert auch ein Maß für seine Fähigkeit, durch den Lipidanteil einer Membran zu diffundieren. Die Geschwindigkeit der Diffusion durch die Membran steigt allerdings nicht linear mit dem Verteilungskoeffizienten. Bei sehr guter Aufnahme eines Stoffes in die Membran und sehr geringer Löslichkeit in Wasser wird sich der Stoff in der Membran anreichern.

Neben den Stoffeigenschaften haben auch Besonderheiten der Membranstruktur großen Einfluss auf die Verteilung toxischer Verbindungen in Geweben. Das Verhältnis zwischen der von Poren eingenommenen Fläche und der Lipidfläche von Membranen ist in verschiedenen Organen sehr unterschiedlich, daher können biologische Membranen von sehr durchlässig bis zu fast undurchlässig (impermeabel) für polare Verbindungen eingestuft werden. Sehr durchlässig für polare Stoffe sind so genannte *diskontinuierliche Membranen*, die in Leber, Milz und rotem Knochenmark vorkommen. Solche Membranen zeigen beim Vergleich zwischen polaren und unpolaren Stoffen nur geringe Unterschiede in der Durchtrittsgeschwindigkeit, und sie ermöglichen einen intensiven Stoffaustausch. Durch diskontinuierliche Membranen können selbst große Proteine wie Albumin durchtreten. Ebenfalls noch gut durchlässig sind die *fenestrierten Membranen* der Mucosa (Schleimhaut) des Magen-Darm-Traktes und der Niere. *Kontinuierliche Membranen*, wie man sie in Herz- und Skelettmuskeln, aber auch in Gehirn und Rückenmark findet, wo sie zusätzlich noch aufgelagerte Gliazellen tragen, sind dagegen für polare Fremdstoffe wenig bis nahezu undurchlässig. Die Blut-Hirn-Schranke etwa ist für polare Moleküle, die größer sind als Harnstoff, impermeabel.

4.2 Resorption

Fremdstoffe können über verschiedene Wege in den Körper gelangen; die wichtigsten sind die Aufnahme über die Lunge, den Magen-Darm-Trakt und die Haut sowie die direkte Gabe ins Blut (intravenöse Injektion; Abbildung 4.1). Über die Lunge und die Haut werden oft Stoffe aus der Umwelt und am Arbeitsplatz aufgenommen. Die Resorption über den Magen-Darm-Trakt spielt eine wichtige Rolle bei Nahrungsinhalts- und Nahrungszusatzstoffen. Die intravenöse Gabe ist gewöhnlich auf Arzneimittel beschränkt, spielt aber auch eine wichtige Rolle bei der Aufnahme von Suchtstoffen wie Heroin.

Im Magen-Darm-Trakt werden fast nur lipophile Verbindungen resorbiert 4.2.1

Viele in der Umwelt verbreitete Stoffe können in die Nahrungskette eintreten und gelangen mit Nahrungsmittelbestandteilen aus dem Magen-Darm-Trakt in den Organismus. Über diesen Weg werden auch in der Nahrung enthaltene natürliche Schadstoffe aufgenommen. Der Magen-Darm-Trakt gliedert sich in Rachen, Speiseröhre, Magen, Dünndarm (mit den Abschnitten Zwölffingerdarm, Jejunum und Krummdarm) und Dickdarm (Blinddarm, Enddarm und Mastdarm) (Abbildung 4.2). Wenn Verbindungen auf oralem Wege in den Körper kommen, ist dies nicht automatisch mit einer Verteilung im Organismus gleichzusetzen: Nicht resorbierbare Stoffe können teilweise oder vollständig den Magen-Darm-Trakt passieren.

Fremdstoffe können in allen Abschnitten des Magen-Darm-Traktes – von der Mundhöhle bis zum Rektum (Mastdarm) – resorbiert werden. Diffusion durch Poren hat für die Resorption aus dem Magen-Darm-Trakt nur eine geringe Bedeutung, daher werden nur lipophile, ungeladene Stoffe gut resorbiert. Lipophile Verbindungen werden bei der Passage häufig quantitativ aufgenommen. Für den Ort der Aufnahme sind die Durchblutung der einzelnen Abschnitte im Magen-Darm-Trakt, die jeweilige Größe der Resorptionsfläche sowie die Zusammensetzung der Nahrung entscheidend. Der Dünndarm besitzt durch eine spezielle Membranstruktur (eine so genannte Bürstensaummembran) mit vielen Ausstülpungen die größte Oberfläche (100–200 m^2) und ist gut durchblutet, daher werden lipophile Stoffe hauptsächlich dort resorbiert. Der Magen spielt nur eine untergeordnete Rolle wegen der geringen zur Resorption zur Verfügung stehenden Oberfläche (0,1–0,2 m^2).

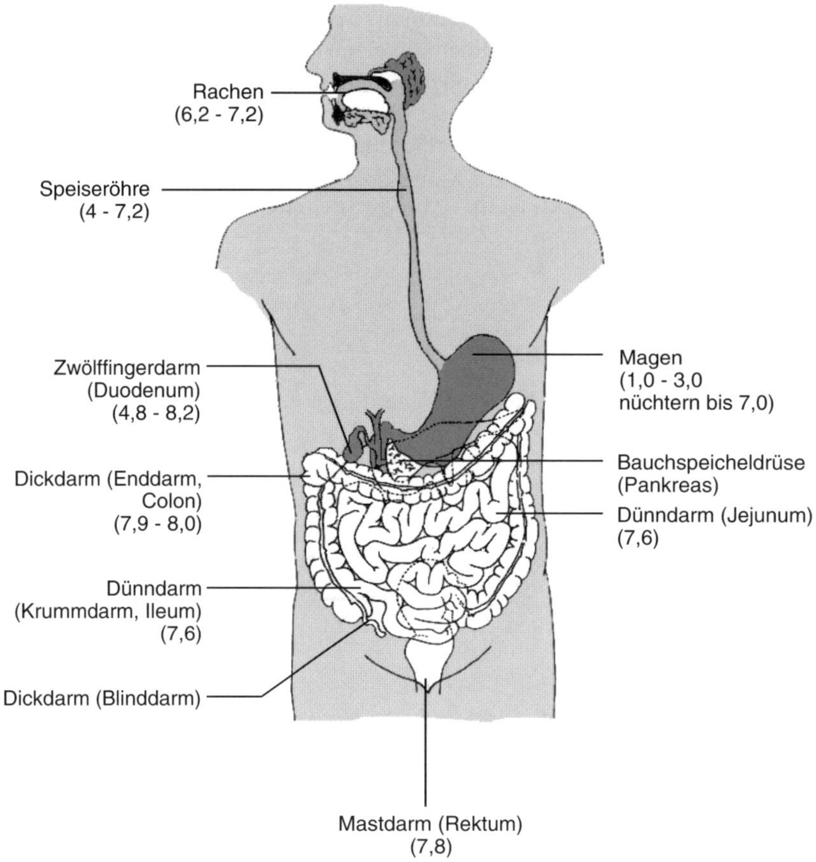

4.2 Der Magen-Darm-Trakt des Menschen. Die in Klammern gesetzten Zahlen geben die pH-Werte in den einzelnen Abschnitten an.

Für Säuren und Basen ist neben der Größe der Resorptionsfläche auch der pH-Wert für den Ort und die Geschwindigkeit der Resorption wichtig. Bei der Passage durch den Magen-Darm-Trakt ändern sich die pH-Werte beträchtlich; so ist der Magen – außer in Ruhephasen – stark sauer, während sich die pH-Werte der meisten Darmbereiche im alkalischen Bereich befinden.

Aktive Transportmechanismen spielen bei der Aufnahme von Stoffen aus dem Magen-Darm-Trakt eine untergeordnete Rolle und nur wenige Verbindungen werden durch aktiven Transport resorbiert. Zu einem geringen Anteil sind auch gut wasserlösliche Stoffe im Verdauungstrakt resorbierbar. Dies gilt insbesondere für Metalle; so wird zum Beispiel auch von oral aufgenommenen Blei-, Cadmium- und Chromsalzen ein kleiner Anteil resorbiert.

Die Geschwindigkeit der Resorption wird des Weiteren durch Art und Menge der zugeführten Nahrung beeinflusst. Fettreiche Nahrung kann die Resorption lipophiler Stoffe verlangsamen, so wird zum Beispiel DDT aus fetthaltiger Nahrung schlechter resorbiert. Andere Nahrungsinhaltsstoffe wie Calcium bilden oft schlecht resorbierbare Chelate und verhindern dadurch die Aufnahme. Partikel und darin enthaltene beziehungsweise daran adsorbierte Verbindungen können aus dem Magen-Darm-Trakt auch durch *Phagocytose* oder *Pinocytose* aufgenommen werden; die Aufnahmegeschwindigkeit ist dabei abhängig von der Partikelgröße.

Die große Oberfläche der Lunge ermöglicht eine schnelle Aufnahme von Gasen 4.2.2

Flüchtige Stoffe und Partikel der Luft finden ihren Weg in den Organismus über die Lunge. Die menschliche Lunge besteht aus zwei getrennten Lungenflügeln, die die seitlichen Hälften des Brustraums ausfüllen (Abbildung 4.3). Zwischen den beiden Lungenflügeln befindet sich das Herz; der vom Herzen beanspruchte Platz führt zu einer Einbuchtung der Lungen, die beim linken Flügel stärker ausgeprägt ist als beim rechten. Die einzelnen Lungenflügel sind noch durch tiefe Einschnitte in so genannte Lungenlappen unterteilt; der rechte Lungenflügel besteht aus drei, der linke aus zwei Lungenlappen. Die Einatmungsluft wird durch den Nasen-Rachen-Raum und den Kehlkopf mit seiner engsten Stelle, der Stimmritze (*Glottis*), in die *Trachea* (Luftröhre) geleitet. Die Trachea gabelt sich in die beiden Hauptbronchien, die schräg abwärts in die beiden Lungenflügel eintreten. Von jedem Hauptbronchius zweigen mehrere Äste ab, die sich weiter in kleinere Äste aufteilen. Diese kleinen Bronchien gehen unter stetiger Verringerung ihres Durchmessers in die Bronchiolen und schließlich in die Terminalbronchiolen über. Nach einer zwanzigsten Aufteilung der einzelnen Bronchien beginnen die Alveolargänge, die dicht mit **Alveolen** (Lungenbläschen) besetzt sind. Die Bronchien sind stark innerviert und ihre Weite wird durch das vegetative Nervensystem kontrolliert.

Die Alveolen haben einen Durchmesser von etwa 0,2 mm; in einer Lunge befinden sich ungefähr 300 Millionen Alveolen, die eine Gesamtoberfläche von 80 m^2 bilden. Die Alveolen selbst sind von einem dichten Kapillarnetz umgeben, das nur durch eine weniger als einen Mikrometer dicke Membran vom Gasraum getrennt ist. Über die Lunge können sowohl Gase als auch Partikel in den Organismus eindringen. Gut wasserlösliche Gase gelangen allerdings gar nicht in die Lunge, weil sie sich bereits auf den feuchten Schleimhäuten der oberen Atemwege niederschlagen (siehe Abschnitt 7.2.4). Schlecht wasserlösliche Gase und Dämpfe hingegen können den gesamten Atemtrakt passieren und die Alveolen erreichen.

Die Aufnahme gasförmiger Verbindungen ins Blut erfolgt über die Alveolarmembran. Sauerstoff diffundiert durch die Alveolar- und Kapillarwand ins Blut, Kohlendioxid wird vom Blut abgegeben. Wegen der geringen Dicke der Alveolarwand und ihrer großen Oberfläche diffundieren die meisten Gase schnell in die Kapillaren. In Blut gut lösliche Gase werden mit diesem rasch abtransportiert; folglich sinkt ihre Konzentration in den Alveolen rapide und nur geringe Mengen dieser Gase werden beim nächsten Ausatmen wieder ausgeschieden. Dagegen erfolgt bei Gasen mit geringer Blutlöslichkeit nur ein langsamer Abtransport durch das Blut; entsprechend bleibt ihre Konzentration in der Alveolarluft höher und ein Teil des in die Alveolen gelangten Gases wird wieder ausgeatmet. Zur Berechnung der Stoffaufnahme über die Lunge kann man die so genannte *pulmonale Retentionsrate* heranziehen. Dieser Wert gibt den Konzentrations-

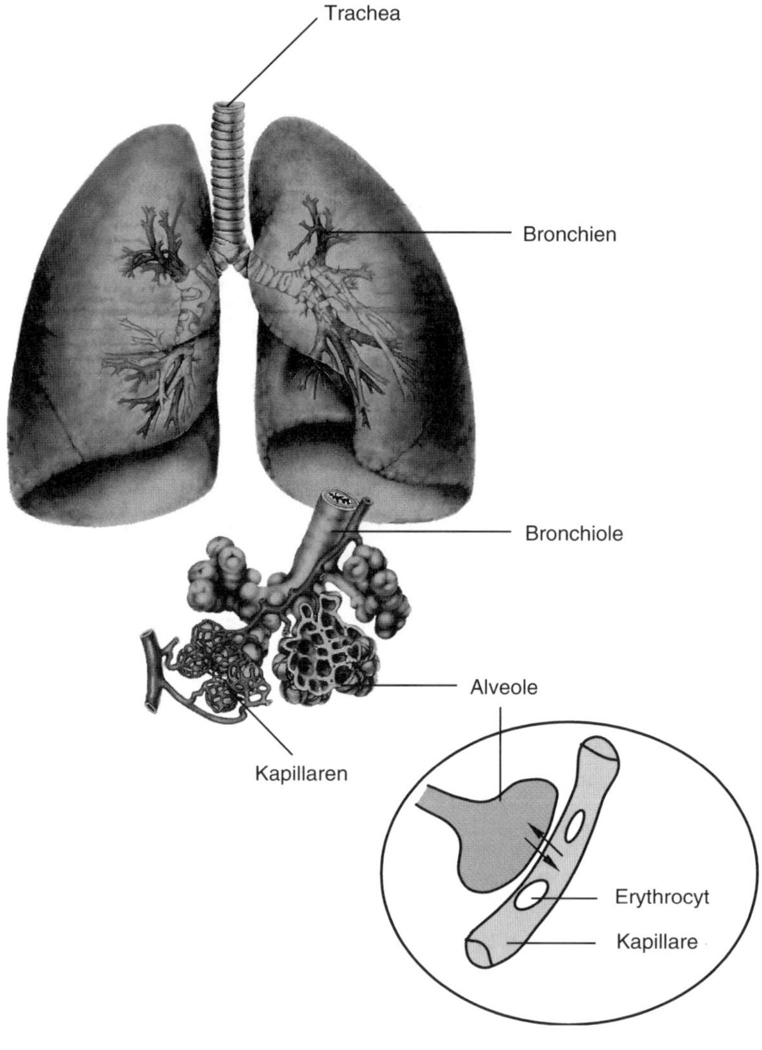

4.3 Eine schematische Darstellung der Lunge zeigt die Verästelung der Bronchien bis in feinste Kapillaren, die mit Alveolen (Lungenbläschen) besetzt sind. Die Aufnahme von Gasen ins Blut erfolgt in den Alveolen: Sie diffundieren durch die Alveolar- und Kapillarwand und werden mit dem Blut abtransportiert.

unterschied des Stoffes zwischen Ausatemluft und Einatemluft in Prozent der eingeatmeten Konzentration an:

$$\text{Retentionsrate (\%)} = \frac{(c_{ein} - c_{aus})}{c_{ein} \times 100}$$

Aus der Intensität der Atmung (dem Atem-Minutenvolumen), die von der körperlichen Belastung abhängt, lässt sich dann auf die aufgenommene Stoffmenge schließen. Wegen der limitierten Löslichkeit der meist lipophilen Gase und Dämpfe im Blut stellen sich bei konstanten Expositionskonzentrationen nach einiger Zeit maximale Blutkonzentrationen ein. Sobald der Stoff nicht mehr in der Atemluft vorhanden ist, sinkt die Blutkonzentration wegen schneller Ausatmung rasch wieder ab (Abbildung 4.4).

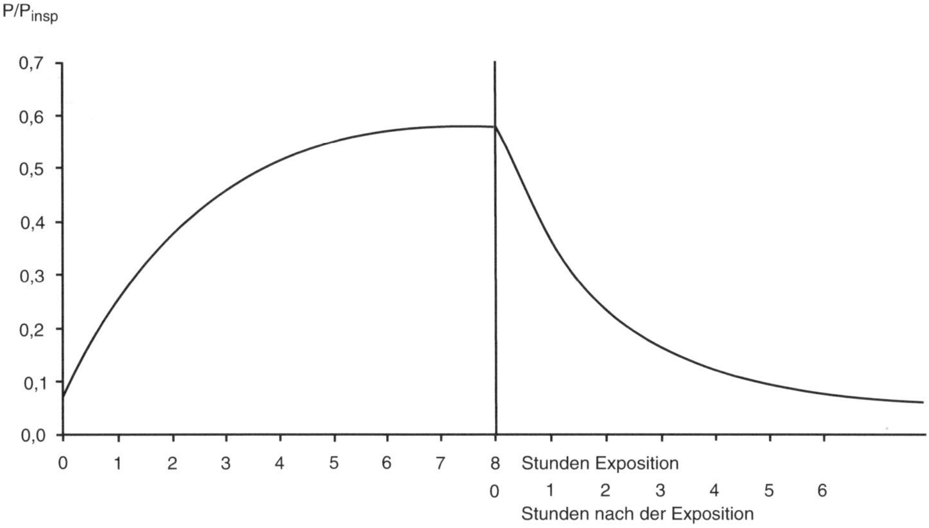

4.4 Verlauf der Konzentration eines fiktiven Stoffes im Blut während und nach einer achtstündigen gleichförmigen Inhalation am Arbeitsplatz. p/p_{insp} = Verhältnis der Partialdrücke des Fremdstoffes im Blut und in der Umgebungsluft. Nach einiger Zeit stellt sich zwischen Stoffeinatmung und Stoffausatmung ein Gleichgewicht ein; nach Beendigung der Inhalation wird der Stoff langsam durch Abatmung entfernt.

Die intravenöse Injektion spielt in der Toxikologie nur eine geringe Rolle 4.2.3

Die Injektion von Fremdstoffen ins Blut wird meist für therapeutisch wirksame Verbindungen eingesetzt; toxikologische Bedeutung hat sie dagegen praktisch nur beim Drogenmissbrauch. Stoffe, die intravenös injiziert werden, erfahren mit dem Blut eine schnelle Verteilung. Bei gut membrangängigen Stoffen findet ein schneller Konzentrationsausgleich zwischen Blut und Geweben statt, und die gesamte Stoffmenge steht innerhalb kurzer Zeit im Organismus zur Verfügung. Durch Injektion lassen sich schnell hohe Blutspiegel der zugeführten Substanz erreichen, man umgeht damit auch den nach oraler Aufnahme oft auftretenden *first-pass*-Metabolismus (Abschnitt 4.2.5) der die Bioverfügbarkeit eines Arzneimittels nach oraler Gabe entscheidend verringern kann. Außerdem kann man durch langsame Infusion die Blutspiegel einer Substanz relativ konstant halten und gut steuern. Der Blutfluss und die Rate der Diffusion vom Blut in die Zellen eines Organs sind nach intravenöser Injektion die geschwindigkeitsbestimmenden Schritte bei der Anflutung in diesem Organ.

4.2.4 Auch die Aufnahme lipophiler Stoffe über die Haut kann zu Vergiftungen führen

Die Haut ist ein komplexes, vielschichtiges Gewebe mit einer großen Oberfläche beim Menschen (1,8 m^2). Sie schützt tieferliegende Gewebe gegen mechanische und chemische Schäden, verhindert Austrocknung und wirkt als Wärmeregulator und Sinnesorgan. Die Haut besteht aus der so genannten Oberhaut (*Epidermis*), der bindegewebsartigen Lederhaut mit Drüsen, Haaren und Nägeln und der Unterhaut mit Fettpolstern und Hautmuskeln. Die Oberhaut besteht aus einer Hornschicht mit einer Dichte von 0,5–5 mm (an stark beanspruchten Stellen) und ist gefäßfrei (Abbildung 4.5). Die Epidermis wird durch Schweiß- und Talgdrüsen sowie durch Haarbälge unterbrochen, die auch für die Versorgung der Oberhaut mit Nährstoffen verantwortlich sind.

Stoffe, die auf die Haut gelangen, können durch die Epidermis diffundieren oder durch Schweißdrüsen und Haarbälge in den Organismus eindringen. Das wichtigste Hindernis auf dem Weg der Fremdstoffe durch die Haut ist die Hornschicht der Oberhaut (*Stratum corneum*), die einen nur geringen Wasseranteil aufweist.

Die Haut ist schlecht durchlässig für polare oder geladene Verbindungen. Wegen der Dicke der Haut (10 μm) und der Barrierenfunktion des *Stratum corneum* werden aller-

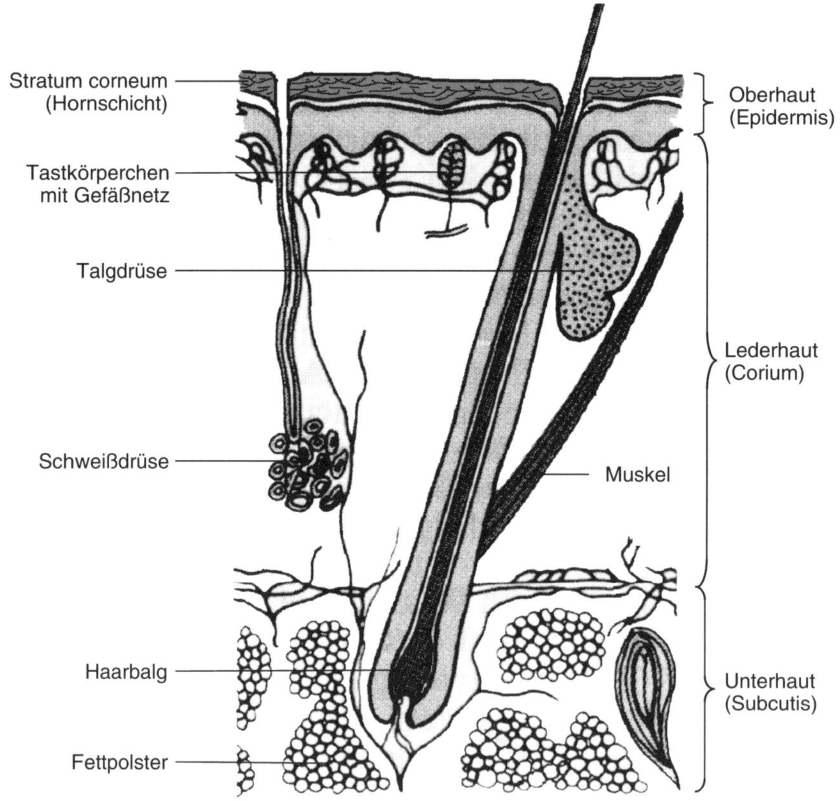

4.5 Aufbau der Haut des Menschen und der Säugetiere.

dings auch viele lipophile Stoffe nur langsam aufgenommen. Trotzdem können bei großflächigem Hautkontakt Stoffe wie Phenol, Anilin oder das Pestizid E-605 tödliche Vergiftungen auslösen. Die Hautdurchblutung, aber auch Faktoren wie Luftfeuchtigkeit und Temperatur beeinflussen maßgeblich die Resorptionsgeschwindigkeit. Behandlungen, die den Wassergehalt im *Stratum corneum* erhöhen, beschleunigen die Hautresorption von Fremdstoffen.

Nachdem Fremdstoffe die Epithelschichten der Haut überwunden haben, werden sie gewöhnlich über die Lymphbahnen ins Blut transportiert und im Organismus verteilt. Bei lipophilen Stoffen mit niedrigem Dampfdruck kann eine Aufnahme über die Haut eine weit größere Gefahr darstellen als das Einatmen. Auch ein Vergleich der toxischen Wirkungen nach oraler Gabe und nach Auftragen des Stoffes auf die Haut zeigt die Bedeutung der Haut für die Aufnahme bestimmter Stoffe. Beispielsweise sind bei dem Pestizid Parathion die LD_{50}-Werte nach Injektion oder Applikation auf die Haut in Mäusen sehr ähnlich; auch bei Feldarbeitern, die ohne Schutzkleidung Parathion versprüht hatten, wurden Vergiftungen durch Aufnahme über die Haut beobachtet. Im Gegensatz dazu ist DDT nach Injektion wesentlich toxischer als nach Gabe gleicher Dosen auf die Haut. DDT wird trotz seiner hohen Fettlöslichkeit nur in sehr geringem Ausmaß über die Haut resorbiert, daher konnte DDT zur Abtötung von Körperläusen beim Menschen äußerlich ohne Vergiftungsrisiken angewendet werden. Besonders gut werden Lösungen organischer Stoffe in bestimmten Lösungsmitteln (z. B. Dimethylsulfoxid) über die Haut aufgenommen, weil das Lösungsmittel als Schleppsubstanz wirkt.

Die Gabe in die Bauchhöhle (intraperitoneal) spielt wegen der schnellen Resorption eine wichtige Rolle in der experimentellen Toxikologie 4.2.5

Durch den starken Blutfluss und die große Oberfläche des Bauchfelles (**Peritoneum**) werden Stoffe nach intraperitonealer Injektion sehr schnell resorbiert und gelangen rasch in die Leber. Man umgeht auf diese Weise den Magen und den Darm und den Einfluss des Magen- und Darminhalts auf die Resorption. Viele so verabreichte Stoffe werden bei der Passage durch die Leber quantitativ metabolisiert, sodass die systemisch verfügbaren Konzentrationen gering bleiben. Den quantitativen Metabolismus eines Stoffes während der Passage durch die Leber bezeichnet man in der **Pharmakokinetik** als *first-pass*-Effekt. Stoffe, die einem hepatischen *first-pass*-Effekt unterliegen, erreichen durch die intensive Umwandlung in der Leber oft keine hohen Konzentrationen in anderen Organen; dadurch verändern sich auch die Wirkungen in den Zielorganen abhängig vom Aufnahmeweg. Die intraperitoneale Gabe spielt deshalb nur bei wenigen Arzneimitteln eine Rolle als Applikationsform.

4.3 Verteilung von Fremdstoffen

Durch Resorption oder intravenöse Injektion in das Blut aufgenommene Fremdstoffe werden schnell im Blutraum verteilt. Die weitere Verteilung ist wiederum abhängig von der Membrandurchgängigkeit der Stoffe. Gut membrandurchgängige Stoffe gelangen mit dem Blutstrom zuerst in gut durchblutete Organe (Niere, Lunge, Gehirn); durch schnelle Verteilung ins Gewebe bauen sich dort rasch hohe Konzentrationen auf. Deutlich wird die sehr schnelle Stoffanflutung in diesen Organen an der Geschwindigkeit des Wirkungseintritts von Medikamenten. Beispielsweise erhöht das Medikament Furosemid, ein starkes Diuretikum, den Harnfluss beim katheterisierten Patienten innerhalb weniger als einer Minute nach Beginn der Infusion.

Da die gut durchbluteten Organe nur einen geringen Anteil am Körpergewicht haben, werden Stoffe mit dem Blut auch schnell wieder aus diesen Organen entfernt. Inhalationsanästhetika können als lipophile Modellverbindungen diese Verteilungsvorgänge im Blut gut veranschaulichen (Abbildung 4.6). Die Aufnahme dieser dampfförmigen und lipophilen Verbindungen erfolgt zentral über die Lunge zunächst in das Blut. Von

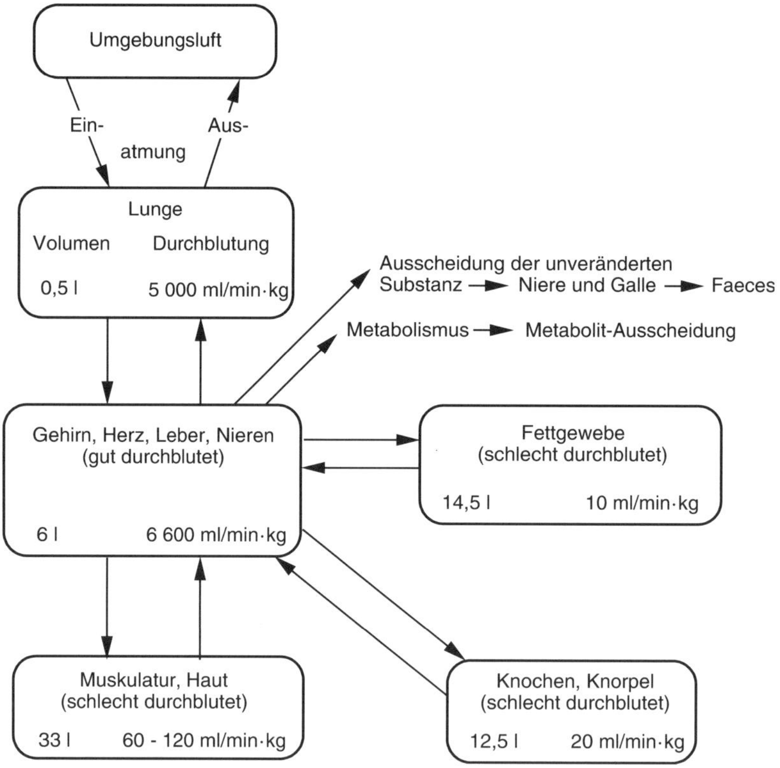

4.6 Verteilung von lipophilen Fremdstoffen mit dem Blut im Organismus nach Inhalation. Die erste Zahl in den Kästen gibt das Organvolumen (bezogen auf einen Menschen von 70 kg Körpergewicht) und die zweite Zahl den durchschnittlichen Blutfluss in diesen Geweben an. Der Blutfluss zu den einzelnen Kompartimenten bestimmt maßgeblich Ausmaß und Zeitabhängigkeit der Verteilung eines Stoffes.

dort wird der Stoff in sehr gut durchblutete Organe wie Gehirn, Herz oder Nieren verteilt; wegen der schnellen Anflutung im Gehirn tritt die narkotische Wirkung rasch ein. Mit dem Blut erfolgt dann eine Umverteilung des Stoffes in schlecht durchblutete Gewebe wie Fettgewebe, Knochen und Knorpel. Nach Abschluss der Exposition wird der Stoff wegen des unterschiedlichen Blutflusses aus den einzelnen Geweben unterschiedlich schnell abgegeben; dies führt zu sehr komplexen Konzentrationsverläufen.

Aus diesen Verteilungsmechanismen konnte man Modellvorstellungen zu Stoffaufnahme, Verteilung und Ausscheidung (*Pharmakokinetik*) lipophiler Verbindungen ableiten (Exkurs 4.1).

Exkurs 4.1: Pharmakokinetik und Toxikokinetik

Pharmakokinetik und Toxikokinetik beschreiben Veränderungen von Fremdstoffkonzentrationen im Organismus. Ziel ist die quantitative Vorhersage der Stoffkonzentrationen in einzelnen Organen zu einem bestimmten Zeitpunkt.

Zur mathematischen Interpretation pharmakokinetischer Prozesse wie Aufnahme, Verteilung, Biotransformation und Exkretion von Fremdstoffen werden Verteilungsräume (Kompartimente) im Organismus postuliert, die mit bestimmten Organen identisch sein können. Meist stellen sie jedoch fiktive Größen ohne morphologische Gegenstücke dar. Diese fiktiven Räume werden als homogene Einheiten mit gleichen pharmakokinetischen Kenngrößen charakterisiert.

Die Kinetik eines Fremdstoffes im Organismus unterliegt zwei gegenläufigen Einflüssen: der Invasions- und der Eliminationskinetik. Die Invasionskinetik hängt hauptsächlich von Resorptions- und Verteilungsvorgängen ab, für die Eliminationskinetik sind Biotransformationsprozesse zu wasserlöslichen Metaboliten verantwortlich sowie Ausscheidungsmechanismen, die hauptsächlich über die Niere verlaufen. Bei gasförmigen Stoffen kann auch Elimination über die Lunge wichtig sein. Wegen der Komplexität des Organismus benutzt man für toxikokinetische Analysen meist einfache Modelle. Als einfachstes Modell dient das offene Einkompartimentmodell. Dieses Modell beschreibt den Konzentrationsverlauf eines Stoffes unter der Annahme, dass er in einem einheitlichen Volumen (Kompartiment) verteilt ist. In dieses Kompartiment (z. B. das Blut) dringt der Stoff mit einer Kinetik erster Ordnung ein (*Invasion*) und wird mit einer Kinetik erster Ordnung (z. B. mit dem Urin) auch wieder eliminiert. Getrennt ergeben sich für Invasion und Elimination die Kurven $X_a(t)$ und $X_e(t)$ aus Abbildung 4.7; der tatsächliche Verlauf der Stoffkonzentration im Blut wird durch die Kurve X(t) bestimmt. Dieser Verlauf der Konzentration des Fremdstoffes im offenen Einkompartimentmodell entspricht einer so genannten *Bateman*-Funktion. Die Form der Funktion ist stark von den Parametern der Invasions- und Eliminationskinetik abhängig; führende Größen für pharmakokinetische Bestimmungen sind in der Regel die Parameter der Eliminationsfunktionen, die man durch Auswertung des terminalen Bereichs der Bateman-Funktion erhält. Durch direkte Injektion in das Blut kann man auch die Absorptionsvorgänge umgehen und durch Beobachtung der Blutspiegel nur die Eliminationskinetik erhalten. Bei halblogarithmischer Darstellung einer Eliminationskinetik erster Ordnung ergibt sich eine Gerade; die Eliminationshalbwertszeit errechnet sich nach den bekannten Grundlagen der

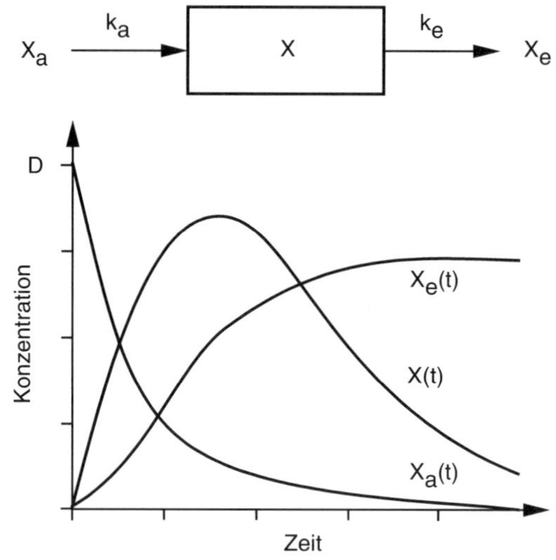

4.7 Blutspiegelkurve bei gleichzeitiger Invasion und Elimination eines Stoffes nach einer Kinetik erster Ordnung bei Anwendung des Einkompartimentmodels. X = Konzentration im Kompartiment, D = applizierte Dosis, X_a = Konzentration des Stoffes außerhalb des Kompartiments vor Invasion, X_e = Konzentration des Stoffes außerhalb des Kompartiments nach Ausscheidung, k_a = Geschwindigkeitskonstante der Absorption (Invasion) und k_e = Geschwindigkeitskonstante der Exkretion (Ausscheidung).

Kinetik. Die Halbwertszeit des Stoffes ist dementsprechend zeit- und konzentrationsunabhängig und eine wichtige Kenngröße des Eliminationsvorgangs.

Im Experiment gemessene Daten für Eliminationskinetiken lassen sich meistens nur durch Überlagerung mehrerer Exponentialfunktionen mit unterschiedlichen Eliminationskonstanten interpretieren. Hier sind bi- oder mehrphasige Eliminationsprozesse wichtig. Gründe für diese mehrphasigen Prozesse liegen in der inhomogenen Verteilung eines Stoffes im Organismus und unterschiedlichen Transportgeschwindigkeiten; das Einkompartimentmodell beschreibt daher nur unzureichend die komplexen Vorgänge im Organismus. Für viele Stoffe sind zumindest zwei Verteilungsräume unterschiedlicher Größe und Zugänglichkeit zur Beschreibung des Verteilungs- und Ausscheidungsverhaltens im Organismus notwendig.

Zur Beschreibung der Zeit-Konzentrationskurven sind in diesen Fällen Mehrkompartimentmodelle erforderlich. Dabei wird ein zweites, beziehungsweise ein drittes Kompartiment eingeführt, in das sich der Stoff langsamer verteilt und aus dem der Stoff auch langsamer wieder ausgeschieden wird. Praktisch können gut durchblutetete Organe wie Leber und Niere als erstes Kompartiment angesehen werden, zwischen diesem Kompartiment und dem Blut findet ein schneller Konzentrationsausgleich statt. Das zweite Kompartiment stellen schlecht durchblutete Gewebe wie Muskeln und Fettgewebe dar. In diesen fließt der Stoff nur langsam an und wird wegen geringer Durchblutung auch nur langsam ausgeschieden. Bei Umgehung der Absorption durch Injektion ergeben sich die in Abbildung 4.8 dargestellten Konzentrationsverläufe in den einzelenen Kompartimenten. Mit solchen Modellen lassen sich durch eine Serie von Differentialgleichungen die Verteilung und die Ausscheidungskinetik eines Stoffes näherungsweise vorhersagen.

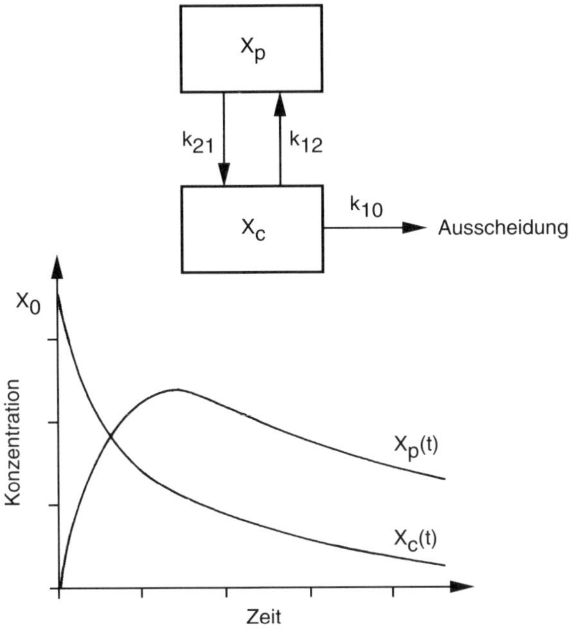

4.8 Das Zweikompartimentmodell beschreibt die Konzentration eines Stoffes in zwei Kompartimenten; X_0 ist die Stoffmenge, die durch Injektion gegeben wurde, X_c ist die Stoffmenge im zentralen und X_p im peripheren Kompartiment, k_{10}, k_{12}, k_{21} sind Geschwindigkeitskonstanten.

Da viele Parameter in diesen Modellen willkürlich gewählt sind und physiologische Größen wie beispielsweise Gewebestruktur, Blutfluss und Metabolisierungsraten nicht berücksichtigt werden, hat man inzwischen so genannte *physiologische pharmakokinetische Modelle* entwickelt. Solche Modelle beruhen auf experimentell bestimmten physiologischen Parametern wie Organgewicht, Organdurchblutung, Atemfrequenz und Atemvolumen, sowie auf Stoffeigenschaften wie Membrangängigkeit, Dampfdruck und Metabolisierungsgeschwindigkeiten. Unter Verwendung dieser Modelle können Aufnahme, Verteilung und Konzentrationen bestimmter Stoffe in bestimmten Organen wie auch Metabolisierungsgeschwindigkeiten und Zeitverläufe gut vorhergesagt werden, sodass Speziesvergleiche möglich werden.

Die einzelnen Kompartimente im Organismus stehen miteinander in Verbindung und der Stoffaustausch zwischen den Kompartimenten geschieht nach den Gesetzen der freien Diffusion. Die Verteilung wird sowohl vom Blutfluss als auch von der Affinität eines Fremdstoffs zu einzelnen Kompartimenten beeinflusst. Stoffe mit langsamem Konzentrationsausgleich verteilen sich erst nur mit dem Blut. Dabei bestimmt die Geschwindigkeit des Membrandurchtritts die Verteilung.

Die Aufnahme von Fremdstoffen aus dem Blut unterliegt wieder den für passive Diffusion oder spezielle Transportprozesse abgeleiteten Gesetzmäßigkeiten: Kleine wasserlösliche Moleküle und Ionen diffundieren durch Kanäle und Poren in den Zellmembranen; lipidlösliche Verbindungen können die Membranen ohne Hilfe schnell durchdringen. Sehr polare Moleküle und Ionen mit niedrigem Molekulargewicht (< 50 Dalton) können Zellmembranen nur schwer überwinden; sie werden daher lediglich über spezielle Transportmechanismen aufgenommen. In das Blut injizierte Verbindungen, die schlecht membrangängig sind, verteilen sich daher nur im Blut und gelangen nicht in Organe.

4.4 Speicherung von Fremdstoffen

Durch Anreicherung und Speicherung in Organen und Geweben kann die freie Verteilung von Verbindungen beeinträchtigt werden. Einige Stoffe erzielen ihre höchsten Konzentrationen in den Geweben, in denen sie auch ihre toxische Wirkung entfalten. Beispielsweise reichert sich das **Herbizid** Paraquat in der Lunge an und wirkt auch stark lungentoxisch. Andere Verbindungen akkumulieren in bestimmten Geweben, ohne dort toxische Effekte hervorzurufen, wie zum Beispiel polychlorierte Dioxine im Fettgewebe.

Den Raum, in dem sich ein Fremdstoff anreichert, kann man als Speicher für diesen Fremdstoff ansehen. Die gespeicherte Menge steht mit dem Anteil an freiem Fremdstoff im Plasma im Gleichgewicht. Durch Biotransformation oder Exkretion wird die Konzentration des frei im Plasma vorhandenen Fremdstoffes verringert; daraufhin stellt sich das Gleichgewicht neu ein und aus dem Speicher tritt wieder Fremdstoff in das Plasma über. Fremdstoffe können in Plasmaproteinen und in bestimmten Organen (Leber, Niere) oder Geweben (Fettgewebe, Knochen) gespeichert werden (Abbildung 4.9).

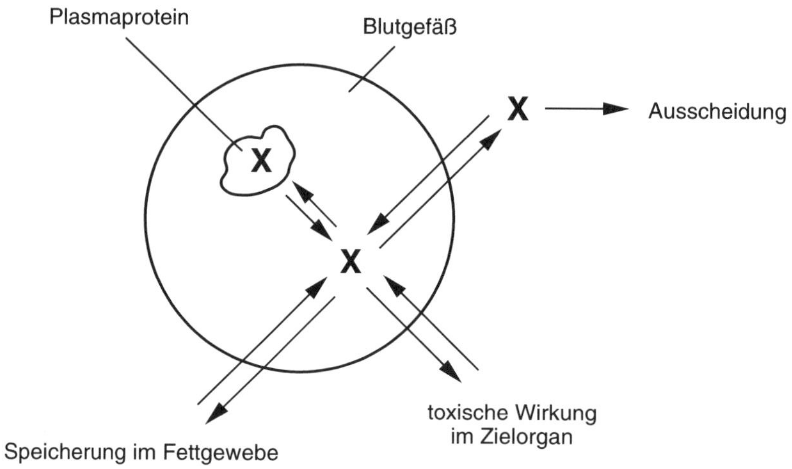

4.9 Speicherung und Plasmaeiweißbindung von Fremdstoffen (X) und ihr Einfluss auf systemische Verfügbarkeit. Die systemische Verfügbarkeit kann durch Speicherung in verschiedenen Geweben oder durch Bindung an Plasmaproteine verringert werden.

Die reversible Bindung an Plasmaproteine kann einen wichtigen Speicher für Fremdstoffe darstellen 4.4.1

Plasmaproteine sind Bindungsorte für Fremdstoffe und viele endogene Verbindungen. Metalle etwa lagern sich im Plasma an spezifische Transportproteine an; Beispiele sind Transferrin für Eisen oder Ceruloplasmin für Kupfer.

Die Plasmaproteine Albumin und Globulin sind wichtige Bindungspartner für Fremdstoffe im Blut. Für den Transport von fettlöslichen Verbindungen wie Vitaminen und Steroiden spielen α- und β-Lipoproteine eine wichtige Rolle. Diese Proteine binden auch lipophile Fremdstoffe. Die Bindung ist allerdings im Gegensatz zur Bindung von reaktiven Zwischenstufen an Proteine reversibel. Das Ausmaß der Bindung an Plasmaproteine ist abhängig von der Konzentration und den räumlichen Strukturen von Fremdstoff und Protein.

Solange Fremdstoffe an Plasmaproteine gebunden sind, können sie nicht in Gewebe und Organe diffundieren und werden auch nicht über die Niere ausgeschieden. Proteine wirken deshalb als Speicher für diese Fremdstoffe. Eine besondere toxikologische Bedeutung erhält die Bindung an Plasmaproteine wegen der möglichen Freisetzung eines gebundenen Fremdstoffes durch einen anderen, beispielsweise nach Gabe mehrerer Arzneimittel. Hat dieser zweite Stoff eine höhere Affinität zu der Bindungsstelle im Plasmaprotein, wird er den ersten Stoff von dort kompetitiv verdrängen. Die ursprünglich gebundene Substanz liegt danach in einer unter Umständen sehr hohen Konzentration frei im Plasma vor. Unerwünschte Arzneimittelwirkungen können die Folge sein.

Sehr lipophile Verbindungen reichern sich im Fettgewebe an 4.4.2

Zahlreiche Stoffe, die aus der Umwelt und am Arbeitsplatz aufgenommen werden können, sind sehr lipophil. Sie lösen sich gut in neutralem Fett, das zwischen 20 und 50 % des Körpergewichts ausmacht. Stoffe, die chronisch in geringen Mengen aufgenommen und deren Konzentrationen im Plasma nicht durch metabolische Reaktionen gesenkt werden, akkumulieren im Fettgewebe. Solange sie im Fett gespeichert sind, üben sie aber keine toxische Wirkung aus.

4.5 Biotransformation von Fremdstoffen

Falls keine effizienten Systeme zur Ausscheidung lipophiler Verbindungen vorhanden sind, kann eine langfristige Aufnahme niedriger Dosen eines Stoffes ebenso wie eine einmalige Aufnahme hoher Dosen zur Anreicherung führen. Die Ausscheidung nicht flüchtiger Verbindungen mit niedrigem Molekulargewicht erfolgt hauptsächlich mit dem Harn, daher ist eine gewisse Wasserlöslichkeit der betreffenden Substanz Voraussetzung. Aus diesem Grund können lipophile chemische Verbindungen als solche vom Menschen generell nur sehr schlecht ausgeschieden werden.

Landlebende Organismen haben im Laufe der Evolution verschiedene enzymatische Systeme entwickelt, die die Umwandlung von lipophilen Stoffen in wasserlösliche Verbindungen katalysieren und damit ihre Ausscheidung aus dem Organismus beschleunigen. Diese enzymatischen Systeme lassen sich in allen Tierarten sowie in vielen einfacheren Lebensformen nachweisen; sie dienen allgemein dem Abbau in der Nahrung enthaltener lipophiler Stoffe und haben sich oft aus Enzymen zur Biosynthese und zum Abbau von Steroiden entwickelt.

Metabolische Umwandlungen von lipophilen Fremdstoffen im Organismus, die zur Bildung wasserlöslicher Produkte führen, werden unter dem Begriff Biotransformation zusammengefasst. Anschauliche Beispiele für die wichtige Rolle der Biotransformation in Ausscheidung und Entgiftung liefern polyhalogenierte Verbindungen wie das Pestizid DDT oder polychlorierte Dioxine (Kapitel 7). Diese Verbindungen werden im Organismus nur sehr langsam metabolisiert und reichern sich wegen ihrer guten Fettlöslichkeit an. So beträgt zum Beispiel die Halbwertszeit für 2,3,7,8-Tetrachlordibenzo-*p*-dioxin (TCDD) im Menschen sieben Jahre; Metabolite von DDT ließen sich im Fettgewebe von exponierten Personen in sehr hohen Konzentrationen nachweisen (Abschnitt 7.3.1).

4.5.1 Stoffwechselreaktionen werden in Phase-I- und Phase-II-Reaktionen eingeteilt

Die Vielzahl enzymatischer Reaktionen, die in Säugerorganismen zur Umwandlung fettlöslicher Fremdstoffe in wasserlösliche Produkte beiträgt, teilt man oft in zwei Klassen ein: Enzyme der **Phase-I-Reaktionen** katalysieren die Oxidation, Reduktion oder Hydrolyse lipophiler Fremdstoffe und Enzyme der **Phase-II-Reaktionen** koppeln den so veränderten Fremdstoff über eine **Konjugation** mit einem endogenen Substrat (Gleichung 4.1). Durch Auswahl eines sehr hydrophilen Substrats wird eine gute Wasserlöslichkeit des entsprechenden Metaboliten erreicht. Da die Ausscheidung vieler Stoffe durch aktive Transportmechanismen für metabolisch gebildete Konjugate sehr beschleunigt wird, spricht man hier auch manchmal von einer Phase-III. *Phase-III-Reaktionen* umfassen die Ausscheidung von Fremdstoffkonjugaten durch aktiven Transport, wie zum Beispiel den aktiven Transport von Glutathionkonjugaten eines Fremdstoffs aus der Leberzelle in die Galle.

$$\text{Fremdstoff} \xrightarrow[]{\text{Funktionalisierung (Oxidation, Reduktion, Hydrolyse)}} \text{Metabolit A} \xrightarrow{\text{Konjugation}} \text{Metabolit B} \qquad \text{(Gl. 4.1)}$$

Die wichtigste Aufgabe der Phase-I-Reaktionen ist die so genannte **Funktionalisierung**. Darunter versteht man die Einführung oder Freisetzung von funktionellen Gruppen (–OH, –SH, –NH2, –COOH). Diese Gruppen ermöglichen es dann den Enzymen der Phase-II-Reaktionen, den Fremdstoff unter Bildung eines wasserlöslichen Konjugats an endogene Moleküle zu koppeln. Ein Beispiel für das Zusammenwirken von Phase-I- und Phase-II-Reaktionen ist die Verstoffwechselung von Benzen zu Phenylglucuronid (Gleichung 4.2).

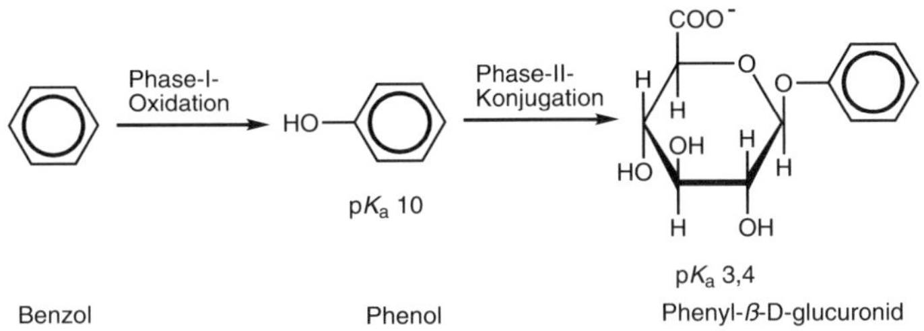

(Gl. 4.2)

In der Phase-I-Reaktion wird Benzen zu Phenol oxidiert. Phenol liegt im biologischen pH-Bereich noch zum großen Teil undissoziert vor und erst die Kopplung mit der gut wasserlöslichen und bei physiologischen pH-Werten dissoziiert vorliegenden Glucuronsäure führt zu einem geladenen Produkt.

Wegen ihrer guten Wasserlöslichkeit können solche Konjugationsprodukte viel schneller ausgeschieden werden als die Phase-I-Metaboliten.

Biotransformierende Enzyme finden sich in besonders hohen Konzentrationen in der Leber 4.5.2

Die Enzyme der Biotransformation sind in der Leber in den höchsten Konzentrationen vorhanden, denn dieses Organ empfängt die resorbierten Nahrungsbestandteile aus dem Magen-Darm-Trakt und verarbeitet sie, ehe sie zu anderen Organen gelangen. Das Blut vom Magen-Darm-Trakt, das viele Nährstoffe und Nahrungsinhaltsstoffe enthält, wird über die **Pfortader** quantitativ zur Leber überführt (Abschnitt 4.8.2). Durch die hohe Permeabilität der Membranen der Leberzellen zu den Blutkapillaren kann hier eine intensive Stoffaufnahme stattfinden. Die enzymatisch veränderten Verbindungen werden wieder an den Blutkreislauf abgegeben oder mit der Galle ausgeschieden.

Andere Organe sind ebenfalls zur Metabolisierung von Fremdstoffen fähig, ihr Beitrag zur Gesamtbilanz der Metabolisierung eines Stoffes ist abhängig vom Aufnahmeweg, aber meist quantitativ geringer als der der Leber.

Die Enzyme der Biotransformation sind in der Leber und in anderen Organen nicht gleichmäßig auf alle vorhandenen Zelltypen verteilt. Bestimmte Zellen besitzen eine hohe Konzentration an Enzymen des Fremdstoffwechsels, während andere Zelltypen im gleichen Organ nur eine geringe oder keine Kapazität für Biotransformationsreaktionen haben.

Die Enzyme der Phase-I-Reaktionen sind meist an die Membranen des endoplasmatischen Reticulums gebunden. Beim Homogenisieren von Leber und anderen Organen bildet das endoplasmatische Reticulum winzige Vesikel, die man als **Mikrosomen** bezeichnet. Durch Zentrifugation lassen sich die Mikrosomen von anderen Zellbestandteilen abtrennen. Mikrosomen besitzen nach Zugabe entsprechender Cofaktoren noch die enzymatische Kapazität zur Metabolisierung von Fremdstoffen und werden daher häufig als *in vitro*-System zur Untersuchung dieser Stoffwechselreaktionen verwendet. Sie lassen sich tiefgefroren lagern.

4.5.3 Funktionalisierungsreaktionen umfassen Oxidationen, Reduktionen und Hydrolysen

Im Zuge von Phase-I-Stoffwechselreaktionen werden funktionelle Gruppen oft durch oxidierende Enzymsysteme eingeführt, meist durch Monooxygenasen wie die Cytochrom-P-450-abhängigen und die flavinabhängigen Monooxygenasen.

Monooxygenasen spalten molekularen Sauerstoff (O_2) und übertragen ein Sauerstoffatom auf den Fremdstoff (daher Monooxygenase); das andere Sauerstoffatom wird zu Wasser reduziert. Der Sauerstoff wird entweder in C–H-Bindungen eingeschoben oder an Doppelbindungen und freie Elektronenpaare addiert. Zur Oxidation von Fremdstoffen verbrauchen Monooxygenasen Reduktionsäquivalente nachfolgender Stöchiometrie (Gleichung 4.3):

$$\text{Substrat (RH)} + O_2 + \text{NADPH} + H^+ \longrightarrow \text{oxidiertes Substrat (ROH)} + H_2O + \text{NADP}^+ \quad \text{(Gl. 4.3)}$$

Diese Reaktionen laufen als Zwei-Elektronen-Übertragungsreaktionen ohne Bildung von freien Radikalen ab.

Oxidationen: Cytochrom-P-450-Enzyme

Die für die Sauerstoffaktivierung und den Fremdstoffumsatz wichtigsten Enzyme, die Cytochrom-P-450-abhängigen Monooxygenasen, sind sehr intensiv untersucht. In Säugern kommen diese Enzymsysteme praktisch in allen Geweben vor, wobei die höchsten Aktivitäten meist in der Leber anzutreffen sind. Allerdings enthalten auch viele andere Organe Cytochrom-P-450 und der extrahepatische Metabolismus kann für toxische Wirkungen durchaus bedeutsam sein. Innerhalb der Zelle ist Cytochrom-P-450 im endoplasmatischen Reticulum lokalisiert, vor allem in dessen glatter Form. Das Cytochrom-P-450-System besteht aus zwei gekoppelten Enzymen, der **NADPH**-abhängigen Cytochrom-P-450-Reduktase und dem Häm und Eisen enthaltenden Cytochrom-P-450. Die Bezeichnung Cytochrom-P-450 kommt daher, dass die reduzierte Form des Enzyms ein zweiwertiges Eisenatom im aktiven Zentrum besitzt, das mit Kohlenmonoxid einen Komplex bildet, dessen maximale UV-Absorption bei 450 nm liegt (Exkurs 4.2). Dieses spektroskopische Verhalten ist eine Eigenschaft des intakten, funktionsfähigen Enzyms; nach Denaturierung zeigt Cytochrom-P-450 wie andere Hämproteine eine Absorption bei 420 nm. Cytochrom-P-450 und die Cytochrom-P-450-Reduktase sind in die Phospholipidmatrix des endoplasmatischen Reticulums eingebaut. Die Phospholipide spielen eine bedeutsame Rolle für die Aktivität des Cytochrom-P-450-Systems, da sie eine Wechselwirkung zwischen den beiden Enzymen ermöglichen.

Exkurs 4.2: Nomenklatur von Cytochrom-P-450-Enzymen

Die Fortschritte der letzten Jahre haben es erlaubt, das Cytochrom-P-450-System aus dem endoplasmatischen Reticulum in Lösung zu bringen, einzelne Proteine zur Homogenität zu reinigen und die isolierten Komponenten zu funktionsfähigen Enzymkomplexen zu rekonstituieren. Die Analyse solubilisierter Cytochrom-P-450-Systeme hat gezeigt, dass Cytochrom-P-450 kein einheitliches Enzym ist, sondern aus vielen Enzymen mit unterschiedlichen Molekulargewichten und auch Substratspezifitäten besteht. Allen Cytochrom-P-450-Enzymen gemeinsam sind die Hämgruppe mit einem Eisenatom im aktiven Zentrum und eine hydrophobe Aminosäuresequenz am *N*-Terminus, die zur Verankerung in der Membran des endoplasmatischen Reticulums dient. Die einzelnen Enzyme unterscheiden sich durch die Aminosäurezusammensetzung der Peptidketten und durch die Gestalt der Substratbindungsstellen.

Nach dem Ausmaß der Übereinstimmung in ihrer Peptidstruktur teilt man die einzelnen Enzyme in Familien (arabische Zahlen) und Unterfamilien (Buchstaben gefolgt von arabischer Zahl) ein. Derzeit lassen sich mindestens zehn Familien und 60 verschiedene Unterfamilien voneinander abgrenzen, die in unterschiedlichen Organen und Spezies auch verschieden stark exprimiert werden (Tabelle 4.1).

Tabelle 4.1: Lokalisation in Geweben und bevorzugte Substrate von Cytochrom-P-450-Enzymen, die an der Biotransformation von Fremdstoffen beteiligt sind

Cytochrom-P-450	Gewebe	ausgewählte Substrate
CYP1A1	verschiedene	Benzo[a]pyren
CYP1A2	Leber	Aflatoxin$_{B1}$ Coffein heterozyklische Arylamine Phenacetin
CYP2A6	verschiedene	Coumarin Nicotin N-Nitrosodiethylamin
CYP2C8	Leber Dickdarm	Tolbutamid R-Mephenytoin
CYP2D6	Leber Dickdarm Niere	Bufuralol Debrisoquin Spartein
CYP2E1	Leber Dickdarm Leukocyten	Tetrachlorkohlenstoff Ethanol Dimethylnitrosamin
CYP3A4	Magen-Darm-Trakt Leber	Aflatoxin$_{B1}$ Cyclosporin Nifedipin Testosteron

Im Unterschied zu den vielen Enzymen des Cytochrom-P-450 ist von der Cytochrom-P-450-Reduktase nur eine Form bekannt. Die Konzentration dieses Enzyms beträgt im endoplasmatischen Reticulum nur ungefähr 10 % der Konzentration an Cytochrom-P-450 (Tabelle 4.2).

Tabelle 4.2: Gehalte der menschlichen Leber an Cytochrom-P-450-Enzymen

Cytochrom-P-450	spezifischer Gehalt [pmol/mg]	Anteil am gesamten P-450-Gehalt [%]
CYP1A2	1–65	7–18
CYP2A6	1–27	1–7
CYP2B6	0–3	0–0,25
CYP2C (2C8, 2C9, 2C18, 2C19)	30–90	12–24
CYP2D6	1–9	0,2–4
CYP2E1	10–34	4–10
CYP3A (3A4, 3A5, 3A7)	45–147	18–40

Die Oxidation des Fremdstoffes durch Übertragung eines Sauerstoffatoms verläuft über einen komplizierten Mechanismus. Er umfasst die Bindung des Substrats an Cytochrom-P-450, die Bindung von molekularem Sauerstoff an das Hämprotein und mehrere Elektronenübertragungsschritte.

Cytochrom-P-450 und anderen fremdstoffmetabolisierenden Enzymen (etwa den für Konjugationsreaktionen zuständigen Transferasen) gemeinsam sind kleine Umsatzgeschwindigkeiten für die Fremdstoffe. Sie sind um Größenordnungen geringer als die von Enzymen, die auf die Umwandlung endogener Stoffe spezialisiert sind. Außerdem haben Cytochrom-P-450-Enzyme eine breite Substratspezifität und oxidieren gesättigte und ungesättigte aliphatische Kohlenwasserstoffe sowie Kohlenstoffatome in aromatischen Ringen.

Die geringen Umsatzgeschwindigkeiten werden jedoch durch hohe Enzymkonzentrationen kompensiert (in der Leber der Ratte etwa 30 nmol Cytochrom-P-450 pro Gramm Leber). Anders als bei Fremdstoffoxidationen zeigen bestimmte Cytochrom-P-450-Enzyme mit endogenen Substraten wie Testosteron oder Prostaglandinen eine hohe Regio- und Stereoselektivität.

Eine Insertion von Sauerstoff erfolgt bei der aliphatischen Hydroxylierung (Gleichung 4.4) und bei der oxidativen Dealkylierung (Gleichung 4.5).

$$R-CH_2-CH_2-CH_3 \xrightarrow[\text{Cytochrom-P-450}]{O_2} R-CH_2-CHOH-CH_3 \qquad \text{(Gl. 4.4)}$$

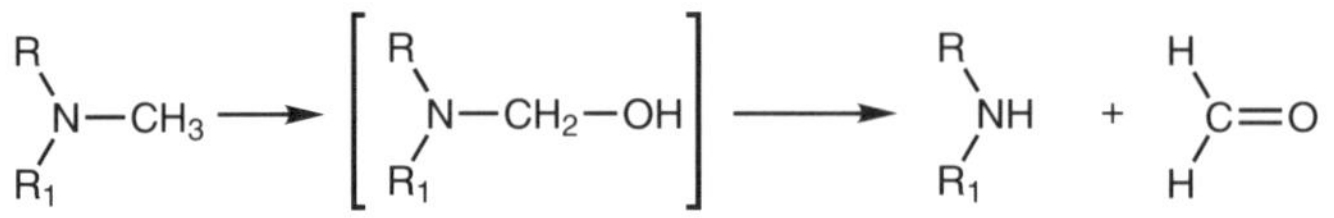

(Gl. 4.5)

Alkene und Alkine werden ebenfalls durch Cytochrom-P-450 oxidiert. Als Zwischenstufen treten teilweise Epoxide auf, die manchmal sogar als Ausscheidungsprodukte nachweisbar sind. Aus Ethen wird zum Beispiel Ethenoxid gebildet, das man bei Ethenexposition sogar in der Exhalationsluft finden kann (Gleichung 4.6). Solche Epoxide entstehen in einer mehrstufigen Reaktion. Die im ersten Schritt gebildete Zwischenstufe schließt sich dabei zum Ring. Das Ausmaß der Epoxidbildung ist strukturabhängig. Bei Anwesenheit von wanderungsfähigen Atomen im Molekül (etwa Chloratomen) kommt es bevorzugt zu Umlagerungen (Gleichung 4.7).

(Gl. 4.6)

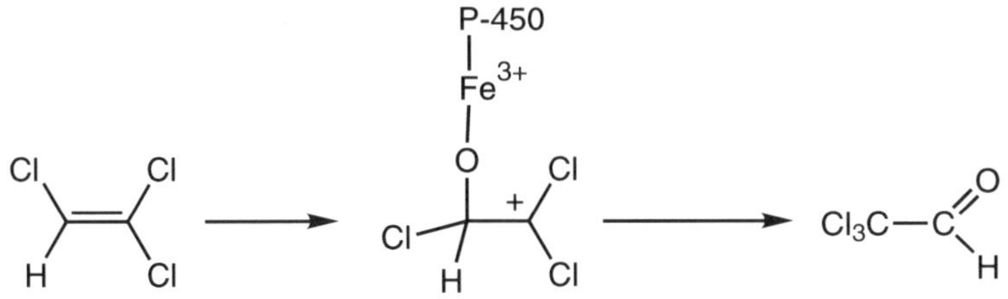

(Gl. 4.7)

So ist Chloral das Produkt der Oxidation von Trichlorethen durch Cytochrom-P-450. Bei substituierten Aromaten sind Wanderungen von Halogensubstituenten als so genannter *NIH-Shift* (nach dem *National Institute of Health*, wo diese Wanderungen erstmals beobachtet wurde) bekannt. Weitere Reaktionen, die ebenfalls von Cytochrom-P-450 katalysiert werden, sind Oxidationen an Heteroatomen wie Stickstoff, Oxidationen von Kohlenstoff-Heteroatom-Doppelbindungen sowie Esterspaltungen und Dehydrierungen.

Oxidationen: Flavinabhängige Monooxygenasen

Die flavinabhängigen Monooxygenasen sind Flavin-Adenin-Dinucleotid (**FAD**) enthaltende Flavoproteine und kommen ebenfalls im endoplasmatischen Reticulum vor, sie sind aber keine Hämproteine und enthalten keine Metalle. Sie zeigen im Menschen und im Schwein eine besonders hohe, dagegen in der Ratte nur eine geringe Aktivität. Inzwischen sind mehrere Formen der flavinabhängigen Monooxygenasen mit unterschiedlicher Organ- und Speziesverteilung bekannt. Flavinabhängige Monooxygenasen finden sich in hohen Konzentrationen in extrahepatischen Geweben wie der Niere oder der Lunge.

Flavinabhängige Monooxygenasen zeigen eine sehr geringe Substratspezifität und oxidieren effizient weiche Nucleophile wie Schwefel-, Stickstoff-, Selen- und Phosphorverbindungen. Einige charakteristische Reaktionen, die durch flavinabhängige Monooxygenasen katalysiert werden, zeigt Abbildung 4.10.

Esterasen und Amidasen

Unspezifische **Esterasen** und **Amidasen** sind in Säugergeweben weit verbreitet und hydrolysieren Ester- und Amidfunktionen in Fremdstoffen. Dabei entstehen Carbon-

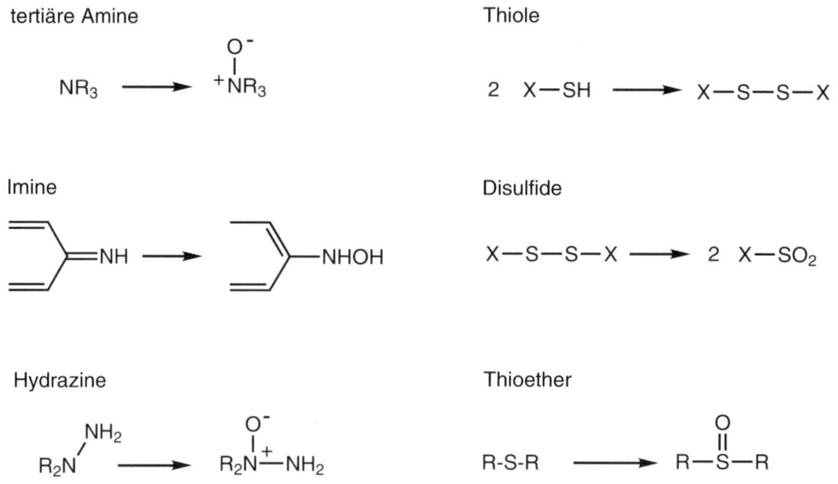

4.10 Beispiele für durch flavinabhängige Monooxygenasen katalysierte Oxidationen.

säuren und Alkohole (Gleichung 4.8) beziehungsweise Amine (oder Ammoniumionen; Gleichung 4.9).

$$R{-}C({=}O){-}O{-}R_1 + H_2O \longrightarrow R{-}C({=}O){-}OH + HOR_1 \qquad \text{(Gl. 4.8)}$$

$$R{-}C({=}O){-}N(R_2){-}R_1 + H_2O \longrightarrow R{-}C({=}O){-}OH + HNR_1R_2 \qquad \text{(Gl. 4.9)}$$

Die enzymatische Hydrolyse von Estern verläuft meist schneller als die von Amiden. Esterasen und Amidasen sind sowohl im Cytosol als auch in der Mikrosomenfraktion der Zelle vorhanden, wobei die cytosolischen Esterasen häufig spezifisch körpereigene Ester spalten. Mikrosomale Esterasen und Amidasen hingegen metabolisieren hauptsächlich Fremdstoffe. Die Regulation von Esterasen und Amidasen im Organismus und ihre Organverteilung sind komplex und in ihrer physiologischen Bedeutung noch wenig bekannt, da man viele Enzyme bislang nicht gereinigt und charakterisiert hat. Die Expression vieler Enzyme aus dieser Gruppe scheint einer genetischen Variabilität zu unterliegen.

Systeme zur Oxidation und Reduktion von Alkoholen, Aldehyden und Ketonen

Alkohol-, Aldehyd- und Ketongruppen sind häufig in Fremdstoffen enthalten oder werden durch Biotransformationsreaktionen eingeführt. Ihre Oxidation beziehungsweise Reduktion obliegt verschiedenen Enzymsystemen. Die wichtigsten sind die Alkoholdehydrogenase, die Aldehydreduktase, die Ketonreduktase und verschiedene Aldehydoxidasen. Diese Enzyme kommen im Cytosol der verschiedensten Säugerzellen vor. NAD^+

ist der gebräuchlichste Cofaktor für Oxidationsreaktionen; NADH oder NADPH treten als Cofaktoren für Reduktionen auf.

Die *Alkoholdehydrogenase* (ADH), das wichtigste Enzym aus dieser Gruppe, oxidiert Ethanol zu Acetaldehyd (Gleichung 4.10) und Methanol zu Formaldehyd. Dieses cytosolische Enzym, das sich hauptsächlich in der Leber befindet, ist hauptverantwortlich für die Metabolisierung von Ethanol (Ethylalkohol).

Die *Aldehyddehydrogenase* oxidiert Aldehyde unter Verwendung von NAD^+ als Cofaktor zu Carbonsäuren. In Säugern gibt es zwei verschiedene Aldehyddehydrogenasen. Das eine Enzym oxidiert spezifisch das Glutathionkonjugat von Formaldehyd und wird daher Formaldehyddehydrogenase genannt. Das andere hat eine breite Substratspezifität für freie Aldehyde. Die Aldehyddehydrogenase findet sich außer im Lebercytosol auch in Mitochondrien und Mikrosomen; die Expression dieses Enzyms ist von genetischen Faktoren abhängig.

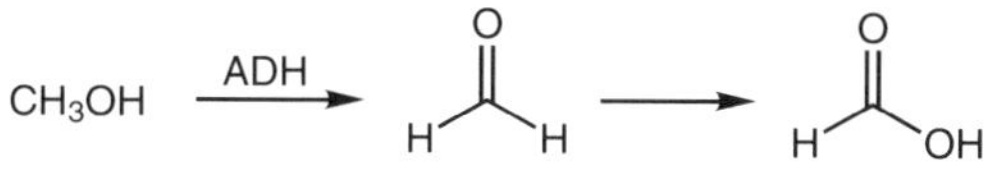

(Gl. 4.10)

Reduktive Biotransformationsreaktionen

Reduktive Biotransformationsreaktionen haben vor allem für Aldehyde und Ketone sowie für Nitro- und Azoverbindungen Bedeutung. Bei letzteren entstehen durch schrittweise Reduktion über Nitrosamine und Hydroxylamine oder Hydrazoverbindungen schließlich Amine (Gleichung 4.11). Diese Reaktionen werden teilweise ebenfalls durch Cytochrom-P-450 katalysiert und laufen bevorzugt bei niedrigem Sauerstoffpartialdruck ab. Die Fremdstoffe nehmen dabei die von der NADPH-abhängigen P-450-Reduktase bereitgestellten Reduktionsäquivalente auf und werden in Ein- oder Zwei-Elektronen-Schritten reduziert.

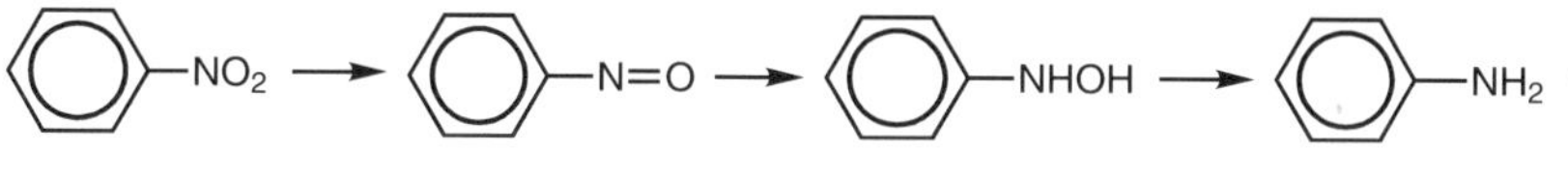

(Gl. 4.11)

Reduktive Biotransformationsreaktionen können auch durch Enzyme von Darmbakterien katalysiert werden. Der Beitrag der **Darmflora** zur Verstoffwechselung von Fremdstoffen wird häufig unterschätzt. Wegen der geringen Sauerstoffkonzentrationen katalysieren Darmbakterien meist reduktive Reaktionen. Diese können wegen der großen Menge an Bakterien im Darm einen bedeutenden Anteil an der Metabolisierung einer Substanz im Organismus haben. Ein wichtiges Beispiel für bakterielle Spaltungsreaktionen im Darm ist die reduktive Freisetzung von kanzerogenen aromatischen Aminen aus Azofarbstoffen wie Kongorot (Abbildung 4.11).

Bei leicht reduzierbaren Substanzen haben reduktive Reaktionen durch die Darmflora oft einen beträchtlichen Anteil an der Gesamtbiotransformation.

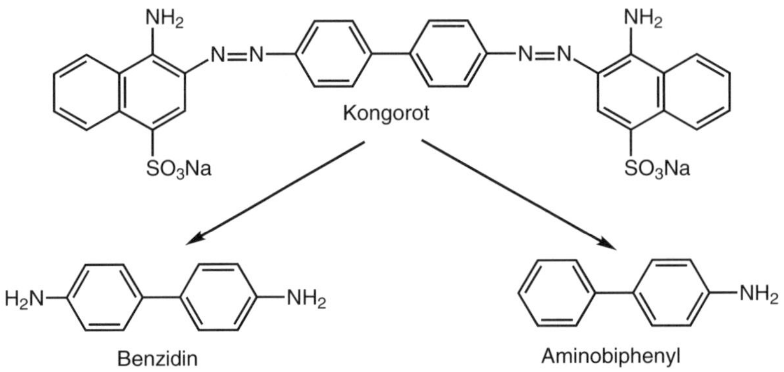

4.11 Reduktive Spaltung eines Azofarbstoffes durch bakterielle Enzyme der Darmflora. Nur für die toxikologische Bewertung wichtige Strukturen sind gezeigt.

Epoxidhydrolase

Ein wichtiges hydrolytisches Enzym, das in der Zelle dem mikrosomalen Cytochrom-P-450-Enzymsystem benachbart ist, ist die Epoxidhydrolase. Dieses Enzym katalysiert die Hydrolyse von aromatischen und aliphatischen Epoxiden zu den entsprechenden *trans*-1,2-Dihydrodiolen.

Die höchste Aktivität der Epoxidhydrolase findet sich in der Leber. Die geringe räumliche Entfernung zum Cytochrom-P-450 fördert die Entgiftung dort gebildeter reaktiver Epoxide. Das Enzym benötigt als Cofaktor nur Wasser; Metallionen und andere niedermolekulare Cosubstrate werden nicht verwendet (Gleichung 4.12).

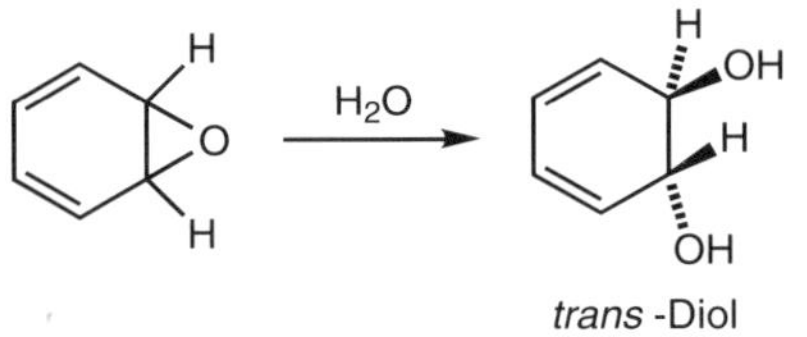

(Gl. 4.12)

Sowohl membrangebundene als auch cytosolische Epoxidhydrolasen sind beschrieben. Verschiedene Formen von Epoxidhydrolasen finden sich in der mikrosomalen Fraktion vieler Organe; in Organen mit unterschiedlichen Zelltypen ist die Verteilung des Enzyms zwischen den einzelnen Typen sehr heterogen. In Tieren hat die cytosolische Epoxidhydrolase eine andere Substratspezifität und andere immunologische Eigenschaften als die mikrosomale Epoxidhydrolase.

Konjugationsreaktionen koppeln Fremdstoffe mit gut wasserlöslichen, körpereigenen Stoffen 4.5.4

Während der Konjugationsreaktionen, auch Phase-II-Reaktionen genannt, werden Fremdstoffe oder ihre Phase-I-Metaboliten mit einem aus dem Intermediärstoffwechsel bereitgestellten Substrat gekoppelt. Phase-II-Stoffwechselreaktionen sind biosynthetisch und benötigen Energie zur Durchführung der Reaktion. Diese Energie dient zur Aktivierung der Cosubstrate oder, in besonderen Fällen, des Substrats selbst zu hochenergetischen Zwischenstufen. Daher beeinflusst die Fähigkeit des Organismus solche hochenergetischen Cosubstrate bereitzustellen das Ausmaß von biosynthetischen Konjugationsreaktionen.

Neben den im Folgenden beschriebenen Reaktionen ist der Organismus noch zu weiteren, hier nicht näher erläuterten Konjugationsreaktionen befähigt (Konjugation mit Phosphat, Taurin, Thiosulfat).

Glucuronidierung

Die Glucuronidierung ist eine der bedeutsamsten Konjugationsreaktionen und dient zur Umwandlung von endogenen und exogenen Stoffen mit funktionellen Gruppen zu polaren, sehr gut wasserlöslichen Endprodukten. Als Cofaktor benötigt die enzymatische Reaktion aktive **Glucuronsäure** (UDP-Glucuronsäure). Das Akzeptormolekül muss zur Kopplung eine funktionelle Gruppe bereitstellen (Gleichung 4.13).

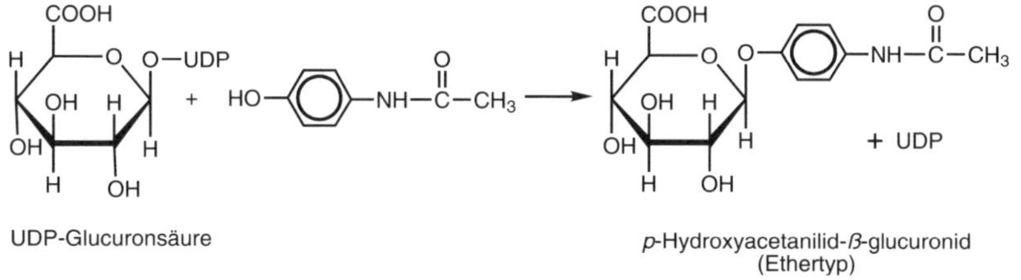

(Gl. 4.13)

Als endogene Substrate für UDP-Glucuronyltransferasen sind Bilirubin, Steroidhormone und fettlösliche Vitamine bekannt. Viele Fremdstoffe werden durch dieses Enzym ebenfalls konjugiert. Die Konjugationsreaktion der Glucuronsäure kann mit Alkoholen, Carbonsäuren, Thiolen, Aminen und Hydroxylaminen stattfinden.

Aktivierte Glucuronsäure als Cofaktor entsteht durch mehrere gekoppelte enzymatische Reaktionen (Abbildung 4.12). Beispiele für Substrate von Glucuronidierungsreaktionen führt Tabelle 4.3 auf.

UDP-Glucuronyltransferasen sind membrangebundene Enzyme, die in sehr vielen Organen vorkommen. Hohe Konzentrationen werden in der Leber, in den Nieren und im Darmepithel gefunden. Wie Cytochrom-P-450 sind auch sie in einzelne Familien eingeteilt. Diese Familien haben unterschiedliche, teilweise auch überlappende Substratspezifitäten. Die Konzentration der UDP-Glucuronyltransferasen wird ähnlich wie die des Cytochrom-P-450 durch verschiedenste Induktoren wie Phenobarbital, 3-Methylcholanthren und 2,3,7,8-Tetrachlordibenzo-*p*-dioxin erhöht.

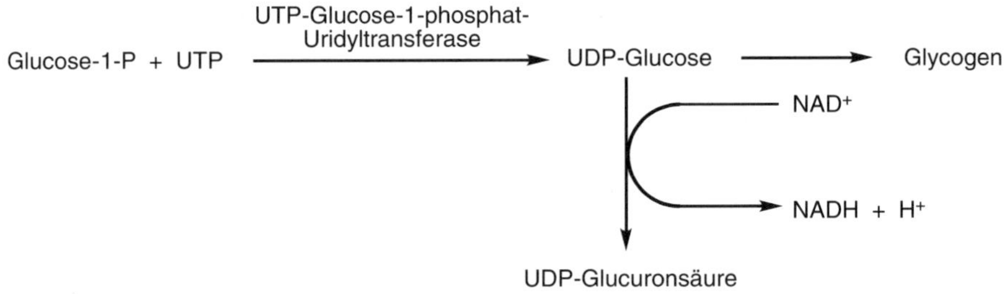

4.12 Biosynthese von UDP-Glucuronsäure (aktivierte Glucuronsäure); UTP = Uridintriphosphat, P = Phosphat, UDP = Uridindiphosphat.

Tabelle 4.3: Beispiele verschiedener Klassen von Glucuroniden

Typ des Glucuronids	Stoffklasse des Fremdstoffes	Beispiel
O-Glucuronid		
Ethertyp	Alkohol	Trichlorethanol
Estertyp	Carbonsäure	*o*-Aminobenzoesäure
N-Glucuronid	Carbamat	Meprobamat
	Aromatisches Amin	2-Naphtylamin
	Sulfonamid	Sulfadimethoxin
S-Glucuronid	aromatisches Thiol	Thiophenol
	Dithiocarbaminsäure	Diethyldithiocarbamat
C-Glucuronid	1,3-Dicarbonylverbindungen	Phenylbutazon

Sulfatierung

In Säugern ist die Sulfatierung alkoholischer Hydroxylgruppen eine weitere wichtige Konjugationsreaktion. Diese Reaktion wird von Sulfotransferasen, einer Gruppe von Enzymen aus Leber, Niere, Magen-Darm-Trakt und Lunge, katalysiert. Diese Enzyme koppeln die Sulfatgruppe an den Fremdstoff. Auch hier dient eine hochenergetische Gruppe (aktiviertes Sulfat) als Zwischenstufe. *Aktiviertes Sulfat* (3′-Phospho-adenosin-5′-phosphosulfat, PAPS) entsteht in der Zelle aus Sulfat und ATP. Im ersten Schritt der Biosynthese verknüpft eine ATP-Sulfurylase die Ausgangsstoffe zu Adenosin-5′-phosphosulfat (APS) (Gleichung 4.14). Im zweiten Schritt bildet eine Kinase das PAPS aus dem Adenosin-5′-phosphosulfat (Gleichung 4.15). Die Gesamtreaktion läuft wegen der engen Kopplung der beiden Enzyme schnell ab.

$$SO_4^{2-} + ATP \xrightarrow{\text{Sulfurylase}} APS + \text{Diphosphat} \qquad \text{(Gl. 4.14)}$$

$$APS + ATP \xrightarrow{\text{APS-Phosphokinase}} PAPS + ADP \qquad \text{(Gl. 4.15)}$$

Das zur Bildung des aktiven Sulfats nötige anorganische Sulfat wird aus dem Abbau schwefelhaltiger Aminosäuren bereitgestellt, seine Verfügbarkeit ist daher abhängig von Ernährungsfaktoren und ist begrenzt. Falls große Mengen an Fremdstoffen sulfatiert werden müssen, erschöpfen sich die Vorräte an aktivem Sulfat so weit, dass Sulfatierung wegen Mangel an Cofaktoren nicht mehr stattfinden kann. Dadurch kann auch die Ausscheidung von sulfatierten endogenen Stoffen beeinflusst werden.

Sulfotransferasen sind ebenfalls eine große Gruppe von Enzymen, die man in zwei verschiedene Klassen einteilen kann. Die membrangebundenen Sulfotransferasen im Golgi-Apparat der Zelle katalysieren die Sulfatierung körpereigener Moleküle wie zum Beispiel der Aminosäure Tyrosin in Proteinen, wogegen die löslichen Enzyme die Konjugation von Fremdstoffen (wie z. B. Phenol; Abbildung 4.13) und niedermolekularen körpereigenen Molekülen (z. B. Steroidalkohole) katalysieren. In den Syntheseenzymen von PAPS können genetische Defekte auftreten, die interindividuelle Unterschiede in der Ausscheidungskinetik von Fremdstoffen bewirken. Auch für Sulfotransferasen sind Speziesunterschiede in der Expression einzelner Isoenzyme beschrieben.

Die wichtigsten Folgen der Konjugation von Fremdstoffmolekülen mit der geladenen Sulfatgruppierung sind eine Verringerung oder Verlust ihrer biologischen Aktivität sowie eine Erhöhung ihrer Wasserlöslichkeit und dadurch eine beschleunigte Ausscheidung. Die Sulfatierung konkurriert mit der Glucuronidierung um Substrate, bei geringen Substratkonzentrationen werden Stoffe häufig bevorzugt sulfatiert. Sulfate von Fremdstoffen werden von der Leberzelle wegen des geringeren Molekulargewichts meist in das Blut abgegeben und gelangen dadurch schnell zum Ausscheidungsorgan Niere. Dort werden Sulfate als bei physiologischen pH-Werten dissoziierte Moleküle nur wenig rückresorbiert und schnell ausgeschieden. Im Gegensatz dazu werden Glucuronide wegen der höheren Molekulargewichte bevorzugt in die Galle abgegeben und können nach Spaltung aus dem Darm rückresorbiert werden. Daher bewirkt Sulfatierung meist eine schnellere Ausscheidung von Fremdstoffen.

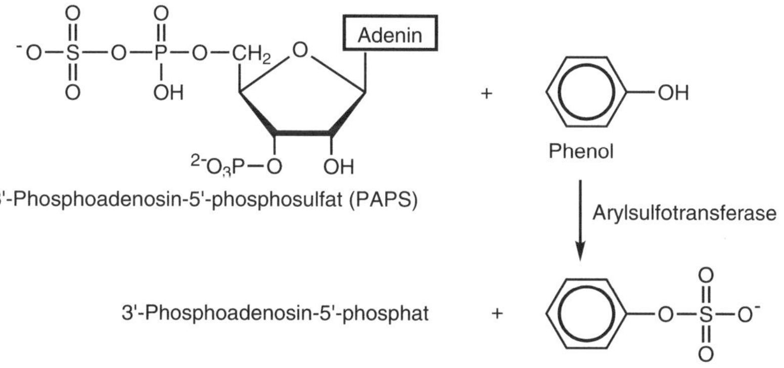

4.13 Sulfotransferasen katalysieren die Sulfatierung von Phenol. Der Cofaktor PAPS stellt aktiviertes Sulfat bereit.

Aminosäurekonjugation

Metabolisch gebildete Carbonsäuren können mit verschiedenen Aminosäuren konjugiert werden. Diese Reaktionen führen zur Bildung einer Peptidbindung zwischen der Carboxylatgruppe des Fremdstoffes und der Aminogruppe der Aminosäure. Die wichtigsten Substrate für die Aminosäurekonjugation sind aromatische Carbonsäuren, Arylessigsäuren und substituierte Acrylsäuren. Im Gegensatz zur Glucuronidierung und zur Sulfatierung wird bei der Konjugation von Fremdstoffen mit Aminosäuren nicht das Cosubstrat, sondern der Fremdstoff selbst in eine aktivierte Form überführt (Gleichung 4.16).

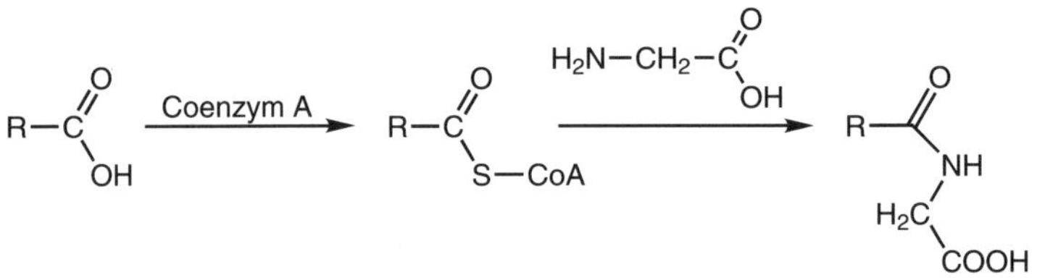

(Gl. 4.16)

Die Bildung von Aminosäurekonjugaten ist deshalb eine zweistufige gekoppelte Reaktion, die von unterschiedlichen Enzymen katalysiert wird. Im ersten Schritt wird die Carbonsäure unter Katalyse von ATP-abhängigen Säure-CoA-Ligasen in einen **Coenzym-A**-Thioester umgewandelt. Dieser Thioester überträgt seine Acylgruppe auf die Aminogruppe der Aminosäure. Die Reaktion wird von einer *N*-Acetyltransferase katalysiert. Sowohl die Ligase als auch die *N*-Acetyltransferase sind lösliche Enzyme, die in der Leber und in der Niere vorhanden sind und in mehreren Formen vorkommen. Die Aminosäurekonjugation von aromatischen Carbonsäuren tritt in Konkurrenz mit der Glucuronidierung dieser Verbindungen; daher werden Fremdstoffe in verschiedenen Spezies häufig in unterschiedlichen Anteilen als Glucuronide oder Aminosäurekonjugate ausgeschieden. Als Aminosäuresubstrat dient häufig Glycin, beim Menschen und anderen Primaten auch Glutamin.

Acetylierung

Die *N*-Acetylierung ist ein wichtiger Weg im Stoffwechsel von aromatischen Aminen, α-Aminosäuren, Hydrazinen und Sulfonamiden. Als übertragendes Reagenz dient Acetyl-Coenzym-A (Gleichung 4.17). Die Enzyme sind in den Mitochondrien, in den Mikrosomen und im Cytosol lokalisiert. In den meisten Spezies kommen verschiedene Formen der *N*-Acetyltransferasen vor; genetisch bedingte Unterschiede in der Aktivität von *N*-Acetyltransferasen werden im Menschen beobachtet.

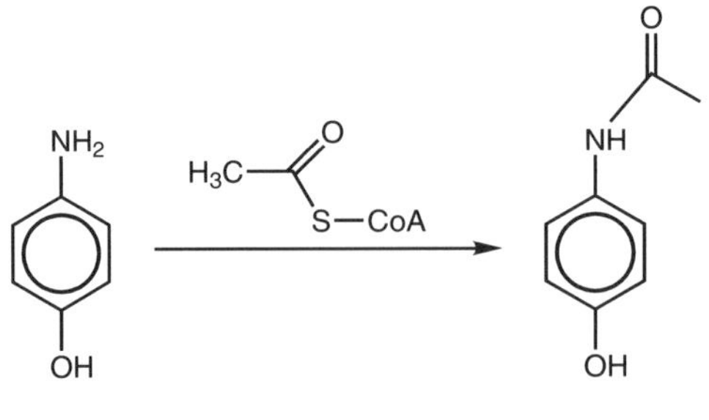

(Gl. 4.17)

In vielen Fällen allerdings führt die Acetylierung von Aminogruppen nicht zur Bildung besser wasserlöslicher Produkte. Eingeführte Acetylgruppen werden durch Amidasen häufig wieder entfernt. Durch diese Hydrolyse stellen sich komplexe Gleichgewichte zwischen freien Aminen und den entsprechenden Amiden ein. Diese sind stoff- und speziesabhängig.

Glutathion-*S*-Transferasen

Die **Glutathion**-*S*-Transferasen sind eine große Gruppe von Enzymen, die den ersten Schritt in der Bildung von Merkaptursäuren (*N*-Acetylcystein-Derivaten) aus Fremdstoffen katalysieren. Sowohl cytosolische als auch eine membrangebundene Glutathion-*S*-Transferase sind bekannt. Glutathion-*S*-Transferasen sind in sehr vielen Organen zu finden und in hoher Konzentration in der Leber, im Magen und im Darm sowie in den Hoden nachgewiesen. Die löslichen Glutathion-*S*-Transferasen bestehen aus mindestens zehn Isoformen; jede einzelne Isoform ist ein Dimer, das sich in der Zusammensetzung seiner Untereinheiten unterscheidet. Diese Dimere werden in Klassen eingeteilt, die mit griechischen Buchstaben bezeichnet werden. Verschiedene Untereinheiten können miteinander kombiniert sein und dadurch Enzyme mit geänderter Substratspezifität ergeben. Wie auch die anderen Enzyme des Fremdstoffwechsels haben Glutathion-*S*-Transferasen eine breite und teilweise überlappende Substratspezifität. Als Cofaktor nutzen Glutathion-*S*-Transferasen das Tripeptid Glutathion (γ-Glutamylcysteinyl-glycin), das in allen Zellen in hohen Konzentrationen (10 mM in der Leberzelle) vorhanden ist.

Glutathion-*S*-Transferasen beschleunigen die spontane Reaktion von weichen Elektrophilen (nach dem Konzept von Pearson) mit Glutathion, eine geringe spontane Reaktionsrate mit Glutathion wird mit allen Substraten beobachtet. So katalysieren die Enzyme die Reaktion des Glutathionthiolat-Anions mit Stoffen, die elektrophile Kohlenstoffatome enthalten.

Durch die Konjugation von Fremdstoffen mit Glutathion wird ein Thioether gebildet: Zum Beispiel entsteht aus Methyljodid *S*-Methylglutathion. Die gebildeten Glutathionkonjugate werden im Organismus weiter zu den im Harn erscheinenden Endausscheidungsprodukten, den Merkaptursäuren, verarbeitet (Abbildung 4.14). Im ersten Schritt dieser Umsetzungsreaktion wird das Glutathionkonjugat durch das Enzym γ-Glutamyltranspeptidase zum entsprechenden Cysteinylglycinkonjugat umgesetzt, das dann weiter durch Dipeptidasen zum Cysteinkonjugat gespalten wird. Cysteinkonjugate von Fremdstoffen werden letztendlich durch eine für Cysteinkonjugate spezifische *N*-Acetyltransferase zur ausscheidbaren Merkaptursäure metabolisiert. Der Abbau von Glutathionkonjugaten findet zum Großteil in der Niere statt, da dort die γ-Glutamyltranspeptidase und die *N*-Acetyltransferase in der höchsten Konzentration vorhanden sind.

Konjugation mit Glutathion ist die wichtigste Entgiftungsreaktion für aufgenommene elektrophile Verbindungen und für metabolisch gebildete Elektrophile. Viele toxische Verbindungen werden als Merkaptursäurederivate mit dem Urin beziehungsweise als Glutathionkonjugate mit der Galle ausgeschieden.

Neben ihrer Rolle als Enzyme können Glutathion-*S*-Transferasen durch ihre Bindungsstellen für endogene und exogene Verbindungen eine wichtige Rolle in der Speicherung von Fremdstoffen und endogenen Verbindungen sowie im Proteintransport spielen.

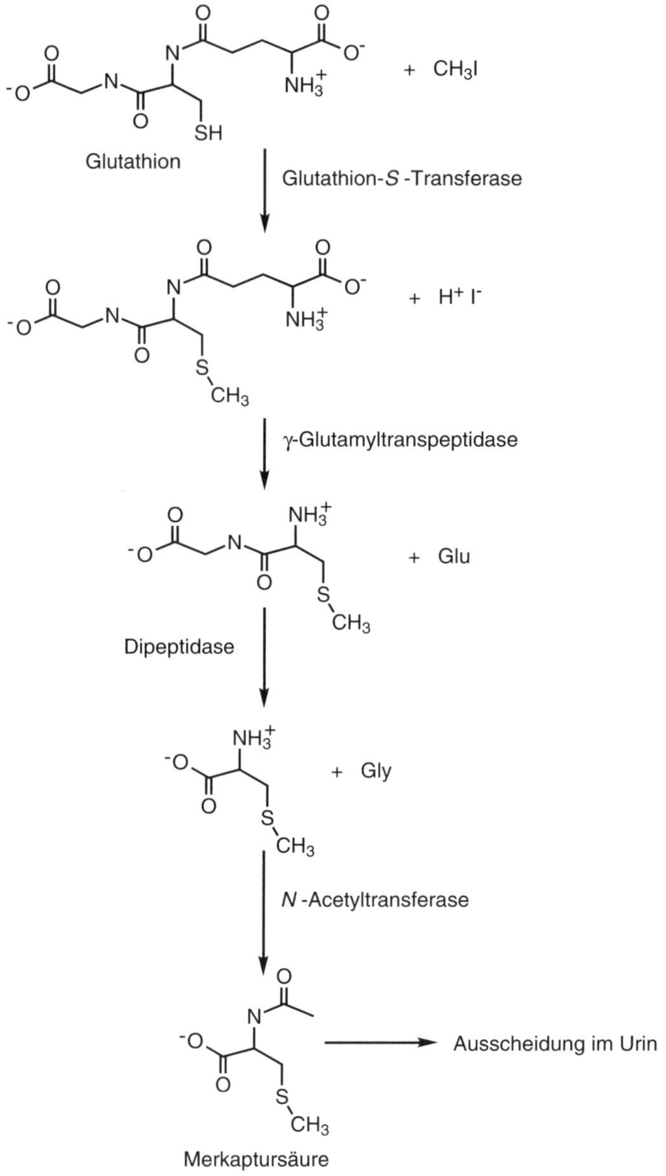

4.14 Metabolische Bildung eines Glutathion-*S*-Konjugats und Abbau des *S*-Konjugats zur ausscheidbaren Merkaptursäure am Beispiel von Methyljodid.

4.6 Bioaktivierung

Im Zuge der Biotransformation entstehen aus vielen Fremdstoffen Zwischenstufen, die chemisch reaktiver als die Ausgangsverbindungen und die auszuscheidenden Metabolite sind. Diesen Vorgang bezeichnet man als Giftung, **Bioaktivierung** oder *metabolische Aktivierung*. Wenn solche reaktiven Zwischenstufen mit zellulären Makromolekülen reagieren, können sie deren Struktur und Funktion verändern und dadurch toxische Wirkungen auslösen. Neben Bioaktivierungsreaktionen laufen in der Säugerzelle auch verschiedene Reaktionen ab, die gebildete reaktive Zwischenstufen effizient wieder in nicht toxische Produkte umwandeln und dadurch entgiften können. Daher hängt die Konzentration toxischer Zwischenstufen und somit auch die toxische Wirkung vieler Stoffe von der Endbilanz der in der Zelle ablaufenden metabolischen Aktivierungs- und Deaktivierungsreaktionen ab. Zum Verständnis der metabolischen Aktivierungsreaktionen als Basis toxischer Wirkungen sind sowohl Kenntnisse der chemischen Mechanismen dieser Reaktionen als auch Kenntnisse der an den Reaktionen beteiligten Enzyme, ihrer Verteilung im Organismus und ihrer Regulation notwendig. Bioaktivierungsreaktionen werden sowohl durch Phase-I- als auch durch Phase-II-Enzyme katalysiert. Oft ist die metabolische Aktivierung von Fremdstoffen durch körpereigene Enzyme die Voraussetzung für ihre toxische Wirkung. Bioaktivierungsreaktionen können auch für Wirkungen auf den menschlichen Fötus und transplacentare kanzerogene Effekte verantwortlich sein. So wird das Schlafmittel Thalidomid, das bei Einnahme während der Schwangerschaft Missbildungen der Gliedmaßen beim Ungeborenen induziert, von Stoffwechselenzymen des Fötus in eine reaktive Zwischenstufe überführt.

Einige Beispiele von enzymatischen Bioaktivierungsreaktionen und den dadurch ausgelösten toxischen Wirkungen sind in Tabelle 4.4 aufgeführt.

Tabelle 4.4: Beispiele von Bioaktivierungsreaktionen und dadurch ausgelöste toxische Wirkungen

Fremdstoff	durch Bioaktivierung ausgelöste toxische Wirkung	Bioaktivierungsmechanismus oder reaktives Zwischenprodukt
Acetamidofluoren	Blasenkrebs	Nitreniumion
Aflatoxin$_{B1}$	Leberkrebs	Epoxidierung
Benzen	Blutkrebs	Bildung von Benzochinon
Dimethylnitrosamin	Krebs in vielen Organen	α-Hydroxylierung mit nachfolgender Umlagerung zum Carboniumion
Tetrachlorkohlenstoff	Lebernekrosen	Radikalbildung
Vinylchlorid	Leberkrebs	Epoxidierung

Der Prozess der Bioaktivierung ist komplex. Oft sind verschiedene enzymatische Reaktionen gekoppelt und/oder es kommt zu Wechselwirkungen zwischen mehreren Organen. Wegen effizienter Entgiftung, niedriger Gleichgewichtskonzentrationen an reaktiven Zwischenstufen oder wegen anderer Stoffwechselwege bei hohen Dosen können nach niedrigen Dosen toxische Metabolite ohne Wirkung bleiben. Auch körpereigene Substanzen können enzymatisch in reaktive Zwischenstufen umgewandelt werden; Cholesterin etwa wird im Zuge seiner Umwandlung in Gallensäuren metabolisch epoxidiert.

Die gebildeten reaktiven Zwischenstufen lassen sich nach ihrer *chemischen* Struktur und Reaktivität oder nach ihrer *biologischen* Reaktivität charakterisieren; da die Einteilung nach den ersten beiden Kriterien einfacher und verständlicher ist, wird sie in diesem Kapitel gewählt (Tabelle 4.5).

Tabelle 4.5: Einteilung von Bioaktivierungsreaktionen nach der chemischen Struktur und Reaktivität der enzymatisch gebildeten Zwischenstufen

Mechanismus	Struktur und Reaktivität der gebildeten Zwischenstufe	Beispiele
Biotransformation zu stabilen toxischen Metaboliten	verschiedene Strukturen; selektive Interaktion mit essenziellen zellulären Prozessen	Dichlormethan Acetonitril Parathion
Biotransformation zu reaktiven Elektrophilen	reaktive Elektrophile	Dimethylnitrosamin Acetaminophen Brombenzen
Biotransformation zu freien Radikalen	Radikale	Tetrachlorkohlenstoff
Bildung reaktiver Sauerstoffmetabolite	Radikale	Paraquat Nitroverbindungen

4.6.1 Biotransformationen können aus manchen Substanzen stabile, aber toxische Metabolite bilden

Diese Art der Bioaktivierung findet sich nur bei wenigen Verbindungen. Die gebildeten Metabolite erzeugen durch selektive Reaktionen mit spezifischen Zielmolekülen toxische Wirkungen. Die direkte Gabe der entsprechenden Metabolite löst dieselben toxischen Effekte aus. Ein Beispiel ist die Hydroxylierung von Nitrilen unter Freisetzung von Cyanidionen (Gleichung 4.18). Bei der Cytochrom-P-450-abhängigen Hydroxylierung des Lösungsmittels Acetonitril entsteht ein Cyanhydrin, das in Cyanid und Formaldehyd zerfällt. Cyanid ist für die toxische Wirkung von Acetonitril verantwortlich, weil es die Zellatmung hemmt (zu Wirkungsmechanismen siehe Abschnitt 7.3.4).

$$H_3CCN \xrightarrow[O_2]{P\text{-}450} H_2C(OH)(CN) \longrightarrow CN^- + HCHO + H^+ \qquad \text{(Gl. 4.18)}$$

Bei Bioaktivierungsreaktionen entstehen überwiegend reaktive Elektrophile 4.6.2

Als metabolisch gebildete Elektrophile wurden Methylkationen, Oxirane, Ketene, Säurechloride, Chinone und viele andere, teilweise exotische Zwischenstufen nachgewiesen. Die toxischen Wirkungen solcher Verbindungen sind auf nicht selektive Alkylierungen und Acylierungen zellulärer Makromoleküle zurückzuführen.

Cytochrom-P-450 katalysiert die Bioaktivierung sehr vieler Fremdstoffe zu Elektrophilen; allerdings können auch andere Phase-I-Reaktionen und auch Phase-II-Reaktionen zur Bildung elektrophiler Metabolite beitragen. Einige Beispiele geben die folgenden Absätze:

Chloroform wird durch Cytochrom-P-450 durch Insertion eines Sauerstoffatomes in die C–H-Bindung zum instabilen Trichlormethanol oxidiert; dieser α-Chloralkohol spaltet sofort HCl ab, wobei Phosgen als reaktiver Metabolit entsteht. Phosgen bindet sich an endständige Amino- und Thiolgruppen in Proteinen (Gleichung 4.19).

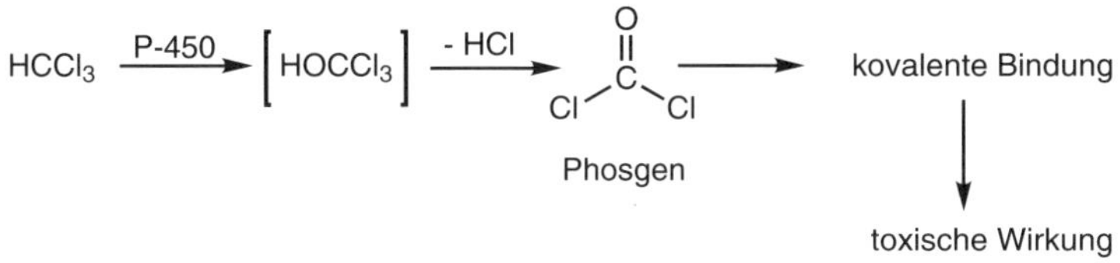

(Gl. 4.19)

Die Bioaktivierung des Kanzerogens *N,N*-Dimethylnitrosamin wird ebenfalls durch eine Sauerstoffinsertion in eine C–H-Bindung hervorgerufen. Durch diese Cytochrom-P-450-abhängige Hydroxylierung einer Methylgruppe und die anschließende Abspaltung von Formaldehyd entsteht das instabile *N*-Methylnitrosamin. Dieses lagert sich spontan zum Methyldiazoniumhydroxid um, das beim Zerfall in Stickstoff und Wasser ein Carbokation als Methylierungsmittel freisetzt. Die Alkylierung von Makromolekülen durch dieses Carbokation ist für die toxische und kanzerogene Wirkung von *N,N*-Dimethylnitrosamin verantwortlich (Abbildung 4.15).

Auch Phase-II-Enzyme können Bioaktivierungsreaktionen katalysieren. Die enzymatische Kopplung mit Glutathion spielt eine wichtige Rolle bei der Bioaktivierung chlorierter aliphatischer und olefinischer Verbindungen. Mit 1,2-Dihaloalkanen reagiert Glutathion enzymatisch unter Substitution eines Halogenatoms. Die hierbei gebildeten Glutathionkonjugate weisen eine Strukturanalogie zu Senfgas (β,β'-Dichlordiethylsulfid) auf. Sie schließen sich unter Bildung eines elektrophilen Episulfoniumions zu einem Ring. Dieses Elektrophil alkyliert dann nucleophile Makromoleküle in der Zelle (Abbildung 4.16).

Eine Verbindung kann auch über mehrere Reaktionswege aktiviert werden. Beispielsweise wird Perchlorethen sowohl über Cytochrom-P-450-abhängige Oxidationsreaktionen als auch durch Glutathionkonjugation metabolisiert. In beiden Fällen entstehen reaktive Zwischenstufen; beide Wege laufen nebeneinander ab. Bei der Cytochrom-P-450-Reaktion bildet sich ein reaktives Säurechlorid (analog zu Gleichung 4.7). Die glutathionabhängige Bioaktivierung ist eine über mehrere Stufen und in mehreren Organen nacheinander ablaufende Reaktion. Durch Konjugation von Perchlorethen mit Glutathion in der Leber entsteht *S*-(1,2,2-Trichlorvinyl)-glutathion. Dieses

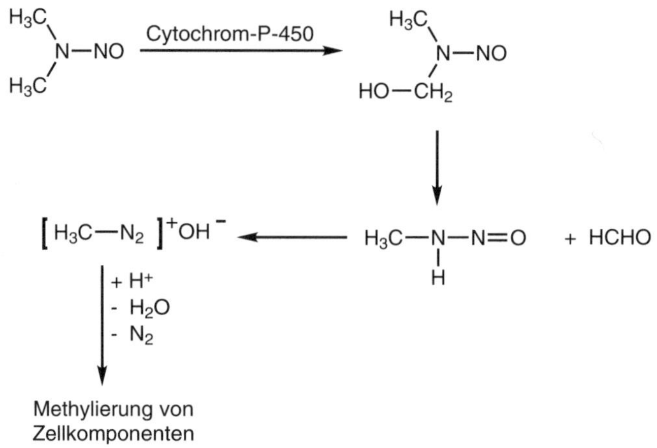

4.15 Bioaktivierung von Dimethylnitrosamin durch Cytochrom-P-450. Durch oxidative Dealkylierung entstehen Formaldehyd und das instabile Monomethylnitrosamin, das sich zu einem Carbokation umlagert.

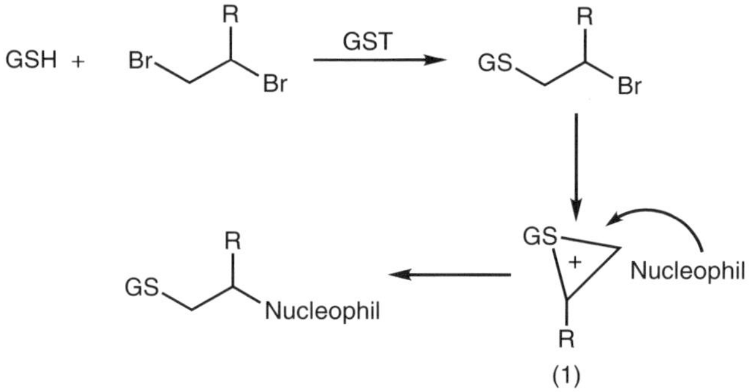

4.16 Bioaktivierung von 1,2-Dibromalkanen durch Glutathionkonjugation. GSH = Glutathion, GST = Glutathion-*S*-Transferase. Das gebildete Episulfoniumion (1) reagiert mit nucleophilen Makromolekülen.

Glutathion-*S*-Konjugat wird aus der Leber mit der Galle ausgeschieden und gelangt nach Rückresorption ins Blut. In der Niere wird die Verbindung durch aktive Transportmechanismen angereichert und über den Merkaptursäurestoffwechselweg zu *S*-(1,2,2-Trichlorvinyl)-L-cystein abgebaut; schließlich spaltet die Cysteinkonjugat-β-Lyase dieses *S*-Konjugat in ein elektrophiles Thioketen. Dessen kovalente Bindung an Makromoleküle findet wegen der intensiven Anreicherung und des schnellen Abbaus der Glutathionkonjugate fast ausschließlich in der Niere statt (Abbildung 4.17).

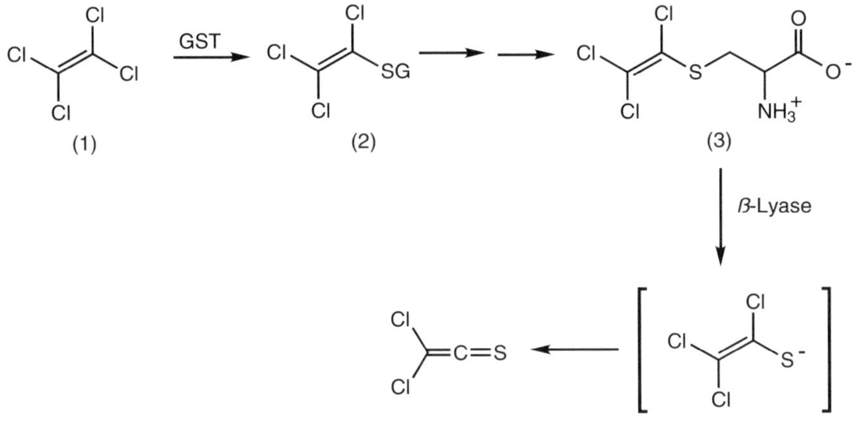

(1) (2) (3) (4)

4.17 Bioaktivierung von Perchlorethen (1) durch Glutathionkonjugation zu *S*-(1,2,2-Trichlorvinyl)glutathion (2). Durch Abbau des Glutathionkonjugates über den Merkaptursäurestoffwechselweg entsteht *S*-(1,2,2-Trichlorvinyl)-L-cystein (3), das weiter durch Cysteinkonjugat-*β*-Lyase über ein Vinylthiol zum Dichlorthioketen (4), einem Elektrophil, gespalten wird.

Manche Bioaktivierungsreaktionen produzieren Radikale 4.6.3

Die Bildung von Zwischenstufen mit ungerader Elektronenzahl, das heißt von Radikalen, findet beim Stoffwechsel vieler Fremdstoffe statt. Dabei können sowohl neutrale (z. B. das Trichlormethylradikal) als auch positiv (Paraquatradikalkationen) und negativ geladene Radikale (Nitroradikalanionen) entstehen (Tabelle 4.6).

Tabelle 4.6: Beispiele für Fremdstoffe, die zu Radikalen metabolisiert werden

Verbindung	Radikalmetabolit	Schädigung
Tetrachlorkohlenstoff	$^{\bullet}CCl_3$	Leberschäden
Paraquat	Paraquatradikalkation und $O_2^{\bullet-}$	Lungenfibrose
Daunomycin	Daunomycinradikal und $O_2^{\bullet-}$	Schädigung des Herzmuskels
Nitrofurantoin	$RNO_2^{\bullet-}$, $O_2^{\bullet-}$	Lungenödem

Die Radikalbildung kann ebenso durch oxidative wie durch reduktive Reaktionen erfolgen. Ein-Elektronen-Reduktionen werden durch die NADPH-abhängige Cytochrom-P-450-Reduktase, die Nitroreduktase oder die Xanthinoxidase katalysiert. Die Initiation toxischer Wirkungen durch die metabolische Bildung von Radikalen ist vor allem beim Tetrachlorkohlenstoff sehr gut untersucht. Die stark hepatotoxische Verbindung wird durch enzymatische Reduktion zum Trichlormethylradikal umgewandelt (Gleichung 4.20).

$$Cl_4C + e^- \xrightarrow{\text{P-450-Reduktase}} {}^{\bullet}CCl_3 + Cl^- \qquad \text{(Gl. 4.20)}$$

Bedeutsam für die toxische Wirkung von Radikalen ist die Initiation von Radikalkettenreaktionen. Radikale wie das Trichlormethylradikal sind hochreaktiv, haben kurze Halbwertszeiten und reagieren mit einer Vielzahl von Reaktionspartnern. Radikalbildung aus körpereigenen Stoffen spielt auch eine wichtige Rolle bei den toxischen Wirkungen energiereicher Strahlung.

4.6.4 Reaktive Sauerstoffspezies können toxische Wirkungen hervorrufen

Die Reduktion von molekularem Sauerstoff führt durch schrittweise Elektronenübertragung, katalysiert durch die Enzyme und Coenzyme der Atmungskette, über eine Reihe von Zwischenstufen zu Wasser. Dabei nimmt der molekulare Sauerstoff insgesamt vier Elektronen auf. Diese Reaktionen bilden die Grundlage für alle Lebensvorgänge in höheren Organismen. Während der stufenweisen Reduktion entstehen toxische Sauerstoffmetabolite (Abbildung 4.18).

Die Bildung reaktiver Sauerstoffspezies durch spezielle Enzyme ohne die Einwirkung von Fremdstoffen spielt eine wichtige Rolle bei der unspezifischen Infektabwehr sowie bei der Entstehung und dem Fortschreiten vieler Krankheiten (Arteriosklerose, chronische Polyarthritis). Der Stoffwechsel bestimmter Fremdstoffe, die enzymatische Oxidations- und Reduktionsreaktionen eingehen können, ist ebenfalls mit der Bildung reduzierter Sauerstoffmetaboliten verknüpft. Verschiedene stabile Fremdstoffradikale, zum Beispiel Semichinon-Radikalanionen, können ihr freies Elektron auf molekularen Sauerstoff übertragen. Dabei entsteht das Superoxid-Radikalanion ($\bullet O_2^-$). Der bei der Reduktion von molekularem Sauerstoff oxidierte Fremdstoff kann wieder reduziert

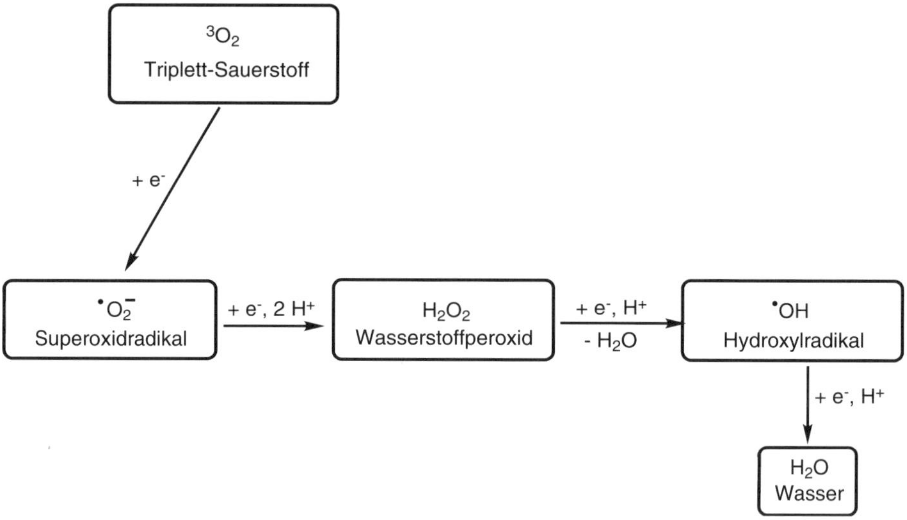

4.18 Bildung aktiver Sauerstoffspezies durch stufenweise Ein-Elektronen-Reduktion von molekularem Triplett-Sauerstoff.

werden und somit als Katalysator bei der Bildung von Superoxid-Radikalanionen wirken.

Die toxische Wirkung dieser Reaktionen beruht auf der Bildung des Superoxid-Radikalanions. Dieses wird unter physiologischen Bedingungen zum Hydroperoxidradikal ($HO_2^{\bullet}$) protoniert. Das Hydroperoxidradikal selbst ist in wässriger Lösung nicht sehr reaktiv; mit dem Superoxid-Radikalanion reagiert es in Lösung jedoch unter Bildung von Wasserstoffperoxid und Sauerstoff (Gleichung 4.21).

$$HO_2^{\bullet} + {}^{\bullet}O_2^{-} + H^+ \longrightarrow H_2O_2 + O_2 \qquad \text{(Gl. 4.21)}$$

Wasserstoffperoxid ist in wässriger Lösung stabil, besitzt eine nur mäßig starke Oxidationskraft und kann durch Zellmembranen diffundieren. Unter Mitwirkung von Metallen (besonders Eisen) wird es in der *Fenton*-Reaktion in das hochreaktive Hydroxylradikal gespalten (Gleichung 4.22). Wasserstoffperoxid und Superoxidradikalanionen können auch zu Hydroxylradikalen umgesetzt werden (*Haber-Weiß*-Reaktion, Gleichung 4.23).

$$H_2O_2 + Fe^{2+} + H^+ \longrightarrow {}^{\bullet}OH + Fe^{3+} + H_2O \qquad \text{(Gl. 4.22)}$$

$$H_2O_2 + {}^{\bullet}O_2^{-} + H^+ \longrightarrow {}^{\bullet}OH + O_2 + H_2O \qquad \text{(Gl. 4.23)}$$

In einer weiteren Ein-Elektronen-Reduktion kann aus dem Hydroxylradikal dann ein Hydroxylion entstehen werden, dessen Protonierung Wasser ergibt. Die für toxische Wirkungen bedeutsame Zwischenstufe in dieser Reaktionssequenz ist das hochreaktive Hydroxylradikal, das biologische Makromoleküle schädigen kann. Dieser durch Sauerstoffradikale ausgelöste **oxidative Stress** spielt eine wichtige Rolle in der Toxizität von Chinonen (z. B. als Krebstherapeutika eingesetzt), von *bis*-Pyridylium-Herbiziden (Paraquat), von einigen Übergangsmetallen (Cr, Ni) sowie von ionisierenden Strahlen.

Da Sauerstoffradikale in geringen Konzentrationen bei der zellulären Atmung entstehen und aktive Sauerstoffspezies auch in Leukocyten bei der Immunabwehr enzymatisch gebildet werden, haben Zellen verschiedene Schutzmechanismen entwickelt, um niedrige Gleichgewichtskonzentrationen reaktiver Sauerstoffspezies effizient zu entgiften. Die dabei eingesetzten biologischen Antioxidantien können sowohl Enzyme als auch niedermolekulare Stoffe sein. Oxidativer Stress tritt auf, wenn sich die Gleichgewichtslage zwischen Oxidantien und Antioxidantien zugunsten der oxidativen Seite verschiebt und die körpereigenen Entgiftungsvorgänge überfordert werden.

4.6.5 Die Zelle entgiftet metabolisch gebildete reaktive Zwischenstufen auf verschiedene Weise

Metabolisch gebildete reaktive Zwischenstufen können in der Zelle sowohl mit niedermolekularen als auch makromolekularen Zielen reagieren. Diese Reaktionen bewirken entweder eine Entgiftung der gebildeten Zwischenstufen oder die Auslösung von akuten und chronischen toxischen Wirkungen.

Reaktion mit Wasser

Die Reaktion von Wasser mit Fremdstoffmetaboliten ist das einfachste Beispiel für eine Entgiftungsreaktion. Viele elektrophile Zwischenstufen sind gegen Hydrolyse empfindlich und reagieren schnell mit dem in der Zelle vorhandenen Wasser. Diese Reaktion wirkt fast immer entgiftend und führt zur Bildung ausscheidbarer Reaktionsprodukte.

So werden etwa Säurechloride, Oxirane und Episulfoniumionen schnell hydrolysiert. Die durch Hydrolyse reaktiver Zwischenstufen gebildeten Metabolite sind häufig anteilsmäßig die Hauptausscheidungsprodukte dieser Stoffe. Perchlorethen wird außer durch die vorher dargestellte Glutathionkonjugation auch durch Cytochrom-P-450-abhängige Monooxygenasen aktiviert. Dabei entsteht als reaktive Zwischenstufe Trichloracetylchlorid. Dieses Säurechlorid kann zwar Proteine acylieren, der größte Teil des gebildeten Säurechlorids wandelt sich jedoch rasch durch Hydrolyse zur nicht reaktiven Trichloressigsäure um.

Glutathionabhängige Entgiftungen

Die wichtigste Funktion von Glutathion im Fremdstoffwechsel ist die Entgiftung von toxischen Elektrophilen und Radikalen. Bildung und Abbau von Glutathionkonjugaten sind ausführlich in Abschnitt 4.5.4 beschrieben.

Elektrophile reagieren mit dem nucleophilen Schwefelatom des Glutathionmoleküls unter Bildung von Glutathion-*S*-Konjugaten; diese Reaktion kann spontan oder enzymatisch katalysiert ablaufen. Spontan reagieren nur „weiche Elektrophile" (nach dem Konzept von Pearson, siehe Abschnitt 4.6.6.) mit dem „weichen Nucleophil" Glutathion; zur Konjugation „harter Elektrophile" mit Glutathion ist eine enzymatische Katalyse notwendig. Zum Beispiel reagiert das „harte Elektrophil" Aflatoxin$_{B1}$-8,9-oxid nicht spontan mit Glutathion; nur in Anwesenheit eines bestimmten Glutathiontransferase-Isoenzyms bildet sich ein Glutathionkonjugat in guter Ausbeute. Die Bedeutung der Glutathionkonjugation für akut toxische Wirkungen von elektrophilen Fremdstoffmetaboliten ist in Abbildung 4.19 am Beispiel von Acetaminophen dargestellt. Eine Bindung des reaktiven Chinonimins an zelluläre Makromoleküle, die für die Auslösung von Lebernekrosen durch Acetaminophen verantwortlich ist, kommt erst zustande, wenn die Glutathionkonjugation wegen der Verarmung an Glutathion in der Zelle nicht mehr möglich ist.

Entgiftung von Radikalen und reaktiven Sauerstoffspezies

Auch bei der Entgiftung reaktiver Sauerstoffspezies spielt Glutathion eine wichtige Rolle. Selenabhängige Glutathionperoxidasen sind wichtige Enzyme zur Entgiftung von Wasserstoffperoxid. Dabei werden zwei Moleküle Glutathion zu Glutathiondisulfid oxidiert (Gleichung 4.24). Glutathiondisulfid kann durch die Glutathionreduktase wieder zu zwei Molekülen Glutathion reduziert werden. Die Superoxiddismutase (im Cytosol ist es ein Kupfer-Zink-, in den Mitochondrien ein Mangan-Enzym) entgiftet Superoxidradikalanionen. Das dabei gebildete Wasserstoffperoxid wird durch die Katalase in Wasser und Sauerstoff disproportioniert (Gleichung 4.25).

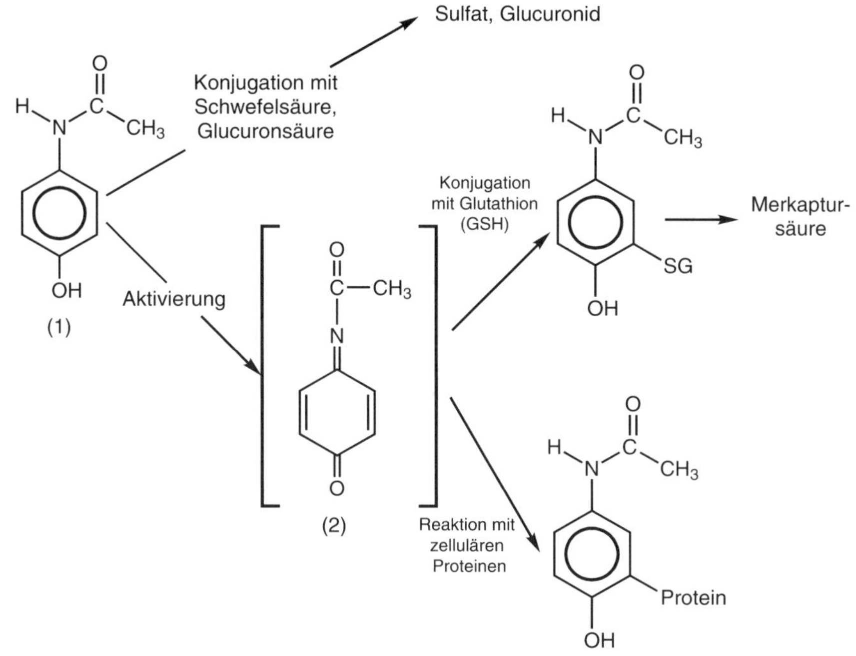

4.19 Zusammenhang zwischen Glutathionverarmung und Bindung von Acetaminophen (1) an Leberproteine. Bei niedrigen Dosen wird Acetaminophen quantitativ durch Sulfatierung und Glucuronidierung biotransformiert. Diese nicht toxischen Konjugate werden über die Niere und Galle ausgeschieden. Nach Aufnahme hoher Dosen werden diese Konjugationsreaktionen abgesättigt und Acetaminophen kann durch Cytochrom-P-450 zum Chinonimin (2) oxidiert werden. Bei Bildung geringer Mengen kann noch die Entgiftung durch Glutathion stattfinden. Wenn jedoch durch große Mengen an Chinonimin (sehr hohe Dosen Acetaminophen) die Glutathionbestände erschöpft sind, kann eine Entgiftung durch Glutathionkonjugation nicht mehr stattfinden; das Chinonimin bindet an SH-Gruppen von Proteinen und erzeugt so toxische Wirkungen.

$$H_2O_2 + 2\,GSH \xrightarrow{\text{Glutathion-peroxidase}} GSSG + 2\,H_2O \quad (GSSG \xrightarrow{\text{Glutathionreduktase}} 2\,GSH) \qquad \text{(Gl. 4.24)}$$

$$2\,H_2O_2 \longrightarrow 2\,H_2O + O_2 \qquad \text{(Gl. 4.25)}$$

Verschiedene Antioxidantien reduzieren radikalische Sauerstoffspezies ebenfalls zu molekularem Sauerstoff oder Wasser. Der wichtigste lipidlösliche Vertreter dieser Gruppe ist das α-Tocopherol, dessen Integration in Lipidmembranen die Schädigung von Membranbestandteilen durch Radikale verhindert. Das OH-Radikal reduziert α-Tocopherol zu Wasser, das Superoxidradikalanion zu Wasserstoffperoxid und Peroxiradikale zu Hydroperoxiden; dabei wird es selbst in ein stabiles, nur wenig reaktives Radikal umgewandelt. Im Gegensatz zum α-Tocopherol ist die Ascorbinsäure ein wesentliches Antioxidans, das hauptsächlich im Cytosol der Zelle vorhanden ist.

4.6.6 Reaktive Zwischenstufen reagieren auch mit zellulären Makromoleküle

Reaktive Zwischenstufen reagieren in der Zelle mit Lipiden, Proteinen und DNA. Enzyminhibition, strukturelle Veränderungen an Enzymen und Lipidmembranen, Zerstörung von Organellen und letztendlich der Zelltod können die Folge sein. Die Reaktion zellulärer Zwischenstufen mit DNA-Bestandteilen führt bei der DNA-Replikation zur Ausbildung von Mutationen und kann die Genexpression beeinflussen. Die Alkylierung von DNA ist ein wichtiger Vorgang bei der Induktion von Tumoren (Kapitel 3).

Elektrophile Zwischenstufen reagieren mit nucleophilen Makromolekülen unter Ausbildung einer kovalenten Bindung. Dabei entsteht ein *Addukt* aus dem Metaboliten und dem Makromolekül. Für elektrophile Verbindungen lässt sich das Ausmaß der Reaktion mit nucleophilen Atomen in Makromolekülen anhand des *Konzepts der harten und weichen Säuren* von Pearson vorhersagen. Nach diesem Konzept reagieren „harte" Säuren am besten mit „harten" Basen. Diese haben eine hohe Ladungsdichte, eine geringe Molekülgröße und eine geringe Polarisierbarkeit, während „weiche" Basen eine niedrige Ladungsdichte sowie Atome mit größerem Durchmesser aufweisen und leicht polarisierbar sind. Sowohl metabolisch gebildete Elektrophile als auch nucleophile Reaktionspartner lassen sich nach diesem Schema einteilen (Tabelle 4.7). Studien zur Adduktbildung von radioaktiv markierten Fremdstoffen mit Makromolekülen bestätigen das Konzept.

Tabelle 4.7: Metabolische gebildete Elektrophile und ihre Reaktionspartner in der Zelle

weich	⟶			hart
Nucleophile:				
SH von Cystein oder GSH	Schwefel von Methionin	primärer oder sekundärer Stickstoff von Lysin, Arginin oder Histidin	Aminogruppen von Purinbasen in RNA und DNA	Sauerstoff von Purinen und Pyrimidinen in DNA und RNA
Elektrophile:				
α,β-ungesättigte Carbonylverbindungen, Chinone	Epoxide, Alkylsulfate, Alkylhalogenide	Nitreniumionen	benzylische Carbokationen	aliphatische und aromatische Carbokationen

So reagieren weiche Elektrophile wie α,β-ungesättigte Carbonylverbindungen bevorzugt mit den weichen Schwefelatomen der Aminosäure Cystein in Proteinen oder mit Glutathion. Andererseits reagieren harte Elektrophile wie Carbokationen nur schlecht mit Schwefelatomen von Cystein und Glutathion, aber gut mit harten Stickstoff- und Sauerstoffatomen in Purin- und Pyrimidinbasen. Die intrazellulären Reaktionspartner von Radikalen und reaktivem Sauerstoff lassen sich theoretisch kaum vorhersagen und auch experimentell nur schwierig ermitteln.

Wechselwirkungen mit Proteinen

Nucleophile Schwefel- und Stickstoffatome in Proteinverbänden werden von elektrophilen Metaboliten alkyliert oder acyliert; Reaktionspartner sind die Aminosäuren Cystein, Histidin, Valin und Lysin. Da freie Schwefel- und Stickstoffatome in Enzymen für die katalytische Aktivität wichtig sind, führen Alkylierung und Acylierung häufig zur Inaktivierung. Durch reaktive Zwischenstufen können auch die aktiven Zentren der Enzyme, die die Bildung eben dieser Zwischenstufen katalysieren, alkyliert werden. Diese „Selbstmordreaktion" bedeutet oft die Inhibition der Enzyme. (Ein Beispiel ist die Alkylierung des Häms in Cytochrom-P-450.) Falls die alkylierten Proteine bedeutsame Funktionen für die Zelle haben (wie etwa die thiolathaltigen Enzyme der mitochondrialen Atmungskette), führt der durch die Alkylierung bedingte Funktionsausfall zum Zelltod. Durch Alkylierungen und Acylierungen werden Fremdstoffe an Proteine gebunden oder deren räumliche Strukturen verändert. Daher werden alkylierte oder acylierte Proteine unter bestimmten Bedingungen vom Immunsystem als körperfremd erkannt und lösen nach Sensibilisierung eine allergische Reaktion aus (Exkurs 9.3). Viele Arzneimittelallergien sind auf die Bildung modifizierter Proteine durch Metaboliten des Arzneistoffs zurückzuführen.

Radikale und reaktive Sauerstoffspezies können Thiolate in Enzymen zu den entsprechenden Disulfiden oxidieren oder die Bildung von Carbonylgruppen in Proteinen induzieren; die dadurch hervorgerufene Konformationsänderung führt ebenfalls zur Veränderung der Enzymaktivität und zur Denaturierung der Proteine.

Wechselwirkungen mit Lipiden

Fremdstoffradikale können Wasserstoffatome von Lipiden entfernen. Diese Reaktion mit den ungesättigten Fettsäuren der Lipide – essenziellen Bestandteilen biologischer Membranen – führt zur so genannten „Lipidperoxidation". Durch die radikalische Entfernung von Wasserstoffatomen entstehen Fettsäureradikale, die mit molekularem Sauerstoff zu Peroxiradikalen und weiter zu Hydroperoxiden reagieren können (Abbildung 4.20). Durch ausgelöste Radikalkettenreaktionen können C–C-Bindungen in den Fettsäuren gespalten und durch Abbau zu Bruchstücken kurzer Kettenlängen (C_2 bis C_6) biologische Membranen zerstört werden. Dies wiederum zieht einen Verlust der Kompartimentierung der Zelle und den Zelltod nach sich. Bei der Lipidperoxidation werden durch Zerstörung der Membranfettsäuren auch α,β-ungesättigte Aldehyde freigesetzt, die durch ihre elektrophilen Eigenschaften toxische Wirkungen weiter verstärken können.

Lipide können auch mit Elektrophilen reagieren. Die Acylierung und Alkylierung der Aminogruppen von Phosphatidylethanolamin aus Lipidmembranen durch metabolisch gebildete Zwischenstufen wurde bereits beobachtet. Die Rolle dieser Reaktionen für toxische Wirkungen ist aber noch nicht genau definiert.

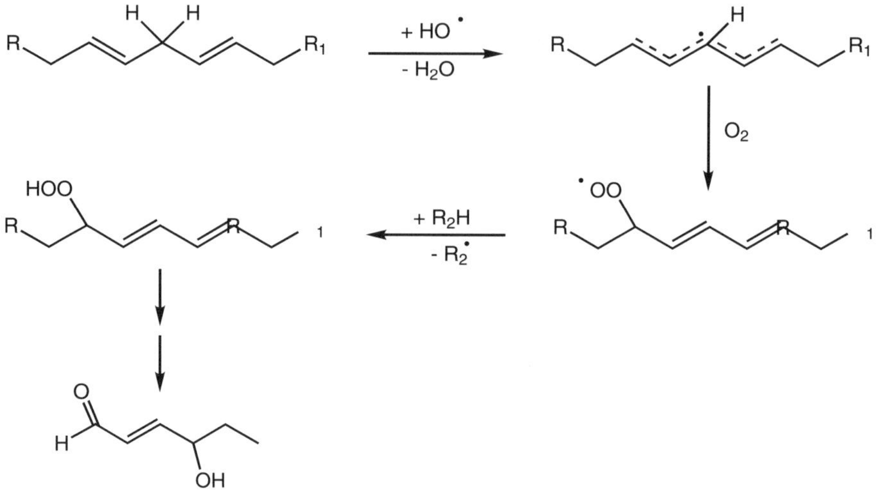

4.20 Der Angriff von Radikalen an ungesättigte Fettsäuren biologischer Membranen und die Initiation der Lipidperoxidation. Durch den Zerfall der ungesättigten Fettsäuren entstehen α,β-ungesättigte Carbonylverbindungen wie 4-Hydroxy-2-*trans*-hexenal.

Wechselwirkungen mit DNA

Die Alkylierung von DNA durch reaktive Zwischenprodukte kann während der DNA-Replikation zum Einbau einer falschen Base in den Tochterstrang und damit zur Erzeugung einer Mutation führen. DNA-Veränderungen durch reaktive Zwischenstufen stellen den ersten biochemisch definierbaren Schritt in der chemischen Kanzerogenese dar. Die Rolle von DNA-Schäden in der chemischen Krebserzeugung ist ausführlich in Abschnitt 3.2.4 beschrieben.

Fremdstoffe, die ohne metabolische Aktivierung mit DNA-Basen reagieren, sind zum Beispiel Alkylsulfate, Stickstoff- und Schwefel-Lost, Dichlor-Platin-Komplexe wie das in der Tumorchemotherapie eingesetzte *cis*-Platin, Lactone und Imine. Auch sehr viele chemische Kanzerogene, die bioaktiviert werden, alkylieren die DNA; die wichtigsten Reaktionspartner sind die Stickstoff- und Sauerstoffatome von Purin- und Pyrimidinbasen. Die DNA-Alkylierung ist allerdings ein in der Zelle nur in sehr geringer Ausbeute ablaufender Schritt. Selbst potente Kanzerogene alkylieren nur eine von 10^6 bis 10^8 Basen in der DNA. Das Ausmaß der Alkylierung von Sauerstoff- und Stickstoffatomen in einzelnen Basen ist stark abhängig von der Elektrophilie des angreifenden Metaboliten; harte Elektrophile greifen bevorzugt die enolisierten Sauerstoffatome (harte Nucleophile) an, während weichere Elektrophile bevorzugt mit exozyklischen Aminogruppen und bestimmten Stickstoffatomen in den Ringen reagieren. Für sehr viele elektrophile Metabolite ist Guanosin der bevorzugte Reaktionspartner in der DNA.

Nachfolgend sind beispielhaft Strukturen von Reaktionsprodukten klassischer Kanzerogene mit DNA-Basen abgebildet, wie sie *in vivo* entstehen.

Der kanzerogene Arbeitsstoff Vinylchlorid wird metabolisch epoxidiert; das Epoxid reagiert mit Adenosin unter Bildung eines zyklischen, mutagenen Addukts (Abbildung

4.21). Das krebserzeugende Schimmelpilzprodukt Aflatoxin$_{B1}$ wird ebenfalls metabolisch epoxidiert und auch dieses Epoxid bindet sich an DNA (Abbildung 4.22). N-7-Alkylierungen wie die in Abbildung 4.22 gezeigte schwächen die glykosidische Bindung des alkylierten Nucleosids an das Zucker-Phosphat-Gerüst der DNA. Durch die Abspaltung der alkylierten Base entsteht eine *apurinische Stelle* im Doppelstrang, die ebenfalls eine Mutation auslösen kann.

Auch Radikale können zur Schädigung der DNA führen. Dabei können sowohl das Zucker-Phosphat-Gerüst gebrochen als auch DNA-Basen oxidativ modifiziert werden. Durch Bruch des Zucker-Phosphat-Gerüsts können DNA-Strangbrüche oder apurinische Stellen in der DNA entstehen (Abschnitt 3.2.4). Bei der Reaktion von OH-Radikalen mit DNA-Basen können sich durch Hydroxylierung und nachfolgende Ringöffnung verschiedene Produkte bilden. Die wichtigste dieser Verbindungen ist 8-Hydroxydeoxyguanosin (Abbildung 4.23).

Man hat die Bildung solcher DNA-Veränderungen, die auf die Einwirkung von Radikalen zurückzuführen sind, mit dem Alterungsprozess in Zusammenhang gebracht. Wahrscheinlich ist eine Verringerung der Konzentration antioxidativ wirkender Stoffe mit zunehmendem Alter für eine verstärkte oxidative Modifikation von DNA und Proteinen verantwortlich. Da derartige radikalische DNA-Veränderungen wegen der Gleichgewichtskonzentrationen an reaktiven Sauerstoffspezies in der Zelle verglichen mit DNA-Addukten von Fremdstoffen in hohen Konzentrationen vorliegen, hat die Zelle spezifische Enzyme zur Reparatur oxidierter DNA-Basen entwickelt. Diese erkennen oxidierte DNA-Basen, entfernen sie aus dem DNA-Strang und ersetzen sie mit der korrekten Base.

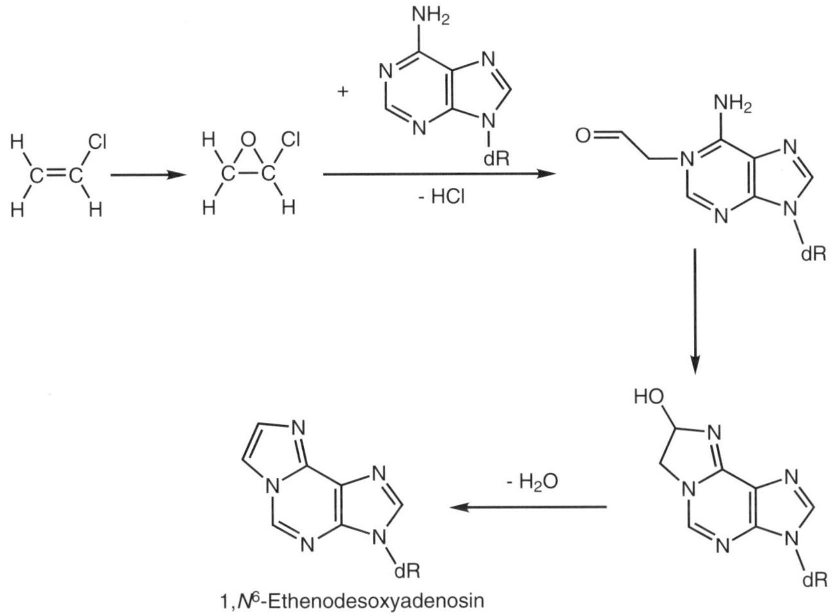

4.21 Metabolische Aktivierung von Vinylchlorid zu Chloroxiran und Modifizierung von Deoxyadenosin zu 1,N^6-Ethenodeoxyadenosin (dR = Deoxyribose).

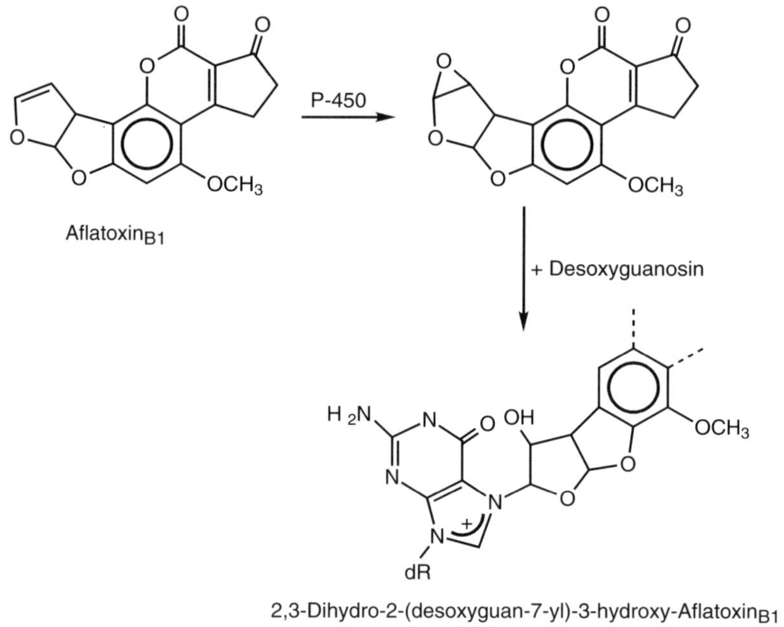

4.22 Metabolische Epoxidierung von Aflatoxin$_{B1}$ und Reaktion des entstandenen Aflatoxin$_{B1}$-8,9-oxides mit Deoxyguanosin. Das gebildete Guanosinderivat stellt eine prämutagene DNA-Veränderung dar.

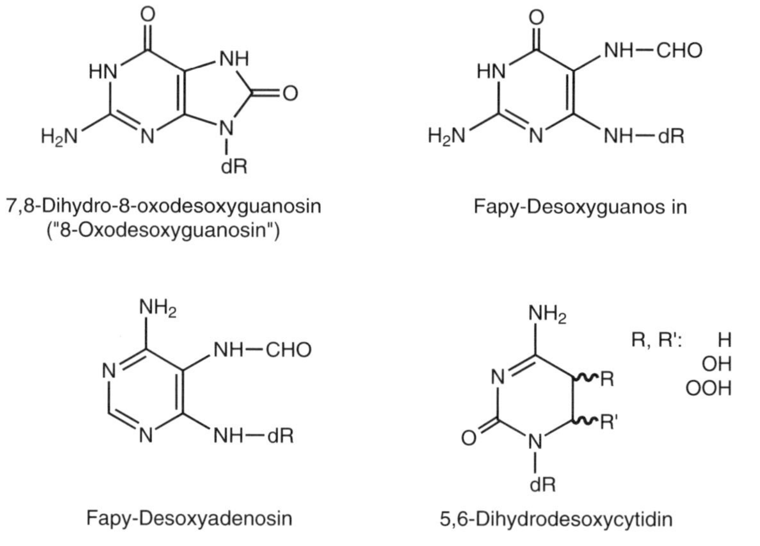

4.23 Beispiele für oxidative DNA-Modifikationen durch reaktive Sauerstoffspezies (Fapy = Formamidopyrimidin, dR = Desoxyribose). Auch solche Veränderungen können prämutagene DNA-Läsionen darstellen.

4.7 Faktoren, die den Fremdstoffwechsel beeinflussen

Die Verstoffwechselung eines Fremdstoffes kann selbst für Stoffe mit ähnlichen Strukturen sowohl qualitativ als auch quantitativ nur beschränkt vorhergesagt werden.

Die Verfügbarkeit des Stoffes in der metabolisierenden Zelle beeinflusst maßgeblich die Biotransformation 4.7.1

Die Stoffverfügbarkeit ist abhängig von den Stoffeigenschaften Wasserlöslichkeit beziehungsweise Lipophilie. Diese beiden Größen nehmen Einfluss auf die Verteilung durch das Blut und die Membrangängigkeit von Stoffen und damit auf das Anfluten der Stoffe und ihre Gleichgewichtskonzentrationen in der Zelle.

Auch die Bindung an Plasmaproteine beeinflusst wesentlich die Verteilung eines Stoffes und seine interzellulären Konzentrationen. Sowohl intra- als auch extrazelluläre Proteine können verschiedene Fremdstoffe binden, einige Fremdstoffe liegen im Organismus sogar zum größten Teil in einer proteingebundenen Form vor. Diese Bindung ist nicht spezifisch (z. B. die Bindung vieler Verbindungen an Serumalbumin) und hat oft einen großen Effekt auf die Verfügbarkeit des Fremdstoffes in der Zelle.

Die Dosis des Stoffes und die Art der Gabe üben maßgeblichen Einfluss auf metabolische Wege aus. Einige Enzyme des Fremdstoffwechsels haben eine hohe Affinität, aber eine niedrige Kapazität für bestimmte Fremdstoffe. Diese Enzyme werden bei hohen Dosen schnell abgesättigt und Enzyme mit einer niedrigeren Affinität, aber einer hohen Kapazität katalysieren die Biotransformation. Ein gutes Beispiel für dosisabhängige Metabolisierung ist Acetaminophen (*N*-Acetyl-*p*-aminophenol), das nach Gabe niedriger Dosen hauptsächlich als Sulfatkonjugat ausgeschieden wird (Abbildung 4.19). Nur hohe Dosen führen zu bedeutsamen Anteilen an Acetaminophen-Glucuronid und Acetaminophen-Merkaptursäure.

Unterschiedliche Aufnahmewege entscheiden ebenfalls über das Ausmaß und die Wege der Metabolisierung. Stoffe, die in der Leber intensiv verstoffwechselt werden, können nach oraler Gabe dort quantitativ über leberspezifische Wege metabolisiert werden, während der Beitrag anderer Organe zur Biotransformation gering ist. Bei intravenöser Gabe können solche Stoffe in anderen Organen über Konkurrenzreaktionen umgesetzt werden.

Die Aktivität einzelner Fremdstoffwechselenzyme unterliegt zahlreichen Einflüssen 4.7.2

Ernährung, Geschlecht, Lebensumstände, Alter, Aufnahme chemischer Stoffe und genetische Veranlagung bestimmen über die Aktivität einzelner Stoffwechselenzyme und beeinflussen die Metabolisierung eines Stoffes.

Induktion von Stoffwechselenzymen

Die wiederholte Gabe bestimmter Fremdstoffe führt zu einer gesteigerten Aktivität von fremdstoffmetabolisierenden Enzymen (Beispiele in Tabelle 4.8). Sie ist auf eine Erhöhung der Enzymmenge durch vermehrte Neusynthese oder Verminderung des Enzymabbaus zurückzuführen. Diesen Vorgang bezeichnet man als **Enzyminduktion**. Durch Gabe von Induktoren werden hauptsächlich membrangebundene Enzyme in ihrer Menge erhöht. Die Enzyminduktion hat für jeden Induktorstoff einen spezifischen Zeitverlauf, unterliegt einer Sättigungskinetik und ist speziesspezifisch; meist ist zur maximalen Enzyminduktion eine Verabreichung des Induktors über mehrere Tage nötig. Nach Absetzen des Induktorstoffes sinken die Enzymkonzentrationen innerhalb charakteristischer Zeitspannen wieder auf die Ausgangswerte ab. Durch verschiedene Induktoren werden Enzymkonzentrationen um den Faktor drei bis hundert erhöht. Bestimmte Induktoren können spezifisch einzelne Isoenzyme eines Enzymsystems induzieren, andere Induktoren induzieren mehrere Enzymsysteme (wie zum Beispiel Cytochrom-P-450 und Glucuronyltransferasen). Glutathion-*S*-Transferasen sind die einzigen Vertreter fremdstoffumsetzender cytosolischer Enzyme, deren Konzentration durch Induktoren erhöht werden kann.

Tabelle 4.8: Enzyminduktoren und durch ihre Gabe beeinflusste Enzymsysteme

Induktor	beeinflusste Enzymsysteme
2,3,7,8-Tetrachlordibenzo-*p*-dioxin	Cytochrom-P-450, Glucuronyltransferasen
Ethanol	Cytochrom-P-450
Phenobarbital	Cytochrom-P-450, Epoxidhydrolase, Glucuronyltransferasen
trans-Stilbenoxid	Epoxidhydrolase
3-Methylcholanthren	Cytochrom-P-450, Glucuronyltransferasen

Neben Arzneimitteln oder Fremdstoffen können auch Nahrungs- und Trinkgewohnheiten sowie Krankheiten zur Enzyminduktion beitragen. Das Cytochrom-P-450-Enzym 2E1, das viele Fremdstoffe und Lösungsmittel (Benzen, Trichlorethen, Dichlormethan) metabolisiert, wird durch chronische Alkoholgabe in der Ratte und auch im Menschen bei Alkoholkonsum in der Leber induziert. Dieses Enzym wird ebenfalls durch Krankheitszustände wie Diabetes beeinflusst; Zuckerkranke bilden vermehrt Aceton, das als Enzyminduktor wirkt.

Interessanterweise wirken einzelne Induktoren nicht auf alle Organe in gleichem Ausmaß. Alkohol induziert in der Ratte effektiv Cytochrom-P-450-2E1 in der Leber, in anderen Zielorganen lässt sich eine Erhöhung der Konzentration dieses Enzyms nicht nachweisen. Das Ausmaß der Enzyminduktion hängt außer vom Induktorstoff vom Organ und von Art, Geschlecht und Alter der Versuchstiere ab. Im Menschen werden ähnliche Abhängigkeiten angenommen.

Die Enzyminduktion führt zu einem beschleunigten Stoffwechsel von Substraten für dieses Enzym. Bei Stoffen, die durch diese Enzyme bioaktiviert werden, wird die Gleichgewichtskonzentration an reaktiven Zwischenstufen durch den beschleunigten Umsatz erhöht. Dadurch werden die toxischen Wirkungen verstärkt. Allerdings können einige Fremdstoffe wie zum Beispiel Allylisothiocyanat selektiv Phase-II-Enzyme induzieren und damit die Entgiftung vieler aufgenommener Fremdstoffe verbessern; durch solche Induktionseffekte erklärt man die krebsverhindernde Wirkung von Nahrungsmitteln mit hohem Gehalt an solchen Stoffen, wie zum Beispiel Brokkoli.

Die Mechanismen der Enzyminduktion sind für Cytochrom-P-450-Enzyme intensiv untersucht. Unterschiedliche Induktoren erhöhen über unterschiedliche Mechanismen deren Konzentrationen (Tabelle 4.9).

Tabelle 4.9: Mechanismen der Induktion von Cytochrom-P-450-Enzymen durch Fremdstoffe

Cytochrom-P-450	Induktor	hauptsächlicher Mechanismus
1A1	Dioxin	Erhöhung der Transkription
1A2	3-Methylcholanthren	Stabilisierung der mRNA
2B1, 2B2	Phenobarbital	Erhöhung der Transkription
2E1	Ethanol, Aceton	Stabilisierung des Proteins
3A1	Dexamethason	Erhöhung der Transkriptionsrate unabhängig vom Glucocorticoid-Rezeptor
3A1	Triacetyloleandomycin	Stabilisierung des Proteins durch Inhibition proteolytischer Enzyme
4A1	Clofibrat	Erhöhung der Transkriptionsrate, möglicherweise über Rezeptor vermittelt

Gut beschrieben ist der molekulare Mechanismus der Enzyminduktion durch Tetrachlordibenzo-*p*-dioxin (Dioxin). Dioxin und andere planare Moleküle binden mit hoher Affinität an einen cytosolischen Rezeptor. Dieser Rezeptor wurde wegen seiner Affinität zu polyzyklischen aromatischen Verbindungen **Ah-Rezeptor** (Ah = *aryl hydrocarbon*) benannt; seine physiologischen Funktionen sind noch nicht bekannt. Nach Bindung des Dioxins und Interaktion mit weiteren Proteinen wandert der Dioxin-Rezeptor-Komplex in den Kern und führt dort zu einer Aktivierung der DNA-Transkription und damit zu vermehrter Proteinsynthese. Unter Kontrolle des Ah-Rezeptors stehen sowohl das P-450-Enzym 1A1 als auch bestimmte UDP-Glucuronyltransferasen und andere Enzyme (Abbildung 4.24).

Die Gabe von Phenobarbital führt zu einer erhöhten Expression der Genabschnitte, die für bestimmte Cytochrom-P-450-Enzyme, UDP-Glucuronyltransferasen und einige andere Enzyme kodieren. Ein Phenobarbital-Rezeptor wurde allerdings trotz intensiver Suche bis jetzt noch nicht gefunden.

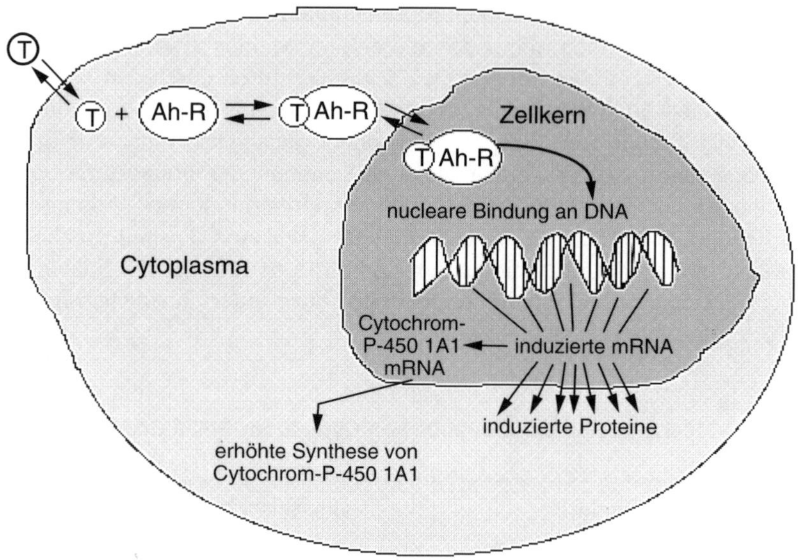

4.24 Mechanismus der rezeptorvermittelten Wirkung von Dioxinen (T = 2,3,7,8-Tetrachlordibenzo-*p*-dioxin). Nach Bindung des Dioxinmoleküls (T) an den Ah-Rezeptor (Ah-R) tritt dieser Komplex in den Kern ein und bindet an DNA. Als Folge der Bindung wird die Expression verschiedener Proteine wie Cytochrom-P-450 1A1 erhöht.

Hemmung biotransformierender Enzyme

Neben einer Erhöhung der Aktivität biotransformierender Enzyme lässt sich nach Gabe verschiedener Verbindungen beziehungsweise unter bestimmten Lebens- und Ernährungsumständen und Krankheiten auch eine Reduktion der metabolischen Kapazität von Organismen beobachten. Das Ausmaß der Metabolisierung eines Fremdstoffes kann durch verschiedene Mechanismen reduziert werden.

Wenn Stoffe die Protein- oder Biosynthese funktioneller Gruppen unterbrechen, die für das aktive Enzym bedeutsam sind (z. B. des Häm), sinken die Konzentrationen des Enzyms in der Zelle. Auch anderweitiger Verbrauch von Cofaktoren kann das Ausmaß enzymatischer Reaktionen verringern. Beispielsweise kann eine Erschöpfung des zur Verfügung stehenden Sulfatvorrats zu einer verringerten Sulfatierung führen.

In Stoffgemischen können die einzelnen Bestandteile ihre Metabolisierung gegenseitig hemmen. Falls eine Komponente eine sehr hohe Affinität zu einem bestimmten Enzym hat, wird sie von dem Enzym bevorzugt metabolisiert, und die Umsetzung von Bestandteilen mit geringerer Affinität zu diesem Enzym wird verhindert oder doch vermindert. Diese Fremdstoffe können nun über andere Mechanismen metabolisiert werden und so – verglichen mit der Gabe der Einzelsubstanz – zu veränderten toxischen Wirkungen führen.

Bei der enzymatischen Umsetzung von Fremdstoffen entstehen häufig reaktive Zwischenstufen, die auch mit Bestandteilen des Enzyms selbst reagieren. Solche Reaktionen führen zu einer *irreversiblen Hemmung*. Durch die kovalente Bindung wird das aktive Zentrum des Enzyms verändert, sodass die enzymatische Aktivität nur durch Neusynthese des Enzyms wieder herstellbar ist.

Metabolisierende Enzyme können sogar interindividuell unterschiedlich aktiv sein 4.7.3

Spezies- und Stammesunterschiede beruhen teils auf dem Fehlen der betreffenden Enzyme, teils auf einer verringerten Aktivität. Einige Spezies vermögen bestimmte metabolische Reaktionen nicht durchzuführen; bei anderen ist wegen unterschiedlicher Aktivitäten der einzelnen am Fremdstoffstoffwechsel beteiligten Enzyme das metabolische Profil einer Substanz stark verändert. Diese Unterschiede führen dazu, dass die Aktivierungsreaktionen und die toxische Wirkung von Fremdstoffen stark speziesabhängig sein können und bestimmte Spezies extrem empfindlich reagieren. Acetamidofluoren induziert in der Ratte in hoher Inzidenz Tumoren, während Meerschweinchen gegenüber der tumorauslösenden Wirkung von Acetamidofluoren resistent sind. Grund dafür ist wahrscheinlich der unterschiedliche Stoffwechsel (Abbildung 4.25).

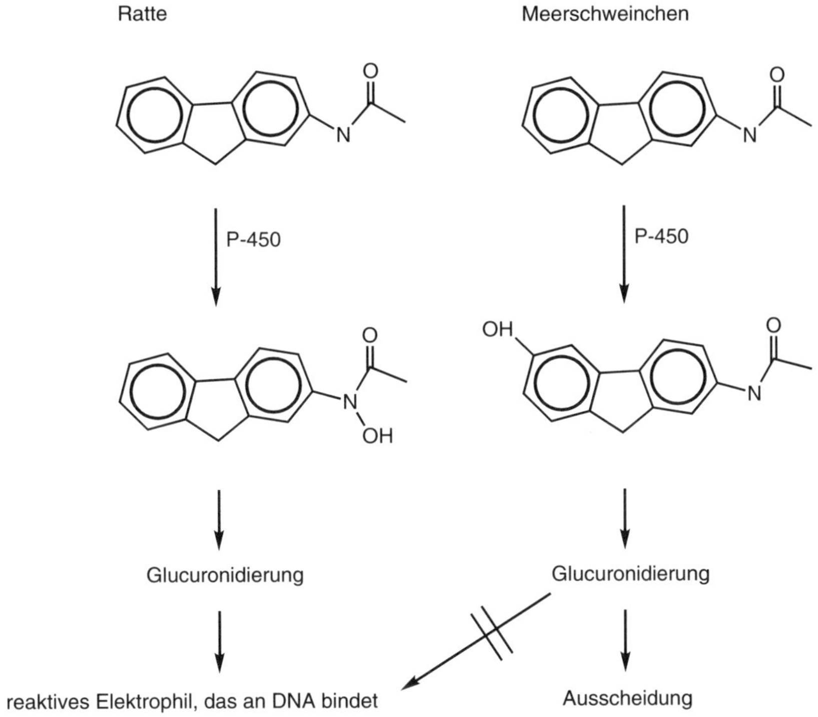

4.25 Stoffwechsel von Acetamidofluoren in Ratte und Meerschweinchen. In der Ratte wird Acetamidofluoren durch ein bestimmtes Cytochrom-P-450-Enzym am Stickstoff oxidiert, die gebildete Hydroxamsäure kann zu einem instabilen Glucuronid umgewandelt werden. Im Gegensatz dazu findet im Meerschweinchen eine Hydroxylierung am aromatischen Ringsystem statt, dadurch können keine instabilen Glucuronide entstehen.

In der Ratte wird Acetamidofluoren über einen P-450-abhängigen Mechanismus am Stickstoff hydroxyliert und nachfolgend glucuronidiert oder sulfatiert. Diese Glucuronide oder Sulfate dienen als Transportform für eine electrophile und kanzerogene Zwischenstufe und zerfallen in der Blase in reaktive Zwischenstufen (Nitreniumionen, siehe Kapitel 5). Im Meerschweinchen wird Acetamidofluoren am aromatischen Ringsystem, aber nicht am Stickstoff hydroxyliert; Glucuronide, die zu Nitreniumionen zerfallen können, werden so nicht gebildet.

Hunde haben nur sehr geringe *N*-Acetyltransferase-Konzentrationen und können sehr viele Substrate daher nicht acetylieren. *Polymorphismen* (interindividuelle Unterschiede in der Aktivität von Enzymen mit genetischer Grundlage) in der Acetylierung ausgewählter Substrate wurden auch im Menschen, Kaninchen und der Maus beobachtet. Diese Polymorphismen beruhen auf einem genetisch bedingten Enzymmangel und korrelieren mit der Empfindlichkeit gegenüber toxischen Wirkungen. Beim Menschen werden so genannte langsame und schnelle Acetylierer unterschieden. Diese Unterscheidung basiert auf deren Kapazität, das Tuberkulostatikum Isoniazid zu acetylieren. Individuen, die schlecht acetylieren, sind gegenüber der Nervenschädigung von Isoniazid empfindlich.

Individuelle Unterschiede im Fremdstoffmetabolismus werden vor allem beim Menschen beobachtet. Bei den normalerweise verwendeten Labortieren, die meist Inzuchtstämme darstellen, ist dieses Phänomen von geringer Bedeutung. Man hat zum Beispiel extreme Unterschiede im Ausmaß der *N*-Oxidation von Coffein in Menschen gefunden. Diese Unterschiede sind auf interindividuelle Variationen in der Expression eines bestimmten Cytochrom-P-450-Enzyms (1A1) zurückzuführen.

4.7.4 Alter, Ernährung, Geschlecht und Krankheiten beeinflussen die Biotransformation

In Nagern ist die Kapazität zur Verstoffwechselung von Fremdstoffen kurz vor und nach der Geburt gering. Bei Neugeborenen ist die Kapazität für den Fremdstoffwechsel gering, entsprechende Enzymaktivitäten entwickeln sich erst in den ersten 6 Lebensmonaten. Im fortgeschrittenen Alter geht sowohl im Menschen als auch im Nager die Kapazität des Körpers zur Verstoffwechselung von Fremdstoffen wieder zurück.

Die Spiegel an **Sexualhormonen** sind bedeutsame Faktoren in der Regulation von Cytochrom-P-450-Enzymen, denn die Expression bestimmter Cytochrom-P-450-Enzyme steht unter der Kontrolle solcher Hormone. Männliche Ratten zeigen während der Geschlechtsreife eine zwei- bis dreimal höhere Monooxygenaseaktivität als weibliche Ratten; durch Gabe von männlichen Sexualhormonen können auch in weiblichen Ratten die Cytochrom-P-450-Aktivitäten erhöht werden. Beim Menschen sind in Mann und Frau Unterschiede im Cytochrom-P-450-Profil beschrieben.

Der Ernährungsstatus von Versuchstieren und Menschen kann bedeutenden Einfluss auf Bioaktivierung und Entgiftung ausüben. Mangel an Spurenelementen (Calcium, Kupfer, Eisen, Magnesium und Zink) und Proteinen in der Nahrung führt zu einer Verminderung der Aktivität von Cytochrom-P-450 und damit zu einer geringeren Verstoffwechselung von Fremdstoffen. Ernährungsmängel beeinflussen allerdings auch die Kapazität der verschiedensten Schutzmechanismen (Glutathion, Antioxidantien) sowie die

Verfügbarkeit von hochenergetischen Cofaktoren für Phase-II-Reaktionen. Eine an ungesättigten Fettsäuren reiche Nahrung erhöht die Konzentrationen von Cytochrom-P-450 in der Leber. Hungerzustände erniedrigen Enzymaktivitäten, andererseits erhöht Unterernährung die Konzentration an Cytochrom-P-450. Bestimmte Nahrungsinhaltsstoffe können auch als kompetitive und irreversible Hemmstoffe für bestimmte Enzyme des Fremdstoffwechsels wirken, andere als Enzyminduktoren (etwa die polyzyklischen aromatischen Kohlenwasserstoffe in gegrilltem Fleisch).

Krankheiten können durch direkte Veränderung der Enzymaktivitäten infolge von Leberzirrhose, Cosubstratmangel und Veränderungen der Darmflora das metabolische Schicksal von Fremdstoffen ebenfalls mitbestimmen.

4.8 Ausscheidung von Fremdstoffen

Die renale Elimination ist für viele Fremdstoffe der bedeutendste Weg der Ausscheidung 4.8.1

Wegen der guten Durchblutung fluten Fremdstoffe und Metabolite in großen Mengen in die Nieren. Die Niere besteht aus 1 bis 1,2 Millionen funktionellen Einheiten (Nephronen), in denen die Urinproduktion stattfindet. Sie bestehen aus dem Nierenkörperchen oder **Glomerulus**, in dem der Primärharn gebildet wird, und dem **Tubulusapparat**, in dem der Harn intensiven Rückresorptions- und Selektionsvorgängen unterliegt (Abbildung 4.26).

An den obersten Abschnitt des Nephrons, den proximalen Tubulus, schließt sich das gebogene, haarnadelförmige Überleitungsstück an. Zusammen mit dem aufsteigenden distalen Tubulus bildet es die Henlesche Schleife. Der letzte Abschnitt des distalen Tubulus mündet zusammen mit mehreren distalen Tubuli aus benachbarten Nephronen in ein Sammelrohr; mehrere Sammelrohre vereinigen sich wiederum in größeren Rohren, welche letztendlich in den Harnleiter münden.

Auf einem Schnitt durch die Niere erkennt man mit bloßem Auge eine Gliederung in zwei Schichten: Die äußere, hellere Rindenschicht (**Cortex**) enthält die Nierenkörperchen und die gewundenen Anteile des proximalen und distalen Tubulus, während die innere, dunkle Markschicht (**Medulla**) die Henleschen Schleifen und die Sammelrohre enthält. Das Nierenkörperchen besteht aus einem Kapillarknäuel, das intensiv durchblutet wird. Die Gesamtdurchblutung beider Nieren beträgt beim gesunden Erwachsenen ungefähr 1 700 Liter pro Tag, das sind etwa 25 % des vom Herzen beförderten Blutes.

Von den 150 bis 200 Litern täglich filtrierten Primärharns werden im tubulären System mehr als 99 % des Flüssigkeitsvolumens und der größte Teil der gelösten Bestandteile rückresorbiert und wieder dem Blutkreislauf zugeführt. Im proximalen Tubulus werden ungefähr 60 % des Wassers im Primärharn rückresorbiert; auch Natrium-, Calcium-, Chlorid- und Hydrogencarbonationen sowie Glucose und Aminosäuren werden hier zu einem hohen Prozentsatz in das Blut zurückgeführt.

Dazu besitzen die proximalen Tubuluszellen eine Vielfalt von aktiven und passiven Transportsystemen, sowohl an der luminalen (zum Harnwegsraum gerichteten) als auch

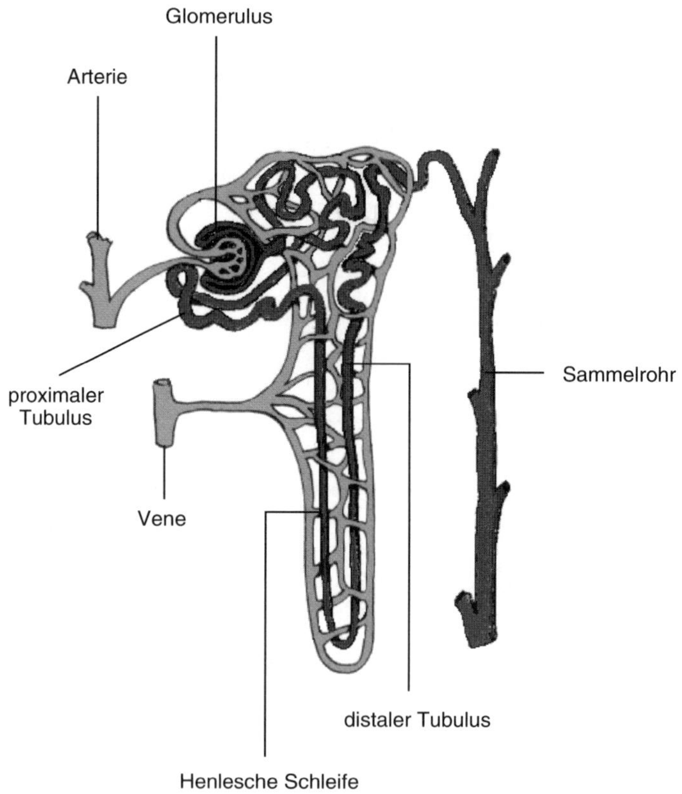

4.26 Nephron in schematischer Darstellung. Das zur Niere gelangende Blut wird durch den Glomerulus filtriert, das in den Tubulusapparat gelangte Filtrat unterliegt intensiven Rückresorptionsvorgängen, durch die Wasser und essenzielle Nährstoffe (und auch Fremdstoffe) in das Blut rückresorbiert werden können.

auf der basolateralen (zum Blutraum gerichteten) Membranseite. Zusätzlich zu der Rückresorption erfolgt eine Sekretion direkt aus dem Blut unter Umgehung der Glomeruli in den Primärharn. Neben Protonen und Ammoniak werden hauptsächlich körpereigene und körperfremde organische Säuren (etwa Harnsäure, *p*-Aminohippursäure, Penicillin, Diuretika, Fremdstoffmetabolite) und Basen (etwa Chinin und Cocain) auf diese Weise in den Harnraum durch aktiven Transport überführt. Bis in die Henlesche Schleife gelangen 40 % des im Glomerulus gebildeten Primärharns; dort werden weitere 20 % des Wassers zusammen mit Natriumchlorid, Kalium-, Calcium- und Magnesiumionen rückresorbiert. Im distalen Tubulus und in den Sammelrohren erfolgt schließlich – in Abhängigkeit vom aktuellen Flüssigkeitshaushalt des Organismus – die Feinregulation des Urinvolumens (1–2 l/Tag) sowie der Menge der auszuscheidenden Ionen.

Lipidlösliche Stoffe aus dem Plasma können in der Niere aus dem Harn durch passive Diffusion in das Blut zurückdiffundieren; ihre Ausscheidungsgeschwindigkeit hängt nur vom Harnfluss ab. Die Rückdiffusion von Säuren und Basen ist abhängig vom Urin-pH-Wert und kann durch Manipulation dieses Wertes verändert werden. Durch Ansäuern des Harns werden zum Beispiel schwach basische Stoffe wie Amphetamine beschleunigt ausgeschieden. Die Ansäuerung des Harns wird daher bei der Therapie der Amphetaminvergiftung zur Beschleunigung der Ausscheidung angewendet.

Zahlreiche Stoffe werden in der Niere gleichzeitig durch die Epithelzellen des proximalen Tubulus in den Harn ausgeschieden, glomerulär filtriert und rückresorbiert. Viele Metabolite unterliegen zusätzlich noch aktiven Transportmechanismen bei der Rückresorption. Daher ist es sehr schwierig, die Bedeutung der einzelnen Schritte abzuschätzen; die beobachtbare renale Ausscheidung eines Stoffes beschreibt das Nettoergebnis aller Vorgänge.

Die Leber spielt auch bei der Ausscheidung von Fremdstoffen eine bedeutende Rolle 4.8.2

Die Leber übernimmt zentrale Aufgaben im Intermediärstoffwechsel des Organismus und trägt damit entscheidend zur Entgiftung von körpereigenen und körperfremden Stoffen bei. Darüber hinaus ist sie auch ein wichtiges Ausscheidungsorgan; sie produziert Lebergalle, mit der Fremdstoffe oder ihre Metabolite in den Darm gelangen können und dann mit dem Kot ausgeschieden werden. Die wichtigste physiologische Rolle der Lebergalle ist die Bereitstellung von Gallensäuren für die Fettresorption und die Ausscheidung von Abbauprodukten von Hämproteinen.

Die Blutversorgung der Leber (1,2–1,5 l/min) erfolgt zu 75 % durch die Pfortader und zu 25 % durch die Leberarterie. Das Pfortaderblut ist venöses Blut vom Magen und Darm und ist mit resorbierten Fremdstoffen angereichert. Das Blut gelangt in die Leberkapillaren. Die Leberzelle (*Hepatocyt*) hat eine sehr große Resorptionsfläche zum Blutraum und nimmt daher Stoffe aus dem Kapillarblut gut auf (Abbildung 4.27). Zwischen den einzelnen Hepatocyten liegen die Gallenkapillaren, die in den Gallengang münden. Stoffe, die aus dem Blut in die Leberzelle aufgenommen wurden, oder in der Zelle gebildete Metabolite können über zwei Wege ausgeschieden werden. Über die sinusoidale Membran (zum Blutkreislauf gerichtete Seite) der Leberzelle ins Blut abgegebene Stoffe gelangen in den systemischen Kreislauf zur gut durchbluteten Niere und werden mit dem Harn ausgeschieden. Andere Fremdstoffe passieren die Membranen der Gallenkapillaren und treten so mit der Galle in den Darm ein. Wichtigste Kriterien für die Gallengängigkeit eines Fremdstoffes sind sein Molekulargewicht, das einen bestimmten Schwellenwert übersteigen muss, sowie die Anwesenheit bestimmter polarer Gruppen im Molekül. Die Ausscheidung dieser Stoffe ist energieabhängig und wird durch aktive Transportmechanismen bewirkt, die sich an der biliären Membran der Hepatocyten befinden. Durch den aktiven Transport reichern sich in der Galle Glutathion-*S*-Konjugate, Glucuronide sowie bestimmte Metalle an. Die Molekulargewichtsschwelle, die ein Stoff überschreiten muss, um biliär ausgeschieden zu werden, ist stark speziesabhängig. Sie beträgt zum Beispiel bei der Ratte ungefähr 400 und beim Menschen etwa 600 Dalton.

Stoffe, die aus der Leber in den Darm gelangen, können dort bei ausreichender Lipophilie in das Blut rückresorbiert werden. Es können aber auch Darmbakterien die Fremdstoffkonjugate wieder spalten; dabei entstehen die meist noch recht lipophilen Phase-I-Metabolite. Diese können ebenfalls wieder aus dem Darm ins Blut übertreten.

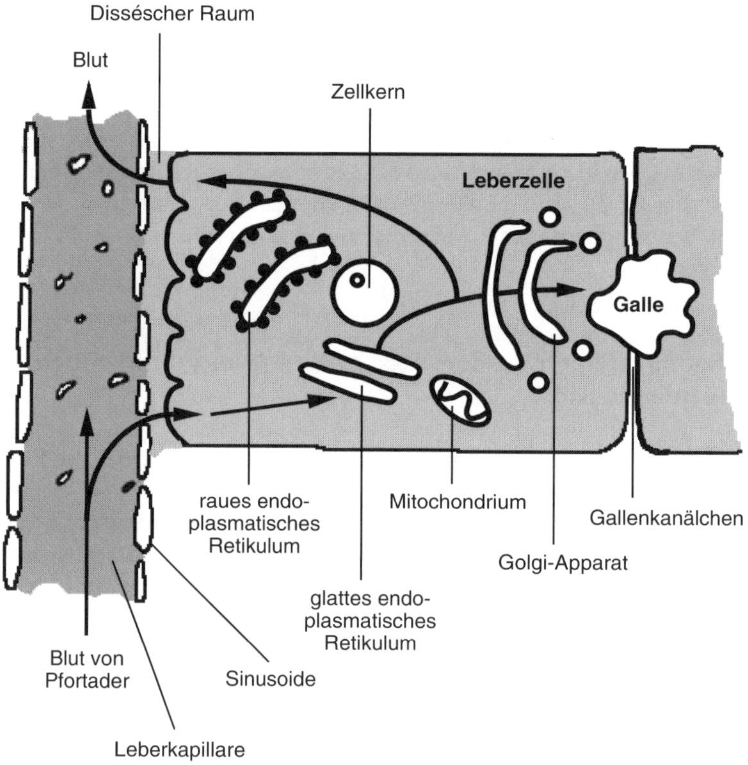

4.27 Physiologie der Leberzelle und Aufnahme und Abgabe von Fremdstoffen aus der Leberzelle. Die Leberkapillaren transportieren das Blut von der Pfortader zur Leberzelle. Die Wand dieser Kapillaren ist durch den Disséschen Raum von der Oberfläche der Leberzellen getrennt. Durch Microvilli hat die Leberzelle eine sehr große Oberfläche und kann daher Stoffe aus dem Blut gut aufnehmen. In der Leberzelle veränderte Fremdstoffe können zurück ins Blut (Molekulargewicht < 500 Da) oder in die Galle (Molekulargewicht > 500 Da) abgegeben werden.

Glucuronide, die in den Darm gelangen, werden durch β-Glucuronidasen gespalten. Rückresorption des Fremdstoffes aus dem Darm bringt diesen erneut in die Leber; dort wird er abermals konjugiert und mit der Galle ausgeschieden. Im Darm kann er nochmals gespalten und rückresorbiert werden. Diesen Kreisprozess bezeichnet man als *enterohepatische Zirkulation*. Er führt zu einer verlängerten Halbwertszeit von vielen Fremdstoffen, die über die Glucuronidierung metabolisiert werden.

Weiterführende Literatur

Anders MW (1988) Bioactivation mechanisms and hepatocellular damage. In: Arias IM, Jakoby WB, Popper H, Schachter D, Shafritz DA (Hrsg.) The Liver: Biology and Pathology, 2. Aufl, Raven Press, Ltd., New York. 389–400

Anders MW, Dekant W (Hrsg.) (1994) Conjugation-dependent Carcinogenicity and Toxicity of Foreign Compounds. Academic Press, San Diego

Cashman JR, Zhang J (2002) Interindividual differences of human flavin-containing monooxygenase 3: genetic polymorphisms and functional variation. *Drug Metab Dispos* 30: 1043–52

Conney AH (2003) Induction of drug-metabolizing enzymes: a path to the discovery of multiple cytochromes P450. *Annu Rev Pharmacol Toxicol* 43: 1–30

Gibaldi M, Perrier D (Hrsg.) (1982) Pharmacokinetics. 2. Aufl, Marcel Dekker, Inc., New York/Basel

Gibson GG, Skett P (2001) Introduction to drug metabolism. 3. Aufl, Nelson Thomas Publ., Cheltenham

Guengerich FP (2003) Cytochrome P450 oxidations in the generation of reactive electrophiles: epoxidation and related reactions. *Arch Biochem Biophys* 409: 59–71

Hengstler JG, Van der Burg B, Steinberg P, Oesch F (1999) Interspecies differences in cancer susceptibility and toxicity. *Drug Metab Rev* 31: 917–70

Hinson JA, Roberts DW (1992) Role of covalent and noncovalent interactions in cell toxicity: effects on proteins. *Annu Rev of Pharmacol Toxicol* 32: 471–510

Johnson TN (2003) The development of drug metabolising enzymes and their influence on the susceptibility to adverse drug reactions in children. *Toxicology* 192: 37–48

Lewis DF (2003) P450 structures and oxidative metabolism of xenobiotics. *Pharmacogenomics* 4: 387–95

Miners JO, Smith PA, Sorich MJ, McKinnon RA, Mackenzie PI (2004) Predicting human drug glucuronidation parameters: application of in vitro and in silico modeling approaches. *Annu Rev Pharmacol Toxicol* 44: 1–25

Pirmohamed M, Park BK (2003) Cytochrome P450 enzyme polymorphisms and adverse drug reactions. *Toxicology* 192: 23–32

Richter C (1992) Reactive oxygen and DNA damage in mitochondria. *Mutat Res* 275: 249–55

Rinaldi R, Eliasson E, Swedmark S, Morgenstern R (2002) Reactive intermediates and the dynamics of glutathione transferases. *Drug Metab Dispos* 30: 1053–8

Strange RC, Jones PW, Fryer AA (2000) Glutathione S-transferase: genetics and role in toxicology. *Toxicol Lett* 112–113: 357–63

Ziegler DM (2002) An overview of the mechanism, substrate specificities, and structure of FMOs. *Drug Metab Rev* 34: 503–11

5 Erfassung toxischer Wirkungen

Probennahme • Analytische Methoden • Toxikologische Untersuchungsverfahren in Tieren • Ames-Test • Zellkultur • Prüfung auf fruchtschädigende Wirkungen

5.1 Analytische Bestimmung toxischer Verbindungen

Eine Beschreibung der modernen Toxikologie ist nicht möglich ohne detaillierte Kenntnis der Methoden, die zur Bestimmung toxischer Stoffe angewendet werden. Die Toxikologie ist eine quantitative Wissenschaft, der es in erster Linie um die Erstellung von Dosis-Wirkungs-Beziehungen geht. Daher müssen aufgenommene Dosen toxischer Stoffe exakt quantifiziert werden. Es bedarf dazu einer empfindlichen und selektiven analytischen Methodik. Durch die wachsende Empfindlichkeit analytischer Verfahren wurden auch viele Probleme, besonders in der Umwelt- und Ökotoxikologie (beispielsweise die globale Verteilung von chlorierten Insektiziden oder chlorierten Dioxinen), erstmals aufgezeigt.

Qualitative und quantitative analytische Verfahren setzt man zum Beispiel zum Nachweis giftiger Stoffe in der klinischen Medizin und in der Gerichtsmedizin ein (Kapitel 6); quantitative Verfahren dienen auch zur Bestimmung der Konzentration und damit zur Abschätzung der Aufnahme toxischer Stoffe über Lebensmittel und aus der Umwelt. Analytischen Mikroverfahren kommt in der experimentellen Toxikologie eine wichtige Rolle zu, besonders bei der Strukturaufklärung von im Organismus gebildeten Umwandlungsprodukten, bei der Identifizierung neuer toxischer Stoffe und beim „Biomonitoring“ (Kapitel 11).

Ein Problem bei der Analytik von biologischen Proben und von Umweltproben sind die niedrigen Konzentrationen an Schadstoffen. Diese liegen meist in komplizierten Gemischen vor, in denen andere Stoffe oft deutlich höhere Konzentrationen aufweisen. Zur Identifizierung und quantitativen Bestimmung solcher Schadstoffe muss eine spezifische Analytik für eine bestimmte Substanz oder Substanzgruppe erarbeitet werden. Solche Verfahren lassen sich dann spezifisch zur Quantifizierung bekannter Verbindungen einsetzen.

Die Probennahme darf die Proben nicht verfälschen 5.1.1

In der experimentellen und der forensischen Toxikologie sowie beim Biomonitoring werden meist Blut-, Harn- und Kotproben entnommen. Auch Haare und Nägel können Aufschluss über eine Exposition gegenüber toxischen Stoffen (hauptsächlich Schwermetallen) geben. Bei der Lagerung von Proben zum Zweck der toxikologischen Analytik ist darauf zu achten, dass die Zersetzung der zu analysierenden Substanz – beispielsweise durch Bakterien – oder Verluste durch Verdampfung weitestgehend vermieden werden. Dazu sollten alle Proben, die biologisches Material enthalten, eingefroren werden. Vor dem Einfrieren sind störende Bestandteile wie beispielsweise Hämoglobin in Blutproben oder Bakterien im Harn zu entfernen; ein wiederholtes Auftauen der Proben ist zu vermeiden.

Für die Probennahme aus der Umwelt sind für viele Stoffe Messverfahren in VDI-Richtlinien beschrieben (VDI = Verein Deutscher Ingenieure).

5.1.2 ■ Toxikologische Analytik erfordert empfindliche und substanzspezifische Verfahren

Substanzspezifische Nachweismethoden haben oft den Vorteil, dass sie sich schnell und ohne den Aufwand einer Anreicherung von Stoffen durchführen lassen. Dies ermöglicht die kostengünstige und zeitsparende Analyse einer großen Probenzahl. „Klassische" Farbreaktionen werden in der analytischen und der klinischen Toxikologie häufig als „Orientierungshilfen" zur Erkennung von vergiftungsauslösenden Stoffen eingesetzt (Kapitel 6). Die entsprechenden Reaktionen sind in Lehrbüchern der analytischen Chemie beschrieben. Für quantitative Bestimmungen von Stoffen in der Umwelt, am Arbeitsplatz oder in biologischen Proben reichen Empfindlichkeit und Selektivität dieser Methoden nicht aus, sodass modernere Verfahren zum Einsatz kommen.

So bestimmt man die Konzentration von Metallen in der analytischen Toxikologie mit *atomspektrometrischen Methoden*, oft auch mit *massenspektrometrischen Methoden*. (Für die Grundlagen dieser Methoden sei auf Lehrbücher der physikalischen Chemie verwiesen.) Die Atomabsorptionspektrometrie zeichnet sich durch eine hohe Spezifität für toxische Schwermetalle aus und kann zur schnellen Bestimmung von Blei, Cadmium, Quecksilber und Arsen auch in Blut- oder Urinproben von belasteten Personen verwendet werden.

Für Gase und flüchtige Stoffe wird die *Gaschromatographie* (GC), meist gekoppelt mit einem Massenspektrometer, als selektive und empfindliche Methode eingesetzt. Hochauflösende Trennsäulen ermöglichen es, selbst in komplizierten Gemischen von flüchtigen Verbindungen innerhalb von zehn bis 20 Minuten Einzelkomponenten zu identifizieren und zu quantifizieren (Exkurs 5.1). Eine Übersicht über die Nachweisgrenzen verschiedener analytischer Verfahren findet sich in Tabelle 5.1.

Wässrige Proben nicht flüchtiger oder höhermolekularer Stoffe können durch Hochdruckflüssigkeitschromatographie (HPLC, *high pressure liquid chromatography*) analysiert werden. Die Nutzung so genannter *reversed phase*-Säulen erlaubt es, wässrige Proben ohne Aufarbeitung und schnell zu trennen; allerdings liegen die Trennleistungen unter denen der Gaschromatographie. *Reversed phase*-Säulen sind mit Kohlenstoffketten (Kettenlänge C_2 - C_{18}) modifizierte Silicagele. Die Trennung erfolgt nach der Polarität des Stoffes; sehr polare Verbindungen werden zuerst eluiert. Als Detektoren dienen elektrochemische, UV- und so genannte Diodenarray-Detektoren. Letztere haben den Vorteil, dass in den chromatographischen Trennungen direkt vom Eluat UV-Spektren zur Substanzcharakterisierung beziehungsweise Strukturbestätigung aufgenommen

Tabelle 5.1: Nachweisgrenzen analytischer Verfahren

Verfahren	Nachweisgrenze (absolute Stoffmengen)*
Atomabsorption	unterer Nanomol-Bereich
HPLC (Hochdruckflüssigkeits-chromatographie) mit UV-Detektor	unterer Nanomol-Bereich (abhängig von UV-Absorption des Stoffes)
HPLC mit Fluoreszenzdetektor	unterer Picomol-Bereich, mit speziellen Techniken bis in den unteren Femtomol-Bereich
HPLC-MS/MS	Picomol-Bereich
GC/MS mit ***s**elected-**i**on-**m**onitoring* (SIM)	unterer Picomol-Bereich
GC/MS mit chemischer Ionisation und *negative chemical ionisation*	unterer Femtomol-Bereich, bei Anwendung spezifischer Techniken bis in den Attomol-Bereich

*Die absoluten Nachweisgrenzen sind stark stoffabhängig und werden entscheidend von Bestandteilen der Matrix bestimmt; die angegebenen Werte sind Richtwerte.

Exkurs 5.1: Einsatz von massenspektrometrischen Verfahren

Wegen ihrer hohen Nachweisempfindlichkeit werden Massenspektrometer als Detektoren für Gaschromatographie und Flüssigkeitschromatographie häufig eingesetzt. Dadurch ist sowohl eine Strukturaufklärung von Stoffen in Gemischen als auch ein sehr empfindlicher Nachweis möglich.

SIM (*selected ion monitoring*): Bei diesem Verfahren werden nur einzelne Fragmente, die für den Stoff charakteristisch sind, während der chromatographischen Trennung verfolgt; dadurch ergeben sich gegenüber der Aufnahme eines kompletten Stoffspektrums Empfindlichkeitsgewinne um den Faktor 100 bis 1 000. Das gebräuchlichste Ionisationsverfahren in der Gaschromatographie-Massenspektrometrie ist die Elektronenstoßionisation, die besonders zur Strukturaufklärung oder Strukturbestätigung von toxischen Verbindungen eingesetzt wird. Sie liefert Massenspektren, die in computerunterstützten Bibliotheken schnell abfragbar sind und damit eine exakte Strukturzuordnung erlauben.

NCI (*negative chemical ionisation*): Für eine äußerst empfindliche Analytik im Bereich des Biomonitorings kann die chemische Ionisation mit der Detektion negativer Ionen eingesetzt werden. Dieses Verfahren zeichnet sich durch eine Nachweisempfindlichkeit bis in den Femtomol-Bereich aus.

werden können. Ein sehr empfindliches Verfahren mit vielen Anwendungsmöglichkeiten in der Toxikologie ist die Kopplung von HPLC mit der so genannten *Sekundär-Ionenmassenspektrometrie*. Hier dient neben der chromatographischen Trennung ein vorgeschalteter Massenspektrometer zur weiteren Selektion und damit zur Erhöhung von Nachweisempfindlichkeit und Selektivität. Diese so genannte MS-MS-Kopplung funktioniert durch Einfangen bestimmter Ionen in einem elektromagnetischem Feld und ihre selektive Ionisation mit nachfolgender massenspektrometrischer Analyse der beim weiteren Zerfall entstandenen Ionen. Da das elektromagnetische Feld auf bestimmte, substanzspezifische Fragmente eingestellt werden kann, lassen sich auch aus komplizierten Gemischen einzelne Moleküle mit sehr hoher Empfindlichkeit und Selektivität nachweisen.

Exkurs 5.2: *Good Laboratory Practice* (GLP)

Zur Feststellung toxischer Wirkungen von Stoffen leisten toxikologische Prüfungen den wichtigsten Beitrag. Da die Ergebnisse dieser Prüfungen wichtige Folgen für Regelungen des Gesetzgebers haben, wird die Qualität solcher Prüfungen streng kontrolliert. Alle Prüfungen müssen nach den Richtlinien der *good laboratory practice* (gute Laborpraxis) durchgeführt werden. Diese Richtlinien regeln den Ablauf und die Bedingungen der Planung, Überwachung und Durchführung von Laborprüfungen und schließen auch die Aufzeichnung und Berichterstattung der Prüfdaten ein. Im einzelnen existieren genaue Regeln für folgende Bereiche:

1. Die Ausbildung und kontinuierliche Weiterbildung aller an der Prüfung beteiligten Personen einschließlich des verantwortlichen Versuchsleiters. Alle Mitarbeiter müssen regelmäßig Weiterbildungsveranstaltungen mit Erfolg besucht haben. Für jede Studie muss ein verantwortlicher Versuchsleiter bestimmt werden. Dieser ist zuständig für die Interpretation, Analyse und Dokumentation der Versuchsergebnisse. Er muss auch auf die Einhaltung aller GLP-Regeln achten.
2. Die Erstellung eines Studienprotokolls. Dieses Protokoll muss vor Beginn der Studie erstellt werden und detaillierte Angaben über den wissenschaftlichen Kenntnisstand zu Beginn der Untersuchung, den zeitlichen Ablauf der Studie, biologische Untersuchungssysteme und Testchemikalien enthalten.
3. Die Ausstattung und Einrichtung der Versuchsräume einschließlich Zugangsberechtigung. Untersuchungen nach GLP-Richtlinien müssen grundsätzlich in dafür vorbereiteten Laboratorien durchgeführt werden. Zugang zu diesen Labors haben nur an der Studie beteiligte Mitarbeiter.
4. Der Umgang mit Prüfsubstanzen und Versuchstieren und die Durchführung aller Arbeitschritte. Die Lieferung aller für die Prüfung verwendeten Stoffe und die Identität der Stoffe müssen dokumentiert werden. Alle Arbeitsschritte müssen nach *standard operating procedures* (SOP), detaillierten Arbeitsvorschriften, durchgeführt und genau protokolliert werden. Für die Protokollierung sollten Systeme verwendet werden, die sich nicht nachträglich manipulieren lassen.
5. Die Aufzeichnung aller erarbeiteten Daten und Aufbewahrung aller Probenmaterialien. Alle Daten werden in einem Bericht zusammengefasst; Originalunterlagen und Proben müssen für einen bestimmten Zeitraum in einem nicht zugänglichen Raum aufbewahrt werden.
6. Eine unangemeldete Inspektion des Labors zur Überwachung der Einhaltung der Regeln der GLP ist jederzeit möglich.

5.2 Toxikologische Untersuchungsverfahren

Die Anforderungen an Toxizitätsuntersuchungen für neue chemische Stoffe sind in den letzten Jahrzehnten stark gestiegen. In allen Industrieländern wurden dazu Richtlinien erlassen, und die Europäische Union (u. a. Richtlinien der *European Medicines Agency*) und Behörden in den Vereinigten Staaten (*Food and Drug Administration*, FDA; *Environmental Protection Agency*, EPA) sind heute bestrebt, international oder zumindest multinational geltende Richtlinien zu erstellen (die auch die GCP-Regeln umfassen, Exkurs 5.2).

Um ein umfassendes Bild von der Giftigkeit einer chemischen Substanz zu gewinnen, werden üblicherweise folgende Prüfungen benötigt:

- Toxizitätsuntersuchungen bei einmaliger Gabe: akute Toxizität
- Toxizitätsuntersuchungen bei mehrmaliger Gabe: chronische Toxizität
- spezielle Untersuchungen: Reproduktions- und Teratogenitätsprüfungen, Untersuchungen zu Gentoxizität und Mutagenität.

Dies bedeutet jedoch nicht, dass eine neue chemische Substanz automatisch alle Prüfungen durchlaufen muss. Das Prüfverfahren versteht sich vielmehr als Stufenverfahren, das auf jeder Ebene eine Bewertung und entsprechende Weiterplanung ermöglicht (Abbildung 5.1).

Die einzelnen notwendigen toxikologischen Untersuchungen zu Anmeldung und Zulassung von Stoffen zu bestimmten Zwecken sind in den Kapiteln 10 und 12 ausführlich dargestellt.

Prüfungen auf akute Toxizität dienen einer ersten Abschätzung der toxischen Wirkungen 5.2.1

Bei dieser Prüfung mit einmaliger Gabe an Versuchstiere geht es vor allem darum,

- die Giftigkeit einer Substanz quantitativ zu bestimmen und sie im Vergleich zu anderen Substanzen einzuordnen,
- die Art der toxischen Effekte zu ermitteln,
- die Dosis für weitere Prüfungen abzuschätzen.

Bis in die Siebzigerjahre des vorigen Jahrhunderts galt die Bestimmung der LD_{50}-Werte am Tier – also der mittleren Dosis, nach deren Verabreichung 50 % der behandelten Tiere sterben – oder der LC_{50}-Werte – der mittleren Konzentration eines Stoffes in der Atemluft, bei der über einen bestimmten Zeitraum 50 % der behandelten Tiere sterben – als Hauptanhaltspunkt sowohl für das toxische Potenzial des Stoffes im Menschen als auch für die Dosisfindung für die weiteren Toxizitätsprüfungen (Definitionen und Bestimmungsmethoden siehe Kapitel 1).

Die Notwendigkeit des LD_{50}-Testes wurde zu Recht immer mehr in Frage gestellt, da sich keine befriedigende Reproduzierbarkeit erreichen lässt. Aber selbst wenn der LD_{50}-Wert richtig ermittelt wird, ist seine Aussagekraft für die Beschreibung einer akuten Vergiftung im Menschen und für die Abschätzung von potenziellen Risiken gering. Bei LD_{50}-Bestimmungen werden lediglich akute Wirkungen erfasst, aber wegen der meist viel niedrigeren Belastungen des Menschen mit toxischen Stoffen sind akute Vergiftungen zur Charakterisierung der potenziellen Schadwirkungen eines Stoffes wenig aussagekräftig. Dazu kommt die Nutzung von 50–100 Versuchstieren pro LD_{50}-Bestimmung zur Ermittlung eines Zahlenwertes, der letztlich wenig zur Risikoabschätzung beiträgt. Diese schwerwiegenden Nachteile haben zur Erarbeitung von Alternativkonzepten geführt, die mit wesentlich kleineren Tierzahlen relevanteres Datenmaterial liefern.

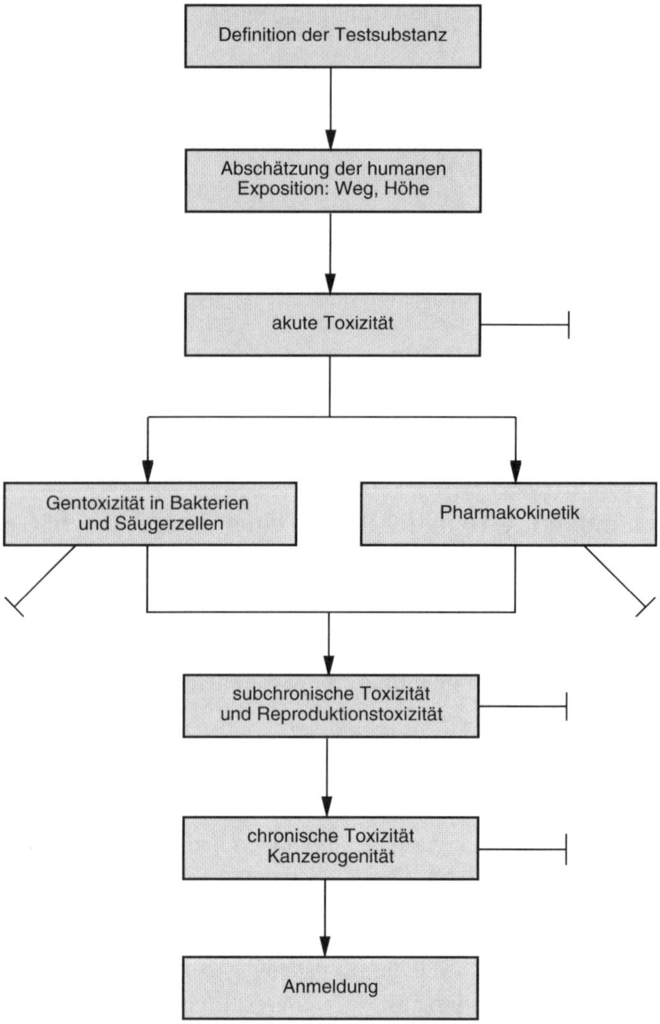

5.1 Übliche Reihenfolge der Toxizitätsuntersuchungen (Stufenplan) einer neuen chemischen Substanz im Ganztier und mit *in vitro*-Testsystemen. Die Feststellung eines nicht akzeptablen Risikos für den Menschen führt zum Verzicht auf weitere Prüfungen und zur Unterbrechung der Entwicklung (—|); anderenfalls werden die Toxizitätsuntersuchungen fortgeführt.

Aus Sicht der Toxikologie ist die genaue Bestimmung der tödlichen Dosis nicht erforderlich. Stattdessen kann man mit weniger Tieren (25–50 % der im LD_{50}-Test eingesetzten Zahl) eine ungefähre mittlere letale Dosis sowie diejenige Dosis ermitteln, bei der erste Todesfälle auftreten (minimale letale Dosis). An diesen sowie an weiteren, mit niedrigeren Dosen behandelten Tieren (zwei bis drei je Geschlecht pro Behandlungsgruppe) werden eine Reihe von standardisierten Parametern erfasst mit dem Ziel, ein umfassendes Bild der akuten Vergiftung zu gewinnen. Zusätzlich werden bei Todeseintritt alle makroskopisch veränderten Organe histologisch untersucht. Auch eine frühzeitige schmerzlose Tötung der Tiere bei zu starkem Leidensdruck ist berechtigt, da die *Morbidität* (Erkrankungsrate, Verhältnis zwischen kranken und gesunden Tieren in einem bestimmten Zeitraum) für die Risikoextrapolation wichtiger ist als die *Mortalität* (Verhältnis der Sterbefälle zur Gesamtpopulation). Im Allgemeinen erfolgt die Beobachtung der Tiere über 14 Tage.

Prüfungsrichtlinien regeln die Prüfung bei einmaliger und wiederholter Applikation 5.2.2

Die genauen Vorschriften zur Feststellung toxischer Wirkungen bei wiederholter Applikation chemischer Stoffe sind in umfangreichen Prüfungsrichtlinien enthalten (Tabelle 5.2). Es ist weder möglich noch sinnvoll, sie hier in detallierter Form darzustellen. Die nachfolgende Übersicht soll eher eine allgemeine Vorstellung über die Art und den Umfang dieser Versuche ermöglichen.

Versuchsdauer: Die Dauer der Versuche zur Erfassung der chronischen Toxizität hängt von der Tierart ab. An Nagern dauern Versuche zur subchronischen Toxizität 28 Tage bis drei Monate und zur chronischen Toxizität bis 24 Monate.

Dosierung: Die Dosiswahl für die Prüfungen zur subchronischen und chronischen Toxizität richtet sich nach der Wirkungsstärke nach akuter und subakuter Verabreichung. In der Regel werden vier Dosisstufen untersucht:

- hohe (nach Möglichkeit nicht tödliche) Dosis, bei der starke toxische Effekte erwartet werden,
- mittlere Dosis zur Aufdeckung organspezifischer toxischer Wirkungen,
- niedrige Dosis, bei der keine oder kaum Toxizität erwartet wird,
- eine Kontrollgruppe, welche man nur mit dem Vehikel (Lösungsmittel, in dem die Substanz gelöst ist) behandelt.

Versuchstiere: Meist werden geschlechtsreife, junge Nager im Alter von sechs bis acht Wochen eingesetzt, seltener Hunde im Alter von sechs bis acht Monaten. Prüfungen auf subchronische Toxizität (drei Monate) führt man mit mindestens zehn Tieren pro Geschlecht und Dosis durch, bei Prüfungen auf chronische Toxizität (24 Monate) sind es mindestens 50 Tiere pro Geschlecht und Dosis. Vorversuche zur Dosisfindung (14 bis 28 Tage) werden mit erheblich kleineren Gruppen durchgeführt.

Untersuchungsparameter: Eine übersichtliche Darstellung der wesentlichen Untersuchungsparameter während der Dauer von Toxizitätsprüfungen sowie der toxikologischen Pathologie nach Abschluss des Versuchs findet sich in Tabelle 5.3.

Die Ergebnisse werden in einem detaillierten Abschlussbericht aufgeführt und bewertet.

Tabelle 5.2: Zusammenfassung der verfügbaren Richtlinien zur Testung auf toxische Wirkungen der OECD. Die meisten der angegebenen Richtlinien sind unter http://www.oecd.org/publications/ verfügbar.

No.	Titel	erste Fassung	letzte Aktualisierung
401	Acute Oral Toxicity	12.05.1981	ungültig seit 20.12.2002
402	Acute Dermal Toxicity	12.05.1981	24.02.1987
403	Acute Inhalation Toxicity	12.05.1981	–
404	Acute Dermal Irritation/Corrosion	12.05.1981	24.04.2002
405	Acute Eye Irritation/Corrosion	12.05.1981	24.04.2002
406	Skin Sensitisation	12.05.1981	17.07.1992
407	Repeated Dose 28-Day Oral Toxicity Study in Rodents	12.05.1981	27.07.1995
408	Repeated Dose 90-Day Oral Toxicity Study in Rodents	12.05.1981	21.09.1998
409	Repeated Dose 90-Day Oral Toxicity Study in Non-Rodents	12.05.1981	21.09.1998
410	Repeated Dose Dermal Toxicity: 28-Day	12.05.1981	–
411	Subchronic Dermal Toxicity: 90-Day	12.05.1981	–
412	Repeated Dose Inhalation Toxicity: 28/14-Day	12.05.1981	–
413	Subchronic Inhalation Toxicity: 90- Day	12.05.1981	–
414	Prenatal Developmental Toxicity Study	12.05.1981	22.01.2001
415	One-Generation Reproduction Toxicity	26.05.1983	–
416	Two-Generation Reproduction Toxicity Study	26.05.1983	22.01.2001
417	Toxicokinetics	04.04.1984	–
418	Delayed Neurotoxicity of Organophosphorus Substances Following Acute Exposure	04.041984	27.07.1995
419	Delayed Neurotoxicity of Organophosphorus Substances: 28-Day Repeated Dose Study	04.04.1984	27.071995
420	Acute Oral toxicity – Fixed Dose Procedure	17.071992	17.12.2001
421	Reproduction/Developmental Toxicity Screening Test	27.171995	–
422	Combined Repeated Dose Toxicity Study with the Reproduction/Developmental Toxicity Screening Test	22.03.1996	–

Tabelle 5.2: Fortsetzung

No.	Titel	erste Fassung	letzte Aktualisierung
423	Acute Oral Toxicity – Acute Toxic Class Method	22.03.1996	17.12.2001
424	Neurotoxicity Study in Rodents	21.07.1997	–
425	Acute Oral Toxicity: Up-and-Down Procedure	21.091998	17.12.2001
426	Developmental Neurotoxicity Study	Draft New Guideline, Okt. 1999	
427	Skin Absorption: *In vivo* method	Expected early 2003, Approved by WNT (May 2002)	
428	Skin Absorption: *In vitro* method	Expected early 2003, Approved by WNT (May 2002)	
429	Skin Sensitisation: Local Lymph Node Assay	24.04.2002	–
430	*In Vitro* Skin Corrosion: Transcutaneous Electrical Resistance Test (TER)	Expected early 2003, Approved by WNT (May 2002)	
431	*In Vitro* Skin Corrosion: Human Skin Model Test	Expected early 2003, Approved by WNT (May 2002)	
432	*In Vitro* 3T3 NRU Phototoxicity Test	Expected early 2003, Approved by WNT (May 2002)	
433	Acute Inhalation Toxicity: Fixed Dose Procedure	Draft New Guideline, October 1999	
451	Carcinogenicity Studies	12.05.1981	–
452	Chronic Toxicity Studies	12.05.1981	–
453	Combined Chronic Toxicity/Carcino-genicity Studies	12.05.1981	–

Tabelle 5.3: Wichtige Untersuchungsparameter bei Prüfungen auf Toxizität bei wiederholter Gabe

Nicht invasive klinische Beobachtungen während des Versuchs	invasive Methoden während des Versuchs	toxikologische Pathologie nach Abschluss des Versuchs
Aussehen und Verhalten: Fell Haut Schleimhäute Augen motorische Aktivität Körpergewicht (individuell), Futter und Wasserverbrauch (bei Gruppenhaltung im Käfig) Atmung Kreislauf Sinnesorgane und Nervensystem: Oberflächensensibilität Augenspiegelung Hörtest (bei Versuchsbeginn und -ende) Reflexprüfungen Urinanalyse	Blut: Elektrolyte (Natrium, Kalium, Chlorid), Calcium, Phosphate und alkalische Phosphatase (Kontrolle des Knochenstoffwechsels), Glucose, Stickstoffumsatz (Harnstoff, Gesamtprotein, Albumin), Lipidstoffwechsel (Triglyceride und Cholesterin), Creatinkinase und Aspartataminotransferase (Herz- und Skelettmuskelfunktion), Alaninaminotransferase, γ-Glutamyltranspeptidase und Gesamtbilirubin (Leberfunktion), Hämoglobin, Erythrocytenzahl, Differenzialblutbild Keimdrüsenfunktionsproben (Sperma, Oocyten) Liquoruntersuchung	Organgewichte und makroskopisch erfassbare Organveränderungen inklusive Tumoren und als Neoplasien verdächtigte Läsionen histologische Untersuchung wichtiger sowie aller makroskopisch veränderter Organe

5.2.3 Spezielle Untersuchungen prüfen die Hautverträglichkeit

Prüfungen auf Haut- und Schleimhautverträglichkeit

Die orale Gabe der Testsubstanz spielt aus versuchstechnischen Gründen eine bedeutende Rolle bei den Toxizitätsprüfungen am Tier: Die Applikation mit der Schlundsonde oder im Futter ist vergleichsweise leicht durchzuführen und die verabreichten Mengen lassen sich ziemlich genau quantifizieren. Bei der Entwicklung neuer Arzneimittel ist die orale Applikation in den meisten Fällen auch für eine künftige Anwendung beim Menschen wichtig. Im Umgang mit vielen Industrie- oder Haushaltschemikalien kommt jedoch der Exposition durch Haut- und Schleimhautkontakt eine viel größere Bedeutung zu.

Als Grundlage für die Prüfung der Hautverträglichkeit dient immer noch die 1959 von Draize beschriebene Methode. In der Regel erfolgt eine einmalige Applikation an Albinokaninchen. Die Tiere werden 24 Stunden vor der Applikation an der Flanke geschoren; die Testsubstanz wird dann in gelöster Form auf Läppchen aufgebracht und mit einem Klebestreifen fixiert. Die Expositionszeit beträgt im Normalfall vier Stunden, die Beobachtungszeit mindestens 72 Stunden. Die anschließende Bewertung erfolgt nach einem standardisierten Schema (Tabelle 5.4). Für die Prüfung der Schleimhautverträglichkeit wird am häufigsten der Test am Kanichenauge verwendet, eine ursprünglich ebenfalls von Draize beschriebene Methode. Die Exposition gegenüber der Testsubstanz, die in flüssiger oder feinst pulverisierter Form vorliegt, erfolgt in der Regel über 24 Stunden; der Effekt einer Auswaschung wird separat an Tieren geprüft, bei denen man die Testsubstanz nach 30 Sekunden ausspült. Bewertet werden über mindestens 72 Stunden die Reaktionen der Hornhaut (Trübungsgrad), der Iris (Fältelung, Schwellung, Durchblutung, Reaktion auf Licht) und der Bindehaut (Rötung, Schwellung). Stark saure oder basische Substanzen sowie solche, welche sich in vorausgegangenen Hautverträglichkeitsprüfungen als stark reizend oder ätzend erwiesen haben, scheiden von der Prüfung aus. Trotz der stark zunehmenden Kritik aus Tierschutzerwägungen konnte bis heute keine der Alternativmethoden den Draize-Test am Kaninchenauge endgültig ersetzen.

Tabelle 5.4: Bewertung von Hautreaktionen. Die Hautverträglichkeit wird getrennt nach Erythem und Ödem beurteilt

Erythem (Rötung)	Punkte	Ödem (Schwellung)
kein Erythem	0	kein Ödem
sehr leichtes Erythem	1	sehr leichtes Ödem
deutlich erkennbares Erythem	2	Ödem mit deutlich erhabenen Rändern
ausgeprägtes Erythem	3	Ödem, Ränder ungefähr ein Millimeter erhaben
starkes Erythem (dunkelrot)	4	schweres Ödem, Ränder mehr als einen Millimeter erhaben, übergreifend auf unbehandelte Hautareale

Sensibilisierungsprüfungen

Mit Sensibilisierung bezeichnet man die Induktion einer erhöhten Empfindlichkeit, einer allergischen Reaktion (Exkurs 9.3), gegenüber einer chemischen Substanz. Im Gegensatz zu toxischen Effekten sind Sensibilisierungsreaktionen wenig voraussagbar. Daher können Substanzen mit starkem Sensibilisierungspotenzial nicht nur bei zufälliger oder absichtlicher Exposition gegenüber hohen Konzentrationen Symptome beim Menschen auslösen. In einigen Fällen führt ein wiederholter Kontakt mit minimalen Konzentrationen zu schweren Vergiftungserscheinungen.

Das sensibilisierende Potenzial einer chemischen Substanz wird in der Regel an der Haut von Albinomeerschweinchen getestet. Die Empfindlichkeit der eingesetzten Tiere muss bei jedem Versuch mit einem bekannten Allergen (z. B. 2,4-Dinitrochlorbenzol) vorgetestet werden. Die Testsubstanzen trägt man auf die Haut (*epicutan*) auf, beziehungsweise injiziert sie in (*intracutan*) oder unter (*subcutan*) die Haut.

Unter den verschiedenen Sensibilisierungstests wird heute der sehr empfindliche „Maximierungstest" verwendet: Dabei appliziert man die Testsubstanz in der Induktionsphase sowohl intra- als auch epicutan. Zur Steigerung der Empfindlichkeit wird das Freund-Adjuvans (autoklavierte Mykobakterien in Paraffinöl und Emulgator) als Schrittmacher mitinjiziert. Sowohl bei der Induktion als auch bei der epicutanen Provokation werden maximal verträgliche Dosierungen gerade unter der Toxizitätsgrenze verabreicht. Trotz dieser „maximalen“ Behandlung haben die Sensibilisierungsprüfungen am Tier nur eine eingeschränkte Vorhersagekraft für die Wirkungen am Menschen. In vielen Fällen werden Kontaktallergene oder andere allergische Reaktionen durch chemische Stoffe erst am Menschen identifiziert.

Photosensibilisierungs- und Phototoxizitätsprüfungen

Mit Photosensibilisierung und Phototoxizität bezeichnet man durch Licht bestimmter Wellenlängen in Verbindung mit einer chemischen Substanz ausgelöste allergische beziehungsweise toxische Hautreaktionen. In den letzten 50 Jahren sind durch die Entwicklungen der pharmazeutischen, kosmetischen und Lebensmittelindustrie eine ganze Reihe von phototoxisch und photoallergisch aktiven chemischen Substanzen auf den Markt gekommen. Die Substanzen treten von außen über die Haut (örtlich angewandte Präparate oder ungewollte Kontamination mit Chemikalien) oder von innen (Arzneimittel, Nahrungsmittel) mit dem Körper in Kontakt. Sowohl bei der Photosensibilisierung als auch bei der Phototoxizität stellt die Absorption von Lichtstrahlung bestimmter Wellenlängen durch die chemische Substanz den ersten Schritt der Kaskade dar. Dadurch entsteht ein Metabolit mit toxischem beziehungsweise sensibilisierendem Potenzial. Phototoxische Reaktionen sind dosisabhängig und betreffen alle Individuen, die ausreichenden Mengen von Strahlung und Substanz ausgesetzt sind. Dagegen sind die photoallergischen Reaktionen (wie alle Allergien) nicht voraussagbar und wenig dosisabhängig.

Analog den Sensibilisierungsprüfungen wird die Untersuchung der photosensibilisierenden Eigenschaften einer Substanz an der Haut von Albinomeerschweinchen vorgenommen. Man trägt die Testsubstanz wiederholt auf die Haut auf und bestrahlt das behandelte Hautareal nach jeder Applikation mit einer UV-Dosis, welche eine schwache Rötung hervorruft. Nach einem behandlungsfreien Intervall von mehreren Tagen erfolgt die Induktion durch Applikation einer unterschwelligen Dosis der Prüfsubstanz zusammen mit UV-Licht. Das Auftreten einer Rötung wird nach 24, 48 und 72 Stunden untersucht und nach einer standardisierten Punktskala bewertet.

5.2.4 Krebserzeugende Wirkungen einer Substanz im Tier weisen auf ein mögliches Krebsrisiko für den Menschen bei Exposition hin

Das Hauptinstrument zur Ermittlung kanzerogener Eigenschaften von Chemikalien ist der Tierversuch. Aufgrund der langen Latenzzeiten der Krebsentstehung und der meist niedrigen Fallzahlen können epidemiologische Studien am Menschen nur einen geringen Beitrag dazu leisten (Kapitel 11). Kurzzeittests zum Nachweis von gentoxischen Eigenschaften liefern lediglich Hinweise auf ein krebserzeugendes Potenzial und eignen sich daher nur als Screening-Verfahren (Abschnitt 5.2.6). Aufgrund des Aufwands der Kanzerogenitätsprüfung am Tier (Tabelle 5.5) wird in der Praxis auf den Tierversuch und die Weiterentwicklung einer Substanz häufig verzichtet, wenn die *in vitro*- und *in vivo*-Kurzzeittests eindeutige erbgutschädigende Eigenschaften nachweisen.

Tabelle. 5.5: Wesentliche Richtlinien für Kanzerogenitätsprüfungen an Nagern

Untersuchungselement	Richtlinien
Spezies	Ratte, Maus
Kontrollgruppe	Gabe des Applikationsvehikels
Dosierung	mindestens drei Dosen – maximal tolerierte Dosis (MTD) – mittlere Dosis – nicht toxische Dosis
Art der Applikation	– meistens Verabreichung einer Lösung der Testsubstanz per Schlundsonde in den Magen – seltener Verabreichung mit dem Trinkwasser (z. B. bei Lebensmittelzusatzstoffen) oder Inhalationsversuche (sehr aufwendig)
Wahl der Versuchstiere	definierte Stämme, deren Spontantumorrate hinreichend bekannt ist: Ratten: Sprague Dawley, Fischer 344, Wistar Mäuse: CD-1, B6C3F1
Tierzahl pro Geschlecht	50 pro Gruppe für Kanzerogenität 10–20 für zusätzliche Studien
Alter bei Beginn	frisch entwöhnte Tiere, vier bis sechs Wochen alt
Versuchsdauer	24 Monate
toxikologische Pathologie	Inspektion und Bestimmung des Gewichts aller wichtigen Organe Färbung von repräsentativen Schnitten und histopathologische Auswertung der Schnitte durch zwei unabhängige Personen

Hauptprinzip der Langzeitkanzerogenitätsprüfungen ist die Erfassung auch schwach krebserzeugender Wirkungen unter Verwendung hoher Dosen.

Trotz ihres guten Vorhersagewertes weisen die Langzeitkanzerogenitätsstudien viele wesentliche Unterschiede zu der Situation beim Menschen (Tabelle 5.6) sowie andere wichtige Nachteile auf:

1. Sie sind mit einem immensen Aufwand verbunden: Ergebnisse liegen frühestens nach drei bis vier Jahren vor und ein Kanzerogenitätsversuch an nur einer Tierart kostet zurzeit über eine Million Euro.
2. Für toxikologische Untersuchungen wäre es sinnvoll, Tierarten zu wählen, die sich bezüglich Pharmakokinetik und Stoffwechsel der Testsubstanz ähnlich wie der Mensch verhalten. Wegen der Beschränkung auf die Labornager wird diese Forderung nicht erfüllt. Dieses Problem ist auch künftig tierexperimentell nicht lösbar, da höhere Tierarten aus praktischen und ethischen Gründen nicht in Frage kommen; Kanzerogenitätsprüfungen dauern zum Beispiel bei Hunden oder Primaten sieben bis zehn Jahre.

3. Für die Prüfung von Chemikalien werden drei Dosisgruppen verwendet, die der Quantifizierung der kanzerogenen Potenz und der Ermittlung der Dosis-Wirkungs-Beziehung dienen; letztere ist für die Risikoextrapolation unerlässlich (Kapitel 11). Aber das Konzept ist keineswegs optimal. Die hohe Dosis soll eine minimale toxische Wirkung hervorrufen, zum Beispiel eine um maximal 10 % verminderte Gewichtsentwicklung oder pathologische Veränderungen eines Zielorgans, ohne jedoch die normale Lebenserwartung der Tiere zu verkürzen. Diese Dosis wird in Vorversuchen von relativ kurzer Dauer aufgrund toxikologischer Beobachtungen ohne Berücksichtigung pharmakokinetischer Parameter festgelegt. Im Langzeitversuch kann es dann durch Überschreitung der physiologischen Stoffwechsel- und Ausscheidungskapazitäten zu sekundären toxischen Wirkungen kommen, welche die Krebsentstehung fördern. Dazu kommt, dass sich die gewählten Dosierungen bei Langzeitverabreichung in vielen Fällen als zu toxisch erweisen – mit dem Ergebnis, dass viele Tiere vorzeitig sterben und der Versuch nicht ausgewertet werden kann.
4. Schließlich gibt es den Einwand, dass infolge des Einsatzes von sehr empfindlichen Inzuchtstämmen, die zum Teil überaus hohe Spontantumorraten aufweisen, die Tumorausbeute unrealistisch hoch sein kann, was die Relevanz der Ergebnisse für den Menschen infrage stellt.

Tabelle 5.6: Unterschiede zwischen der Kanzerogenitätsprüfung im Tier und der menschlichen Exposition gegenüber Kanzerogenen

Kanzerogenitätsprüfung im Tier	Exposition des Menschen gegenüber Kanzerogenen
hohe Dosen	niedrige Dosen
regelmäßige, häufige Exposition	meistens unregelmäßige bis seltene Exposition
Einzelsubstanz, daher keine Interaktionen	mehrere Substanzen beziehungsweise Substanzgemische, Interaktionen möglich beziehungsweise wahrscheinlich
homogene Population	heterogene Population

Für die realistische Abschätzung des Risikos beim Menschen ist es daher von großer Bedeutung, zusätzlich zu den Ergebnissen des Tierversuchs pharmakokinetische Parameter in Mensch und Tier sowie mechanistische Untersuchungen zu berücksichtigen (Kapitel 11).

Kanzerogenitätstests in transgenen und Knock-out-Mäusen

In den letzten Jahren wurden verschiedene neue Modelle erprobt, mit dem Ziel, die Dauer der Kanzerogenitätsstudien zu verkürzen. Am weitesten entwickelt sind Kanzerogenitätsstudien in genetisch veränderten (transgenen) Tiermodellen. Im Nachfolgenden werden zwei dieser Modelle näher beschrieben, die gegenwärtig die höchste Akzeptanz finden.

- Das Tumorsuppressorgen p53 ist ein Transkriptionsfaktor, der eine sehr wichtige Rolle in der Regulation von vielen Genen spielt, die an Zelldifferenzierung und DNA-Reparatur, Erhaltung der Stabilität des Genoms, Zellzyklusarrest und Apoptose beteiligt sind. Dieses Tumorsuppressorgen ist in mehr als 50 % der menschlichen Tumoren mutiert. Ein Kurzzeitkanzerogenitätstest wurde in Mäusen entwickelt, welche eine Mutation in einem Allel dieses Tumorsuppressorgens p53 haben ($p53^{+/-}$) und deswegen schneller Tumoren entwickeln als Wild-Typ Tiere, wenn sie mit kanzerogenen Stoffen behandelt werden.
- Ein weiteres Modell stellt die TgrasH2-Maus dar, die fünf bis sechs Kopien des humanen Protoonkogens c-Ha-ras trägt. Dieses Onkogen ist durch Punktmutation in ungefähr 30 % der menschlichen Tumoren aktiviert. Dieses Modell zeigt auch vermehrte Krebsentstehung nach Behandlung mit kanzerogenen Stoffen; der Mechanismus ist jedoch unklar, nachdem Mutationen des Transgens nicht Voraussetzung für die Tumorentstehung sind.

Die Behandlungsdauer in diesen Tests beträgt 6 Monate (im Vergleich zu 18–24 Monaten in herkömmlichen Tests). Nach den verfügbaren Daten scheinen diese Modele eine gute Spezifität und Sensitivität für die Aufdeckung von humanen Kanzerogenen aufzuweisen. Mittlerweile werden Ergebnisse aus diesen Kurzzeitkanzerogenitätstests auch von den Behörden akzeptiert. Nach neuen Richtlinien kann zum Beispiel bei der Beantragung einer Zulassung für ein neues Arzneimittel eine der ursprünglich zwei angeforderten Langzeitkanzerogenitätsstudien durch einen Kurzzeittest ersetzt werden (Kapitel 10). Eine Reihe von anderen transgenen und Knock-out-Modellen zur Untersuchung der Kanzerogenität ist in Erprobung.

Eine fruchtschädigende Wirkung kann nur ein spezieller Test aufdecken 5.2.5

Lange Zeit herrschte die Meinung, der Embryo im Mutterleib sei von äußeren Einflüssen abgeschirmt und die Plazenta eine äußerst wirksame Barriere. Die ersten Berichte über den Einfluss väterlichen Alkoholgenusses auf die Nachkommen erschienen zu Beginn des letzten Jahrhunderts. Der wirkliche „Durchbruch“ auf diesem Gebiet fand aber erst mit der „Thalidomidkatastrophe“ in den frühen Sechzigerjahren des letzten Jahrhunderts statt. Das in traditionellen Toxizitätsprüfungen harmlose Beruhigungs- und Schlafmittel Thalidomid (Abbildung 5.2) führte, nachdem es auch Schwangeren in therapeutischen Dosen verordnet worden war, bei mehr als 10 000 Kindern weltweit zu

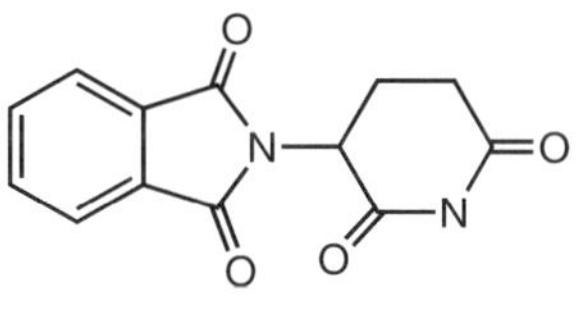

5.2 Chemische Struktur des Beruhigungs- und Schlafmittels Thalidomid. Im Gegensatz zu der ausgesprochen geringen Toxizität im erwachsenen Organismus verursacht Thalidomid bei Einnahme in bestimmten Schwangerschaftsphasen schwere Missbildungen im Embryo.

teilweise schweren Missbildungen. Wichtige Beispiele von fruchtschädigenden Stoffen sind in Tabelle 5.7 aufgeführt.

Tabelle 5.7: Beispiele fruchtschädigender Stoffe

Art der Substanz	Beispiele
Industriechemikalien	1,2-Dibromethan Vinylchlorid polychlorierte Biphenyle Cyclohexylamin
Metalle	Blei Quecksilber Zink
Hormone	natürliche und synthetische Östrogene und Androgene
Arzneimittel	
Tumorchemotherapeutika Blutdrucksenker Antidepressiva Schlaf-/Beruhigungsmittel	Nucleinsäureanaloga, Folsäureantagonisten Reserpin Hemmer der Monoaminoxidase Thalidomid
verschiedene	Alkaloide

Als erste Behörde veröffentlichte 1966 die amerikanische *Food and Drug Administration* Richtlinien zur Erfassung von schädlichen Einflüssen auf die Reproduktionsfähigkeit und auf die Entwicklung des neuen Organismus. Entsprechend den unterschiedlichen Phasen des Fortpflanzungsprozesses unterteilt man die Untersuchungen in drei Hauptsegmente:

- allgemeine Reproduktion und Fertilität
- Embryotoxizität und Teratogenität
- peri- und postnatale Toxizität.

Allgemeine Reproduktion und Fertilität

Der Begriff Reproduktion oder Fortpflanzung bezeichnet die Neubildung von Individuen durch ihresgleichen. Bei allen höher organisierten Lebewesen werden dazu männliche und weibliche Individuen benötigt, die über spezialisierte Fortpflanzungszellen (Keimzellen) verfügen. Der Gesamtprozess lässt sich – vom Beginn der Keimzellenreifung bis zur mütterlichen Sorge um die jungen, unreifen Nachkommen – in mehrere Phasen unterteilen (Tabelle 5.8), die durch komplizierte hormonelle Mechanismen gesteuert und von einer Vielzahl äußerer Faktoren beeinflusst werden können, etwa von der Ernährung (Vitamine, Spurenelemente), von physikalischen Faktoren und auch von der Exposition gegenüber Fremdstoffen.

Tabelle 5.8: Reproduktionsphasen: von der Keimzelle zum neugeborenen Organismus

Reproduktionsphase	Vorgang
Keimzellenreifung	Spermatogenese (Mann)/Oogenese (Frau)
erste Zellteilungen des befruchteten Keimes	Transport in die Gebärmutter (Uterus), Implantation (Einnistung) in das Uterusepithel
Embryonalphase	Differenzierung und Ausbildung der Organe (Organogenese), beim Menschen die ersten zwölf, bei der Ratte die ersten zwei Wochen der Schwangerschaft
fetale Reifungsphase	Entwicklung und Ausreifung der Organe, beim Menschen von der zwölften bis zur 30. Schwangerschaftswoche
peri- und postnatale Phase	letztes Drittel der Schwangerschaft, Geburt
Stillzeit (Laktaktionsphase) und allgemeine mütterliche Sorge um die unreifen Nachkommen	

Reproduktionstoxikologische Versuche werden im Allgemeinen an Nagern nach einem standardisierten Schema durchgeführt; sie unterscheiden sich hauptsächlich durch die Zahl der untersuchten Folgegenerationen. Am häufigsten setzt man den Zwei-Generationen-Versuch ein. Für den Versuch bildet man drei Behandlungsgruppen und eine Kontrollgruppe mit mindestens 20 weiblichen und 10 männlichen Tieren pro Gruppe. Die Tiere werden zunächst von Geburt an bis zur Geschlechtsreife (siebte Woche) mit der Testsubstanz behandelt. Anschließend wird unter Fortführung der Behandlung je ein Männchen mit zwei Weibchen gepaart. Nach der Geburt bestimmt man die Größe, Geschlechtsverhältnis und Vitalität des Wurfes und untersucht die Jungtiere auf äußerlich erkennbare Anomalien. Nach der Laktationsphase, in der regelmäßige Gewichtskontrollen erfolgen, werden die Jungtiere unter Fortsetzung der Substanzgabe bis zur Geschlechtsreife aufgezogen, erneut gepaart und die Jungtiere der zweiten Generation wie oben beschrieben beurteilt. Von den Elterntieren untersucht man die Geschlechtsorgane sowie gegebenenfalls weitere Organe. Dies ist auch bei den Jungtieren möglich, indem der erste Wurf getötet und erst der zweite bis zur Geschlechtsreife aufgezogen und gepaart wird. Mit den erhobenen Daten (Körpergewichte und Futterverzehr, Wurfzahl und Wurfvitalität, makroskopische und histopathologische Organveränderungen) errechnet man die in Tabelle 5.9 aufgeführten Parameter, anhand derer die minimale Dosis, ab der eine Beeinträchtigung der Vermehrungsfähigkeit eintritt, bestimmt wird.

Tabelle 5.9: Im Reproduktionsversuch erhobene Parameter für die Bewertung der Wirkung eines Stoffes auf die Vermehrungsfähigkeit

Parameter	Berechnung
Konzeptionsrate (%)	$\frac{\text{Zahl der Würfe}}{\text{Zahl der gepaarten Weibchen}} \times 100$
männlicher Fertilitätsindex (%)	$\frac{\text{Zahl der geschlechtsreifen Männchen}}{\text{Zahl der gepaarten Männchen}} \times 100$
Geburtsindex (%)	$\frac{\text{Zahl der Weibchen mit lebenden Jungen}}{\text{Zahl der trächtigen Weibchen}} \times 100$
Überlebensindex (%)	$\frac{\text{Zahl der lebenden Jungen am vierten Tag nach der Geburt}}{\text{Zahl der lebend geborenen Jungen}} \times 100$
Laktationsindex (%)	$\frac{\text{Zahl der lebenden Tiere am 28. Tag nach der Geburt}}{\text{Zahl der lebenden Jungen am vierten Tag nach der Geburt}} \times 100$

Embryo- und Fetotoxizität

Der gegenüber schädlichen äußeren Einflüssen empfindlichste Abschnitt des gesamten Reproduktionszyklus ist die embryonale Phase. In dieser Zeitspanne können toxische Substanzen und andere äußere Einflüsse wie zum Beispiel Infektionen Missbildungen (strukturelle Fehlentwicklungen) hervorrufen. Aus dem griechischen *terata* (für „Missbildungen") hat sich für die Induktion solcher Fehlentwicklungen, die mit dem Leben unvereinbar sind oder bedeutende nachteilige Folgen für das Individuum haben, der Begriff Teratogenität etabliert. Toxische Stoffe können auch während und nach Ablauf der Organogenese generalisierte oder auf bestimmte Organe beschränkte Wachstumsverzögerungen (*Retardierungen*) verursachen oder zur Abtötung des Keimes führen.

Neben Ratten kommen auch Mäuse und Kaninchen für Embryotoxizitätsprüfungen in Betracht. Gruppen von mindestens zehn Weibchen werden in bestimmten Phasen der Schwangerschaft mit der Testsubstanz behandelt, meistens vom Zeitpunkt der Keimimplantation bis zum Ende der Organogenese; das bedeutet bei Ratte und Maus vom sechsten bis zum 15., beim Kaninchen vom siebten bis zum 18. Trächtigkeitstag (Paarung = Tag 0). Die höchste Dosis sollte dabei keine oder nur minimale toxische Wirkungen auf das Muttertier ausüben. Einen Tag vor der erwarteten Geburt (Maus: 18. Tag der Schwangerschaft, Ratte: 20. Tag, Kaninchen: 28. bis 31. Tag) erfolgt die Schnittentbindung. Die Feten werden gewogen und auf Vitalität und äußere, sichtbare Missbildungen geprüft, danach untersucht man Bauch- und Brustorgane sowie das Skelett auf Missbildungen.

Peri- und postnatale Toxizität

Bei Erreichen der perinatalen Periode (Mensch: 30. Woche, Ratte: 15. Tag der Schwangerschaft) ist der Fetus so weit entwickelt, dass er auch außerhalb des Mutterleibes unter besonderen Maßnahmen lebensfähig ist. Der Entwicklungsstand des Fetus bei der Geburt ist bei den verschiedenen Tierarten sehr unterschiedlich. Im Vergleich zum Menschen bringen Ratten sehr unreife Nachkommen auf die Welt. Die Geburt erfolgt schon sechs Tage nach dem Ende der Organogenese. Die neugeborenen Ratten sind nackt, ihre Augen und Ohren sind geschlossen, die Bewegungen nicht koordiniert und die Temperaturregelung funktioniert nicht. Die Entwicklung zum entwöhnten Jungtier erfolgt unter intensiver mütterlicher Pflege innerhalb der ersten drei Lebenswochen, in denen das Gewicht der Jungtiere auf das Fünf- bis Neunfache des Geburtsgewichts ansteigt. Entsprechend diesen Entwicklungsabschnitten werden zur Erfassung der peri- und postnatalen Toxizität die Muttertiere vom 15. Trächtigkeitstag bis drei Wochen nach der Geburt (Ende der Laktationsphase) behandelt. Die Entwicklung der Jungtiere wird von der Geburt bis zur Geschlechtsreife (bei der Ratte etwa in der siebten Lebenswoche) erfasst.

Kurzzeittests zur Erfassung gentoxischer Wirkungen werden in Bakterien, in Säugerzellen *in vitro* und im Ganztier *in vivo* durchgeführt 5.2.6

Bei der extrem hohen Anzahl der jährlich neusynthetisierten chemischen Stoffe ist es unvorstellbar, dass alle diese Substanzen im zeit- und kostenaufwendigen Kanzerogenitätsversuch im Tier untersucht werden. Aus diesem Grund hat man zahlreiche einfachere Prüfverfahren zur schnelleren und vergleichsweise kostengünstigen Erkennung von gentoxischen Stoffen entwickelt (Tabelle S. 10). Im folgenden sind vier wichtige Verfahren mit mehrjähriger breiter Anwendung und entsprechender Validierung beschrieben.

Tabelle 5.10: OECD-Richtlinien für Testverfahren auf dem Gebiet der genetischen Toxikologie

No.	Titel	erste Fassung	zuletzt geändert
471	Bacterial Reverse Mutation Test	26.05.1983	21.07.1997
472	Genetic Toxicology: *Escherichia coli*, Reverse Assay	26.05.1983	ungültig seit: 21.07.1997 (aufgegangen in TG 471)
473	*In Vitro* Mammalian Chromosome Aberration Test	26.05.1983	21.07.1997
474	Mammalian Erythrocyte Micronucleus Test	26.05.1983	21.07.1997
475	Mammalian Bone Marrow Chromosome Aberration Test	04.04.1984	21.07.1997
476	*In Vitro* Mammalian Cell Gene Mutation Test	04.04.1984	21.07.1997

Tabelle 5.10: Fortsetzung

No.	Titel	erste Fassung	zuletzt geändert
477	Genetic Toxicology: Sex-Linked Recessive Lethal Test in *Drosophilia melanogaster*	04.04.1984	–
478	Genetic Toxicology: Rodent dominant Lethal Test	04.04.1984	–
479	Genetic Toxicology: *In Vitro* Sister Chromatid Exchange Assay in Mammalian Cells	23.10.1986	–
480	Genetic Toxicology: *Saccharomyces cerevisiae*, Gene Mutation Assay	23.10.1986	–
481	Genetic Toxicology: *Saccharomyces cerevisiae*, Mitotic Recombination Assay	23.10.1986	–
482	Genetic Toxicology: DNA Damage and Repair, Unscheduled DNA Synthesis in Mammalian Cells *In Vitro*	23.10.1986	–
483	Mammalian Spermatagonial Chromosome Aberration Test	23.10.1986	21.07.1997
484	Genetic Toxicology: Mouse Spot Test	23.10.1986	–

Gentoxizitätstests in Bakterien: Ames-Test

Im Laufe der Jahre haben sich bakterielle Testverfahren besonders bewährt. Einerseits zeichnen sich diese Testorganismen durch schnelle Vermehrung und leichte Handhabbarkeit in sehr großer Zahl aus, andererseits hat man die Möglichkeit, mittels Selektion wenige mutierte Bakterien unter sehr vielen normalen zu erkennen. Der Mutagenitätstest nach Ames (*Ames-Test*) in Stämmen von *Salmonella typhimurium* ist der mit Abstand am meisten benutzte Test.

Alle dafür genutzten Teststämme besitzen das gemeinsame Merkmal der Histidinauxotrophie; im Gegensatz zum Wildtyp sind sie nicht zur Synthese von Histidin fähig und können sich deshalb auf einem histidinfreien Medium nicht vermehren. Ursache für diese Unfähigkeit ist eine Mutation in einem der Gene, welche die Enzyme der Histidinbiosynthese codieren. Die Mutation kann durch eine weitere (spontane oder chemisch induzierte) Mutation rückgängig gemacht werden. Durch diesen als *Reversion* bezeichneten Vorgang entstehen **Revertanten**, die wieder Histidin synthetisieren können und sich auch in histidinfreiem Medium vermehren. Dies erlaubt eine Selektion der Revertanten, deren Häufigkeit sich quantitativ bestimmen lässt. Im Laufe der Jahre hat man mehrere Teststämme entwickelt, deren Histidinauxotrophie auf unterschiedlichen Mutationsarten beruht.

Die meisten gentoxischen Stoffe reagieren mit der DNA nicht direkt, sondern erst nach metabolischer Aktivierung. Der Hauptnachteil der bakteriellen Mutagenitätstests liegt im Fehlen vieler fremdstoffmetabolisierender Enzyme in Bakterien. Die *Salmonella typhimurium*-Stämme sind zum Beispiel nicht in der Lage, typische Biotransformationsreaktionen durchzuführen. Aus diesem Grund wird die Inkubation der Bakterien mit der Testsubstanz mit Homogenaten aus Säugerorganen und geeigneten Cofaktoren vorgenommen. In Abbildung 5.3 ist der häufig angewandte Standardplattentest

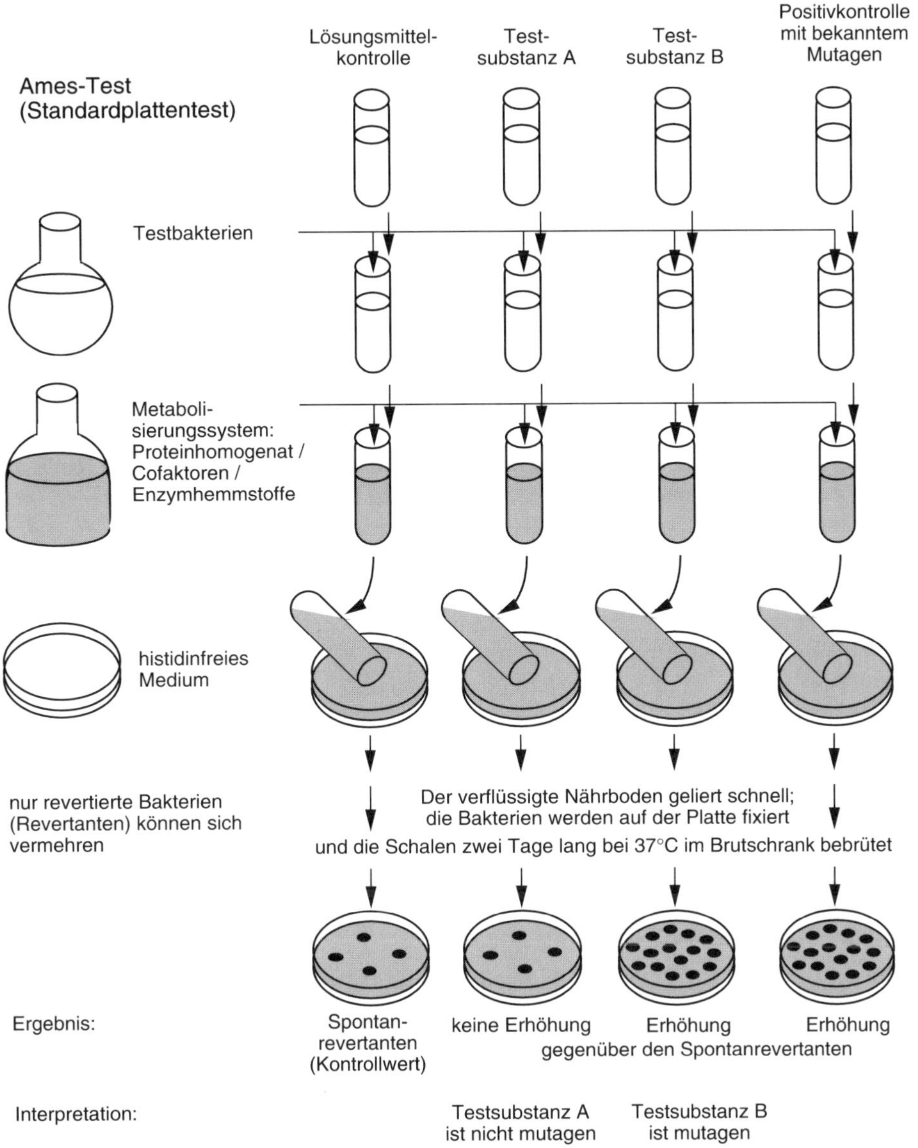

5.3 Schematischer Ablauf des Standardplattentests. Pro Testsubstanz werden gewöhnlich zwischen fünf und 30 Konzentrationsstufen mit zwei Platten je Konzentration eingesetzt. Zu mit zwei Milliliter flüssigem Nährboden vorbereiteten Röhrchen gibt man 100 μl Bakterienkultur (ungefähr 2–4 x 10^8 Zellen), 20–100 μl der Testsubstanz und eventuell ein Metabolisierungssystem (Proteinfraktionen, Cofaktoren). Das Gemisch wird auf Platten mit Minimalmedium (Salze und Glucose) gegossen und zwei Tage bei 37 °C inkubiert. Nach der Inkubation bestimmt man die Kolonienzahl mit einem elektronischen Zählgerät.

dargestellt. Nach der Inkubation werden die Revertantenkolonien pro Platte in der Regel mit einem elektronischen Zählgerät bestimmt. Bei der Bewertung der Ergebnisse spielen Dosisabhängigkeit, Reproduzierbarkeit und statistische Signifikanz eine wichtige Rolle.

In den letzten drei Jahrzehnten sind ungefähr 30 000 Stoffe auf gentoxische Wirkung untersucht worden. Für einige Hundert davon existieren auch Langzeitkanzerogenitätsstudien am Tier. Der Vergleich der Ergebnisse zeigt, dass etwa 70 % der im Tierversuch als kanzerogen erkannten Stoffe im Ames-Test mutagen (richtig-positiv) und ungefähr 70 % der nicht kanzerogenen Stoffe nicht mutagen (richtig-negativ) sind. Obwohl die Korrelation als gut zu bewerten ist, sind auch falsch-positive und falsch-negative Ergebnisse durchaus möglich. Da der Ames-Test Mutagenität nachweist, werden damit beispielsweise nichtgentoxische Kanzerogene nicht erfasst. Aus diesem Grund ist eine pauschale Bewertung von Ergebnissen des Ames-Tests wissenschaftlich nicht vertretbar; dies gilt gleichermaßen für alle Kurzzeit-Mutagenitätstests.

Gentoxizitätstests in Zellkultur

Während für die akute und die chronische Toxizität und bei der Untersuchung reproduktionstoxischer Wirkungen der Tierversuch unverzichtbar ist, verfügt man zur Prüfung der Mutagenität über etablierte *in vitro*-Tests. Sie spielen eine wichtige Rolle bei der Erkennung von gentoxischen Wirkungen (Abbildung 6.3). Im Folgenden sind breit angewandte *in vitro*-Gentoxizitätstests beschrieben. Dabei unterscheidet man zwischen Tests, welche direkt Genmutationen (z. B. HPRT-Test an Zelllinien des Hamsters) oder indirekt Genschäden messen (DNA-Reparaturtest) und Tests, welche Chromosomenbrüche oder andere Veränderungen auf Chromosomenebene untersuchen (Test zur Aufdeckung von Schwesterchromatidaustausch).

Das Enzym Hypoxanthin-Phosphoribosyltransferase (HPRT) kann freie Basen in die entsprechenden Nucleosidmonophosphate umwandeln und sie dadurch für die Synthese vom Nucleinsäuren verfügbar machen. Im HPRT-Test beruht die Selektion von Mutanten auf der unterschiedlichen Toxizität des synthetischen Purinanalogs 6-Thioguanin in mutierten und nichtmutierten Zellen. In nicht mutierten Zellen wird 6-Thioguanin in Nucleotide überführt, die stark toxisch wirken und zum Absterben der Zelle führen. Mutation und damit Verlust der HPRT-Aktivität macht die Zellen resistent gegen 6-Thioguanin. Ein ähnlicher Test ist der Thymidinkinasetest in Mauslymphomzellen mit dem toxischen Trifluorthymidin.

Ein weitereres System beruht auf der Fähigkeit von Zellen, spontane und chemisch induzierte DNA-Schäden zu erkennen und zu reparieren. Die am besten etablierte Methode zur Erfassung dieses Vorgangs ist die Messung der so genannten *unscheduled DNA synthesis* (UDS), also der „außerplanmäßigen" DNA-Synthese im Rahmen der DNA-Reparatur im Gegensatz zur replikativen DNA-Synthese. Als Messparameter beim UDS-Test dient die durch die Testsubstanz induzierte Steigerung des Einbaus von radioaktiv markiertem Thymidin (^{3}H-Thymidin) oder Bromdesoxyuridin in die zelluläre DNA.

Bei Zellen, die sich in bestimmten Stadien der Mitose befinden, kann man mithilfe der mikroskopischen Chromosomenanalyse chemisch induzierte Veränderungen in deren Struktur (Chromosomenaberrationen) erkennen. Es handelt sich hierbei um Brüche, Fragmente und bestimmte Austauschfiguren. Sind beide Schwesterchromatiden am gleichen Ort betroffen, so spricht man von einer Chromosomenaberration, während bei den Chromatidaberrationen nur eine Chromosomenhälfte betroffen ist. Einen Spezialfall der Chromatidaberrationen stellen Schwesterchromatidaustausche (*sister chromatid exchanges*, SCEs) dar. Sie entstehen, indem an einem oder mehreren Orten des Chromosoms ein Austausch von Abschnitten zwischen den Schwesterchromatiden stattfindet, ohne dass die Morphologie der Chromosomen verändert wird.

In vivo-Gentoxizitätstests
Auch *in vivo* stehen Kurzzeittests zur Erfassung von Genmutationen und Chromosomenaberrationen zur Verfügung. Ein wesentlicher Vorteil liegt, wie bei jedem Ganztierversuch, in der Berücksichtigung pharmakokinetischer Parameter und in der Erfassung der Rolle des Expositionswegs. Der zur Zeit am breitesten angewandte *in vivo*-Kurzzeittest ist der Mikrokern-Test am Knochenmark von Nagern (meistens Mäusen). Dieser Test erfasst numerische und strukturelle Chromosomenaberrationen. Mikrokerne sind Bruchstücke eines Zellkerns, die entweder durch Chromosomenbrüche oder durch Störungen der Chromosomenverteilung bei der Mitose entstehen. Die Chromosomenbruchstücke oder ganze, „verlorene" Chromosomen werden nicht in die Tochterkerne integriert, sondern bilden unter Einschluss in einer Membran Mikrokerne.

Gentoxizitäts- und Kanzerogenitätsstests in der Praxis
Zur Gentoxizitätsprüfung von Chemikalien sind in der Grundstufe (mehr als eine Tonne im Jahr oder mehr als fünf Tonnen insgesamt) zwei Tests erforderlich; in den meisten Fällen weden der Ames-Test und der Mikrokerntest durchgeführt. In der Stufe 1 (mehr als 100 Tonnen im Jahr oder mehr als 500 Tonnen insgesamt) werden zwei weitere Tests verlangt. Wenn alle Kurzzeittests klar negativ sind, gilt die Gentoxizitätsprüfung als abgeschlossen. Beim Vorliegen konkreter Verdachtsmomente kann unhabhängig von der geplanten Produktionsmenge der Langzeitkanzerogenitätsversuch im Nager erforderlich werden, insbesondere bei strukturverdächtigen Stoffen.

Für Arzneimittel und Nahrungsmittelzusatzstoffe wird im Rahmen der Zulassung die Durchführung bestimmter Prüfungen auf gentoxische Wirkungen verlangt, die in Kapitel 10 detailliert aufgeführt sind.

Neue cytogenetische Methoden

Im *Comet*- oder *single-cell*-Gelelektrophorese-Test lassen sich Einzelzellen aus Zellkulturen wie auch aus verschiedenen Organen von *in vivo*-Experimenten auf DNA-Einzel- und Doppelstrangbrüche, alkali-labile Stellen, DNA-DNA-und DNA-Protein-Verknüpfungen (*crosslinks*) untersuchen. Dabei wird die durch DNA-Schäden fragmentierte DNA mithilfe der Mikrogelelektrophorese aus dem Zellkern migriert, gefärbt und als *tail* (Schwanz) gemessen, während intakte DNA und große DNA-Fragmente im Kern verbleiben und als *head* (Kopf) bezeichnet werden. Die Verteilung der DNA in *tail* und *head* ist ein Maß für den DNA-Schaden. Ein weiterer Test ist der Mikrokern-Test. Unter dem Einfluss von mutagenen Substanzen entstehen *in vivo* im hämatopoetischen System während der Replikation Chromosomenfragmente, die nach abgeschlossener Mitose als morphologisch sichtbare Mikrokerne im Cytoplasma nachweisbar sind. Die Mehrzahl der Mikrokerne tritt in jungen Erythrocyten auf, die kurz nach der letzten

Zellteilung aus Erythroblasten durch Ausstoßung des Kernes entstehen. Diese lassen sich nicht nur in Knochenmarksausstrichen messen, sondern auch im peripheren Blut nachweisen.

Die Fluoreszenz-*in-situ*-Hybridisation-(FISH-)Technik hat die Möglichkeit, Veränderungen in spezifischen Chromosomen und Genen zu untersuchen, wesentlich erweitert. Im Prinzip beruht diese Methode darauf, dass sich spezifische DNA-Sonden mit den zu untersuchenden genomischen Regionen (ganze Chromosomen oder Genregionen) hybridisieren lassen. Die DNA-Sonden sind fluorochrom-markierte Oligonucleotide, PCR-Produkte oder so genannte *BAC*, *PAC* oder *YAC* (bakterielle, P1-Bakteriophagen- oder artifizielle Hefe-Chromosomen). Mittlerweile können alle 24 humanen Chromosomen individuell detektiert werden. Bisher wurde FISH hauptsächlich in der Karyotypisierung von Tumoren und in der pränatalen Diagnostik benutzt, weniger in der genetischen Toxikologie. Man kann sich aber toxikologische Fragestellungen vorstellen, in denen FISH nützlich sein könnte, wie beispielsweise bei der Bestimmung von stabilen Chromosomenaberrationen nach Bestrahlung.

Neue Methoden zur molekularen Analyse von Mutationen und Genexpression

Ein großer Fortschritt auf dem Gebiet der Untersuchung von Mutationen und Genexpression war die Einführung der Genomik durch die Genchip- oder DNA-*microarray*-Technologie. Zwei Plattformen existieren, sie basieren entweder auf Oligonucleotiden, die anhand von bekannten Sequenzen (Mensch, Ratte, Hund, Maus, *Escherichia coli*, etc.) *in situ* auf den Chips synthetisiert werden (Affymetrix) oder auf cDNA-*microarrays*, wobei spezifische cDNAs aus ESTs-(*expressed sequence tags-*)Experimenten auf die Platte aufgetragen werden (Mensch, Maus). Hauptsächlich werden Veränderungen in der Genexpression untersucht, so können verschiedene Gewebe verglichen und aktive von inaktiven Genen unterschieden werden oder durch äußere Einflüsse Gene induziert oder reprimiert werden. Dazu muss aus dem zu untersuchenden Gewebe RNA isoliert und in cDNA umgeschrieben werden. Entweder wird dabei oder bei der nachfolgenden cRNA-Synthese ein Marker (Biotin oder amino-modifizierte Nucleotide) eingebaut, der nach der Hybridisierung mit Fluorochromen gekoppelt wird und mit deren Fluoreszenzintensität das Ausmaß gemessen wird. Mit dieser Technik konnte gezeigt werden, dass gentoxische Kanzerogene in der Rattenleber eine Anzahl von Genen hochregulieren, vor allem Zielgene von p53, was mit der erwarteten Zellreaktion auf DNA-Schäden übereinstimmt. Zudem zeigte die Genexpression spezifische Detoxifizierungsreaktionen, eine Aktivierung der Signalübertragungskette für Proliferation und Überleben und einige Zellstrukturveränderungen. In der funktionellen Genomik und Proteomik wird neuerdings die siRNA-Technik angewandt. siRNA steht für *short interfering RNAs* , die zu RNA-Interferenz führt, das heißt bestimmte Gene werden spezifisch in ihrer Funktion neutralisiert, indem die siRNA mit der Ziel-mRNA doppelsträngige RNA bildet, die eine homolog-abhängige Degradation induziert.

„Omix"-Technologien

Besonders in der Arzneimittelentwicklung kommt häufig eine größere Zahl von Stoffen aufgrund ihrer pharmakologischen Eigenschaften in die engere Auswahl für eine

Weiterentwicklung. Toxikologische Prüfungen sind jedoch sehr zeit- und kostenaufwendig. Daher wird im Moment intensiv versucht, durch aussagekräftige und schnelle Methoden eine bessere Vorhersagbarkeit toxischer Wirkungen und damit eine Verbesserung der Stoffauswahl für weitere Entwicklungen zu erzielen. Dabei spielen so genannte „Omix"-Technologien eine wichtige Rolle (der Name leitet sich von der Nachsilbe der Begriffe Genomik, Proteomik – englisch *genomics, proteomics* – etc. ab). Ihr Einsatz soll, oft in Kombination mit schnellen Prüfverfahren (*high-throughput*, also Verfahren mit einem hohen Durchsatz an zu prüfenden Substanzen), eine Vorhersage möglicher unerwünschter Wirkungen einer Substanz ermöglichen und damit entweder ein Ausschlusskriterium erarbeiten oder grünes Licht für die Weiterentwicklung geben. Die „Omix"-Technologien versuchen durch Messung biochemischer Effekte auf subzellulärer Ebene oder im Tier Veränderungen nach Stoffgabe nachzuweisen. Meist werden die Techniken in Zusammenhang mit Mustererkennungsprogrammen und intensiver statistischer Bearbeitung der oft automatisiert erhaltenen Daten kombiniert.

Die Toxikogenomik untersucht den Einfluss eines Stoffes auf die Genexpression auf Basis der gebildeten *messenger*-RNAs. Ziel ist die Erfassung der Bildung von *messenger*-RNAs, die indikativ für unerwünschte Wirkungen sind, zum Beispiel Peroxisomenproliferation, Stressproteine oder Induktion von Cytochrom-P450-Enzymen. Zur Untersuchung der Genexpressionsmuster stehen so genannte „Genchips" zur Verfügung, die eine schnelle Identifizierung der *messenger*-RNAs von über 1000 Genen ermöglichen.

Die Proteomik verfolgt ähnliche Ziele wie die Toxikogenomik, analysiert diese Veränderungen allerdings auf Basis eines veränderten Proteinmusters in der Zelle. Dabei werden die zellulären Proteine mittels mehrdimensionaler Gelelektrophorese aufgetrennt und anschließend durch Mustererkennung mit toxischen Wirkungen bekannter Substanzen verglichen. Unter Einfluss des Fremdstoffs neu gebildete Proteine können auch durch massenspektrometrische Verfahren sequenziert und damit identifiziert werden.

Metabonomik oder Metabolomik untersuchen auf breiterer Ebene die Veränderungen im Muster biochemisch relevanter Zwischenstufen im Organismus oder die Ausscheidung von unterschiedlichen Stoffen mit dem Urin nach Gabe eines Fremdstoffes. Dabei werden durch analytische Verfahren, entweder mit hoher Trennleistung und empfindlicher Quantifizierung (wie LC-MS/MS) oder durch Methoden ohne Chromatographie wie ^{1}H-NMR, die Muster der Veränderungen erfasst und mit den Veränderungen durch Stoffe mit definierten unerwünschten Wirkungen verglichen.

Wegen den zu bearbeitenden sehr großen Datenmengen und einer noch wenig umfangreichen Datenbasis steht die Anwendung von „Omix"-Technologien zur Vorhersage toxischer Wirkungen noch am Anfang, ist aber ein wichtiges Arbeitsgebiet auch in der experimentellen Toxikologie geworden.

Weiterführende Literatur

Ames BN, McCann J, Yamasaki E (1975) Methods for detecting carcinogens and mutagens with the Salmonella/mammalian-microsome mutagenicity test. *Mutat Res* 31: 347–64

Ballantyne B, Marrs T, Turner P (Hrsg.) (1993) General and Applied Toxicology. Macmillan Press, New York

Bass R, Vamvakas S (2000) The toxicology expert: what is required? *Toxicol Lett* 112–113: 383–9

Berns K, Hijmans EM, Mullenders J, Brummelkamp TR, Velds A, Heimerikx M, Kerkhoven RM, Madiredjo M, Nijkamp W, Weigelt B, Agami R, Ge W, Cavet G, Linsley PS, Beijersbergen RL, Bernards R (2004) A large-scale RNAi screen in human cells identifies new components of the p53 pathway. *Nature* 428: 431–7

Draize JH, Woodard G, Calvery HO (1944) Methods for the study of irritation and toxicity of substances applied to the skin and mucous membranes. *J Pharmacol Exp Therap* 82: 377–390

Ellinger-Ziegelbauer H, Stuart B, Wahle B, Bomann W, Ahr HJ (2004) Characteristic expression profiles induced by genotoxic carcinogens in rat liver. *Toxicol Sci* 77: 19–34

Hayashi M, MacGregor JT, Gatehouse DG, Adler ID, Blakey DH, Dertinger SD, Krishna G, Morita T, Russo A, Sutou S (2000) In vivo rodent erythrocyte micronucleus assay. II. Some aspects of protocol design including repeated treatments, integration with toxicity testing, and automated scoring. *Environ Mol Mutagen* 35: 234–52

Heller MJ (2002) DNA microarray technology: devices, systems, and applications. *Annu Rev Biomed Eng* 4: 129–53

Hess R (Hrsg.) (1991) Arzneimitteltoxikologie: Anforderungen – Verfahren – Bedeutung. Thieme, Stuttgart

Hoffmann P (1992) Probennahme. *Nachr Chem Tech Lab* 40: 1420–1438

Macville M, Veldman T, Padilla-Nash H, Wangsa D, O'Brien P, Schrock E, Ried T (1997) Spectral karyotyping, a 24-colour FISH technique for the identification of chromosomal rearrangements. *Histochem Cell Biol* 108: 299–305

Maron DM, Ames BN (1983) Revised methods for the Salmonella mutagenicity test. *Mutat Res* 113: 173–215

Mitsumori K (2002) Evaluation on carcinogenicity of chemicals using transgenic mice. *Toxicology* 181–182: 241–4

Natarajan AT (2001) Fluorescence in situ hybridization (FISH) in genetic toxicology. *J Environ Pathol Toxicol Oncol* 20: 293–8

Schlottmann U (Hrsg.) (1994) Prüfmethoden für Chemikalien. S. Hirzel, Stuttgart

Schwedt G (1992) Taschenatlas der Analytik. Thieme, Stuttgart

Storer RD, French JE, Donehower LA, Gulezian D, Mitsumori K, Recio L, Schiestl RH, Sistare FD, Tamaoki N, Usui T, van Steeg H (2003) Transgenic tumor models for carcinogen identification: the heterozygous Trp53-deficient and RasH2 mouse lines. *Mutat Res* 540: 165–76

Suemizu H, Muguruma K, Maruyama C, Tomisawa M, Kimura M, Hioki K, Shimozawa N, Ohnishi Y, Tamaoki N, Nomura T (2002) Transgene stability and features of rasH2 mice as an animal model for short-term carcinogenicity testing. *Mol Carcinog* 34: 1–9

Tamaoki N (2001) The rasH2 transgenic mouse: nature of the model and mechanistic studies on tumorigenesis. *Toxicol Pathol* 29 Suppl: 81–9

Tice RR, Agurell E, Anderson D, Burlinson B, Hartmann A, Kobayashi H, Miyamae Y, Rojas E, Ryu JC, Sasaki YF (2000) Single cell gel/comet assay: guidelines for in vitro and in vivo genetic toxicology testing. *Environ Mol Mutagen* 35: 206–21

Trask BJ, Allen S, Massa H, Fertitta A, Sachs R, van den Engh G, Wu M (1993) Studies of metaphase and interphase chromosomes using fluorescence in situ hybridization. *Cold Spring Harb Symp Quant Biol* 58: 767–75

6 Epidemiologie der Vergiftungen und Prinzipien der Vergiftungsbehandlung

Vergiftungsursachen • Giftstoffnachweis/*general-unknown*-Analysenverfahren • Antidote • Intensivmedizinische Maßnahmen

6.1 Vergiftungen: Ursachen und Häufigkeit

Im Jahr 2002 starben in Deutschland 4 297 Menschen an tödlichen Vergiftungen. Obwohl oft Kinder Opfer von Vergiftungen sind, waren nur 48 der Verstorbenen unter 15 Jahren. Männer waren insgesamt doppelt so häufig betroffen wie Frauen.

Im Vergleich dazu verursachten Verkehrsunfälle im gleichen Jahr ungefähr 7 000 Todesfälle, etwa 215 000 Menschen starben an Krebs und etwa 400 000 Menschen an Krankheiten des Kreislaufsystems wie Bluthochdruck und Myokardinfarkt. Die an den tödlichen Vergiftungen beteiligten Stoffe sind in Tabelle 6.1 aufgelistet.

Tabelle 6.1: An tödlichen Vergiftungen beteiligte Stoffe

Ursache	Anzahl (%)
Arzneimittel	2 331 (54 %)
psychotrope Drogen (Betäubungsmittel und Halluzinogene)	499 (12 %)
vorwiegend nicht medizinisch verwendete Substanzen	1 059 (25 %)
Kohlenmonoxid	408 (9 %)

In Deutschland besteht seit 1990 eine Meldepflicht für akute Vergiftungen[1] (außer Arzneimittelvergiftungen).

Unter die Meldepflicht fallen alle chemischen Stoffe und Zubereitungen, die im Haushalt Verwendung finden, zum Beispiel Wasch- und Putzmittel, Heimwerker- und Hobbyartikel sowie Pestizide. Chronische Gesundheitsschäden durch Umwelteinflüsse (falls erkannt) sind ebenfalls meldepflichtig, wie auch Vergiftungen im Berufsleben. Vergiftungen durch Medikamente, die gegenwärtig häufigste Vergiftungsursache, oder

1 Bundesinstitut für gesundheitlichen Verbraucherschutz und Veterinärmedizin (BgVV), Berlin

Vergiftungen durch Pflanzen fallen nicht unter diese Meldepflicht. Im Jahr 2001 wurden ca. 8 000 Vergiftungen durch Chemikalien der zuständigen Behörde gemeldet (die meisten durch die Berufsgenossenschaften, der Anteil der Meldungen aus Klinik und Praxis war gering), während in den Registern der wichtigen deutschen Giftinformationszentren ca. 30 000 Anfragen zu Vergiftungen eingegangen sind. Etwa 80 % dieser Anfragen betreffen tatsächliche oder vermutete Vergiftungen. Nach diesen Daten wird der gesetzlichen Meldepflicht noch nicht in ausreichendem Maße Genüge getan.

Eine zentralisierte Auswertung der Daten der Giftinformationszentren gibt es nicht. Eine zentralisierte Datenerhebung findet jährlich in der Schweiz statt, einem Land mit ähnlicher Struktur und medizinischer Versorgung[2]. Aus diesem Grund eignen sich diese Daten sehr gut, um sich ein Bild zu Vergiftungen und deren Ursachen in Mitteleuropa zu machen.

Mehr als die Hälfte aller Vergiftungen treten bei Kindern und Jugendlichen auf; besonders betroffen sind Kleinkinder zwischen dem 1. und 4. Lebensjahr. Bei einem Großteil der gemeldeten Vergiftungen von Kleinkindern handelt es sich jedoch nur um mutmaßliche Vergiftungen, die symptomlos verlaufen; heutzutage sind tödliche Vergiftungen im Kindesalter zumindest in Europa eher selten (Abbildung 6.1).

Die meisten Vergiftungen im Kindesalter sind Unfälle, während im Erwachsenenalter die Vergiftungen in Selbstmordabsicht überwiegen. Bei den Erwachsenen fällt der höchste Anteil an Vergiftungen in die Altersgruppe von 20–49 Jahren, die anderen Altersgruppen sind erheblich seltener vertreten. Gegenwärtig ist die Einnahme von Medikamenten in suizidaler Absicht, vor allem Psychopharmaka wie Antidepressiva,

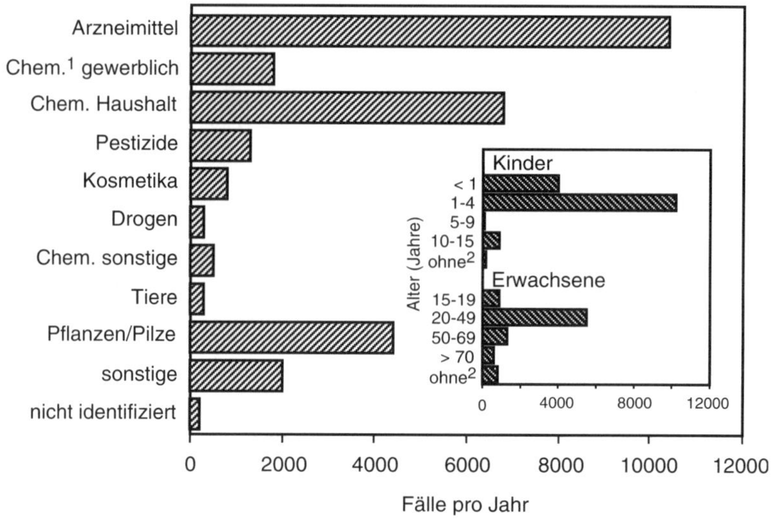

6.1 Ursachenspektrum und Altersverteilung der mutmaßlichen Vergiftungsfälle in der Bundesrepublik Deutschland nach Daten der Giftinformationszentren Berlin (Weißensee), Bonn, Mainz, Papenburg, Kiel und Ludwigshafen. ([1]Chemikalien, [2]keine Altersangabe)

2 Schweizerisches Toxikologisches Informationszentrum, Klosbachstr. 107, 8030 Zürich. Jahresberichte können angefordert werden.

Schlafmittel und Schmerzmittel, die häufigste Vergiftungsursache. In letzter Zeit nimmt die Beteiligung von Antidepressiva bei den Intoxikationen zu. Schmerzmittel wie Paracetamol spielen auch eine wichtige Rolle, da sie rezeptfrei erhältlich sind. An zweiter Stelle nach den Arzneimitteln stehen Haushaltsprodukte, welche im Kindesalter die erste Position einnehmen, was sicherlich sowohl mit deren oft guter Zugänglichkeit als auch der natürlichen Neugier der Kinder zusammenhängt.

6.2 Allgemeine Aspekte der Diagnose und Behandlung von Vergiftungen

Aus den klinischen Symptomen einer Vergiftung kann man oft nicht auf den Giftstoff schließen 6.2.1

Die Symptome ein und derselben Vergiftung hängen sehr stark von ihrem Schweregrad ab und sind andererseits oft nicht spezifisch für eine Giftstoffgruppe, sondern können bei mehreren Vergiftungsarten und auch bei Krankheiten auftreten. Dazu kommt, dass in vielen Fällen Mischintoxikationen vorliegen, die das klinische Bild verwischen. Die Identifizierung des ursächlichen Gifts gelingt nur in wenigen Fällen anhand der klinischen Symptomatik. So lässt beispielsweise das gleichzeitige Vorkommen von engen Pupillen (*Miosis*), Überproduktion von Speichel und Hyperaktivität des Magen-Darm-Traktes den Verdacht auf eine Vergiftung mit Insektiziden aus der Gruppe der Organophosphatverbindungen aufkommen (Kapitel 7). Miosis kommt auch bei Vergiftungen mit Heroin und anderen Opiaten vor. In der Gruppe der Psychopharmaka verursachen die trizyklischen Antidepressiva ein charakteristisches Vergiftungsbild mit Weitstellung der Pupillen (*Mydriasis*), Bewusstseinsverlust, fehlenden Darmgeräuschen und schweren Herzrhythmusstörungen. Mydriasis kommt jedoch auch bei anderen Vergiftungen vor, beispielsweise bei Cocain und Amphetaminderivaten wie Ecstacy.

Die Angaben zu Ursachen und Umständen der Erkrankung stammen meistens von den Personen, welche den Patienten aufgefunden haben. Anhand dieser Informationen kann der Arzt oft die Verdachtsdiagnose „Vergiftung" stellen; die Feststellung des infrage kommenden Giftstoffes gelingt jedoch auf diese Weise nur in ungefähr der Hälfte der Fälle. Wenn man die Feststellung des Giftstoffes zur Voraussetzung für die Behandlung machen würde, ginge viel, für den Patienten möglicherweise lebenswichtige Zeit verloren. Soforthilfe ist oft lebensrettend. Höchste Priorität hat dabei die Aufrechterhaltung der Vitalfunktionen, das heißt der Atmung und der Blutzirkulation. Die Entfernung des Giftes aus dem Magen macht wenig Sinn, wenn der Patient nicht atmet oder wenn sein Herz stillsteht.

6.2.2 Der Giftstoffnachweis erfordert die Sicherstellung (Asservierung) von Untersuchungsmaterial

Vergiftungen *per os*, das heißt durch Resorption des Giftstoffes aus dem Magen-Darm-Trakt, kommen am häufigsten vor. In diesen Fällen müssen Blut, Urin und Mageninhalt *asserviert* (zur Untersuchung gewonnen und sichergestellt) werden. Nur für Spezialuntersuchungen, wie zum Beispiel bei Kohlenmonoxidvergiftung, muss das Blut ohne vorherige Aufarbeitung aufbewahrt werden; in den meisten Fällen werden Blutplasmaproben asserviert. Für die Asservierung von Urin wird die Blase nach Katheterisierung vollständig entleert. Mageninhalt entnimmt man entweder zu Beginn der Magenspülung oder – wenn keine Magenspülung vorgenommen wird – nach Einführen eines Magenschlauchs, indem man ungefähr 20 ml Mageninhalt absaugt.

Auch bei Vergiftungen durch Aufnahme des Stoffes über die Haut ist es wichtig, Material für den Nachweis des Giftes zu asservieren. Das resorbierte Gift wird auch hier in Blut- und Urinproben nachgewiesen. Zur Behandlung soll die betroffene Hautpartie mit viel Wasser abgespült werden. Von dem ersten Waschwasser müssen 10–50 ml für den Giftnachweis sichergestellt werden.

6.2.3 Die Giftidentifizierung erfolgt im Labor mit instrumentell-analytischen Methoden

Selten gelingt der Giftnachweis mittels Schnelltests (*screening*-Tests) am Krankenbett. Mit diesen Tests werden nicht Einzelstoffe, sondern eher Giftstoffgruppen nachgewiesen, meistens anhand von Farbreaktionen. Damit die Reaktion positiv ausfällt, muß in der Regel die Konzentration des Giftstoffes in der Probe hoch sein. In jedem Fall bedürfen aber die Ergebnisse einer Bestätigung. Die für die Prognose und die therapeutischen Maßnahmen entscheidende Giftidentifizierung und Quantifizierung erfolgt mithilfe instrumenteller Analytik.

6.2.4 In der Therapie der Vergiftungen spielten früher Gegenmittel (Antidote) eine große Rolle

In der griechischen und arabischen Medizin waren Antidote eher mystisch begründet. Die im Laufe der Zeit gewonnenen Erkenntnisse über den Wirkungsmechanismus verschiedener Giftstoffe haben zur Entwicklung einer Reihe spezifischer Antidote geführt. Grundsätzlich lassen sich die Antidote nach ihrem Wirkungsmechanismus in zwei Gruppen einteilen (Beispiele sind in Tabelle 6.2 aufgeführt):

1. Substanzen, welche mit dem Giftstoff oder einem seiner Metabolite eine chemische Bindung eingehen. Dadurch entsteht ein Komplex mit stark verminderter oder fehlender Toxizität (*Dekorporierungsantidote*).
2. Substanzen, welche die Wirkungen des Giftstoffes funktionell hemmen, indem sie zum Beispiel die für den Giftstoff relevanten Rezeptoren blockieren oder die Bio-

aktivierung des Giftstoffes beeinflussen (*funktionelle Antidote*) oder die körpereigenen (unerwünschten) Reaktionen auf den Giftstoff hemmen.

Tabelle 6.2: Beispiele spezifischer Antidote

Vergiftung durch	Antidote, die den Giftstoff durch chemische Bindung dekorporieren:
Schwermetalle	Chelatbildner
Quecksilber, Arsen, Gold, Blei	Dimercaptopropansulfonat (DMPS), Dimercaptopropansuccinat (DMSA)
Blei, Kupfer, Quecksilber, Gold, Kobalt, Zink, Nickel, Eisen	Natriumcalciumedetat, D-Penicillamin Deferoxamin, Deferipron
Blausäure	Natriumthiosulfat zur Bildung von Thiocyanat Met-Hämoglobinbildner (Dimethylaminophenol) Hydroxocobalamin
Fluorwasserstoff	Calciumgluconat
Schlangen- und Spinnenbisse	spezifische Antiseren
Acetaminophen	*N*-Acetylcystein
Digitalis	Digitalisantitoxin (Immunglobulinfragmente von Digoxin-immunisierten Schafen)
Heparin	Protamin
	Antidote, welche die Giftwirkung funktionell hemmen:
Methämoglobinbildner Oxidationsmittel, Nitrite, aromatische Amino- und Nitroverbindungen	Redoxfarbstoffe wie Thionin und Methylenblau
orale Antikoagulantien Dicumarol und Derivate	Vitamin K
Methanol	Ethanol
Morphin und seine Derivate	Naloxon (Morphinantagonist)
Atemdepression unter Benzodiazepinen Flunitrazepam, Diazepam	Flumazenil (Benzodiazepinrezeptorantagonist)
Organophosphate	Atropin, Oxime (Pralidoxim, Obidoxim)
Reizgasinhalation	Inhalation eines Glucocorticoids, z. B. Beclomethason

6.3 Intensivmedizinische Maßnahmen

Wichtigste Ziele der Behandlung akuter Vergiftungen sind:

- Aufrechterhaltung der Vitalfunktionen,
- Verhütung weiterer Giftresorption,
- Beschleunigung der Giftausscheidung.

6.3.1 Intensivmedizinische Maßnahmen halten die Vitalfunktionen des Organismus aufrecht

Zu den Vitalfunktionen des Organismus gehören Atmung, Blutzirkulation, Urinproduktion und die Aktivität des zentralen Nervensystems (ZNS), welches sämtliche Vorgänge im Körper reguliert. Die im nachfolgenden Text beschriebenen Maßnahmen gelten, unabhängig von der Art des Giftes, für jede Intoxikation, die mit Koma, Krämpfen oder einer sonstigen schwerwiegenden Beeinträchtigung des Patienten einhergeht.

Freihalten der Atemwege

Eine Beeinträchtigung der Atmung ist die häufigste Todesursache bei Vergiftungen mit Beruhigungs- und Schlafmitteln, Narkotika und Ethanol. Neben der Atemdepression aufgrund zentralnervöser Störungen können Hindernisse in den Atemwegen wie zum Beispiel aspirierte Speisereste aus dem Magen oder die Verlegung des Luftröhreneingangs durch die zurückgefallene Zunge zu einer unzureichenden Sauerstoffversorgung des Organismus führen. Für freie Atemwege sorgen die stabile Seitenlagerung des Patienten, die Entfernung von Speiseresten und anderen Fremdkörpern aus den oberen Luftwegen und die Absaugung von Schleim. Bei lebensbedrohlicher Ateminsuffizienz muss der Patient intubiert und künstlich beatmet werden.

Weitere mögliche Probleme bei protrahierter Bewusstlosigkeit sind, neben pulmonalen Infektionen durch die oben erwähnte Aspiration von Mageninhalt, das Auftreten von *Rhabdomyolyse* (Schaden der quergestreiften Muskulatur) durch Kompression von Muskelgruppen, sowie Hypothermie. Die Hypothermie kann in Extremfällen zu Herzrhythmusstörungen und Kreislaufstillstand führen.

Bei Vergiftungen mit Reizgasen (Stickoxiden, Phosgen) sowie bei Heroinüberdosierung führt häufig toxisches Lungenödem zu einer massiven Beinträchtigung des Gasaustausches zwischen den Lungenbläschen und dem Blutkapillarraum. Ursache ist eine anatomische Schädigung der Wände der Lungenbläschen und der Blutgefäße. In diesen Fällen muß eine Beatmung mit reinem Sauerstoff erfolgen. Die Zufuhr von reinem Sauerstoff oder Carbogen (95 % O_2/5 % CO_2; der CO_2-Anteil im Carbogen regt das Atemzentrum an) ist auch bei Vergiftungen mit Kohlenmonoxid indiziert. Bei schweren Kohlenmonoxidvergiftungen mit Organfunktionsstörungen, wie zum Beispiel neurologischer Beeinträchtigung, oder Zeichen der kardiovaskulären Ischämie ist die Behandlung in der hyperbaren Kammer angezeigt. Dort induziert man durch erhöhten Sauerstoffdruck eine erhöhte Bindung von Sauerstoff an Hämoglobin. Das Risiko langfristiger neurologischer Schäden kann dadurch reduziert werden.

Aufrechterhalten der Blutzirkulation

Das Herz-Kreislauf-System ist, ebenso wie die Atmung, ein häufiger Angriffspunkt von Giftstoffen; lebensbedrohliche Störungen treten oft sehr rasch und ohne Vorwarnung auf. Dem akuten Herzversagen bei Vergiftungen liegen in den meisten Fällen sowohl ein relativer Volumenmangel als auch ein Pumpversagen des Herzens zugrunde. Daher ist eine angemessene Volumensubstitution von ausschlaggebender Bedeutung für das Aufrechterhalten der Blutzirkulation. Zusätzlich kann die Herzleistung durch Infusion von Catecholaminen (beispielsweise Adrenalin) unterstützt werden. In Extremfällen kann die Unterstützung durch einen extrakorporalen Kreislauf notwendig werden. Viele Arzneimittel, darunter bestimmte Psychopharmaka, die häufig in Selbstmordabsicht eingenommen werden, können Herzrhythmusstörungen verursachen. Schwerwiegende Beeinträchtigungen der Reizbildung und der Erregungsleitung im Herzmuskel können zu einer akuten und ausgeprägten Verringerung der Herzauswurfleistung und damit zur Minderdurchblutung lebenswichtiger Organe führen. In solchen Situationen ist eine medikamentöse Therapie oft unzureichend. Daher ist in vielen Fällen das Einführen einer passageren Schrittmachersonde notwendig. Alle bisher beschriebenen Maßnahmen stellen jedoch nur eine vorübergehende Lösung dar. Für eine andauernde Besserung der Symptomatik muss die Giftkonzentration im Organismus – sofern möglich – durch beschleunigte Elimination (Abschnitt 6.3.3) gesenkt werden.

Weitere wichtige Maßnahmen zur Aufrechterhaltung der Vitalfunktionen

Zu den wichtigsten Maßnahmen zur Aufrechterhaltun der Vitalfunktionen gehören eine Korrektur von Störungen im Elektrolythaushalt, Ausgleich einer metabolischen Azidose durch Natriumbicarbonat, Kontrolle der Wasserbilanz (Flüssigkeitszufuhr und -verlust) und Wärmeschutz des vergifteten Patienten. Besonders wichtig bei der Auswahl und Durchführung von Maßnahmen zur Verhinderung weiterer Giftresorption oder zur beschleunigten Gifteliminaton (Abschnitte 6.3.2 und 6.3.3) ist der Wachheitsgrad und die allgemeine Aktivität des Nervensystems des Patienten. Giftstoffe können sowohl eine Hyperaktivität des Nervensystems (bis hin zu zerebralen Krampfanfällen) als auch eine Hypoaktivität (pathologisch abgeschwächte bis fehlende Reflexe, Bewusstseinseintrübung bis zum Koma) verursachen.

6.3.2 Magenspülung und forcierte Diarrhö verhindern eine weitere Giftresorption

Bei perkutaner Vergiftung oder bei oraler Aufnahme besteht die Möglichkeit, den Giftstoff, zumindest zum Teil, vor der Resorption zu entfernen (Abbildung 6.2). Bei Aufnahme *per os* kann man insbesondere durch Instillation von Aktivkohle in den Magen die weitere Giftresorption vermindern. In der Vergangenheit wurde sehr häufig eine Magenspülung durchgeführt. Meist gibt es aber keine Vorteile bei einer Magenspülung mit anschließender Instillation von Aktivkohle im Vergleich zu Aktivkohle allein. Daher wurde die Indikation zur Magenspülung enger gefasst. Eine Magenspülung wird nur noch innerhalb einer Stunde nach Einnahme einer gefährlichen Dosis indiziert. Nach

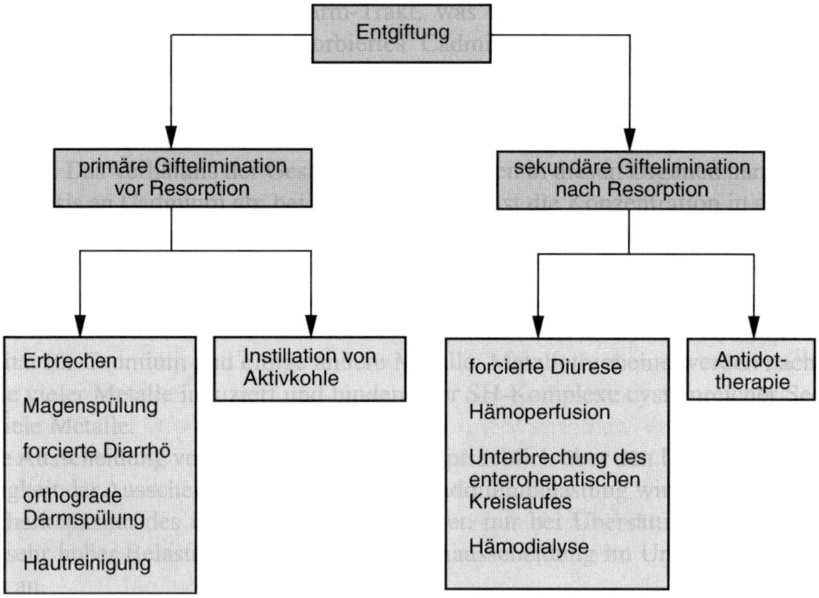

6.2 Wichtige Maßnahmen zur Verhütung weiterer Giftresorption und zur beschleunigten Giftelimination nach der Resorption.

der Magenspülung sollte immer Aktivkohle verabreicht werden. Das in der Vergangenheit induzierte Erbrechen wird heute nicht mehr empfohlen.

Auslösen von Erbrechen (Emesis)

Induktion von Erbrechen wird manchmal bei Kindern als weniger invasive Maßnahme zur Entleerung des Magens durchgeführt. Am häufigsten benutzt man derzeit dafür *Ipecacuanha*-Sirup. Die Wurzel der subtropischen Blütenpflanze *Uragoga ipecacuanha* enthält mehrere Alkaloide, welche Erbrechen auslösen. Bei Kindern bis zum zwölften Lebensjahr veranlaßt man mit Ipecacuanha-Sirup Erbrechen. Dabei werden altersabhängig 10–20 ml Sirup und anschließend 100–200 ml Wasser oder Saft verabreicht. Die Wirkung tritt nach etwa 15 Minuten ein. Diese Maßnahme ist bei stark eingetrübtem Bewusstsein, Krämpfen, manifester Atem- und/oder Herzinsuffizienz sowie bei schwangeren Frauen kontraindiziert. Ebenfalls nicht erlaubt ist diese Methode der Giftelimination nach Aufnahme starker Säuren oder Laugen, da dann die Gefahr von *Speiseröhrenperforationen* besteht (hier ist Giftverdünnung durch Trinken von Wasser die wichtigste Maßnahme); nach Verschlucken organischer Lösungsmittel, da eine Lungenentzündung die Folge sein könnte, und nach Aufnahme schaumbildender Substanzen aufgrund der Gefahr der Aspiration in die Lunge.

Magenspülung

Meist wird der Patient vor Beginn der Magenspülung intubiert. Auf diese Maßnahme kann nur verzichtet werden, wenn die Husten- und Schluckreflexe vollständig erhalten sind, die Atmung ungestört ist und aufgrund des Allgemeinzustandes des Patienten und des vermutlich eingenommenen Giftstoffes nicht zu erwarten ist, dass eine Beeinträchtigung dieser Funktionen in den nächsten 60 Minuten auftreten wird. Die Magenspülung wird in Halbseiten- und Kopftieflage nach Einführung eines Magenschlauches mit 37 °C warmem Leitungswasser durchgeführt. Die Dauer der Spülung und das insgesamt eingesetzte Volumen der Spülflüssigkeit (meistens 30–40 l) hängen vom Schweregrad der Vergiftung ab.

Aktivkohle

Im Anschluss an die Magenspülung und in Fällen, in denen keine Magenspülung durchgeführt wird, werden 30–100 Gramm (bei Kindern 1–2 g/kg Körpergewicht) Aktivkohle (*Carbo medicinalis*) in den Magen eingegeben (*instilliert*). Patienten, deren Bewusstsein nicht eingetrübt ist, können die Aktivkohle auch trinken. Aktivkohle adsorbiert nahezu alle fett- und wasserlöslichen Substanzen, sofern diese nicht als Salze vorliegen. Der so gebundene Giftstoff wird dann mit der im Magen-Darm-Trakt nicht resorbierbaren Aktivkohle im Kot ausgeschieden. Bei schweren Vergiftungen sollte man allerdings die Aktivkohle nach ein paar Stunden absaugen und ersetzen, denn im Laufe der Zeit kann sich der Giftstoff zum Teil wieder von der Kohle ablösen und resorbiert werden. Bei Vergiftungen mit Ethanol und Methanol, Ethylenglykol, Schwermetallen, Lösungsmitteln, starke Säuren und Laugen ist Aktivkohle wegen schlechter Adsorption nicht geeignet. Weitere Kontraindikationen für Aktivkohle sind rezidivierendes Erbrechen oder Verdacht auf Blutungen oder Perforationen im Magen-Darmbereich.

Forcierte Diarrhö und orthograde Darmspülung

Zur Beschleunigung der Darmentleerung kann man Natriumsulfat und/oder Sorbit verabreichen. Dadurch verkürzt sich die Kontaktzeit zwischen Giftstoff und Darmepithel erheblich. Damit soll die Resorption eines Giftstoffes reduziert werden. Bei schweren Intoxikationen mit Substanzen, die nicht an Aktivkohle binden (beispielsweise Metallionen wie Eisen und Lithium), kann eine orthograde Darmspülung durchgeführt werden. Dabei werden via nasaler Sonde 1–2 Liter pro Stunde (bei Kindern 40 ml/kg KG · h) einer Lösung von Na_2SO_4, NaCl, $NaHCO_3$ und Polyethylenglykol verabreicht, bis als Darmentleerung klares Wasser erscheint.

Dekontamination der äußeren Haut

Bei fettlöslichen Giftstoffen, wie Alkylphosphaten und Kohlenwasserstoffen, sind lebensbedrohliche Vergiftungen durch Hautkontamination beobachtet worden. Obwohl es sich um lipophile Verbindungen handelt, darf auf keinen Fall ein lipophiles Lösungsmittel zur Dekontamination der Haut verwendet werden, da dieses die Giftresorption noch verbessern könnte. Die kontaminierte Haut sollte mit viel Wasser und Seife abgespült und anschließend mit Polyethylenglykol 400 abgetupft werden. Polyethylenglykol 400 entzieht als hygroskopischer Stoff der Haut Wasser und damit auch den Giftstoff.

6.3.3 Verschiedene Maßnahmen beschleunigen die Elimination von Giftstoffen aus dem Blutkreislauf

In der Praxis verfolgt man die Giftstoffelimination über den Konzentrationsverlauf im Blut und/oder im Harn. Die entscheidende therapeutische Maßnahme ist jedoch die Entfernung des Giftes aus dem Gewebe, denn eine Vergiftung wird praktisch immer durch toxische Schäden im Gewebe und nicht im Blut verursacht. Da man die Gewebekonzentrationen meistens nicht bestimmen kann, sind Kenntnisse über die Verteilung der Giftstoffe sehr wichtig. Mit ihnen kann man aus den bestimmbaren Konzentrationen im Blut die Gewebekonzentrationen abschätzen. Die anwendbaren Maßnahmen zur Giftelimination nach der Resorption entfernen die Substanz hauptsächlich aus dem Blut. Die Senkung der Blutkonzentration wiederum bewirkt ein Nachströmen des Giftstoffes aus dem Gewebe in die Blutbahn. Natürlich ist die Elimination erschwert, wenn es sich um Giftstoffe handelt, die sich stark im Gewebe anreichern wie zum Beispiel trizyklische Antidepressiva, oder wenn die Giftstoffe so stark im Gewebe haften, dass auch eine Senkung des Blutspiegels nur ein sehr geringes Nachströmen in die Blutbahn auslöst. Letzteres gilt beispielsweise für Paraquat und Diquat.

Die wichtigsten Maßnahmen zur Steigerung der Eliminationsgeschwindigkeit nach der Resorption sind:

- Die Steigerung der physiologischen Elimination über die Nieren (forcierte Diurese), die Lungen (Hyperventilation) und den Darm (Unterbrechung des enterohepatischen Kreislaufs durch repetitive Gabe von Aktivkohle) und
- die Giftelimination mithilfe eines extrakorporalen Kreislaufs (Hämoperfusion oder Hämodialyse).

Alkalinisierung des Urins und forcierte Diurese

Die Elimination einiger Giftstoffe über die Niere lässt sich durch Veränderungen des Urin-pH-Wertes wesentlich steigern. Durch Zugabe von Natriumbicarbonat kann man eine Alkalisierung des Urins bis zu einem pH-Wert von 8,0 erreichen. Dadurch lässt sich die Elimination von sauren Giftstoffen wie Salicylaten um ein Vielfaches steigern, da solche Giftstoffe in alkalischem Milieu dissoziiert vorliegen und nicht rückresorbiert werden. Bei manchen Giften wie beispielsweise bei Chlorophenoxy-Herbiziden ist neben Alkalinisierung des Urins auch eine Erhöhung des Urinvolumens (forcierte Diurese) angezeigt. Die Niere filtriert täglich ungefähr 180 Liter Primärharn. Davon werden mehr als 99 % rückresorbiert, sodass effektiv nur ein bis zwei Liter Urin pro Tag zur Ausscheidung gelangen (die Physiologie der Niere wird ausgiebiger in Abschnitt 4.8.1 beschrieben). Damit hat man für die Steigerung des Urinvolumens einen großen Spielraum zur Verfügung. In der Regel wird bei der forcierten Diurese ein Urinfluss von acht bis 14 Liter pro 24 Stunden durch Infusion des entsprechenden Volumens einer Elektrolytlösung ausgelöst. Zur Unterstützung der Harnproduktion kann man diuretisch wirksame Medikamente (Diuretika) wie Furosemid verabreichern.

Hämoperfusion

Die Hämoperfusion nutzt die Fähigkeit von Aktivkohle aus, sowohl fettlösliche als auch wasserlösliche Substanzen zu adsorbieren. Dabei wird das Blut des Vergifteten über stecknadelkopfgroße, mit Kunststoff beschichtete Aktivkohle-Körnchen geleitet (Abbildung 6.3). Alternativ dazu steht das adsorbierende neutrale Harz Amberlite XAD-4 (*Hämoresin*) zur Verfügung, das oft der Aktivkohle sogar überlegen ist.

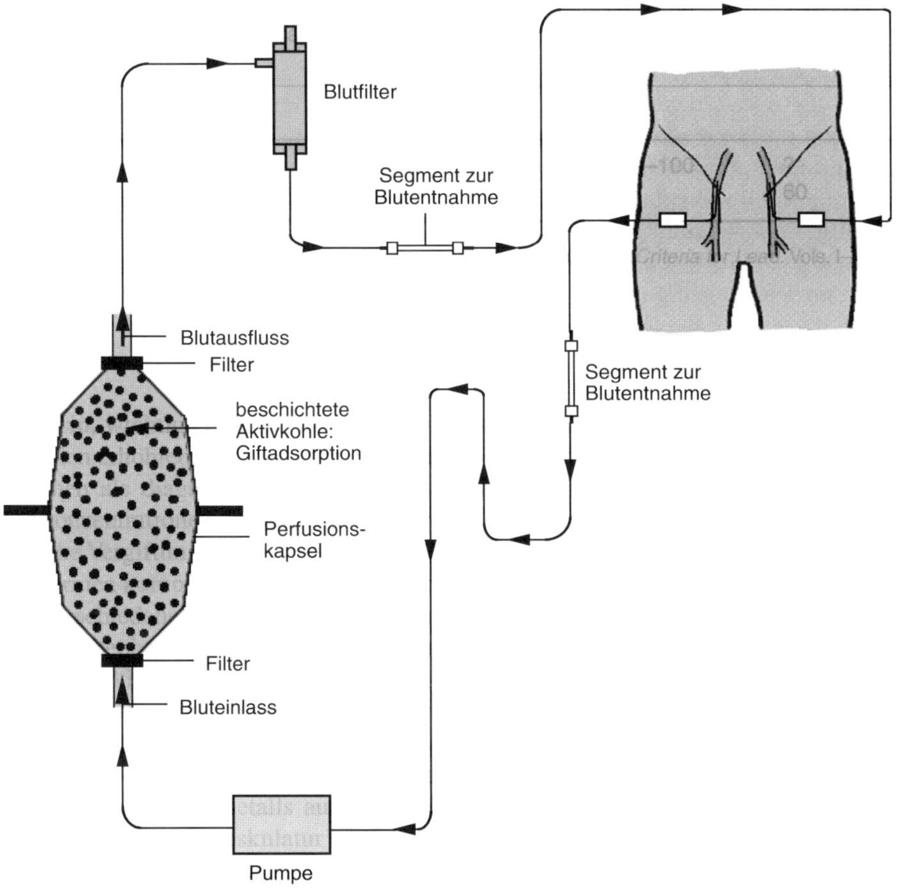

6.3 Schematische Darstellung der wesentlichen Bestandteile einer Apparatur zu Hämoperfusion. Das Blut des vergifteten Patienten wird aus einer großen Vene entnommen und durch die Hämoperfusionskapsel gepumpt. Vor und nach der Adsorption des Giftes an die beschichteten Aktivkohlegranula der Hämoperfusionskapsel befinden sich im Schlauchsystem Segmente zur Blutentnahme. Bevor das Blut wieder über eine große Vene dem Organismus zugeführt wird, werden in einer Filtereinheit gegebenenfalls entstandene Luftbläschen und feste Konglomerate (Zellklumpen oder andere Verunreinigungen) entfernt.

Gegenüber der Hämodialyse (siehe unten) weist die Hämoperfusion wesentliche Vorteile auf, weil mit diesem Verfahren auch größere Moleküle bis zu einem Molekulargewicht von mehreren tausend Dalton beziehungsweise (bestimmte) an Plasmaproteine gebundene Giftstoffe aus dem Organismus entfernt werden können. Die Effektivität der Hämoperfusion hängt wesentlich von der Verteilung der Giftstoffe zwischen Blut und Gewebe ab. Je stärker sich ein Giftstoff im Gewebe anreichert, umso schwieriger gestaltet sich seine Entfernung aus dem Organismus durch Hämoperfusion. Das Ausmaß der Elimination wird zunächst anhand der Blutspiegel vor und nach der Perfusionssäule beurteilt. Für den klinischen Verlauf ist jedoch entscheidend, welche Menge der toxischen Substanz aus den Geweben des Körpers in einem bestimmten Zeitraum entfernt wird. Zur Berechnung dieser Menge benötigt man neben den Konzentrationen des Giftstoffes vor und nach der Perfusionssäule noch die Blutumlaufgeschwindigkeit und die Zeitdauer der Hämoperfusion.

Dieses effiziente, jedoch aufwendige Verfahren ist nur bei schweren Vergiftungen angebracht, erkennbar an tiefer Bewusstlosigkeit, Kreislaufschock, Hypothermie (Untertemperatur) und stark veränderter Stoffwechsellage. Auch der Verlauf der Giftstoffkonzentration im Plasma kann zur Durchführung einer Hämoperfusion veranlassen. Eine wichtige Kontraindikation ist eine ausgeprägte *Thrombocytopenie* (eine pathologisch niedrige Anzahl von Blutplättchen). In der Praxis spielt die Hämoperfusion eine geringe Rolle in der Vergiftungsbehandlung, zum einen weil in den meisten Fällen weniger aufwendige Maßnahmen ausreichen, zum anderen weil die Effektivität des Verfahrens bei vielen heute wichtigen Giften wie zum Beispiel Psychopharmaka gering ist (Tabelle 6.3).

Tabelle 6.3: Giftstoffe, die durch Hämoperfusion beschleunigt eliminiert werden können

Gruppe	Beispiele*
Schmerzmittel	Salicylate, Paracetamol
Bronchodilatatoren	Theophyllin
Insektizide	einige Organophosphate
Herbizide	Paraquat, Diquat
Pilzgifte	α-Amanitin (Toxin des Grünen Knollenblätterpilzes)

*Für die Indikationsstellung ist die Menge beziehungsweise die Blutkonzentration des aufgenommenen Giftstoffes und der Schweregrad des klinischen Bildes entscheidend.

Hämodialyse

Das Prinzip der Hämodialyse besteht darin, dass eine semipermeable Membran das Blut des Patienten von einer umgebenden wässrigen Elektrolytlösung, dem Dialysat, trennt. Die semipermeable Membran ist nur für Wasser und niedermolekulare, im Wasser (Dialysat oder Plasmawasser) gelöste Stoffe durchlässig. Dem Dialysat setzt man diejenigen Substanzen in physiologischen Konzentrationen zu, die nicht aus dem Blut entfernt werden sollen, sodass nur das jeweilige Gift aus dem Plasma in das Dialysat übergeht. Wenn zusätzlich Korrekturen von Elektrolytstörungen vorgenommen werden müssen, wird das Elektrolytmuster des Dialysats so eingestellt, dass zwischen ihm und dem Plasma die gewünschten Gradienten entstehen. Das Dialysat wird kontinuierlich erneuert, um eine maximale Differenz der Giftstoffkonzentration zwischen Blut und Dialysat aufrechtzuerhalten. Eine Dialyse ist bei schweren, lebensbedrohlichen Vergiftungen mit Methanol, Ethanol, Ethylenglycol, Isopropylalkohol, Salicylaten und Lithium angebracht und wird häufig als ergänzendes Verfahren zu einer Hämoperfusion durchgeführt.

Repetitive Gabe von Aktivkohle

Einige Giftstoffe, wie zum Beispiel bestimmte trizyklische Antidepressiva oder Digitoxin, gelangen aus der Leber mit der Galle in den Darm. Im weiteren Verlauf werden sie jedoch nicht mit dem Stuhl ausgeschieden, sondern zum großen Teil zur Leber zurücktransportiert (Abschnitt 4.8.2). Dieser enterohepatische Kreislauf lässt sich durch wiederholte Gabe von Aktivkohle in den Magen-Darm-Trakt unterbrechen, wodurch die Stoffelimination wesentlich gesteigert wird. Die Gabe von Aktivkohle führt aber auch zur kontinuierlichen Absorption aller in das Darmlumen sezernierten Noxen. Durch diesen zusätzlichen Mechanismus wird die Elimination von vielen Giften beschleunigt. Bei Erwachsenen gibt man dafür 25 g Aktivkohle als Suspension alle 2 Stunden, bei Kindern 0,25 g/kg Körpergewicht alle 2 Stunden.

Weiterführende Literatur

Ellenhorn MJ, Schonwald S, Ordog G, Wasserberger J (Hrsg.) (2003) Ellenhorn' Medical Toxicology – Diagnosis and Therapy of Human Poisoning. 2. Aufl, Lippincott Williams & Wilkins, Baltimore

Gossel TA, Bricker OJ (Hrsg.) (1994) Principles of Clinical Toxicology. 3. Aufl, Raven Press, New York

Heinemeyer G (1991) Vergiftungen im Haushalt, im Beruf und aus der Umwelt. *Bundesgesundhbl* 4: 151–153

Huber L (2000) Good laboratory practice and current good manufacturing practice. *Agilent Technologies*

Jacobsen D, Haines JA (1997) The relative efficacy of antidotes: the IPCS evaluation series. International Programme on Chemical Safety. *Arch Toxicol Suppl* 19: 305–10

Maurer HH (1993) Giftnachweis – Möglichkeiten und Grenzen moderner klinisch-toxikologischer Analytik. *Saarländisches Ärzteblatt* 11: 495–505

Moeschlin S (Hrsg.) (1986) Klinik und Therapie der Vergiftungen. 7. Aufl, Thieme, Stuttgart

Pfleger K, Maurer HH, Weber A (Hrsg.) (2000) Mass Spectral and GC Data of Drugs, Poisons, Pesticides, Pollutants and their Metabolites. 2. Aufl, Wiley-VCH, Weinheim

Pronczuk de Garbino J, Haines JA, Jacobsen D, Meredith T (1997) Evaluation of antidotes: activities of the International Programme on Chemical Safety. *J Toxicol Clin Toxicol* 35: 333–43
Schäfer S, Maurer HH (Hrsg.) (1993) Erkennung und Behandlung von Vergiftungen. BI Wissenschaftsverlag, Mannheim/Leipzig/Berlin/Zürich
Szinicz L, Kullmann R (1990) Therapie der Vergiftungen mit hochtoxischen organischen Phosphorverbindungen. *Wehrmed Mschr* 4: 190–196
Vincellio P (1993) Handbook of Medical Toxicology. 2. Aufl, Lippincott Williams & Wilkins, Baltimore
Von Mach MA, Weilemann LS (2002) Zunehmende Bedeutung von Antidepressiva bei suizidalen und parasuizidalen Intoxikationen. *Dtsch Med Wochenschr* 127: 2053–2056
Von Mach MA, Weilemann LS (2003a) Aktuelle Diagnostik von Intoxikationen. *Dtsch Med Wochenschr* 128: 1121–1123
Von Mach MA, Weilemann LS (2003b) Aktuelle Therapie von Intoxikationen. *Dtsch Med Wochenschr* 128: 1779–1781

7 Toxikologie von Industrie- und Umweltchemikalien

Lösungsmittel • Industriechemikalien • Umweltschadstoffe • Metalle • Pestizide

Die Toxikologie ist ein stark stoffbezogenes Fach. Viele Mechanismen toxischer Wirkungen wurden erstmals beim Studium der toxischen Wirkungen einzelner Stoffe aufgedeckt. Die toxikologischen Charakteristika von Stoffen beziehungsweise Stoffgruppen stellen die wichtigste Grundlage zur Entwicklung oder Anwendung von Sicherheitsmaßnahmen beim Umgang mit chemischen Stoffen dar.

7.1 Lösungsmittel

Chemikalien werden in großen Mengen in Industrie und Technik als Lösungsmittel verwendet. Dabei kommen sowohl Einzelstoffe als auch Stoffgemische zum Einsatz. Zu den wichtigsten Anwendungsgebieten für technische Lösungsmittel zählen die Entfettung von Metallteilen und Textilien sowie chemische Synthesen. Daher sind die vorrangigen Anforderungen an diese Stoffe ein hohes Fettlösungsvermögen und eine ausreichende Flüchtigkeit. Bei der Auswahl der Lösungsmittel spielen sowohl sicherheitstechnische Probleme wie Brennbarkeit und Bildung explosiver Gemische mit Luft als auch Toxizität und Abbaubarkeit in der Umwelt eine wichtige Rolle.

Toxikologisch betrachtet ist wegen der Flüchtigkeit vieler Lösungsmittel die Inhalation der wichtigste Aufnahmeweg (Exkurs 7.1). Zusätzlich können einige lipophile Lösungsmittel, besonders bei Benetzung großer Hautflächen, auch über die Haut aufgenommen und im Organismus schnell verteilt werden. Allgemein lassen sich bei Lösungsmitteln vier Formen toxischer Wirkungen unterscheiden:

- Nach akuter Exposition gegenüber sehr hohen Konzentrationen kommt es wegen der hohen Lipophilie und der dadurch bedingten schnellen Anflutung der Stoffe im Gehirn zur Narkose.
- Bei subchronischer Exposition treten oft verminderte Konzentrationsfähigkeit, Müdigkeit, Schlaflosigkeit und andere unspezifische Beschwerden auf.
- Bei chronischer Exposition gegenüber bestimmten Lösungsmitteln werden toxische Effekte auf einzelne Organe oder Organsysteme beobachtet. Das Ausmaß der toxi-

schen Wirkung und die betroffenen Zielorgane sind von Stoff zu Stoff unterschiedlich und beruhen auf metabolischen Aktivierungsreaktionen.
- Bei Haut- oder Schleimhautkontakt führen viele Lösungsmittel zu einer schnellen Entfettung der äußeren Haut.

Exkurs 7.1: Wirkung von Inhalationsnarkotika

Narkotische und pränarkotische Wirkungen sind nicht an eine bestimmte chemische Struktur gebunden und werden nach Aufnahme vieler lipophiler Verbindungen beobachtet. Klinisch macht man sich die narkotische Wirkung von lipophilen Verbindungen bei der Inhalationsnarkose zunutze. Früher wurden dafür technische Lösungsmittel wie Diethylether, Trichlorethen und Chloroform eingesetzt. Heute verwendet man nur noch fluorierte Ether. Durch den Einsatz von Inhalationsnarkotika hat man Kenntnisse über den Verlauf der Narkose durch lipophile Verbindungen erworben, die auch für die bei Einatmung von Lösungsmitteln ausgelöste narkotische Wirkung gelten. Durch die Inhalation lipophiler Verbindungen werden mehrere Funktionen im zentralen Nervensystem reversibel gelähmt; wie stark die Aktivität des zentralen Nervensystems eingeschränkt wird, hängt unmittelbar von der Konzentration des lipophilen Stoffes im Nervensystem ab. Die Lähmung von Funktionen der Hirnrinde verursacht einen Verlust des Schmerzempfindens und Bewusstseinseinschränkungen bis zur tiefen Bewusstlosigkeit. Nach längerer Inhalation werden auch Funktionen des Mittelhirns ausgeschaltet; die Aufnahme sehr hoher Dosen führt durch Störung der Atmungs- und Kreislaufregulationszentren zu Atemstillstand und Kreislaufversagen, die tödlich enden können. Die narkotische Wirkung lipophiler Verbindungen ist ein rein physikalischer Effekt; auch biologisch inerte Verbindungen wie das lipophile Edelgas Xenon wirken bei Aufnahme ausreichender Mengen in dieser Weise.

7.1.1 Halogenierte aliphatische Kohlenwasserstoffe

Die Einführung von Halogenatomen in gesättigte und ungesättigte aliphatische Kohlenwasserstoffe erhöht die Stabilität dieser Verbindungen und verbessert ihre Lösungseigenschaften für Fette und Öle. Technisch werden große Mengen halogenierter Kohlenwasserstoffe – hauptsächlich Fluor- und Chlorverbindungen – eingesetzt. Wegen der hohen Lipidlöslichkeit üben alle Verbindungen aus dieser Gruppe nach akuter Aufnahme narkotische Wirkungen aus; weitere Effekte akuter Intoxikationen unterscheiden sich von Stoff zu Stoff und hängen von metabolischen Aktivierungsreaktionen ab. Das Ausmaß, in dem die Ausgangsverbindungen solche Aktivierungsreaktionen eingehen, ist unterschiedlich und entscheidend für die akute Toxizität. Viele dieser Stoffe haben auch chronisch toxische Wirkungen. Für diesen Effekt sind ebenfalls metabolische Aktivierungsreaktionen verantwortlich.

Trichlorethen und Perchlorethen

Trichlorethen und Perchlorethen finden in vielen technischen Prozessen Anwendung und sind wegen ihrer geringen akuten Toxizität und fehlenden Entflammbarkeit wichtige Lösungsmittel. Perchlorethen wird hauptsächlich in chemischen Reinigungen verwendet, Trichlorethen zur Metallentfettung.

Toxische Wirkungen
Bei akuter Aufnahme hoher Dosen steht bei beiden Stoffen die narkotische Wirkung im Vordergrund; Todesursache nach akuter Exposition ist meist eine Atemlähmung. Wegen der geringen akuten Toxizität und der guten narkotischen Eigenschaften wurde Trichlorethen als *Inhalationsnarkotikum* verwendet. Großflächiger Hautkontakt sowohl mit Tri- als auch mit Perchlorethen führt zur Entfettung der Haut.

Toxikokinetik und Metabolismus
Tri- und Perchlorethen werden schnell in den Organismus aufgenommen und teilweise im Fett gespeichert. Das Ausmaß der metabolischen Umwandlung von Trichlorethen ist im Versuchstier und im Menschen stark dosisabhängig; selbst bei höheren Dosen werden beträchtliche Anteile der aufgenommenen Menge als Metaboliten mit dem Urin ausgeschieden. Im Gegensatz dazu erfolgt die Ausscheidung des aufgenommenen Perchlorethens hauptsächlich durch langsame Abatmung. Hauptweg der Biotransformation beider Haloolefine ist die metabolische Oxidation durch Cytochrom-P-450. Dieses Enzym katalysiert die Umwandlung von Trichlorethen in Chloral (Kapitel 4). Die bedeutsamsten Metaboliten von Trichlorethen im Urin sind Trichlorethanol und Trichloressigsäure, die durch Reduktion beziehungsweise Oxidation der gebildeten Zwischenstufe, des Chloralhydrats, entstehen. Trichlorethanol selbst wird schnell aus dem Organismus ausgeschieden; Trichloressigsäure hingegen bindet sich gut an Plasmaproteine und wird nur langsam eliminiert. Beim oxidativen Metabolismus von Perchlorethen entsteht ebenfalls Trichloressigsäure. Der Stoffwechselweg über die Glutathionkonjugation, der bei beiden Verbindungen in geringem Ausmaß beobachtet wird, ist eine Aktivierungsreaktion und möglicherweise für die nierentoxische Wirkung von Tri- und Perchlorethen in Ratten verantwortlich.

Chlorierte Methane 7.1.2

Chlorierte Derivate des Methans finden wegen ihrer guten Lösungsmitteleigenschaften und ihres günstigen Preises weithin Verwendung.

Tetrachlormethan

Tetrachlormethan (Tetrachlorkohlenstoff) wurde früher wegen seiner preiswerten Herstellung häufig als Lösungsmittel benutzt.

Toxische Wirkungen
Die akute Vergiftung mit Tetrachlormethan ist durch eine massive Leberschädigung gekennzeichnet. Narkotische Wirkungen sind nur anfangs bemerkbar oder fehlen ganz. Als erstes Anzeichen der Leberschädigung steigen die Aktivitäten der die Leberfunktion anzeigenden Enzyme im Plasma stark an, was diagnostisch verwertbar ist. Die Leber schwillt durch Fetteinlagerung an und reagiert schmerzhaft auf Druck. Neben der massiven Leberschädigung treten nach hohen Dosen auch Nierenschäden auf; Nierenversagen ist als Todesursache nach Tetrachlormethanvergiftungen beschrieben worden. Tetrachlormethan führt bei chronischer Exposition zur Bildung von Lebertumoren in Ratten; diese Tumoren entstehen in durch die Toxizität stark veränderten Arealen der Leber.

Toxikokinetik und Metabolismus
Tetrachlormethan wird metabolisch durch Cytochrom-P-450 zum Trichlormethylradikal reduziert. Dieses zieht Wasserstoffatome von den polyungesättigten Fettsäuren der Membranlipide ab und initiiert dadurch die Lipidperoxidation (Abbildung 4.20). Alkoholmissbrauch verstärkt die Lebertoxizität von Tetrachlorkohlenstoff. Durch Alkohol wird das Cytochrom-P-450-Isoenzym CYP2E1 induziert, das wiederum die reduktive Aktivierung zum Trichlormethylradikal katalysiert (Gleichung 4.20).

Chloroform

Chloroform (Trichlormethan) wurde lange als Inhalationsnarkotikum und auch als technisches Lösungsmittel verwendet. Wegen der vielen Narkosezwischenfälle wurde die medizinische Anwendung bald wieder aufgegeben; heutzutage hat Chloroform Bedeutung als Verunreinigung im Trinkwasser, es entsteht aus natürlichen Inhaltsstoffen bei der Chlorung von Trinkwasser.

Toxische Wirkungen
Nach akuter Exposition gegenüber hohen Konzentrationen treten narkotische Wirkungen auf. Nach langfristiger oraler Gabe hoher Dosen erzeugte Chloroform in Ratten und Mäusen toxische Veränderungen an Leber und Nieren; zusätzlich werden bei männlichen Ratten Nierentumoren und bei Mäusen Lebertumoren beobachtet. Tumorinduktion tritt nur nach Gabe von Dosen auf, die massive cytotoxische Effekte auslösen.

Toxikokinetik und Metabolismus
Chloroform wird wegen seiner hohen Lipophilie schnell in den Organismus aufgenommen und metabolisiert. Sowohl für die Leber- als auch für die Nierenschäden sind Cytochrom-P-450-abhängige Oxidationen verantwortlich. Dabei entsteht als reaktiver Metabolit Phosgen (Kapitel 4). Dieses Elektrophil bindet an zelluläre Makromoleküle und führt zu toxischen Wirkungen. Endprodukt der metabolischen Umsetzung ist hauptsächlich Kohlendioxid.

Dichlormethan

Wegen seiner günstigen Eigenschaften ist Dichlormethan häufig als Lösungsmittel verwendet worden.

Toxische Wirkungen
Im Gegensatz zu Tetrachlorkohlenstoff zeigt Dichlormethan nur eine geringe akute Toxizität; bei akuter Intoxikation mit hohen Dosen steht die narkotische Wirkung und die Bildung von Carboxyhämoglobin im Vordergrund. Schäden an Leber und an anderen Organen wurden nur selten beobachtet. Inhalation von Dichlormethan führte nach 18 Monaten in Mäusen, nicht aber in Hamstern und Ratten, zu Leber- und Lungentumoren. In Gegensatz dazu erzeugte die Verabreichung im Trinkwasser keine Tumoren. Dichlormethan ist mutagen in Bakterien, aber nicht gentoxisch in Säugerzellen.

Toxikokinetik und Metabolismus
Dichlormethan wird nach Aufnahme schnell abgeatmet beziehungsweise metabolisiert und zeigt keine Tendenz zur Akkumulation. Die Metabolisierung erfolgt im Organismus über zwei Wege; Endprodukte sind Kohlenmonoxid und Kohlendioxid. Kohlenmonoxid entsteht durch eine Cytochrom-P-450-katalysierte Oxidationsreaktion über Formylchlorid als Zwischenstufe. Nach Aufnahme höherer Konzentrationen von Dichlormethan läuft nach Absättigung des Cytochrom-P-450, besonders in der Maus, ein zweiter Stoffwechselweg ab, bei dem über einen glutathionabhängigen Mechanismus Kohlendioxid entsteht. Durch eine von der Glutathion-*S*-Transferase katalysierte Reaktion von Dichlormethan mit Glutathion und durch Hydrolyse des gebildeten *S*-(Chlormethyl)-Glutathions entsteht Formaldehyd (Abbildung 7.1), das über Ameisensäure weiter zu Kohlendioxid oxidiert wird. Pharmakokinetische Untersuchungen zeigten, dass der glutathionabhängige Weg für die Kanzerogenität von Dichlormethan in der Maus verantwortlich ist. Toxischer Metabolit ist das elektrophile *S*-(Chlormethyl)-Glutathion.

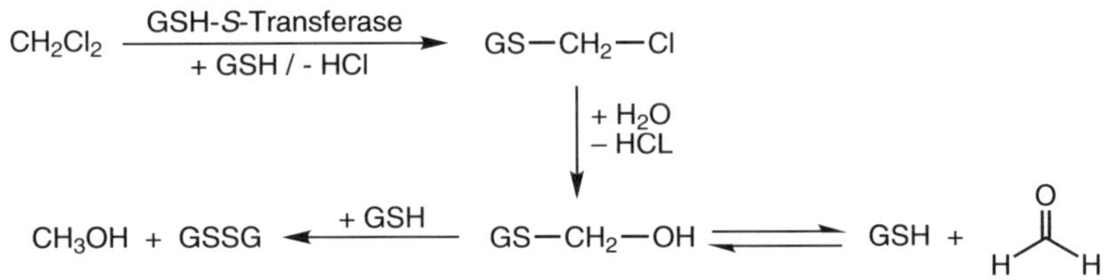

7.1 Durch Glutathion-*S*-Transferase katalysierte Umwandlung von Dichlormethan zu reaktiven Zwischenstufen; GSH = Glutathion.

7.1.3 Kohlenwasserstoffe

n-Hexan

n-Hexan wird wegen seiner guten Lösungsmitteleigenschaften als Lösungsmittel für Farben, zur Extraktion und als Farbverdünner eingesetzt.

Toxische Wirkungen
Kurzfristige Exposition gegenüber Konzentrationen bis zu 1 000 ppm führt nicht zu nachweisbaren toxischen Wirkungen; nur bei sehr hohen Expositionskonzentrationen tritt Narkose auf. Bei chronischer Exposition am Arbeitsplatz erzeugt n-Hexan eine Neuropathie, die fast ausschließlich die Extremitäten betrifft. Nach ersten unspezifischen Symptomen äußert sich die toxische Nervenschädigung durch Taubheitsgefühle in den Fingern und Zehen. In leichten Fällen kann dies das einzige Symptom bleiben, und die Schädigungen sind in diesem Stadium reversibel. Bei andauernder Exposition kann es zu Störungen der Berührungs- und Temperaturempfindlichkeit sowie zu Muskelschwäche in Händen und Füßen kommen. Diese Effekte sind irreversibel. Die ersten Krankheitssymptome treten meist erst nach mehreren Monaten chronischer n-Hexan-Exposition auf. Pathologisch ist als Folge chronischer Exposition eine Degeneration der peripheren Nerven zu beobachten – ein Effekt, der auch in Tierexperimenten beobachtet wird.

Toxikokinetik und Metabolismus
Die chronische Neurotoxizität von n-Hexan beruht auf metabolischen Aktivierungsreaktionen. n-Hexan wird durch Cytochrom-P-450 hydroxyliert, dabei entstehen im Organsimus einfach und mehrfach hydroxylierte Produkte. Diese können weiter zu den entsprechenden Ketonen oxidiert werden. Der für die Neurotoxizität verantwortliche Metabolit ist 2,5-Hexandion. Dieses Dion reagiert mit der ε-Aminogruppe von Lysin in Peptiden. Dabei entstehen unter Zyklisierung Proteinpyrrole, die durch weitere Oxidation zu Proteinvernetzungen führen (Abbildung 7.2). Solche Vernetzungen in den Leitungsbahnen des Nervensystems (*Axonen*) beeinträchtigen den axonalen Transport von Proteinen und die Leitung von elektrischen Impulsen. Folge sind die oben beschriebenen toxischen Wirkungen. Wegen gegenseitiger Beeinflussung der Metabolisierung ist die Toxizität von n-Hexan stark abhängig von der Anwesenheit anderer Kohlenwasserstoffe. Gleichzeitige Exposition gegenüber Toluol und n-Hexan vermindert die Neurotoxizität von n-Hexan signifikant.

Benzol

Benzol wurde früher als Lösungsmittel in der Gummiindustrie sowie in der Farb- und Kunststoffproduktion verwendet. Heutzutage ist Benzol im bleifreien Benzin (bis zu 3 %) vorhanden. Für den Raucher ist Zigarettenkonsum die wichtigste Benzolquelle; für Nichtraucher stellt der Aufenthalt in Innenräumen, selbst wenn diese nicht mit Tabakrauch belastet sind, aufgrund der Abluft von Heizungen eine beträchtliche Belastung dar. Sie liegt wegen der langen Aufenthaltszeiten deutlich über der durch Außenluftex-

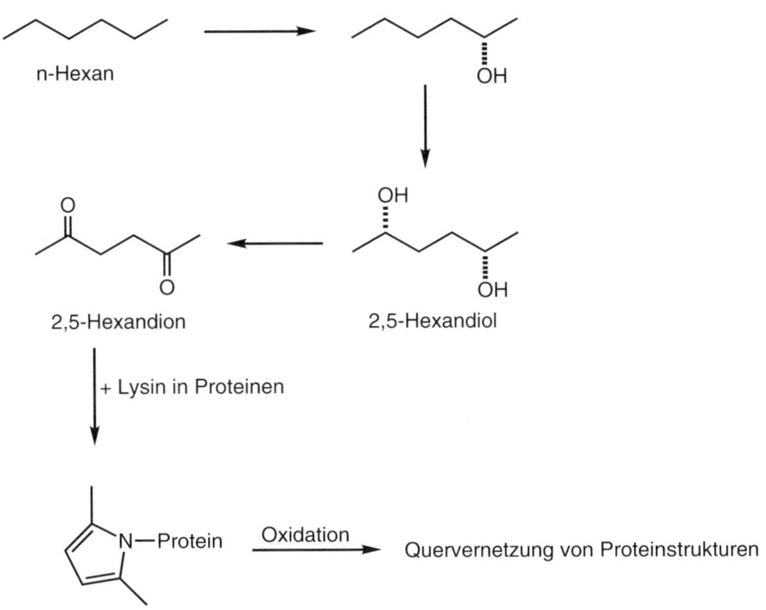

7.2 Umwandlung von n-Hexan zu 2,5-Hexandion und Reaktion des Dions mit der Aminosäure Lysin in Proteinen. Durch Autoxidation der gebildeten Pyrrole entstehen Quervernetzungen von Proteinstrukturen.

position verursachten Belastung. Beiträge liefert auch der Aufenthalt in Kraftfahrzeugen.

Toxische Wirkungen
Bei akuter Aufnahme sehr hoher Dosen treten Narkose sowie häufig tödlich endende Herzrhythmusstörungen auf. Zielorgan der toxischen Wirkungen bei langfristiger Exposition ist das blutbildende System. Beim Menschen wurden bei chronischer Benzolexposition am Arbeitsplatz sowohl Veränderungen des Blutbildes als auch erhöhte Inzidenzen an Leukämien beobachtet. In Tiermodellen erzeugt Benzol zwar Blutbildveränderungen, aber keine Leukämien. Zu den frühen Indikatoren einer Benzolvergiftung beim Menschen zählt eine Verringerung der Zahl an Leukocyten.

Toxikokinetik und Metabolismus
Resorption über die Lunge spielt wegen des hohen Dampfdrucks von Benzol die wichtigste Rolle bei der Aufnahme. Im Stoffwechsel wird Benzol dosisabhängig in polare Metaboliten umgewandelt, bei sehr niedrigen Dosen liegt der metabolisierte Anteil bei ungefähr 50 % (Abbildung 7.3). In der ersten Stufe entsteht ein Epoxid (1), das im Gleichgewicht mit dem entsprechendem Oxepin (2) steht. Von diesem Epoxid leiten sich alle bisher nachgewiesenen Metaboliten ab. Es kann durch Glutathion-*S*-Transferasen unter Öffnung des Dreirings in ein Glutathionkonjugat (3) umgewandelt werden. Durch hydrolytische Öffnung des Oxirans entsteht Phenol (4), das im Menschen in Form des Sulfats ein Hauptmetabolit im Urin ist. Die Epoxidhydrolase katalysiert die

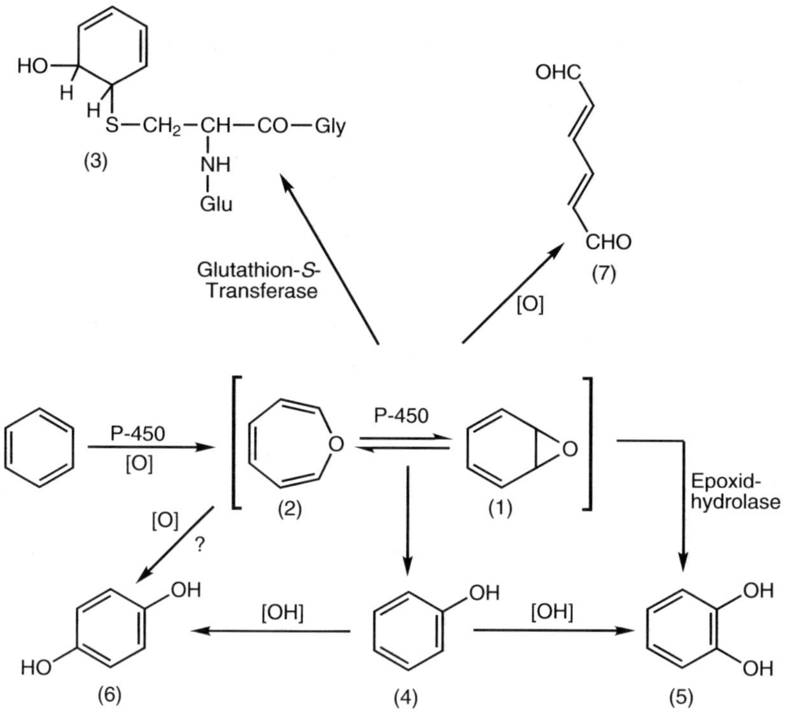

7.3 Metabolische Aktivierung von Benzol zu hämatotoxischen Metaboliten, wobei: (1) = Benzenepoxid, (2) = Oxepin, (3) = Glutathionkonjugat, (4) = Phenol, (5) = Catechol, (6) = Hydrochinon und (7) = Mukonaldehyd.

Bildung von Catechol (5). Hydrochinon (6) entsteht durch weitere Oxidation von Phenol; unter Ringöffnung über einen noch unbekannten Mechanismus werden Mukonaldehyd (7) und, als ausgeschiedenes Endprodukt dieses Stoffwechselweges, Mukonsäure gebildet.

Benzolmetaboliten binden kovalent an Proteine; der wahrscheinlich für die Bindung verantwortliche Metabolit ist Benzochinon. Das Knochenmark als Zielorgan der kanzerogenen Wirkung von Benzol beim Menschen besitzt nur eine begrenzte Kapazität zur Metabolisierung von Benzol. Man nimmt daher an, dass in der Leber gebildete Benzolmetaboliten über das Blut in das Knochenmark verteilt werden und hier weiteren Metabolisierungsprozessen unterliegen.

Toluol

Toluol (Methylbenzol) ist bei weitem weniger toxisch als Benzol. Höhere Expositionskonzentrationen erzeugen Narkose; Blutbildveränderungen hat man bisher nicht beobachtet. Die unterschiedliche Wirkung von Toluol und Benzol ist auf abweichende Metabolisierungswege zurückzuführen. Toluol wird hauptsächlich an der Methylgruppe zu Benzoesäure oxidiert, wobei keine elektrophilen Zwischenstufen entstehen; Oxidationen am aromatischen Ring spielen dagegen im Metabolismus von Toluol nur eine untergeordnete Rolle.

Methanol 7.1.4

Methanol wird als Lösungsmittel eingesetzt und steht als möglicher Treibstoffzusatz für Ottomotoren in der Diskussion. Häufigste Ursache für Vergiftungen beim Menschen sind die absichtliche Beimengung zu alkoholischen Getränken oder die Verwechslung mit Ethylalkohol.

Toxische Wirkungen
Im Menschen hat die Methanolvergiftung einen charakteristischen Verlauf. Kurz nach Aufnahme toxischer Konzentrationen wird ein Erregungs- und Rauschzustand beobachtet, der nach einigen Stunden abklingt. Nach einem symptomfreien Intervall von zwölf bis 24 Stunden stellt sich eine metabolische Acidose mit den charakteristischen Begleiterscheinungen vertiefte Atmung, erhöhter Blutdruck sowie Kopfschmerzen, Benommenheit und Erbrechen ein. Dieser Zustand kann je nach aufgenommener Dosis ein bis vier Tage andauern. Als zweite Folge der Vergiftung treten meist parallel mit dem Beginn der Acidose Augenschmerzen und Beeinträchtigung der Sehfähigkeit auf. Diese äußern sich in einer Einschränkung des Gesichtsfeldes und verschwommenen Bildern (Sicht wie bei Schneesturm). Nach zwei bis sechs Tagen bessern sich diese Beschwerden. Durch irreversible Degeneration des Sehnervs kann aber auch Erblindung eintreten. Massive Methanolvergiftungen haben fast immer diese Folge.

Toxikokinetik und Metabolismus
Die im Menschen beobachteten Effekte sind auf die metabolische Oxidation von Methanol zu Ameisensäure zurückzuführen. In Primaten wird Methanol langsam, aber vollständig resorbiert und verteilt sich wegen seiner geringen Fettlöslichkeit überwiegend im Körperwasser. Der erste Schritt der Oxidation von Methanol im Menschen führt – katalysiert durch die *Alkoholdehydrogenase* (ADH) – zu Formaldehyd. Dieses wird durch die *Formaldehyddehydrogenase* (FOD) schnell weiter zu Ameisensäure oxidiert, die wiederum eine nur langsame Umsetzung zu Kohlendioxid erfährt (Gleichung 7.1). Die Ameisensäureausscheidung mit dem Harn erfolgt im Menschen ebenfalls nur langsam, zusätzlich hängt die Ausscheidungsgeschwindigkeit von der Konzentration ab; je höher die Methanoldosis, desto länger ist die Halbwertszeit der Ameisensäure. Im Tierversuch führt Methanolvergiftung nicht zur Erblindung. In Nagern wird Ameisensäure schnell zu Kohlendioxd oxidiert, daher bauen sich im Blut keine toxischen Konzentrationen an Ameisensäure auf.

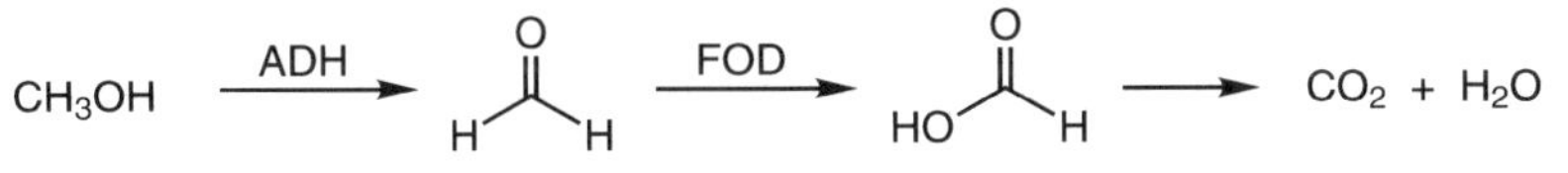

(Gl. 7.1)

Sehstörungen nach chronischer Methanolexposition sind zwar beschrieben, doch bei Einhaltung der geltenden Richtwerte für Methanolkonzentrationen am Arbeitsplatz erfolgt der metabolische Abbau von Ameisensäure schneller als ihre Bildung; toxische Konzentrationen können daher nicht entstehen.

Zur Therapie einer Methanolvergiftung setzt man Ethanol als kompetitiven Hemmstoff der Methanoloxidation ein; durch wiederholte Gabe von ethanolhaltigen Getränken wird der Blutalkoholspiegel von ungefähr 0,1 % aufrechterhalten. Ethanol hat eine höhere Affinität für die Alkoholdehydrogenase als Methanol und hemmt dadurch dessen Oxidation. Unter diesen Umständen wird über die Lunge und den Urin vermehrt unverändertes Methanol ausgeschieden. Im Rahmen der Vergiftungsbehandlung ist auch die Korrektur der acidotischen Stoffwechsellage erforderlich (Kapitel 6).

7.1.5 Benzin und Kerosin

Benzin und Kerosin sind Mischungen aus gesättigten und ungesättigten aliphatischen Kohlenwasserstoffen mit mehr oder weniger großem Anteil an aromatischen Verbindungen. Das im Kraftverkehr und in geringeren Mengen auch zur Reinigung verwendete Leichtbenzin besteht hauptsächlich aus Hexan-, Heptan- und Octan-Isomeren. Trotz der weiten Verbreitung und Anwendung sind akute Vergiftungen wegen der geringen Toxizität von Benzin selten. Nach Exposition gegenüber hohen Konzentrationen (> 2000 ppm) treten narkotische Effekte auf. Vergiftungsunfälle durch orale Aufnahme kommen meist im Kindesalter vor. Die massive Reizung der Magenschleimhaut verursacht häufig starkes Erbrechen. In einigen Fällen gelangen dabei Benzintröpfchen in die Luftwege und führen in der Lunge zu einer schwerwiegenden Entzündung, einer *Benzinpneumonie.*

7.2 Industrielle Zwischenprodukte

Für großtechnische Synthesen werden viele Stoffe eingesetzt, die eine hohe chemische Reaktivität aufweisen. Akute Folgen des Kontakts mit reaktiven Gasen sind meist Verätzungen der Schleimhäute von Augen, Nase und Rachen sowie massive Schädigungen der Lunge; Hautkontakt mit ätzenden Flüssigkeiten führt zu Entzündungserscheinungen und schlecht heilenden Verätzungen. Andere Zwischenstufen und Reaktionsprodukte haben chronisch-toxische und kanzerogene Wirkungen.

7.2.1 Vinylchlorid

Vinylchlorid wird seit fünfzig Jahren zur Synthese von Polyvinylchlorid (PVC) verwendet, wegen seiner nur geringen akuten Toxizität und seiner narkotischen Eigenschaften wurde sogar ein Einsatz als Inhalationsnarkotikum erwogen.

Toxische Wirkungen
Bei langfristiger Exposition am Arbeitsplatz erzeugt Vinylchlorid ein komplexes Krankheitsbild mit Leberschäden und Hautveränderungen sowie Tumoren in den Blut-

gefäßen der Leber (*Hämangiosarkome*). Da diese Tumoren spontan sehr selten auftreten, ist zwischen ihrem Auftreten und der Vinylchloridexposition ein eindeutiger Zusammenhang nachgewiesen. Ähnliche Krebserkrankungen werden durch Vinylchlorid auch in Ratten erzeugt.

Toxikokinetik und Metabolismus
Die krebserzeugende Wirkung von Vinylchlorid beruht auf metabolischen Aktivierungsreaktionen. Vinylchlorid wird durch Monooxygenasen in der Leber und in geringem Ausmaß auch in anderen Organen in Chloroxiran umgewandelt; dieses wird teilweise durch Glutathionkonjugation entgiftet. Über diesen Mechanismus lässt sich die Bildung des hauptsächlichen Harnmetaboliten Thiodiglykolsäure erklären (Kapitel 4). Die Ausscheidung von Thiodiglykolsäure dient zur Expositionsüberwachung beim gewerblichen Umgang mit Vinylchlorid. Die Reaktion von Chloroxiran mit DNA-Basen führt zu mutagenen Basenaddukten in Hepatocyten und Endothelzellen der benachbarten Gefäßwände. Da sich die Endothelzellen viel schneller teilen als die Hepatocyten, findet man nach Vinylchloridexposition bevorzugt Tumoren, die von den Lebergefäßen ausgehen. (Zu Reaktionsmechanismen und beispielhaften Strukturen siehe Kapitel 4.)

Ethen und Butadien 7.2.2

Ethen und Butadien haben in der petrochemischen Industrie und bei der Produktion von Kunstkautschuk eine große Bedeutung. Die akute Toxizität von Ethen ist gering; bei sehr hohen Konzentrationen in der Atemluft tritt Narkose auf. Aufgenommenes Ethen wird zum größten Teil unverändert abgeatmet. Nur geringe Mengen werden zu Ethenoxid metabolisiert, einem mutagenen und schwach kanzerogenen Elektrophil (Gleichung 4.6). Bei den am Arbeitsplatz gewöhnlich vorkommenden Konzentrationen wird nur äußerst wenig Ethen aufgenommen; das gebildete Ethenoxid wird unter diesen Umständen im Organismus sehr effektiv durch Glutathionkonjugation entgiftet.

1,3-Butadien wird nach Inhalation wesentlich schneller metabolisiert als Ethen. Auch hier entsteht durch Epoxidierung der Doppelbindung ein elektrophiles Oxiran, das sogar in der Ausatemluft nachweisbar ist. In Kanzerogenitätsstudien hat man mit 1,3-Butadien in Mäusen, aber nicht in Ratten signifikant erhöhte Tumorinzidenzen beobachtet.

Aromatische Amine und aromatische Nitroverbindungen 7.2.3

Aromatische Amine werden industriell als Zwischenstufen in der Herstellung von Farb- und Arzneistoffen eingesetzt. Im Mittelpunkt der toxischen Wirkungen dieser Stoffgruppe stehen die Bildung von Met-Hämoglobin (Exkurs 7.2) und – bei vielen technisch bedeutsamen Vertretern – die kanzerogene Wirkung.

Die krebserzeugende Wirkung vieler Vertreter der aromatischen Amine ist schon seit längerem bekannt. Blasentumoren nach Arbeitsplatzexposition mit aromatischen Aminen wurden erstmals Ende des 19. Jahrhunderts beschrieben. Für den Menschen als Blasenkanzerogene ausgewiesen sind 4-Aminobiphenyl, Benzidin und 2-Naphthylamin; in

Exkurs 7.2: Bildung von Met-Hämoglobin durch Fremdstoffe

Met-Hämoglobin ist eine Hämoglobinvariante, die durch Oxidation des zentralen Eisenatoms entsteht. Es enthält anstelle des zweiwertigen Eisens an der Sauerstoffbindungsstelle ein Eisenatom in der dreiwertigen Form. In dieser Form ist wegen der unterschiedlichen Chemie des dreiwertigen Eisens eine reversible Sauerstoffbindung und damit ein Sauerstofftransport von der Lunge in die Gewebe nicht mehr möglich. Met-Hämoglobin ensteht spontan aus Oxy-Hämoglobin (Gleichung 7.2). Wegen der effizienten enzymatischen Reduktion des endogen gebildeten Met-Hämoglobins liegen die Met-Hämoglobin-Spiegel in Erythrocyten von gesunden Erwachsenen bei unter einem Prozent des Gesamthämoglobins. Säuglinge neigen stärker zur Met-Hämoglobinbildung als Erwachsene, da ihr Hämoglobin aufgrund einer etwas anderen Struktur leichter oxidierbar ist und die enzymatischen Reduktionssysteme in den ersten Lebensmonaten noch nicht vollständig ausgeprägt sind.

$$\text{Hb-Fe}^{2+} + O_2 \longrightarrow \text{Hb-Fe}^{3+} + OH^- \qquad \text{(Gl. 7.2)}$$

Die Symptome der Met-Hämoglobinämie ähneln denen der Kohlenmonoxidvergiftung, da in beiden Fällen der Sauerstofftransport in die Zellen unterbunden wird (Tabelle 7.1). Lebensbedrohende Vergiftungen treten abhängig vom Hämoglobinbestand und vom Sauerstoffbedarf der Gewebe bei einem Met-Hämoglobinanteil am Gesamthämoglobin von ungefähr 60 % auf. Met-Hämoglobin wird beim Gesunden spontan mit einer konzentrationsunabhängigen Rate von 10 % pro Stunde zu Hämoglobin reduziert.

Mechanismen der Met-Hämoglobinbildung

Vom Mechanismus der Met-Hämoglobinbildung her lassen sich zwei Hauptgruppen einteilen: so genannte *direkte* und *indirekte Met-Hämoglobinbildner*. Erstere sind starke Oxidationsmittel (etwa Kaliumchlorat), die das Eisenatom im Hämoglobin oxidieren. Bei indirekten Met-Hämoglobinbildnern stellt der komplexgebundene Sauerstoff das Oxidationsmittel dar. Aromatische Amine und aromatische Nitroverbindungen sind indirekte Met-Hämoglo-

Tabelle 7.1: Symptome der Vergiftung durch Met-Hämoglobin in Abhängigkeit vom Met-Hb-Gehalt

Symptome	Met-Hb-Anteil am Gesamthämoglobin
leichter Kopfschmerz, Mattigkeit, Unwohlsein, Kurzatmigkeit bei Anstrengung, Herzklopfen	10–20 %
Schwindel, Bewusstseinseinschränkung, Lähmungen	20–30 %
tiefe Bewusstlosigkeit, Lähmungen, heftige, stoßweise Atmung, Sinken der Körpertemperatur	40–60 %
tödlich in zehn Minuten bis zu einer Stunde	60–70 %
tödlich in wenigen Minuten	> 70 %

binbildner; sie erzeugen Met-Hämoglobin nur nach Metabolisierung. Durch Oxidation an den Globinketten des Hämoglobins oder an der Erythrocytenmembran bilden sich Proteinausfällungen in den Erythrocyten, die man als *Heinz-Körper* bezeichnet. Sie sind wichtig für die Diagnostik einer chronischen Aufnahme von Met-Hämoglobinbildnern.

Therapie der Methämoglobinämie

Redoxfarbstoffe wie Thionin und Tetramethylthionin (Methylenblau) können sowohl Met-Hämoglobin bilden, indem sie Elektronen aufnehmen, als auch die Reduktion hoher Met-Hämoglobinspiegel beschleunigen, indem sie Wasserstoffatome zur Reduktion von NAD liefern. Beide Reaktionen führen zu einer Redoxpotenzialeinstellung bei etwa 8 % Met-Hämoglobin, einer Konzentration, die keine wesentlichen klinischen Symptome verursacht. Aus diesem Grund verabreicht man bei der Therapie der Met-Hämoglobinämie 0,2 %-ige Thioninlösung und 1 %-ige Methylenblaulösung intravenös.

bestimmten Tierarten (z. B. im Hund) erzeugen sie ebenfalls Blasenkrebs. Die Tumorigenität dieser Stoffe und die Organspezifität der Tumorentstehung lassen sich durch die im Organismus ablaufenden Bioaktivierungsreaktionen erklären. Durch *N*-Oxidation in der Leber entstandene Hydroxylamine werden durch Phase-II-Enzyme konjugiert und gelangen über Blut und Niere in die Harnblase. Die gebildeten Konjugate sind säurelabil und zerfallen im leicht sauren Harn in Elektrophile.

Kanzerogene aromatische Amine werden auch als Kopplungskomponenten in Azofarbstoffen verwendet. Im Organismus können Enzyme der Leber und der Darmbakterien Azofarbstoffe zu Aminen reduzieren; das Ausmaß der Azospaltung ist bei verschiedenen Farbstoffen sehr unterschiedlich und hängt von Struktur und Bioverfügbarkeit ab.

Anilin, das einfachste aromatische Amin, erzeugt als Reinsubstanz nach Gabe sehr hoher Dosen nur bei männlichen Ratten Tumoren der Milz. Grundlage für die Tumorentstehung in diesem Organ ist wahrscheinlich der stark erhöhte Met-Hämoglobinspiegel und der resultierende vermehrte Erythrocytenabbau. Die dadurch induzierte Vergrößerung der Milz geht der Tumorentstehung voraus. Da reines Anilin in bakteriellen Testsystemen nicht mutagen ist, dürften hier **epigenetische Mechanismen** der Tumorbildung verantwortlich sein. Analoge des Anilins wie *o*-Toluidin sind mutagen und in Versuchstieren kanzerogen.

Reizgase sowie reizende und ätzende Stoffe 7.2.4

Der Kontakt mit stark reizenden und ätzenden Verbindungen kann zu chemischen Entzündungen und, je nach Konzentration und Einwirkungszeit, zu massiven Gewebezerstörungen führen. Schleimhäute sind gegen gas- und dampfförmige Reizstoffe erheblich empfindlicher als die äußere Haut. Daher stehen bei der Exposition gegenüber reizenden Gasen und Dämpfen Wirkungen auf die Schleimhäute der Nase, des Auges und besonders der Atemwege im Vordergrund.

Der jeweilige Angriffsort im Atemtrakt wird maßgeblich von der Wasser- beziehungsweise Lipidlöslichkeit des Reizgases bestimmt. Wasserlösliche Reizstoffe wie Ammoniak, Halogenwasserstoff, Halogene und Formaldehyd schlagen sich auf den feuchten Schleimhäuten der oberen Luftwege nieder und führen zu Rachen-, Luftröhren- und Augenreizungen sowie zu Verätzungen der oberen Epithelschichten. Stoffe mit mittlerer Wasserlöslichkeit wie zum Beispiel Schwefeldioxid, Säurechloride und Isocyanate gelangen bis in die Bronchien und bewirken eine erhöhte Schleimabsonderung und eine Verengung der Luftwege. Die Schleimzunahme löst einen massiven Hustenreiz aus und kleinere Äste der Bronchien können durch den Schleim vollständig blockiert werden. Stoffe mit sehr geringer Wasserlöslichkeit wie Phosgen, Stickstoffdioxid und Ozon gelangen bis tief in die Lunge zu den kleinen Bronchien (*Bronchiolen*) und den Lungenbläschen (*Alveolen*). Nach Diffusion durch die Alveolarwände gelangen sie an die empfindlichen Kapillarwände und führen dort zu einer Permeabilitätserhöhung, sodass Plasma aus den Kapillaren in die Alveolen gelangt. Nach einer Latenzzeit von mehreren Stunden besteht die Gefahr eines toxischen Lungenödems, das schwierig zu behandeln ist und zum Tod führen kann. Akute Schädigungen der Kapillarwände und der Alveolen sind im Prinzip reversibel; nach Abklingen des Alveolarödems kann es jedoch durch proliferative Veränderungen an den Bronchiolen und durch Blockade der Luftwege zu einer weiteren Gefährdung der Patienten kommen (Exkurs 7.3).

Stark ätzende Flüssigkeiten verursachen bei Hautkontakt je nach Konzentration und Einwirkungszeit lokale reversible Entzündungen bis massive Zerstörungen des Hautgewebes mit schlecht heilenden Wunden. Die chemische Entzündung geht mit einer Erweiterung der Blutgefäße und erhöhtem Blutfluss, einer gesteigerten Blutgefäßpermeabilität sowie einer Ansammlung von Flüssigkeit im Gewebe und der Einwanderung von weißen Blutkörperchen einher. Auf diesen Prozessen beruhen die Entzündungssymptome Rötung, Schwellung und Schmerz. Sehr stark hautreizende Mittel sind organische Peroxide wie Cyclohexylperoxid oder Peroxyessigsäure.

Neben diesen durch Kontakt mit Reizstoffen verursachten entzündlichen Hauterscheinungen lösen viele Arbeitsstoffe bei Hautberührung eine so genannte allergische Kontaktdermatitis aus. Dabei reagiert das Immunsystem auf durch den Fremdstoff veränderte Proteine. Die jeweiligen Proteinaddukte wirken als Antigen und führen durch Sensibilisierung von T-Lymphocyten eine zellvermittelte Immunreaktion vom Typ IV herbei (Exkurs 9.3). Erneuter Kontakt mit dem Fremdstoff löst dann eine allergische Reaktion aus (*Kontaktdermatitis*). In dieser Beziehung besonders wirksame Verbindungen sind 2,4-Dinitrochlorbenzol, 2-Mercaptobenzthiazol, manche aromatische Amine und einige Metalle wie Chrom und Nickel.

Exkurs 7.3: Chemische Kampfstoffe

Der Einsatz von Giften und Gasen zur Erringung militärischer Vorteile hat bereits in der Antike begonnen. So sollen sich die Spartaner schon im fünften Jahrhundert vor Christus der Reizwirkung von Schwefeldioxid für kriegerische Zwecke bedient haben. Mit den erweiterten Kenntnissen in der Chemie wurde im 19. Jahrhundert vielfach der Einsatz von Schwefeldioxid, Blausäure und Arsen zur Kriegführung diskutiert und auch einige Male durchgeführt. In großem Maßstab begann der „Gaskrieg" im Jahr 1915, als deutsche Truppen erstmals Chlor einsetzten. Im weiteren Verlauf des Ersten Weltkriegs verwendeten dann beide Kriegsparteien Phosgen, organische Arsenverbindungen und verschiedenste Reizstoffe. Neben diesen stark lungenwirksamen Verbindungen kam auch *bis*-(2-Chlorethylsulfid) – besser bekannt als *Lost* (nach den Erfindern Loser und Steinkopf) oder als *mustardgas* (Senfgas, nach dem senfartigen Geruch) – zum Einsatz. Lost bewirkt neben einer Reizung der Augen und der oberen Atemwege schwere Hautverätzungen. Schätzungen zufolge wurden im Ersten Weltkrieg ungefähr 100 000 Soldaten durch chemische Kampfstoffe getötet. In den Dreißigerjahren des letzten Jahrhunderts synthetisierten deutsche Chemiker im Rahmen der Entwicklung wirksamer Pestizide die Organophosphorsäurederivate *Tabun*, *Sarin* und *Soman* und damit eine neue Gruppe von Kampfstoffen, die wäh-

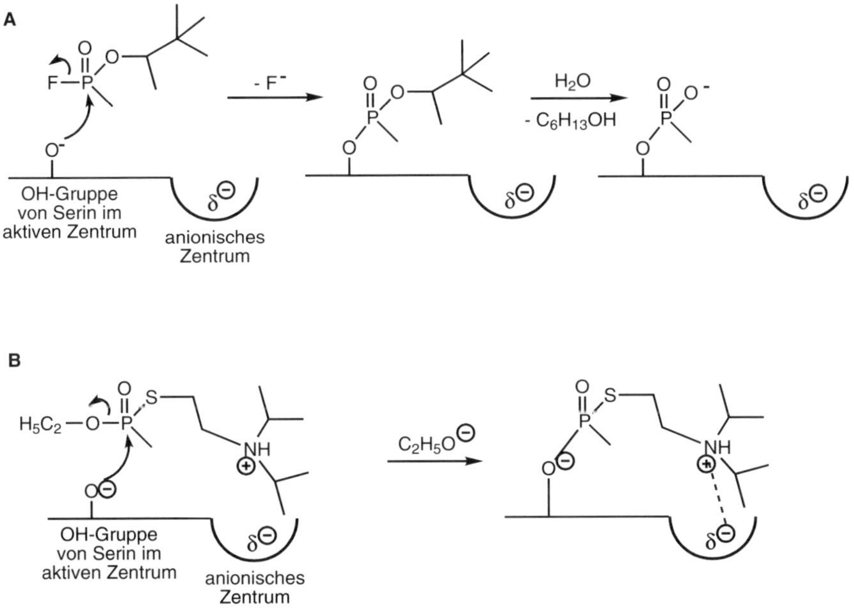

7.4 Nach Wechselwirkung des Nervengases Soman mit Cholinesterase (A) wird von dem an das Enzym gebundenen Organophosphat durch Reaktion mit Wasser schnell ein Alkoxyrest abgespalten; dieser Prozeß wird als „Alterung" (Abschnitt 8.5.3) bezeichnet, eine Oximtherapie ist deswegen nur innerhalb eines kurzen Zeitraums nach Vergiftung erfolgreich. Bei Nervengasen vom VX-Typ (B) ist wegen der ionischen Bindung zwischen dem protonierten Stickstoff und dem anionischen Zentrum des Enzyms eine Oximtherapie grundsätzlich nicht möglich.

rend des Zweiten Weltkrieges zwar in ausreichenden Mengen zur Verfügung standen, aber nicht zum Einsatz kamen. Die Organophosphatkampfstoffe wurden jedoch weiterentwickelt; die neuesten Vertreter dieser Gruppe sind äußerst wirksam und eine Therapie (siehe Anwendung von Oximen zur Reaktivierung der Cholinesterase, Abschnitt 7.5.3) ist durch die besondere Konstruktion des Moleküls nicht mehr möglich (Abbildung 7.4).

7.3 Umweltschadstoffe

Umweltchemikalien sind natürliche und anthropogene Stoffe, die durch menschliche Tätigkeiten in die Umwelt eingetragen werden und toxische Wirkungen auslösen können. Zu diesen Stoffen gehören Elemente sowie natürliche und synthetische Verbindungen; von besonderer Bedeutung sind Verbrennungsprodukte. Der Austrag der Stoffe kann absichtlich (wie zum Beispiel bei Pestiziden) oder unabsichtlich geschehen. In der Umwelt leicht abbaubare Schadstoffe finden sich meist nur in der Nähe des Emittenten in höheren Konzentrationen. Stabile Umweltschadstoffe dagegen können über den Luftweg weiträumig verteilt und fettlösliche Stoffe hierbei in der Nahrungskette angereichert werden. Der Mensch sowie bestimmte Tierarten stehen am Ende dieser Kette und können daher hohen Konzentrationen an Umweltchemikalien ausgesetzt sein.

7.3.1 Polychlorierte Dibenzo-*p*-Dioxine

Polychlorierte Dibenzo-*p*-Dioxine werden bei verschiedensten Prozessen in geringen Mengen gebildet und gelangen mit der Abluft in die Umwelt. Der hauptsächliche Eintrag von Dioxinen in die Umwelt erfolgt durch Verbrennungsvorgänge (Hausbrand, Motoren, Vulkane, Unfälle); eine nach neuestem technischen Stand durchgeführte Müllverbrennung trägt allerdings nicht wesentlich zur Dioxinbelastung bei. Die bedeutendste Aufnahmequelle (> 95 %) für den Menschen ist der Verzehr von Fleisch- und Fischprodukten.

In der Bevölkerung findet man Werte von ungefähr 30 ng TEQ pro kg Fett (Exkurs 7.4); dies entspricht einer Aufnahme von ungefähr 1,3 pg TCDD pro kg Körpergewicht je Tag. In exponierten Personen wurden allerdings Fettkonzentrationen von bis zu 5 μg/kg gemessen.

Dioxine und besonders das am intensivsten untersuchte Isomer, 2,3,7,8-Tetrachlordibenzodioxin (TCDD), sind in der Umwelt sehr stabil; für TCDD wird eine Halbwertszeit von zehn Jahren in Abwesenheit von UV-Strahlung angegeben. Für andere Isomere sind die Halbwertszeiten sehr unterschiedlich.

Toxische Wirkungen

Die akute Toxizität von TCDD variiert sowohl qualitativ als auch quantitativ und hängt von Tierart, Geschlecht und Tierstamm ab. Die LD_{50}-Werte für TCDD nach oraler Gabe schwanken stark. In empfindlichen Spezies wirkt TCDD um Größenordnungen stär-

Exkurs 7.4: Äquivalentfaktoren für Dioxine

Zur Definition der Wirkung eines Gemischs von Dioxinkongeneren sind für die toxikologisch bedeutsamsten Dioxine *toxische Äquivalentfaktoren* (TEQs) festgelegt worden. Diese TEQs definieren die Wirkungsintensität des einzelnen Kongeners im Vergleich zu Tetrachlordibenzodioxin (TCDD). Durch Multiplikation der Konzentration jedes Kongeners eines Gemischs mit dem zugehörigen TEQ werden die einzelnen TCDD-Äquivalenzkonzentrationen ermittelt. Die Summe dieser Konzentrationen ergibt den Gesamtwert an TCDD-Äquivalenten, für den die toxikologische Bewertung vorgenommen wird.

ker als verschiedene klassische Giftstoffe (Tabelle 7.2). Folgende Symptome treten bei akuter Verabreichung allerdings in allen untersuchten Tierarten auf:

- ein Auszehrungssyndrom, das sich in fortschreitendem Gewichtsverlust äußert,
- *Atrophie* (Schrumpfung) der Thymusdrüse,
- Magen-Darm-Blutungen,
- Leberschäden,
- Enzyminduktion (TCDD ist der stärkste bekannte Induktor von Cytochrom-P-450).

Tabelle 7.2: Letale Dosen von TCDD im Vergleich zu anderen Giften

	letale Dosis (LD_{50})	
Stoff	(mol/kg)	(μg/kg)
TCDD (Meerschweinchen)	$3{,}1 \times 10^{-9}$	1
Curare (amerikanisches Pfeilgift, Muskelrelaxans, Ratte)	$7{,}2 \times 10^{-7}$	500
Diisopropyl-fluorophosphat (Ratte)	$1{,}6 \times 10^{-5}$	3 100
Natriumcyanid (Ratte)	$2{,}0 \times 10^{-4}$	10 000

Charakteristisch ist, dass zwischen der Gabe von TCDD und dem Tod der Versuchstiere eine Zeitspanne von bis zu acht Wochen liegen kann. Der Tod wird durch ein Auszehrungssyndrom mit fortschreitendem Gewichtsverlust und Nahrungsverweigerung verursacht.

Toxische Wirkungen von Dioxinen auf den Menschen wurden bei mehreren Unglücksfällen in der Industrie mit etwa 1 000 registrierten Vergiftungsfällen beschrieben. Typische Symptome einer akuten Exposition gegenüber hohen Dioxinkonzentrationen sind Übelkeit und Erbrechen sowie Reizungen der oberen Atemwege. Nach einer Latenzzeit von mehreren Wochen kommt es beim Menschen oft zur Ausbildung der charakteristischen *Chlorakne*, die teilweise über Jahre hinweg anhält. Neben Chlorakne (beobachtet ab einer TCDD-Konzentration von 1 μg/kg Körpergewicht) sind auch Nervenschäden, Störungen des Fettstoffwechsels und Leberschäden beobachtet worden.

Polychlorierte Dioxine sind potente Kanzerogene in Nagern (Tabelle 7.3). Bei Gabe von TCDD an Ratten im Futter oder mit der Schlundsonde (Dosis 100 ng/kg) bildeten sich Tumoren in Leber, Lunge und Nasenbereich sowie in der Schilddrüse. Eine TCDD-Dosis von 1 ng pro kg Körpergewicht und Tag führte allerdings nicht zu einer Erhöhung der Tumorinzidenz; interessanterweise war aber die Häufigkeit von Spontantumoren vermindert.

Tabelle 7.3: Vergleich der Wirkungsstärke von TCDD und anderen chemischen Kanzerogenen im Langzeitversuch in Nagern

Kanzerogen	TD_{50}* (mg/kg)	relative Wirkungsstärke
Anilin	100	1
1,2-Dibromethan	1	100
Diethylstilböstrol	0,1	1 000
AflatoxinB1	0,001	100 000
TCDD	0,001	100 000

*Dosis, mit der in 50 % der Tiere nach langfristiger Gabe Tumoren erzeugt wurden

Nach gegenwärtigem Kenntnisstand beruht der Wirkungsmechanismus von TCDD wahrscheinlich auf einem rezeptorvermittelten Prozess. Die Art der Wechselwirkung des TCDD mit dem Ah-Rezeptor ist in Kapitel 4 genauer dargestellt. Für die Kanzerogenität von Dioxin könnte eine über den Rezeptor-TCDD-Komplex ausgelöste Erhöhung der Zellproliferationsrate verantwortlich sein, die über Prozesse, welche unter den Oberbegriff „Tumorpromotion" einzuordnen sind, zur Tumorauslösung beiträgt.

Toxikokinetik und Metabolismus

Dioxine und besonders TCDD sind in tierischen Geweben metabolisch stabil und werden nur sehr langsam ausgeschieden. Für TCDD wurde in der Ratte eine Halbwertszeit von etwa 25 Tagen bestimmt. Im Menschen ist TCDD bei weitem langlebiger; Halbwertszeiten liegen bei sechs bis zehn Jahren.

7.3.2 Polychlorierte und polybromierte Biphenyle

Polychlorierte Biphenyle (*PCBs*) sind Gemische mit einem Chlorgehalt von 12 bis 68 % und wurden wegen ihrer thermischen Stabilität als Hydrauliköle, Hochdruckschmiermittel und als Weichmacher in der Kunststoffherstellung genutzt.

In den Handel kamen PCB-Gemische unter dem Handelsnamen *Aroclor*. Aus vielfältigen Quellen gelangen sie noch immer in die Umwelt. PCBs sind dort sehr stabil und reichern sich mit einem hohen Konzentrationsfaktor (bis 26 000) in der Nahrungskette an; in den USA enthielt aus den Großen Seen gefangener Fisch bis zu 0,5 mg/kg. Im Fettgewebe von Anwohnern in diesem Gebiet hat man zum Teil erhebliche Konzentrationen nachweisen können (bis 360 μg/kg Körpergewicht). Die Belastung des Menschen in Deutschland liegt zur Zeit bei 2 μg PCBs/Tag, wichtigste Belastungsquelle ist fetthaltige Nahrung. Die Blutspiegel einzelner Kongenere in der Bevölkerung sind wegen der unterschiedlichen Toxikokinetik verschieden und altersabhängig, die Blutkonzentrationen für Gesamt-PCBs liegen unter 15 μg/kg. Durch Anwendungseinschränkungen für PCBs ist die Belastung der Menschen in Deutschland ebenfalls rückläufig.

Wirkungen

Im Tierversuch sind PCBs nur wenig toxisch, die langfristige Gabe hoher Dosen von PCBs mit Chlorgehalten > 60 % führt bei Ratten zu Lebertumoren, chronische Exposition mit relativ niedrigen Dosen führt zu Leberschäden. PCBs sind potente Induktoren für Biotransformationsenzyme, sie sind hepatotoxisch. Beim Menschen wurden bei beruflicher Exposition und nach Genuss von mit PCBs kontaminiertem Reisöl Chlorakne und ausgeprägte Beeinträchtigungen des Immunsystems, mit erhöhter Infektanfälligkeit und chronischer Bronchitis beobachtet. In Japan kam es durch die Nutzung von PCB-kontaminiertem Reisöl bei der Nahrungszubereitung zu einer Massenvergiftung (Yusho, Öl-Krankheit). Die wichtigsten Symptome der Vergiftung waren Chlorakne, braune Verfärbungen der Haut und Fingernägel, Nervenschäden und Leberveränderungen (Enzyminduktion). Im Mutterleib exponierte Kinder zeigten auffällige braune Verfärbungen der Haut und Wachstumsretardierung. Allerdings sind toxische Wirkungen dieser exponierten Personen möglicherweise auch auf Exposition gegen polychlorierte Dioxine zurückzuführen, die als Kontaminanten in den PCBs vorhanden waren.

Bei Tieren sind nach langfristiger Gabe von polychlorierten Biphenylen mit der Nahrung Veränderungen des Reproduktionsverhaltens beschrieben worden.

Als wichtigste Wirkungsmechanismen von PCBs werden östrogenartige und dioxinartige Wirkungen beschrieben. Die hormonelle Aktivität wird durch phenolische Metabolite niedrig chlorierter PCB-Kongenere als direkte Interaktion mit Östrogenrezeptoren, aber auch durch Beeinflussung der Biotransformation von Steroidhormonen und deren Vorstufen im Organismus (durch Enzyminduktion) bewirkt.

Die dioxinartigen Wirkungen beruhen auf der Interaktion von höher chlorierten PCB-Kongeneren mit dem Ah-Rezeptor, wobei 3,3′,4,4′,5-Pentachlorbiphenyl die höchste Affinität für den Rezeptor besitzt. Wegen der Ah-Rezeptorinteraktion wird die Verwendung von Toxizitätsäquivalenten zur Bewertung von PCB-Mischungen vorgeschlagen.

Toxikokinetik

Die Toxikokinetik einzelner polychlorierter Biphenyle ist sehr unterschiedlich. Niedrig chlorierte Kongenere werden durch Cytochrom-P450-katalysierte Epoxidierungen, Glutathionkonjugation und weiteren Abbau der Glutathionkonjugate relativ schnell verstoffwechselt und ausgeschieden. Höher chlorierte Kongenere dagegen sind metabolisch stabil und werden im menschlichen und tierischen Organismus angereichert, die Halbwertszeiten können bis zu einem Jahr betragen.

7.3.3 Kohlenmonoxid

Kohlenmonoxid ist ein geruchloses Gas ohne Reizwirkung. Ein Großteil des Kohlenmonoxids in der Erdatmosphäre stammt aus dem Stoffwechsel von Algen, aber in industrialisierten Gegenden überwiegt der Eintrag aus Verbrennungsprozessen. Auch im menschlichen Körper wird durch den Stoffwechsel von Pyrrolen eine geringe Menge an Kohlenmonoxid gebildet.

Toxische Wirkungen
Kohlenmonoxid hat eine hohe Affinität für eisen(II)haltige Porphyrine und damit auch für Hämoglobin. Den Hämoglobin-Kohlenmonoxid-Komplex nennt man Carboxyhämoglobin. Kohlenmonoxid wird wie Sauerstoff reversibel gebunden, weist aber eine erheblich festere Bindung an Hämoglobin auf als Sauerstoff. Daher blockiert es die Sauerstoffbindungsstelle und verringert die Sauerstofftransportkapazität der Erythrocyten. Es genügen schon relativ niedrige Kohlenmonoxidkonzentrationen in der Atemluft, um einen großen Teil des Hämoglobins zu inaktivieren. Alle Symptome der Kohlenmonoxidvergiftung sind auf einen Mangel an Sauerstoff im Gewebe zurückzuführen, die Vergiftungssymptome sind identisch mit denen der Methämoglobinämie (Tabelle 7.1).

Die Bindung von Kohlenmonoxid an Hämoglobin ist vollständig reversibel und nach dem Massenwirkungsgesetz abhängig von der Kohlenmonoxidkonzentration in der Atemluft. Verringert sich diese Konzentration, wird Kohlenmonoxid vermehrt abgeatmet und das Hämoglobinmolekül steht wieder für den Sauerstofftransport zur Verfügung. Damit ist die Kohlenmonoxidvergiftung nach Aufnahme nicht lebensgefährlicher Dosen ein klassisches Beispiel für einen durch ein „Konzentrationsgift" induzierten reversiblen Effekt. Nur bei lang andauernden hohen Carboxyhämoglobinspiegeln im Blut treten wegen der Unterversorgung des Nervensystems mit Sauerstoff irreversible psychische Veränderungen wie Verlust des Erinnerungsvermögens und Aggressivität auf.

Toxikokinetik
Der Verlauf einer Kohlenmonoxidvergiftung ist abhängig von der Expositionszeit, der Kohlenmonoxidkonzentration in der Einatmungsluft, der Atemfrequenz und des Sauerstoffbedarfs der Gewebe. Eingeatmetes Kohlenmonoxid diffundiert wegen seiner Lipophilie schnell durch die Alveolarmembran in das Blut. Die Diffusion durch das Blut zu den Erythrocyten verläuft allerdings langsam und ist der geschwindigkeitsbestimmende Schritt in der Kinetik der Carboxyhämoglobinbildung. Bei erhöhter Atemfrequenz und hohen Kohlenmonoxidkonzentrationen in der Atemluft werden schnell hohe Carboxyhämoglobinspiegel erreicht. Andererseits lässt sich die Rückbildung von Carboxyhämoglobin durch Inhalation von reinem Sauerstoff anstelle von Luft wesentlich beschleunigen.

7.3.4 Blausäure und Cyanide

Blausäure (HCN) und ihre Salze (*Cyanide*) sind wichtige Verbindungen, die in Prozessen zur Metallhärtung und zur Gewinnung von Edelmetallen eingesetzt werden. Wegen der hohen Toxizität werden Cyanide auch in suizidaler Absicht aufgenommen. Das eigentliche toxische Agens CN^-, das im Körper auch aus Nitrilen und Glykosiden (z. B. dem Amygdalin der Bittermandeln) freigesetzt werden kann, blockiert die Cytochromoxidase, indem es einen sehr stabilen Komplex mit einem Eisen(III)atom dieses Enzyms bildet. Cytochromoxidasen sind wie das Hämoglobin Hämoproteine, enthalten also eine Hämgruppe mit einem Eisenatom. Anders als das Hämoglobin katalysieren Cytochromoxidasen Elektronenübertragungsreaktionen, ihr Eisenatom kann leicht die Oxidationsstufe wechseln. Sie sind Bestandteil der Atmungskette der Zelle, die in der inneren Mitochondrienmembran lokalisiert ist. In dieser Reaktionsfolge wird durch Übertragung von Elektronen auf Sauerstoff über NADH und $FADH_2$ und die Cytochrome ATP gebildet. Eine Störung der Atmungskette durch Blockierung der Cytochromoxidase unterbricht die Produktion von Stoffwechselenergie und führt zum Tod der Zelle. Die Komplexbildung von Cyaniden mit dem Eisen(III)atom der Cytochrome ist reversibel; nach Dissoziation des Komplexes kann die Cytochromoxidase wieder am Elektronentransport teilnehmen.

Im Organismus katalysiert das Enzym Rhodanese die Umsetzung von Cyanid zum weit weniger giftigen Thiocyanat (Gleichung 7.3). Der geschwindigkeitsbegrenzende Faktor dieser Entgiftungsreaktion ist die Menge an Schwefel, die durch den Stoffwechsel bereitgestellt werden kann. Durch therapeutische Gabe von Schwefelverbindungen (Natriumthiosulfat) lässt sich die Entgiftung beschleunigen.

$$\text{"S"} + CN^- \xrightarrow{\text{Rhodanese}} SCN^- \qquad \text{(Gl. 7.3)}$$

Da HCN wegen der geringen Dissoziation (bei pH 7,4 nur 1,6 %) sehr schnell durch Membranen diffundiert, treten bei Inhalation von HCN erste Symptome schon nach wenigen Sekunden auf. Bei Aufnahme von Cyanid über den Verdauungstrakt muss im Magen unter sauren Bedingungen dort erst HCN gebildet werden, das dann zum Wirkort diffundieren kann. Das erste Symptom einer Cyanidvergiftung ist eine so genannte *Hyperpnoe*, das heißt ein stoßweises, heftiges Atmen, das durch Sauerstoffmangel an dafür sehr empfindlichen Rezeptoren entsteht. Als Nächstes tritt eine Rotfärbung der Haut auf, die durch eine Arterialisierung des Venenblutes bedingt ist; der im Oxyhämoglobin gebundene Sauerstoff kann von den Zellen nicht mehr aufgenommen und verwertet werden, sodass Oxyhämoglobin auch im venösen Blut verbleibt. Eine zum Tod führende Atemlähmung tritt bei Inhalation hoher Dosen an HCN schon nach wenigen Sekunden auf.

Falls die HCN-Aufnahme über die Lunge allerdings nicht tödlich endet, erfolgt wegen der raschen körpereigenen Entgiftung eine Erholung auch ohne Therapie. Für die Soforttherapie bieten sich zwei Möglichkeiten an: Zum einen lässt sich die körpereigene Entgiftung des Cyanids durch Bereitstellen großer Mengen an Schwefelverbindungen (Natriumthiosulfatlösung) fördern; Natriumthiosulfatlösung ist gut verträglich, die Methode hat allerdings den Nachteil, dass sich bei Inhalation großer Mengen an Cyanid die Wirkung zu langsam einstellt. Als zweite Möglichkeit bietet sich das Abfangen des Cyanids im Körper durch andere Komplexbildner wie Eisen(III)- oder Cobaltsalze an. Eisen(III) lässt sich aus dem Eisenvorrat des Organismus, der hauptsächlich im Hämoglobin in der Oxidationsstufe Fe(II) vorliegt, durch teilweise Umwandlung zu Met-Hämoglobin (Hb-Fe^{3+}) gewinnen; dafür werden Met-Hämoglobinbildner wie *p*-Dimethylaminophenol verabreicht. In der Praxis werden heute Natriumthiosulfat und *p*-Dimethylaminophenol kombiniert gegeben.

7.3.5 Luftverschmutzung/Smog

Smog ist eine Bezeichnung, die ursprünglich für die im Winter bei austauscharmen Wetterlagen beobachtete Anreicherung von Luftschadstoffen geprägt wurde. Das Wort ist aus der Kombination der englischen Worte *smoke* („Rauch") und *fog* („Nebel") entstanden und wird heute auch für das sommerliche Pendant verwendet. Winter- und Sommersmog unterscheiden sich jedoch stark in der Zusammensetzung aus potenziell toxischen Stoffen. Hauptbestandteile des Wintersmogs sind Schwefeldioxid und dessen Oxidationsprodukte, Stickoxide und Schwebstaub. An die Staubpartikel können viele stark reizende und toxische Stoffe adsorbiert sein. Wintersmog entsteht durch die Verbrennung fossiler Brennstoffe (hauptsächlich Kohle und Heizöl) und die bei austauscharmen Wetterlagen erfolgende Akkumulation der Abgase.

Sommersmog enthält mehrere stark oxidierende Komponenten, unter denen Ozon der toxikologisch bedeutsamste Einzelstoff ist. Ozon entsteht durch photochemische Reaktionen aus Stickoxiden und Sauerstoff. Eine wichtige Rolle als Katalysatoren der Ozonbildung spielen Kohlenwasserstoffe. Der Ozonanteil am Gesamtoxidantiengehalt des Sommersmogs beträgt bis zu 90 %. Peroxyacetylnitrat und Formaldehyd sind für die bei Sommersmog auftretenden Augenreizungen verantwortlich, ohne jedoch für die toxikologische Beurteilung maßgeblich zu sein.

In der Bundesrepublik werden nur an wenigen Tagen im Jahr Ozonspitzenkonzentrationen von mehr als 240 $\mu g/m^3$ erreicht, während dieser Wert in stark belasteten Gegenden der USA an mehr als 200 Tagen pro Jahr überschritten wird.

Wegen der unterschiedlichen Zusammensetzung sind die gesundheitlichen Effekte von Winter- und Sommersmog getrennt zu beurteilen (Tabelle 7.4). Epidemiologische und experimentelle Studien der Effekte des Wintersmogs zeigen geringfügige, reversible Veränderungen der Lungenfunktion und einen Anstieg der Häufigkeit akuter Atemwegserkrankungen. Als besonders gefährdet müssen vor allem Menschen angesehen werden, die durch Alter, existierende Herz-Kreislauf-Erkrankungen oder durch besondere Empfindlichkeit gesundheitlich vorgeschädigt sind. Ein Anstieg der Mortalität von Personen in fortgeschrittenem Alter und mit Herz-Kreislauf-Erkrankungen wurde mehrfach bei Wintersmog beobachtet; die Wintersmogepisoden in London, New York und Lüttich in den Fünfzigerjahren des letzten Jahrhunderts forderten mehrere hundert Todesopfer.

Sommersmog mit Ozon als Hauptkomponente führt nur am Ort des direkten Kontakts mit dem Gewebe zu Schadwirkungen. Ozon passiert wegen geringer Wasserlöslichkeit die feuchten Schleimhäute des Atemtraktes und gelangt bis in die Alveolen und Kapillaren der Lunge. Bei Umweltexposition und in kontrollierten Expositionsversuchen mit Freiwilligen wurden Reizungen der Atemwege und Schmerzen beim Atmen beobachtet. Bei längerfristiger (mehrstündiger) Exposition unter körperlicher Belastung traten Veränderungen der Lungenfunktion, eine Verringerung der körperlichen Leistungsfähigkeit und entzündliche Gewebsreaktionen auf. Die Schadwirkungen von Sommersmog korrelieren nicht mit der Ozonkonzentration in der Luft, sondern mit der

Tabelle 7.4: Gesundheitliche Effekte von Winter- und Sommersmog*

Wintersmog	Sommersmog
geringfügige, reversible Veränderungen der Lungenfunktion (meist nur während der Einwirkungsdauer; oberhalb 200 μg SO_2/m^3 Luft kombiniert mit 200 μg Schwebstaub/m^3 Luft)	subjektive Befindlichkeitsstörungen wie Tränenreiz (verursacht durch Begleitstoffe), Reizung der Atemwege, Kopfschmerz und Atembeschwerden ab 200 μg Ozon/m^3 Luft
Anstieg der Häufigkeit akuter Atemwegserkrankungen bei Personen mit einer Vorschädigung der Atmungsorgane, zum Beispiel chronischer Bronchitis (ab 24-Stunden-Mittelwerten oberhalb 250 μg SO_2/m^3 Luft und 250 μg Schwebstaub/m^3 Luft)	Veränderung von Lungenfunktionsparametern (bei Schulkindern und Erwachsenen ab 160–300 μg Ozon/m^3 Luft) bei ein- bis dreistündiger Exposition mit körperlicher Belastung
Zunahme der Krankenhauseinweisungen wegen Herz-Kreislauf-Erkrankungen	Reduzierung der physischen Leistungsfähigkeit ab 240–740 μg Ozon/m^3 Luft
Anstieg der Mortalität (wobei fast ausschließlich alte Menschen und Personen mit Herz-Kreislauf- und respiratorischen Vorerkrankungen betroffen sind) ab 24-Stunden-Mittelwerten von etwa 500 μg SO_2/m^3 Luft und 500 μg Schwebstaub/m^3 Luft	entzündliche Reaktionen des Gewebes ab 160 μg Ozon/m^3 Luft bei 6-stündiger Exposition mit intermittierender körperlichen Belastung
	Zunahme der Häufigkeit von Asthmaanfällen (240–300 μg/m^3)

*Daten aus Beobachtungen bei Umweltexponierten und aus kontrollierten Experimenten (modifiziert nach Wagner, H. M. *Winter und Sommersmog – gesundheitliche Risiken?* In: *Bundesgesundheitsbl.* 4 (1991) S. 161–165)

effektiven Gewebsdosis; daher spielen die Expositionsdauer, die Atemfrequenz und das Atemvolumen eine Rolle für das Ausmaß der beobachteten Wirkungen. Die beiden letzten Parameter werden maßgeblich durch die körperliche Belastung bestimmt.

Bei extremen Expositionsverhältnissen wie in Südkalifornien (70 Tage pro Jahr Spitzenwerte von mehr als 400 μg/m^3 Ozon) wurden nach mehrjährigem Aufenthalt geringe, aber dauerhafte Veränderungen der Lungenfunktion festgestellt.

Die während besonders ausgeprägter Wintersmogepisoden auftretenden Schadstoffkonzentrationen liegen viel näher an der Toxizitätsgrenze als die hochsommerliche Ozonbelastung; die inhalative Belastung kann weder für gesunde noch für empfindliche Bevölkerungsgruppen durch individuelles Verhalten reduziert werden. Bei Sommersmog dagegen ist die Exposition stark verhaltensbedingt und durch Änderungen des persönlichen Verhaltens beeinflussbar. Deshalb stellen Smogepisoden mit hoher Belastung im Winter eine größere Gesundheitsgefährdung dar als Sommersmog.

Obwohl Luftschadstoffe häufig mit einer erhöhten Inzidenz von allergischen Erkrankungen der Atemwege in Zusammenhang gebracht werden, sind konkrete Aussage zur tatsächlichen Rolle von Luftschadstoffen auf Allergiehäufigkeit schwierig. Die verfügbaren Daten sind oft sehr wiedersprüchlich und ermöglichen keine konkreten Schlüsse. Zum Beispiel war die Häufigkeit von allergischen Erkrankungen der Atemwege in der früheren DDR trotz höherer Luftverschmutzung geringer als in der früheren Bundesrepublik.

7.4 Schwermetalle und Metalloide

Metalle und Metalloide unterscheiden sich wesentlich von anderen toxischen Stoffen, denen der Mensch exponiert ist. Metalle sind auf der Erde allgegenwärtig. Sie werden bei der technischen Nutzung und im Körper nicht abgebaut; lediglich die Oxidationsstufe des Metalls verändert sich.

Chronische Schwermetallvergiftungen spielen immer noch eine wichtige Rolle unter den Berufskrankheiten. Wegen der verbesserten Arbeitsschutzbedingungen ist jedoch – trotz einer steigenden Zahl der Metallanwendungen – bei den durch Schwermetalle bedingten Berufskrankheiten eine rückläufige Tendenz zu verzeichnen. Akute Metallintoxikationen mit dem klassischen Bild der Vergiftung werden nur noch selten, meist bei Selbstmord- oder Mordversuchen, beobachtet. Trotzdem hat die toxikologische Bedeutung der Metalle in jüngster Zeit wieder stark zugenommen. Die Frage nach den Schadwirkungen bei niedriger Exposition über lange Zeiträume am Arbeitsplatz und in der Umwelt hat an Gewicht gewonnen und zu verstärkten Anstrengungen in der Grundlagenforschung über toxische Metallwirkungen geführt. (Die Exkurse 7.5 bis 7.7 geben Einblicke in die toxischen Wirkungen metallorganischer Verbindungen, die Behandlung akuter und chronischer Metallvergiftungen sowie die Kanzerogenität von Metallen).

Viele Schwermetalle sind stark toxisch. Auch lebenswichtige Spurenelemente zeigen akut nach hohen Dosen oder chronisch bei Störung homöostatischer Mechanismen (Cu, Fe) toxische Wirkungen.

Die Kinetik der Aufnahme, Verteilung und Ausscheidung spielt bei vielen Metallen eine große Rolle für das Erreichen toxischer Konzentrationen in Zielorganen. Anreicherungen in bestimmten Geweben sind bei fast allen Metallen beschrieben; Schwermetalle gehen selten in elementarer Form biologische Wechselwirkungen ein; die toxischen Wirkungen werden gewöhnlich von löslichen Metallsalzen verursacht. Die Wasser- beziehungsweise Lipidlöslichkeit von Metallionen und Metallverbindungen bestimmt maßgeblich das Ausmaß und die Art der Aufnahme, besonders was die Atemwege und die Haut betrifft. Nach Eindringen in den Blutkreislauf müssen die Metallionen weitere Barrieren durchdringen: Nur lipophile Metallverbindungen passieren biologische Membranen durch passive Diffusion. Viele Schwermetallionen werden durch aktive Transportsysteme, die zur Aufnahme für die Zelle essenzieller Verbindungen wie Calcium, Bicarbonat oder Sulfat dienen, in bestimmten Zelltypen angereichert (Tabelle 7.5). Solche Anreicherungsprozesse sind sowohl für Metallkationen als auch für Oxoanionen beschrieben und können teilweise die Organspezifität toxischer Metallwirkungen erklären. Andere Metalle binden sich an nieder- oder hochmolekulare Peptide, werden mit diesen in bestimmten Zelltypen angereichert und nach Abbau der Peptide in der Zelle freigesetzt.

Tabelle 7.5: Beispiele für die Aufnahme von Schwermetallen in Zellen über aktive Transportmechanismen, die zur Aufnahme von für die Zellen bedeutsamen Stoffen dienen

Schwermetall	durch die Zellmembran aufgenommene Form
Quecksilber	Glutathionkomplex, über den Transporter für Glutathion
Arsen, Chrom, Vanadium	Oxoanionen (sind strukturähnlich zu Sulfat oder Phosphat)
Blei, Mangan, Cadmium	werden von Calcium-Transportsystemen als Substrate angenommen

Viele Schwermetalle werden in Geweben wie Knochen (Blei), Nieren (Cadmium) oder Haaren und Fingernägeln (Arsen, Quecksilber) gespeichert und nur langsam ausgeschieden. In Geweben gespeicherte Metalle sind zwar biologisch inaktiv, doch bei Störungen des Gleichgewichts zwischen den Verteilungsräumen können Metallionen in toxischen Konzentrationen in den Blutkreislauf gelangen. Auch bestimmte zirkulierende Proteine vermögen Metalle zu binden und dadurch als Speicher zu dienen. Der Abbau dieser Proteine setzt ebenfalls das Metall frei und kann zu spezifischen toxischen Wirkungen führen.

Die Toxikodynamik vieler Schwermetalle ist auf die Ähnlichkeit der Metallionen oder von Oxoanionen mit physiologisch wichtigen Stoffen wie Calcium-Ionen oder Phosphat zurückzuführen. Beispielsweise beeinflusst das zweiwertige Cadmium in Zielorganen calciumabhängige Prozesse und Arsenat tritt anstelle von Phosphat in energieerzeugende Prozesse in den Mitochondrien unter Blockade dieser Prozesse ein.

7.4.1 Toxizität ausgewählter Metalle und ihrer Verbindungen

Cadmium

Cadmium ist ein allgegenwärtiges Metall, das bei verschiedenen industriellen Prozessen eine große Bedeutung hat; hauptsächlich wird es zum Korrosionsschutz von Metallen verwendet. Vor allem die Erzverhüttung, eine unsachgemäße Entsorgung von Ni/Cd-Batterien und Klärschlamm tragen zur Umweltbelastung bei. Hauptaufnahmequelle für Cadmium am Arbeitsplatz ist das Einatmen von cadmiumhaltigen Aerosolen oder Stäuben. Zigarettenrauch stellt eine bedeutende Cadmiumbelastung dar. In die Umwelt gelangtes Cadmium kann über Kulturpflanzen in die Nahrungskette gelangen sowie über das Trinkwasser aufgenommen werden. Die tägliche Aufnahme von Cadmium bei Erwachsenen in Mitteleuropa liegt bei etwa 35 μg. Das entspricht ungefähr der Hälfte des von der Weltgesundheitsorganisation empfohlenen Grenzwertes von 75 μg/Tag.

Toxikokinetik
In der Nahrung enthaltenes Cadmium wird nur zu etwa 5 % aus dem Magen-Darm-Trakt resorbiert; das Ausmaß der Resorption ist allerdings von der Anwesenheit anderer Metalle (Fe, Zn) abhängig. Bei Calcium- und Eisenmangel erhöht sich die Cadmi-

umaufnahme aus dem Magen-Darm-Trakt, was auf die Mitbenutzung spezifischer Transportsysteme hindeutet. Resorbiertes Cadmium ist im Blut zum Großteil in Erythrocyten gebunden und gelangt schnell über verschiedene Mechanismen in die Gewebe. Cadmium reichert sich im Organismus an und weist eine Halbwertszeit von ungefähr 30 Jahren auf. 50–70 % der aufgenommenen Gesamtdosis finden sich in Leber und Niere. Das Verhältnis der Gesamtkonzentrationen in diesen Organen hängt von der Gesamtdosis an Cadmium ab; bei niedrigen Dosen ist die Konzentration in den Nieren bis zu zehnmal höher als in der Leber. Wegen der durch Cadmium induzierbaren Bildung von hepatischen Speicherproteinen, so genannten *Metallothioneinen*, erhöht sich der in der Leber gebundene Anteil mit steigender Cadmiumbelastung. Metallothioneine sind niedermolekulare Proteine mit einem hohen Anteil an Cystein und einer hohen Affinität für Cadmium und einige andere Metalle. Metallothioneine werden nach Aufnahme vieler Metalle induziert und binden über SH-Komplexe cysteinreicher Sequenzen viele Metalle.

Die Ausscheidung von Cadmium erfolgt hauptsächlich über den Urin. Eine Dosisabhängigkeit der Ausscheidung nach niedriger Cadmiumbelastung wird wegen der hohen Speicherkapazität des Körpers nicht beobachtet; nur bei Übersättigung der Speicher nach sehr hoher Belastung steigt die Cadmiumausscheidung im Urin proportional zur Dosis an.

Toxische Wirkungen

Wegen der hohen Affinität löslicher Cadmiumsalze für Proteine werden oral aufgenommene wasserlösliche Salze in geringem Maße resorbiert; der meist auftretende starke Brechreiz verringert die Resorption zusätzlich. Daher sind akute Cadmiumvergiftungen mit lebensbedrohenden Symptomen nach oraler Aufnahme selten. Problematisch ist dagegen die chronische inhalative Cadmiumvergiftung am Arbeitsplatz. Beim Schmelzen von Cadmium und thermischer Bearbeitung von cadmiumhaltigen Legierungen entsteht nach Verdampfen des relativ flüchtigen Cadmiums durch Reaktion mit Sauerstoff Cadmiumoxid in feinverteilter Form. Bei chronischer Exposition über die Atemwege kann es zu einer entzündlichen Degeneration der Schleimhäute von Nase, Rachen und Kehlkopf sowie zu Cadmiumablagerungen um die Zahnhälse kommen. Bei hoher Exposition gelangen Cadmiumoxidstäube wegen der geringen Partikelgröße nach Einatmung bis in die Alveolen und Kapillaren der Lunge und erzeugen durch Schädigung der Alveolar- und Kapillarwände Lungenschäden, die von Bronchitis über Lungenentzündung bis hin zum toxischen Lungenödem reichen können.

Chronische Cadmiumbelastung führt zu Nierenschäden. Das wichtigste Symptom der chronischen *Cadmiumnephropathie* ist eine erhöhte Ausscheidung von Proteinen mit dem Harn, eine *Proteinurie*. Später zeigt sich ein Schaden an den Tubuluszellen. Die Bestimmung von Cadmium in der menschlichen Niere ermöglichte es, lokale Cadmiumkonzentrationen in diesem Organ mit krankhaften Veränderungen in Beziehung zu setzen. Demnach dürfte es für Cadmium eine kritische Grenze (200 μg Cadmium/g Nierenrindengewebe) geben, oberhalb derer Nierenschädigungen auftreten können. Eine hohe Cadmiumexposition liegt wahrscheinlich auch der *Itai-Itai-Krankheit* zugrunde, einer in Japan aufgetretenen chronischen Vergiftung mit spezifischen Krankheitsymptomen. Das Syndrom, das bei älteren Frauen in einem stark mit Cadmium verseuchten Gebiet beobachtet wurde, äußert sich in starken Knochenschmerzen, Knochendeformationen (Cadmium kann auch den Calciumstoffwechsel negativ beeinflussen) und chronischen Nierenschäden. Neben der erhöhten Aufnahme von Cadmium mit der Nahrung und dem Trinkwasser spielen bei der Ausprägung der Itai-Itai-Krankheit auch ein Mangel an Calcium und Vitamin D eine Rolle.

Blei

Blei ist in vielen Erzen in relativ hohen Konzentrationen vorhanden und leicht gewinnbar. Daher fanden Blei und seine Verbindungen Verwendung in Farben, als Rostschutzmittel und sogar als Material zum Bau von Wasserleitungen. Wegen dieser weiten Nutzung wurden Bleivergiftungen schon im Altertum beschrieben. Die bis 1990 bedeutsamste Anwendung von Bleiverbindungen war der Zusatz von Bleitetraethyl zur Erhöhung der Klopffestigkeit von Kraftstoffen. Beim Verbrennen des Kraftstoffes wird Bleitetraethyl abgebaut; Bleisalze und -oxide ($PbCl_2$, PbO) gelangten als fein verteilte Aerosole in die Umwelt.

Toxikokinetik
Für die Bioverfügbarkeit von Blei spielt der Aufnahmeweg eine bedeutende Rolle (Abbildung 7.5). Bei oral aufgenommenem Blei werden über den Magen-Darm-Trakt vom Erwachsenen nur 5–15 % der Dosis resorbiert (bei Kindern allerdings bis zu 50 %). Die Resorption von Blei nach Inhalation ist bei weitem höher; abhängig von der Zusammensetzung der bleihaltigen Aerosole werden bis zu 90 % des eingeatmeten Bleis resorbiert. Im Blut liegen 95 % des vorhandenen Bleis an Erythrocyten gebunden vor; ein Teil wird an verschiedene Gewebe abgegeben. Blei verhält sich im Körper ähnlich wie Calcium und nutzt dessen zelluläre Aufnahmemechanismen. Bei höherer Exposition wird der Hauptanteil des aufgenommenen Bleis als Bleiphosphat anstelle von Calciumphosphat in die Knochen eingebaut; die Halbwertszeit von in Knochen abgelagerten Bleisalzen beträgt über 20 Jahre. Zusätzlich existieren noch Bleidepots in Weichteilen, die bei Kindern eine besondere Bedeutung haben. Wegen der besseren Resorption und der leichteren Mobilisierbarkeit von Blei aus Depots in Weichteilen sind Kinder empfindlicher gegen toxische Wirkungen von Blei. Bleisalze können die Plazenta durchtreten und auch über die Muttermilch austreten und so den Fetus beziehungsweise den Säugling belasten.

Toxische Wirkungen
Beim Erwachsenen sind wegen der geringen Resorptionsquote akute Bleivergiftungen selten und treten nur nach Aufnahme sehr großer Bleimengen auf. Symptome der akuten Vergiftung sind Übelkeit, Darmkoliken, Verstopfung, toxische Blutbildveränderungen sowie Leber- und Nierenschäden. Über die chronische Bleivergiftung liegen umfangreiche Erfahrungen beim Menschen vor. Die Ablagerung von Blei in Knochen unterliegt einer Sättigungskinetik; bis zur Sättigung dieses Speichers sind die Bleikonzentrationen im Blut niedrig. Daher ist die chronische Bleivergiftung durch einen schleichenden Verlauf geprägt und nur bei plötzlicher Mobilisierung der Depots oder bei Aufnahme größerer Bleimengen, die zur Sättigung der Speicher führen, treten Vergiftungssymptome auf.

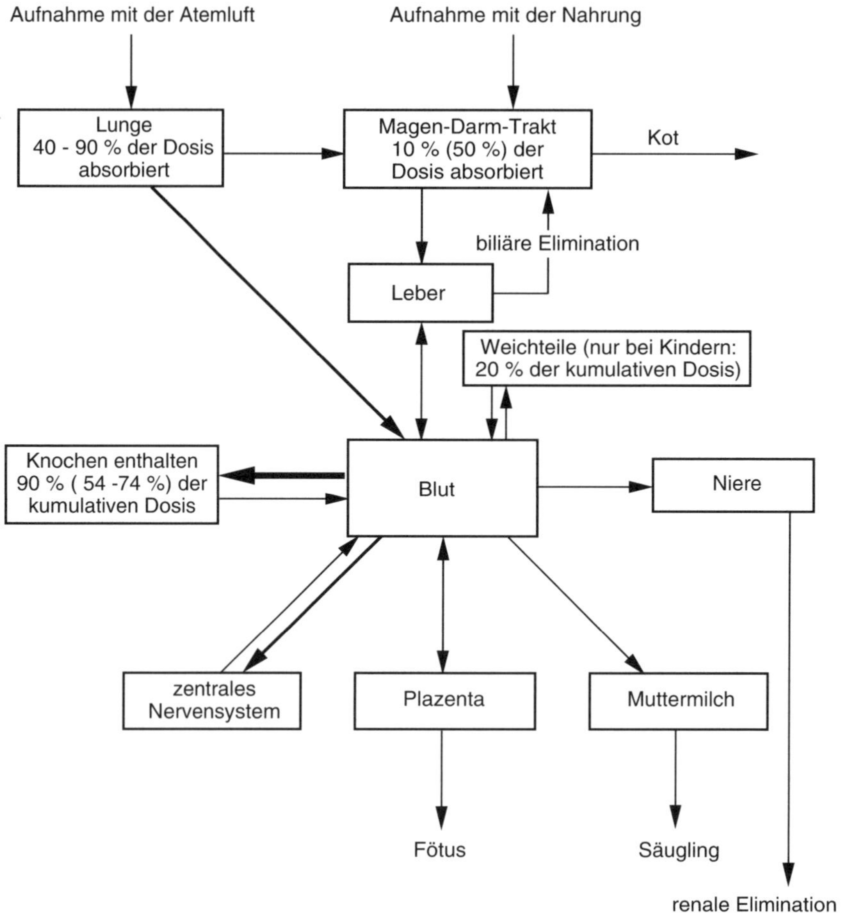

7.5 Modell zur Kinetik von Blei im Organismus (die Angaben in Klammern beziehen sich auf Kinder). Modifiziert nach Wichmann et al, 1992–2002.

Die Hintergrundbelastung an Blei durch Aufnahme aus der Umwelt liegt gegenwärtig unter 1 μg/dl Blut. Erste, mit empfindlichen Methoden (erhöhte Ausscheidung von δ-Aminolävulinsäure) nachweisbare Veränderungen ohne spezifische Symptome treten bei Bleikonzentrationen von 15–30 μg/dl Blut auf. Im weiteren Verlauf entwickeln sich zunächst unspezifische Symptome wie Müdigkeit, Verstopfung, Kopf- und Muskelschmerzen; massive Krankheitszeichen sind bei Konzentrationen von mehr als 100 μg/dl Blut zu beobachten (Tabelle 7.6).

Bei der chronischen Bleivergiftung stehen Wirkungen auf drei Systeme im Vordergrund: das zentrale und periphere Nervensystem, das hämatopoetische (blutbildende) System und die Niere. Die Wirkung von Blei auf das blutbildende System beruht auf einer Störung der Hämoglobinsynthese und einer Verkürzung der Lebensdauer der Erythrocyten. Blutarmut (Anämie) ist die Folge. Blei hemmt die δ-Aminolävulinsäuredehydratase, den Umbau von Coproporphyrinogen III und den Eiseneinbau in Proto-

Tabelle 7.6: Bleikonzentrationen im Blut (μg/dl), bei denen erste biochemische Veränderungen beziehungsweise Vergiftungssymptome beobachtet werden

	Bleikonzentration	
Symptom	Kinder	Erwachsene
Veränderungen des Hämstoffwechsels		
Anämie	80–100	80–100
δ-Aminolävulinsäure im Urin	40	40
Hemmung von δ-Aminolävulinsäure-dehydratase	15	15
Schädigung des Nervensystems		
Encephalopathie (toxische Schädigung des Gehirns)	80–100	100–200
verringerte geistige Leistungsfähigkeit	< 30	40
Lähmungen	40	
Nierenschäden		
akut	80–100	?
chronisch	–	60

verändert nach U.S. Environmental Protection Agency (Hrsg.) *Air Quality Criteria for Lead.* Vols. I–IV. EPA-600/8–83/02aF. Washington, DC, 1986.

porphyrin, wichtige Schritte in der Biosynthese des Hämoglobins. Die hierdurch entstehenden erhöhten Konzentrationen verschiedener Zwischenprodukte der Hämsynthese dienen als diagnostische Zeichen einer Bleivergiftung. Erhöhte δ-Aminolävulinsäurekonzentrationen in Blut und Harn treten schon nach Bleidosen auf, die keinerlei klinische Vergiftungssymptome auslösen. Als Folge der Akkumulation von bestimmten Porphyrinen kommt es zu Haut- und Urinverfärbungen.

In verschiedenen Arealen des zentralen Nervensystems wurden degenerative Veränderungen beobachtet. Diese treten meist nach Stoßaufnahme und oft bei Kindern (andere Toxikokinetik) nach oraler Aufnahme auf. Chronische Bleiexposition führt zu einer Degeneration peripherer Nervenzellen und zu Lähmungserscheinungen der oberen Extremitäten. Eine plötzliche massive Erhöhung der Blutbleispiegel im Verlauf der chronischen Bleivergiftung (Bleikrise) kann zu einer Bleikolik führen, die durch die Wirkung des Schwermetalls auf das autonome Nervensystem unter Ausbildung von Krämpfen der Darmmuskulatur verursacht wird. Die Krankheitssymptome stellen sich plötzlich ein und umfassen krampfartige Leibschmerzen, Übelkeit, Erbrechen und tagelang anhaltende Verstopfung.

Die Wirkungen von Blei auf die Niere äußern sich in einer reduzierten Rückresorption im proximalen Tubulus, die eine erhöhte Ausscheidung von Peptiden und Glucose bedingt. Chronische Bleiwirkungen auf die Niere lassen sich in den Anfangsstadien schlecht nachweisen, da sie von anderen Formen des chronischen Nierenversagens nur schwer unterscheidbar sind.

Exkurs 7.5: Toxische Wirkungen metallorganischer Verbindungen

Verschiedene metallorganische Verbindungen haben eine große technische Bedeutung erlangt. Eine Exposition am Arbeitsplatz und aus der Umwelt ist daher häufig. Tetraethylblei wurde dem Otto-Kraftstoff zur Verringerung seiner Zündfreudigkeit zugesetzt; Methylquecksilber entsteht durch bakterielle Methylierung anorganischer Quecksilberverbindungen in kontaminierten Gewässern und kann sich in der Nahrungskette des Menschen anreichern. Das toxikologische Profil metallorganischer Verbindungen unterscheidet sich oft von dem der entsprechenden anorganischen Metallverbindungen. Metallorganische Verbindungen sind meist flüchtig und lipophil. Daher werden sie leicht durch Inhalation und Hautkontakt in den Organismus aufgenommen und schnell im Gewebe verteilt. Wegen der hohen Lipidlöslichkeit verteilen sich metallorganische Verbindungen hauptsächlich im zentralen Nervensystem. Ihre Ausscheidung erfolgt meist in Form von Metaboliten, die noch organische Reste enthalten, oder als anorganische Metallsalze. Sie läuft überwiegend langsam ab, und die Neigung zur Akkumulation ist groß.

Gut beschrieben sind Vergiftungen mit Blei- und Quecksilberalkylen. Beide Stoffklassen erzeugen Reiz- und Degenerationserscheinungen des zentralen Nervensystems. Bei Exposition gegenüber höheren Dosen treten nach einer Latenzperiode von einigen Tagen Kopfschmerzen, Schlafstörungen und psychische Verstimmungen sowie Seh-, Empfindungs- und Gleichgewichtsstörungen auf. In schweren Fällen werden auch Halluzinationen, Krampfanfälle, Gang-, Sprach-, Seh- und Hörstörungen und Delirium beobachtet. Schwerere Vergiftungen können neurologische Dauerschäden verursachen und sogar tödlich enden. Eine Massenvergiftung durch hohen täglichen Verzehr vom mit Methylquecksilber kontaminierten Fischen und Meerestieren in der japanischen Minamata-Bucht führte zu mehr als 100 schweren Vergiftungs- und 48 Todesfällen.

Quecksilber und seine Salze

Quecksilber und seine Verbindungen werden technisch für viele Zwecke eingesetzt, Hauptverwendungsgebiete sind die Chlor-Alkali-Elektrolyse und der Einsatz als Katalysatoren. Weltweit wird ein Teil des in der Atmosphäre vorhandenen Quecksilbers durch Ausgasen von metallischem Quecksilber aus der Erdkruste eingetragen. In industrialisierten Regionen überwiegt jedoch der Eintrag von Quecksilber aus industriellen Prozessen und durch die Verbrennung fossiler Brennstoffe.

Toxikokinetik
Der Verlauf einer akuten Quecksilbervergiftung ist vom Oxidationsstatus des Metalls und der Aufnahmeart abhängig. Metallisches Quecksilber hat im Vergleich zu anderen Metallen bei Raumtemperatur einen hohen Dampfdruck und wird gut über die Lunge resorbiert. Wegen der hohen Lipophilie kann es Membranen und auch die Blut-Hirn-

Schranke durchdringen. Im Gehirn wird Quecksilber oxidiert. Wegen der langsamen Reduktion wird es nur ineffizient aus dem Nervengewebe ausgeschleust und reichert sich daher dort an. Quecksilber(II)salze werden leicht aus dem Magen-Darm-Trakt resorbiert und in der Nierenrinde angereichert. Sie können enzymatisch durch mikrobielle Proteine und durch Reduktasen in Erythrocyten zu metallischem Quecksilber reduziert werden; dieses dient wegen seiner Membrangängigkeit als Transportform zwischen verschiedenen Kompartimenten im Organismus. Die Ausscheidung von aufgenommenem Quecksilber erfolgt nur langsam (geschätzte Halbwertszeit 70 Tage). Die Ausscheidungswege sind abhängig von Dosis, Expositionszeit und Zustandsform des Quecksilbers. Hauptausscheidungsorgane für Quecksilber(II)salze sind die Nieren; metallisches Quecksilber wird überwiegend mit dem Kot ausgeschieden, kann aber auch abgeatmet werden.

Toxische Wirkungen
Die toxischen Wirkungen von Quecksilber und seinen Verbindungen beruhen zum einen auf der ausgeprägten Ätzwirkung und zum anderen auf der großen Affinität von Quecksilber(II)ionen zu Thiolgruppen in Enzymen. Quecksilber(II)salze reagieren leicht mit der Thiolgruppe der Aminosäure Cystein. Da diese Gruppen für die Funktion von Enzymen oft eine wichtige Rolle spielen, sind Quecksilber(II)verbindungen potente Enzyminhibitoren. Die Hemmung wichtiger thiolabhängiger Enzyme ist wahrscheinlich der Mechanismus der toxischen Wirkung von Quecksilber(II)salzen auf molekularer Ebene.

Die akut toxische Wirkung von Quecksilber tritt meist nach oraler Aufnahme von Quecksilber(II)verbindungen in Selbstmordabsicht ein. Wegen der stark ätzenden Wirkung kommt es zu schlecht heilenden Wunden im gesamten Magen-Darm-Trakt und oft zu einem akuten Nierenversagen. Innerhalb von ein bis zwei Wochen treten massive Entzündungen des Dickdarms mit blutigen Durchfällen, starken Koliken und hohem Flüssigkeitsverlust auf (Tabelle 7.7); Ausscheidung von Quecksilber mit dem Speichel führt zu Entzündungen und Geschwüren der Mundschleimhaut. Das Einatmen von Quecksilberdampf kann bei hohen Konzentrationen akut eine Bronchitis, Bronchiolitis und, in schweren Fällen, eine Lungenentzündung auslösen. Einige Stunden nach der Inhalation stellt sich eine massive **Gastroenteritis** mit blutigen Durchfällen ein; weitere Symptome und der Vergiftungsverlauf ähneln wegen der Oxidation zu Quecksilber(II) denen der oralen Vergiftung mit Quecksilber(II)salzen.

Tabelle 7.7: Verlauf der akuten Quecksilbervergiftung

Symptome	Eintritt und Dauer nach akuter Aufnahme von Quecksilbersalzen
Nierenschädigung mit Anurie	ein bis fünf Tage
massive Entzündung des Magen-Darm-Traktes	einige Stunden bis zwei Wochen
Entzündung des Dickdarmes	eine bis vier Wochen
Zahnfleischentzündungen	eine bis vier Wochen

Die chronische Quecksilbervergiftung ist hauptsächlich durch toxische Wirkungen auf das zentrale Nervensystem gekennzeichnet. Anfangs treten unspezifische Symptome wie Kopfschmerzen, Schlaflosigkeit und Schwindelgefühle auf; im weiteren Verlauf werden psychische Veränderungen wie Reizbarkeit, Angst und Stimmungsschwankungen beobachtet. Bevor es zu einer massiven Schädigung des Stammhirnes und der peripheren Nerven mit Lähmungserscheinungen kommt, beginnt ein als *Tremor mercurialis* bezeichnetes Krankheitsbild, das sich in einem Zittern von Fingern, Zunge und Augenlidern äußert. Die *Minamata*-Krankheit ist eine degenerative Nervenkrankheit, die bei japanischen Fischern infolge chronischer Vergiftung mit Quecksilberverbindungen durch Genuss kontaminierter Meerestiere auftrat.

Aus Zahnplomben (*Amalgam*) wird in geringen Mengen Quecksilber freigesetzt. In den ersten Tagen nach Legen von Amalgamfüllungen sind zwar leichte Anstiege der Blutquecksilberkonzentrationen und der Quecksilberausscheidung mit dem Harn beobachtet worden, doch lagen die Werte weit unter den Quecksilberkonzentrationen, die bei Exposition am Arbeitsplatz erste Vergiftungssymptome erzeugen.

Arsen und seine Verbindungen

Arsen ist ein weit verbreitetes Metall. Den wichtigsten Eintrag in die Umwelt leistet die Verhüttung von Zinn- und Kupfererzen. In der Vergangenheit wurden Arsenverbindungen zur Synthese von Pestiziden und zur Ledergerbung verwendet. Die jahrtausendealte, weit verbreitete Anwendung von Arsenik (As_2O_3) als Mordgift beruht zum einen auf seiner starken toxischen Wirkung, zum andern auf der schlechten Erkennbarkeit vergifteter Speisen. Arsenik ist ein geruch- und geschmackloses Pulver. Die durchschnittliche tägliche Aufnahme von Arsen mit der Nahrung und dem Trinkwasser beträgt in Europa weniger als 0,3 mg. In Mineralquellen und im Grundwasser einiger Länder (Taiwan, Argentinien) werden hohe Arsengehalte (> 100 μg/l) gemessen; die Verwendung dieses Quellwassers als Trinkwasser führt zu chronischen Vergiftungen mit erhöhter Krebshäufigkeit. Andererseits ist Arsentrioxid ein sehr effizientes Arzneimittel in der Therapie bestimmter Formen der Leukämie (siehe Arzneimitteltoxikologie, Kapitel 10).

Toxikokinetik und Metabolismus

Anorganische Arsenverbindungen (sowohl As^{III} als auch As^{V}) werden über den Magen-Darm-Trakt und, nach Inhalation arsenhaltiger Stäube, auch über die Lunge gut resorbiert. Wichtigstes Ausscheidungsmedium ist der Urin; 50–80 % einer einmaligen Dosis werden innerhalb von drei bis fünf Tagen ausgeschieden. Arsen reichert sich in Haut, Haar und Nägeln an. Das Verständnis der Mechanismen der Toxizität von Arsen wird durch metabolische Umwandlungsreaktionen und pH-abhängige Gleichgewichte zwischen As^{III} und As^{V} in wässrigen, sauerstoffhaltigen Lösungen erschwert. Aufgenommene Arsen(V)verbindungen werden im Organismus schnell zu As^{III}, der viel toxischeren Form, reduziert. Arsen(III)verbindungen werden in Anwesenheit von Sauerstoff pH-abhängig wieder zu As^{V} oxidiert. Arsenige Säure (As^{III}) wird im Organismus durch Methylierung in Dimethylarsenat umgewandelt. Dieser Schritt stellt eine Entgiftungsreaktion dar; Dimethylarsenat wird schnell ausgeschieden und ist das mengenmäßig bedeutsamste Ausscheidungsprodukt nach Arsenexposition. As^{III} hat eine hohe Affinität für Thiolgruppen von Proteinen und kann zahlreiche enzymatische Prozesse hemmen. *In vitro* hat man eine Verringerung der mitochondrialen Atmung und der oxidativen Phosphorylierung durch As^{III} nachgewiesen.

Toxische Wirkungen
Die wichtigsten Symptome der akuten Arsenvergiftung beruhen auf der kapillartoxischen Wirkung des Arsens. Nach oraler Aufnahme treten innerhalb einer Stunde Erbrechen und heftige Leibschmerzen mit starken Durchfällen auf. Die massiven Verluste von Wasser und Elektrolyten führen zu einer schwerwiegenden Beeinträchtigung der Herz-Kreislauf-Funktionen. Nach Aufnahme tödlicher Dosen (70–180 mg Arsen(III)oxid) tritt nach ungefähr 48 Stunden der Tod durch Kreislaufschock ein. Zu den Symptomen der chronischen Arsenexposition zählen Hautveränderungen (charakteristisch sind dunkle Hautpigmentierung, vermehrte Hornhautbildung, Haarausfall und Störungen des Nagelwachstums), sowie durchblutungsbedingte neurologische Störungen. Als weitere Folgen chronischer Arsenaufnahme sind Leberschäden und Verdauungsstörungen (Durchfall im Wechsel mit Verstopfung), ein allgemeines Auszehrungssymptom sowie Schäden am Nervensystem beschrieben. Der berufliche Umgang mit Arsenverbindungen kann Lungen- und Hautkrebs verursachen.

Thallium

Thallium kommt in vielen Erzen in sehr niedrigen Konzentrationen vor. Die eigentliche Produktion von Thallium ist allerdings sehr gering. Der Eintrag in die Umwelt erfolgt hauptsächlich bei der Gewinnung anderer Metalle und bei der Zementherstellung. Wegen der hohen akuten Toxizität wurde Thallium(I)sulfat verbreitet als Rattengift eingesetzt und wegen der leichten Verfügbarkeit sind zahlreiche Mord- und Selbstmordversuche mit Thalliumsalzen begangen worden.

Toxikokinetik
Thalliumverbindungen werden nach oraler Aufnahme oder bei Inhalation thalliumhaltiger Stäube gut resorbiert. Auch bei lokaler Anwendung von Thalliumverbindungen auf der Haut als Enthaarungsmittel können im Organismus toxische Konzentrationen erreicht werden. Thalliumverbindungen reichern sich in der Haut, den Nieren und in den Knochen an, die Halbwertszeit beträgt ungefähr 14 Tage. Die Ausscheidung erfolgt sowohl über den Darm als auch über die Niere. Aufgrund der Ähnlichkeit im Ionenradius und der gleichen Ladung wird Thallium im Körper wie Kalium behandelt und durch Kaliumtransportsysteme in die Zelle aufgenommen. Thallium unterliegt einem intensiven enterohepatischen Kreislauf (Kapitel 4) und wird durch einen Kaliumsparmechanismus aus dem Primärharn in die Nieren rückresorbiert; dies bedingt die langsame Ausscheidung.

Toxische Wirkungen
Zielorgane für toxische Wirkungen von Thallium sind das zentrale und periphere Nervensystem, Leber, Nieren sowie die glatte Muskulatur von Magen und Darm. Die akute Thalliumvergiftung hat einen charakteristischen klinischen Verlauf. Die orale Aufnahme toxischer Thalliumkonzentrationen verursacht zunächst oft keine Vergiftungser-

scheinungen; manchmal stellen sich leichte, vorübergehende Beschwerden wie Übelkeit, Erbrechen und Durchfall ein. Nach zwei bis drei symptomfreien Tagen treten dann heftige Koliken, starker Durchfall und Erbrechen auf; zusätzlich entwickeln sich zwei bis zehn Tage nach der Aufnahme Lähmungen und Sensibilitätsstörungen der unteren und oberen Extremitäten. Charakteristisch für die Thalliumvergiftung ist der nach zwei Wochen eintretende reversible Ausfall der Kopfhaare und der Augenbrauen; andere Körperhaare fallen später aus. Weitere Symptome der Vergiftung sind Hautveränderungen, Sehstörungen und der Verlust der Kontrolle von Blasen- und Darmentleerung. Drei bis vier Wochen nach Aufnahme toxischer Thalliumkonzentrationen klingen die Beschwerden wieder ab. Lähmungen sowie geistige und psychische Störungen können aber bestehenbleiben. Im Gegensatz zu anderen Schwermetallen hat die Therapie der Thalliumvergiftung mit Chelatbildnern wenig Erfolg, da diese das einwertige Metall nicht komplexieren können. Zur Unterbrechung des entherohepatischen Kreislaufs von Thallium verabreicht man Eisen(III)hexacyanoferrat(II) (*Berliner Blau, Turnbull's Blau*); der dann gebildete nicht resorbierbare, nicht toxische Komplex wird über den Darm ausgeschieden.

Exkurs 7.6: Behandlung akuter und chronischer Metallvergiftungen

Ziel der Therapie von Metallvergiftungen ist es, die Ausscheidung toxischer Metalle zu beschleunigen und sie durch Verringerung der zirkulierenden Konzentrationen aus den koordinativen Bindungen mit wichtigen biologischen Strukturen zu lösen (Gleichgewicht zwischen gebundenem und gelöstem Metall). Die Therapie der Metallvergiftungen hat durch die Einführung von Chelatbildnern wesentliche Fortschritte gemacht. Diese organischen Verbindungen gehen über mehrere Donoratome koordinative Bindungen mit Metallatomen ein. Therapeutisch eingesetzte Chelatbildner haben hohe Affinitäten zu toxischen Übergangsmetallen. Zur Therapie von Metallvergiftungen werden hauptsächlich die in Tabelle 7.8 aufgeführten Stoffe eingesetzt.

Therapeutische Einsatzgebiete spezifischer Chelatbildner

Voraussetzungen für eine wirksame Therapie sind eine geringe Toxizität des Chelatbildners und der gebildeten Metallchelate, eine hohe Stabilität der Chelate gegen metabolischen Abbau im Organismus sowie eine rasche Ausscheidung. Ein Problem bei dieser Therapie ist die Chelatisierung und Ausscheidung von essenziellen körpereigenen Metallen wie Calcium, die zu schweren Nebenwirkungen führen kann. Bei therapeutisch anwendbaren Chelatbildnern sollte daher die Affinität zu essenziellen Biometallen möglichst gering und die Affinität zu toxischen Schwermetallen möglichst hoch sein. Wegen der unterschiedlichen Affinität einzelner Chelatbildner zu toxischen Schwermetallen, ihrer teilweise schwerwiegenden Nebenwirkungen und der charakteristischen Dynamik von Metallvergiftungen ist vor ihrem Einsatz immer das die Vergiftung auslösende Metall zu identifizieren.

2,3-Dimercapto-1-propansulfonsäure

Das Natriumsalz der 2,3-Dimercapto-1-propansulfonsäure besitzt die Grundstruktur des zur Behandlung von Arsenvergiftungen entwickelten

Tabelle 7.8: Strukturen wichtiger Chelatbildner und ihr therapeutischer Einsatz bei Metallvergiftungen

Chelatbildner	eingesetzt bei Vergiftung mit
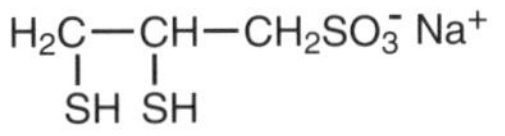 2,3-Dimercapto-1-propansulfonsäure (Natriumsalz)	anorganische und organische Quecksilberverbindungen
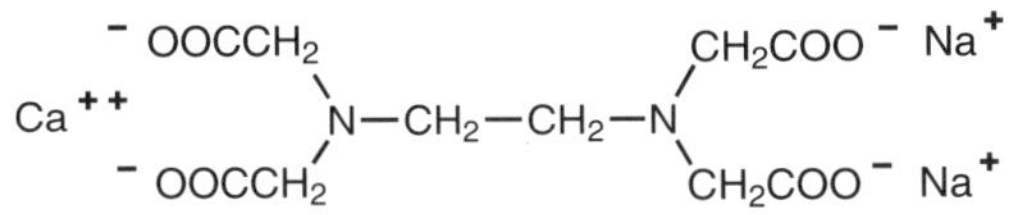 Ethylendiamintetraessigsäure (EDTA, verwendet als Calciumdinatriumsalz)	Blei, Chrom, Kupfer, Nickel
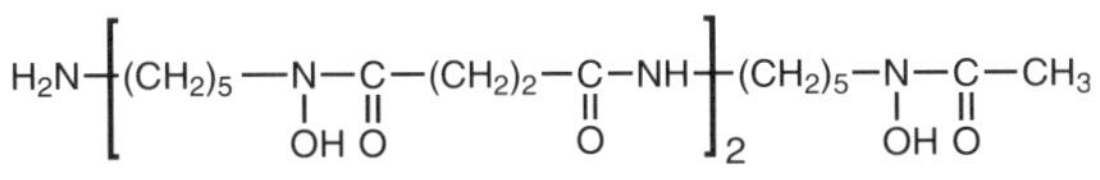 Deferoxamin (DF)	Eisen
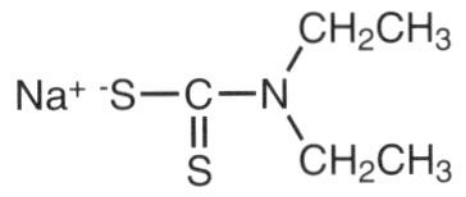 *N,N*-Diethyldithiocarbamat (Natriumsalz)	Nickel

BAL *(British Anti-Lewisite*, 2,3-Dimercaptopropanol), erzeugt aber viel weniger unerwünschte Wirkungen als BAL. Es wird zur Entfernung von Quecksilber, Blei, Arsen und anderen Metallen eingesetzt. Dieser Chelatbildner steht sowohl als Injektionslösung zur intravenösen oder intramuskulären Applikation als auch als Kapseln für orale Applikation zur Verfügung. Die Verträglichkeit ist im Allgemeinen gut, in Einzelfällen können allergische Hautreaktionen sowie Schüttelfrost und Fieber induziert werden.

Calcium-dinatrium-ethylendiamintetraacetat

Ethylendiamintetraacetat (EDTA) ist ein aus der analytischen Chemie bekannter Chelatbildner mit hoher Affinität für viele Metalle. Therapeutisch kann wegen der hohen Affinität für Calcium und der dadurch ausgelösten massiven Nebenwirkungen die freie Säure nicht eingesetzt werden. Das Calcium-Dinatrium-Salz wird vergleichweise gut vertragen; aufgrund der höheren Affinität von Ethylendiamintetraacetat zu Schwermetallen wird das Calcium gegen das toxische Metall ausgetauscht. Wegen der geringen Resorption aus dem Magen-Darm-Trakt und der kurzen Halbwertszeit muss man Calcium-dinatrium-ethylendiamintetraacetat langsam durch Infusion zuführen. Haupteinsatzgebiet ist die chronische Bleivergiftung. Die fehlende Membrangängigkeit bewirkt eine schnelle Elimination von extrazellulärem Blei; intrazelluläre Bleidepots werden dagegen nur langsam abgebaut. Wegen des drohenden Verlusts von essenziellen Metallen und möglicher Nierenschädigungen kann die Therapie nur in Intervallen durchgeführt werden.

Deferoxamin und Deferipron
Deferoxamin ist ein Chelatbildner, der von *Streptomyces pilosus* synthetisiert wird. Deferoxamin hat eine sehr hohe Affinität zu Eisen(III) und bildet gut wasserlösliche Chelate, die schnell mit dem Urin ausgeschieden werden. Außerdem besitzt Deferoxamin eine hohe Affinität zu Aluminium und wird deshalb auch zur Mobilisierung von Aluminium verwendet. Wegen des intensiven Abbaus im Magen-Darm-Trakt muss Deferoxamin intravenös über mehrere Stunden verabreicht werden. Es ist im Allgemeinen gut verträglich. Als Alternative bei der Behandlung von Krankheiten mit pathologisch erhöhten Eisenspiegeln steht heute das oral verabreichbare Deferipron zur Verfügung.

Exkurs 7.7: Kanzerogenität von Metallen

Mehrere Metalle sind in Tierversuchen oder durch epidemiologische Beobachtungen an beruflich Exponierten als krebserzeugend identifiziert worden (Tabelle 7.9). Eine Bewertung möglicher Risiken der wegen des ubiquitären Vorkommens von Metallen recht breiten Exposition ist daher nötig. Sie wird jedoch durch zwei Fakten erschwert: a) Eine Tumorinduktion im Tier ist auch nach Gabe hoher Dosen essenzieller Metalle (Fe, Chrom, Cobalt) zu beobachten; b) die Mechanismen der Krebserzeugung durch Metalle sind nur in Ansätzen verstanden. Den derzeitigen Erkenntnissen zufolge sind für die Kanzerogenität einzelner Metalle unterschiedliche Mechanismen verantwortlich. Diese können von Metall zu Metall und sogar für unterschiedliche Zustandsformen desselben Metalls (elementares Metall als Pulver, Metallkation) verschieden sein.

Bei einer auf die chemische Reaktivität und die Bedeutung von Mutationen im Prozess der chemischen Kanzerogenese reduzierten Betrachtung sollte die DNA wegen ihrer vielen nucleophilen Gruppierungen für die meisten Metalle ein idealer Reaktionspartner sein. Stabile DNA-Addukte hat man aber nur mit wenigen Metallen charakterisiert; wegen der Reversibilität der Bindung kann man allerdings DNA-Wechselwirkungen in den Mechanismen der Metallkanzerogenese nicht völlig ausschließen. Viele Metalle sind jedoch in Gentoxizitätstests wie zum Beispiel dem Ames-Test nicht oder nur schwach mutagen, sodass direkt durch die Metallverbindungen induzierte Genmutationen eine geringe

Tabelle 7.9: Krebs durch Metallexposition des Menschen am Arbeitsplatz

Metall	technischer Prozess/Aufnahmeweg	Zielorgane
Nickel	metallurgische Prozesse/Inhalation	Lungen- und Nasenkrebs
Chrom	metallurgische Prozesse und Darstellung von Chromatpigmenten/ Inhalation	Lungen- und Nasenkrebs
Arsen	Herstellung von Arsentrioxid/Inhalation und Hautkontakt	Lungen- und Hautkrebs, Tumoren des Magen-Darm-Trakts
Cadmium	metallurgische Prozesse/Inhalation	Lungenkrebs

Bedeutung für den Mechanismus der Metallkanzerogenese haben. Bei einigen Schwermetallen wie Chromat können auch direkt ausgelöste oxidative DNA-Schäden eine Rolle im Mechanismus der Kanzerogenese spielen, andere krebserzeugende Metalle hemmen antioxidative Enzyme und können dadurch die Gleichgewichtskonzentrationen reaktiver Sauerstoffspezies in der Zelle erhöhen. Veränderungen der DNA-Reparatur durch Wechselwirkungen kanzerogener Metalle mit den Reparaturenzymen sowie Veränderungen der DNA-Methylierung und DNA-Konformation und Beeinflussung der DNA-Replikation durch Bindung von Metallen an Chromatinproteine hat man ebenfalls beobachtet. Viele zweiwertige Metalle wie Blei oder Cadmium scheinen aber über indirekte Beeinflussung der Biochemie der Zelle zur Bildung von Tumoren zu führen. So beinflusst Cadmium die Regulation verschiedener calciumabhängiger Signalwege in der Zelle, da Cadmium wegen seiner Zweiwertigkeit Calciumbindungstellen belegt und damit zu einer „unphysiologischen" Aktivierung dieser Signalkaskaden beiträgt.

7.5 Pestizide

Einleitung 7.5.1

Pestizide werden zum Schutz von Pflanzen und Pflanzenerzeugnissen (geernteten Produkten) vor Schädlingsorganismen und anderen nichtparasitären Beeinträchtigungen (z. B. Unkraut) eingesetzt. Weiterhin dienen Pestizide der Bekämpfung der Zwischenwirte von Mikroben, die Krankheiten (z. B. Malaria) auf den Menschen übertragen. Nach dem Schwerpunkt ihrer Anwendung lassen sich die Pestizide in mehrere Gruppen einteilen (Tabelle 7.10), wobei häufig derselbe chemische Stoff zur Bekämpfung mehrerer Arten von Schädlingen eingesetzt wird.

Der Einsatz von Pflanzenschutzmitteln in der Landwirtschaft zur Sicherung einer möglichst hohen Ausschöpfung des Ertragspotenzials hat eine überaus lange Geschichte. Schwefel wurde von den Chinesen schon vor mehr als tausend Jahren eingesetzt.

Tabelle 7.10: Einteilung der Pestizide nach ihren Anwendungsgebieten

Pestizidgruppe	Einsatz zur Bekämpfung von
Insektizide	Insekten
Herbizide	Unkraut
Fungizide	Pilzen
Rodentizide	Nagern
Akarizide	Milben
Nematozide	Fadenwürmer
Molluskizide	Weichtiere, Schnecken

Ebenfalls aus China stammen die ersten dokumentierten Berichte über den Einsatz von Arsen als Insektizid im sechzehnten Jahrhundert. Am Ende des neunzehnten Jahrhunderts begann dann die Ära der metallhaltigen Schädlingsbekämpfungsmittel. Arsentrioxid, Kupfersulfat, Kupferarsenit, Calciumarsenat und Bleiarsenat wurden bis 1930 sehr viel benutzt. Die Toxizität dieser Verbindungen untersuchte man kaum; es gibt jedoch viele anekdotische Beispiele über Vergiftungsfälle in Mensch und Tier. Seit den Dreißigerjahren des letzten Jahrhunderts bestimmt die synthetische Chemie die Pestizidentwicklung. Auf keinem anderen Gebiet der organischen Chemie wurden so viele Stoffe auf der Basis der Verknüpfung von Prinzipien der Chemie und der Physiologie von Schädlingsorganismen, Pflanzen und Tieren entwickelt.

7.5.2 Organochlorverbindungen

Ein Blick in die Geschichte: DDT

Der bekannteste Vertreter der Organochlorverbindungen, DDT (*p,p'*-Dichlordiphenyltrichlorethan, systematische Bezeichnung 1,1,1-Trichlor-2,2-bis-(4-chlorphenyl)-ethan), wurde 1874 von dem deutschen Chemiker Zeidler synthetisiert. Seine Eigenschaften als Schädlingsbekämpfungsmittel wurden aber erst 1939 entdeckt, als der Schweizer Chemiker Paul Müller ein Kontaktgift gegen Kleidermotten und Teppichkäfer suchte. Vor dem Ende des zweiten Weltkrieges stand DDT den Alliierten zur Verfügung und fand weite Verwendung bei der Bekämpfung von Läusen. Die Entdeckung der ausgezeichneten insektiziden Wirkung von DDT hat Müller einen Nobelpreis eingebracht und die Forschung nach weiteren Organochlorverbindungen stark vorangetrieben. DDT erwies sich als außerordentlich wirksam bei der Vernichtung der Überträger der *Malaria* (Anophelesmücke), der *Schlafkrankheit* (Tsetsefliege) und des *Fleckfiebers* (Kleiderlaus). In Indien sank unter Anwendung von DDT die Zahl der jährlichen Malariatodesfälle von 750 000 auf 1 500. Nach Schätzungen bewahrte allein das DDT jährlich ungefähr fünf Millionen Menschen in den Malariagebieten vor dem Tod.

Einteilung und Toxikokinetik
Die zahlreichen insektiziden Organochlorverbindungen, die im Pflanzenschutz zur Anwendung kamen und zum Teil heute noch im Einsatz sind, lassen sich in drei große Gruppen einteilen (Tabelle 7.11):

- Diphenyltrichlorethane,
- chlorierte Cyclodiene,
- chlorierte Benzole und Cyclohexane.

DDT und verwandte Organochlorverbindungen werden sowohl im Magen-Darm-Trakt als auch über die Haut sehr gut resorbiert und überwiegend in Fettdepots gespeichert, aus denen sie nur langsam mobilisiert werden. Besonders der durch Abspaltung von HCl entstehende Hauptmetabolit von DDT, das 1,1-Dichlor-2,2-bis-(4-chlorphenyl)-ethen, ist schlecht abbaubar und reichert sich im Fett an. Die im Fett gespeicherten Organochlorverbindungen sind wirkungslos.

Die Halbwertszeit von DDT beträgt im Menschen ungefähr ein Jahr. Auch in der Umwelt sind Organochlorverbindungen außerordentlich stabil; die Halbwertszeit von DDT dürfte bei etwa zehn Jahren liegen.

Tabelle 7.11: Strukturelle Klassifikation der Organochlorinsektizide

Gruppe	Strukturformel	Beispiele: chemische Bezeichnung (Freiname)
Diphenyl-trichlorethane	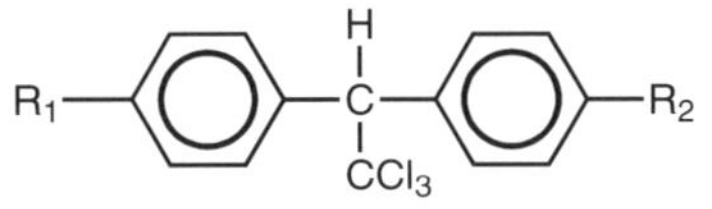	$R_1 = R_2 = Cl$: *p,p′*-Dichlordiphenyltrichlorethan (DDT)*; $R_1 = R_2 = OCH_3$: *p,p′*-Dimethyloxydiphenyl-trichlorethan (Methoxychlor)
Cyclodiene	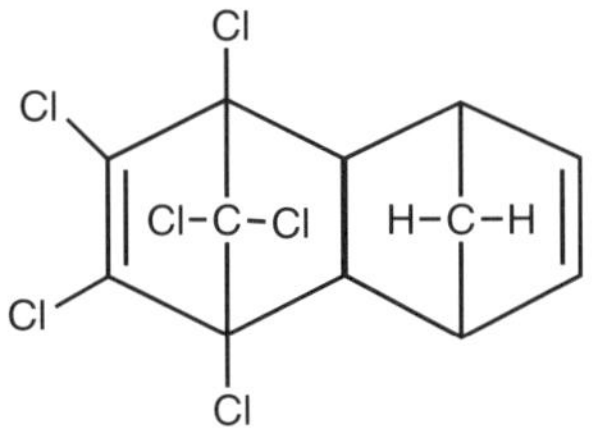	Hexachlor-hexahydro-endo-exo-dimethano-naphthalin (Aldrin)*
	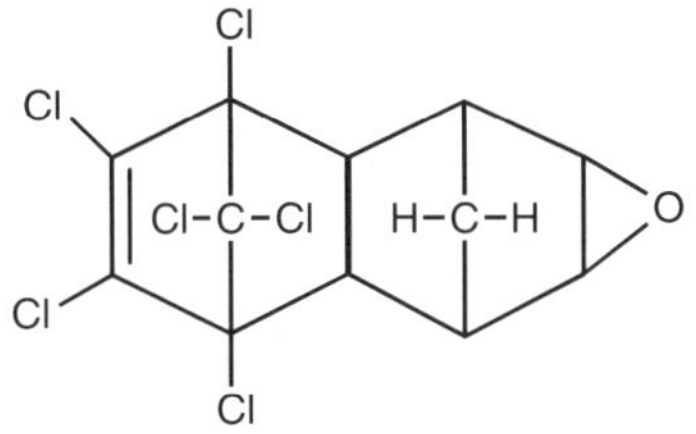	Hexachlor-epoxy-octahydro-endo-exo-dimethano-naphtalin (Dieldrin)*
	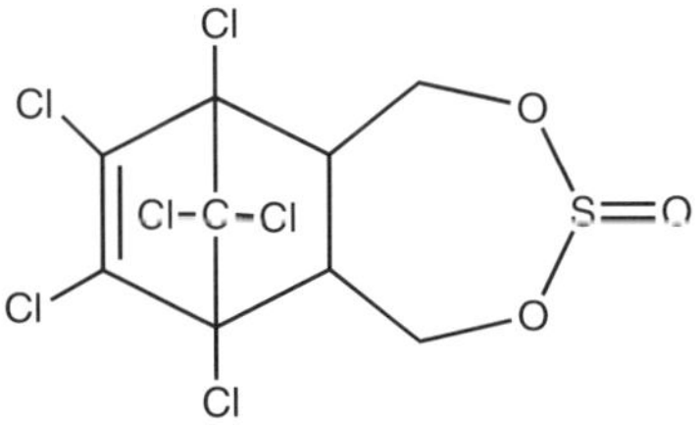	Hexachlor-endomethylen-bicyclohepten-bis(oxy-methylen-)sulfoxid (Endosulfan)*
Cyclohexane	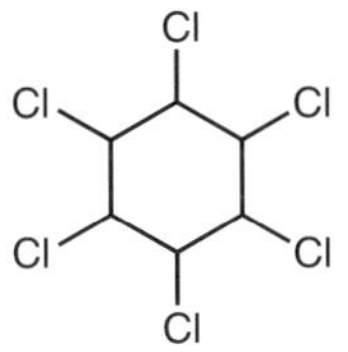	Hexachlorcyclohexan (Lindan)

* in der Bundesrepublik Deutschland nicht mehr zugelassen

Wirkungsmechanismen und Toxizität

Alle insektiziden Organochlorverbindungen sind neurotoxisch. Während DDT und Methoxychlor hauptsächlich auf periphere sensorische Nerven einwirken, überwiegen bei den Cyclodienen und den Cyclohexanen zentralnervöse Wirkungen.

Zum Verständnis des zugrunde liegenden molekularen Wirkungsmechanismus ist ein Exkurs in die Physiologie der Reizleitung im Nervensystem sowie des Aktionspotenzials notwendig, also jener kurzzeitigen Änderung des Membranpotenzials, die der Signalfortleitung im Nervensystem dient. An der Plasmamembran erregbarer Zellen besteht aufgrund einer asymmetrischen Verteilung von Ladungsträgern auf beiden Seiten der Membran (intra- und extrazellulärer Raum) ein elektrisches Potenzial. Im nicht erregten Zustand (Ruhemembranpotenzial) beträgt der Spannungsunterschied (innen gegenüber außen) –60 bis –90 Millivolt (Abbildung 7.6). Die erregbare Membran verfügt über selektiv für Natrium- und für Kaliumionen durchlässige Kanäle (Natrium- und Kaliumkanäle). Im Ruhezustand ist die Kaliumionendurchlässigkeit höher, sodass Kaliumionen verstärkt in den Extrazellulärraum transportiert werden. Bei Eintreffen eines Erregungssignals öffnen sich die Natriumkanäle; Natriumionen fließen verstärkt in die Zelle, und das Membranpotenzial wird kurzfristig positiv, bis ungefähr + 30 Millivolt (Depolarisation). Dann schließen sich die Natriumkanäle wieder und die Kaliumkanäle öffnen sich, was zum Wiederaufbau des innen negativen Ruhemembranpotenzials führt (Repolarisation). In der Regel schließt sich noch eine Nachhyperpolarisation an, bevor sich das physiologische Ruhemembranpotenzial wieder stabilisiert.

DDT und Methoxychlor lagern sich in die Plasmamembran ein und beeinträchtigen auf diese Weise den Wiederverschluss der Natriumkanäle. Dadurch wird die vollständige Repolarisation verhindert und die Zelle kann nun bereits durch schwache, normalerweise unterschwellige Stimuli depolarisiert werden. Bei niedrigen Dosen äußert sich

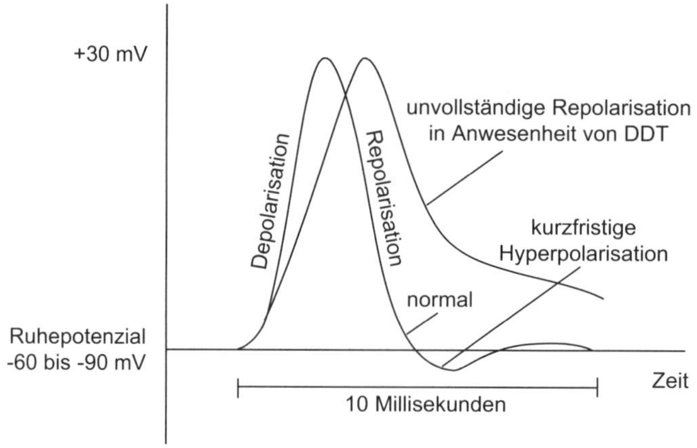

7.6 Normales Aktionspotenzial und Behinderung der Repolarisation durch DDT. Beim physiologischen Ablauf des Aktionspotenzials erreicht die Plasmamembran der Nervenzelle nach einer kurzen Hyperpolarisationsphase in wenigen Millisekunden wieder das Ruhemembranpotenzial von –60 bis –90 Millivolt. DDT verhindert das Schließen der Natriumkanäle, sodass der Natriumeinstrom in die Zelle anhält und der Aufbau des (innen) negativen Ruhemembranpotenzials beeinträchtigt wird. Daraus resultiert eine Übererregbarkeit der Zelle.

diese Übererregbarkeit in Missempfindungen an Extremitäten und Rumpf, Tremor und Muskelzuckungen. Höhere Konzentrationen führen zu Krämpfen und spastischen Lähmungen. Als Spätfolgen können motorische und sensible Lähmungen zurückbleiben.

Die tödliche Dosis von DDT für Erwachsene beträgt 10–30 Gramm. Aufgrund dieser sehr geringen Toxizität sind akuteVergiftungen mit DDT praktisch ausgeschlossen. Dies gilt jedoch keineswegs für alle insektiziden Organochlorverbindungen. Mit Ausnahme einer geringfügigen Induktion der Enzyme des oxidativen Stoffwechsels in der Leber hat man beim Menschen auch keine chronischen Vergiftungssymptome durch DDT registriert, obwohl im Fettgewebe von Arbeitern, welche in der Pestizidproduktion tätig waren, DDT und sein Hauptmetabolit 1,1-Dichlor-2,2-bis-(4-chlorphenyl)-ethen in gegenüber der Allgemeinbevölkerung bis zu 500-fach höheren Konzentrationen vorlagen.

Bei der akuten Vergiftung mit insektiziden Cyclodien- und Cyclohexanverbindungen überwiegt die zentralnervöse Symptomatik. Es kommt zu Schwindel, Kopfschmerzen, pathologisch erhöhter Reflextätigkeit (Hyperreflexie), motorischer Übererregbarkeit und Krämpfen. Die Übererregbarkeit des zentralen Nervensystems ist wahrscheinlich das Resultat der antagonistischen Wirkung dieser Organochlorverbindungen an den Rezeptoren der γ-Aminobuttersäure (GABA) im Gehirn. Die Stoffe unterbinden auf diese Weise den durch GABA vermittelten Chlorideinstrom in die Zelle (Abbildung 7.7), sodass das innen negative Ruhemembranpotenzial nicht aufrechterhalten werden kann. Außerdem hemmen die insektiziden Cyclodiene die calcium- und magnesiumabhängige ATPase an der Plasmamembran der Nervenzellen. Die dadurch bewirkten erhöhten Calciumkonzentrationen führen zu einer verstärkten Neurotransmitterfreisetzung aus dem terminalen Ende des präsynaptischen Neurons und tragen damit zu der allgemeinen Übererregbarkeit des zentralen Nervensystems bei.

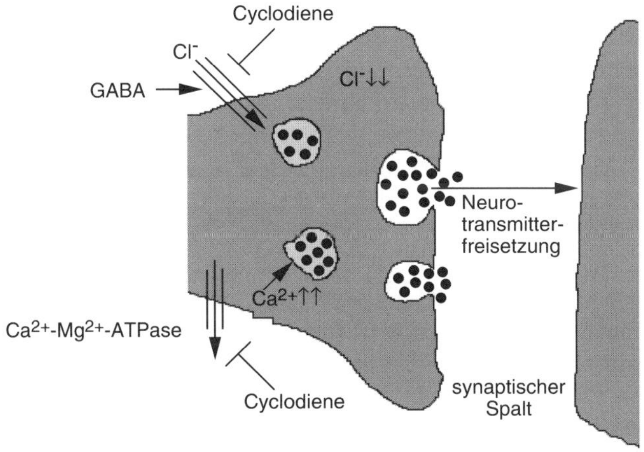

7.7 Wirkungsmechanismen der insektiziden Organochlorverbindungen vom Cyclodientyp: Hemmung des GABA-induzierten Einstroms von Chlorid in die Zelle führt zu niedrigen intrazellulären Chloridkonzentrationen (Cl^-↓↓) und dadurch zu einem gestörten (positiveren) Ruhemembranpotenzial. Hemmung der calcium- und magnesiumabhängigen ATPase verursacht erhöhte Calciumkonzentrationen (Ca^{2+}↑↑) in der Zelle und führt dadurch zu einer calciumioneninduzierten Freisetzung von Neurotransmittern. Beide Mechanismen tragen zu einer Übererregbarkeit der Nervenzellen bei.

Cyclodiene sind im Säuger im Allgemeinen stärker toxisch als DDT. Folglich hat man bei beruflich exponierten Personen wiederholt akute und chronische Vergiftungen registriert.

Alle Organochlorverbindungen sind Induktoren der mikrosomalen Oxygenasen in der Leber. Bei der sehr empfindlichen Spezies Maus führte die lebenslange Verabreichung hoher Dosen zu Lebertumoren. Dagegen wurden beim Menschen trotz der oft langjährigen Exposition gegenüber hohen Dosen von Organochlorverbindungen keine Lebertumoren beobachtet. Im Gegenteil, in Ländern, in denen DDT großen Einsatz fand – zum Beispiel in den USA – zeigt die Häufigkeit von Leberkrebs eine stark abfallende Tendenz. Somit ist die hepatokanzerogene Wirkung im Tier als ein speziesspezifischer, für den Menschen irrelevanter Effekt zu betrachten.

Ökologische Folgen der Anwendung insektizider Organochlorverbindungen

Die akute und chronische Toxizität der Organochlorverbindungen liefert keine Erklärung für das vollständige Verbot der Herstellung und Anwendung von DDT in der Bundesrepublik seit 1972.

Ein kurzer Exkurs in die Ökotoxikologie dieser Pestizidgruppe erhellt jedoch den Hintergrund dieser Maßnahmen. DDT und andere insektizide Organochlorverbindungen sind in Mensch und Umwelt außerordentlich beständig. Der extrem langsame globale chemische Abbau der Organochlorinsektizide führt zu einer Anreicherung in Nahrungsketten bis hin zum menschlichen Organismus. Dies soll anhand des DDT kurz skizziert werden; die anderen Organochlorverbindungen dieser Gruppe unterliegen einem mehr oder weniger ähnlichen ökologischen Kreislauf. DDT, das meist als Staub großflächig – zum Beispiel mit Flugzeugen – auf Felder ausgebracht wird, gelangt trotz seiner geringen Wasserlöslichkeit mit den Oberflächengewässern in Seen und Meere. Über Mikroorganismen, vor allem Plankton, wird das Insektizid von Muscheln, Krebsen, Schnecken und Fischen aufgenommen und reichert sich aufgrund seiner hohen Lipidlöslichkeit im Fett an. Fischjagende Vögel in stark mit DDT verunreinigten Regionen legen Eier mit zu dünnen Schalen, die nicht erfolgreich bebrütet werden können. Der Grund dafür liegt in der ausgeprägten steroidartigen Wirkung von DDT in Vögeln, welche die Mobilisierung des für den Aufbau der Eischale notwendigen Calciums stark beeinträchtigt. Schließlich gelangen Insektizidreste über mit Fischresten gefütterte Nutztiere in Form von Fleisch, Eiern und Milch zum Menschen. Der Anreicherungsfaktor ist außerordentlich hoch: Die DDT-Konzentrationen im Fett der am Ende der Nahrungskette stehenden Säuger sind millionenfach höher als die der Gewässer.

Die sehr breit eingesetzten Insektizide DDT und Dieldrin sind heute über die gesamte Erdoberfläche verteilt. Man findet sie auch dort, wo sie nie eingesetzt wurden, zum Beispiel im polaren Oberflächeneis. Dies liegt daran, dass die Organochlorverbindungen trotz ihrer geringen Flüchtigkeit von Pflanzenoberflächen und aus dem Boden verdampfen und dann in der Atmosphäre verschleppt werden; in Niederschlägen gelangen sie schließlich auch in entfernten Gegenden wieder zur Erdoberfläche.

Organische Phosphorsäureester (Alkylphosphate) 7.5.3

Geschichtliches
Hochtoxische Organophosphatverbindungen wurden schon in den Dreißigerjahren des letzten Jahrhunderts als Nervengifte entwickelt (Tabun, Sarin, Soman, Exkurs 7.3). Nach dem Zweiten Weltkrieg kamen Vertreter dieser Substanzklasse als Insektizide, zur Malariabekämpfung, als Fungizide und als Akarizide in der Veterinärmedizin zum Einsatz. Heute sind ungefähr 30 Stoffe im Einsatz.

Einteilung und Toxikokinetik
Chemisch handelt es sich bei den Verbindungen dieser Gruppe um Ester oder Amide der Phosphor-, Phosphin-, und Phosphonsäure (Tabelle 7.12). Aufgrund ihrer hohen Lipophilie diffundieren Organophosphate sehr gut durch alle Zellmembranen. Vergiftungen kommen nach oraler Einnahme durch Resorption aus dem Magen-Darm-Trakt, nach Einatmen und durch Kontamination der Haut vor.

Tabelle 7.12: Beispiele organischer Phosphorsäureester: Strukturformel und akute Toxizität in der Ratte

chemische Bezeichnung (Freiname)	Strukturformel	LD_{50} [mg/kg] (Ratte, oral)
Tetraethylpyrophosphat (TEPP)	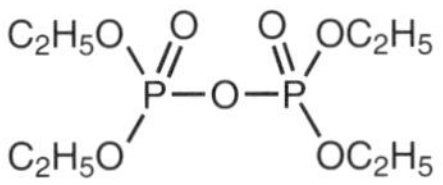	1,1
Dimethyl-2,5-dichlor-3-bromphenyl-thionophosphat (Bromophos)	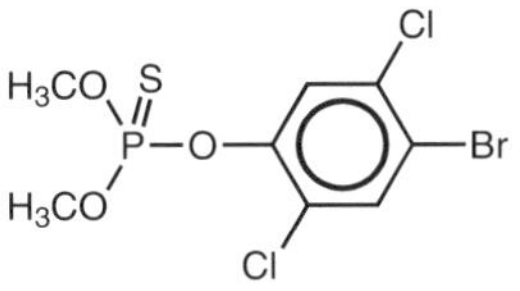	4
Diethyl-(4-nitrophenyl)-thionophosphat (Parathion, E 605)	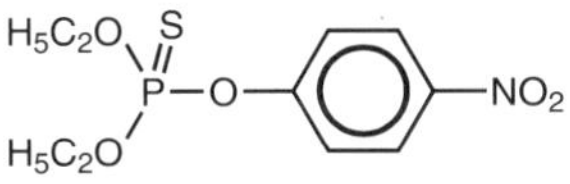	10
Dimethyl-2,2-dichlorvinyl-phosphat (Dichlorvos, DDVP)	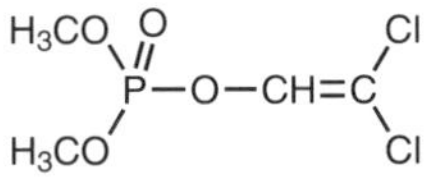	70
Dimethyl-*S*-methyl-carbamoylmethyldithio-phosphat (Dimethoat)	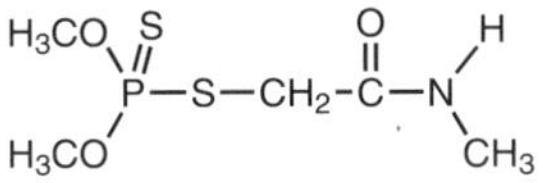	300
Malathion	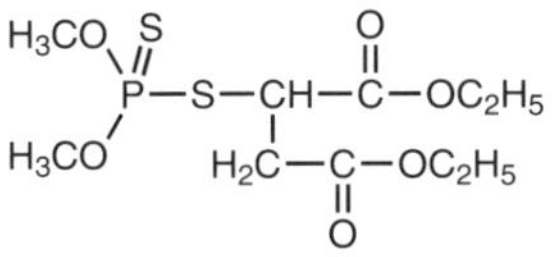	1 375

Im Laufe der Jahre hat man Organophosphate entwickelt, welche bei gleicher insektizider Wirkung eine schwächere Toxizität für Säugertiere aufweisen; ein Beispiel ist Malathion. Im Gegensatz zu Insekten und Pilzen können Warmblüter an der Seitenkette von Malathion effektiv Ethanol abspalten (Esterverseifung, Abbildung 7.8). Die dadurch entstehende freie Carboxylgruppe trägt zur schnellen Ausscheidung bei und vermindert damit entscheidend die Toxizität.

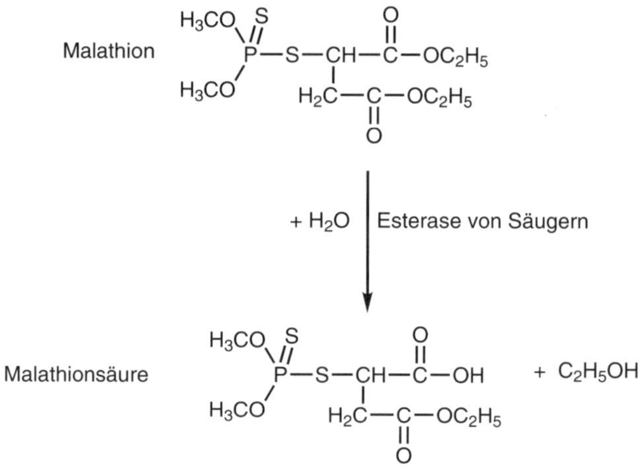

7.8 Malathionentgiftung durch Esterhydrolyse. Die Esterasen, welche diese Reaktion katalysieren, finden sich nur in Säugerorganismen; daher zeichnet sich Malathion durch eine geringe Warmblütertoxizität bei gleichzeitig starker insektizider Wirkung aus.

Wirkungsmechanismen und Toxizität

Das Verständnis des molekularen Wirkungsmechanismus der Organophosphate setzt Grundkenntnisse über Freisetzung und Abbau des Neurotransmitters Acetylcholin voraus. Er und seine Rezeptoren kommen sowohl im zentralen als auch im peripheren Nervensystem in verschiedenen Organen vor. Im präsynaptischen Neuron ist Acetylcholin in Vesikeln gespeichert. Wenn die entsprechenden Signale dieses Neuron erreichen, verschmelzen die Vesikel mit der präsynaptischen Membran und setzen ihren Inhalt in den synaptischen Spalt frei. Acetylcholin diffundiert rasch über diesen Spalt hinweg und reagiert mit seinen Rezeptoren an der postsynaptischen Membran.

Im Organismus gibt es zwei Typen von Acetylcholinrezeptoren: *Muscarinrezeptoren* sind auch durch das Alkaloid Muscarin erregbar, während an den *Nicotinrezeptoren* die Wirkung des Acetylcholins durch Nicotin imitiert werden kann. Die zwei Rezeptortypen unterscheiden sich außer in ihrer anatomischen Lokalisation auch in ihrer physiologischen Funktion, das heißt, sie vermitteln unterschiedliche Vorgänge. Zu den durch Acetylcholin vermittelten Prozessen an Muscarinrezeptoren gehören die Verdauung und der Transport der Nahrung im Magen-Darm-Trakt sowie die Entleerung der Harnblase. Außerdem führt die Reaktion von Acetylcholin mit Rezeptoren vom Muscarintyp zu einer Engstellung der Pupillen und einer stärkeren Krümmung der Augenlinse, sodass Objekte in der Nähe scharf gesehen werden können. Speichel- und Tränenproduktion werden gefördert, die Bronchien eng gestellt, die Sekretion von Bronchialschleim wird gesteigert und die Herzfrequenz gesenkt. Acetylcholinrezeptoren vom Nicotintyp sind unter anderem wichtig für die Kontraktion der Skelettmuskulatur. Beide Rezeptortypen finden sich auch im Gehirn und wirken dort an der Regulation lebenswichtiger Prozesse wie Atmung und Kreislauf mit.

Die außerordentliche Vielfalt und Bedeutsamkeit der acetylcholinabhängigen Prozesse macht eine effiziente Kontrolle der Dauer und Intensität der ausgelösten Reaktionen erforderlich. Diese Aufgabe übernimmt die Acetylcholinesterase, welche die Hydrolyse von Acetylcholin zu Cholin und Essigsäure katalysiert. Neben der spezifischen Acetylcholinesterase, die in Erythrocyten und Nervenzellen vorkommt, findet man im Serum, in der Leber und in anderen Organen eine Reihe unspezifischer Cholinesterasen, die auch Pseudocholinesterasen genannt werden.

Organophosphate sind starke Inhibitoren der Acetylcholinesterase und rufen dadurch eine innere Acetylcholinvergiftung hervor. In Versuchstieren, die mit Organophosphaten behandelt wurden, konnte man erhöhte Konzentrationen von Acetylcholin im Gehirn nachweisen.

Alle pestizid wirksamen Organophosphate besitzen eine gemeinsame Grundstruktur, die sich in der so genannten „Schrader-Formel“ darstellen lässt (Abbildung 7.9). Wichtig für den Wirkmechanismus ist die Abgangsgruppe X. Als Reaktionspartner von Organophosphaten, die Abgangsgruppen enthalten, bieten sich in biologischen Systemen neben Wasser auch die Hydroxylgruppen des Serins im katalytischen Zentrum der Acetylcholinesterase an. Die physiologische Funktion dieser Hydroxylgruppen besteht in der hydrolytischen Spaltung von Acetylcholin (Abbildung 7.10). Zunächst lagert sich der positiv geladene Stickstoff von Acetylcholin an das anionische Zentrum des Enzyms (δ^-) an. Dann unterliegt die Acetoxygruppe einer Umesterung mit der Hydroxylgruppe der Aminosäure Serin im aktiven Zentrum des Enzyms. Nach der Abspaltung von Cholin wird der entstandene Serinester in Millisekunden hydrolysiert, und das En-

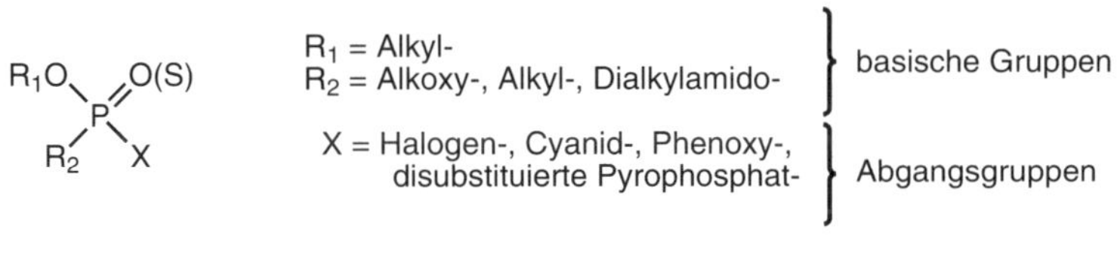

7.9 Grundstruktur insektizid wirksamer Organophosphate (Schrader-Formel).

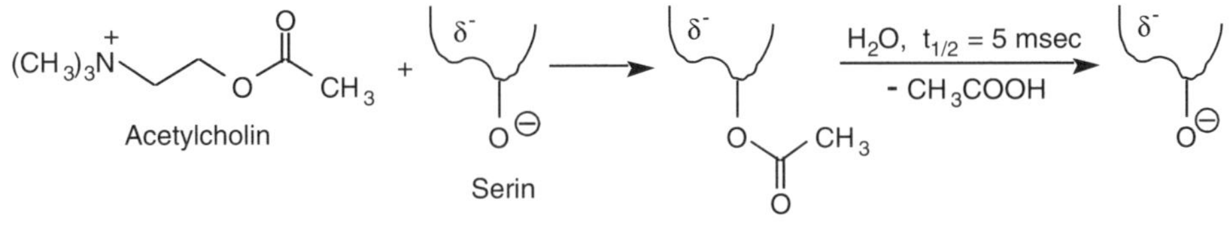

7.10 Mechanismus der durch die Acetylcholinesterase katalysierten Spaltung von Acetylcholin. Das aktive Zentrum der Cholinesterase mit der Aminosäure Serin wird durch Hydrolyse innerhalb von Millisekunden wieder regeneriert.

zym kann erneut eine hydrolytische Spaltung katalysieren. Organophosphate, die eine Abgangsgruppe besitzen, bilden durch Reaktion mit dem Serin im katalytischen Zentrum der Cholinesterase einen gegen Hydrolyse stabilen Ester, der nur langsam im Laufe von Wochen wieder gespalten wird (Abbildung 7.11). Da die Phosphorylierung des Enzyms praktisch irreversibel ist, kann eine Cholinesteraseaktivität nur durch Neubildung des Enzyms wiederhergestellt werden.

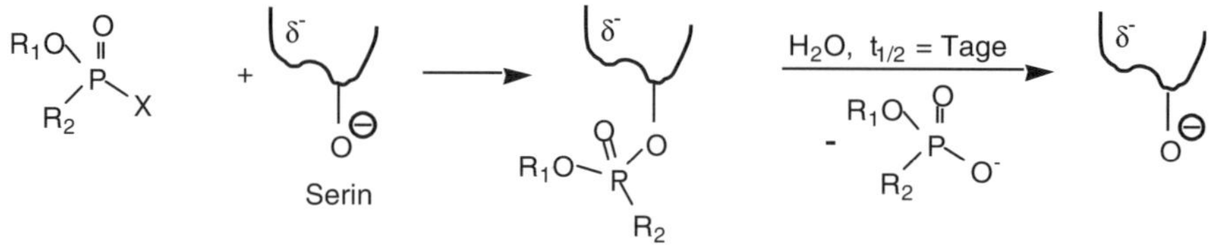

7.11 Bindung neurotoxischer Organophosphate an die Cholinesterase und Blockade des aktiven Zentrums. Eine Regenerierung des aktiven Zentrums durch Hydrolyse ist praktisch unmöglich.

Die klinische Symptomatik der Organophosphatvergiftung hängt einerseits vom Expositionsweg, andererseits vom Ausmaß der Enzymhemmung ab. Bei Aufnahme über die Atemwege oder den Magen-Darm-Trakt ist der Verlauf fulminant. Nach Hautresorption können die Symptome der Vergiftung mit Verzögerung auftreten. Massive Vergiftungserscheinungen treten erst ein, wenn 50 % der Cholinesteraseaktivität im Organismus gehemmt sind. Bei zehn- bis 20prozentiger Hemmung ist die Vergiftungssymptomatik eher mild, bei 20–50 % kommt es zu einer Vergiftung mittleren Grades. Wenn die Acetylcholinesteraseaktivität unter 10 % des Normalwertes fällt, wird die Situation für den Patienten lebensbedrohlich. Die Cholinesteraseaktivität im Serum lässt sich mit kommerziell erhältlichen Teststreifen bestimmen und liefert eine grobe Orientierung über den Schweregrad der Vergiftung. Allerdings wird mit dieser Methode die unspezifische Esteraseaktivität mitgemessen, und manche Organophosphate hemmen die unspezifischen Esterasen stärker als die Acetylcholinesterase. Da die Hemmung der unspezifischen Enzyme für die klinische Symptomatik nicht bedeutsam ist, kann dies zu einer falschen Beurteilung führen. Ohnehin sind für den Verlauf und die Prognose die Enzymaktivitäten im zentralen Nervensystem entscheidend, nicht die im Serum. Daher ist die klinische Symptomatik ein verlässlicheres Kriterium zur Beurteilung des Schweregrades der Vergiftung als die Messung von Esteraseaktivitäten im Blut.

Die frühen Zeichen der Vergiftung sind Folge einer Überstimulation der Muscarinrezeptoren an der glatten Muskulatur und verschiedenen Drüsen: starke Verengung der Pupillen (Miosis) und Sehstörungen (Akkomodationsstarre); Tränen- und Speichelfluss; Koliken, Durchfälle und Erbrechen aufgrund erhöhter Aktivität des Magen-Darm-Traktes; Engstellung der Bronchien und erhöhte Sekretion von Bronchialschleim. Mit zunehmender Dosis treten Herzfrequenz- und Blutdrucksenkung sowie Muskelsteife, Tremor, Sprachstörungen und Missempfindungen als Ausdruck einer Überstimulation der Nicotinrezeptoren hinzu. Schließlich können Organophosphate ausgeprägte Lungenödeme, Atem- und Herzstillstand sowie tiefe Bewusstlosigkeit induzieren und dadurch zum Tod führen.

Therapie

Die unspezifische Therapie der akuten Organophosphatvergiftung konzentriert sich auf die Erhaltung der Atmung und bei oraler Aufnahme auf die Verhinderung der weiteren Resorption durch Verabreicherung von Aktivkohle, eventuell nach vorausgegangener Magenspülung. Die spezifische Therapie besteht in der Hemmung der Acetylcholinwirkungen durch Blockade der Muscarinrezeptoren mit Atropin sowie die Dephosphorylierung und damit Reaktivierung der Acetylcholinesterase durch Gabe von Oximen (Tabelle 7.13).

Tabelle 7.13: Therapie der Organophosphatvergiftung

Stoff	Dosierung
Atropin	2–5 mg Atropinsulfat, i.v. oder i.m., alle 10 min (klinische Symptomatik bestimmt die Gesamtdosis, maximal 50 mg in 24 Stunden)
Obidoxim	250 mg, langsam i.v., oder i.m eventuell nach 2 Stunden wiederholen, maximal 750–1 250 mg in 24 Stunden
Pralidoxim	1 000–2 000 mg langsam i.m oder i.v. , maximal 2 000–4 000 mg in 24 Stunden

Oxime wie Pralidoxim oder Obidoxim greifen die Phosphoryl-Seryl-Bindung nucleophil an und dephosphorylieren das Enzym (Abbildung 7.12). Damit stellt die Oximverabreichung eine kausale Therapie dar – im Gegensatz zur Atropingabe, die le-

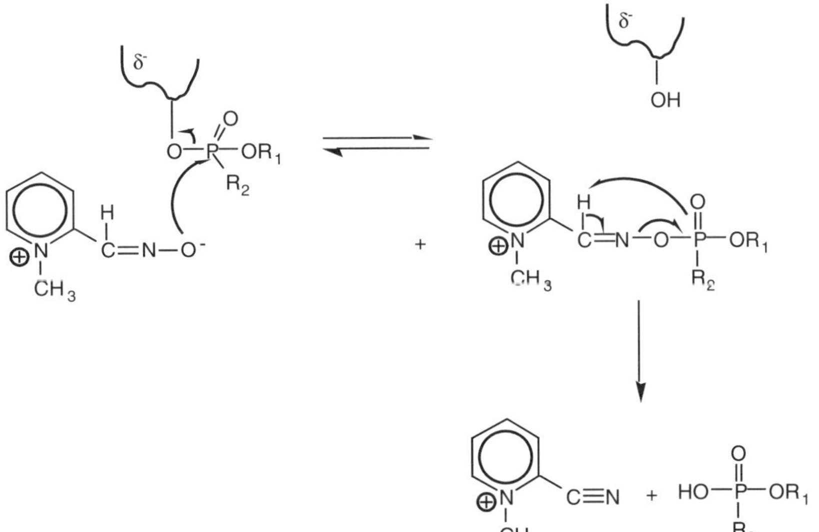

7.12 Dephosphorylierung der Acetylcholinesterase durch nucleophilen Angriff von Obidoxim auf die Phosphoryl-Seryl-Bindung. Das entstehende phosphorylierte Oxim zerfällt in Nitril und Dialkylphosphorsäure. Letztere kann nicht mehr mit der Acetylcholinesterase reagieren, da ihr die Abgangsgruppe fehlt.

diglich eine symptomatische Besserung bewirken kann. Entscheidend für den Erfolg der Oximtherapie ist der Zeitpunkt des Einsatzes. Das an die Cholinesterase gebundene Organophosphat wird nähmlich im Laufe von Stunden hydrolysiert, und diese Hydrolyse stabilisiert die phosphorylierte Cholinesterase noch weiter. Auch durch Oximtherapie kann das aktive Zentrum des Enzyms dann nicht mehr regeneriert werden. Der Prozess wird Enzymalterung genannt (Abbildung 7.13).

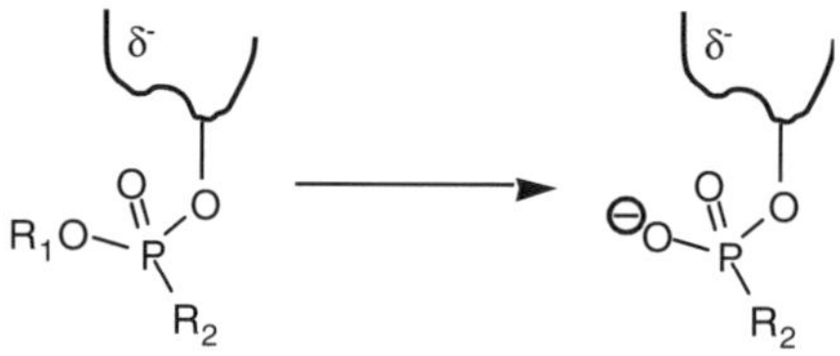

7.13 Alterung der phosphorylierten Cholinesterase durch Abspaltung einer Alkylgruppe vom Phosphatrest. Dadurch wird die Bindung stabilisiert und ist nicht mehr durch Oxime angreifbar.

Verzögerte Neurotoxizität

Phosphorsäureester von Alkylaromaten (z. B. Trikresylphosphat), aber auch Alkylphosphate wie Diisopropylfluorphosphat, verursachen beim Menschen und bei bestimmten Tierarten eine verzögerte Neurotoxizität (*delayed neuropathy*). Während die für die „innere Acetylcholinvergiftung" charakteristische akute Symptomatik bei diesen Substanzen in der Regel nicht oder nur sehr schwach auftritt, kommt es sieben bis 20 Tage nach der Aufnahme zunächst an den unteren, später auch an den oberen Extremitäten zu Lähmungserscheinungen. Der Prozeß entwickelt sich über Wochen und Monate, und in einigen Fällen gehen die anfänglich schlaffen Lähmungen in ein spastisches Bild mit pathologisch erhöhtem Muskeltonus über. Die ursächliche biochemische Störung ist nicht endgültig aufgeklärt. Im Unterschied zu Organophosphaten, die akut die Cholinesterase hemmen, üben Trikresylphosphate keine direkte Aktivität auf Serinhydrolasen aus; durch metabolische Reaktionen entstehen im Sinne einer Bioaktivierung potente Esterasehemmstoffe.

Da Trikresylphosphate als Weichmacher in Kunststoffen, als Schmierzusätze in Motorölen, als Hydraulikflüssigkeiten und als Lackzusätze Anwendung fanden, waren die Expositionsmöglichkeiten für den Menschen vielfältig. Zahlreiche Vergiftungen sind dokumentiert, darunter einige spektakuläre Massenvergiftungen. In den USA wurde zum Beispiel während der Prohibition 1929/1930 Ingwerschnaps mit Trikresylphosphat verfälscht, und ungefähr 20 000 Menschen zeigten Symptome der verzögerten Neuropathie (*ginger paralysis*). Weitere Vergiftungen mit zahlreichen Opfern ereigneten sich in der Schweiz (1940) und in Marokko (1960) durch missbräuchliche Verwendung von trikresylphosphathaltigen Motorölen als Speiseöle.

Carbaminsäureester (Carbamate) 7.5.4

Ester der Carbaminsäure (Tabelle 7.14) hemmen ebenfalls die Acetylcholinesterase und werden außer als Pflanzenschutz- auch als Arzneimittel bei Krankheiten eingesetzt, denen eine Störung der cholinergen Transmitterübertragung zugrundeliegt. Der wesentliche Unterschied zu den Alkylphosphaten besteht in der Hydrolysegeschwindigkeit der veränderten Cholinesterase und damit dem Verlauf der Vergiftung: die Carbamoylierung des Enzyms ist wegen der schnellen Hydrolyse des gebildeten Serinesters innerhalb von Minuten vollständig reversibel (Abbildung 7.14).

Tabelle 7.14: Beispiele insektizider Carbaminsäureester: Strukturformeln und Toxizität in Säugern

chemische Bezeichnung (Freiname)	Strukturformel	LD_{50} [mg/kg] (Ratte, oral)
1-Naphthyl-*N*-methyl-carbamat (Carbaryl)	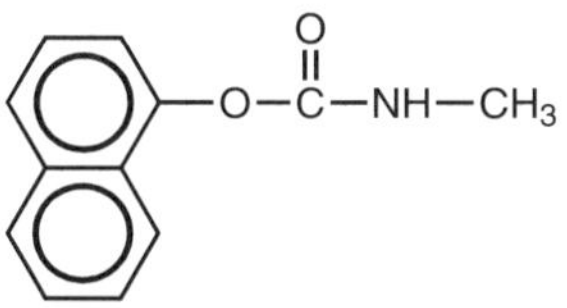	700
1-Isopropyl-3-methyl-5-pyrazolyl-*N,N*-dimethylcarbamat (Isolan)	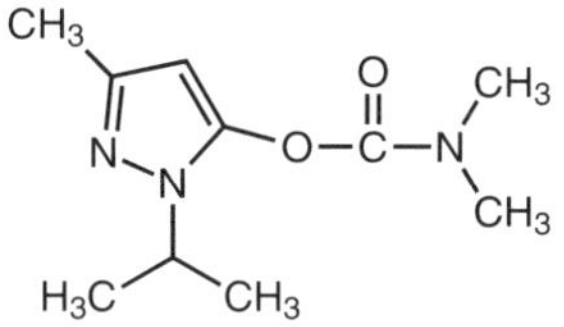	20

Die Vergiftungssymptomatik entspricht wegen des identischen Wirkmechanismus der akuten Organophosphatvergiftung, die Symptome klingen aber viel schneller ab. Schwerwiegende Störungen des zentralen Nervensystems und Todesfälle sind selten.

Zur Therapie wird Atropin in ähnlichen Dosierungen wie bei den Organophosphaten eingesetzt. Oxime sind aufgrund der schnellen Reaktivierung des Enzyms und ihrer schwachen reaktivierenden Wirkung am carbamoylierten Enzym nicht indiziert.

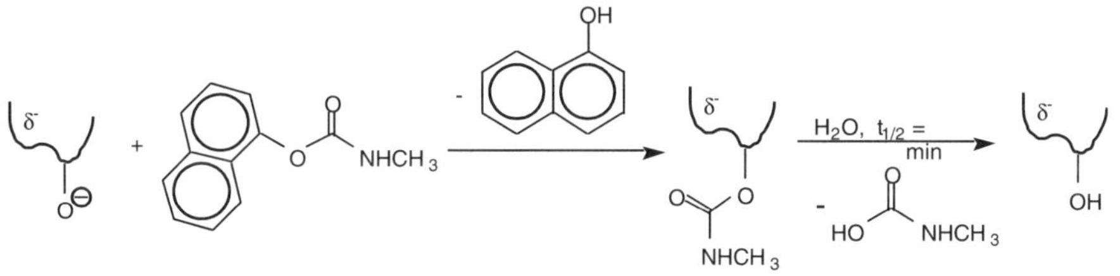

7.14 Wirkungsmechanismus von insektiziden Carbamaten: reversible Hemmung der Cholinesterase.

7.5.5 Pyrethroide

Toxikokinetik

Die aktiven Prinzipien im Chrysanthemenextrakt sind Ester der Chrysanthemsäure – Pyrethrin I – und Ester der Pyrethrinsäure – Pyrethrin II (Abbildung 7.15). Den natürlichen Extrakt bezeichnet man als *Pyrethrum*. Natürliches Pyrethrum zerfällt schnell unter Einwirkung von Licht.

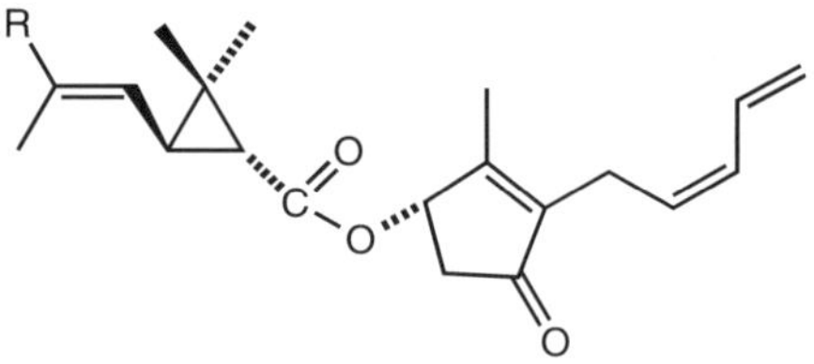

Pyrethrin I R = CH_3

Pyrethrin II R = CO_2CH_3

7.15 Grundstruktur der im Extrakt der Chrysanthemenblüten natürlich vorkommenden Ester Pyrethrin I (Chrysanthemsäureester) und Pyrethrin II (Pyrethrinsäureester).

Die synthetischen Produkte sind den natürlichen Pyrethrinen nachgebaut (Abbildung 7.16), übertreffen diese aber in Wirkungsstärke und -dauer. Verglichen mit den Organochlorverbindungen ist die Beständigkeit der meisten synthetischen Pyrethroide in der Umwelt gering.

Pyrethroidester werden durch Esterasen gespalten, die gebildeten Metaboliten anschließend mit Glucuronsäure, Sulfat und Glycin konjugiert. Die entstehenden Metaboliten sind nicht neurotoxisch. Die Eliminationskurve der Pyrethroidester in Nagern zeigt einen für lipophile Verbindungen typischen biphasischen Verlauf mit Eliminationshalbwertszeiten in der ersten Phase im Stundenbereich und in der zweiten Phase im Bereich von Tagen.

Wirkungsmechanismen und Toxizität

Die Toxizität der natürlichen und der chemisch dargestellten Pyrethroidester in Säugern ist vergleichsweise gering. Die LD_{50}-Werte der verschiedenen Verbindungen in der Ratte bewegen sich zwischen 100 und mehr als 5 000 Mikrogramm pro Kilogramm Körpergewicht. Bei allen untersuchten Arten üben Pyrethroide eine stark erregende Wirkung auf das Nervensystem aus. Alle Verbindungen verursachen eine Überempfindlichkeit gegenüber sensorischen Reizen. In Versuchstieren lassen sich bei Einwirkung von Pyrethroiden zwei unterschiedliche Syndrome beobachten (Tabelle 7.15).

Das T-Syndrom wird bei Typ-I-Pyrethroiden ohne Cyanogruppe (z. B. Permethrin) beobachtet. Die vorherrschenden Symptome sind Ganzkörper-Tremor und Missempfindungen. Das CS-Syndrom wird durch Typ-II-Cyanopyrethroide (z. B. Cypermethrin und Fenvalerat) verursacht. Die Tiere zeigen ein neurotoxisches Bild, das der beim Menschen vorkommenden Choreoathetose sehr ähnelt: Hyperkinese in Form serien-

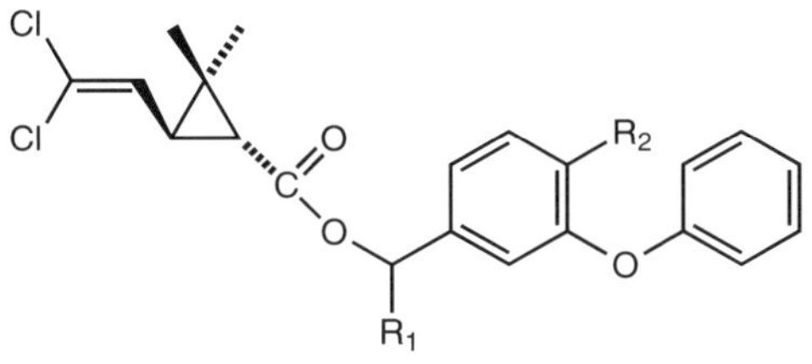

Permethrin $R_1 = H$, $R_2 = H$

Cypermethrin $R_1 = CN$, $R_2 = H$

Cyfluthrin $R_1 = CN$, $R_2 = F$

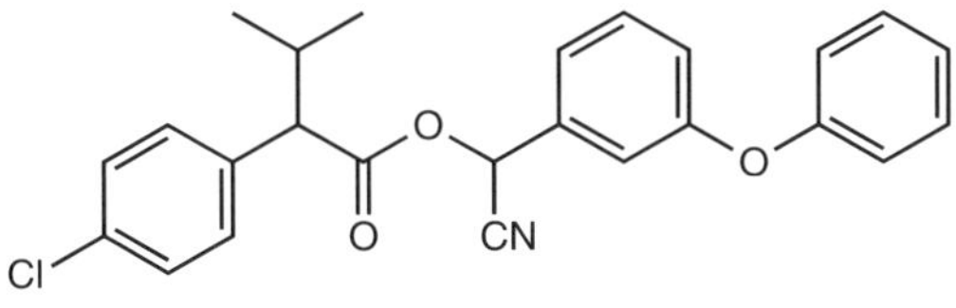

Fenvalerat

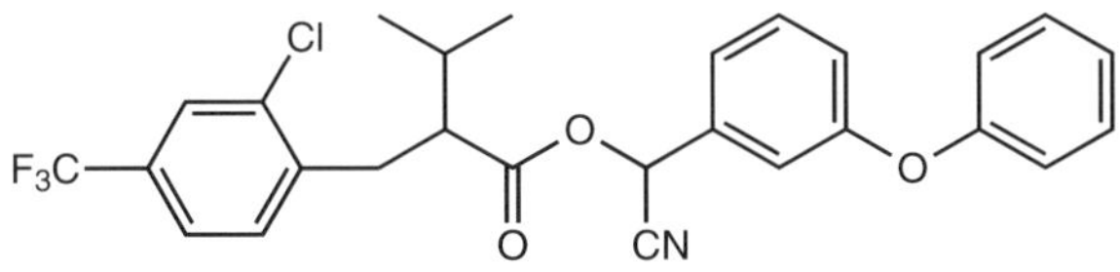

Fluvalinat

7.16 Beispiele synthetischer insektizider Pyrethroide. Die synthetischen Produkte sind den natürlichen Chrysanthem- und Pyrethrinsäureestern nachgebaut, übertreffen diese aber in Wirkungsstärke und -dauer.

weise auftretender Zuckungen und bizarr geschraubter Bewegungen bei gleichzeitig erhöhtem Tonus der Muskulatur. Hinzu kommt eine Überproduktion von Speichel.

Ähnlich wie die Organochlorverbindungen verzögern die Pyrethroide das Schließen des Natriumkanals an der Plasmamembran der Nervenzelle (Abbildung 7.6). Damit wird der physiologische Ablauf der Repolarisation und der Aufbau eines ausreichend negativen Ruhemembranpotenzials behindert. Es kommt zu ausgeprägten repetitiven

Tabelle 7.15: Einteilung der insektiziden Pyrethroidester auf der Basis ihrer neurotoxischen Wirkungen in der Ratte

Struktur		neurotoxisches Syndrom	Beispiele
Typ I	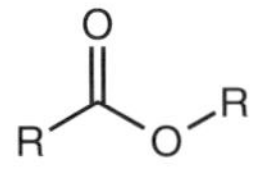	T-Syndrom: Ganzkörper-Tremor	Permethrin Allerthrin
Typ II	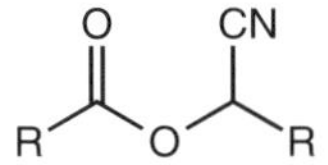	CS-Syndrom: Choreoathetose (bizarr geschraubte Bewegungen, erhöhter Muskeltonus), erhöhte Speichelproduktion	Cypermethrin Fenvalerat Fluvalinat

Entladungen in Abwesenheit von Erregungssignalen oder bei normalerweise unterschwelligen Signalen. Am stärksten betroffen sind sensorische Nervenfasern, doch eine Übererregbarkeit wird auch in motorischen Nervenfasern und Fasern der Skelettmuskulatur beobachtet. Die Typ-II-Pyrethroide haben eine länger anhaltende Wirkung auf den Natriumkanal. Sie führen dadurch zu einer Dauererregung (Dauerdepolarisation) und zum Zusammenbruch der Signalfortleitung. Beide Typen verursachen außerdem eine Erhöhung der Calciumkonzentrationen im präsynaptischen Neuron durch Hemmung der calcium- und magnesiumabhängigen ATPase und des calciumbindenden Proteins Calmodulin. Dies bewirkt eine erhöhte Freisetzung von Neurotransmittern und eine verstärkte Depolarisation der postsynaptischen Membran. Schließlich verhindern die Pyrethroide den GABA-induzierten Chlorideinstrom. Damit kombinieren die Pyrethroide die Wirkungsmechanismen der insektiziden Organochlorverbindungen sowohl vom DDT-Typ als auch vom Cyclodien- und Cyclohexantyp.

Die Pyrethroide sind für den Menschen nur wenig toxisch. Nach Aufnahme hoher Dosen lösen Pyrethroide auch beim Menschen Symptome aus, die für eine Übererregbarkeit des Nervensystems charakteristisch sind: Brennen, Juckreiz, Spannungs- und Taubheitsgefühl sowie andere Missempfindungen, welche vor allem im Gesichtsbereich besonders ausgeprägt sind. Nach oraler Aufnahme treten Schmerzen im Magen-Darm-Trakt und Erbrechen auf. Bei schweren Vergiftungen werden Zuckungen der Extremitätenmuskulatur und in Einzelfällen krampfartige Anfälle beobachtet.

Die Induktion von allergischen Symptomen in der Haut oder den Bronchien (asthmatische Anfälle) durch das natürliche Pyrethrumextrakt ist seit Jahrzehnten bekannt. Auch die synthetischen Verbindungen können beim Menschen verschiedene allergische Reaktionen hervorrufen, zum Beispiel Niesen, Bronchokonstriktion und Atemnot.

In der Umwelt reichern sich Pyrethroide nicht an; vorkommen in Nahrungsmitteln ist daher nur Folge direkter Kontamination und nicht Folge einer Akkumulation in der Nahrungskette.

7.5.6 Herbizide

Unter den Pestiziden zeigen die Herbizide die höchste Zuwachsrate im Verbrauch. Ein Grund dafür ist der intensive Monokulturanbau in der modernen Landwirtschaft, denn Monokulturen sowie auch die extensive Nutzung des Bodens fördern das Unkrautwachstum.

Eine außerordentliche Vielzahl von Verbindungen wird zur Unkrautbekämpfung eingesetzt: Anilide, Benzonitrile, Bispyridiniumverbindungen, Carbamate, Thiocarbamate, Dithiocarbamate, Diazine, Triazine, Nitroverbindungen, Phenoxycarbonsäuren, Toluidine, Harnstoffderivate. Die Einteilung nach der chemischen Struktur ist wenig aussagefähig, weil Verbindungen mit grundsätzlich unterschiedlichen Strukturen den gleichen biologischen Effekt haben können. Ausschlaggebend sowohl für die Wirksamkeit in der Unkrautbekämpfung als auch für toxische Effekte im Menschen sind die Wirkungsmechanismen der Herbizide; einige wichtige sind in Tabelle 7.16 zusammengestellt.

Mit Ausnahme der Bispyridiniumverbindungen (Paraquat und Diquat) ist die akute Toxizität der Herbizide auf den Menschen gering, weil die meisten über pflanzenspezi-

Tabelle 7.16: Einteilung der Herbizide nach Wirkungsmechanismen

Mechanismus	Beispiele
Hemmung der Photosynthese	Harnstoffderivate Triazine Bispyridiniumverbindungen
Hemmung der Zellatmung durch Blockade des Elektronentransports	Dinitrophenole Halophenole
Hemmung der Wirkung des pflanzlichen Wachstumshormons Auxin	chlorierte Phenoxycarbonsäuren
Hemmung der Carotinoidsynthese	Hydrazine
Hemmung der Lipidsynthese	aliphatische Chlorcarbonsäuren
oxidativer Schaden	Natriumchlorat
unbekannter Mechanismus	Kupfersulfat Natriumborat Chlorthiamid

fische Mechanismen wirken. Die Hauptproblematik liegt in der zunehmenden Umweltverschmutzung – vor allem des Trinkwassers – durch die langfristige Anwendung der zum Teil sehr persistenten Verbindungen.

Toxikologisch verdienen unter den gängigen Herbiziden die im folgenden behandelten chlorierten Phenoxycarbonsäuren sowie die Bispyridiniumverbindungen Paraquat und Diquat besondere Aufmerksamkeit.

Chlorierte Phenoxycarbonsäuren: 2,4-Di- und 2,4,5-Trichlorphenoxyessigsäure

2,4-Di- und 2,4,5-Trichlorphenoxyessigsäure (Abbildung 7.17) wurden in den Vierzigerjahren des letzten Jahrhunderts als Unkrautbekämpfungsmittel entwickelt. Sie hemmen die wachstumsstimulierende Wirkung des pflanzlichen Hormons Auxin (Indolyl-3-Essigsäure). Dies veranlaßte den Einsatz der Verbindungen zur Entlaubung größerer Baumbestände. Das im Vietnamkrieg eingesetzte *Agent Orange* war ein 1:1-Gemisch aus den Butylestern der 2,4-Di- und 2,4,5-Trichlorphenoxyessigsäure.

Die Toxizität für den Menschen ist vergleichsweise gering. Bei oraler Aufnahme treten ab 50 Mikrogramm pro Kilogramm Müdigkeit, Kopf- und Muskelschmerzen und Diarrhö auf. Ab 300 Mikrogramm pro Kilogramm können Schäden in Niere, Leber, Lunge und Nervensystem induziert werden.). Für 2,4-Di- und 2,4,5-Trichlorphenoxyessigsäure besteht heute in der Bundesrepublik Deutschland ein vollständiges Anwendungsverbot.

Bispyridiniumverbindungen: Paraquat und Diquat

Paraquat und Diquat (Abbildung 7.17) sind sehr wirksame Kontaktherbizide. Die stark basischen Verbindungen bilden radikalische Zwischenstufen und hemmen dadurch die Photosynthese. Mit seinem Einsatz gewann man auch Erkenntnisse über die akuten to-

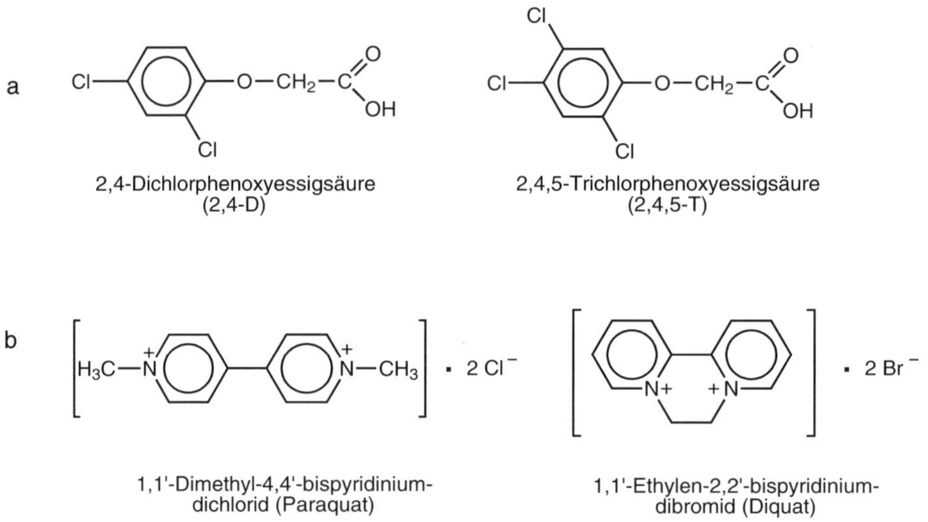

7.17 Als Herbizide genutzte chlorierte Phenoxycarbonsäuren (a) und Bispyridiniumverbindungen (b).

xischen Wirkungen von Paraquat und dem strukturverwandten Diquat im Menschen. Bei Kontamination der Haut entstehen mit einer Latenzzeit von mehreren Stunden schmerzfreie Blasen. Bei oraler Aufnahme sind eine schwere Gastroenteritis und Durchfall die ersten Symptome. Nach drei bis acht Tagen kommen Leber- und Nierenschäden hinzu. Der Hauptangriffsort der Bispyridiniumverbindungen ist jedoch die Lunge. Mit einer Latenzzeit von zehn bis 14 Tagen nach oraler Aufnahme treten Lungenschäden auf; die Bronchiolen und Alveolen werden zunehmend von fibrösem Gewebe blockiert. Diese als *Bronchiolitis obliterans* bezeichnete Krankheit kann durch massive Beeinträchtigung der Atmung den Tod des Patienten verursachen. Die lungentoxische Wirkung von Paraquat beruht auf einer durch aktive Transportmechanismen vermittelten Anreicherung in der Lunge.

Als kationische Verbindungen werden Paraquat und Diquat an Bodenbestandteile adsorbiert. In dieser Form sind sie sehr persistent in der Umwelt; die Halbwertszeiten dürften sechs bis sieben Jahre betragen. Im Gegensatz zu den Organochlorverbindungen sind die Bispyridiniumverbindungen nicht flüchtig und können aus diesem Grund nicht über die Atmosphäre auf der Erdoberfläche verteilt werden. Außerdem ist die Bindung an die Bodenbestandteile so stabil, dass kaum eine Gefahr der Gewässerkontamination besteht.

7.5.7 Fungizide

Eine außerordentlich breite Palette von Stoffen fand im Laufe der letzten Jahrzehnte Verwendung als Fungizide in der Landwirtschaft und im Haushalt: Schwefel- und Kupfersulfat, Pentachlorphenol und Hexachlorbenzol, Chloralkylthiodicarboximide, Thiabendazol und Derivate der Dithiocarbamidsäure (Abbildung 7.18). Die meisten dieser Verbindungen zeigen eine geringe akute Toxizität auf den Säugerorganismus; die LD_{50}-Werte in der Ratte liegen zwischen 800 und 10 000 mg/kg.

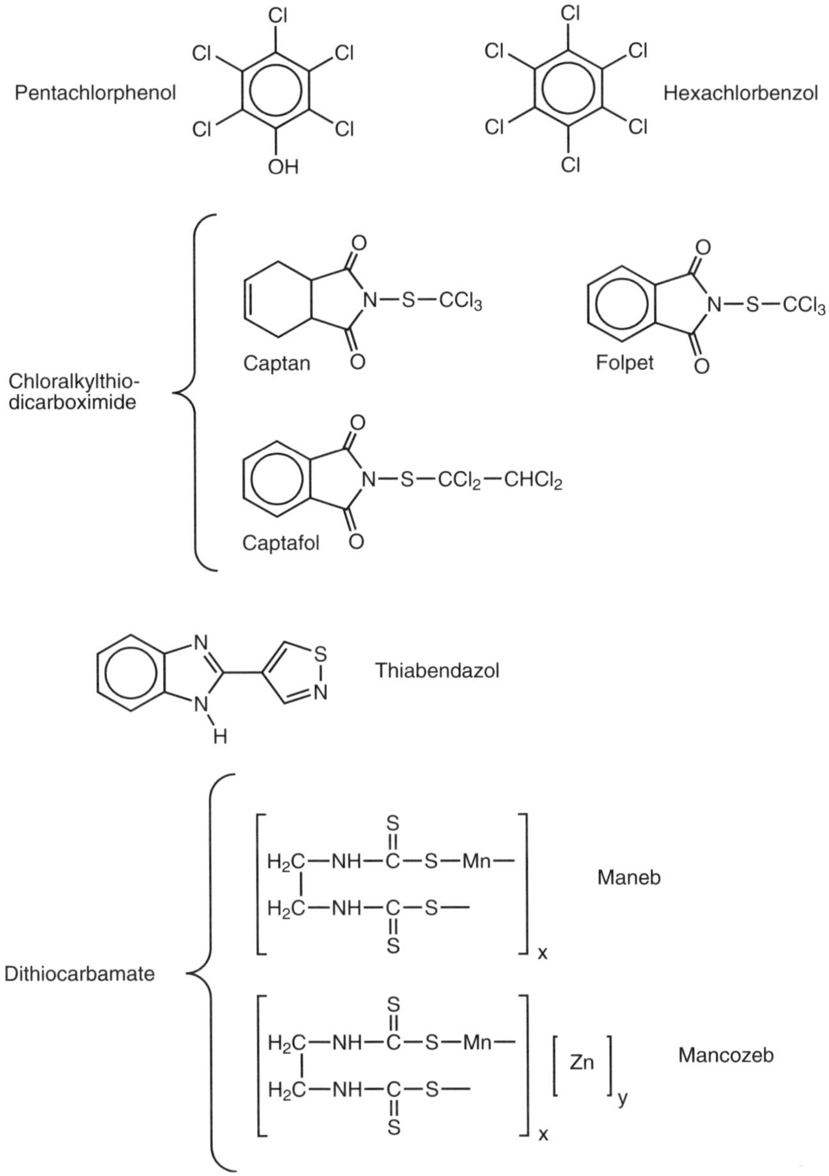

7.18 Beispiele fungizider Stoffe.

Pentachlorphenol

Pentachlorphenol (Abbildung 7.18) war bis vor ungefähr 15 Jahren das am meisten verwendete Fungizid. Zu den wichtigsten Anwendungsbereichen zählten der Holz- und Bautenschutz und die Schnittholzbehandlung. Pentachlorphenol wurde aber auch bei der Textil- und Lederimprägnierung sowie in der Papierindustrie eingesetzt. Technisches Pentachlorphenol enthält eine Reihe von Verunreinigungen, vor allem Hexa-, Hepta- und Octachlordioxine.

Toxikokinetik
Pentachlorphenol wird oral, pulmonal und percutan sehr gut resorbiert, die Plasmaeiweißbindung beträgt 90–96 %. In der Leber wird der überwiegende Teil (bei chronischer Exposition ungefähr 60 %) glucuronidiert. Weitere oxidativ entstehende Metaboliten sind Tri- und Tetrachlorhydrochinon. Im Fettgewebe findet man auch den Ester Palmitoyl-Pentachlorphenol, der zur Retention der Ausgangssubstanz im Körper beiträgt. Bei chronischer Exposition liegen die Halbwertszeiten beim Menschen zwischen zehn und 20 Tagen.

Wirkungsmechanismus und Toxizität
Der Wirkungungsmechanismus der akuten Toxizität von gereinigtem Pentachlorphenol besteht in der Entkoppelung der oxidativen Phosphorylierung und der daraus resultierenden Beeinträchtigung der ATP-Produktion in der Zelle.

Bei oraler Verabreichung liegt der LD_{50}-Wert bei den verschiedenen Tierarten zwischen 20 und 200 Mikrogramm pro Kilogramm. Bei chronischer Verabreichung erwies sich technisches Pentachlorphenol als ungefähr drei- bis fünfmal toxischer als die reine Substanz, höchstwahrscheinlich wegen des höheren Gehalts an hochtoxischen Verunreinigungen. Die Beobachtungen zur akuten und chronischen Toxizität beim Menschen beruhen ebenfalls auf Expositionen gegenüber technischem Pentachlorphenol. Bei der akuten Vergiftung kommt es zu Kreislauf- und Stoffwechselstörungen, sowie zu Schleimhaut- und Hautschäden einschließlich Chlorakne. Zahlreiche akute gewerbliche Vergiftungen sind beschrieben, darunter einige mit letalem Ausgang. Chronische Exposition gegenüber Pentachlorphenolstäuben und -dämpfen am Arbeitsplatz führte zu schmerzhaften Schleimhautschädigungen, Hautausschlägen und Chlorakne, Leber- und Nierenfunktionsstörungen, Blutbildveränderungen und möglicherweise zu einer Beeinträchtigung des Immunsystems.

In den letzten 15 Jahren häuften sich Berichte über „chronische Holzschutzmittelvergiftungen“ bei Pentachlorphenolexposition im häuslichen Bereich. Die häufig als „Holzschutzmittelsyndrom“ bezeichneten Beschwerden lassen sich als unspezifisches „Erschöpfungs- und Ermüdungssyndrom“ zusammenfassen: Müdigkeit, Appetitlosigkeit, Leistungs- und Konzentrationsschwäche, Muskelschwäche, Nerven- und Kopfschmerzen, Hautausschläge und Haarausfall. Ein Zusammenhang zwischen den Gesundheitsstörungen und der inneren Pentachlorphenolbelastung (z. B. Konzentrationen im Urin) war nicht nachweisbar. Die mittleren Konzentrationen von Pentachlorphenol in der Innenraumluft nach Aufbringung von Holzschutzmitteln lagen bei ungefähr 5 $\mu g/m^3$, während in unbelasteten Räumen meistens Konzentrationen unter 0,1 $\mu g/m^3$ gemessen wurden. Direkt im Anschluss an die Holzschutzbehandlung war der Luftgehalt von Pentachlorphenol zum Teil höher als 25 $\mu g/m^3$ und damit vergleichbar der Exposition am Arbeitsplatz. Ein Zusammenhang der geäusserten Beschwerden mit einer Exposition gegen Pentachlorphenol aus Holzschutzmitteln ist aber sehr unwahrscheinlich, da spezifische Symptome der Pentachlorphenolexposition am Arbeitsplatz fehlen und erhöhte Blutspiegel an Pentachlorphenol in den Erkrankten nicht gefunden wurden.

Rodentizide 7.5.8

Viele Wirbeltierarten können zu Schädlingen in Landwirtschaft und Haushalt werden. Ratten und Mäuse können zusätzlich als Überträger menschlicher Erkrankungen eine besondere Gefährdung darstellen. In der Vergangenheit wurden neben dem klassischen Rodentizid Strychnin eine Vielzahl anorganischer Verbindungen als Rodentizide eingesetzt; von diesen haben nur noch das Thalliumsulfat und das Zinkphosphid eine praktische Bedeutung. Aufgrund ihrer geringeren Toxizität und ihrer Wirksamkeit in Nagern verwendet man heutzutage meist gerinnungshemmende Hydroxicumarin- und Indandionderivate zur Bekämpfung von Nagern.

Zinkphosphid

Zinkphosphid (Abbildung 7.19) hat einen unangenehmen Fischgeruch und entwickelt unter Einwirkung von Feuchtigkeit Phosphorwasserstoff, das für die toxischen Wirkungen verantwortliche Produkt.

Nach oraler Aufnahme von Zinkphosphid überwiegen zunächst toxische Symptome des Magen-Darm-Traktes (Schmerzen, Erbrechen und Durchfälle). Der Patient hat einen charakteristischen Knoblauchmundgeruch. Nach Durchlauf eines symptomarmen Intervalls kommt es nach mehreren Stunden bis Tagen zu inneren Blutungen, Vergrößerung der Leber mit zunehmender Gelbsucht, Krämpfen und Bewusstseinsstörungen. Der Tod kann beim Erwachsenen nach Aufnahme von vier bis fünf Gramm Zinkphosphid in den ersten Tagen durch Herz-Kreislauf-Versagen, später aufgrund des ausgeprägten Leberschadens auftreten.

Natriumfluoracetat und Fluoracetamid

Der Wirkungsmechanismus von Natriumfluoracetat und Fluoracetamid (Abbildung 7.19) beruht auf der Hemmung der Aconitase, eines wichtigen Enzyms des Krebszyklus. Fluoracetat kann anstelle von Acetat in diesen Zyklus eintreten und wird dabei zu Fluorisocitrat metabolisiert (Exkurs 3.2). Dadurch werden der energieliefernde oxidative Abbau von Kohlenhydraten, Fetten und Proteinen sowie die Zellatmung gehemmt.

Die letale Dosis für den Menschen schätzt man auf ungefähr zwei bis 20 Mikrogramm pro Kilogramm Körpergewicht. Die vorherrschenden Symptome der Vergiftung bestehen in Störungen des Herz-Kreislauf-Systems (Herzrhythmusstörungen, Blutdruckabfall mit nachfolgendem Nierenversagen) sowie des zentralen Nervensystems (Krämpfe, Bewusstseinsstörung und Koma).

Zn_3P_2 Zinkphosphid

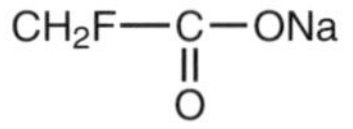

Natriumfluoracetat

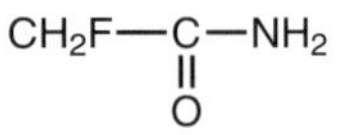

Fluoracetamid

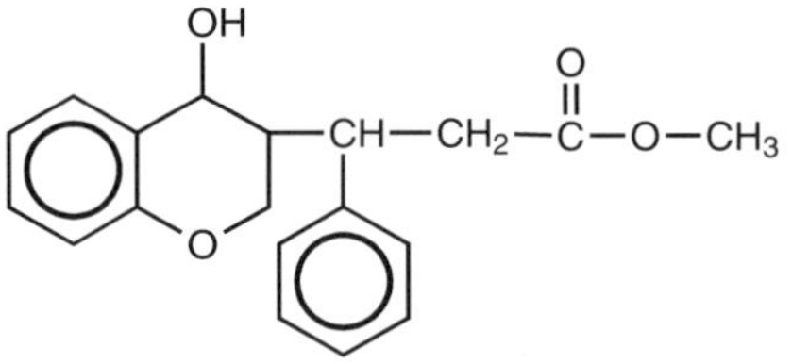

Warfarin

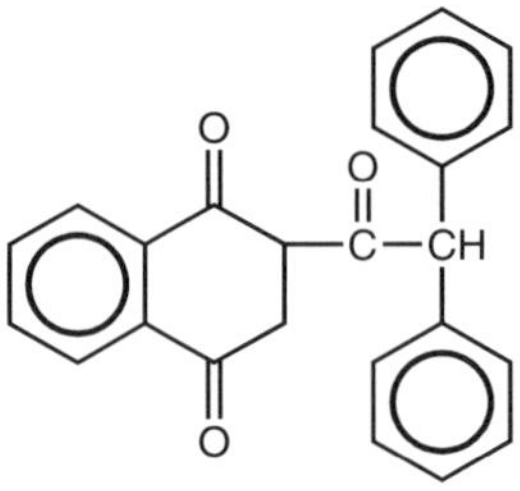

Diphacinon

7.19 Strukturformeln verschiedener anorganischer und organischer Rodentizide.

Warfarin und andere gerinnungshemmende Substanzen (Antikoagulanzien)

Antikoagulanzien sind heute aufgrund ihrer geringen Toxizität im Menschen und ihrer Wirksamkeit in Nagern die am häufigsten angewandten Rodentizide. Eingesetzt werden 4-Hydroxycumarinderivate (Warfarin) sowie Brodifacoum- und Indandionderivate. Die Köder enthalten zum Beispiel Warfarin in Konzentrationen zwischen 0,025 und 0,5 %. Die Antikoagulanzien hemmen die Synthese der Vitamin-K-abhängigen Gerinnungsfaktoren im Plasma und in der Leber und beeinträchtigen dadurch die Bildung von Thrombin und sekundär auch von Fibrin. Die verschiedenen Vitamin-K-abhängigen Gerinnungsfaktoren haben Halbwertszeiten zwischen sechs und 60 Stunden. Da die rodentiziden Antikoagulanzien nur die Neusynthese beeinträchtigen und nicht die im Blut vorhandenen Gerinnungsfaktoren zerstören, dauert es im Schnitt ein bis drei Tage bis zum Auftreten einer Hypothrombinämie und innerer Blutungen. Eine einmalige Aufnahme von Warfarin bleibt meist ohne Folgen; sowohl für die rodentizide Wirkung als auch für die Giftwirkung im Menschen ist eine mehrmalige Aufnahme erforderlich. Die Vergiftung ist gekennzeichnet durch Blutungen in den Schleimhäuten der Atemwege, des Magen-Darm-Traktes und des Urogenitaltraktes sowie in Gelenken und im Gehirn. Bei Vergiftungen mit Warfarin klingen die Symptome vier bis fünf Tage nach der letzten Einnahme ab, während die Blutungen durch die langwirksamen Antikoagulanzien mehrere Wochen bis Monate andauern können.

Neben den allgemeinen intensivmedizinischen Maßnahmen zur Verhinderung einer weiteren Resorption beinhaltet die spezifische Therapie (Tabelle 7.17) je nach Schweregrad der Vergiftung die Gabe von Vitamin K (Phytomenadion) oder von hitzeinaktivierten Gerinnungsfaktoren (z. B. Prothrombinkompexkonzentrat).

Tabelle 7.17: Therapie der Vergiftung mit Warfarin und anderen rodentiziden Antikoagulanzien

Allgemeinmaßnahmen (wenn letzte Einnahme weniger als drei Stunden zurückliegt)	spezifische Maßnahmen
Aktivkohle, Laxantien bei Einnahme größerer Mengen Induktion von Erbrechen und Magenspülung	Applikation von Vitamin K: Phytomenadion oral oder subcutan, in schweren Fällen intravenös. Wirkung setzt frühestens nach 12 Stunden ein, daher bei schweren Blutungen Verabreichung von Vitamin-K-abhängigen Gerinnungsfaktoren: Prothrombinkonzentrat zur intravenösen Injektion

Weiterführende Literatur

Appel KE (1991) Polybromierte Dibenzodioxine und Dibenzofurane – Toxikologische Beurteilung. *Bundesgesundheitsbl* 10: 460–469

Appel KE, Gericke S (1993) Zur Neurotoxizität von Pyrethroiden. *Bundesgesundheitsbl* 6: 219–228

Appel KE, Gericke S (1994) Zur kanzerogenen Wirkung von Pentachlorphenol. *Bundesgesundheitsblatt* 8: 331–341

BGA-Dioxin (1993) Dioxine und Furane – ihr Einfluß auf Umwelt und Gesundheit. *Bundesgesundheitsblatt* Sonderheft: 3–14

Bruckner JV, Davis BD, Blancato JN (1989) Metabolism, toxicity, and carcinogenicity of trichloroethylene. *Crit Rev Toxicol* 20: 31–50

Carter DE, Aposhian HV, Gandolfi AJ (2003) The metabolism of inorganic arsenic oxides, gallium arsenide, and arsine: a toxicochemical review. *Toxicol Appl Pharmacol* 193: 309–34

Clarkson TW (1993) Molecular and ionic mimicry of toxic metals. *Annu Rev Pharmacol Toxicol* 33: 545–71

Clausen NE (1991) Anwendung von Pflanzenschutzmitteln. Teil I: Ökonomische Begründung. *UWSF-Z Umweltchem Ökotox* 3: 155–166

Cole P, Trichopoulos D, Pastides H, Starr T, Mandel JS (2003) Dioxin and cancer: a critical review. *Regul Toxicol Pharmacol* 38: 378–88

Fischer LJ, Seegal RF, Ganey PE, Pessah IN, Kodavanti PR (1998) Symposium overview: toxicity of non-coplanar PCBs. *Toxicol Sci* 41: 49–61

Forget G (1991) Pesticides and the Third World. *J Toxicol Environ Health* 32: 11–31

Fowler BA (1993) Mechanisms of kidney cell injury from metals. *Environ Health Perspect* 100: 57–63

Galaris D, Evangelou A (2002) The role of oxidative stress in mechanisms of metal-induced carcinogenesis. *Crit Rev Oncol Hematol* 42: 93–103

Golden RJ, Holm SE, Robinson DE, Julkunen PH, Reese EA (1997) Chloroform mode of action: implications for cancer risk assessment. *Regul Toxicol Pharmacol* 26: 142–55

Gossel TA, Bricker OJ (Hrsg.) (1994) Principles of Clinical Toxicology. 3. Aufl, Raven Press, New York

Greene JF, Hays S, Paustenbach D (2003) Basis for a proposed reference dose (RfD) for dioxin of 1–10 pg/kg-day: a weight of evidence evaluation of the human and animal studies. *J Toxicol Environ Health B Crit Rev* 6: 115–59

Hansen LG (1998) Stepping backward to improve assessment of PCB congener toxicities. *Environ Health Perspect* 106 Suppl 1: 171–89

Hartwig A, Schwerdtle T (2002) Interactions by carcinogenic metal compounds with DNA repair processes: toxicological implications. *Toxicol Lett* 127: 47–54

Haus R, Hubner H (1992) Festsetzung von Höchstmengen für Pflanzenschutzmittelrückstände in/auf Lebensmitteln. *Bundesgesundheitsbl* 5: 246–250

Kalf GF, Post GB, Snyder R (1987) Solvent toxicology: recent advances in the toxicology of benzene, the glycol ethers, and carbon tetrachloride. *Annu Rev Pharmacol Toxicol* 27: 399–427

Karalliedde LD, Edwards P, Marrs TC (2003) Variables influencing the toxic response to organophosphates in humans. *Food Chem Toxicol* 41: 1–13

Kasprzak KS (2002) Oxidative DNA and protein damage in metal-induced toxicity and carcinogenesis. *Free Radic Biol Med* 32: 958–67

Laskowski DA (2002) Physical and chemical properties of pyrethroids. *Rev Environ Contam Toxicol* 174: 49–170

Lewis RJ (Hrsg.) (2000) Sax's Dangerous Properties of Industrial Materials. 3. Aufl, John Wiley & Sons Inc., New York

Madden EF (2003) The role of combined metal interactions in metal carcinogenesis: a review. *Rev Environ Health* 18: 91–109

Myers GJ, Davidson PW, Cox C, Shamlaye C, Cernichiari E, Clarkson TW (2000) Twenty-seven years studying the human neurotoxicity of methylmercury exposure. *Environ Res* 83: 275–85

Quest JA, Fenner-Crisp PA, Burnam W, Copley M, Dearfield KL, Hamernik KL, Saunders DS, Whiting RJ, Engler R (1993) Evaluation of the carcinogenic potential of pesticides. 4. Chloroalkylthiodicarboximide compounds with fungicidal activity. *Regul Toxicol Pharmacol* 17: 19–34

Rossman TG (2003) Mechanism of arsenic carcinogenesis: an integrated approach. *Mutat Res* 533: 37–65

Satarug S, Baker JR, Urbenjapol S, Haswell-Elkins M, Reilly PE, Williams DJ, Moore MR (2003) A global perspective on cadmium pollution and toxicity in non-occupationally exposed population. *Toxicol Lett* 137: 65–83

Van den Berg M, Birnbaum L, Bosveld AT, Brunstrom B, Cook P, Feeley M, Giesy JP, Hanberg A, Hasegawa R, Kennedy SW, Kubiak T, Larsen JC, van Leeuwen FX, Liem AK, Nolt C, Peterson RE, Poellinger L, Safe S, Schrenk D, Tillitt D, Tysklind M, Younes M, Waern F, Zacharewski T (1998) Toxic equivalency factors (TEFs) for PCBs, PCDDs, PCDFs for humans and wildlife. *Environ Health Perspect* 106: 775–92

Waalkes MP, Fox DA, States JC, Patierno SR, McCabe MJ, Jr. (2000) Metals and disorders of cell accumulation: modulation of apoptosis and cell proliferation. *Toxicol Sci* 56: 255–61

Wagner HM (1991) Winter- und Sommersmog – gesundheitliche Risiken? *Bundesgesundheitsblatt* 4: 161–165

Waisberg M, Joseph P, Hale B, Beyersmann D (2003) Molecular and cellular mechanisms of cadmium carcinogenesis. *Toxicology* 192: 95–117

Wang S, Shi X (2001) Molecular mechanisms of metal toxicity and carcinogenesis. *Mol Cell Biochem* 222: 3–9

Wichmann HE, Schlipköter HW, Füllgraff G (Hrsg.) (1992–2002) Handbuch der Umweltmedizin. ECOMED Fachverlag, Landsberg

Witschi H (1990) Responses of the lung to toxic injury. *Environ Health Perspect* 85: 5–13

8 Genussgifte

Zigaretten • Alkohol • Rauschgifte

8.1 Zigaretten und Tabak

Bezüglich der Auslösung von Erkrankungen durch chemische Stoffe in der Bevölkerung steht Tabakrauch eindeutig an erster Stelle. Das Rauchen von Zigaretten hat erst im frühen 20. Jahrhundert in größerem Ausmaß begonnen. Zwar brachte schon Columbus die Tabakpflanze aus Nordamerika nach Europa, bei den Ureinwohnern Amerikas diente Tabakrauchen aber nur kultischen Zwecken. Breite Verwendung fand Tabak in Europa als Medizin bis ins 19. Jahrhundert. Zu Genusszwecken wurde Tabak bis vor rund hundert Jahren vorwiegend in Form des Schnupfens benutzt. Vom Krimkrieg brachten Soldaten die von Russen und Türken übernommenen Zigaretten nach Zentraleuropa; dort und in Nordamerika stieg der Zigarettenverbrauch seit dem Ende des ersten Weltkriegs steil an.

Zurzeit rauchen weltweit ca. 70 % der männlichen und ca. 35 % der weiblichen Erwachsenen. In Deutschland rauchen ca. 40 % der Männer und ca. 30 % der Frauen. Der durchschnittliche Zigarettenkonsum pro Raucher beträgt etwa 20 Zigaretten am Tag, und das jährliche Steueraufkommen aus Tabakwaren beläuft sich in Deutschland auf zehn Milliarden Euro. Trotz verstärkter Aufklärung über die Schadwirkungen des Rauchens und massiver Preiserhöhungen von Zigaretten ist der Konsum in den letzten zehn Jahren weiter angestiegen (Abbildung 8.1).

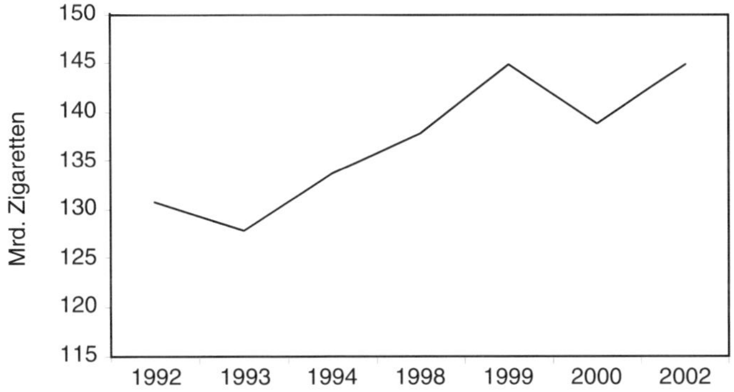

8.1 Zigarettenverbrauch in Milliarden Stück von 1992 bis 2002 in Deutschland (Deutsche Hauptstelle für Suchtfragen e.V., Aktionsplan Tabak 2003).

8.1.1 Chemie des Rauchvorgangs

Die Vorgänge beim Abrauchen des Tabaks sind am besten am Beispiel der *Zigarette* erläutert; im Prinzip gelten sie auch für Zigarre und Pfeife. In der *Glutzone* (Abbildung 8.2) wird der Tabak verbrannt und, unterhalten durch den Sog am Mundstück, werden Temperaturen um 900 °C erreicht. Die gasförmigen Produkte des Abbrands geraten in die *Destillationszone* und werden mit den Stoffen gemischt, die dort mit dem frei werdenden Wasserdampf abdestillieren. Kurz hinter diesem Bereich bildet sich durch Abkühlung ein Aerosol, in dem auch der Hauptwirkstoff, das wasserdampfflüchtige Nicotin, enthalten ist. Ein Teil des gebildeten Aerosols schlägt sich mit abnehmender Temperatur im Restteil der Zigarette, der so genannten *Kondensationszone*, nieder. Mit fortschreitendem Abbrand wird das Destillat teilweise verbrannt, überwiegend aber erneut freigesetzt, um in den *Hauptstrom* zu gelangen. Zum Mundende hin findet so eine zunehmende Anreicherung der im Destillat befindlichen Stoffe statt. Es ist daher für die toxikologische Betrachtung wichtig, wie weit eine Zigarette abgeraucht wird.

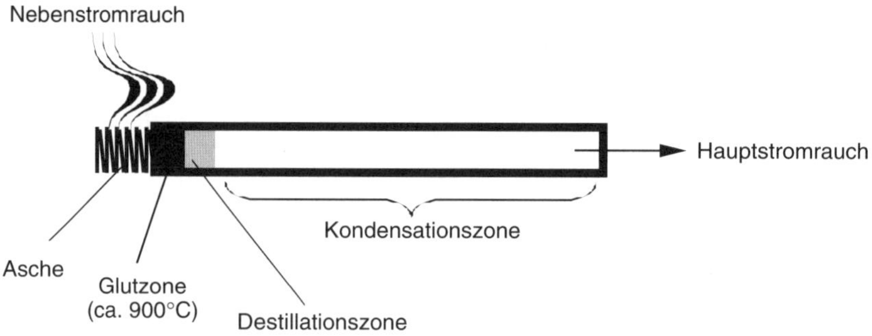

8.2 Schema des Abbrandes von Zigarettentabak. Hinter der Glutzone, durch Sog mit dem Hauptstrom auf ca. 900 °C erhitzt, werden in der Destillationszone Stoffe durch Wasserdampf freigesetzt. Ein Teil kondensiert und schlägt sich in der Kondensationszone nieder, um mit fortschreitender Glutzone erneut abzudestillieren. Im Nebenstromrauch erfolgt die Freisetzung bei sehr viel niedrigerer Temperatur.

Eine Abdestillation findet in den Zugpausen auch nach außen hin im so genannten *Nebenstromrauch* statt. Dessen Zusammensetzung ist anders als die des Hauptstroms, da infolge tieferer Temperaturen („Glimmen") weniger Material verbrannt und mehr abdestilliert wird. So ist hier die Nicotinkonzentration deutlich höher; dennoch geht die Hauptmenge dieses Alkaloids in den Hauptstrom (Tabelle 8.1).

8.1.2 Pharmakokinetik und Metabolismus von Nicotin

Nicotin ist die für die angenehmen Effekte des Rauchens wichtigste Komponente aus dem Rauch und für die Abhängigkeit des Rauchers verantwortlich. Aus inhaliertem Zigarettenrauch wird praktisch das gesamte angebotene Nicotin resorbiert, und zwar überwiegend über die Lungenbläschen. Damit durchströmt mit jedem einzelnen Zug eine hohe Nicotinkonzentration die linken Herzkammern und gelangt schnell ins Gehirn.

Dementsprechend stellen sich bereits mit dem ersten Zug unmittelbar Blutdruck- und Herzfrequenzerhöhung sowie Vasokonstriktion mit Abfall der Hauttemperatur ein. Diese werden durch das weitere Abrauchen der Zigarette nur noch auf der gleichen Höhe gehalten.

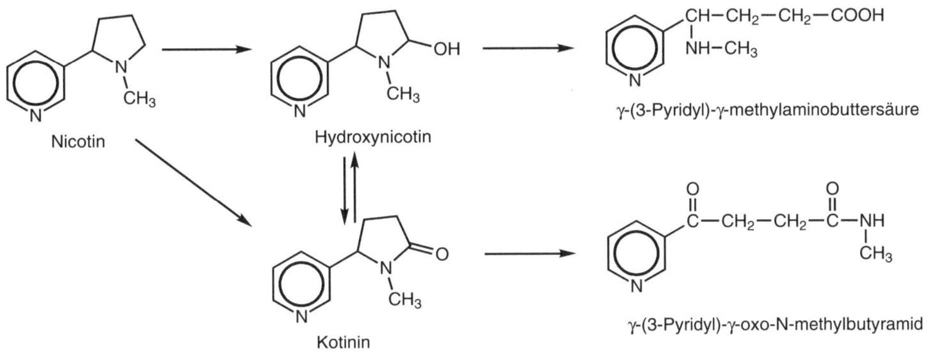

8.3 Hauptwege des oxidativen Abbaus von Nicotin im Warmblüterorganismus. Einige quantitativ unerhebliche Nebenwege sind weggelassen. Alle Abbauprodukte sind pharmakologisch inaktiv.

Nicotin wird im Organismus rasch oxidativ abgebaut (Abbildung 8.3). Hauptmetaboliten sind Pyridinmethylaminobuttersäure und Kotinin; nur maximal 10 % des aufgenommenen Nicotins werden unverändert mit dem Harn ausgeschieden (Abbildung 8.3). Die Halbwertszeit beträgt nur 2 Stunden. Dies ist der wesentliche Grund für die hohe Rauchfrequenz des Nicotinabhängigen. Andererseits wird auch der starke Raucher über Nacht (nahezu) nicotinfrei; eine „chronische Nicotinvergiftung" beruht nicht auf Akkumulation des Wirkstoffes, sondern auf Addition der akut ausgelösten Veränderungen bzw. deren Folgen.

Weitere Komponenten im Tabakrauch 8.1.3

Tabakrauch ist ein Aerosol, in dem bisher mehrere tausend Substanzen identifiziert wurden. Neben dem für die „pharmakologische" Wirkung wichtigen Nikotin sind für die Beurteilung der toxischen Wirkungen eine Reihe von Stoffen von Bedeutung (Tabelle 8.1). Kohlenmonoxid, Stickoxide und andere Reizgase werden in Kapitel 7 auch im Zusammenhang mit Tabakrauch besprochen.

Polyzyklische aromatische Kohlenwasserstoffe (PAHs), Aza-Arene (PAHs mit einem Stickstoffatom im Ringsystem), Nitrosamine und aromatische Amine gehören zu den kanzerogenen Verbindungen der Partikelphase von Zigarettenrauch. Neben Alkylnitrosaminen kommen im Zigarettenrauch auch tabakspezifische *Nitrosamine*, N'-Nitrosonornicotin (NNN) und 4-(Methylnitrosamino)-1-(3-pyridyl)-1-butanon (NNK) vor; sie entstehen durch Nitrosierungsreaktionen aus Nicotin. Aromatische Amine wirken kanzerogen in der Harnblase. Obwohl die Konzentration von 4-Aminobiphenyl, 2-Naphthylamin und 2-Toluidin im Tabakrauch sehr niedrig ist, gibt es Hinweise, dass die bei

Tabelle 8.1: Wichtige Komponenten im Haupt-und Nebenstromrauch von Zigaretten (IARC 1986; US-EPA 1993)

	Hauptstrom [mg/Zigarette]	Verhältnis Nebenstrom zu Hauptstrom
4-Aminobiphenyl	0,003–0,005	31
Acetaldehyd	500–1200	keine Angabe
Aceton	100–250	2–5
Acrolein	60–100	8–15
Ameisensäure	210–490	1,4–1,6
Ammoniak	50–130	3,5–5,1
Anilin	0,36	29,7
Benz[a]anthrazen	0,003–0,05	2,7
Benzo[a]pyren	0,038	2,1–3,5
Benzol	12–48	5–10
1,3-Butadien	69	3–6
Cadmium	0,1–0,12	3,6–7,2
Cyanwasserstoff	400–500	0,1–0,25
Diethylnitrosamin	0,025	<40
Dimethylamin	7,8–10	3,7–5,1
Dimethylnitrosamin	0,01–0,04	20–100
Essigsäure	330–810	1,9–3,6
Ethylmethylnitrosamin	0,001–0,002	10–20
Formaldehyd	70–100	0,1–50
Hydrazin	0,032	3
Kohlenmonoxid	13 000–22 000	2,5–4,7
Kohlenoxidsulfid	12–42	0,03–0,13
Methylamin	11–29	4,2–6,4
Methylchlorid	150–600	1,7–3,3
2-Naphthylamin	0,001–0,022	30
Nickel	0,02–0,08	12–31
Nicotin	1330–1830	2,6–3,3
Nitrosopyrrolidin	0,006–0,03	6–30
Pyridin	16–40	6,5–20
Stickstoffmonoxid	100–600	4–10
2-Toluidin	0,03–0,2	19
Toluol	100–200	5,6–8,3

Rauchern beobachtete erhöhte Harnblasenkrebsinzidenz auf dem Gehalt an aromatischen Aminen im Tabakrauch beruht. Auch die *kanzerogenen Metalle* Cadmium, Chrom, Nickel und Polonium 210 (ein α-Strahler) kommen in der Partikelphase vor; alle induzieren im Inhalationsversuch im Tier Lungentumoren.

In der Gasphase von Zigarettenrauch finden sich zum Beispiel Butadien, Benzol, Formaldehyd und Acetaldehyd. Die *Aldehydkonzentrationen* sind im Tabakrauch mit 100 Mikrogramm Formaldehyd und 1 000 Mikrogramm Acetaldehyd pro Zigarette sehr hoch, 1 000-mal höher als diejenige von PAHs und Nitrosaminen. Beachtliche Mengen (bis 50 μg) von **Benzol** werden mit dem Rauch jeder Zigarette aufgenommen. Eine Reihe weiterer kanzerogener Verbindungen kommen im Zigarettenrauch in geringen Konzentrationen vor. Ihr Beitrag zur Krebsauslösung kann jedoch nicht quantifiziert werden. Zu den *organischen Verbindungen* zählen zum Beispiel Ethylen und Ethylenoxid, Acrylnitril und Vinylchlorid.

Neben stoffspezifischen DNA-Veränderungen induziert sowohl die Gas- als auch die Partikelphase des Zigarettenrauchs *oxidativen Stress* (Kapitel 4), nicht nur im oberen Respirationstrakt und in der Lunge, sondern auch in entfernten Geweben.

Toxische Wirkungen des Tabakrauchens 8.1.4

Schädigungen des Herzens und des Kreislaufsystems

Zigarettenrauchen erhöht die Inzidenz von koronarer Herzkrankheit, einer Mangeldurchblutung des Herzmuskels, die Myokardinfarkt (Herzmuskelnekrose) als Folge haben kann, von Schlaganfällen, Aortenaneurysmen und peripheren Gefäßerkrankungen. Das „Raucherbein", der gangränöse Endzustand, der oft zu Amputationen zwingt, ist bei Männern mit dem Ausmaß des Tabakkonsums korreliert.

Die Mortalität als Folge dieser Erkrankungen bei Rauchern ist dementsprechend höher, jedoch ist die Risikoerhöhung, verglichen mit Krebs oder Krankheiten des respiratorischen Systems, weniger ausgeprägt (Tabelle 8.2). Da kardiovaskuläre Erkrankungen allerdings schon eine hohe Inzidenz haben, bedeutet bereits eine 1,5fache Erhöhung der Inzidenz in Rauchern im Vergleich zu Nichtrauchern einen beachtlichen Zuwachs dieser Erkrankungen in der Bevölkerung.

Tabakkrebs

Zum ersten Mal hat der deutsche Pathologe Müller 1940 auf eine ausgeprägte Häufung von Lungenkrebs bei starken Zigarettenrauchern hingewiesen. Zahlreiche weitere Untersuchungen haben dies bestätigt. Man schätzt, dass 30 % aller Krebstodesfälle dem Tabakgenuss anzulasten sind (Tabelle 3.3).

Die Lungenkrebsmortalität zeigte in Deutschland wie in sämtlichen hoch industrialisierten Ländern bis in die Siebzigerjahre des letzten Jahrhunderts eine stark ansteigende Tendenz bei Männern. Danach trat eine Stagnation auf hohem Niveau ein. Demgegenüber weist die Lungenkrebssterblichkeit bei Frauen seit 1950 anhaltend nach oben. Die Mortalitätsraten und Inzidenzraten spiegeln mit einer Latenzzeit von 2–3 Jahrzehnten die Rauchgewohnheiten wider. Rauchen wird in Deutschland bei den Männern

Tabelle 8.2: Erhöhtes Mortalitätsrisiko (relative Risikoerhöhung) von Rauchern gegenüber Nichtrauchern

	alle Raucher	Raucher 1–14 Zigaretten/ Tag	Raucher 15–24 Zigaretten/ Tag	Raucher ≥ 25 Zigaretten/ Tag T	Ex-Raucher
Alle Krebs-erkrankungen	2,2	1,6	2,1	3,1	1,3
Lunge	15	7,5	15	25	4,1
Larynx, Pharynx, Mundhöhle	24	12	18	48	3
Ösophagus	7,5	4,2	8,2	11,2	4,7
Chronisch obstruktive Lungen-erkrankungen	12,7	8,6	11,2	22,5	5,7
alle kardiovaskulären Erkrankungen	1,6	1,4	1,6	1,9	1,2
– Herzinfarkt	1,6	1,4	1,6	1,8	1,2
– Arteriosklerose	1,8	1,4	1,7	3,3	0,8
– Aortenaneurysma	4,1	2,5	4,9	5,4	2,2

für 87 % der Lungenkrebstodesfälle, bei den Frauen für 56 % verantwortlich gemacht (Deutscher Krebsatlas, 1996). In den USA ergab sich ein ähnlicher Betrag für Männer, dagegen eine deutlich höhere Beteiligung (78 %) bei Frauen.

Die *Risikoerhöhung* für die Entwicklung eines *Bronchialkarzinoms* (*Lungenkarzinoms*) bei Rauchern zeigt eine klare Dosisabhängigkeit (Tabelle 8.2). Das Risiko nimmt mit der Gesamtzeit des Rauchens zu und ist umso höher, je früher eine Person mit dem Rauchen begonnen hat.

Zigarettenrauchen erhöht auch die Häufigkeit weiterer Tumoren des oberen Respirationstraktes (Mundhöhle, Pharynx, Larynx) und der Speiseröhre, der Harnblase, des Pankreas und der Niere (Tabelle 8.2). Pfeifen- und Zigarrenraucher haben ein bedeutend geringeres Krebsrisiko, hier stehen Tumoren der Lippe und der Mundhöhle im Vordergrund. Wird das Rauchen eingestellt, vermindert sich das Lungenkrebsrisiko erheblich, und zwar in Abhängigkeit von der Zeitdauer seit dem Rauchstopp (Abbildung 8.4). Dieser Befund weist zugleich aus, dass der fortgesetzte Reiz durch das Rauchen für die Tumormanifestation weitaus bedeutsamer ist als die Summe der vorausgegangenen Reize. Gegenüber Zigarettenrauchen spielen für die Lungenkrebshäufigkeit Luftschadstoffe aus anderen Quellen nur eine sehr geringe Rolle.

Bisher konnte kein einzelner Stoff und keine Stoffgruppe eindeutig als Ursache des Tabakkrebses nachgewiesen werden. Tabakrauch enthält viele kanzerogene Stoffe, die mehr oder weniger stark an der Kanzerogenese beteiligt sein können. Exposition von Labortieren gegenüber der reinen Gasphase des Rauches führt nicht zu Tumorbildung, während bei Exposition gegenüber dem kompletten Gemisch Tumoren des Respira-

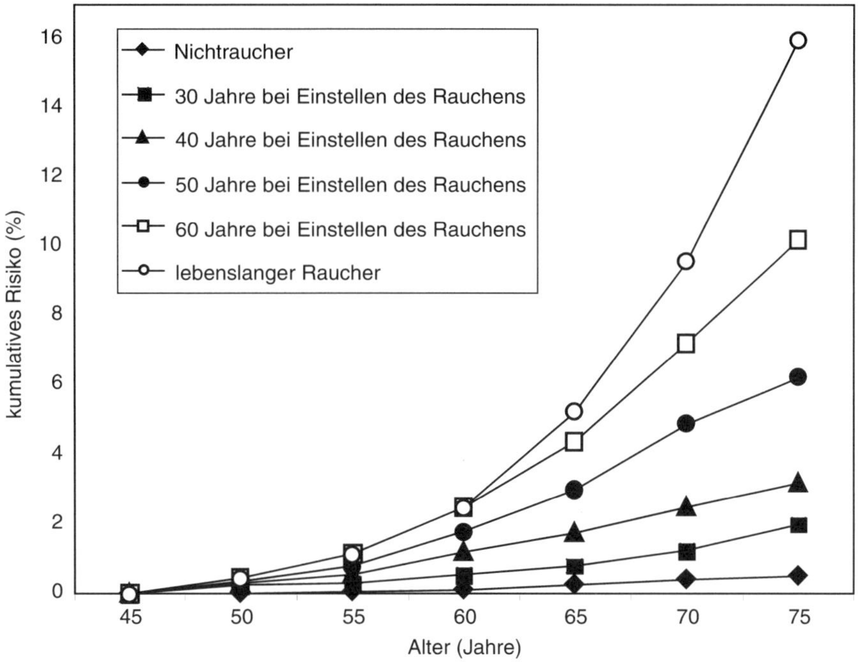

8.4 Einfluss des Einstellens des Zigarettenrauchens in unterschiedlichen Altersgruppen auf das Lungenkrebsrisiko (%) bis zum 75. Lebensjahr in Männern aus Großbritannien (nach Peto et al, BMJ 2000, 321: 323–329).

tionstraktes erzeugt werden. Dies ist ein Hinweis, dass die Partikelphase des Rauches (Teer) entscheidend für die kanzerogene Wirkung ist. Teerfraktionen von Zigaretten, Zigarren und Pfeifen alleine haben in Pinselungsversuchen Hauttumoren induziert.

Weitere Gesundheitsschädigungen

Raucher haben einen höheren Grundumsatz und ein geringeres Körpergewicht als der Durchschnitt der Bevölkerung; bei Rauchstopp nimmt – ohne zusätzliche Kalorienzufuhr – das Gewicht um durchschnittlich 5 % zu. Als Ursache ist die glykogeno- und lipolytische Wirkung infolge der dauernden Stimulation des sympathoadrenalen Systems durch Nicotin anzusehen.

Nicotin erhöht die Magensaftsekretion sowie die Motilität von Magen und Darm und übt auf diese Weise eine laxierende Wirkung aus („Verdauungszigarette"; Durchfälle bei akuter Vergiftung). Der Appetit wird gehemmt und Hungergefühle können überspielt werden. Magen- und Duodenalgeschwüre werden bei Rauchern deutlich häufiger diagnostiziert.

Tabakrauch schlägt sich zum großen Teil als Teer in den Atemwegen nieder. Die reizenden Bestandteile verändern die Schleimhäute mit den Folgen Einbuße an Geruchs- und Geschmacksvermögen, chronische Mundschleimhautentzündung, Pharyngitis, Laryngitis und vor allem Bronchitis. Die chronische Reizung der Bronchien kann weitere schwerwiegendere Folgen haben: häufigere Infekte, dauernder Husten wegen starker Sekretansammlung, Lungenemphysem (Zerstörung der Lungenbläschen) mit Einschränkungen des Atemgasabtausches und entsprechender Rückwirkung auf Herz und Kreislauf. Die Raucherbronchitis wirkt stark lebensverkürzend.

Bei Föten im Leib rauchender Mütter ist eine Zunahme der Herzfrequenz feststellbar, der Fötus „raucht mit". Die Reagibilität des Uterus wird bei rauchenden Schwangeren erhöht, es kommt etwa doppelt so häufig zu Frühgeburten. Die Geburtsgewichte sind bei Kindern von Raucherinnen deutlich niedriger (Abbildung 8.5).

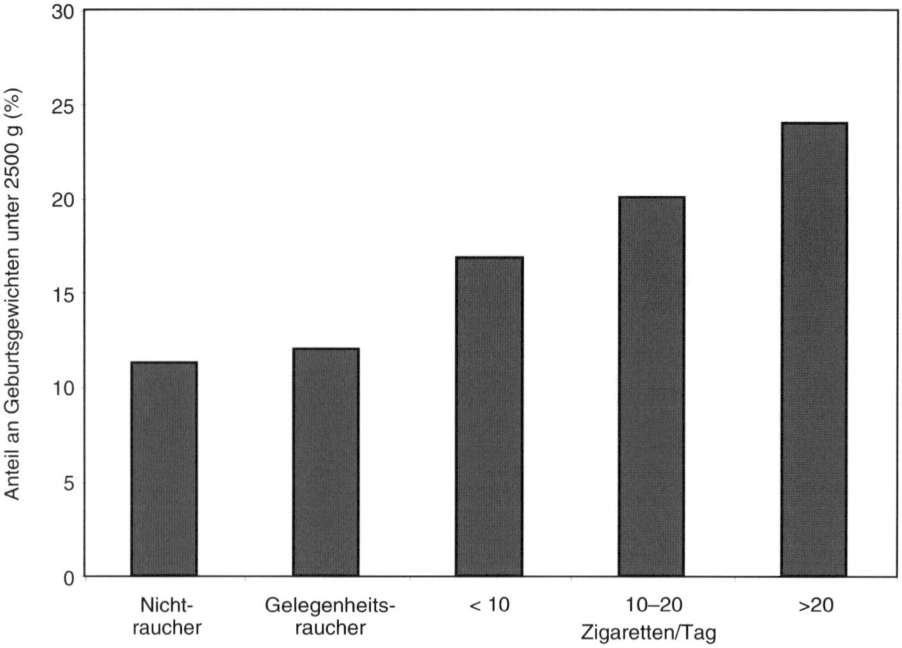

8.5 Einfluss des Zigarettenrauchens Schwangerer auf die Frühgeburtenhäufigkeit (Erhebung an 2736 Fällen von Frazier et al., Am J Obstet Gynecol 1961, 81: 988).

Entwöhnung

Medikamentöse Verabreichung von Nicotin als *Entwöhnungsmittel* setzt strikte Entwöhnungswilligkeit voraus, für sich allein ist die Therapie wirkungslos. Ein konstanter Nicotinspiegel kann im Organismus durch Nicotinkaugummi, Nicotinpflaster auf der Haut oder Nicotin-Spray gewährleistet werden. Eine genaue Dosierung kann nicht angegeben werden, sie richtet sich nach dem individuellen Bedarf. Die unerwünschten Wirkungen und die Anwendungsbeschränkungen resultieren aus dem pharmakologischen Wirkungen des Nicotins: Neben störendem Geschmack, lokaler Reizung und Magenbeschwerden kann es vor allem bei häufiger Anwendung zu Übelkeit, Kopfschmerzen, Mattigkeit und leichten psychischen Störungen kommen. Nicotinersatz ist kontraindiziert während der Schwangerschaft und Stillzeit, Die Erfolge der Entwöhnungstherapie bleiben mit weniger als 20 % eher bescheiden.

Passivrauchen

Auch der exhalierte Tabakrauch, vor allem aber der Nebenstromrauch, enthält krebserzeugende Substanzen (Tabelle 8.1). Nitrosamine sind im Nebenstrom wegen der besonderen Abbrandbedingungen sogar in eindeutig höherer Konzentration als im Hauptstrom anzutreffen.

Langjährige Exposition von Nichtrauchern gegenüber Tabakrauch ist mit einer Risikoerhöhung für Lungenkarzinom verbunden. Die Risiken der Passivraucher sind – verglichen mit Nichtrauchern – verdoppelt. Passivrauchen erhöht auch das Risiko für Herzkrankheiten leicht. Bei Kindern in Raucherhaushalten zeigt sich ein erhöhtes Auftreten von Asthma und anderen Erkrankungen der Atemwege wie Bronchitis und Lungenentzündung. Bei Kindern mit allergischen Atemwegserkrankungen kommt es zur gesundheitlichen Besserung, wenn die Eltern aufhören, in Gegenwart der Kinder zu rauchen.

Basierend auf diesen Erkenntnissen wurde in den letzten Jahren europaweit das Rauchen in vielen öffentlichen Räumen zunehmend verboten. In Irland und Norwegen wurde 2004 sogar das Rauchen in allen Restaurants und Bars verboten, und es ist anzunehmen, dass andere europäische Staaten diesem Beispiel folgen werden.

8.2 Alkohol, Alkoholabhängigkeit, Alkoholismus

Ethylalkohol (Ethanol, EtOH) entsteht aus der Vergärung von Mono-, Di- und Polysacchariden. Die Gärung stoppt bei Ethanolgehalten von 15–18 %. Durch *Destillation* erreicht man eine weitere Konzentrierung des entstandenen Alkohols („Brände"). Ethanolhaltige Getränke sind gesellschaftlich akzeptierte Suchtgifte (Tabelle 8.3).

Tabelle 8.3: Jährlicher Pro-Kopf-Konsum an alkoholischen Getränken in der Bundesrepublik

Getränke	1991	1995	2000	2003
Bier	141,9	133,7	124,3	117,5
Wein	21,3	17,6	20,8	20,6
Sekt	4,7	5,1	4,2	3,9
Spirituosen	2,4	2,4	2,2	2,1

Toxikokinetik von Ethanol 8.2.1

Nach oraler Aufnahme wird Ethanol, abhängig von der Füllung des Magen-Darm-Traktes, innerhalb von 20 Minuten bis zu zwei Stunden durch Diffusion vollständig resorbiert. Kohlensäurehaltige Getränke (z. B. Sekt) beschleunigen den Resorptionsvorgang.

Ethanol verteilt sich rasch im gesamten Körperwasser und die maximale Blutkonzentration stellt sich innerhalb von ein bis zwei Stunden ein. Das durchschnittliche Verteilungsvolumen (VD) beträgt für Männer ungefähr 0,7 Liter pro Kilogramm Körpergewicht, für Frauen 0,6 Liter pro Kilogramm Körpergewicht (Abbildung 8.6).

Ethanol tritt in die Placenta und die Muttermilch über. Wegen des raschen Konzentrationsausgleichs ist der Blutalkoholspiegel repräsentativ für die Konzentration im Zentralnervensystem. Da der Verteilungsraum im Wesentlichen das Körperwasser ist, kann aus dem Blutalkoholgehalt die aufgenommene Alkoholmenge bzw. aus der aufgenommenen Alkoholmenge der Blutalkoholgehalt ohne Berücksichtigung des Abbaus berechnet werden:

$$\text{EtOH im Blut [g/l]} = \frac{\text{EtOH aufgenommen [g]}}{\text{KG [kg]} \times \text{VD [l/kg]}}$$

Im Gegensatz zu fast allen anderen körperfremden Stoffen ist die Eliminationsgeschwindigkeit beim Ethylalkohol nicht von der Konzentration abhängig. Sie ist vielmehr über die gesamte Eliminationsperiode konstant und beträgt beim Mann 100 Milligramm pro Kilogramm und Stunde, bei der Frau 85 Milligramm pro Kilogramm und Stunde. Als Orientierungswert kann eine Reduktion der Blutkonzentration von ca. 0,15 Promille stündlich angenommen werden. Der Grund für die lineare Eliminationscharakteristik besteht darin, dass die Alkoholdehydrogenase (ADH) im Sättigungsbereich arbeitet. So kann aus einer gemessenen Blutalkoholkonzentration unter Berücksichtigung des stündlichen Abbaus von ungefähr 0,15 Promille zurückgerechnet werden, wie hoch der Wert zu einem bestimmten Zeitpunkt – etwa einem Unfall – war. Nur unbedeutende Anteile werden über Lunge (2–3 %) und Nieren (1–2 %) ausgeschieden. Die Elimination erfolgt beim Alkoholiker praktisch gleich schnell wie beim Normalen.

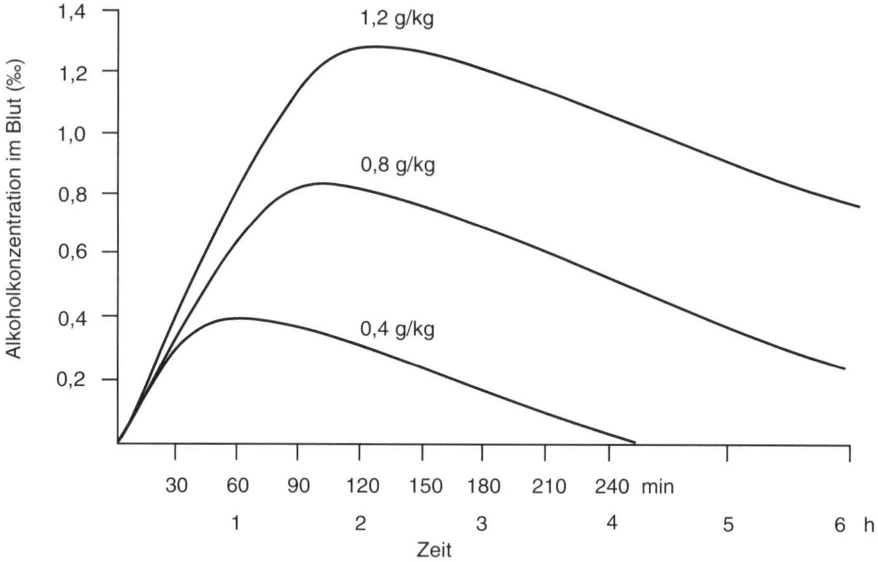

8.6 Resorptionsgeschwindigkeit, maximale Blutkonzentration und Elimination von Ethylalkohol nach einmaliger Einnahme verschiedener Dosen.

Ethylalkohol wird hauptsächlich von der ADH in der Leber zu Acetaldehyd oxidiert. Der durch ADH gebildete Acetaldehyd wird durch Aldehyddehydrogenase schnell (Plasmahalbwertszeit 1,7 min) zu Essigsäure weiteroxidiert. Die angefallene Essigsäure (Plasmahalbwertszeit 6,4 min) wird überwiegend im Tricarbonsäurezyklus in CO_2 und H_2O aufgespalten. Ein Gramm Ethanol liefert 7,1 Kilokalorien (30 kJ).

Ethanol kann zu geringen Anteilen bei Blutkonzentrationen über 3 000 Milligramm pro Liter (3 ‰) über Cytochrom-P-450 2E1 und die peroxisomale Katalase zu Acetaldehyd oxidiert werden (Abbbildung 8.7).

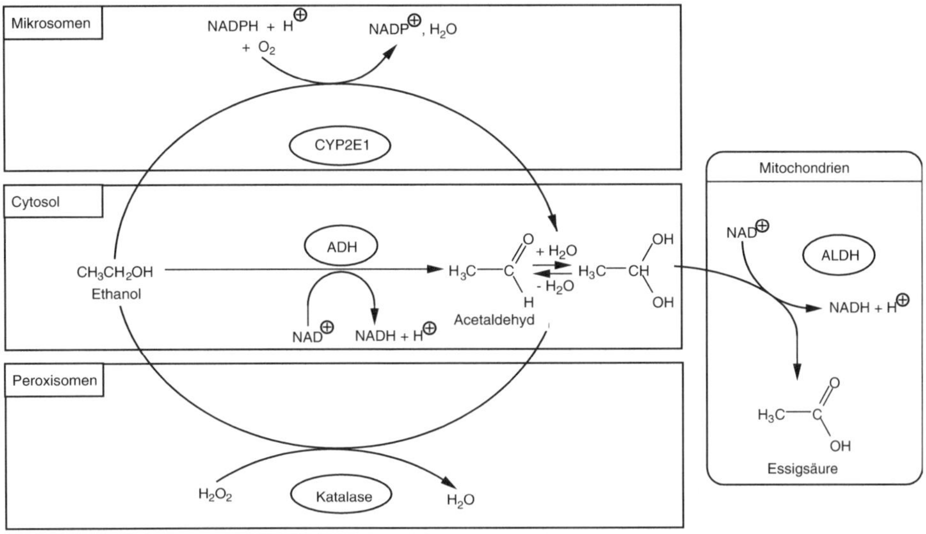

8.7 Oxidation von Alkohol zu Acetaldehyd durch Alkoholdehydrogenase (ADH), Cytochrom-P-450 (CYP2E1) und Katalase. Oxidation von Acetaldehyd zu Essigsäure durch Aldehyddehydrogenase (ALDH).

Akute und chronische Wirkungen des Konsums alkohlischer Getränke 8.2.2

Akute Effekte (Rausch)

Ursachen für akute Vergiftungen sind ganz überwiegend Trinkexzesse, selten die suizidale Absicht (in letzterem Fall meist in Kombination mit verschiedenen Medikamenten oder Drogen).

Die zentralnervösen Alkoholwirkungen sind dosisabhängig und sehr charakteristisch (Tabelle 8.4). Ab zwei Promille Alkohol im Blut überwiegen die Zeichen der Narkose, bei chronischem Missbrauch kann sich jedoch diese Grenze merklich nach oben verschieben.

Weitere Vergiftungssymptome sind Übelkeit und Erbrechen, Hyperventilation, Hypoglykämie (Unterzuckerung) und Abnahme der Körpertemperatur. Die Muskelleistung wird schon durch geringe Alkoholdosen deutlich vermindert. An Herz und Kreis-

Tabelle 8.4: Akute zentralnervöse Alkoholwirkungen

Blutalkoholkonzentration (‰)	Erscheinungen
0,3	erste Gangstörungen
0,4	Vigilitätseinschränkung messbar, Gesichtsfeld leicht eingeschränkt
0,5	Blindzielbewegungen leicht gestört (Finger-Finger-Versuch, Finger-auf-die-Nase-Versuch), Grenze der Fahr- und Verkehrstüchtigkeit
0,7	leichter Nystagmus
1,0	mäßiger Rauschzustand
1,4	kräftiger Rausch, Grenze für koordinierte Reaktionen
2,0	Bewusstsein stark eingetrübt, Erinnerungsvermögen aufgehoben
4,0–5,0	tödliche Grenzkonzentration

lauf bewirken niedrige Alkoholspiegel leichten Blutdruckanstieg, höhere führen zur Blutverschiebung in die Körperperipherie: Die Haut ist gerötet, trocken und heiß (Schnapsnase). Die erhöhte Wärmeabgabe schützt einerseits kurzzeitig vor Kälteeinwirkung, kann andererseits aber bei längerem Aufenthalt rascher zum Erfrierungstod führen. Die Atmung ist gesteigert, mit Ausnahme von sehr starken Intoxikationen, wo es zu zentraler Atemdepression kommen kann. Lautes Schnarchen der Betrunkenen im Schlaf ist ein typisches Zeichen der Hyperventilation. Alkohol steigert in allen Dosen die Harnproduktion (Diurese). Vermehrte Wärmebildung und -abgabe steigern den Grundumsatz, dabei bildet sich eine teilweise massive Hypoglykämie (Unterzuckerung) aus. Schwindel und Übelkeit sind durch Lokalreiz an der Magenschleimhaut, jedoch auch durch direkte Reizung des Labyrinths bedingt. Der Einfluss auf das sexuelle Verhalten ist durch Steigerung der Libido, aber Minderung der Vollzugsfähigkeit gekennzeichnet.

Ärztliches Eingreifen ist nur bei schweren Vergiftungen, insbesondere bei Mischintoxikationen mit Arzneimitteln oder Drogen in suizidaler Absicht, erforderlich. Bei der Behandlung der schweren Alkoholintoxikation gelten die allgemeinen intensivmedizinischen Prinzipien. Charakteristisch für die Alkoholintoxikation sind die Hypoglykämie und die Hypothermie (Temperaturabfall), daher empfiehlt sich die Infusion von 10-%iger Glucoselösung und Abdecken des Patienten. Aktivkohle ist nicht wirksam, bei reiner Alkoholintoxikation ist eine Magenspülung meist nicht sinnvoll, da die gesamte Alkoholmenge sehr schnell aus dem Magen-Darm-Trakt absorbiert wird. Bei schweren Erregungszuständen kann ein Beruhigungsmittel helfen. Bei lebensgefährlichen Konzentrationen (abhängig vom Zustand des Patienten ab 3 Promille) kann Ethanol durch Hämodialyse entfernt werden.

Interaktionen mit Pharmaka

Alkohol kann die Wirkung von Arzneimitteln verändern. Einerseits kann der Metabolismus von Alkohol und/oder Arzneistoff gehemmt werden, sodass eine oder beide

Komponenten langsamer eliminiert werden. Einige Arzneimittel hemmen die ADH und können dadurch bei gleichzeitiger Einnahme von Alkohol Unverträglichkeitssymptome (Antabussyndrom, siehe unten) verursachen. Beispiele sind Sulfonylharnstoffderivate, Metronidazol und bestimmte Cephalosporine (Cefotiam, Cefotetan, Latamoxef, Cefoperazon). Eine Induktion von Cytochrom-P-450-2E1 durch Ethanol spielt keine maßgebliche Rolle beim Arzneimittelabbau. Auch die Möglichkeit einer Wirkungsverstärkung bei gleichzeitiger Aufnahme von Alkohol und Arzneistoff durch Angriff am selben Rezeptor besteht. Dies betrifft einige Narkotika, Schlafmittel und Analgetika, vor allem aber Psychopharmaka. Medikamentenpackungen tragen deshalb entsprechende Hinweise. Auch vegetative Alkoholwirkungen können durch Pharmaka verstärkt werden, zum Beispiel die Kollapsneigung durch Antihypertensiva.

Toxische Wirkungen übermäßiger und lang andauernder Alkoholaufnahme (Abusus) 8.2.3

Alkohol kann bei disponierten Individuen zur suchtartigen Aufnahme großer Mengen führen. Es kann zu einer chronischen Vergiftung kommen, in deren Verlauf typische Krankheitsbilder entstehen können.

Zielorgane des chronischen Alkoholabusus sind in erster Linie die Leber, das Nervensystem sowie das kardiovaskuläre System.

Leberschäden sind die häufigste und schwerwiegendste Folge des chronischen Alkoholismus. Der Mechanismus der Hepatotoxizität ist multifaktoriell. Hohe und oft aufgenommene Dosen an Ethanol induzieren in der Leberzelle eine Kaskade von pathophysiologischen Ereignissen, wie erhöhte Akkumulation von Triglyceriden, Protein-Acetaldehyd-Addukten, erhöhte Lipidperoxidation und Ausscheidung von *Cytokinen* (regulatorischen Peptiden, die Zellwachstum, Differenzierung und Immunantwort verändern können). Erstes Stadium der chronischen Ethanolvergiftung ist die Alkohol-Fettleber. Die Entwicklung einer Fettleber wird normalerweise bei Routineblutuntersuchungen aufgedeckt, hauptsächlich aufgrund der starken Erhöhung von „Leberenzymen" im Blut. Die Fettansammlung bleibt lange reversibel, kann aber zu einer zunächst noch gutartigen, stationären Fettleber führen. Auf dem Boden der dauernden Fettansammlung kann dann eine Fettleber-Hepatitis entstehen. In relativ kurzer Zeit proliferiert in diesem Entzündungszustand das Bindegewebe, die normale Leberarchitektur geht zugrunde und es entsteht die progressive Leberzirrhose. Die kritische Dosis und Zeitdauer für die Entwicklung einer Fettleber liegt bei 40–80 Gramm pro Tag für Männer über 5–10 Jahre, Hepatitis und Leberzirrhose bei 80–160 Gramm pro Tag über 10–20 Jahre. Die Schwellenwerte für Frauen liegen niedriger, beispielsweise können Frauen schon bei 20 Gramm pro Tag Leberkrankheiten entwickeln. Obwohl der chronische Konsum von hohen Alkoholmengen eindeutig mit der Entwicklung von Leberkrankheiten assoziiert ist, müssen weitere Faktoren eine Rolle spielen, denn nur 15 % der Alkoholiker entwickeln Leberkrankheiten. Auch der Typ des konsumierten Alkohols scheint eine Rolle zu spielen. Zu den Faktoren, welche die individuelle Suszeptibilität für die Entwicklung einer Leberzirrhose beeinflussen, zählen Unterschiede in Metabolismus, Alkoholkonsum, Ernährung und in der Immunantwort. Auch bei der

Gärung entstehende toxische Beiprodukte (Fuselöl) tragen einen Anteil der hepatotoxischen Wirkung von Alkoholgetränken.

Alkoholentzug kann auch in fortgeschrittenen Stadien die Entwicklung noch zum Stillstand bringen. Alkoholkranke haben häufig einen chronischen *Handtremor* (Händezittern), der morgens, nach nächtlichem Entzug, stärker als abends ist. Der Tremor resultiert wahrscheinlich aus der erhöhten Katecholaminstimulation der β-adrenergen Rezeptoren.

Chronischer Alkoholabusus ist neben Diabetes mellitus die häufigste Ursache von Degeneration peripherer Nerven (periphere Polyneuropathie). Typische Symptome sind Parästhesien und Schmerzen zunächst an Füßen und Händen sowie abgeschwächte Reflexe, Muskelatrophien und leichte Lähmungserscheinungen.

Entzugssymptome (Tremor, Tachykardie, Angst) und in seltenen Fällen *Delirium tremens* werden durch das abrupte Abbrechen eines chronischen, starken Alkoholkonsums induziert (*Delirium tremens* kann jedoch auch nach starkem Alkoholexzess auftreten). Die klinische Symptomatik ist charakteristisch: Schreckhaftigkeit, Beschäftigungsunruhe, grobschlägiger Tremor, optische und akustische Halluzinationen sowie Desorientiertheit. Zahlreiche vegetative Symptome kommen dazu: *Mydriasis* (Pupillenweitstellung), *Hyperhidrose* (erhöhtes Schwitzen), Gesichtsrötung, *Tachypnoe* (schnelle Atmung), Tachykardie und starke Schwankungen des Blutdrucks.

Neben den primär toxikologisch begründeten, alkoholbedingten Todesursachen wie Herz-Kreislauf-Erkrankungen, Leberzirrhose, Hirnschäden und Krebs gibt es sekundäre, den berauschenden Eigenschaften des Ethanols zugeschriebene Todesursachen wie Unfälle, Gewalt und Suizid.

Im Gegensatz zur akuten blutdrucksenkenden Wirkung führt der chronische Ethanolkonsum zu einer Erhöhung des Blutdrucks und erhöhter Häufigkeit von kardiovaskulären Erkrankungen. Chronischer Alkoholabusus führt bei beiden Geschlechtern zur Beeinträchtigung der Fertilität. Als Ursache werden Einflüsse auf involvierte Hirnstrukturen diskutiert, bei Männern auch die direkte Schädigung der Hoden.

Alkoholabusus ist heute die mit Abstand häufigste Ursache für eine exogene Fruchtschädigung. Bei mehr als der Hälfte der Kinder mit Alkoholembryopathie finden sich intrauteriner Minderwuchs, *Mikrozephalus* (pathologisch kleiner Kopf) mit charakteristischen Missbildungen am Kopf und Gesicht, kleiner Unterkiefer sowie Retardierung der Entwicklung. Die bei chronisch alkoholkranken Schwangeren wiederholt auftretenden schweren Unterzuckerepisoden sowie Fehlernährung sind an der Entwicklung einer Alkoholembryopathie beteiligt.

Protektive Wirkungen kleiner Alkoholmengen

Dauernde Aufnahme geringer Mengen an alkoholischen Getränken reduziert die Mortalität signifikant, hauptsächlich durch eine Verringerung der Sterblichkeit an Herz-Kreislauferkrankungen. In Anbetracht der Diskussion über eine protektive Rolle von kleinen Alkoholmengen im Hinblick auf kardiovaskuläre Krankheiten erhebt sich die Frage eines Schwellenwertes. Neben der individuellen Suszeptibilität dürfte auch die multifaktorielle Pathogenese von Herz- und Kreislaufleiden eine wichtige Rolle spielen. Die kritischen Dosen für den täglichen Konsum beginnen bei 40 Gramm Ethanol für empfindliche Individuen. Unterhalb dieser Dosis (etwa zwei Gläser Bier) ist die

Mortalität gegenüber dem Nicht-Konsumenten um bis zu 20 % verringert. Über hundert Gramm Ethanol/Tag erhöht die Mortalität eindeutig und täglicher Konsum von mehr als 200 Gramm Ethanol wurde mit erhöhtem Blutdruck assoziiert, dem Schrittmacher kardiovaskulärer Erkrankungen. Der protektive Effekt auf Herzkrankheiten wird unter anderem einer Erhöhung des HDL-Cholesterins zugeschrieben, wobei eine Aktivitätssteigerung der Lipoproteinlipase eine Rolle spielen könnte. Als weitere protektive Mechanismen werden Hemmung der Blutgerinnung, der Thrombocytenaggregation, angenommen. Die Art des alkoholischen Getränkes scheint nicht von Bedeutung zu sein.

Alkohol und Krebs

Der Konsum alkoholhaltiger Getränke in großen Mengen führt zu einer Erhöhung der Häufigkeit verschiedener Tumoren. Insgesamt könnten 3–4 % aller Krebserkrankungen in Industrieländern durch Abstellen des chronischen Alkoholkonsums vermieden werden. Ein Zusammenhang zwischen chronischem Alkoholkonsum und erhöhtem Auftreten von Tumoren im Bereich des Mundes, Pharynx und Larynx sowie von Speiseröhre- und Lebertumoren ist belegt. Gleichzeitiges Zigarettenrauchen erhöht das Risiko für Tumoren des Mundbereichs, Pharynx, Larynx und Speiseröhre sehr stark (Abbildung 8.8).

Weitere Faktoren des langjährigen Alkoholkonsums spielen wahrscheinlich ebenfalls eine Rolle in der beobachteten erhöhten Tumorrate, wie beispielsweise Begleitstoffe, lokale Reizwirkung von hochprozentigen Getränken und Fehlernährung von alkoholabhängigen Menschen.

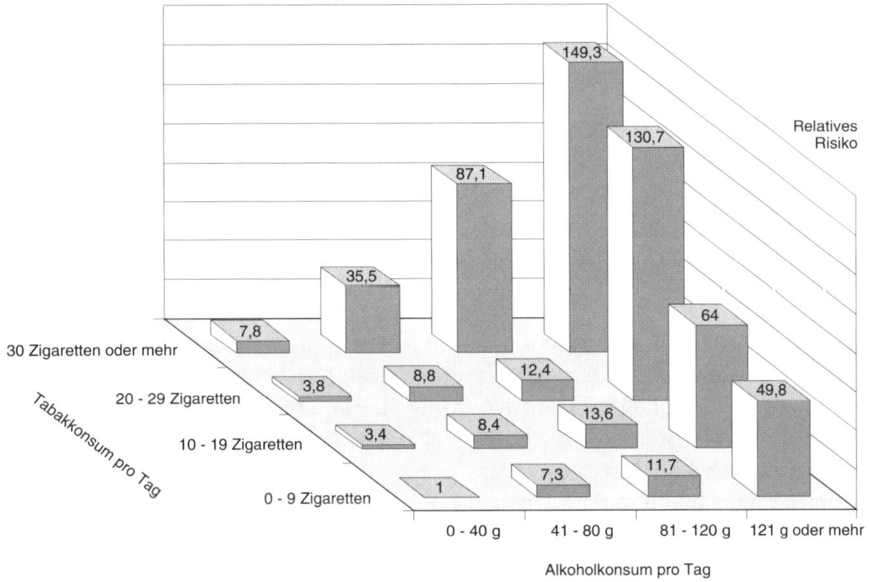

8.8 Relatives Risiko für die Entwicklung eines Ösophaguskarzinoms bei Männern in Abhängigkeit vom Alkohol- und Zigarettenkonsum. Kombinierter Konsum von Alkohol und Zigaretten erhöht das Krebsrisiko sehr stark (nach Tuyns et al., 1977, Bull. Cancer 64:45–60).

Pharmakologisch induzierte Alkoholintoleranz

Das Phänomen, dass bei bestimmten Stoffkombinationen schon geringe Alkoholdosen zu extremer Unverträglichkeit führen, wurde erstmals bei der Anwendung von Kalkstickstoff (Calciumcyanamid) beobachtet. Später kam Tetraethylthiuramdisulfid (TETD) hinzu (Tabelle 8.5).

Tabelle 8.5: Alkoholintoleranzauslösende Stoffe

Chemische Bezeichnung	Formel	Verwendung
Calciumcyanamid „Kalkstickstoff"	$CaN{-}C{\equiv}N$	Kunstdünger
Tetraethylthiuram-disulfid, Disulfiram	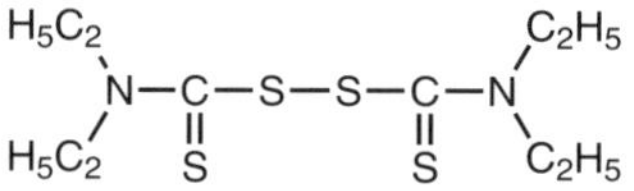	Gummivernetzer, Medikament (zum Alkoholentzug)
Tetramethylthiuram-disulfid	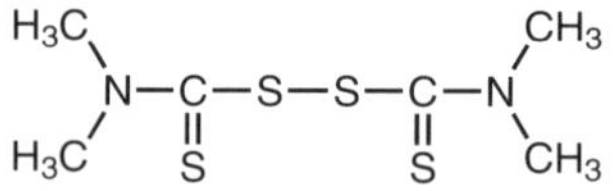	Vernetzungsmittel
Schwefelkohlenstoff	$S{=}C{=}S$	technisches Lösemittel
Coprin (N^5-[1-Hydroxy-cyclopropyl]-L-glutamin)	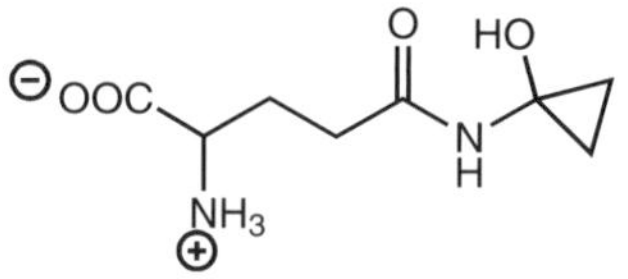	Speisepilz (Faltentintling, Knotentintling)

Werden Kalkstickstoff oder TETD, welche allein keine Wirkung haben, mit nur wenigen Gramm Alkohol aufgenommen, so entwickelt sich rasch ein charakteristisches Symptombild: außerordentlich starke Hautrötung an Kopf, Schultern und Brust, Hitzegefühl, starker Kopfschmerz, intensives Unwohlsein, Herzklopfen bei gleichzeitigem Blutdruckabfall bis zum Kreislaufkollaps, daneben beträchtliche Atemsteigerung und respiratorische Alkalose (Alkalinisierung des Blutes durch vermehrten Verlust von sauren Komponenten durch starkes Abatmen). Eine Zufallsbeobachtung führte zur Einführung von Tetraethylthiuramdisulfid als Medikament (*Disulfiram*, *Antabus*®) zur so genannten abschreckenden Therapie des Alkoholismus. Die heftige Reaktion, bekannt als *Antabus-Syndrom*, setzt zehn bis 30 Minuten nach Alkoholeinnahme ein und dauert bis zu mehreren Stunden, die Alkoholunverträglichkeit kann bis zu 14 Tage nach Absetzen des Medikaments anhalten. Diese Maßnahme wird aber nicht mehr durchgeführt.

8.3 Rauschmittel oder psychotrope Substanzen

Die Geschichte des Drogenkonsums ist sehr alt. Hinweise über Coca-Kauen, Benutzung von Cannabiszubereitungen und opiumhaltigen Schlafmohn findet man über Jahrtausende. Bis zum neunzehnten Jahrhundert wurden ausschließlich natürliche Substanzen benutzt. Vor ungefähr 200 Jahren hat man begonnen, die Stoffe zu isolieren und zu modifizieren, so wurde beispielsweise im neunzehnten Jahrhundert Heroin aus Morphin synthetisiert. Danach kamen synthetische Drogen in den Verkehr. Der Begriff „synthetische Drogen" (auch *designer drugs* genannt) bezeichnet psychoaktive Substanzen, die durch einen chemischen Prozess hergestellt werden, bei dem die wesentlichen psychoaktiven Bestandteile nicht aus natürlich vorkommenden Substanzen gewonnen werden. Synthetische Drogen, die bereits eine längere Geschichte des illegalen Konsums besitzen, sind Amphetamine und LSD (Lysergsäurediethylamid), während der illegale Konsum von *ecstasy* (MDMA, Methylendioxymethamphetamin) eine wesentlich kürzere Vergangenheit hat. Weltweit wächst die Besorgnis über neue synthetische Drogen. Da viele dieser Produkte einfach hergestellt werden können, ist die Eindämmung des Drogenangebotes schwierig, zumal sich entsprechende Labors mühelos einrichten und verlagern lassen.

Psychotrope Drogen können grob in vier Gruppen unterteilt werden:

- Psychostimulantien
- Entaktogene
- Rauschmittel im engeren Sinn oder Psychedelika und
- zentral dämpfende Stoffe.

Rauschmittel oder Psychedelika wie Cannabis und Lysergsäurediethylamid (LSD) wirken hauptsächlich euphorisierend und enthemmend und rufen zum Teil auch Halluzinationen hervor. Sie können natürlichen oder synthetischen Ursprung haben. Zu den Stimulantien gehören hauptsächlich die Amphetaminderivate und Cocain. *Ecstacy* und verwandte Substanzen bilden die Gruppe der Entaktogene, sie haben neben einer schwach stimulierenden und halluzinogenen Wirkung eine so genannte entaktogene Wirkung, sie induzieren eine erhöhte Kontaktfreudigkeit und verstärktes Mitteilungsbedürfnis. Der Prototyp der zentral dämpfenden Drogen ist das Heroin.

Amphetamin und Derivate 8.3.1

Amphetamine sind synthetische Drogen. Sie können injiziert oder in Pulverform eingenommen werden. Amphetamine werden häufig in *ecstasy*-ähnlichen Pillen mit MDMA oder *ecstasy*-Analogen vermischt. Auf dem Drogenmarkt findet man neben dem Amphetamin die stärkeren Derivate Dextroamphetamin und Methamphetamin.

Amphetamine wurden bis etwa 1950 als Medikamente eingesetzt, zum Beispiel gegen Schnupfen, bei psychiatrischen Krankheiten und als Appetitzügler. Nach Feststellen des Abhängigkeitspotenzials wurden sie dem Betäubungsmittelgesetz unterstellt.

Amphetamin und seine Derivate haben die chemische Grundstruktur des Phenylethylamins (Abbildung 8.9). Die unterschiedlichen Derivate unterscheiden sich durch

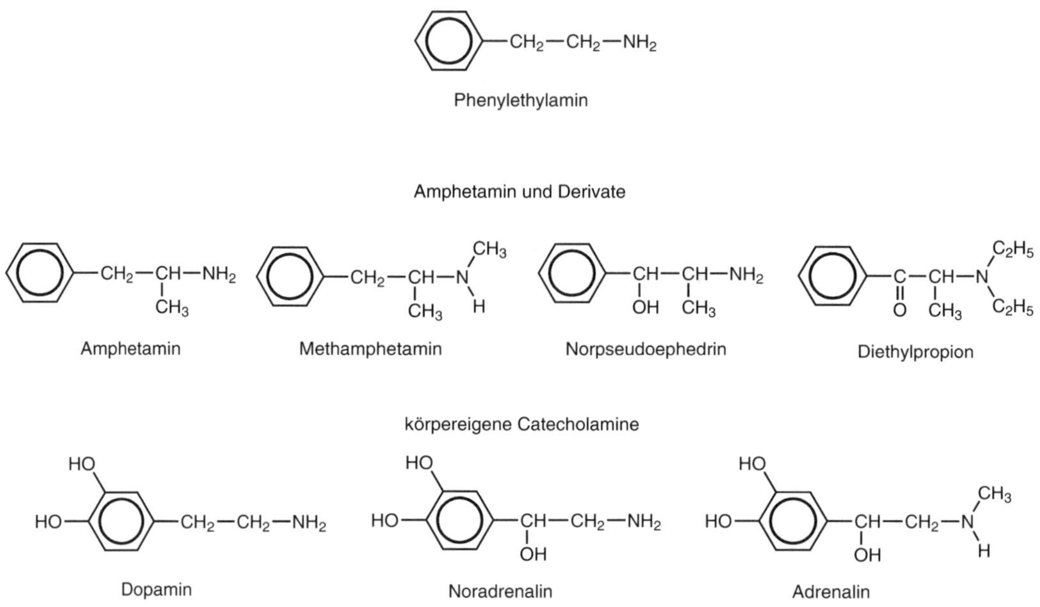

8.9 Amphetamine und Derivate.

einzelne Substituenten, meistens Methylgruppen. So ist beispielsweise Methamphetamin ein Methylderivat von Amphetamin. In der Drogenszene findet man Phenylethylaminderivate beispielsweise unter den Namen *crystal* oder *speed*.

Amphetamine wirken hauptsächlich durch die Freisetzung von Noradrenalin und Dopamin. Dopamin wird für die euphorisierende, Noradrenalin für die zentral stimulierende Wirkung verantwortlich gemacht. Insbesondere Amphetamin und Methamphetamin können psychische und physische Abhängigkeit induzieren und Toleranz führt zu Dosissteigerung. Die normalen Dosen liegen im Bereich von 20–50 Milligramm für Amphetamin, für das stärkere Dextroamphetamin entprechend niedriger. Bei sehr hohen Dosen kann es durch massive Freisetzung von Dopamin zu psychotischen Zuständen mit Wahn und Halluzinationen kommen. Neben den üblichen Maßnahmen der Vergiftungsbehandlung kann die Gabe eines Benzodiazepins wie Diazepam hilfreich sein.

8.3.2 ■ 3,4-Methylendioxy-methamphetamin (MDMA)

MDMA ist das bevorzugte Produkt auf dem *ecstasy*-Markt und wird unter vielen verschiedenen Bezeichnungen angeboten. Die Substanz wurde Anfang des zwanzigsten Jahrhunderts synthetisiert, fand aber erst Anwendung als „Wahrheitsdroge" nach dem Zweiten Weltkrieg. Später wurde MDMA für kurze Zeit in der Psychotherapie eingesetzt. Der Missbrauch begann in den Sechzigerjahren und nahm in den Achtzigerjahren des letzten Jahrhunderts weltweit massiv zu. Obwohl auch andere methoxylierte Amphetaminderivate im Verkehr sind (siehe unten), ist MDMA nach wie vor mit Abstand die am meisten benutzte Substanz. Strukturell unterscheidet sich MDMA vom Amphetamin vor allem durch eine Methoxygruppe am Kohlenstoffring (Abbildung 8.10).

Eine wesentliche Gemeinsamkeit mit dem klassischen Halluzinogen Lysergsäurediethylamid (LSD, siehe unten) besteht in der Hemmung der Serotoninwiederaufnah-

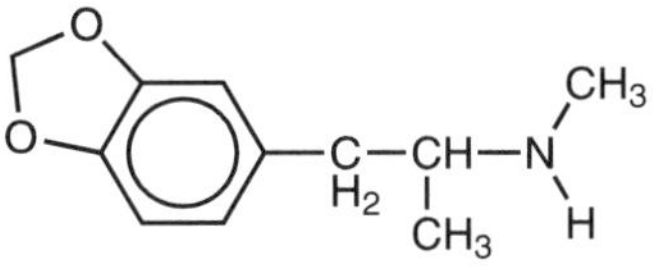

3,4-Methylendioxy-Methamphetamin
(MDMA)

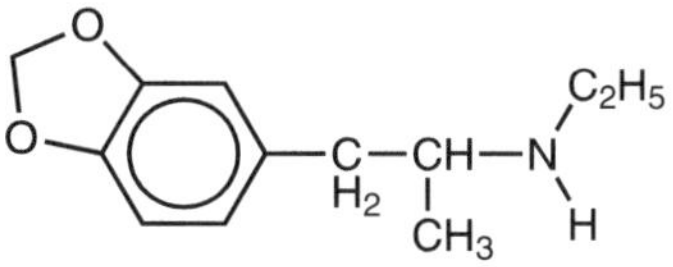

3,4-Methylendioxy-Ethylamphetamin
(MDEA/MDE)

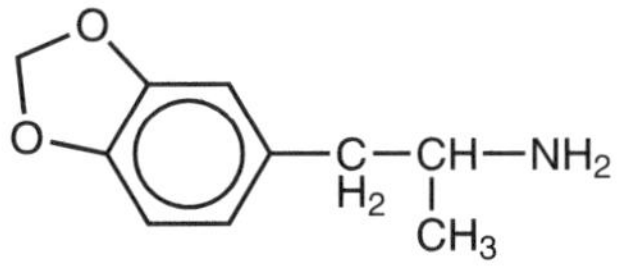

3,4-Methylendioxy-Amphetamin
(MDA)

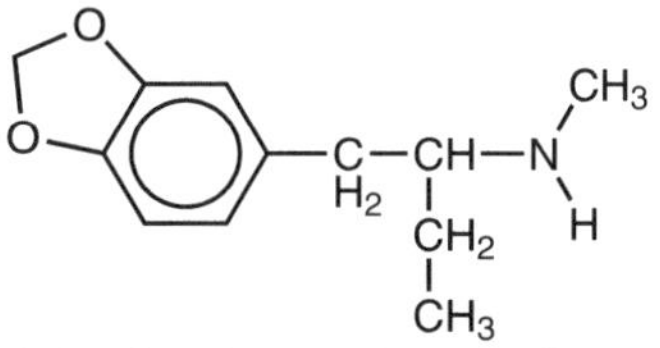

N-Methyl-1-(1,3-Benzodioxol-5-yl)-Butylamin
(MBDB)

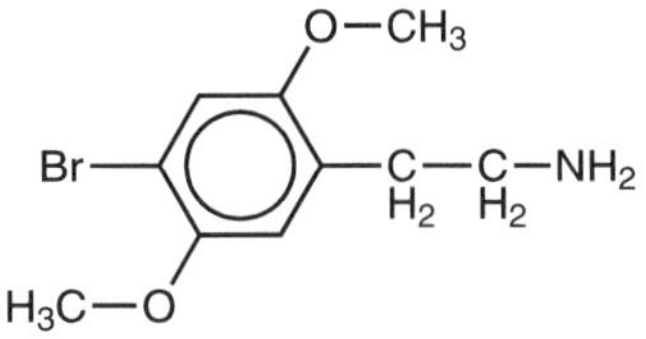

4-Bromo-2,5-Dimethoxy-Phenylethylamin
(2C-B)

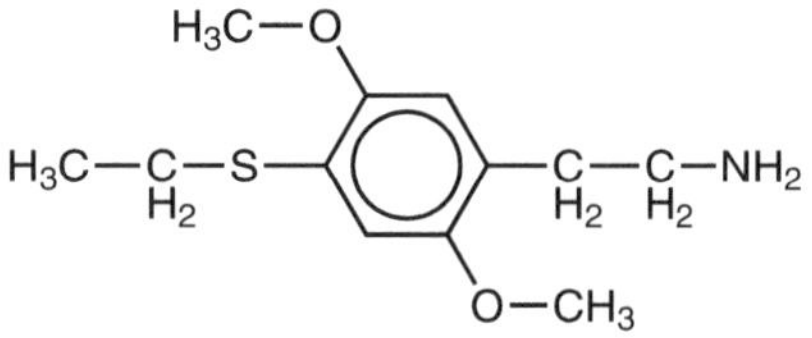

2,5-Dimethoxy-4-Ethylthophen-Ethylamin
(2C-T-2)

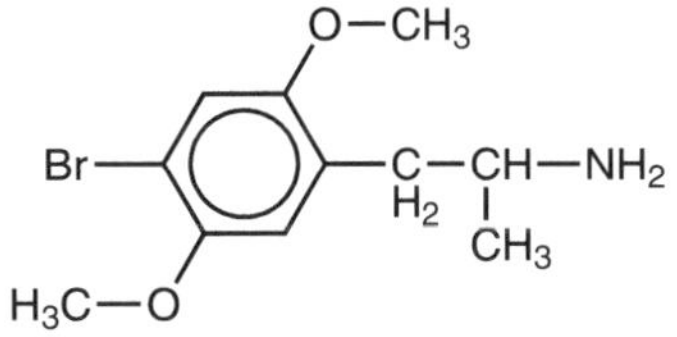

4-Bromo-2,5-Dimethoxy-Amphetamin
(DOB)

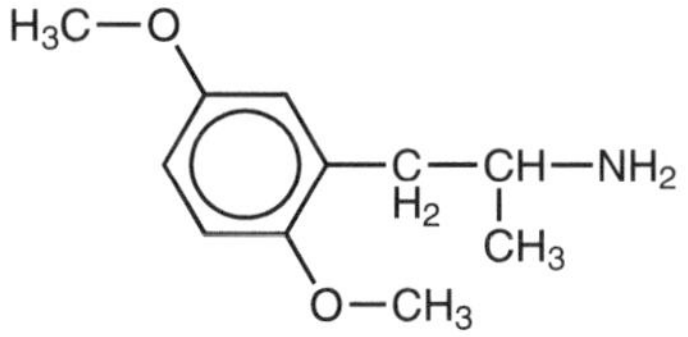

2,5-Dimethoxy-Amphetamin
(DMA)

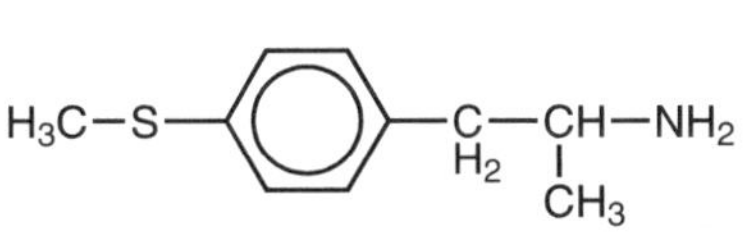

4-Methylthioamphetamin
(4-MTA)

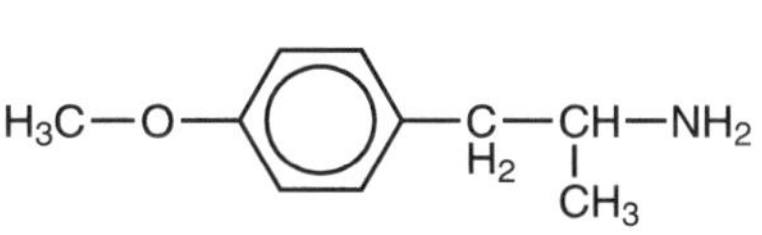

p-Methoxyamphetamin
(PMA)

8.10 3,4-Methylendioxy-methamphetamin (MDMA; *ecstasy*) und seine Derivate.

me und Verstärkung der Serotoninfreisetzung in den Nervensynapsen. MDMA hemmt auch die Dopamin- und Noradrenalinwiederaufnahme und hat selbst erst in höheren Dosen auch serotoninerge, adrenerge und dopaminerge Wirkung. Im Gegensatz zu LSD provoziert MDMA gewöhnlich keine Halluzinationen, es intensiviert eher das „positive Empfinden“ der reellen Situation. Ähnlich wie Amphetaminderivate induziert MDMA die Empfindung einer erhöhten Leistungsfähigkeit, Kontaktfreudigkeit und Mitteilungsbedürfnis. Diese positiven Empfindungen können aber auch in Nervosität und Ängstlichkeit umschlagen.

Die üblicherweise verwendeten Mengen liegen im Bereich von 100 Milligramm. In Ausnahmefällen kann eine Vergiftung mit *ecstasy* bei Überdosierung oder bei stark empfindlichen Konsumenten zum Tod führen. Todesursachen sind Herzrhythmusstörungen, stark erhöhte Temperatur mit massivem Schaden der Skelettmuskulatur und auch Leberschäden. Neben den üblichen Maßnahmen der Vergiftungsbehandlung kann die Gabe eines Benzodiazepins wie Diazepam hilfreich sein.

Eine neue synthetische Droge mit der Bezeichnung 4-Methylthioamphetamin (4-MTA, mit dem Straßennamen *flatliner*) wurde in den letzten Jahren auch mit einer Reihe von Todesfällen in Verbindung gebracht.

8.3.3 Cocain

Cocain ist ein Alkaloid aus den Blättern des Cocastrauchs (*Erythroxylon coca*) aus Südamerika. Dort benutzt die Bevölkerung diese Blätter seit Jahrhunderten zu vielen Zwecken (medizinisch, mystisch-zeremoniell, leistungssteigernd). Cocain wurde erstmals im neunzehnten Jahrhundert isoliert und als Antidepressivum und als Oberflächenanästhetikum im Auge eingesetzt. In USA war es sogar in Coca-Cola erhalten, bevor es Anfang des zwanzigsten Jahrhunderts durch Koffein ersetzt wurde. Chemisch ist Cocain ein schwach basisches tertiäres Amin (Abbildung 8.11). Der Missbrauch war um 1925 sehr verbreitet, nahm später ab, um nach 1970 wieder stark anzusteigen. Vor einigen Jahren wurde das Angebot durch die rauchbare freie Base (*crack*) bereichert. Die übliche Anwendungsform ist Schnupfen.

Cocain hemmt die Wiederaufnahme von Noradrenalin und Dopamin und erhöht dadurch die Konzentration dieser Neurotransmitter im synaptischen Nervenspalt. Dies induziert die stimulierende und euphorisierende Wirkung. Die lokalanästhetische Wirkung wird erst in höheren Konzentrationen durch die Hemmung von Natriumkanälen induziert, die zu einer Unterbrechung der Erregungsleitung in den Nerven führt.

Die normalen Dosen liegen im Bereich von 20–200 Milligramm, die starke Schwankung beruht auf der starken Toleranzentwicklung. Cocain induziert Euphorie, übertriebene Selbsteinschätzung, sexuelle Stimulation, Appetithemmung und kann auch zu

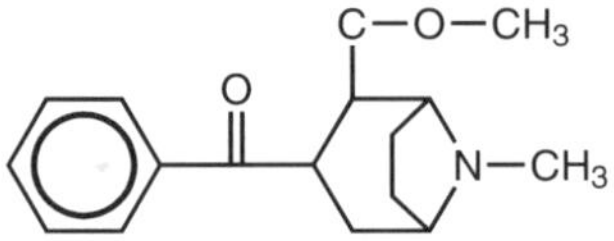

8.11 Chemische Struktur von Cocain.

akustischen, visuellen und taktilen (beispielsweise das Gefühl unter der Haut krabbelnder Tierchen) Halluzinationen führen. Nach der Euphorie, die mehrere Stunden dauern kann, folgt dann eine Phase der Depression und Erschöpfung. Cocain induziert unter anderem Blutdruckanstieg und Tachykardie. Gegen die psychischen Wirkungen entwickelt sich Toleranz, jedoch nicht gegen die Kreislaufwirkungen. Dies kann zu toxischen Wirkungen bei Dosissteigerung führen. Cocain induziert starke psychische Abhängigkeit. Chronischer Missbrauch kann Persönlichkeitsveränderungen und schwere Schäden der Nasenschleimhaut bis zu einer Perforation der Nasenscheidwand induzieren.

Bei Überdosierung kann es unter anderem zu einer paranoiden Psychose mit Aggressivität und Verfolgungswahn kommen. Außerdem können lebensgefährliche Herzrhythmusstörungen, Myokardinfarkt, und Krämpfe induziert werden. In schweren Fällen kommt es zu massivem Blutdruckabfall (Schocksymptomatik). Neben den üblichen Maßnahmen der Vergiftungsbehandlung kann die Gabe von Diazepam und Stabilisierung des Kreislaufs hilfreich sein.

Cannabis 8.3.4

Marihuana ist die geschnittene Pflanze, Haschisch das Harz der Pflanze *Cannabis sativa variatio indica*. Der Wirkstoff ist Tetrahydrocannabinol (Abbildung 8.12), wird durch Rauchen aufgenommen und wirkt über eigene Rezeptoren, die Cannabinoid-Rezeptoren (Exkurs 8.1). Diese Rezeptoren finden sich vor allem im Gehirn, wo sie mit vielen Neurotransmittern interagieren; aber auch im Immunsystem und peripheren Organen.

Cannabis induziert vor allem ein Gefühl der Entspannung bis zur Apathie, milder Euphorie und Abmilderung der Alltagsprobleme. Nach Rauchen von fünf bis sieben Milligramm überwiegt die sedative Komponente, während nach Rauchen von 15 Milligramm oder höheren Dosen Erregung induziert werden kann. Körperliche Symptome beinhalten verstärkte Durchblutung der Konjuktiva im Auge (rotes Auge), Mundtrockenheit, Hunger und leichte Tachykardie. Chronischer Missbrauch kann zu Antriebslosigkeit sowie Beeinträchtigung des Gedächtnisses und der Aufmerksamkeit führen.

Die akute Toxizität dieser Droge ist ausgesprochen gering und tödliche Vergiftungen wurden beim Menschen bisher nicht beobachtet.

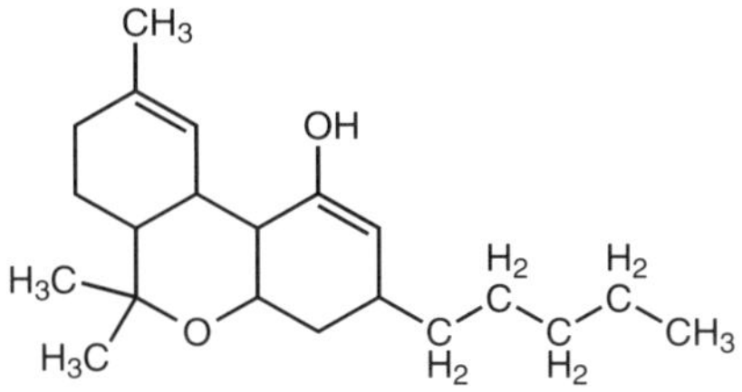

8.12 Tetrahydrocannabinol, der Wirkstoff der Cannabis-Pflanze.

> ### Exkurs 8.1: Tetrahydrocannabinol als Arzneimittel
>
> Die Substanz hat mehrere interessante pharmakologische Wirkungen, die zum Teil über den Cannabinoidrezeptor, zum Teil über andere Rezeptoren vermittelt werden. Dazu gehören analgetische, muskelrelaxierende und antiemetische Wirkungen. Derzeit wird die Wirksamkeit von Tetrahydrocannabibol (internationaler Freiname: Dronabinol) und strukturell verwandten Substanzen in der Therapie von Cytostatika induziertem Erbrechen, bei Schmerzen und bei multipler Sklerose untersucht.

8.3.5 Lysergsäurediethylamid (LSD)

Das synthetische Halluzinogen LSD wird als Prototyp dieser Gruppe besprochen. Andere halluzinogene Drogen sind beispielsweise das aus Kakteen gewonnen Mescalin oder das aus Pilzen gewonnene Psilocybin. LSD hat das Grundgerüst von Serotonin (Abbildung 8.13). In der Drogenszene wird LSD beispielsweise als *acid* bezeichnet.

LSD wurde um 1930 im Rahmen von Forschungen über Mutterkornalkaloide synthetisiert. Ein anderes Lysergsäurederivat, Ergotamin, wird unter anderem in der Therapie der Migräne eingesetzt. Die halluzinogenen Wirkungen von LSD wurde zufällig wenige Jahre später entdeckt.

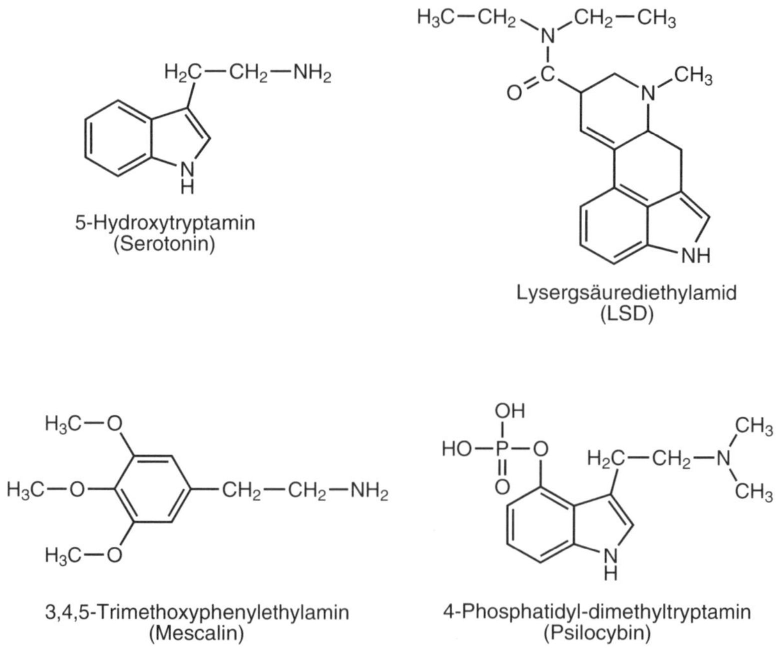

8.13 Chemische Stukturen einiger halluzinogener Drogen.

LSD hat eine hohe Affinität zu allen Serotoninrezeptoren. Multiple psychotrope Effekte können bereits nach oralen Dosen von 25–50 Mikrogramm auftreten. LSD induziert optische, seltener auch akustische und taktile Halluzinationen. Es kann zur Verwirrung der Sinne kommen, Farben werden beispielsweise gehört, Raum und Zeit werden verändert. Auch Entfremdungserlebnisse sind beschrieben, eine Veränderung der Sicht in die eigene Person. Insgesamt zeigen die psychotropen Effekte eine ausgeprägte Variabilität. Die Stimmung kann auch in kurzer Zeit umschlagen und „Horrortrips" mit Panik und Verfolgungsideen sind äußerst unangehm. Eine Vielfalt von körperlichen Symptomen, wie Blutdruckabfall oder Blutdruckerhöhung, Tachykardie, Verengung der Bronchien und Tremor kann ausgelöst werden.

Bei chronischem Gebrauch kommt es rasch zur Toleranz, die sich aber nach mehreren Tagen Abstinenz wieder zurückbildet. Bei einem Teil der früheren Konsumenten kommt es Jahre nach der letzten Aufnahme zu einem *flashback* mit optischen Halluzinationen. Bei sehr hohen Dosen können unter anderem Krampfanfälle und stark erhöhte Temperatur mit massivem Schaden der Skelettmuskulatur auftreten.

Phencyclidin 8.3.6

Phencyclidin wurde Mitte des zwanzigsten Jahrhunderts synthetisiert und zunächst als Narkotikum eingesetzt. Wegen unerwünschter Wirkungen war jedoch die Anwendung als Medikament sehr kurz. Phencyclidin (Abbildung 8.14) wirkt als nicht kompetitiver Antagonist am NMDA-(N-Methyl-D-Aspartat-)Rezeptor. Ähnlichkeiten bestehen zum Narkotikum Ketamin, das auch missbraucht wird. Phencyclidin (Szenenname beispielsweise *angeldust*) wird hauptsächlich durch Rauchen eingenommen. Zu den erwünschten Wirkungen, welche mit 50–100 Milligramm erreicht werden, gehören gewöhnlich Euphorie, Erregung und Selbstüberschätzung. Nicht selten kommt es aber zu starker Angst und Aggressionen. Phencyclidin induziert auch Blutdruckanstieg, Tachykardie, Hyperthermie, erhöhten Muskeltonus, Nystagmus, Ataxie und Sprachstörungen.

Bei chronischem Gebrauch entwickeln sich Toleranz sowie Sprach- und Gedächtnisstörungen, depressive Verstimmung und allgemeine Persönlichkeitsveränderungen. Überdosierung (gewöhnlich mehr als 20 mg) kann zu massivem Schaden der Skelettmuskulatur mit nachfolgender Nierenschädigung führen.

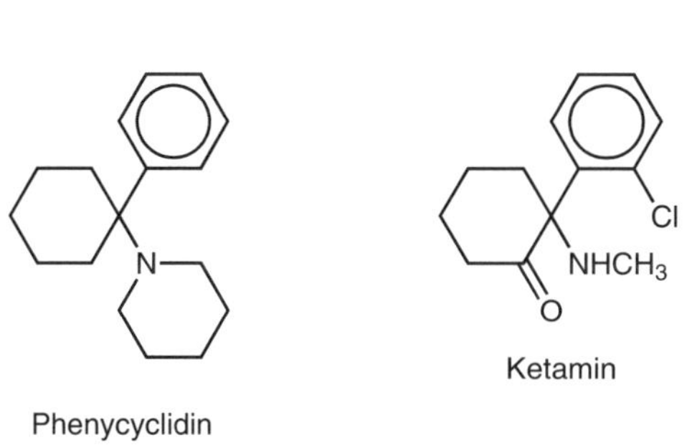

8.14 Chemische Strukturen von Phencyclidin und Ketamin.

8.3.7 Heroin

Heroin, Diacetylmorphin (Abbildung 8.15) wurde im 19. Jahrhundert auf der Suche nach Opioidanalgetika ohne Suchtpotenzial synthetisiert. Die wirksamen Metabolite von Heroin, 6-Monoacetylmorphin und Morphin, sind starke Agonisten der Opioidrezeptoren. Heute wird Heroin oft geschnupft oder geraucht (die Dämpfe nach Erhitzen auf einer Aluminiumfolie inhaliert), nicht mehr injiziert. Für die erwünschte Wirkung werden 2–10 Milligramm reines Heroin gebraucht, der Reinheitsgrad des Heroins im Verkehr schwankt jedoch stark. Toleranz entwickelt sich schnell und die benötigte „Dosis“ steigt um das Vielfache. Heroin ist sehr lipidlöslich und durchdringt die Blut-Hirn-Schranke ungehindert. Diese schnelle Penetration und der damit assoziierte gewünschte *Kick* (starke Euphorie und ausgesprochen hohes Lustempfinden) trägt zum enormen Suchtpotenzial bei. Nach diesem initialen „Kick“ kommt es bei den meisten Benutzern zu einem längeren Zeitraum von Zufriedenheit, Schläfrigkeit und angenehmen Tagesträumen. Einige Benutzer bleiben jedoch eher vital. Insbesondere bei Erstnutzern treten Kreislaufstörungen, Mundtrockenheit, Übelkeit und Erbrechen auf.

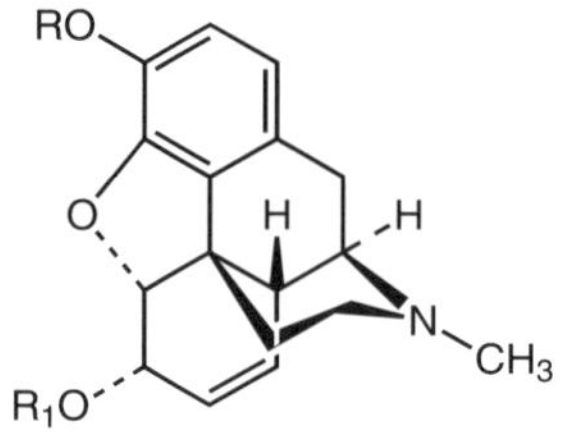

Morphin: $R = R_1 = H$

Codein: $R = CH_3$; $R_1 = H$

Heroin: $R = R_1 = COCH_3$

8.15 Chemische Struktur von Morphin und seinen Derivaten.

Durch die schnell auftretende Toleranz nimmt die euphorisierende Wirkung schnell ab, die weitere Einnahme dient wesentlich der Abmilderung der Entzugssymptome (Exkurs 8.2). Neben allgemeinem Persönlichkeitsverfall kommt es bei chronischem Gebrauch zu schweren Konzentrations- und Gedächtnisstörungen und auch zu psychotischen Zuständen. Außerdem führt chronischer Abusus meist zu einem starken körperlichen Abbau mit Schweißausbrüchen, Magen-Darm-Störungen, Hautauschlägen, *Angina-pectoris*-Anfällen, Potenz- und Menstruationsstörungen. Schwere und auch tödliche Vergiftungen treten aufgrund des schwankenden Reinheitsgrades des angebotenen Heroins häufig auf. Neben der Atemdepression findet man für gewöhnlich stark verengte Pupillen, schwere Bewusstseinseintrübung bis zu Bewusstlosigkeit, gelegentlich auch Krampfanfälle, anaphylaktoide Reaktionen und verschiedene Magen-Darmstörungen.

Neben den üblichen Maßnahmen der Vergiftungsbehandlung inklusive mechanischer Beatmung ist die Gabe des Antidots Naloxon intravenös indiziert. Naloxon ist ein kompetitiver Opioidantagonist an allen Opioidrezeptoren.

Bei Heroinabhängigen kann während des Entwöhnungsversuchs Methadon oral als Substitutionsmittel gegeben werden. Methadon ist ein Opioidanalgetikum mit besonderer Affinität zu einem bestimmten Opioidrezeptortyp, den μ-Rezeptoren.

Exkurs 8.2: Abhängigkeit von psychotropen Substanzen

Der Begriff Abhängigkeit beschreibt das zwanghafte, dominierende, nicht kontrollierbare Verlangen, einen bestimmten Stoff (Droge) zu konsumieren. Die Abhängigkeit kann mit drei Phänomenen verknüpft sein:

- *Toleranz* entwickelt sich, wenn der Organismus gegen die Wirkung kompensatorisch reagiert, sodass bei wiederholter Gabe die Effekte nachlassen und nur bei zum Teil massiver Erhöhung der Dosis aufrechterhalten werden können. Starke Toleranz entwickelt sich beispielsweise bei Heroin, LSD und Amphetaminen.
- *Körperliche oder physische Abhängigkeit* ist dadurch gekennzeichnet, dass bei abruptem Absetzen eines Stoffes, der chronisch eingenommen wird, oder bei Applikation eines Stoffes, der die Drogenwirkung antagonisiert, körperliche Entzugssymptome auftreten. Sie können eine Vielfalt von Organen betreffen, beispielsweise den Magendarmtrakt, Lungenfunktion, Muskulatur, Kreislauforgane. Abhängigkeit tritt sehr stark bei Heroin und Alkohol ein und wird auch bei Cocainmissbrauch beobachtet.
- Mit *psychischer Abhängigkeit* bezeichnet man ein unwiderstehliches Verlangen (*craving*), einen Stoff zu konsumieren, um seine positiven Effekte zu genießen oder aber unangenehme Effekte bei Ausbleiben dieses Konsums zu vermeiden. Alle psychotropen Substanzen, welche in diesem Kapitel besprochen wurden, induzieren psychische Abhängigkeit, am meisten Heroin und Cocain.

Weiterführende Literatur

Ahmed FE (1995) Toxicological effects of ethanol on human health. *Critical Reviews in Toxicology* 25: 347–367

Becker U, Gronbaek M, Johansen D, Sorensen TI (2002) Lower risk for alcohol-induced cirrhosis in wine drinkers. *Hepatology* 35: 868–75

Blot WJ (1992) Alcohol and cancer. *Cancer Res* 52: 2119s–2123s

Blot WJ, McLaughlin JK, Winn DM, Austin DF, Greenberg RS, Preston-Martin S, Bernstein L, Schoenberg JB, Stemhagen A, Fraumeni JF, Jr. (1988) Smoking and drinking in relation to oral and pharyngeal cancer. *Cancer Res* 48: 3282–7

Bolla KI, Cadet JL, London ED (1998) The neuropsychiatry of chronic cocaine abuse. *J Neuropsychiatry Clin Neurosci* 10: 280–9

Christophersen AS (2000) Amphetamine designer drugs - an overview and epidemiology. *Toxicol Lett* 112–113: 127–31

Doll R, Peto R, Hall E, Wheatley K, Gray R (1994a) Mortality in relation to consumption of alcohol: 13 years' observations on male British doctors. *BMJ* 309: 911–8

Doll R, Peto R, Wheatley K, Gray R, Sutherland I (1994b) Mortality in relation to smoking: 40 years' observations on male British doctors. *BMJ* 309: 901–11

Elders MJ, Perry CL, Eriksen MP, Giovino GA (1994) The report of the Surgeon General: preventing tobacco use among young people. *American Journal of Public Health* 84: 543–7

Fearon ER (1997) The smoking gun and the damage done: genetic alterations in the lungs of smokers. *J Natl Cancer Inst* 89: 834–6

Garner CD, Lee EW, Terzo TS, Louis-Ferdinand RT (1995) Role of retinal metabolism in methanol-induced retinal toxicity. *J Toxicol Environ Health* 44: 43–56

Green AR, Mechan AO, Elliott JM, O'Shea E, Colado MI (2003) The pharmacology and clinical pharmacology of 3,4-methylenedioxymethamphetamine (MDMA, „ecstasy"). *Pharmacol Rev* 55: 463–508

Greenblatt MS, Bennett WP, Hollstein M, Harris CC (1994) Mutations in the p53 tumor suppressor gene: Clues to cancer etiology and molecular pathogenesis. *Cancer Research* 54: 4855–4878

Karst M, Salim K, Burstein S, Conrad I, Hoy L, Schneider U (2003) Analgetic effect of the synthetic cannabinoid CT-3 on chronic neuropathic pain: a randomized controlled trial. *Jama* 290: 1757–62

Law MR, Morris JK, Wald NJ (1997) Environmental tobacco smoke exposure and ischaemic heart disease: an evaluation of the evidence [see comments]. *BMJ* 315: 973–80

Lee CK, Munoz JA, Fulp C, Chang KM, Rogers JC, Borgerding MF, Doolittle DJ (1994) Inhibitory activity of cigarette-smoke condensate on the mutagenicity of heterocyclic amines. *Mutat Res* 322: 21–32

Mao L, Lee JS, Kurie JM, Fan YH, Lippman SM, Lee JJ, Ro JY, Broxson A, Yu R, Morice RC, Kemp BL, Khuri FR, Walsh GL, Hittelman WN, Hong WK (1997) Clonal genetic alterations in the lungs of current and former smokers. *J Natl Cancer Inst* 89: 857–62

Martini GA, Bode C (Hrsg.) (1971) Metabolic changes induced by alcohol. Springer, Berlin

Osada H, Takahashi T (2002) Genetic alterations of multiple tumor suppressors and oncogenes in the carcinogenesis and progression of lung cancer. *Oncogene* 21: 7421–34

Peto R, Darby S, Deo H, Silcocks P, Whitley E, Doll R (2000) Smoking, smoking cessation, and lung cancer in the UK since 1950: combination of national statistics with two case-control studies. *BMJ* 321: 323–9

Poschl G, Stickel F, Wang XD, Seitz HK (2004) Alcohol and cancer: genetic and nutritional aspects. *Proc Nutr Soc* 63: 65–71

Pryor WA (1997) Cigarette smoke radicals and the role of free radicals in chemical carcinogenicity. *Environmental Health Perspectives* 4: 875–82

Shopland DR, Eyre HJ, Pechacek TF (1991) Smoking-attributable cancer mortality in 1991: is lung cancer now the leading cause of death among smokers in the United States? [see comments]. *J Natl Cancer Inst* 83: 1142–8

Tephly TR (1991) The toxicity of methanol. *Life Sci* 48: 1031–41

Thun MJ, Lally CA, Flannery JT, Calle EE, Flanders WD, Heath C, Jr. (1997) Cigarette smoking and changes in the histopathology of lung cancer [see comments]. *J Natl Cancer Inst* 89: 1580–6

Vineis P, Alavanja M, Buffler P, Fontham E, Franceschi S, Gao YT, Gupta PC, Hackshaw A, Matos E, Samet J, Sitas F, Smith J, Stayner L, Straif K, Thun MJ, Wichmann

HE, Wu AH, Zaridze D, Peto R, Doll R (2004) Tobacco and cancer: recent epidemiological evidence. *J Natl Cancer Inst* 96: 99–106

Walsh D, Nelson KA, Mahmoud FA (2003) Established and potential therapeutic applications of cannabinoids in oncology. *Support Care Cancer* 11: 137–43

Wareing M, Fisk JE, Murphy PN (2000) Working memory deficits in current and previous users of MDMA ('ecstasy'). *Br J Psychol* 91 (Pt 2): 181–8

Wistuba II, Lam S, Behrens C, Virmani AK, Fong KM, LeRiche J, Samet JM, Srivastava S, Minna JD, Gazdar AF (1997) Molecular damage in the bronchial epithelium of current and former smokers. *J Natl Cancer Inst* 89: 1366–73

Wynder EL, Muscat JE (1995) The changing epidemiology of smoking and lung cancer histology. *Environmental Health Perspectives* 8: 143–8

Zajicek J, Fox P, Sanders H, Wright D, Vickery J, Nunn A, Thompson A (2003) Cannabinoids for treatment of spasticity and other symptoms related to multiple sclerosis (CAMS study): multicentre randomised placebo-controlled trial. *Lancet* 362: 1517–26

Zeka A, Gore R, Kriebel D (2003) Effects of alcohol and tobacco on aerodigestive cancer risks: a meta-regression analysis. *Cancer Causes Control* 14: 897–906

9 Natürliche Gifte in Pflanzen und Tieren

Alkaloide • Pilzgifte • Botulinustoxin • Schlangengifte • Allergische Reaktionen • Krebserzeugende Naturstoffe in der Nahrung

Tiere und Pflanzen bestehen aus chemischen Stoffen und ihre Stoffwechselvorgänge stellen chemische Reaktionen dar. Sie beherbergen eine Fülle natürlicher Giftstoffe, die in ihrer Toxizität synthetische Gifte zum Teil eindeutig übertreffen (Tabelle 1.1). Einige wichtige Beispiele natürlicher Gifte werden im Folgenden näher vorgestellt. Bei der Auswahl spielten die Häufigkeit der entsprechenden Vergiftungen in unseren Breitengraden, der Schweregrad der klinischen Symptomatik und/oder der besondere Wirkungsmechanismus der Giftstoffe eine Rolle.

9.1 Pflanzengifte

Giftwirkungen von Pflanzen sind schon sehr lange bekannt und Giftpflanzen wurden in der Vergangenheit für Mord, Selbstmord und kriegerische Zwecke eingesetzt. Ungewollte pflanzliche Vergiftungen sind heute in Zentraleuropa seltener als früher, denn die modernen Lebens- und Ernährungsgewohnheiten haben den Verzehr von wilden Früchten und Gemüsen weitgehend überflüssig gemacht. Sie machen noch ungefähr 10 % aller Vergiftungsfälle aus und kommen besonders häufig bei Kindern vor, die aus Neugier Gartengewächse oder Zierpflanzen in Wohnungen verzehren.

Alkaloide 9.1.1

Alkaloide sind in Pflanzen verbreitete Verbindungen mit heterozyklisch gebundenem Stickstoff, die normalerweise als Salze vorliegen. Aufgrund ihrer hochspezifischen Wirkungsmechanismen haben einige Alkaloide experimentelle Verwendung in der Physiologie und in der Pharmakologie/Toxikologie gefunden.

Der Wirkstoff des Eisenhuts: Aconitin

Die Giftigkeit des blauen Eisenhutes (*Aconitum napellus*) war schon in der Antike bekannt und Extrakte der Pflanze wurden in der Vergangenheit bei Giftmorden verwendet. Der blaue Eisenhut, der in vielen Gärten als Zierpflanze kultiviert wird, dürfte eine der giftigsten Pflanzen Europas sein. Der Hauptwirkstoff, das Terpen-Alkaloid Aconitin (Abbildung 9.1), ist für den Menschen in einer Dosis von drei bis sechs Milligramm (entspricht 2–15 g Eisenhutwurzel) tödlich. Früher setzte man Aconitin als homöopathisches Arzneimittel ein; weil dabei viele Vergiftungen auftraten, ist diese Anwendung heute verboten. Da die Pflanze brennend scharf schmeckt, sind Vergiftungen durch zufälligen Verzehr selten. In jüngster Zeit hat man Eisenhutwurzeln, wie zahlreiche andere Pflanzen und Kräuter auch, als Aufputschmittel ausprobiert; dadurch kam es zu Vergiftungen mit teilweise tödlichem Ausgang.

Aconitin wird sehr gut über die Schleimhäute resorbiert und die Vergiftungserscheinungen beginnen bei Einnahme hoher Dosen schon nach wenigen Minuten. Die Symp-

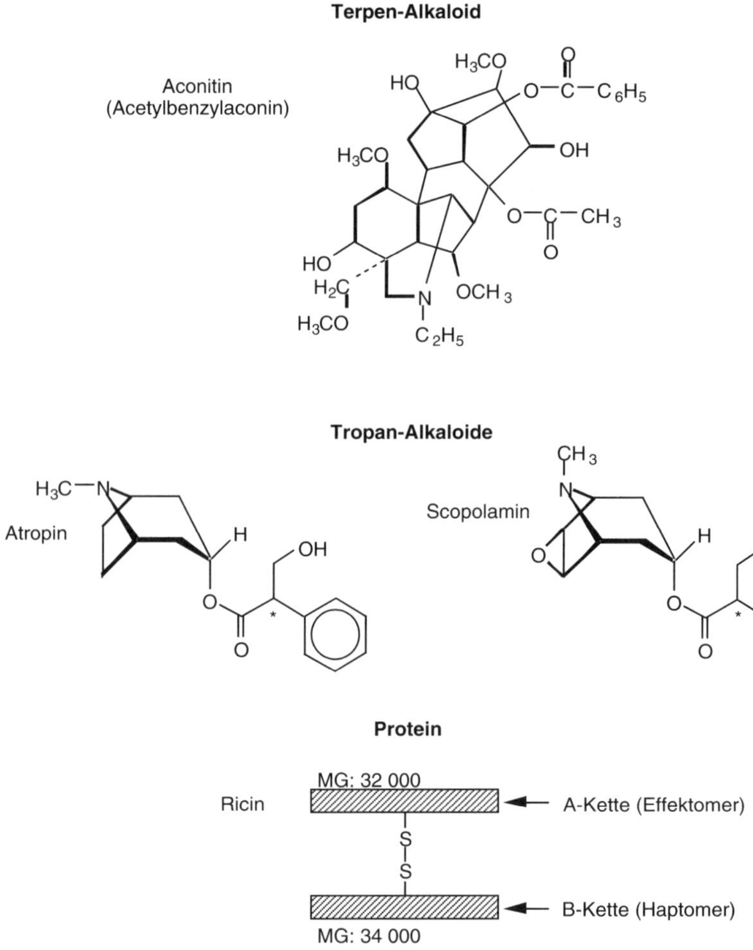

9.1 Strukturen einiger pflanzlicher Giftstoffe. Das Terpen-Alkaloid Aconitin ist der Hauptgiftstoff des blauen Eisenhutes. Die Tropan-Alkaloide Atropin und Scopolamin vermitteln die Giftigkeit der Tollkirsche, des Stechapfels und des Bilsenkrautes; * kennzeichnet das asymmetrische C-Atom der Tropansäure. Das im Rizinussamen vorkommende Ricin ist ein sehr potenter Inhibitor der zellulären Proteinsynthese.

tome sind Taubheits- und Kältegefühle über den ganzen Körper, starke Schmerzen sowie Erbrechen, Magen-Darm-Koliken und Durchfall. Hohe Dosen können durch schwere Herzrhythmusstörungen oder Atemlähmung zum Tod führen. Der Wirkungsmechanismus beruht auf einer Veränderung der Natriumkanäle erregbarer Membranen und einer Verzögerung der Repolarisation und ähnelt damit dem der Organochlorpestizide (Kapitel 7). Ein spezifisches Antidot ist nicht verfügbar; die Therapie besteht in möglichst rascher Giftentfernung zur Verhinderung weiterer Resorption.

Die Tropan-Alkaloide: Tollkirsche, Stechapfel, Bilsenkraut

Die Blüten und/oder die Beeren einer Reihe von Pflanzen wie der Tollkirsche (*Atropa belladonna*), des Stechapfels (*Datura strammonium*) und des Bilsenkrautes (*Hyoscyamus niger*) enthalten ein Gemisch aus L-Hyoscyamin, das beim Trocknen der Pflanzen zu Atropin racemisiert, und L-Hyoscin (*Scopolamin*; Abbildung 9.1). Der Verzehr von drei bis vier Tollkirschen im Kindesalter kann eine tödliche Vergiftung verursachen. Beide Alkaloide wirken als kompetitive Antagonisten von Acetylcholin an den Muscarinrezeptoren (Abschnitt 3.2.2). Dieser Effekt wird bei Verwendung von Atropin als Arzneimittel ausgenutzt, zum Beispiel bei der Behandlung der durch Organophosphatinsektizide verursachten *inneren Acetylcholinvergiftung* (Kapitel 7). Pflanzen mit Atropin und ähnlichen Tropan-Alkaloiden wurden wegen ihrer halluzinogenen Wirkungen schon vor Jahrtausenden als Rauschgifte gebraucht, wie auch der Name Tollkirsche zum Ausdruck bringt. Tollkirsch- und Bilsenkrautextrakte verliehen zum Beispiel den Hexensalben halluzinogene Wirkungen, und Bilsenkrautsamen wurden dem Bier zugesetzt, um seine Wirkung zu verstärken.

Während sich die Effekte der beiden Alkaloide auf das *zentrale Nervensystem* grundsätzlich unterscheiden – Atropin hat eine zentral erregende, Scopolamin eine dämpfende Wirkung –, sind die Wirkungen auf das *periphere Nervensystem* mehr oder weniger gleich. Neben der extremen Mundtrockenheit, die ein frühes Symptom dieser Vergiftung darstellt, kommt es zu Wärmestauung, Weitstellung der Pupillen (Mydrasis), Sehstörungen (verwaschenes Sehen, Blendungsgefühl), schnellem Puls und Harndrang sowie zu psychischen Veränderungen: optischen Halluzinationen, Verwirrtheit, Desorientiertheit und bizarrem Verhalten.

Neben den allgemeinen intensivmedizinischen Maßnahmen umfasst die Therapie die intravenöse Verabreichung eines spezifischen Antidots, des Acetylcholinesteraseinhibitors Physostigmin; bei schweren Vergiftungen muss die Gabe mehrfach wiederholt werden.

Toxische Proteine 9.1.2

Der Wirkstoff der Rizinussamen: Ricin

Ricin, ein in den Samen der Rizinusstaude (*Ricinus communis)* enthaltenes Protein, kam vor einigen Jahren in die Schlagzeilen: 1978 wurde es von einem Geheimdienst für einen Mord eingesetzt. Ricin besteht aus zwei Polypeptidketten, die über eine Disulfidbrücke miteinander verbunden sind (Abbildung 9.1). Die B-Kette (das so genannte

Haptomer) verankert das Protein an der Zelloberfläche und ermöglicht sein Einschleusen in die Zelle. Im weiteren Verlauf trennen sich die Ketten an der Disulfidbrücke voneinander, und die A-Kette (das Effektomer), eine hochspezifische *N*-Glucosidase, inaktiviert die Ribosomen und führt dadurch zur Unterbrechung der Proteinsynthese. Bei Kindern können etwa fünf, bei Erwachsenen 20 Samen eine tödliche Vergiftung verursachen. *Ricinus communis* wird in tropischen Regionen zur Gewinnung von Rizinusöl angepflanzt. Das Öl ist nicht giftig, da das Ricin in den Pressrückständen bleibt. Rizinusöl findet als Abführmittel Gebrauch, weil die darin enthaltene Ricinolsäure (12-Hydroxyölsäure) die Darmtätigkeit und den Gallefluss anregt.

Ricin kann als Aerosol in der Luft verbreitet werden und könnte so als biologischer Kampfstoff von Terroristen benutzt werden.

Die Symptome der Ricinvergiftung stellen sich mit einer Latenz von mehreren Stunden bis zu zwei Tagen ein. Es kommt zu ausgedehnten Nekrosen in den Wänden des Magen-Darm-Traktes und dadurch zu massiven Blutungen; diese führen meistens nach drei bis vier Tagen zum Tode. Spezifische Antidote sind nicht verfügbar. Die wichtigste therapeutische Maßnahme besteht in der Entfernung des Giftes durch Aktivkohle oder alternativ durch Magenspülung.

9.1.3 Pilzgifte

Die häufigste Ursache von Pilzvergiftungen ist die Verwechslung von Giftpilzen mit Speisepilzen. Vergiftungen können auch auftreten, wenn Pilze absichtlich wegen rauscherzeugender Inhaltsstoffe verzehrt werden. Zahlreiche Pilzgifte sind bisher identifiziert und charakterisiert worden. In der Bundesrepublik werden jährlich ungefähr 50 Pilzvergiftungen mit tödlichem Ausgang registriert; mehr als 90 % davon sind auf den Genuss von Knollenblätterpilzen zurückzuführen. Aus diesem Grund werden hier nur die Amanitine, die Hauptgifte der Knollenblätterpilze, näher vorgestellt. Eine Übersicht über andere Pilzgifte, aufgegliedert nach Wirkungsort und Wirkungsweise, findet sich in Tabelle 9.1; Abbildung 9.2 zeigt einige Strukturformeln.

Tabelle 9.1: Pilzgifte: Vorkommen, Wirkungsort und Wirkungsarten

Giftstoffe	Vorkommen	Wirkungsort/Wirkungsarten
Amanitine (Abbildung 9.2)	Grüner Knollenblätterpilz (*Amanita phalloides*)	massive Brechdurchfälle, Leberversagen und Blutungen durch Mangel an Gerinnungsfaktoren aufgrund des Leberversagens, Leberkoma
Phenole Anthrachinone Terpene	Riesenrötling (*Rhodophyllus sinuatus*), Tigerritterling (*Tricholoma pardinum*), Weißer Giftchampignon (*Agaricus xanthoderma*)	lokale Reizwirkung auf den Magen-Darm-Trakt: Erbrechen, Koliken, Durchfall, Wasser- und Elektrolytverlust

Tabelle 9.1: Fortsetzung

Giftstoffe	Vorkommen	Wirkungsort/Wirkungsarten
Isoxazole (atypische Aminosäuren, Abbildung 9.2): Ibotensäure, Muscimol, Muscazon	Fliegenpilz (*Amanita muscaria*), Pantherpilz (*Amanita pantherina*)	zentralnervöse Wirkungen: Gangunsicherheit, motorische und psychische Erregungszustände, Halluzinationen, Schläfrigkeit, Koma
Muscarin (Abbildung 9.2)	Risspilze (*Inocybe*-Arten), giftige Trichterlinge (*Clitocybe-Arten*)	acetylcholinartige Wirkungen: Schweißausbruch, Tränensekretion, Pupillenverengung, Bradykardie und Blutdruckabfall, Bronchospasmus, Magen-Darm-Koliken, Brechdurchfall

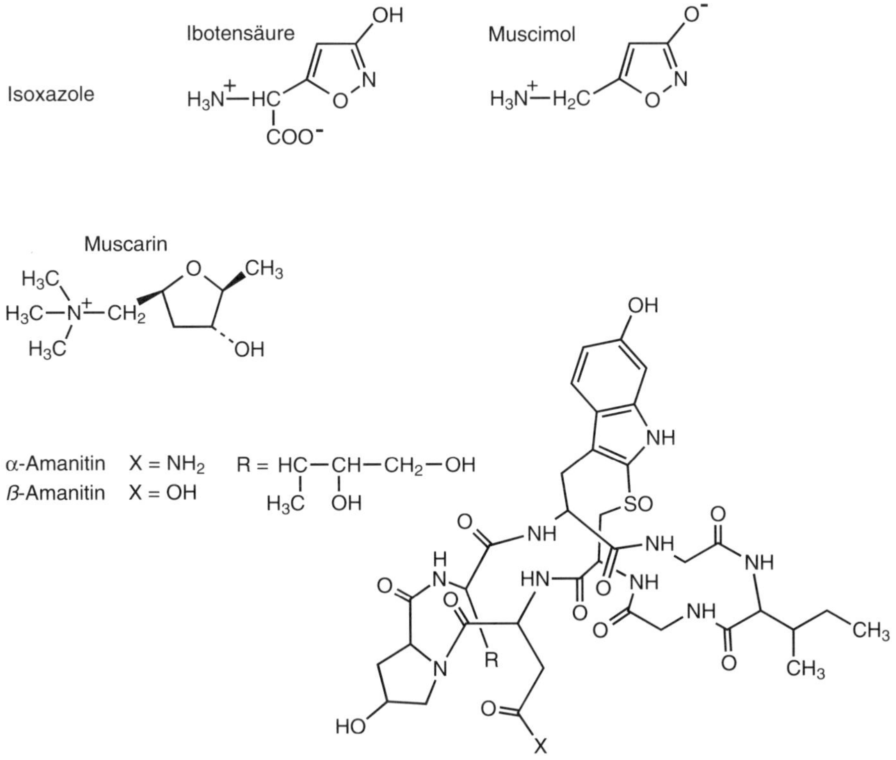

9.2 Strukturen einiger wichtiger Pilzgifte: Die Isoxazole (Ibotensäure und Muscimol) finden sich im Fliegen- und im Pantherpilz, Muscarin kommt in Risspilzen und giftigen Trichterlingen vor. Die Amanitine sind die Hauptwirkstoffe des hochgiftigen Grünen Knollenblätterpilzes, dessen Verzehr die häufigste Ursache von Pilzvergiftungen in der Bundesrepublik Deutschland ist.

Amanitine: Knollenblätterpilz

Der sehr giftige Grüne Knollenblätterpilz (*Amanita phalloides*) wird häufig mit essbaren Champignons, Täublingen oder Ritterlingen verwechselt. Der Grüne Knollenblätterpilz enthält eine Vielzahl von Toxinen. Für die starken Giftwirkungen auf den Menschen sind hauptsächlich zwei Amatoxine verantwortlich, die hitzestabilen cyclischen Oktapeptide α- und β-Amanitin (Abbildung 9.2). Neben den Amanitinen finden sich im Grünen Knollenblätterpilz noch Phallotoxine (Hauptvertreter Phalloidin).

Der Mechanismus der durch Amanitin induzierten Toxizität besteht in der Hemmung der RNA-Polymerase und damit der Proteinsynthese (Abschnitt 3.1.8). Acht bis 24 Stunden nach dem Verzehr der giftigen Pilze stellen sich massive Brechdurchfälle ein, die ungefähr zwei Tage dauern. Danach wird häufig eine scheinbare Besserung für etwa einen Tag beobachtet; später jedoch kommt es zu ausgedehnten Nekrosen in der Leber und in den Nierentubuli. In den meisten Fällen sind Leberversagen sowie die daraus resultierenden Blutgerinnungsstörungen die Todesursache. Trotz der modernen intensivmedizinischen Maßnahmen beträgt die Mortalität bei Erwachsenen heute noch etwa zehn, bei kleinen Kindern bis zu 50 %. Die durchschnittliche tödliche Amanitinmenge für den Menschen schätzt man auf 0,1 Milligramm pro Kilogramm Körpergewicht; das entspricht 50 Gramm Frischpilz für einen Erwachsenen beziehungsweise zehn Gramm für ein Kind.

Aufgrund der langen Latenzzeit zwischen dem Pilzverzehr und dem Auftreten der ersten Symptome sind zum Zeitpunkt der Einweisung des Patienten in die Klinik die Zellschädigungen in vielen Fällen schon weit fortgeschritten und irreversibel; dies erschwert die Therapie und verschlechtert die Prognose. Hinzu kommt, dass der Giftgehalt der verschiedenen Knollenblätterpilze stark schwankt und kein direkter Zusammenhang zwischen den im Serum des Vergifteten bestimmten Amanitinspiegeln und dem klinischen Verlauf besteht.

Neben Aktivkohle oder Magenspülung mit nachfolgender Verabreichung von Aktivkohle eignen sich zur Eliminationsbeschleunigung vor allem die provozierte Diarrhö mit Laxantien (Abführmitteln). Als Antidot wird in der *Roten Liste* (dem Arzneimittelverzeichnis des Bundesverbandes der Pharmazeutischen Industrie) Silibinin aufgeführt, ein Inhaltsstoff der Mariendistel (*Silybum marianum*). Silibinin bindet unspezifisch an Proteine der Plasmamembran und verhindert dadurch die Aufnahme der Amanitine in die Leberzelle; aus diesem Grund ist es nur innerhalb weniger Stunden nach Verzehr der Pilze wirksam.

9.2 Bakterielle Toxine in Nahrungsmitteln

Viele Bakterien produzieren Toxine, die Krankheitssymptome verursachen können. Wenn die Produktion dieser Stoffwechselgifte im Organismus stattfindet, spricht man von einer Infektionskrankheit. Die Therapie besteht in der Wachstumshemmung oder Abtötung der Erreger durch Antibiotika. Toxine können von Bakterien auch außerhalb des Organismus in Nahrungsmitteln produziert werden. Bei Verzehr solcher Nahrungsmittel kann es zu Vergiftungen kommen. Die häufigsten Nahrungsmittelvergiftungen werden durch Staphylokokken verursacht und sind auf unsachgemäße Herstellung und Lagerung von Nahrungsmitteln zurückzuführen. Daneben kommen auch Salmonellen als Ursache von Lebensmittelvergiftungen in Frage, wenn das Schlachtvieh infiziert ist oder Lebensmittel durch menschliche Salmonellenausscheider sekundär kontaminiert worden sind. Die Toxine der Staphylokokken und der Salmonellen verursachen gastroenteritische Symptome (Erbrechen und Durchfall), die durch erheblichen Wasser- und Elektrolytverlust zum Kreislaufkollaps führen können. Gelegentlich kommt es zu Massenvergiftungen , doch ein lebensbedrohlicher oder gar tödlicher Verlauf einer Staphylokokken- oder Salmonellenintoxikation ist die absolute Ausnahme – anders als bei dem ebenfalls in Lebensmitteln vorkommenden Botulinustoxin.

Botulinustoxin und Botulismus

Das Botulinustoxin ist eines der stärksten Gifte überhaupt. Sein LD_{50}-Wert beträgt ungefähr 0,01 Mikrogramm pro Kilogramm, weniger als ein Mikrogramm kann damit für den Menschen tödlich sein. Die Bakterien (*Clostridium botulinum*), die das Botulinustoxin produzieren, sind allgegenwärtige gasbildende Stäbchen. Günstige Bedingungen für ihr Wachstum und die Toxinproduktion sind Luftabschluss (anaerobe Bakterien) und ein eiweißhaltiges Milieu. Daher ist die Gefahr einer Vergiftung mit diesem Toxin beim Verzehr verdorbener Konserven besonders hoch. Ein aufgrund der bakteriellen Gasbildung gewölbter Deckel kann ein Warnhinweis sein, doch oft sind die kontaminierten Nahrungsmittel unauffällig. Da das Toxin hitzelabil ist, lässt sich die Intoxikation durch Erhitzen der Nahrungsmittel (z. B. 15 min auf 100 °C) vermeiden.

Der molekulare Wirkungsmechanismus des Botulinustoxins besteht in der Hemmung der Acetylcholinfreisetzung aus der präsynaptischen Zelle (Abschnitt 3.2.2) durch den in die Zelle eingeschleusten Giftstoff. Nach Verzehr des vergifteten Nahrungsmittels entwickeln sich mit einer Latenzzeit von zwölf Stunden bis zwei Tagen Symptome, die an eine Atropinvergiftung errinnern: Mundtrockenheit, Seh-, Sprach- und Schluckstörungen, Ptosis (schlaffes Herabhängen) der Augenlider, Muskelschwäche im Hals- und Extremitätenbereich (Exkurs 9.1). In schweren Fällen stirbt der Patient zwischen dem zweiten und dem zehnten Tag infolge von Atemlähmung oder Herzstillstand. Es wird befürchtet, dass sowohl Ricin als auch Botulinustoxin als mögliche biologische Kampfstoffe für terroristische Zwecke genutzt werden könnten.

Bei klinisch begründetem Verdacht einer Botulinus-Intoxikation muss – nach vorheriger Entnahme von 20 Millilitern Blut zum Toxinnachweis – so bald wie möglich Botulismus-Antiserum verabreicht werden. Die frühzeitige Gabe des Antiserums ist von entscheidender Bedeutung für das Schicksal des Patienten, da sich nur das noch im Blut zirkulierende, nicht jedoch das bereits an Synapsen gebundene Toxin neutralisieren lässt. Das zur Zeit verfügbare Antiserum stammt vom Pferd. Humanes Antiserum ist in Entwicklung. Im Übrigen werden bei der Therapie dieser häufig lebensbedrohlichen Vergiftung Maßnahmen zur Verhinderung weiterer Resorption und zur Beschleunigung der Giftelimination eingesetzt.

Exkurs 9.1: Botulinustoxin als Arzneimittel

Aufgrund seiner starken muskelrelaxierenden Wirkung wird Botulinustoxin bei bestimmten Erkrankungen, welche durch Muskelkrämpfe mitverursacht werden, lokal als Medikament angewendet. In Deutschland ist Botulinustoxin zur Zeit für eine Reihe von Indikationen zugelassen, beispielsweise für Blepharospasmus (Krampf der Augenlider), pathologisch erhöhten Muskeltonus in Teilen des Gesichts oder des Halses (hemifacialer Spasmus, zervikale Dystonie), Spitzfußstellung infolge von Spastizität, Spastizität nach Schlaganfällen und Spastizität nach infantiler Zerebralparese (Kinderlähmung als Folge frühkindlichen Hirnschadens). Botulinustoxin wird als Injektionslösung direkt in die betroffenen Muskeln injiziert. Bewährt hat sich das Toxin auch gegen übermäßiges Schwitzen (Hyperhidrose). Das Präparat wird dabei mit einigen kleinen Stichen in die Handflächen, Achselhöhlen oder Fußsohlen injiziert.

Viel bedeutsamer als diese medizinischen Anwendungen ist die Verwendung von Botulinustoxin (Botox) als Verjüngungsmittel zur „Behandlung" und „Prävention" von Falten. Diese Wirkung wurde erstmals von einem Augenarzt als Nebenwirkung bei einer Patientin beobachtet, die wegen Blepharospasmus mit Botulinustoxin behandelt wurde. Die Antifaltenwirkung dauert nur maximal wenige Monate, danach muss die „Behandlung" wiederholt werden. Viele Ärzte benutzen Botulinustoxininjektionen in Kombination mit Hyaluronsäurespritzen, denn allein durch die Ruhigstellung einzelner Gesichtsmuskeln kann man ausgeprägtere Falten nicht ganz zum Verschwinden bringen. Andererseits kann das Unterspritzen mit Hyaluronsäure zwar Falten glätten, aber bei unveränderter Mimik werden diese relativ rasch wieder kommen. Die Nebenwirkungen sind meist gering und beschränken sich auf lokale Reaktionen.

9.3 Tierische Gifte

Viele tierische Organismen produzieren toxische Stoffe, die teils der Abschreckung und Verteidigung dienen (wie die Bienengifte), teils zum Beutefang eingesetzt werden (wie Schlangengifte). Tierische Gifte lassen sich eher nach ihrer Herkunft einteilen Tabelle-als nach ihrer chemischen Struktur oder ihren Wirkungsmechanismen (Tabelle 9.2).

Tabelle 9.2: Vorkommen tierischer Gifte

Herkunft (Tiergruppe)	Beispiele
Reptilien	Schlangen
Amphibien	Frösche, Kröten, Salamander
Fische	*Trachinus*-Arten (Giftdrüsen verbunden mit Giftstacheln) Kugelfische (Gift in Ovarien, Rogen, Leber enthalten)
Arthropoden	Bienen, Wespen, Skorpione, Spinnen
Coelenteraten	Nesselquallen
Protozoen	Dinoflagellaten (Anreicherung der Toxine in giftigen Muscheln)

Schlangengifte 9.3.1

Unter den Vergiftungsfällen durch Gifttiere spielen weltweit Schlangenbisse die wichtigste Rolle. Die jährliche Anzahl der Schlangenbisse und der dadurch verursachten Todesfälle lässt sich nicht genau erfassen. Eine Statistik der Weltgesundheitsorganisation kam auf 40 000 Todesfälle pro Jahr. Die tatsächliche Anzahl dürfte um ein Vielfaches höher sein, wobei besonders Südasien, Afrika und Südamerika betroffen sind, während in Europa und Nordamerika Schlangenbisse mit tödlichem Verlauf sehr selten vorkommen.

Zoologisch kann man die über 400 Giftschlangenarten der Welt in zwei Familien einteilen: die Elapiden (Giftnattern), zu denen unter anderem die *Cobra*-Arten zählen, und die Viperiden. Die einheimische Kreuzotter, die Sandotter und Klapperschlangen sind wichtige Vertreter der Viperiden. Das von einer bestimmten Schlange produzierte Gift

Tabelle 9.3: Hauptkomponenten der Schlangengifte: Vorkommen, Wirkungsmechanismen, Toxizität

Giftstofftyp; Vorkommen	Wirkungsmechanismen und Vergiftungssymptome
Hyaluronidasen; in allen Schlangengiften	Spaltung von glycosidischen Bindungen und Depolymerisation von Mucopolysacchariden; dadurch Verringerung der Gewebeviskosität und Erleichterung der Giftausbreitung im Organismus
Phospholipase A2; in allen Schlangengiften	Durch hydrolytische Abspaltung einer Fettsäure von Membranphospholipiden entsteht Lysolecithin (Abbildung 9.3). Lysolecithin wirkt als Detergens und kann Zellmembranen durchlässig machen. Die Fettsäure kann zu entzündungsfördernden und schmerzvermittelnden Prostaglandinen und Leukotrienen umgewandelt werden. Für die Toxizität ist die Giftausbreitung im Organismus und die Zugänglichkeit der Phospholipide in einzelnen Organen wichtig. So schädigen manche Phospholipasen überwiegend das Nerven- oder das Muskelgewebe, andere führen zur *Hämolyse* (zum Platzen von roten Blutkörperchen).
Proteasen; vor allem in Giften von Viperiden	1) Durch lokale Gewebeschädigung kann es zu heftigen Schmerzen, Blutungen, Schwellungen und Nekrosen im Bereich der Bissstelle kommen. 2) Eine Zerstörung des Halteapparates (Basalmembran und umgebendes kollagenes Gewebe) der Gefäße und die Beeinträchtigung der Blutgerinnung führt zu Blutungen. 3) Die vermehrte Bildung von Bradykinin trägt zu Blutdruckabfall und in schweren Fällen zu Schockzuständen bei.
neurotoxische Peptide wie zum Beispiel das α-Bungarotoxin; in Giften von Elapiden	Reaktion mit den Acetylcholinrezeptoren an der neuromuskulären Synapse; dadurch Verhinderung der Acetylcholinbindung und der Depolarisation. Aufgrund der sehr niedrigen Dissoziationskonstanten der neurotoxischen Schlangenpeptide halten die Lähmungen lange an.

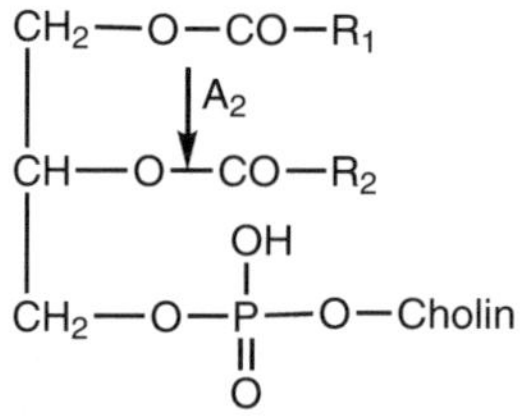

9.3 Angriffsort der Phospholipase A2 am Lecithinmolekül (Pfeil). Durch die hydrolytische Abspaltung einer Fettsäure bildet sich Lysolecithin.

enthält nicht einen einzelnen Giftstoff, es stellt vielmehr ein Gemisch von verschiedenen, zum Teil miteinander interagierenden Peptiden und Enzymen dar. Aus diesem Grund ist in Tabelle 9.3 der Versuch unternommen worden, anhand der wichtigsten Komponenten der Schlangengifte die Leitsymptome der Intoxikation zu erklären.

In Deutschland kommt praktisch nur die Kreuzotter (*Vipera berus*) vor, die zu den am wenigsten gefährlichen Giftschlangen zählt. Sie beißt nur im Verteidigungsfall und produziert so wenig Gift, dass der Biss beim gesunden Erwachsenen keine schwerwiegenden Intoxikationserscheinungen verursacht. Demgegenüber gibt es unter den tropischen Schlangen einige, deren Biss trotz ärztlicher Behandlung mit hoher Wahrscheinlichkeit tödlich endet (Tabelle 9.4).

Exkurs 9.2: Therapeutische Anwendung von Schlangengiften

Die proteolytische Aktivität der Schlangengifte findet auch Anwendung in der Arzneimitteltherapie. Die Schlangengift-Enzyme Ancrod und Batroxobin spalten zum Beispiel Fibrinogen, das als Vorstufe von Fibrin eine Schlüsselfunktion bei der Blutgerinnung hat. Man setzt diese Stoffe bei schweren chronischen Durchblutungsstörungen ein – insbesondere bei Verschlüssen von Finger- und Zehenarterien –, um die Durchblutung durch Senkung der Blutviskosität wiederherzustellen.

Die wichtigsten therapeutischen Maßnahmen bei Schlangenbissen sind die Verhinderung weiterer Resorption und die Gabe von Antiserum:

1. Anzustreben ist die sofortige absolute Ruhigstellung und das Abbinden der betroffenen Extremität oberhalb der Bissstelle, um den Venenfluss zu unterbrechen (maximal eine Stunde; der Puls muss fühlbar sein, und die Stauung sollte alle 15 Minuten für eine Minute freigegeben werden). Schneiden und Absaugen der Bissstelle sind allenfalls in der ersten Stunde nach dem Biss nützlich.
2. Die meisten kommerziell erhältlichen Antiseren sind Mischseren, mit denen die Gifte der in einer bestimmten Region vorkommenden Schlangen zum großen Teil ab-

Tabelle 9.4: Vergleich des toxischen Potenzials einiger Schlangengifte

Spezies	pro Biss abgegebene Giftmenge	tödliche Dosis für einen Menschen mit 75 kg Körpergewicht	Mortalitätsrate
Kreuzotter (*Vipera berus berus*)	10 mg	75 mg	<< 1 %
Kobra (*Naja naja*)	210 mg	15 mg	32 %
Schwarze Mamba (*Dendroaspis polylepsis*)	1 000 mg	120 mg	100 %

gedeckt werden. In zoologischen Gärten und in Ländern, in denen besonders giftige Schlangen leben, stehen auch spezifische Antiseren für bestimmte Schlangenbisse zur Verfügung. Da es sich immer um Pferdeseren handelt, besteht die Gefahr des Auftretens von allergischen Reaktionen (Exkurs 9.3). Aus diesem Grund ist vor der intravenösen Verabreichung des Antiserums stets eine Vorprobe auf Allergie vorzunehmen, indem man eine kleine Dosis intramuskulär injiziert. Die Applikation muss innerhalb der ersten acht Stunden nach dem Biss erfolgen; danach ist kaum noch ein nennenswerter Effekt zu erwarten. Beim Kreuzotterbiss wird die Gabe von Antiserum nur bei Kindern und sehr geschwächten Erwachsenen empfohlen.

Exkurs 9.3: Allergische Reaktionen

Mit dem griechischen Wort *Allergie* (Andersempfindlichkeit) beschreibt man die veränderte, das heißt gesteigerte oder verminderte Reaktionsweise des Organismus gegenüber bestimmten körperfremden Stoffen. Meist benutzt man die Bezeichnung Allergie jedoch nur im Sinne einer Überempfindlichkeit. Allergische Reaktionen können einerseits durch Proteine des Immunsystems (Antikörper; Typ I bis III), andererseits durch Zellen des Immunsystems (T-Lymphocyten; Typ IV) vermittelt werden. Allergische Reaktionen sind daher nur wenig vorhersehbar und im Allgemeinen im Tierversuch schwer nachvollziehbar.

Antikörpervermittelte Überempfindlichkeitsreaktionen

Antigen-Antikörper-Reaktionen verlaufen gewöhnlich stumm, das heißt ohne erkennbare Krankheitssymptome. In einigen Fällen können aber bei wiederholtem Antigenkontakt Reaktionen ausgelöst werden, die den Organismus schädigen. Voraussetzung hierfür ist eine vorhergegangene *Sensibilisierung* des Organismus durch einen früheren Kontakt mit dem gleichen antigenen Fremdstoff. Die antikörpervermittelten Überempfindlichkeitsreaktionen werden in drei Gruppen eingeteilt.

Allergische Sofortreaktionen vom Typ I werden durch IgE-Antikörper vermittelt. Beim Kontakt mit bestimmten Allergenen (Antigenen) reagieren einige Menschen mit besonders starker Bildung von Immunglobulinen des Typs IgE. Allergene können körperfremde Proteine (Pollen, Fischeiweiß, Bienengifte) oder durch Fremdstoffe veränderte körpereigene Proteine sein (Abschnitt 5.2.2). Zu den recht häufig allergen wirksamen Fremdstoffen zählen zum Beispiel Medikamente wie Penicillin, Chemikalien wie Formaldehyd, Ethylenoxid, Toluol, Diphenylmethan sowie Metallionen wie Chromat- und Nickelsalze. Die Antikörper lagern sich an Rezeptoren von bestimmten Gewebe- und Blutzellen (Mastzellen und basophilen Granulocyten) an. Wenn bei erneutem Kontakt mit dem gleichen Fremdstoff die zellständigen IgE-Antikörper durch die Allergenmoleküle miteinander vernetzt werden, kommt es zur Freisetzung von Mediatoren der allergischen Reaktion wie zum Beispiel Leukotrienen, Histamin, Serotonin und Bradykinin (Abbildung 9.4). Ihre Freisetzung führt innerhalb weniger Minuten zu Ödemen (durch Steigerung der Gefäßpermeabilität), zu Krämpfen der Bronchialmuskulatur (allergischen Asthmaanfällen) und in besonders schweren Fällen zu einem massiven Blutdruckabfall bis hin zum anaphylaktischen Schock (Abbildung 9.5).

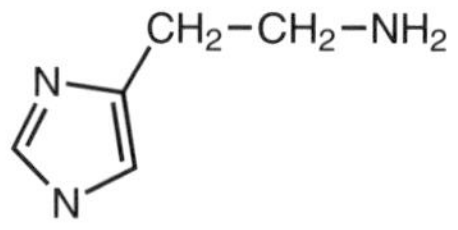

Histamin
(4-[2-Aminoethyl]imidazol)

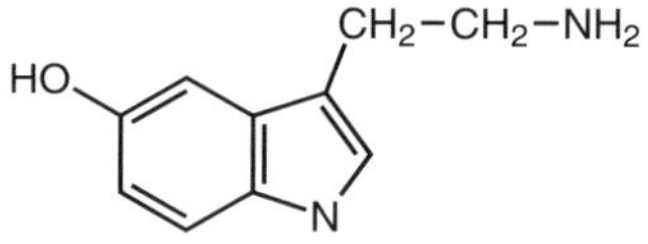

Serotonin
(5-Hydroxytryptamin)

Arg—Pro—Pro—Gly—Phe—Ser—Pro—Phe—Arg

Bradykinin

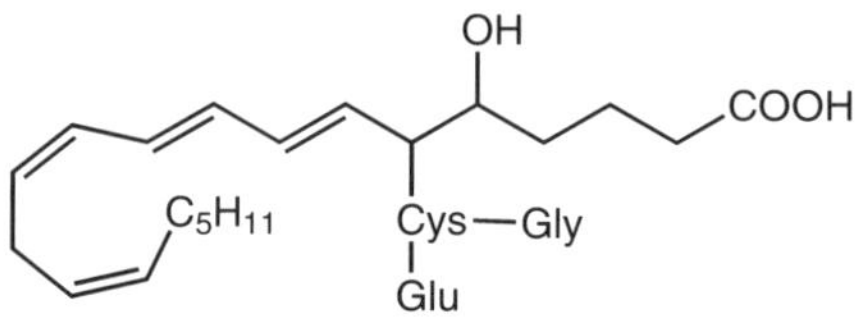

Leukotrien C_4 (LTC_4)

9.4 Wichtige Mediatoren der allergischen Sofortreaktion vom Typ I: Histamin und Serotonin sind biogene Amine, die aus den Aminosäuren Histidin und Tryptophan abgeleitet werden, Bradykinin ist ein Nonapeptid. Die als Leukotriene bezeichneten Eicosanoide entstehen unter katalytischer Wirkung der Lipoxygenase aus der Arachidonsäure, die neben anderen Fettsäuren Bestandteil der Plasmamembran ist. Eine wichtige Rolle bei allergischen Reaktionen spielt das mit dem Tripeptidglutathion (Glu-Cys-Gly) substituierte Leukotrien C4 (LTC4).

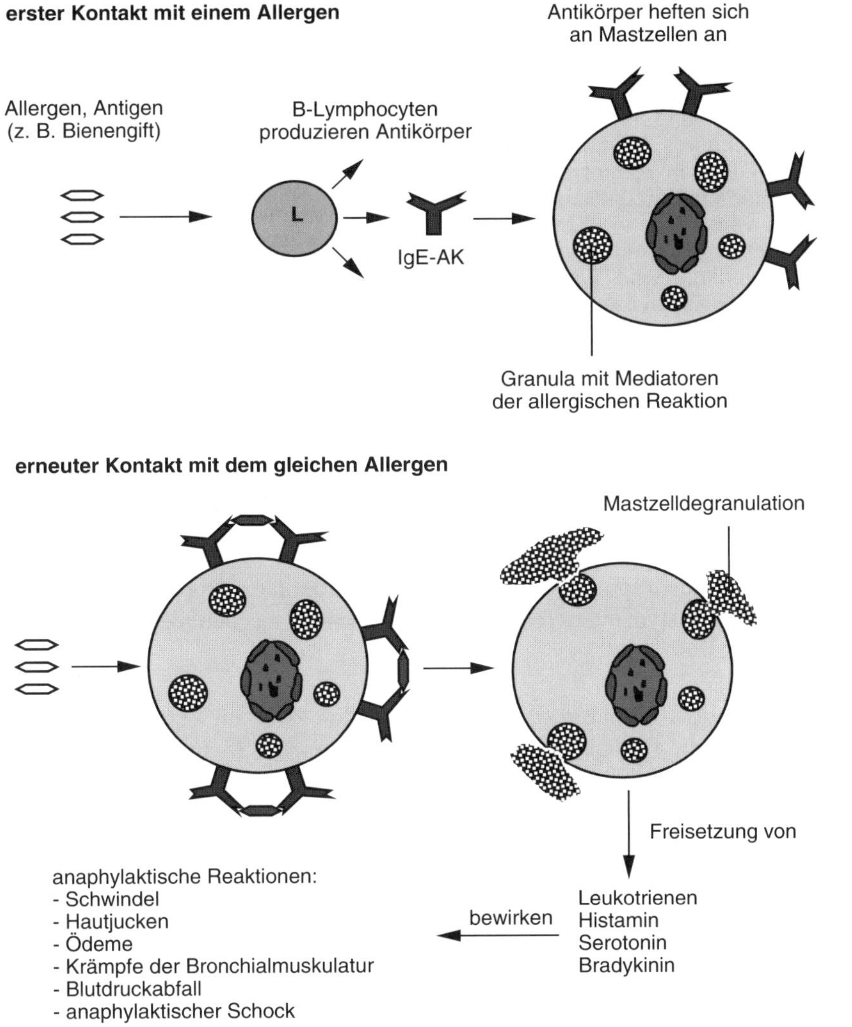

9.5 Pathophysiologischer Entstehungsmechanismus der allergischen Sofortreaktion vom Typ I, die in seltenen Fällen nach Bienenstichen zu schweren allergischen Reaktionen führt.

Bei den allergischen Reaktionen vom Typ II reagieren zirkulierende Immunglobuline vom Typ IgG oder IgM mit zellständigen Antigenen. Dadurch wird das Komplementsystem, ein Komplex aus mehreren Proteinen, aktiviert, das normalerweise dazu dient, vom Organismus als fremd eingestufte Zellen zu zerstören (zu lysieren). Bei den Typ-II-Reaktionen kommt es stattdessen zur Phagocytose und Elimination von körpereigenen Zellen durch die Fresszellen des Abwehrsystems. Typ-II-Reaktionen kommen zum Beispiel bei der Transfusion gruppenungleichen Blutes vor (Transfusionszwischenfälle) und werden auch durch verschiedene Arzneistoffe induziert.

Bei den allergischen Reaktionen vom Typ III schlagen sich Antigen-Antikörper-Komplexe an Gefäßwänden nieder, aktivieren das Komplementsystem und rufen Gefäßwandschäden hervor (Immunkomplexvaskulitis). Dadurch kommt es häufig zu ausgeprägten entzündlichen Prozessen in verschiedenen Organen und Geweben wie Niere, Lungen, Nerven oder Gelenken. Eine Typ-III-Reaktion kann zum Beispiel auftreten, wenn einem gegen ein heterologes Serum (etwa Pferdeserum) sensibilisierten Individuum dieses Serum erneut intravenös injiziert wird.

Zellvermittelte Überempfindlichkeitsreaktionen

Allergische Überempfindlichkeitsreaktionen vom *Typ IV* werden durch sensibilisierte T-Lymphocyten vermittelt und erreichen frühestens nach einem Tag ihren Höhepunkt (Spätreaktionen). Sie sind verantwortlich für Kontaktallergien der Haut (Ekzeme bei wiederholten Kontakten mit Chromaten, Nickelsalzen oder bestimmten Haarfärbemitteln) sowie für die Abstoßung von transplantierten Organen durch den Empfängerorganismus.

9.3.2 ■ Hymenopterengifte: Bienen, Wespen und Hornissen

In Mittel- und Südeuropa sind Bienen und Wespen zahlenmäßig die wichtigsten Gifttiere. Das Gift der Hymenopteren (Hautflügler) besteht aus den folgenden drei Hauptkomponenten:

1. Biogene Amine: Histamin (Abbildung 9.4) trägt zwar zur Erzeugung der lokalen Schmerzen bei, verursacht aber in der freigesetzten Menge keine allgemeinen Krankheitssymptome.
2. Polypeptide: Mellitin (26 Aminosäuren) macht die Hälfte der Trockensubstanz des Bienengiftes aus. Durch die hydrophoben und hydrophilen Aminosäuren hat Mellitin invertseifenartige Eigenschaften und lagert sich in biologische Membranen ein. Die daraus resultierende Membranschädigung führt zur Freisetzung von Ionen und Entzündungsmediatoren und dadurch zu den lokalen entzündlichen Reaktionen der Bienenstiche. Wespen- und Hornissengifte enthalten kininähnliche Stoffe, welche in der freigesetzten Menge ebenfalls nur eine lokale Entzündung verursachen.
3. Enzyme: Ähnlich wie die Schlangengifte enthalten Hymenopterengifte Hyaluronidase und Phospholipase A, welche Mucopolysaccharide und Membranphospholipide abbauen. Die bei einem Insektenstich freigegebenen Mengen verursachen jedoch nur lokal eine leichte Zell- und Gewebezerstörung.

Beim gesunden Erwachsenen verursachen auch mehrere Stiche von Bienen, Wespen oder Hornissen gewöhnlich keine systemische Vergiftung. Erst mehrere hundert Stiche können zur Zerstörung der roten Blutkörperchen, zum Kreislaufkollaps und selten zum Tod führen. Gleichwohl kommen Todesfälle nach einzelnen Bienen- oder Wespenstichen, vor allem im Mund- und Rachenraum, vor; sie sind aber immer auf allergische Reaktionen wie Schwellungen und Spasmen zurückzuführen. Aufgrund des häufigen Auftretens kommt praktisch jeder Europäer im Laufe seines Lebens mit Bienengiften in Kontakt und kann bei entsprechender Veranlagung Antikörper bilden. Bei erneutem Kontakt besteht die Möglichkeit einer allergischen Reaktion, meistens vom Soforttyp oder Typ I (Exkurs 9.2). Je nach Schweregrad der allergischen Reaktion reichen die Symptome von leichtem Schwindel und Hautjucken bis (in seltenen Fällen) zum anaphylaktischen Schock mit massivem Blutdruckabfall und Bronchospasmen. Die lokale Reaktion auf Hymenopterenstiche bedarf grundsätzlich keiner Behandlung. Bei ausgebreiteten Schwellungen kann man kühlende Umschläge machen sowie lokal Glukocorticoide oder Antihistaminika zur Abschwächung der allergischen Reaktion applizieren.

Gifte von Meerestieren: Tetrodotoxin in Kugelfischen und Saxitoxine in Muscheln 9.3.3

Kugelfische, die in Ostasien als besondere Leckerbissen gelten, enthalten in ihren Ovarien und der Leber das hochtoxische Nervengift Tetrodotoxin (Abbildung 9.6). Tetrodotoxin wird wahrscheinlich von Bakterien gebildet, die die Haut und die inneren Organe des Kugelfisches besiedeln. Tetrodotoxin blockiert selektiv den spannungsabhängigen Natriumkanal und damit den Natriumeinstrom während der ersten Phase der Depolarisation (Abschnitt 8.5.2). Tetrodotoxin weist eine außerordentlich steile Dosis-Wirkungs-Beziehung auf. Bei Mäusen beträgt die minimale tödliche Dosis nach intraperitonealer Gabe acht Mikrogramm pro Kilogramm Körpergewicht, die LD_{50} ungefähr zehn Mikrogramm pro Kilogramm Körpergewicht und die LD_{99} zwölf Mikrogramm pro Kilogramm Körpergewicht. In Japan dürfen nur speziell ausgebildete Personen Kugelfischgerichte (dort *Fugu* genannt) zubereiten. Trotz dieser Maßnahme kommen jährlich mehrere hundert Vergiftungen vor, davon verlaufen heute immer noch etwa 40 % tödlich. Die Symptome machen sich sehr rasch (5–30 min) nach Aufnahme des Giftes bemerkbar. Am Anfang treten Muskelschwäche, Schwindel sowie Missempfindungen vor allem im Mund-Rachen-Bereich auf. Im weiteren Verlauf kommt es zu Blutdruckabfall, Bradykardie, Atemstörungen und generalisierter schlaffer Lähmung der Muskulatur.

Saxitoxin (Abbildung 9.6) kommt in zahlreichen Arten von Meeresschnecken vor und weist toxikologisch viele Ähnlichkeiten mit Tetrodotoxin auf. Es wird von Dinoflagellaten produziert, reichert sich in Muscheln an und gelangt auf diese Weise in die menschliche Nahrungskette. Das in den USA benutzte Synonym für Saxitoxin, *paraly-*

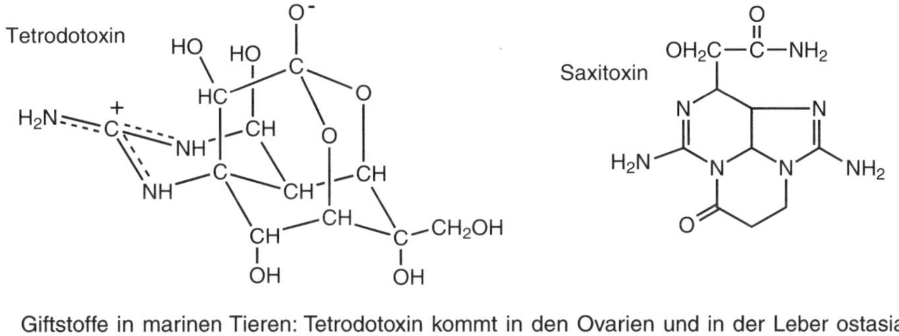

9.6 Giftstoffe in marinen Tieren: Tetrodotoxin kommt in den Ovarien und in der Leber ostasiatischer Kugelfische vor, Saxitoxin wird durch Dinoflagellaten (Protozoen) produziert und in Muscheln angereichert.

tic shellfish poison, beschreibt auch die Hauptwirkung im Menschen. Durch die Blockade der Natriumkanäle treten, abhängig von der aufgenommenen Dosis, Muskelschwäche bis hin zu generalisierter Lähmung und Tod auf. Weder für Tetrodotoxinnoch für Saxitoxinvergiftungen sind Antidote verfügbar.

9.3.4 ■ Aktiv giftige Fischarten

Über 200 verschiedene Fischarten (vor allem *Trachinus*- und *Scorpaena*-Arten) besitzen einen voll entwickelten Giftapparat, der gewöhnlich zur Verteidigung dient. Die dornartigen Abwandlungen der Brust- und Rückenflossen stehen mit Giftdrüsen in Verbindung, die überaus labile und aus diesem Grund bisher kaum charakterisierte Giftstoffe produzieren. Das in der Nordsee vorkommende Petermännchen (*Trachinus draco*) verursacht nicht selten Verletzungen beim Entleeren der Netze oder Sortieren der Fische. Diese führen häufig zu starken und langwierigen Schmerzen an der Einstichstelle, während toxische Allgemeinsymptome vergleichsweise selten auftreten. Verletzungen entstehen auch durch aktiv giftige Fischarten, die sich im Sand am Meeresboden vergraben. Im Gegensatz zu den kaum lebensbedrohlichen giftigen Fischarten der europäischen Gewässer führen die Stiche einiger in tropischen Regionen vorkommender Fischarten nicht selten zum Tod. In tropischen Gewässern kommen auch verschiedene Arten von Seeschlangen vor, die wie die Elapiden neurotoxische Polypeptide produzieren und dadurch generalisierte Lähmungen verursachen.

9.4 Kanzerogene Naturstoffe

Während die ersten Berichte über akut toxische Effekte von natürlichen Stoffen mehrere Jahrtausende zurückliegen, wurden die krebserzeugenden Wirkungen einiger Naturstoffe erst in den letzten Jahrzehnten aufgedeckt. Wichtige Vertreter der kanzerogenen Naturstoffe sind die von Schimmelpilzen produzierten Aflatoxine, das in den Nüssen von *Cycas*-Arten (Palmfarne) enthaltene Cycasin, die aus der Osterluzei gewonnene und als Arzneimittel verwendete Aristolochiasäure sowie verschiedene Alkaloide mit Pyrrolizidinkern.

9.4.1 ■ Aflatoxine

Aflatoxine sind Stoffwechselprodukte des Schimmelpilzes *Aspergillus flavus*. Chemisch handelt es sich um eine Gruppe von Difurocumarinen mit einem heterozyklischen Grundgerüst aus fünf Ringen. Der Hauptvertreter, das Aflatoxin$_{B1}$ (Abbildung 9.7), ist eines der stärksten bisher identifizierten chemischen Kanzerogene. Aflatoxinbildende Schimmelpilze sind in der Umwelt weit verbreitet und können insbesondere bei feuchtwarmer Lagerung Nahrungsmittel befallen, vor allem Nüsse, Getreide und Mohn. Die toxischen und krebserzeugenden Wirkungen von Aflatoxin$_{B1}$ betreffen vor allem die Leber. In der Ratte erhöht Aflatoxin$_{B1}$ schon ab einer Konzentration von ei-

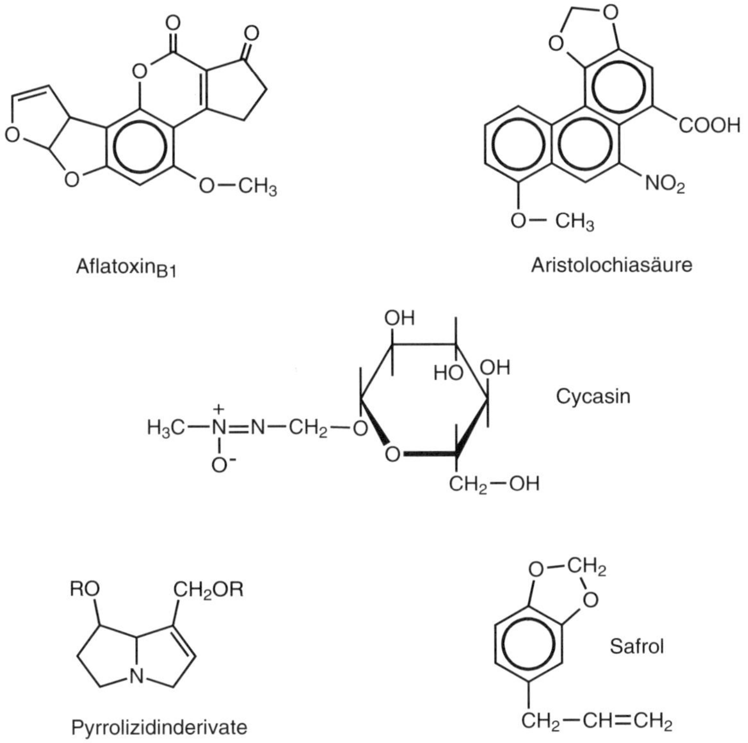

9.7 Chemische Struktur einiger bekannter Naturstoffe mit krebserzeugender Wirkung.

nem Mikrogramm pro Kilogramm Nahrung die Inzidenz von Lebertumoren signifikant; Aflatoxin$_{B1}$ wird zu einem Epoxid aktiviert, das sowohl mit Proteinen als auch mit DNA (überwiegend mit N-7 von Guanin) reagiert (Abschnitt 4.2.2).

Die Bedeutung und die möglichen Auswirkungen der Aflatoxine auf die menschliche Gesundheit unterscheiden sich in den verschiedenen Regionen der Erdoberfläche stark, weil das Ausmaß der Aflatoxinkontamination einerseits vom Klima und andererseits von der Lebensmittelqualität abhängt. In Industriestaaten mit hoher Lebensmittelhygiene und gemäßigtem Klima ist der Aflatoxinbefall der Lebensmittel sehr niedrig und gut überwacht. In Entwicklungsländern verzehren manche Bevölkerungsgruppen dagegen regelmäßig Nahrungsmittel mit Aflatoxinmengen im μg/kg-Bereich. Aflatoxin$_{B1}$ ist zusammen mit der hohen Rate von Hepatitis-B-Virus-Infektionen für die hohe Leberkrebsinzidenz in diesen Ländern verantwortlich.

Cycasin 9.4.2

Cycasin (Abbildung 9.7) ist in den Wurzeln, Blättern und Nüssen von *Cycas*-Palmen enthalten. Cycadennüsse waren in der Vergangenheit in einigen tropischen Regionen ein wichtiger Bestandteil der menschlichen Nahrung, besonders in Jahren mit schlechten Ernten. Auch heute noch gehören sie dort roh oder mit Bohnen zubereitet zu den gängigen Nahrungsmitteln. Ursprünglich hatte man in den Fünfzigerjahren des letzten Jahrhunderts den Verzehr von Cycadennüssen mit der hohen Inzidenz einer seltenen neurologischen Krankheit auf der Insel Guam in Zusammenhang gebracht. Tierexperimentelle Untersuchungen zur Aufdeckung des verantwortlichen Neurotoxins belegten dann eine krebserzeugende Wirkung von Cycasin auf die Leber, die Niere und den Darm von Nagetieren. Der für die Kanzerogenität verantwortliche Cycasinmetabolit ist das Aglykon Methylazoxymethanol, das nach Abspaltung des Zuckers durch bakterielle Hydrolasen im Darm entsteht. Methylazoxymethanol ist in *in vitro*-Testsystemen mutagen und führt zur DNA-Methylierung.

9.4.3 ■ Pyrrolizidinalkaloide

Alkaloide mit Pyrrolizidinkern (Abbildung 9.7) kommen in zahlreichen Pflanzen der Gattungen *Senecio*, *Crotalaria*, *Heliotropium* und *Echium* vor. Die toxische Wirkung dieser Verbindungen auf die menschliche Leber wurde wiederholt in Gegenden festgestellt, wo Pyrrolizidinalkaloide vor allem in Form von Tees genossen werden. Mehrere der bisher untersuchten Vertreter dieser Gruppe (wie Isatidin, Lasiocarpin, Monocrotalin und Retrorsin) zeigten eine krebserzeugende Wirkung.

9.4.4 ■ Safrol

Safrol (4-Allyl-1,2-methylendioxybenzol, Abbildung 9.7) ist der Hauptbestandteil des Sassafraöls, das in der Vergangenheit als Geschmackszusatzstoff verwendet wurde. In geringeren Konzentrationen findet sich Safrol in Anisöl, Kampferöl, Zimtöl und Muskatnussöl, in Spuren auch in Ingwer, Kakao, schwarzem Pfeffer und anderen Gewürzen. Die Anwendung von Safrol als Lebensmittelzusatzstoff ist verboten worden, nachdem man seine kanzerogene Wirkung beobachtet hatte. Safrol ist gentoxisch und bildet DNA-Addukte.

9.4.5 ■ Aristolochiasäure

Aristolochiasäure, eine Nitrophenanthrencarbonsäure (Abbildung 9.7), ist in Osterluzeigewächsen (Familie *Aristolochiaceae*) enthalten. In der homöopathischen Arzneimitteltherapie wurde sie früher als Immunstimulans bei chronischen Eiterungen verwendet; die zugrunde liegende pharmakodynamische Wirkung besteht in einer Erhöhung der Aktivität der Fresszellen des Blutes, die bei der Abwehr des Organismus (zum Beispiel gegen Bakterien) eine wichtige Rolle spielen. Das Präparat wurde aber vom Markt genommen, als im Tierversuch eine starke krebserzeugende Wirkung der Aristolochiasäure demonstriert wurde: Die Verabreichung führte zu einer erhöhten Inzidenz von Tumoren in verschiedenen Organen. Aristolochiasäure ist gentoxisch, nephrotoxisch und bildet DNA-Addukte in hohen Ausbeuten.

Kanzerogene Inhaltsstoffe im Adlerfarn 9.4.6

Die toxischen Wirkungen von Adlerfarn (*Pteridium aquilinum*) auf das Vieh haben schon am Ende des 19. Jahrhunderts die Aufmerksamkeit der Veterinärmediziner geweckt. Wiederholt wurde an Rindern, die auf adlerfarntragenden Weiden lebten oder getrockneten Farn im Futter erhielten, eine verstärkte Blutungsneigung, Hämaturie und in den Folgejahren eine erhöhte Inzidenz von Blasentumoren festgestellt. Später wurde die krebserzeugende Wirkung von Adlerfarn im Dünndarm entdeckt; die dafür verantwortlichen Wirkstoffe sind bisher noch nicht identifiziert. Der Adlerfarn ist in der ganzen Welt weit verbreitet und wird in Amerika, Japan und Neuseeland als Salat verzehrt. Für das Risiko beim Menschen ist wahrscheinlich bedeutsam, dass Adlerfarn praktisch nie roh verzehrt wird. Die krebserzeugende Wirkung von Adlerfarn wird durch Erhitzen oder Pökeln stark abgeschwächt.

Hydrazine 9.4.7

Viele essbare Pilze enthalten toxische Hydrazine (Abbildung 9.8). In den Frühjahrslorcheln (*Gyromitra esculenta*) kommen zum Beispiel elf Hydrazinderivate vor, darunter auch das kanzerogene Gyromitrin. In dem in großem Umfang gezüchteten Wiesenchampignon (*Agaricus campestris*) ist das Hydrazin Agaritin enthalten. Im sauren pH-Bereich, wie er zum Beispiel im Magen vorliegt, wird Agaritin in L-Glutaminsäure und 4-Hydroxymethylphenylhydrazin gespalten. Letzteres erzeugt in Mäusen Lungen- und Gefäßtumoren. Ein Krebsrisiko durch den gelegentlichen Verzehr von vergleichsweise kleinen Mengen essbarer Pilze ist aber wenig wahrscheinlich.

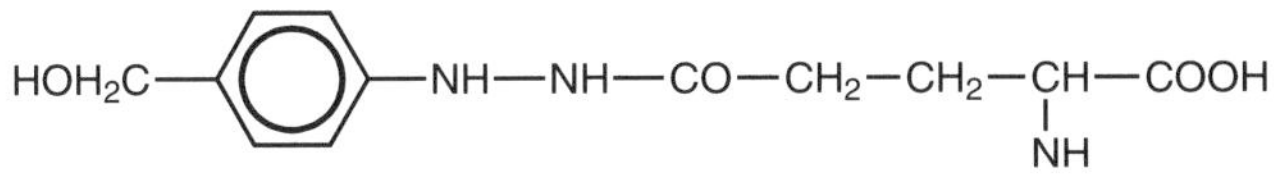

Agaritin
(*β*-*N*-[γ-L(+)-glutamyl]-4-hydroxymethylphenylhydrazin)

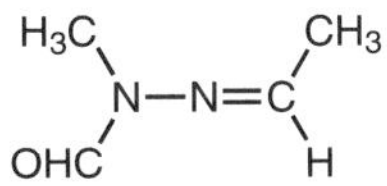

Gyromitrin
(Acetaldehydformylmethylhydrazon)

9.8 Krebserzeugende Hydrazine in Pilzen.

Exkurs 9.4: Krebshemmende Wirkung von pflanzlichen Inhaltsstoffen

Der Nachweis von einzelnen kanzerogenen Verbindungen in Pflanzen darf nicht zu dem falschen Schluss führen, eine pflanzenreiche Ernährung stelle ein erhöhtes Krebsrisiko für den Menschen dar. Das Gegenteil trifft zu: Gemüse und Obst als Ganzes haben eine krebshemmende Wirkung im Menschen. Eine pflanzenreiche Ernährung schützt zum Beispiel vor Tumoren des Magen-Darm-Traktes, der Lunge, der Brustdrüse und der Prostata. Die Mechanismen dieser krebshemmenden Wirkung wurden in den letzten Jahren zum Teil aufgeklärt.

Die „Modernisierung" der Ernährung hat zu einer drastischen Reduktion der Ballaststoffaufnahme geführt – von ungefähr 40 Gramm bei den Naturvölkern zu weniger als 20 Gramm bei der Bevölkerung der Industriestaaten. Ballaststoffe, wie zum Beispiel Cellulose, Pektin und Lignin, sind unverdauliche Zellwandbestandteile pflanzlicher Zellen; sie kommen reichlich in Vollkorngetreide, Gemüse und Obst vor. Eine pflanzen- und damit ballaststoffreiche Nahrung führt zur Steigerung des Stuhlvolumens und zur Beschleunigung der Darmpassage. Dadurch werden kanzerogene Fremdstoffe im Darm verdünnt und ihre Kontaktzeit mit dem Darmepithel reduziert. Eine verminderte Resorption und Exposition des Menschen gegenüber möglicherweise kanzerogenen Stoffen ist die Folge. Weiterhin sind viele Obst- und Gemüsesorten reich an Vitamin C und β-Carotin, dem Vorläufer von Vitamin A. Für beide wird ein Schutzeffekt gegenüber kanzerogenen Fremdstoffen diskutiert, vor allem im Zusammenhang mit ihrer Wirkung als Antioxidantien und Radikalfänger. Schließlich kommen in Gemüse und Obst etliche Verbindungen vor, die zwar keinen Nährwert haben, dafür aber in Form der in der pflanzlichen Nahrung vorliegenden Gemische tumorinhibierend wirken. Dazu zählen Isothiocyanate, Flavonoide, Indole und Glycosinolate in Kraut und Broccoli, Organosulfide in Knoblauch, Zwiebeln und Lauch, d-Limonen in Zitrusfrüchten, Proteaseinhibitoren in Bohnen und verschiedenen Pflanzensamen. Sie sind besonders wichtig für die Abwehr gegenüber kanzerogenen Verbindungen, indem sie die Bioaktivierung von Fremdstoffen hemmen oder deren Entgiftung verbessern. Aus Broccoli hat man zum Beispiel ein Isothiocyanat isoliert (Abbildung 9.9), das sehr stark Entgiftungsenzyme wie die Glutathiontransferasen induziert. Schließlich hemmen einige dieser Pflanzenstoffe die Proliferation von Krebszellen, andere verhindern das Eindringen eines Tumors in das benachbarte Gewebe und damit die zerstörerische und metastasierende Wirkung.

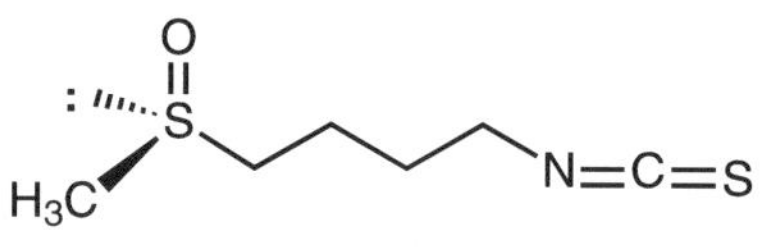

Sulforaphan

9.9 Das im Broccoli vorkommende 1-Isothiocyanato-(4R)-(methylsulfinyl)butan, auch bekannt als Sulforaphan, ist ein starker Induktor von Phase-II-Entgiftungsenzymen.

Heterozyklische aromatische Amine in hitzebehandeltem Fleisch und Fisch 9.4.8

Zwischen hoher Fettaufnahme mit der Nahrung und den Sterberaten infolge Brust- (Abbildung 9.10), Prostata-, Gebärmutter- und Dickdarmkrebs besteht ein Zusammenhang. Ebenso ist die Häufigkeit von Dickdarmkrebs mit dem Pro-Kopf-Verbrauch an Fleisch positiv korreliert (Abbildung 9.11). Wahrscheinlich spielt dabei die hohe Aufnahme von so genannten versteckten Fetten mit dem Fleisch eine wesentliche Rolle. Die Mechanismen der tumorfördernden Wirkung der fettreichen Nahrung sind nicht aufgeklärt. Oft wurde ein erhöhtes Krebsrisiko in Verbindung mit dem Verzehr von rotem Fleisch, nicht mit dem Verzehr von Geflügel gefunden. Etwa 1990 wurden Faktoren in gebratenem Fleisch aufgedeckt, die möglicherweise zu der tumorfördernden Wirkung einer fleischreichen Ernährung beitragen. Japanische Wissenschaftler isolierten 2-Amino-3-methylimidazo[4,5-*f*]chinolin (Kurzbezeichnung IQ nach dem englischen *imidazo-quinoline*), eine hochmutagene Verbindung. Später wurden weitere heterozyklische Amine identifiziert, die sich beim Braten und Grillen von Fleisch bilden. Diesen Verbindungen ist eine Aminoimidazo-Struktur gemeinsam; sie werden nach dem übrigen aromatischen Ring in Chinolin-, Chinoxalin- und Pyridin-Derivate eingeteilt (Abbildung 9.12). Sie entstehen durch die Hitzebehandlung aus Kreatin/Kreatinin (als Lieferanten des Imidazolrings), Zuckern und Aminosäuren.

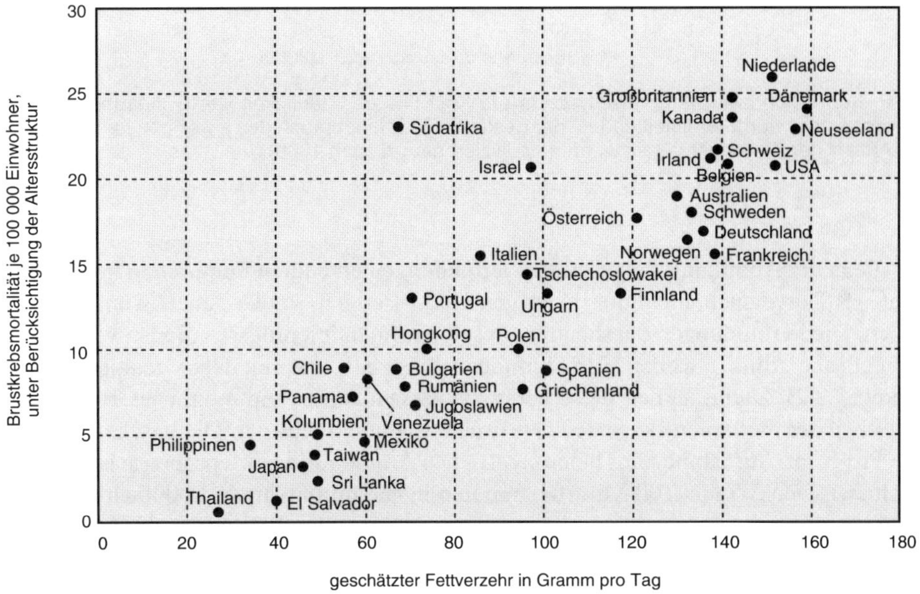

9.10 Korrelation zwischen Fettverzehr pro Kopf und der Sterblichkeit durch Brustkrebs. Der Fettverzehr wurde ermittelt, indem der gesamte Fettverbrauch des jeweiligen Landes durch die Anzahl der Bewohner geteilt wurde (modifiziert nach Cohen 1988).

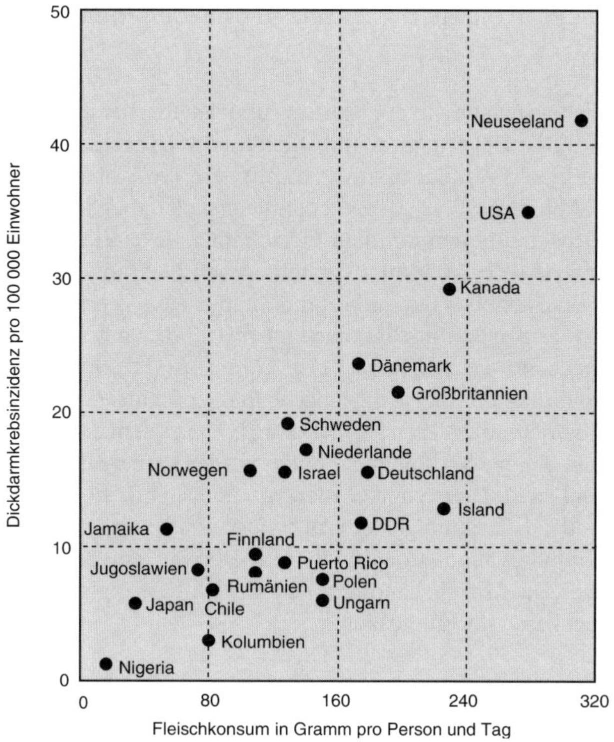

9.11 Korrelation zwischen Fleischverzehr pro Kopf und der Häufigkeit von Dickdarmkrebs. Der Fleischverzehr wurde ermittelt, indem der gesamte Fleischverbrauch des jeweiligen Landes durch die Anzahl der Bewohner geteilt wurde (modifiziert nach Cohen 1988).

Alle in der Abbildung dargestellten Verbindungen erzeugten Tumoren in hoher Ausbeute im Tierversuch, nicht nur im Magen-Darm-Bereich, sondern auch in anderen Organen. Die Verbindungen durchlaufen dieselben Bioaktivierungsreaktionen wie andere aromatische Amine, wobei Nitreniumionen entstehen, die mit DNA reagieren (Abschnitt 5.2.2). Damit stellen diese heterozyklischen Amine ein mögliches Bindeglied zwischen der modernen fleischreichen Ernährung und Krebs dar. Die geschätzte tägliche Pro-Kopf-Aufnahme aller heterozyklischen Amine für den Menschen schwankt jedoch zwischen 3,5 und 100 Mikrogramm und liegt damit mehr als 1 000fach niedriger als die im Tierexperiment eingesetzten Dosen. Damit sollte der Beitrag zu Tumoren im Menschen, wenn überhaupt, eher gering sein.

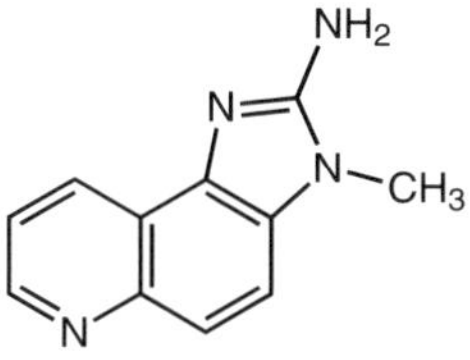

IQ
2-Amino-3-methylimidazol[4,5-*f*]chinolin

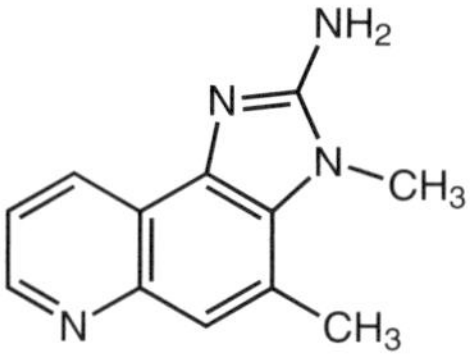

MeIQ
2-Amino-3,4-dimethylimidazol[4,5-*f*]chinolin

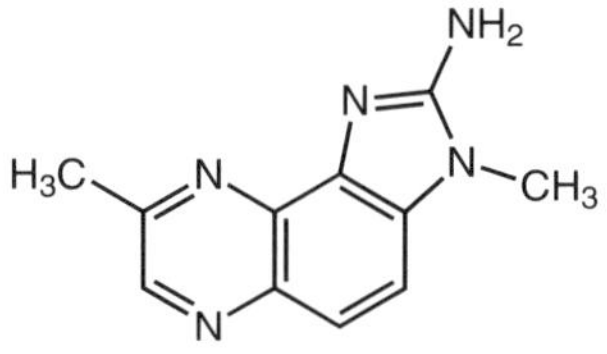

MeIQx
2-Amino-3,8-dimethylimidazol[4,5-*f*]chinoxalin

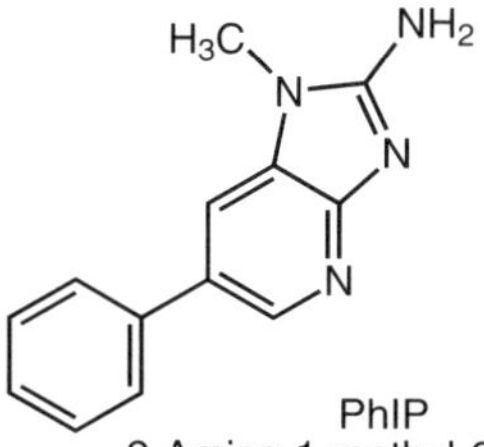

PhIP
2-Amino-1-methyl-6-phenyl-imidazol[4,5-*b*]pyridin

9.12 Chemische Strukturen, Kurznamen und systematische Bezeichnungen einiger in gebratenem Fleisch und Fisch vorkommenden heterozyklischen aromatischen Amine. Die bisher untersuchten Verbindungen sind stark mutagen und erzeugen Tumoren in Ratten und Mäusen.

Acrylamid 9.4.9

Bis vor wenigen Jahren war Acrylamid nur als Industriechemikalie bekannt, kürzlich wurde aber nachgewiesen, dass vergleichsweise hohe Konzentrationen an Acrylamid in erhitzten Nahrungsmitteln vorhanden sind. In erhitzten pflanzlichen Nahrungsmitteln fanden sich Konzentrationen an Acrylamid bis zu drei Milligramm pro Kilogramm (in Pommes frites). Acrylamid entsteht beim Erhitzen der Nahrungsmittel aus der Aminosäure Asparagin in Anwesenheit von Zuckern und Stärke. Basierend auf den in Nahrungsmitteln gemessenen Konzentrationen an Acrylamid nimmt der Mensch in Mitteleuropa pro Tag ungefähr 30 bis 40 Mikrogramm Acrylamid auf, bei einseitiger Ernährung finden sich aber auch tägliche Aufnahmen im Bereich von bis zu 0,5 Milligramm.

Acrylamid ist nach Aufnahme über das Trinkwasser in Ratten krebserzeugend und induziert ein breites Spektrum verschiedener Tumore. Acrylamid ist sowohl in Versuchstieren als auch in den Testsystemen zur Aufdeckung mutagener Wirkungen gentoxisch. Die Gentoxizität von Acrylamid beruht auf einer metabolischen Epoxidation zu Glycidamid (Abbildung 9.13). Glycidamid kann durch Reaktion mit Wasser oder Glutathion entgiftet werden, ist aber im Organismus recht stabil und wird gut systemisch verteilt. Die Bildung von DNA-Addukten des Glycidamids wurde nachgewiesen.

Wegen der vergleichsweise hohen Aufnahme von Acrylamid in Nahrungsmitteln und der hohen Wirkstärke von Acrylamid errechnet sich für die durchschnittlichen Acrylamidgehalte in Nahrungsmitteln ein vergleichsweise hohes Krebsrisiko im Bereich von

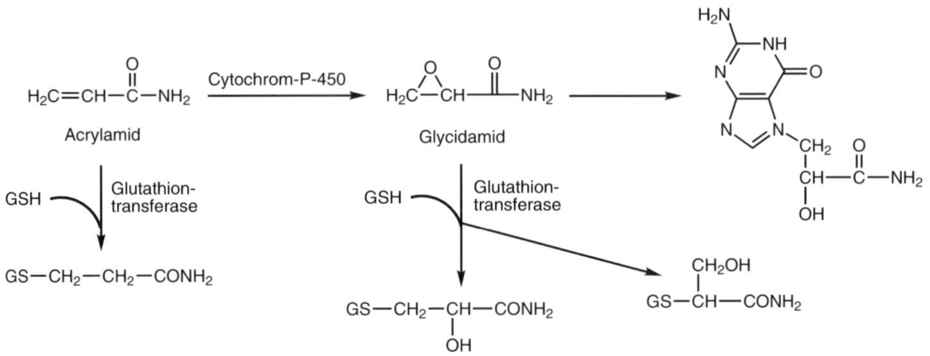

9.13 Biotransformation und DNA-Adduktbildung von Acrylamid. Acrylamid kann entweder durch Cytochrom-P-450 zu Glycidamid oxidiert werden oder direkt mit Glutathion reagieren. Glycidamid unterliegt ebenfalls einer Konjugation mit Glutathion, kann aber auch an zelluläre Makromoleküle wie DNA binden.

einem bis zehn zusätzlichen Krebsfällen pro 10 000 Menschen. Dieses Risiko ist im Vergleich zu den errechneten Krebsrisiken anderer Nahrungsmittelkontaminantien um Größenordnungen höher.

Weiterführende Literatur

Dragsted LO, Strube M, Larsen JC (1993) Cancer-protective factors in fruits and vegetables: biochemical and biological background. *Pharmacol Toxicol* 72 Suppl 1: 116–35

Du XY, Clemetson KJ (2002) Snake venom L-amino acid oxidases. *Toxicon* 40: 659–65

Frohne D, Pfänder HJ (Hrsg.) (1997) Giftpflanzen. Ein Handbuch für Apotheker, Ärzte, Toxikologen und Biologen. 4. Aufl, Wissenschaftliche Verlagsgesellschaft, Stuttgart

Gooderham NJ, Murray S, Lynch AM, Yadollahi-Farsani M, Zhao K, Boobis AR, Davies DS (2001) Food-derived heterocyclic amine mutagens: variable metabolism and significance to humans. *Drug Metab Dispos* 29: 529–34

Hänsel R (Hrsg.) (1991) Phytopharmaka. Grundlagen und Praxis. 2. Aufl, Springer, Berlin, Heidelberg, New York

Hill MJ (2002) Vegetables, fruits, fibre and colorectal cancer. *Eur J Cancer Prev* 11: 1–2

Hussein HS, Brasel JM (2001) Toxicity, metabolism, and impact of mycotoxins on humans and animals. *Toxicology* 167: 101–34

Lord MJ, Jolliffe NA, Marsden CJ, Pateman CS, Smith DC, Spooner RA, Watson PD, Roberts LM (2003) Ricin. Mechanisms of cytotoxicity. *Toxicol Rev* 22: 53–64

Mandeville JT, Rubin PA (2004) Injectable agents for facial rejuvenation: botulinum toxin and dermal filling agents. *Int Ophthalmol Clin* 44: 189–212

Norat T, Lukanova A, Ferrari P, Riboli E (2002) Meat consumption and colorectal cancer risk: an estimate of attributable and preventable fractions. *IARC Sci Publ* 156: 223–5

Strubelt O (Hrsg.) (1989) Gifte in unserer Umwelt. Toxische Gefahren von Arsen bis Zyankali. Deutsche Verlags-Anstalt, Stuttgart

Sudakin DL (2003) Trichothecenes in the environment: relevance to human health. *Toxicol Lett* 143: 97–107

Truswell AS (2002) Meat consumption and cancer of the large bowel. *Eur J Clin Nutr* 56 Suppl 1: S19–24

Van Dolah FM (2000) Marine algal toxins: origins, health effects, and their increased occurrence. *Environ Health Perspect* 108 Suppl 1: 133–41

van't Veer P, Jansen MC, Klerk M, Kok FJ (2000) Fruits and vegetables in the prevention of cancer and cardiovascular disease. *Public Health Nutr* 3: 103–7

WHO FaS (2003) Diet, nutrition and the prevention of chronic diseases. *World Health Organisation, Technical Report Series 916*

Zhang Y, Talalay P, Cho CG, Posner GH (1992) A major inducer of anticarcinogenic protective enzymes from broccoli: isolation and elucidation of structure. *Proc Natl Acad Sci U S A* 89: 2399–403

10 Arzneimitteltoxikologie

Zulassung von Arzneimitteln • Toxizität von Arzneimitteln • Nutzen-Risiko-Abschätzungen • Präklinische Prüfungen

Heute müssen Arzneimittel zwecks Freigabe zur Anwendung bei einer bestimmten Krankheit (Indikationsgebiet) von der zuständigen Behörde zugelassen werden. Dies kann eine nationale Behörde sein, in Deutschland zum Beispiel das Bundesinstitut für Arzneimittel (BfArM) in Bonn. In der Europäischen Union gibt es auch die Möglichkeit, ein Produkt zentral für alle Mitgliedstaaten zuzulassen. Die zuständige Behörde ist die *European Agency for the Evaluation of Medicinal Products* (EMEA) in London. Der Antrag auf Zulassung muss alle verfügbaren Daten zur Qualität, präklinischen und klinischen Untersuchungen haben. Ausführliche Information, Gesetze und Richtlinien sind auf der Website der Europäischen Arzneimittelagentur (http://www.emea.eu.int) und auf der Website der Europäischen Kommission (http://pharmacos.eudra.org/F2/) zu finden.

Der Arzneimittelhersteller muss in dem Zulassungsantrag darlegen, dass das Arzneimittel die Zulassungskriterien Qualität, Wirksamkeit und Unbedenklichkeit erfüllt.

Der Begriff *Qualität* ist im Gesetz als die Beschaffenheit eines Arzneimittels definiert, die nach Identität, Gehalt, Reinheit, sonstigen chemischen, physikalischen und biologischen Eigenschaften oder durch das Herstellungsverfahren bestimmt wird. Dabei ist es wichtig, dass dieser Qualitätszustand reproduzierbar ist und innerhalb der auf dem fertigen Arzneimittel angegebenen Zeitdauer stabil bleibt. In einer Tablette muss beispielsweise ein eindeutig bezeichneter Wirkstoff in der angegebenen Menge enthalten sein. Nicht nur der Wirkstoff, sondern auch die Hilfsstoffe, die der Tablette Form, Aussehen und mechanische Festigkeit verleihen, müssen charakterisiert und ihre Reinheit festgelegt werden. Die Zusammensetzung und die Form der Tablette, in der der Wirkstoff vorliegt, müssen geeignet sein, den Wirkstoff in einer therapiegerechten Art und Weise im Körper freizusetzen. Schließlich muss auch die Verpackung als Teil des Fertigarzneimittels bestimmte Kriterien erfüllen.

Der Begriff *Wirksamkeit* erfasst alle im Hinblick auf das vorgesehene Behandlungsziel (Anwendungsgebiet) erwünschten Wirkungen. Arzneimittel können therapeutisch wirksam bei kranken Menschen (Besserung eines Zustandes) oder präventiv wirksam bei gesunden Menschen (Verhinderung einer Krankheit oder einer Komplikation) sein. Alle nicht für das vorgesehene Anwendungsgebiet erstrebten Wirkungen des Stoffes sind *unerwünschte Arzneimittelwirkungen* (UAW). Eine Blutdrucksenkung ist beispielsweise bei einem Arzneimittel, das bei Bluthochdruck eingesetzt werden soll, eine erwünschte Wirkung, kann aber bei einem als Beruhigungsmittel vorgesehenen Stoff eine unerwünschte Arzneimittelwirkung sein.

Die geforderte *Unbedenklichkeit* bedeutet nicht, dass das Arzneimittel frei von unerwünschten Wirkungen sein muss, damit es zugelassen werden kann. Dies ist in der Praxis bei keinem Wirkstoff der Fall. Es genügt, wenn das Ausmaß und die Wahrscheinlichkeit des Auftretens von unerwünschten Wirkungen, angesichts des erwarteten Nutzens durch die Wirksamkeit bei der gegebenen Indikation, als vertretbar angesehen werden können (Abschnitt 10.3).

10.1 Präklinische Prüfung

Die präklinischen Untersuchungen können in zwei große Bereiche eingeteilt werden:

– Arzneimittelpharmakologie
– Arzneimitteltoxikologie

Die Arzneimittelpharmakologie besteht aus Studien, welche die erwünschten pharmakologischen Wirkungen des Stoffes des vorgesehenen Indikationsgebietes untersuchen. Auch andere pharmakologische Wirkungen und die Pharmakokinetik werden in den pharmakologischen Studien untersucht. Die Arzneimitteltoxikologie besteht aus Studien, welche die unerwünschten Wirkungen des Arzneimittels untersuchen.

Nur 10 % der potenziellen Arzneimittelkandidaten erreichen die klinische Prüfung (siehe unten), 90 % werden wegen nicht zufriedenstellender Wirksamkeit oder nicht akzeptablem Toxizitätsprofil nicht weiterentwickelt.

Einen Überblick der heute angeforderten präklinischen Studien findet sich in Tabelle 10.1. Demnach ist es nicht überraschend, dass alleine die präklinische Entwicklung eines neuen Arzneimittels mehrere Millionen Euro kostet.

Die in Tabelle 10.1 aufgeführten Anforderungen für präklinische Untersuchungen zur Toxizität wurden in einer Zeit konzipiert, in der die Mehrheit der neuen Medikamente chemische Substanzen waren (Exkurs 10.1). In den letzten zwei Jahrzehnten werden verstärkt Medikamente entwickelt, welche nicht allen Punkten dieses präklinischen Programs unterworfen werden können, beispielsweise humane Antikörper, welche im Tier stark antigen wirken, oder Zell- und Gentherapieprodukte. Separate Richtlinien beschäftigen sich mit den präklinischen Anforderungen für solche Produkte.

Tabelle 10.1: Präklinische Studien, die im Allgemeinen im Rahmen der Entwicklung eines neuen Arzneimittels durchgeführt werden müssen (eine Beschreibung der einzelnen Tests findet sich in Kapitel 5)

Pharmakologie
Untersuchungen zur Pharmakodynamik Untersuchungen zur Pharmakokinetik
Toxikologie
Toxizität bei einmaliger und wiederholter Verabreichung: bei vorgesehener chronischer Anwendung im Menschen sind in der Regel sechsmonatige Studien in einer Nager- und einer anderen Spezies erfoderlich
Gentoxizität
Punktmutationen in Bakterien (Ames-Test) und Säugerzellen (z. B. HGPRT- oder TK-Genmutationstest, Mikronucleustest in der Maus)
Kanzerogenität
entweder zwei Langzeitstudien in Ratte und Maus oder eine Langzeitstudie und eine Kurzzeitstudie in transgenen Tieren (z. B. p53+/- Maus) Reproduktionstoxizität (in zwei Spezies) – Fertilität und frühe embryonale Entwicklung – Embryofetale Entwicklung – perinatale Entwicklung und maternale Funktion
lokale Toleranz andere Studien
– Untersuchungen zur Aufdeckung von Effekten auf das Immunsystem – Untersuchungen zur Aufdeckung der Induktion von Abhängigkeit – Toxizität von Verunreinigungen

Exkurs 10.1: Geschichte der Arzneimitteltoxikologie

Obwohl die experimentelle Pharmakologie schon Mitte des neunzehnten Jahrhunderts von Rudolf Buchheim entwickelt wurde, kamen toxikologische Untersuchungen erst viel später ins Spiel. Eine der ersten Toxizitätsuntersuchungen zu Arzneimitteln in Tieren war eine Studie zu Herzglycosiden um 1920. Schwere Nebenwirkungen von Arzneimitteln wurden noch in der ersten Hälfte des zwanzigsten Jahrhunderts meist erst am Menschen beobachtet, wie beispielsweise die schädigende Wirkung von Streptomycin auf Hirnnerven und die Neurotoxizität von Dimethylsulfanilid. Danach folgten zwei „Arzneimittelkatastrophen“, welche den Stellenwert der Arzneimitteltoxikologie massiv aufgewertet haben. Im Jahr 1937 verursachte ein neues Sulfanilamidderivat schwere Nierenschäden und ungefähr 70 Todesfälle in den USA. Ende der Sechzigerjahre des vorigen Jahrhunderts verursachte Thalidomid, ein angeblich nicht toxisches Schlaf- und Beruhigungsmittel mit dem Handelsnamen ConterganR, das vielfach auch bei schwangeren Frauen eingesetzt wurde, die Geburt von 10 000 Kindern mit schweren Missbildungen der Arme und Beine und anderen Organschäden. Thalidomid wurde weltweit vom Markt gezogen.

Daraufhin wurden Toxizitätstests entwickelt und validiert und weltweit gesetzliche Vorschriften und Richtlinien entwickelt, welche die präklinischen Untersuchungen im Rahmen der Entwicklung von neuen Arzneimitteln regeln.

10.2 Klinische Prüfung

Wenn die Ergebnisse der präklinischen Pharmakologie und Toxikologie daraufhin deuten, dass das potenzielle Arzneimittel eine akzeptable Wirksamkeit und Unbedenklichkeit haben könnte, beginnt die klinische Prüfung. Generell dürfen nicht zugelassene Arzneimittel nur im Rahmen von genehmigten klinischen Prüfungen am Menschen angewandt werden.

Grundsätze der klinischen Prüfung wurden erstmals vom Weltärztebund in der *Deklaration von Helsinki* (1964, letzte Revision in 2000) aufgestellt. Unter anderem führt die Deklaration von Helsinki Ethikkommissionen ein, stellt die Notwendigkeit eines angemessenen Verhältnisses zwischen Nutzen und Risiko in den Vordergrund und fordert eine schriftliche Einwilligungserklärung des Patienten.

Die klinische Prüfung wird in vier Phasen (I bis IV) durchgeführt.

In Phase I (*Humanpharmakologie*) wird das potenzielle Arzneimittel zum ersten Mal beim Menschen angewendet. Das Ziel sind Erkenntnisse über das pharmakologische Wirkungsspektrum eines Stoffes (Pharmakodynamik) und seinen weiteren Weg im Organismus (Pharmakokinetik), ferner über die allgemeine Verträglichkeit und einen möglichen Dosisbereich für die Phase II. Die Untersuchung der therapeutischen Wirksamkeit gehört nicht zu den primären Zielen der Phase I. Phase-I-Studien werden normalerweise an gesunden Probanden durchgeführt. Potenziell stark toxische Arzneimittel wie zum Beispiel Krebs-Chemotherapeutika, deren Anwendung bei Gesunden nicht vertretbar ist, werden in der Regel zum ersten Mal an Patienten untersucht, für die keine therapeutische Alternative mehr besteht.

In der Phase II (*exploratorische Therapiestudien*) wird die therapeutische Wirksamkeit des potenziellen Arzneimittels erstmals am Patienten untersucht. Phase-II-Studien werden an einer relativ geringen Anzahl von Patienten (30–300) durchgeführt und dauern je nach Krankheit mehrere Wochen bis wenige Monate. Ziel in dieser Phase ist es, die therapeutische Wirksamkeit im angestrebten Indikationsgebiet wahrscheinlich zu machen und den Dosisbereich zu definieren, in dem das Verhältnis von therapeutischer Wirksamkeit zu unerwünschten Arzneimittelwirkungen (UAWs) am günstigsten ist.

Das Ziel der Phase III Studien (*konfirmatorische Therapiestudien*) ist, den therapeutischen Nutzen des potenziellen Arzneimittels definitiv nachzuweisen. Dafür wird das Prüfprodukt an einer großen Zahl von Patienten über einen ausreichenden Zeitraum geprüft. Die Kontrollgruppe erhält eine Standardtherapie und/oder Placebo. Ein *Placebo* ist eine pharmazeutische Zubereitung, die kein aktives Arzneimittel enthält und so gemacht ist, dass sie sich von dem Prüfpräparat nicht unterscheidet. Der Vergleich mit der Standardtherapie oder mit Placebo dient nicht nur der Sicherung der Wirksamkeit: Er ist auch unabdingbar für die Erfassung von UAWs, denn das zweite Ziel der Phase III ist die Charakterisierung des Nebenwirkungsprofils.

Als Phase IV bezeichnet man *kontrollierte klinische Studien nach der Erteilung der Zulassung*. In dieser Phase können weitere therapeutische Endpunkte, seltene UAWs und pharmakoökonomische Aspekte erfasst werden.

10.3 Nutzen-Risiko-Abwägung in der Arzneimitteltoxikologie

Es gibt große Unterschiede zwischen der Evaluierung von toxischen Wirkungen von Arzneimitteln und der Evaluierung von toxischen Wirkungen anderer Produkte - diese Prinzipien sind in Kapitel 11 beschrieben. In anderen Bereichen der Toxikologie muss ein mögliches Risiko so weit wie möglich eliminiert oder sehr stark reduziert werden. In der Arzneimitteltoxikologie ist eine solche Risikominimierung oft nicht möglich. Risiken müssen bis zu einem gewissen Ausmaß toleriert werden. Dies hängt primär davon ab, wie ernsthaft die Krankheit ist und ob alternative Methoden zur Behandlung dieser Krankheit verfügbar sind. Das kann man am besten anhand von präzisen Beispielen deutlich machen. Bei einem Arzneimittel, das für die Behandlung von Schlafstörungen vorgesehen ist, gibt es wenig Toleranz gegenüber toxischen Wirkungen, weil man über wirksame Arzneimittel für dieses Indikationsgebiet verfügt und weil Schlafstörungen im Allgemeinen keine lebensbedrohende Erkrankung sind. Im Gegensatz dazu akzeptiert man viele unerwünschte Wirkungen bei Medikamenten, welche zur Behandlung von Krebskrankheiten eingesetzt werden. So induzieren viele der traditionellen Cytostatika Erbrechen, Magen-Darm-Störungen sowie Toxizität auf Blutzellen und sind auch gentoxisch. Diese Toxizität wird aber aufgewogen durch eine relevante Verlängerung der Lebenserwartung. Ein solches Profil von unerwünschten Wirkungen wird auf keinen Fall bei anderen Krankheiten akzeptiert, welche nicht lebensbedrohend sind.

Dies lässt sich am besten anhand von Beispielen erläutern. Die toxischen Wirkungen von Arsenverbindungen sind seit Jahrtausenden bekannt. *Arsentrioxid* ist über Jahrhunderte das Mordgift *par excellence* gewesen (Kapitel 8). Arsenverbindungen wurden früher auch als Medikamente bei verschiedenen Krankheiten eingesetzt. Dieser Einsatz war eher empirisch begründet, die pharmakologischen Wirkungsmechanismen waren nicht bekannt. Neuere Untersuchungen haben aber gezeigt, dass Arsentrioxid bei bestimmten Leukämien sehr effizient Zelltod (*Apoptose*) und Differenzierung von Tumorzellen (Reifung von Tumorzellen in normale Zellen) induziert. Dabei sind insbesondere Tumorzellen betroffen, welche bestimmte Translokationen aufweisen, beispielsweise eine t(15;17)-Translokation, die zu einer Überexpression einer veränderten Form des Retinoidrezeptors Typ alpha zusammen mit dem Promyelocytenleukämiegenprodukt führt (PML-RAR-Fusionsgen). Diese Translokation kommt vor allem in Patienten mit Promyelocytenleukämie vor. Das Fusionsprotein soll die Zellentwicklung auf der Stufe der Promyelocyten (einer unreifen Form von weißen Blutzellen) arretieren. Arsentrioxid soll unter anderem den Abbau des Fusionsproteins steigern und dadurch die Differenzierung der Tumorzellen fördern. Diese Effekte wurden an Patienten mit Promyelocytenleukämie, die nach vorausgegangener Standardtherapie einen Rückfall ihrer Erkrankung hatten, bestätigt. Die Behandlung mit Arsentrioxid induzierte in einem großen Teil der Patienten (> 80 %) eine Remission der Krankheit und eine Verlängerung der Überlebenszeit. Basierend auf diesen Ergebnissen wurde Arsentrioxid (Handelsname *Trisenox*) im Jahr 2002 von der Europäischen Arzneimittelbehörde für die Behandlung der akuten Promyelocytenleukämie zugelassen, allerdings nur für Patienten, die nach vorausgegangener Standardtherapie einen Rückfall hatten. Diese Therapie darf nur von Ärzten durchgeführt werden, welche Erfahrung in der Behandlung von Leukämiepatienten haben. In der publizierten Fachinformation wird umfassend auch über die möglichen unerwünschten Wirkungen und die Notwendigkeit einer Dosisreduktion bei bestimmten Schweregraden von unerwünschten Wirkungen sowie über Gegenanzeigen, Warnhinweise und Vorsichtsmaßnahmen für die Anwendung berichtet. Zu den schweren unerwünschten Wirkungen, welche bei einem Teil der Patienten (ungefähr bis zu 10 %) auftreten, zählen Toxizität auf das Herz (Herzrhythmusstörungen), auf Blutzellen und auf die Leber. Weiterhin wurde eine signifikante Erhöhung des Blutzuckers bei einem Teil der Patienten beobachtet. Das relativ ungünstige Toxizitätsprofil wird aber in Kauf genommen, weil für Patienten in diesem Stadium der akuten Promyelocytenleukämie (teilweise sind auch Kinder betroffen) keine therapeutischen Alternativen bestehen. Die Behandlung mit Arsentrioxid stellt eine Chance für eine Verlängerung der Überlebenszeit dar. Mittlerweile wird der therapeutische Einsatz von Arsentrioxid in einer Reihe anderer Krebskrankheiten untersucht.

Ein weiteres Beispiel, das den enormen Stellenwert der Nutzen-Risiko-Abwägung in der Arzneimitteltoxikologie beleuchtet, ist der seit wenigen Jahren erneute klinische Einsatz von *Thalidomid* bei einer bestimmten Lepraform (*Erythema nodosum leprosum*) und bei einigen Krebskrankheiten, insbesondere bei *multiplem Myelom*, einem Krebs von bestimmten weißen Blutzellen, den Plasmazellen, die im Knochenmark vorkommen. Zum Zeitpunkt der Verfassung dieses Buches (2004) war Thalidomid in den USA, jedoch nicht in Europa, zur Behandlung von *Erythema nodosum leprosum* zugelassen und der potenzielle therapeutische Einsatz in den oben erwähnten und anderen Krankheiten wurde weltweit in klinischen Studien untersucht.

Der pharmakologische Wirkungsmechanismus von Thalidomid in den neuen therapeutischen Bereichen ist nicht endgültig abgeklärt, diskutiert werden Immunmodulation und Hemmung der Neubildung von Gefäßen (*Antiangiogenese*) möglicherweise vermittelt über eine Hemmung von *tumor necrosis faktor alpha* (TNF-α). Selbstverständlich hat man in den Ländern, in denen Thalidomid wieder zugelassen ist, sehr umfassende Maßnahmen eingeführt, damit eine ungeplante Gabe an schwangere Frauen vermieden wird.

Weiterführende Literatur

D'Amato RJ, Lentzsch S, Anderson KC, Rogers MS (2001) Mechanism of action of thalidomide and 3-aminothalidomide in multiple myeloma. *Semin Oncol* 28: 597–601

Lenz W (1965) Epidemiology of congenital malformations. *Ann N Y Acad Sci* 123: 228–36

Weber D (2003) Thalidomide and its derivatives: new promise for multiple myeloma. *Cancer Control* 10: 375–83

Zhu J, Chen Z, Lallemand-Breitenbach V, de The H (2002) How acute promyelocytic leukaemia revived arsenic. *Nat Rev Cancer* 2: 705–13

11 Grundlagen der toxikologischen Risikocharakterisierung

Bestimmung von Gefährlichkeit und Exposition • Vorgehen bei der Risikocharakterisierung für toxische und für kanzerogene Stoffe • Krebsrisiken durch Dioxine • Nutzen-Risiko-Überlegungen

11.1 Einführung

Der Kontakt des Menschen mit einem bestimmten Stoff kann ein Gesundheitsrisiko bedeuten. Die wissenschaftlich begründbare Charakterisierung dieses Risikos ist das wichtigste Ziel der toxikologischen Forschung. In der toxikologischen Risikocharakterisierung wird durch Berücksichtigung von Dosis-Wirkungs-Beziehungen, Wirkungsmechanismen und Exposition versucht, die Schadwirkungen aus der Exposition des Menschen gegenüber einem Stoff vorherzusagen.

Zum Verständnis der Grundlagen der toxikologischen Risikocharakterisierung ist eine Unterscheidung von *Gefahr* (Gefährlichkeit) und *Risiko* grundlegend. Die Begriffe Risiko und Gefahr haben trotz häufig synonymer Verwendung in der Umgangssprache unterschiedliche Bedeutungen. Gefahr beschreibt einen drohenden Schaden, der eintreten kann oder nicht. Mit der Einführung des Begriffs Risiko verfolgt man das Ziel, Gefahren berechenbar zu machen. Das Konzept stammt aus der Versicherungswirtschaft und bezieht sich auf die Wahrscheinlichkeit, mit der ein bestimmter Schadensfall eintritt. In der Toxikologie beschreibt Risiko die Wahrscheinlichkeit, mit der in einer schadstoffexponierten Population eine Gesundheitsbeeinträchtigung auftritt. Das Ausmaß oder die Häufigkeit einer solchen Beeinträchtigung ist, wie alle toxischen Wirkungen, abhängig von der aufgenommen Dosis des Schadstoffes; daher ist Risiko das Produkt aus der Gefährlichkeit (Toxizität) des Stoffes und der tatsächlichen Exposition. Bei fehlender Exposition stellen auch sehr toxische Stoffe kein Risiko dar, nach dauernder Aufnahme hoher Dosen kann auch das Risiko eines wenig toxischen Stoffes groß sein.

Die Bedeutung des Konzepts Risiko im Zusammenhang mit der Exposition gegenüber gesundheitsschädlichen Chemikalien hat sich in neuerer Zeit gewandelt. Die intensive Auseinandersetzung mit möglichen Risiken in der Industriegesellschaft hat in weiten Teilen der Bevölkerung das Gefühl einer Gefährdung und Bedrohung ausgelöst. Parallel dazu nahm der Wunsch der Gesellschaft nach einer möglichst risikofreien Welt stetig zu. Er gipfelte in der Forderung, jegliche Exposition gegenüber toxischen Stoffen sei zu vermeiden; nur dann wären toxische Wirkungen und damit ein Gesundheitsrisiko sicher auszuschließen. Diese Forderung beruhte auf der (falschen) Ansicht, dass nur wenige Chemikalien toxisch sind und dass diese wenigen überdies noch allesamt einen synthetischen Ursprung haben. Unter dieser Annahme ließen sich nämlich durch die Beendigung der Nutzung jener wenigen Substanzen Risiken weitestgehend eliminieren. Bei dieser Philosophie blieb jedoch ein elementares Prinzip der Toxikologie, die Dosis-Wirkungs-Beziehung, unberücksichtigt. Alle chemischen Stoffe, gleich ob synthetisch oder natürlich, sind nur unter bestimmten Expositionsbedingungen toxisch. Außerdem ist die überwiegende Zahl toxischer Stoffe, denen der Mensch ausgesetzt ist, natürlichen und nicht synthetischen Ursprungs (Kapitel 2 und 8). Eine Exposition gegenüber toxischen Chemikalien synthetischen Ursprungs ist zudem bei Erhaltung des Lebensstils und Lebensstandards der modernen Industrienationen nicht vollständig vermeidbar, und so wurde das *Nullrisiko* durch das Konzept des *vertretbaren oder akzeptablen Risikos* ersetzt. Ein gewisses Risiko, das von Null verschieden, aber sehr klein ist, wird dabei in Kauf genommen.

Die wissenschaftliche Abschätzung des zusätzlichen gesundheitlichen Risikos, das durch Exposition gegenüber einem chemischen Stoff hervorgerufen wird – die *Risikocharakterisierung* oder *Risikoabschätzung* –, ist eine wichtige Grundlage für Entscheidungen zur Chemikaliensicherheit. Die Risikocharakterisierung gliedert sich in Ermittlung und Bewertung des Risikos (siehe unten). Im Gegensatz zur Risikocharakterisierung, die auf toxikologischen und/oder epidemiologischen Daten beruht, ist *Risikomanagement* der Prozess, der Risikocharakterisierung in politisches Handeln umsetzt; daraus resultieren über die Gesetzgebung Grenzwertfestsetzungen und/oder Anwendungsbeschränkungen. Diese Entscheidungen und ihre Umsetzung in die Praxis unterliegen auch technischen, sozio-ökonomischen und politischen Zwängen und werden oft unter Berücksichtigung einer Nutzen-Risiko-Analyse getroffen (Abbildung 11.1). Für ein zielgerichtetes Risikomanagement und zur Prioritätensetzungen im Gesundheitsschutz ist eine möglichst objektive, genaue und verlässliche Ermittlung und Bewertung des Risikos durch Chemikalien nötig.

11.1 Vielzahl der Faktoren, die das Risikomanagement beeinflussen.

Beim Risikomanagement sind besonders bei der Bewertung von Chemikalien in der Umwelt und ihrer Rolle als Risikofaktoren auch die durch epidemiologische Studien erarbeiteten Todesrisiken und deren Ursachen zu berücksichtigen. Tabelle 11.1 zeigt die hauptsächlichen Sterberisiken für einen 45-jährigen Mann. Neben dem Herzinfarkt sind Kreislauferkrankungen, Lungenkrebs, Lebererkrankungen und Verkehrsunfälle wichtige Risiken. Diese die Sterblichkeit stark beeinflussenden Risiken sind in erster Linie auf persönliche Lebensumstände (Rauchen, Ernährung, siehe Kapitel 2 und 8) zurückzuführen; Erkrankungen, bei denen Umweltschadstoffe als Ursache in Frage kommen könnten (beispielsweise bestimmte Formen von Leukämie), fallen kaum ins Gewicht.

Tabelle 11.1: Haupttodesrisiken eines 45-jährigen deutschen Mannes

Todesursache	%-Wahrscheinlichkeit*
Herzinfarkt	1,49
Kreislauferkrankungen	0,98
Lungenkrebs (Raucher und Nichtraucher)	0,57
Leberzirrhose	0,55
Selbstmord	0,43
Unfall (Beruf, Verkehr oder Haushalt)	0,40
Dickdarmkrebs	0,18
Magenkrebs	0,17
Alkoholismus	0,14
Speiseröhrenerkrankungen	0,08
Gehirntumor	0,055
Leukämie	0,041
Prostatakrebs	0,023
Mord	0,017

* %-Wahrscheinlichkeiten sagen aus, dass – bei statistischer Betrachtung – ein Mann von 45 Jahren innerhalb von zehn Jahren mit einer bestimmten Wahrscheinlichkeit an der betreffenden Krankheit stirbt; beispielsweise sterben knapp 1,5 % der Männer zwischen 45 und 55 an Herzinfarkt.

Die meist emotionsgeladenen Diskussionen und groß aufgemachten Presseberichte über die mögliche Rolle toxischer Chemikalien als krank machende Faktoren sind bei Berücksichtigung dieser Fakten und der Erkenntnisse der Toxikologie nicht hilfreich für eine Prioritätensetzung bei Umwelt- und Gesundheitsschutz. Durch Unkenntnis oder Ignorieren von Sachverhalten und Grundlagen der Toxikologie werden in der Umwelt oder in Nahrungsmitteln in sehr geringen Mengen nachgewiesene Stoffe zu Gesundheitsgefährdungen aufgebauscht (polychlorierte Dioxine in Schokolade, Nutzen von Munition mit abgereichertem Uran im Balkan, Pestizidrückstände in der Babynahrung). Durch solche Fehlinformationen werden wirkliche, die Gesundheit der Bevölkerung tatsächlich gefährdende Faktoren (Rauchen, Alkohol, falsche Ernährung) aus dem Bewusstsein verbannt.

Bei jeder Diskussion über den Risikobewertungsprozess ist zu bedenken, dass getroffene Entscheidungen menschliches Leid und erhebliche Kosten zur Folge haben können. Sind nämlich einerseits Belastungsgrenzen nicht ausreichend niedrig gesetzt, besteht die Gefahr, dass zusätzlich zu dem menschlichen Leid Kosten in Milliardenhöhe für die Behandlung der Folgekrankheiten anfallen. Andererseits entstehen bei der Anpassung technischer Prozesse an neue, niedrigere Grenzwerte, die nur auf Emotionen und Aktionismus beruhen, ebenfalls unnötige Kosten in Milliardenhöhe. Daher müssen kontinuierlich neueste Erkenntnisse und Methoden aus der Toxikologie zur Risikocharakterisierung beitragen. Nur auf diese Weise ist sie permanent verbesserbar.

11.2 Allgemeines Vorgehen bei der Risikocharakterisierung

Die Risikocharakterisierung ist ein komplexer Prozess, der Kenntnisse aus verschiedensten Gebieten voraussetzt. Die Toxikologie liefert die wichtigsten Befunde zur Beurteilung der gesundheitsschädlichen Wirkungen eines Stoffes. Da sie wiederum Erkenntnisse der Grundlagenforschung in Biologie, Medizin und Chemie umsetzt, beeinflusst der Fortschritt in diesen Gebieten die Risikocharakterisierung ebenfalls (Abbildung 11.2).

Zur Abschätzung der Gesundheitsgefährdung durch einen chemischen Stoff sind Kenntnisse zur Toxizität (Bestimmung der Gefährlichkeit) und zur Exposition zu erarbeiten. Durch Analyse der Dosis-Wirkungs-Beziehungen aus Tierversuchen, der aus experimentellen Beobachtungen abgeleiteten Wirkungsmechanismen und, falls möglich, der höchsten Dosis ohne erkennbare Wirkungen lässt sich dann das gesundheitliche Risiko einer bestimmten Exposition beschreiben (Risikocharakterisierung). Parallel dazu wird durch analytische Verfahren bei schon in Nutzung befindlichen Stoffen die gegebene Exposition bestimmt beziehungsweise bei neuen Stoffen die zu erwartende Exposition abgeschätzt. Die toxikologische Risikocharakterisierung kann daher stufenweise erfolgen und muss auch aus Kostengründen nicht für jeden Stoff bis zum Ende durchgeführt werden. Zeigt ein Stoff mit vorhersehbar hoher Exposition nicht akzeptable toxische Wirkungen, können weitere Risikocharakterisierungsschritte unterbleiben (Abbildung 5.1). Bei sicher auszuschließender Exposition ist eine vollständige Risikocharakterisierung ebenfalls nicht nötig.

11.2.1 ■ Experimentell-toxikologische Untersuchungen sind ein wichtiger Bestandteil der Risikoabschätzung

Mit hinreichender Sicherheit ist meist nur die Charakterisierung der Gefährlichkeit eines Stoffes möglich; dazu werden gezielt durchgeführte Tierexperimente genutzt. Die Bestimmung der Exposition, der zweite Teil der Risikocharakterisierung, ist wegen oft fehlender Daten oder auch aus Kostengründen nur unter bestimmten Voraussetzungen

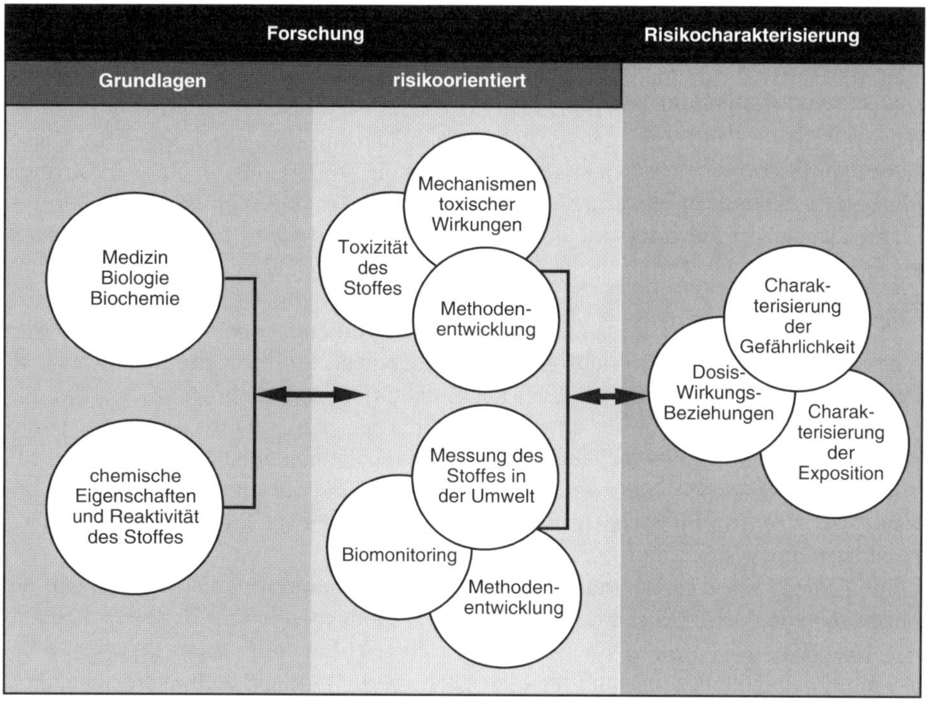

11.2 Bestandteile der toxikologischen Risikocharakterisierung (nach Ziegler, 1993). Die Risikocharakterisierung ist ein vielschichtiger Prozess; Ergebnisse der Grundlagenforschung sowie der Toxikologie gehen in die Risikocharakterisierung ein.

(berufliche Belastung, rezeptpflichtiges Arzneimittel) mit ausreichender Genauigkeit durchführbar.

Epidemiologie und Toxikologie in der Risikocharakterisierung

Ein direkter Weg zur Risikoquantifizierung ist die Erhebung epidemiologischer Daten zur Erkrankungshäufigkeit. Die *Epidemiologie* versucht die Häufigkeit einer Erkrankung in einzelnen Bevölkerungsgruppen zu bestimmen und Faktoren zu identifizieren, die diese Häufigkeit beeinflussen. Die üblichen epidemiologischen Ansätze arbeiten mit Vergleichskollektiven; bei der Risikocharakterisierung wird die Eintrittswahrscheinlichkeit einer Erkrankung im Vergleichskollektiv gleich eins gesetzt. Die Eintrittswahrscheinlichkeit im belasteten Kollektiv wird relatives Risiko genannt und als multiplikativer Faktor der Krankheitsinzidenz im nichtbelasteten Kollektiv angegeben. Die epidemiologischen Untersuchungen befassen sich mit Schadstoffen, die in der Umwelt oder am Arbeitsplatz vorkommen. Ist die Exposition bekannt und löst eine Erkrankung aus, die in der nicht exponierten Bevölkerung selten ist, kann die Epidemiologie einen wichtigen Beitrag zur Beschreibung des Risikos eines Stoffes leisten. Die epidemiologischen Ansätze (oft mit Daten aus dem Bereich der Arbeitsmedizin) bestimmen Wirkungen auf den Menschen und benötigen keine Daten zu Wirkungsmechanismus und Toxikokinetik des Stoffes; das Problem der Spezies- und Dosisextrapolation (siehe unten) ist – anders als bei Tierexperimenten – nicht vorhanden. Ein Beispiel für einen durch Beobachtungen am Menschen bestätigten ursächlichen Zusammenhang zwischen Exposition und Erkrankung ist der Nachweis einer bestimmten Form von Leberkrebs (*Hämangiosarkom*) in vinylchloridexponierten Arbeitern. Dieser Tumor kommt in der nicht exponierten Bevölkerung äußerst selten vor; sein Auftreten konnte daher ursächlich mit einer Vinylchloridexposition verknüpft werden.

Meist stößt die Epidemiologie jedoch auf erhebliche Probleme bei der Risikocharakterisierung:

- Risiken durch Stoffe, welche die Inzidenz häufig vorkommender Erkrankungen (beispielsweise von Herz-Kreislauf-Erkrankungen und bestimmten Arten von Krebs wie Lungenkrebs) erhöhen, werden aus statistischen Gründen oft nicht erfasst.
- Die Epidemiologie kann nur unter großen Schwierigkeiten Dosis-Wirkungs-Beziehungen erstellen. In den meisten Fällen sind Expositionen unbekannt oder nur unzureichend beschrieben, Messwerte zu Expositionen sind nur selten verfügbar.
- Oft sind die Gruppen belasteter Personen zur Ableitung statistisch nutzbarer Aussagen zu klein.
- Die Zahlenwerte des relativen Risikos liefern oft nur einen qualitativen Hinweis auf ein erhöhtes Krebsrisiko, da sie lediglich eine Momentaufnahme der Krebsinzidenz des exponierten Kollektivs darstellen und Zeit-Wirkungs-Beziehungen (lange Latenzzeit der Tumorausbildung im Menschen) oft nicht ausreichend berücksichtigen können.

Der bedeutendste Nachteil der Epidemiologie liegt natürlich darin, dass nur Daten über schon in Nutzung befindliche Stoffe erarbeitet werden können; eine Prävention ist so nicht möglich. Risiken werden erst erkannt, nachdem eine größere Zahl von Menschen gegenüber dem Schadstoff exponiert wurden und Erkrankungen aufgetreten sind. Damit wird die vom Gesetzgeber auferlegte Vorsorgepflicht nicht erfüllt. Wegen der raschen Entwicklung neuer, preiswerterer und für bestimmte Zwecke besser geeigneter Stoffe ist aber die vorhersehende Risikocharakterisierung zum Gesundheitsschutz unabdingbar. Dieses Ziel lässt sich nur durch sinnvoll geplante toxikologische Untersuchungen erreichen.

Methoden der Risikocharakterisierung auf der Grundlage toxikologischer Untersuchungen

Bei neuen Stoffen beruht die Charakterisierung schädlicher Wirkungen (Gefährlichkeit) und damit der erste Teil der Risikoabschätzung hauptsächlich auf Tierversuchen. Das umfangreiche Datenmaterial zur Toxizität von Chemikalien in Versuchstieren und die bislang vorhandenen Erfahrungen beim Menschen belegen, dass in den meisten Fällen zwischen Mensch und Versuchstier keine qualitativen Unterschiede in den Schadwirkungen bestehen. Quantitative Unterschiede zwischen Mensch und Tier oder einzelnen Tierarten sind meist die Folge der unterschiedlichen Toxikokinetik des Stoffes. Daher kann man toxische Wirkungen, die im Tierexperiment beobachtet werden, bei entsprechender Exposition auch für den Menschen annehmen. Dass die in Tierversuchen beobachteten Effekte auf den Menschen übertragbar sind, beruht auf den unter Säugern vorhandenen Ähnlichkeiten in Anatomie, Physiologie und Biochemie. Das Prinzip der Extrapolation von Tierdaten auf den Menschen wird auch von regulatorischen Gremien praktiziert.

Ein Vorteil der toxikologischen Untersuchungen an Versuchstieren ist die Voraussagekraft der Experimente. Trotzdem bestehen viele Unsicherheiten, da man von der Reaktion einer begrenzten Anzahl genetisch homogener Versuchstiere auf die Wirkungen in einer großen Anzahl genetisch heterogener Menschen mit unterschiedlichsten Lebensumständen schließt. Um eine möglichst hohe Sensitivität zu gewährleisten, führt man Tierversuche mit hohen Dosen durch. Die Ergebnisse müssen auf die niedrigen Belastungen des Menschen extrapoliert werden (*Dosisextrapolation*). Schließlich kommt der Unsicherheitsfaktor der so genannten *Speziesextrapolation* hinzu (siehe unten). Die aus diesen Extrapolationen erwachsenden Unsicherheiten lassen sich durch Aufklärung der Mechanismen, die den toxischen Wirkungen des jeweiligen Stoffes zugrunde liegen, verringern (siehe unten). Da die Erarbeitung neuer Erkenntnisse und Methoden in der Toxikologie ständig fortschreitet, kann die „toxikologische Bewertung“ nicht nach vorgegebenen formalen Kriterien durchgeführt werden, es existieren aber Leitfäden zum Vorgehen in der EU und in den USA. Jede Bewertung der Gefährlichkeit einer Substanz muss den aktuellen Kenntnisstand der Toxikologie berücksichtigen.

Die Erarbeitung von Daten zur toxikologischen Bewertung von Stoffen wird stufenweise vorgenommen. Dadurch lassen sich nach jedem Einzelschritt die Ergebnisse bewerten und die gewonnenen Erkenntnisse im nächsten Schritt umsetzen. Am Anfang der zur Charakterisierung toxischer Wirkungen durchgeführten Tierversuche stehen Untersuchungen der akuten Toxizität. Man erhält so auch Informationen über Zielorgane und Dosis-Wirkungs-Kurven, die als Basis für weitere Versuchsplanungen dienen (Kapitel 6). Außerdem sollten bei der toxikologischen Charakterisierung eines Stoffes auch frühzeitig Untersuchungen zur Toxikokinetik durchgeführt werden. Parallel zu diesen Untersuchungen im intakten Versuchstier stehen Arbeiten zur Bestimmung des gentoxischen Potenzials (Kapitel 6). Falls diese Untersuchungen keinen Hinweis auf nicht akzeptable toxische Wirkungen der Substanz erbringen, schließt sich ein chronischer Toxizitätsversuch in Nagern an. Dieser hat das Ziel, den Wirkungscharakter bei Langzeitexposition zu erfassen und Dosis-Wirkungs-Beziehungen abzuleiten.

Abschätzung der Exposition

Die Abschätzung der Stoffexposition ist der wichtigste Schritt auf dem Weg zu einer Risikocharakterisierung, wird jedoch oft vernachlässigt. Um die möglichen gesundheitlichen Auswirkungen eines Schadstoffes zu beurteilen und besondere Risikofaktoren (Arbeitsplatz, Lebensstil) zu bewerten, benötigt man verlässliche Daten zur Exposition. Für die genaue Abschätzung der Zahl exponierter Personen sowie der Höhe und der Dauer der Exposition sind Kenntnisse über die Freisetzung des Schadstoffes (aus Industrie, Haushalt, Verkehr oder natürlichen Quellen), sein Schicksal in der Umwelt und seine Bioverfügbarkeit aus Umweltmedien erforderlich (Exkurs 11.1).

Exkurs 11.1: Biomonitoring als Methode zur genaueren Bestimmung von Exposition, Schadwirkungen und individueller Empfindlichkeit

Die Exposition des Menschen gegenüber Schadstoffen wird meist durch Messung der Konzentration des jeweiligen Stoffes in der Atemluft, der Nahrung, dem Trinkwasser und anderen Medien bestimmt. Da man so lediglich die *äußere Exposition* misst, erhält man auch nur Anhaltspunkte zur tatsächlichen Exposition. Sinnvoller für die Risikoabschätzung ist die Messung des Stoffes, seiner Reaktionsprodukte oder ausgelöster biologischer Veränderungen in exponierten Personengruppen. Diese Messgrößen werden *Biomarker* genannt; die quantitative Bestimmung von Biomarkern in Ausscheidungen oder leicht zugänglichen Geweben von Exponierten bezeichnet man als *Biomonitoring*. Biomarker lassen sich einteilen in

- Marker der Exposition,
- Marker der Belastung,
- Marker für ausgelöste Veränderungen im Organismus.

Biomarker der *inneren Exposition* sind die Konzentrationen des Stoffes oder seiner Metaboliten in Körperflüssigkeiten oder Ausscheidungsprodukten. Als Biomarker der *inneren Belastung* können das Ausmaß der gebildeten reaktiven Zwischenstufen im Organismus (Menge der modifizierten Makromoleküle) oder Veränderungen wie Chromosomenaberrationen und Mutationen dienen (die Bestimmungsmethoden sind in Kapitel 6 beschrieben); ideal zur Risikoabschätzung ist eine Kombination der Bestimmung von modifizierten Makromolekülen und Chromosomenaberrationen oder Mutationen (Abbildung 11.3).

Marker der Exposition
Die Messung des Stoffes oder seiner Metaboliten in Körperflüssigkeiten und in Ausscheidungsprodukten liefert Aussagen über die innere Exposition. Oft kann man solche Messungen nur während oder kurz nach Ende der Exposition vornehmen, da viele Stoffe und ihre Metaboliten innerhalb kurzer Zeiträume wieder ausgeschieden werden. Messungen des Stoffes selbst sind einfach durchzuführen und daher vielfach bevorzugt; interindividuelle Unterschiede in der Biotransformation bleiben unberücksichtigt.

Biomarker der inneren Belastung
Bei vielen Fremdstoffen beruhen gerade die für die Bewertung bedeutsamen toxischen Wirkungen auf der kovalenten Bindung an körpereigene Makromoleküle (Kapitel 5). Daher sollte die Konzentration der die Erkrankung auslösenden modifizierten körpereigenen Moleküle besser mit der toxischen Wirkung korrelieren als die äußere Exposition oder die Konzentration des Stoffes in den Körperflüssigkeiten. Modifizierte Makromoleküle stellen einen sehr frühen Messparameter zur Erfassung möglicher toxischer Wirkungen dar. Da diese Modifikationen noch ohne weitere Krankheitsfolgen stattfinden können, ist die Messung veränderter Makromoleküle gut zur Prävention stoffbedingter Erkrankungen geeignet. Bestimmen lassen sich sowohl Produkte der Reaktion von Metaboliten mit Proteinen als auch mit DNA (Protein- und DNA-Addukte).

Grundvoraussetzung für die Anwendung beim Menschen ist die Nachweisbarkeit von Addukten des Fremdstoffes in leicht zugänglichen Geweben oder in Ausscheidungsprodukten. Dementsprechend analysiert man oft Produkte der Reaktion von Fremdstoffmetaboliten mit Makromolekülen in Blutzellen.

Als Messparameter für biologische Veränderungen können Mutationen und Chromosomenschäden bis hin zu physiologischen Untersuchungen (beispielsweise Reaktionszeiten auf audiovisuelle Reize nach Arbeiten mit Lösungsmitteln) dienen. Durch diese Methoden werden erste, noch ohne erkennbare Krankheitszeichen ablaufende Wirkungen erfasst. Die Bestimmung biologischer Endpunkte im Biomonitoring ist daher eher zur frühzeitigen Erkennung von Schädigungen als zur Vorsorge geeignet. Problematisch ist die oft fehlende quantitative Korrelation zwischen der internen Dosis des Stoffes und den ausgelösten Veränderungen.

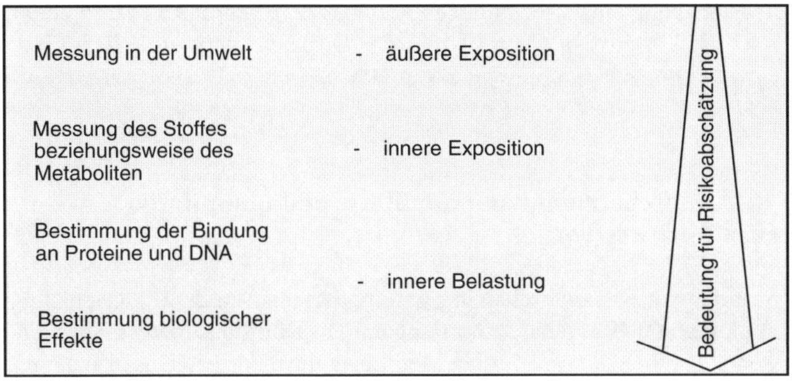

11.3 Durch Biomonitoringverfahren gemessene Effekte und ihre Bedeutung für die Risikocharakterisierung.

Die Exposition kann durch Messung der Stoffkonzentrationen in der Atemluft oder in anderen Umweltmedien abgeschätzt werden. Erheblich verlässlicher sind in diesem Zusammenhang direkte Bestimmungen in exponierten Personen.

Wegen der aufwendigen und zeitintensiven Methoden und der hohen Kosten liegen Daten zur Exposition nur in stark unterschiedlichem Ausmaß vor; bei neuen Stoffen fehlen sie ganz. Hier gilt es, die geplante Anwendung, die Möglichkeiten der Freisetzung, die Stabilität in der Umwelt und die dadurch zu erwartenden Belastungen zu charakterisieren. Oft werden hier Modellrechnungen angewendet.

11.3 Risikocharakterisierung

Die eigentliche Risikocharakterisierung integriert die Gefährlichkeit des jeweiligen Stoffes, die aufgenommene Menge und die Dauer der Einwirkung. Wirkungsmechanismen von Stoffen spielen für die zu erwartenden Gesundheitsgefährdungen und damit für die Risikocharakterisierung eine bedeutsame Rolle. Für Stoffe mit reversiblen Wirkungen (*Konzentrationsgifte*) und für solche mit irreversiblen Wirkungen (*Summationsgifte*, siehe Kapitel 1) fällt die Risikocharakterisierung unterschiedlich aus.

Für viele Stoffe lassen sich wirkungsfreie Konzentrationen definieren. Bei Dosierungen unterhalb dieser Schwellendosen treten keine Effekte auf. Bei Konzentrationsgiften spielt die *Dosisrate* (pro Zeiteinheit aufgenommene Stoffmenge) die wichtigste Rolle in der Risikocharakterisierung; ausgehend von der Reversibilität der Wirkungen können Grenzwerte für Belastungen abgeleitet werden. Problematisch hingegen ist die Risikocharakterisierung für Stoffe mit irreversiblen Wirkungen, die Summationsgifte, für die sich aus Prinzip oft keine wirkungsfreien Konzentrationen angeben lassen. Zu dieser Gruppe gehören viele chemische Kanzerogene; bei diesen könnten selbst kleine Belastungen ein zusätzliches Risiko bedeuten. Bei der Risikoabschätzung erfolgt in diesen Fällen die Festlegung eines „akzeptablen Risikos" (z. B. durch Exposition hervorgerufenes zusätzliches Krebsrisiko von $1 : 10^6$). Die Dosis, die dem zusätzlichen Risiko von eins zu einer Million entspricht, wird als „praktisch sichere Dosis" (*virtually safe dose*) bezeichnet.

1.3.1 Die Risikoabschätzung kann qualitativ und quantitativ durchgeführt werden

Bei der quantitativen Risikoabschätzung extrapoliert man aus der Dosisabhängigkeit toxischer Wirkungen in Tierversuchen mit hohen Dosen mittels mathematischer Verfahren die Wahrscheinlichkeit, mit der bei Menschen, die niedrigen Dosen ausgesetzt sind, Schadwirkungen auftreten. So erhält man Zahlenwerte für die Risiken einer bestimmten Exposition, die zur Festlegung von Grenzwerten dienen können. Die tierexperimentellen Studien liefern einen quantitativen Endpunkt, von dem ausgehend weitere Bewertungen und Quantifizierungen bezüglich des Schutzes der menschlichen Gesundheit möglich sind. Diese quantitaiven Endpunkte können eine bestimmbare Dosis ohne Wirkung (NOAEL) oder eine definierte (geringe) Häufigkeit einer Wirkung (*benchmark dose*, siehe unten) darstellen.

Wegen der vielen Unsicherheiten bei der Extrapolation von im Tierversuch gewonnenen Erkenntnissen müssen aber für eine sinnvolle toxikologische Bewertung zahlreiche Erkenntnisse berücksichtigt werden, deren Bedeutung für die Gefährdung belasteter Personen sich nicht quantitativ abgeschätzen lässt. Diese qualitative Risikoabschätzung nutzt Daten zur Biotransformation, zur Gentoxizität eines Stoffes sowie Untersuchungen zum Wirkungsmechanismus für eine nicht quantitative Charakterisierung der Schadwirkungen von Chemikalien.

11.3.2 Stoffe mit toxikologischer Wirkungsschwelle (Konzentrationsgifte) haben eine wirkungsfreie Dosis

Für Stoffe, deren toxische Wirkungen keine Summationseffekte zeigen, gibt es im Tierversuch Dosierungen, bei denen innerhalb des Versuchszeitraumes keine nachweisbare Veränderung einer Messgröße zu beobachten ist. Solche Stoffe besitzen eine Wirkungsschwelle. Aus Tierversuchen werden die wirkungsfreien *no-observed-effect-levels* oder *no-observed-adverse-effect- levels* (NOAEL, Definitionen siehe Kapitel 1) abgelesen. Der Nachteil des NOAEL-Verfahrens ist die unzureichende Berücksichtigung der Dosisabhängigkeit der Wirkungen, da normalerweise nur ein einziger Wert in die Bestimmung des NOAEL eingeht. Das zum NOAEL-basierten Verfahren alternative *benchmark*-Verfahren ist dagegen eine statistikgestützte Analyse aller zu einem untersuchten Kollektiv vorliegenden Wirkungsdaten, das heißt der gesamten Dosis-Wirkungskurve. In dieser Analyse wird abgeschätzt, ab welcher Dosis in dem untersuchten Kollektiv eine zuvor als schädlich bewertete (adverse) Wirkung in signifikant erhöhter Häufigkeit auftritt. Die als kritisch für die Bewertung definierte toxische Wirkung wird als *benchmark response* (BMR) bezeichnet. Die ihr zuzuordnende, gerade noch wirksame „kritische" Dosis ist die *benchmark dose* (BMD). Die BMD ist ein Mittelwert und löst die BMR mit der entsprechenden Wahrscheinlichkeit aus. Die untere Grenze des Konfidenzintervalls der BMD ist die *benchmark dose-lower bound* (BMDL).

Während das NOAEL-basierte Verfahren allein auf den experimentell vorgegebenen oder epidemiologisch ermittelten Dosispunkten beruht, fließen beim aufwendigeren Benchmark-Verfahren alle verfügbaren Dosispunkte in die mathematische Modellierung ein. Man erhält Informationen über Steilheit und Verlauf der Dosis-Wirkungsbeziehungen sowie, bei Ableitung einer BMDL, die mit ihr verknüpften Unsicherheiten. Die Datenanalyse zur Findung einer BMD oder BMDL verhilft zu einem differenzierteren Bild über die Unsicherheiten auf dieser Stufe der Risikoabschätzung als die bloße Schätzung eines NOAELs. Das entsprechend verfeinerte Wissen kann in den Folgeschritten des gesamten Verfahrens bis hin zur Standardsetzung hilfreich sein. Hierbei ist die Steilheit der Dosis-Wirkungskurve sehr bedeutsam.

Von solchen experimentell gewonnenen Daten ausgehend bestimmt man unter Berücksichtigung eines Sicherheitsabstands die maximal zulässigen Belastungen für den Menschen. Für nicht krebserzeugende Verbindungen lassen sich dann tägliche Aufnahmeraten (ADI-Werte, *acceptable daily intake*) definieren, bei denen keine toxischen Wirkungen zu erwarten sind. ADI-Werte werden festgelegt, indem man die in den Tierversuchen abgeleiteten Dosen des NOAELs verwendet und unter Einführung von Sicherheitsfaktoren eine akzeptable tägliche Höchstaufnahmemenge definiert. Der zur Festlegung der zulässigen Dosis für den Menschen herangezogene tierexperimentelle NOEL-Wert beruht auf der Reaktion der jeweils empfindlichsten Tierart beziehungsweise des empfindlichsten Tierstammes.

$$\frac{\textit{no-observed-effect-level}\text{ aus Toxizitätsstudie}}{\text{Sicherheitsfaktor}} = \text{„zulässige Höchstaufnahmemenge"}$$

Die Einführung von Sicherheitsfaktoren dient der Risikominderung. Dadurch sollen Unwägbarkeiten beziehungsweise im Tierversuch nicht nachvollziehbare Probleme wie die möglichen Unterschiede in der toxischen Wirkung des betreffenden Stoffes in verschiedenen Altersklassen, bei Krankheiten oder Schwangerschaft berücksichtigt werden. Für Unterschiede in der Empfindlichkeit zwischen Mensch und Tier setzt man einen Sicherheitsfaktor von zehn ein; ein weiterer, ebenso großer Sicherheitsfaktor soll mögliche interindividuelle Unterschiede in der menschlichen Bevölkerung und Wechselwirkungen mit anderen Stoffen kompensieren. Die genaue Größe des Gesamtsicherheitsfaktors ist allerdings abhängig von Umfang und Qualität der vorhandenen Daten. Der Sicherheitsfaktor von 100 kann dann verwendet werden, wenn die toxischen Wirkungen eines Stoffes im Tierversuch gut charakterisiert sind und Wirkungsmechanismen erarbeitet wurden, aber keine Kenntnisse zur toxischen Wirkung eines Stoffes im Menschen (Exposition am Arbeitsplatz oder bei Unfällen und Vergiftungen) zur Verfügung stehen. Sind Kenntnisse zum Verlauf der Dosis-Wirkungs-Beziehungen und zu NOAEL-Werten im Menschen vorhanden, kann – bei nicht vermeidbarer Exposition – ein Sicherheitsfaktor von nur zehn angesetzt werden. Für Stoffe, bei denen nur wenige Untersuchungen zur subchronischen Toxizität vorliegen und keine Wirkungsmechanismen abgeleitet sind, genügen Sicherheitsfaktoren von 100 nicht; hier müssen Faktoren von 1 000 oder mehr verwendet werden.

Das hier beschriebene Verfahren zur Ableitung von ADI- oder TDT-Werten (*tolerable daily intake*) wird seit mehr als 40 Jahren meist für Nahrungsmittelzusatzstoffe und Kontaminantien zur Festlegung von Grenzwerten in Lebensmitteln angewendet. Aus den ADI- oder TDI-Werten können unter Berücksichtigung von Verzehrgewohnheiten höchste zulässige Konzentrationen von Stoffen in Lebensmitteln definiert werden.

Zur Abschätzung von Gesundheitsrisiken im Bereich der Umwelt und des Arbeitsplatztes und zur Prioritätensetzung für gesetzgeberische Maßnahmen wird ein im Prinzip der Ableitung von ADI-Werten ähnliches Verfahren angewendet. Bei der Ermittlung von *margins of safety* (MOS) wird die Exposition des Menschen gegenüber einer Chemikalie unter verschiedenen Szenarien bestimmt oder abgeschätzt und die ermittelten Dosen mit dem NOAEL verglichen. Der Unterschied zwischen ermittelter Dosis und NOAEL wird dann als MOS bezeichnet und sollte in den meisten Fällen 100 nicht unterschreiten. Geringere MOS-Werte können unter Berücksichtigung der zu betrachtenden Wirkung annehmbar sein, müssen aber begründet werden.

Ein Hauptproblem der unkritischen Anwendung von Sicherheitsfaktoren ist die nicht ausreichende Berücksichtigung des Verlaufs der Dosis-Wirkungs-Beziehungen. Stoffe mit einer steilen Dosis-Wirkungs-Kurve werden oft genauso behandelt wie Stoffe mit flachen Dosis-Wirkungs-Kurven.

11.3.3 Für Stoffe ohne Wirkungsschwelle (Summationsgifte) existiert theoretisch keine wirkungsfreie Dosis

Probleme bei der Risikoabschätzung für Kanzerogene

Für gentoxische Kanzerogene sind theoretisch keine Schwellenwerte ableitbar. Bei neuen Verbindungen sind Kanzerogenitätsuntersuchungen in Nagern das wichtigste Hilfsmittel bei der Charakterisierung möglicher krebserzeugender Wirkungen (Kapitel 6). Man geht davon aus, dass ein im Tierversuch eindeutig krebserzeugender Stoff auch im Menschen bei entsprechender Exposition Krebs erzeugen kann.

Trotzdem bleiben sehr viele Unsicherheiten und der Zwang zur Extrapolation. Durch Kanzerogenitätsversuche in Nagern kann nur ein kleiner Dosisbereich abgedeckt werden. Dieser liegt meist um mehrere Größenordnungen über der menschlichen Exposition. Der im Tierversuch anwendbare Dosisbereich wird nach oben durch die Toxizität der Substanz und nach unten durch die statistische Signifikanzschwelle begrenzt. Bei den verwendeten Gruppengrößen von 50 bis 60 Tieren bewegt sich, falls die Kontrolltiere keine Tumoren entwickeln, die niedrigste noch nachweisbare Krebsinzidenz bei fünf Prozent (5×10^{-2}). Für den Menschen akzeptable Risiken (zusätzliche Krebsinzidenz von 1 x 10^{-5} bis 1 x 10^{-7}) liegen um mehrere Größenordnungen tiefer – in einem Dosisbereich, der in praktisch durchführbaren Tierversuchen keine statistisch signifikanten Ergebnisse liefern kann (Abbildung 11.4). Zur Kompensation der geringen Tierzahlen werden hohe Dosen eingesetzt und auf die tatsächlichen Expositionen des Menschen extrapoliert. Gerade der Verlauf der Dosis-Wirkungs-Beziehungen bei niedrigen Dosen hat aber einen großen Einfluss auf das Krebsrisiko bei einer bestimmten Exposition. In einigen aufwendigen Versuchen ist der tatsächliche Kurvenverlauf im niedrigen Dosisbereich (Dosis-Häufigkeits-Beziehungen) mit großen Tierzahlen nach Gabe stark wirksamer Kanzerogene ermittelt worden. In diesen Experimenten fand man sowohl lineare als auch nichtlineare Dosis-Wirkungs-Beziehungen der Tumorinzidenz; im Verlauf der Kurven im niedrigen Dosisbereich traten substanz-, zielorgan- und speziesabhängige Unterschiede auf (Abbildung 11.5).

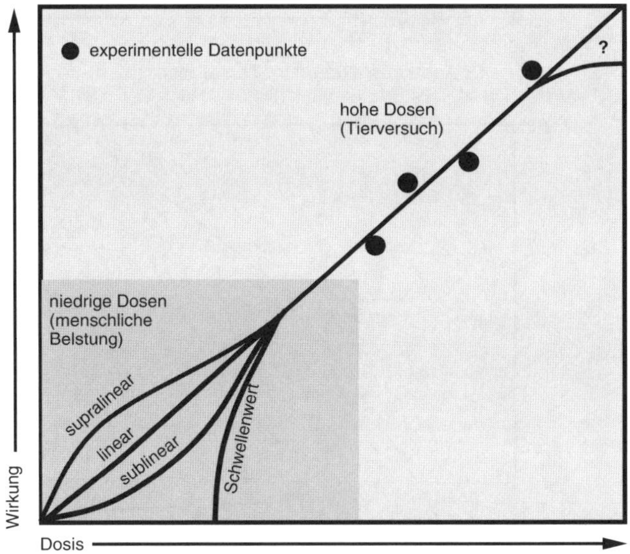

11.4 Probleme bei der Dosis-Extrapolation aus Kanzerogenitätsstudien in Nagern. Möglicher Verlauf der Dosis-Wirkungs-Kurven im niedrigen, für die menschliche Exposition relevanten Dosisbereich unter Verwendung verschiedener mathematischer Modelle. Die Wirkung bei sehr niedrigen Dosen ist im Experiment nicht erfassbar; in diesem Bereich sind sehr unterschiedliche Dosis-Wirkungs-Kurven möglich. Doppeltlogarithmische Darstellung.

Bei den routinemäßig durchgeführten Kanzerogenitätsstudien kann dieser Aufwand nicht betrieben werden. Daher nutzt man hier mathematisch-statistische Methoden sowie toxikologische Kenntnisse zur Extrapolation auf den niedrigen Dosisbereich. Im Zweifelsfall nimmt man einen linearen Verlauf der Dosis-Wirkungs-Beziehungen in diesem Bereich an. Dadurch werden Risiken bei bekannter Exposition möglicherweise „überschätzt" (*konservativer Ansatz*). Dieses Vorgehen beruht auf dem Prinzip, dass Unsicherheiten bei Schutzgesetzen nicht zulasten, sondern zugunsten des zu Schützenden auszulegen sind.

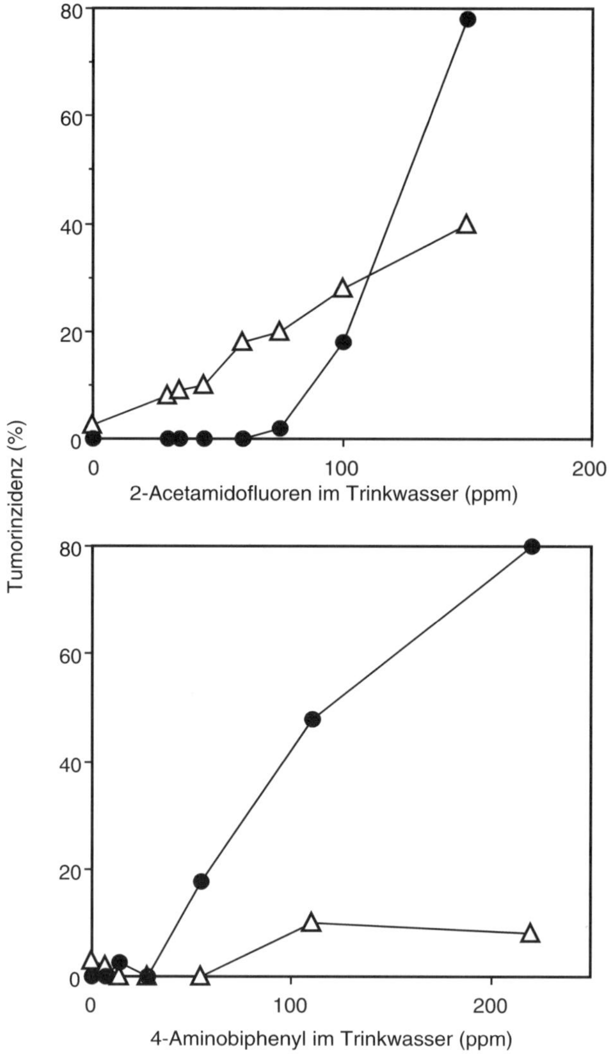

11.5 Tumorinzidenzen in Leber (△) und Blase (●) nach Gabe von 2-Acetamidofluoren und 4-Aminobiphenyl in Mäusen über 24 Monate. In diesen Experimenten wurden große Tierzahlen zur Erfassung der Tumorinzidenz bei niedrigen Dosen eingesetzt. Die Inzidenz an Lebertumoren nach 2-Acetamidofluoren-Exposition zeigt eine lineare Abhängigkeit von der Dosis; im Gegensatz dazu sind die Blasentumorinzidenz nach 2-Acetamidofluoren und 4-Aminobiphenyl sowie die Lebertumorinzidenz nach 4-Aminobiphenyl nicht linear dosisabhängig.

Quantitative Krebsrisikoabschätzungen ergeben Zahlenwerte für zu erwartende Tumorinzidenzen 11.3.4

Durch quantitative Risikoabschätzungen (auf der Grundlage der Krebsinzidenz im Tierversuch) versucht man – besonders in den USA – das zusätzliche Krebsrisiko des Menschen bei Exposition gegenüber niedrigen Dosen in Zahlenwerten auszudrücken. Dieses Vorgehen hat sowohl Vor- als auch Nachteile. Für die Festsetzung von Grenzwerten sowie für juristische Auseinandersetzungen mögen Zahlenangaben für das Krebsrisiko einer bestimmten Exposition nützlich sein. Aus Sicht der Toxikologie und angesichts der vielen Unsicherheiten beim Zustandekommen dieser Zahlen ist ihre alleinige Verwendung für die Risikobeurteilung nicht sinnvoll und kann ein trügerisches Gefühl der Sicherheit oder Gefährdung geben. Daher wird die quantitative Risikoabschätzung auf der Grundlage von Tumorinzidenzen in Tierversuchen derzeit kritisch diskutiert (Tabelle 11.2).

Tabelle 11.2: Vor- und Nachteile der quantitativen Krebsrisikoabschätzung

Vorteile	Nachteile und Probleme
ergibt Zahlenwerte, die zur Festlegung von annehmbaren Belastungen dienen können	die zur Vorhersage angewendeten Methoden sind für den niedrigen Dosisbereich sehr ungenau
ermöglicht den Vergleich der Risiken bei Exposition gegenüber unterschiedlichen Chemikalien	die mathematischen Modelle beruhen nicht auf biologischen Systemen und Mechanismen der Krebsentstehung
erlaubt Prioritätensetzung für Belastungsbegrenzungen durch Identifizierung von Stoffen mit hohem Risiko	andere Daten zum Wirkungsmechanismus fließen nicht in die Beurteilung ein
	zur Durchführung sind immer teuere und zeitaufwendige Kanzerogenitätsversuche nötig

Die bei der quantitativen Risikoabschätzung angewendeten Extrapolationsmodelle errechnen von den Dosis Wirkungs-Kurven im Tierversuch aus die dosisabhängige Obergrenze für die Erhöhung der Krebsinzidenz in der menschlichen Bevölkerung bei einer entsprechenden Exposition. Grundlage aller Modelle ist die Annahme, dass die im experimentell zugänglichen Bereich beobachtete Dosis-Häufigkeits-Beziehung bis in extrem niedrige Dosisbereiche gültig ist, dass keine Schwellenwerte für gentoxische Stoffe existieren und dass die gesamte akkumulierte Dosis in die Betrachtung eingeht. Die Genauigkeit der Risikoabschätzung bei niedrigen Dosen ist davon abhängig, wie gut das jeweilige mathematische Modell die nicht messbare Dosis-Häufigkeits-Verteilung bei niedriger Exposition zu beschreiben vermag.

11.3.5 Kanzerogenitätsstudien mit hohen Dosen können das Krebsrisiko überschätzen

Die alleinige Anwendung von Studien, die mit hohen Dosen zur Bestimmung möglicher kanzerogener Wirkungen ausgeführt wurden, ist problematisch. Bis zu 40 % der untersuchten Chemikalien zeigten unter diesen Bedingungen zumindest in einer Spezies eine tumorerzeugende Wirkung. Aufgrund von toxischen Wirkungen und spezifischen Wirkungsmechanismen, die nur nach Exposition gegenüber hohen Dosen auftreten, kann eine massive Überschätzung von Risiken erfolgen (Tabelle 11.3).

Tabelle 11.3: Möglichkeiten und Grenzen von Kanzerogenitätsstudien bei hohen Dosen (maximal tolerierte Dosen, MTD)

Aussagemöglichkeiten	Grenzen
identifizieren Stoffe, die unter den Versuchsbedingungen kanzerogen sind	erlauben ohne weitere Daten keine Aussagen über Wirkungen bei niedrigen Dosen
liefern Werte über relative Wirkungsstärken bei unterschiedlichen Stoffen	mechanistische Aussagen sind aus den Ergebnissen nicht ableitbar
charakterisieren Zielorgane und die Art der induzierten Tumoren	wenn die Applikation von sehr hohen Dosen über die Induktion allgemeiner Toxizität sowie spezifischer, nur bei hohen Dosen auftretender Effekte zur Krebsentstehung führt, kommt es zur Überschätzung/Fehleinschätzung des Risikos für den Menschen
ermöglichen das Erstellen von Struktur-Wirkungs-Beziehungen	krebserzeugende Wirkung kann unter Umständen unaufgedeckt bleiben (unempfindliche Spezies; spezielle Art der Applikation)
zeigen bei sachgerechter Durchführung fehlende Kanzerogenität	akute Toxizität verhindert die längerfristige Applikation von wirksamen Dosen

Die auf Tierversuchen beruhende quantitative Krebsrisikoabschätzung kann lediglich Zahlen für die oberen Grenzen des Krebsrisikos bei bestimmten Belastungen des Menschen angeben; das wahre Risiko dieser Belastungen liegt irgendwo zwischen Null und diesen Werten. Zur realistischen Bewertung des Risikos einer bestimmten Exposition müssen daher neben den Ergebnissen der Kanzerogenitätsstudien alle Kenntnisse zum Stoff berücksichtigt werden. Dazu gehören Daten zur Toxikokinetik, zur Gentoxizität, zu Wirkungsmechanismen sowie Struktur-Wirkungs-Beziehungen und auch epidemiologische Studien. Die Nutzung all dieser Datensätze erlaubt eine qualitative Charakterisierung des Schadpotenzials eines Stoffes, die wissenschaftlich begründet werden kann.

11.4 Die Rolle mechanistischer Untersuchungen bei der Ableitung von Dosis-Wirkungs-Beziehungen

Wegen der vielen Beschränkungen der Kanzerogenitätsstudien fließen zunehmend Untersuchungen zu den Wirkungsmechanismen und zur Toxikokinetik chemischer Kanzerogene in die Risikoabschätzung ein.

Die besten Erfolgsaussichten für die qualitative Risikoabschätzung versprechen Untersuchungen zu den Wirkungsmechanismen nicht gentoxischer Kanzerogene. Einige Stoffe zeigen im Versuchstier kanzerogene Wirkungen, erwiesen sich aber in allen gängigen Gentoxizitätstests nicht als gentoxisch. Kanzerogene dieses Typ werden auch *epigenetische* Kanzerogene genannt, weil ihre krebserzeugende Wirkung nicht auf direkten Wechselwirkungen mit der DNA oder mit Chromosomen beruht (Kapitel 3). Für viele solche Stoffe sind besondere Wirkungsmechanismen aufgeklärt worden, denen meist eine durch toxische oder hormonelle Effekte erhöhte Zellproliferation zugrunde liegt. Da die Auslösung von Krebs bei diesen Verbindungen auf cytotoxischen oder rezeptorabhängigen Wirkungen beruht, können nichtlineare Dosis-Wirkungs-Beziehungen postuliert werden (Tabelle 11.4).

Tabelle 11.4: Beispiele für epigenetische Wirkungsmechanismen der Krebsentstehung

Wirkungsmechanismus epigenetischer Kanzerogene	Beispiele
Induktion von Cytotoxizität und Zellproliferation	unter die Haut implantierte Feststoffe; stark cytotoxische Verbindungen wie Tetrachlorkohlenstoff oder Formaldehyd;
Zellproliferation durch rezeptorvermittelte Wirkungen	Hormone wie Estradiol; Peroxisomenproliferatoren wie Di-(2-ethylhexyl)phthalat
Stimulierung der Zellteilung, Mechanismus unbekannt	Phenobarbital

Ein weiterer vielversprechender Ansatz zur Präzisierung der Risikoabschätzungen sind toxikokinetische Untersuchungen. Unterschiede in Aufnahme, Verteilung, Metabolisierung und Entgiftung können maßgeblichen Einfluss auf Spezies- und Dosisextrapolationen haben. Vergleichende toxikokinetische Untersuchungen (auch mit mathematischen Modellen) vermögen bei der Speziesextrapolation einen wichtigen Beitrag zur Risikocharakterisierung zu leisten (die Grundlagen der Toxikokinetik sind in Kapitel 4 dargestellt). Bei der Dosisextrapolation aus Kanzerogenitätsstudien bleiben Dosisabhängigkeiten der Toxikokinetik unberücksichtigt. Der Metabolismus einer Substanz kann bei verschiedenen Dosen unterschiedlich sein; entgiftende Wege, die bei hohen Dosen oft gesättigt werden, können bei niedrigen Dosen besonders wirksam sein (Kapitel 4).

11.5 Vorgehen bei der Risikoabschätzung am Beispiel von TCDD

Um die Schwierigkeiten bei der Risikoabschätzung von toxischen Stoffen in der Umwelt zu verdeutlichen, sollen am Beispiel von 2,3,7,8-Tetrachlordibenzo-*p*-dioxin (TCDD) die grundlegende Vorgehensweise und die auftretenden Probleme dargestellt werden.

Bestimmung von Exposition und Gefährlichkeit von TCDD

TCDD entsteht bei vielen Verbrennungsprozessen, ist in der Umwelt sehr stabil und reichert sich im Fettgewebe an. Das infolge seiner hohen Stabilität ubiquitär verteilte TCDD wird über verschiedene Wege vom Menschen aufgenommen. In der Allgemeinbevölkerung erreichen die Dioxinäquivalente etwa eine Konzentration von 30 Nanogramm pro Kilogramm Körpergewicht (Abschnitt 8.3.1); dies entspricht einer ungefähren täglichen Aufnahme des Menschen von 1,3 Picogramm pro Kilogramm Körpergewicht TCDD-Äquivalente je Tag. TCDD ist im Tierversuch kanzerogen; in Ratten erzeugt es Tumoren in mehreren Organen (Tabelle 11.5). Bei hoher Exposition gegenüber TCDD muss wegen der Wirkungsstärke der Substanz im Tier auch eine krebserzeugende Wirkung im Menschen angenommen werden. Epidemiologische Studien an arbeitsplatz- oder unfallbedingt hoch exponierten Menschen (Beobachtungszeitraum 20–40 Jahre) zeigen jedoch keine Erhöhung der Tumorraten.

Tabelle 11.5: Dosis-Wirkungs-Beziehungen von TCDD im Kanzerogenitätsversuch, ausgedrückt in der Zahl der Tiere, die entsprechende Tumoren tragen

	tägliche Dosis [µg/kg]*			
	0	0,001	0,01	0,1
männliche Ratten				
Nasentumoren	0	0	0	14
Zungentumoren	0	2	2	7
weibliche Ratten				
Lebertumoren	1	0	4	22
neoplastische Knoten oder Karzinome der Leber	10	6	36	68
Nasentumoren	0	0	4	17
Lungentumoren	10	6	36	49

*Kociba et al, 1978

Gentoxische Wirkungen wurden für TCDD nicht nachgewiesen. Für die akute Toxizität und die Kanzerogenität scheint die hohe Affinität von TCDD für den Ah-Rezeptor verantwortlich zu sein, der auch im Menschen vorhanden ist (eine ausführliche Darstellung findet sich in Abschnitt 7.3.1). Zur Bewertung des Krebsrisikos durch TCDD aus der Umwelt können die Tierversuche zur Kanzerogenität und Wirkungsmechanismen herangezogen werden; für die Risikoabschätzung nutzbare Erkenntnisse sind daher, wie es leider häufig der Fall ist, nur teilweise vorhanden. Folgende Kenntnisse dienen als Basis für die Dosis- und Speziesextrapolation:

- Menschen und Primaten sind gegenüber den akut toxischen Wirkungen von Dioxinen, die der Kanzerogenität in Nagern zugrunde liegen können, weit weniger empfindlich als Nager.
- Wegen der fehlenden Gentoxizität wirkt TCDD wahrscheinlich als Tumorpromotor; TCDD ist im Versuchstier im Initiations-Promotions-Experiment positiv (Kapitel 3 und 6).
- Die Dosis-Wirkungs-Kurve der Tumorinduktion im Tierversuch verläuft ungewöhnlich flach; bei der niedrigsten TCDD-Dosis war die Inzidenz von hormonabhängigen Tumoren im Vergleich zur Kontrolle sogar verringert.

Alle Risikoextrapolationen für TCDD beruhen auf der rezeptorvermittelten Wirkung, wobei für solche Wirkungen nichtlineare Dosis-Wirkungs-Beziehungen diskutiert werden. Die durch TCDD ausgelöste Zellproliferation unterliegt einer nichtlinearen Dosis-Wirkungs-Beziehung mit einem Schwellenwert.

Tabelle 11.6: Duldbare tägliche Aufnahme an TCDD festgelegt durch verschiedene staatliche Gremien

Gremium	Methode	duldbare Aufnahme fg/kg/Tag
US Environmental Protection Agency	Linearisiertes *multistage*-Modell	6
US Centers for Disease Control	Sicherheitsfaktor	28
Toxics Air Programm	Linearisiertes *multistage*-Modell	8
Proposition 65, Staat Kalifornien	Linearisiertes *multistage*-Modell	80
US Food and Drug Administration	Sicherheitsfaktor (77)	13 000
Kanada	Sicherheitsfaktor (100)	10 000
Niederlande	Sicherheitsfaktor (250)	4 000
Deutschland	Sicherheitsfaktor (1 000)	1 000

Bei Berücksichtigung aller toxikologischen Kenntnisse scheint ein zusätzliches Krebsrisiko durch Exposition mit TCDD aus der Umwelt sehr fraglich. Die Unsicherheiten in der Risikoabschätzung von Dioxinen zeigen sich aber in den international unterschiedlichen Grenzwertfestlegungen, die in der Anwendung verschiedener Modelle für die Risikoextrapolation begründet sind.

Auf der Grundlage der Ergebnisse von Langzeitstudien zur Kanzerogenese und unter Berücksichtigung unterschiedlicher Eliminations-Halbwertszeiten bei Menschen und Versuchstieren sind „duldbare“ tägliche Aufnahmemengen von TCDD-Äquivalenten festgelegt worden. Die „duldbare“ Aufnahmemenge für den Menschen in Deutschland beträgt danach ein Picogramm pro Kilogramm und Tag, was etwa der gemessenen Belastung entspricht. Diese Dosis liegt 1 000fach unter derjenigen, die im Tierversuch noch ohne Wirkung blieb. In den USA gelten unter Zugrundelegung anderer Rechenmodelle und Zumutbarkeitskriterien bei linearer Extrapolation der Dosis-Wirkungs-Beziehungen im Tierversuch (quantitative Risikoabschätzung) andere Werte. Von der Environmental Protection Agency wurde eine maximale „duldbare“ Aufnahme von 0,006 Picogramm pro Kilogramm und Tag errechnet; die U.S. Food and Drug Administration, die andere Extrapolationsmodelle verwendete, gibt einen Wert von 13 Picogramm pro Kilogramm und Tag an. Alle Berechnungen beruhen auf Tumorigenitätsuntersuchungen an der Ratte, deren Übertragbarkeit auf den Menschen, wie oben dargestellt, ebenso umstritten ist wie die linearen Extrapolationen.

Die dargestellten Fakten zeigen, wie schwierig die Risikobewertung selbst für intensiv untersuchte Kanzerogene ist. Eine Verbesserung der momentanen Situation kann nur durch weitere Aufklärung der Mechanismen toxischer Wirkungen erreicht werden.

Weiterführende Literatur

Aitio A, Kallio A (1999) Exposure and effect monitoring: a critical appraisal of their practical application. *Toxicol Lett* 108: 137–47

Ames BN, Gold LS (1990) Too many rodent carcinogens: mitogenesis increases mutagenesis. *Science* 249: 970–1

Ames BN, Gold LS (1998a) The causes and prevention of cancer: the role of environment. *Biotherapy* 11: 205–20

Ames BN, Gold LS (1998b) The prevention of cancer. *Drug Metab Rev* 30: 201–23

Andersen ME (2003) Toxicokinetic modeling and its applications in chemical risk assessment. *Toxicol Lett* 138: 9–27

Anwar WA (1997) Biomarkers of human exposure to pesticides. *Environ Health Perspect* 105 Suppl 4: 801–6

Appel KE (1990) „Risk Assessment“ in der Toxikologie. *Bundesgesundhbl* 6: 240–247

Barrett JC (1993) Mechanisms of multistep carcinogenesis and carcinogen risk assessment. *Environmental Health Perspectives* 100: 9–20

Conolly RB, Andersen ME (1991) Biologically based pharmacodynamic models: Tools for toxicological research and risk assessment. *Annu Rev Pharmacol Toxicol* 31: 503–523

Conolly RB, Lutz WK (2004) Nonmonotonic dose-response relationships: mechanistic basis, kinetic modeling, and implications for risk assessment. *Toxicol Sci* 77: 151–7

Feron VJ, Cassee FR, Groten JP, van Vliet PW, van Zorge JA (2002) International issues on human health effects of exposure to chemical mixtures. *Environ Health Perspect* 110 Suppl 6: 893–9

Gold LS, Slone TH, Ames BN (1998) What do animal cancer tests tell us about human cancer risk?: Overview of analyses of the carcinogenic potency database. *Drug Metab Rev* 30: 359–404

Gold LS, Slone TH, Stern BR, Manley NB, Ames BN (1992) Rodent carcinogens: setting priorities. *Science* 258: 261–265

Goodman G, Wilson R (1991) Quantitative prediction of human cancer risk from rodent carcinogenic potencies: a closer look at the epidemiological evidence for some chemicals not definitively carcinogenic in humans. *Regul Toxicol Pharmacol* 14: 118–46

Greene JF, Hays S, Paustenbach D (2003) Basis for a proposed reference dose (RfD) for dioxin of 1–10 pg/kg-day: a weight of evidence evaluation of the human and animal studies. *J Toxicol Environ Health B Crit Rev* 6: 115–59

Greim H (2003) Mechanistic and toxicokinetic data reducing uncertainty in risk assessment. *Toxicol Lett* 138: 1–8

Greim H, Reuter U (2001) Classification of carcinogenic chemicals in the work area by the German MAK Commission: current examples for the new categories. *Toxicology* 166: 11–23

Herrman JL, Younes M (1999) Background to the ADI/TDI/PTWI. *Regul Toxicol Pharmacol* 30: S109–13

Hoel DG, Haseman JK, Hogan MD, Huff J, McConnell EE (1988) The impact of toxicity on carcinogenicity studies: implications for risk assessment. *Carcinogenesis* 9: 2045–2052

Huff J (1993) Chemicals and cancer in humans: first evidence in experimental animals. *Environmental Health Perspectives* 100: 201–210

Huff J, Haseman J, Rall D (1991) Scientific concepts, value, and significance of chemical carcinogenesis studies. *Annu Rev Pharmacol Toxicol* 31: 621–52

IARC-Monographs (1987) Overall evaluations of carcinogenicity: an updating of IARC Monographs volumes 1–42. International Agency for Research on Cancer, Lyon

Johannsen FR (1990) Risk assessment of carcinogenic and noncarcinogenic chemicals. *Critical Reviews in Toxicology* 20: 341–367

Kociba RJ, Keyes DG, Beyer JE, Carreon RM, Wade CE, Dittenber DA, Kalnins RP, Frauson LE, Park CN, Barnard SD, Hummel RA, Humiston CG (1978) Results of a two-year chronic toxicity and oncogenicity study of 2,3,7,8-tetrachlorodibenzo-p-dioxin in rats. *Toxicol Appl Pharmacol* 46: 279–303

Kroes R, Renwick AG, Cheeseman M, Kleiner J, Mangelsdorf I, Piersma A, Schilter B, Schlatter J, van Schothorst F, Vos JG, Wurtzen G (2004) Structure-based thresholds of toxicological concern (TTC): guidance for application to substances present at low levels in the diet. *Food Chem Toxicol* 42: 65–83

Luetzow M (2003) Harmonization of exposure assessment for food chemicals: the international perspective. *Toxicol Lett* 140–141: 419–25

Lutz WK (1990) Dose-response relationship and low dose extrapolation in chemical carcinogenesis. *Carcinogenesis* 11: 1243–1247

Lutz WK (1999) Carcinogens in the diet vs. overnutrition. Individual dietary habits, malnutrition, and genetic susceptibility modify carcinogenic potency and cancer risk. *Mutat Res* 443: 251–8

McKinney JD, Richard A, Waller C, Newman MC, Gerberick F (2000) The practice of structure activity relationships (SAR) in toxicology. *Toxicol Sci* 56: 8–17

Patterson J, Hakkinen PJ, Wullenweber AE (2002) Human health risk assessment: selected Internet and world wide web resources. *Toxicology* 173: 123–43

Rogers MD (2003) Risk analysis under uncertainty, the precautionary principle, and the new EU chemicals strategy. *Regul Toxicol Pharmacol* 37: 370–81

Sabbioni G, Jones CR (2002) Biomonitoring of arylamines and nitroarenes. *Biomarkers* 7: 347–421

Safe SH (2000) Endocrine disruptors and human health–is there a problem? An update. *Environ Health Perspect* 108: 487–93

Schwenk M, Gundert-Remy U, Heinemeyer G, Olejniczak K, Stahlmann R, Kaufmann W, Bolt HM, Greim H, von Keutz E, Gelbke HP (2003) Children as a sensitive subgroup and their role in regulatory toxicology: DGPT workshop report. *Arch Toxicol* 77: 2–6

Seeley MR, Tonner-Navarro LE, Beck BD, Deskin R, Feron VJ, Johanson G, Bolt HM (2001) Procedures for health risk assessment in Europe. *Regul Toxicol Pharmacol* 34: 153–69

Talaska G, Maier A, Henn S, Booth-Jones A, Tsuneoka Y, Vermeulen R, Schumann BL (2002) Carcinogen biomonitoring in human exposures and laboratory research: validation and application to human occupational exposures. *Toxicol Lett* 134: 39–49

Tarkowski S (2002) Risk assessment of chemicals – the role of epidemiological methods. *Int Arch Occup Environ Health* 75 Suppl: S17–20

Trosko JE, Chang CC, Upham B, Wilson M (1998) Epigenetic toxicology as toxicant-induced changes in intracellular signalling leading to altered gap junctional intercellular communication. *Toxicol Lett* 102–103: 71–8

Van Damme K, Casteleyn L (2003) Current scientific, ethical and social issues of biomonitoring in the European Union. *Toxicol Lett* 144: 117–26

van Welie RTH, van Dijck RGJM, Vermeulen NPE, van Sittert NJ (1992) Mercapturic acids, protein adducts, and DNA adducts as biomarkers of electrophilic chemicals. *Critical Reviews in Toxicology* 22: 271–306

12 Gesetze

Chemikalienrecht • Anmeldegesetze und Genehmigungsgesetze • Chemikaliengesetz • Gefahrstoffverordnung • Chemikalienverbotsverordnung • Gefahrstoffe • Gefahrensymbole

12.1 Vorbemerkungen

Das wachsende Umweltbewusstsein und die zunehmenden Kenntnisse über die Gefährlichkeit von Chemikalien haben zu einer verstärkten gesetzlichen Regelung ihrer Produktion und Nutzung geführt. Die erlassenen Gesetze fördern die Verrechtlichung des Arbeitsumfeldes und haben wichtige Konsequenzen für Verkauf, Anwendung und Entsorgung von chemischen Stoffen. Die Kenntnis der Grundprinzipien dieser Gesetze erlaubt es dem Chemiker, seine Tätigkeit in diesen rechtlichen Rahmen einzupassen.

Zum weiten Feld der Regulierung von chemischen Stoffen gehören auch Gesetze zum Immissionsschutz und zur Abfallentsorgung. Da eine Besprechung des Inhalts dieser Gesetze über den Rahmen eines Lehrbuches der Toxikologie hinausgeht, werden hier nur solche Gesetze und Verordnungen erläutert, die spezifisch den Umgang mit chemischen Stoffen in der Bundesrepublik Deutschland regeln. Das Chemikaliengesetz und die darauf beruhenden Verordnungen nehmen einen breiten Raum ein, da die darin enthaltenen Vorschriften für die Berufspraxis des Chemikers die größte Bedeutung haben.

Ziel aller gesetzgeberischen Maßnahmen auf dem Chemikaliensektor ist der Schutz des Menschen und der Umwelt vor Schadwirkungen. Dieses Ziel erfordert vorsorgliche Regelungen für den sicheren Umgang, Gebrauch und Transport von Chemikalien. Art und Umfang dieser Maßnahmen hängen von den toxischen Eigenschaften des Stoffes und der zu erwartenden Exposition ab.

12.2 Anmeldung und Zulassung als Regelungsinstrumente im Chemikalienrecht

Der Gesetzgeber hat zur Regulierung von Chemikalien zwei verschiedene Gesetzestypen vorgesehen, Anmeldegesetze und Genehmigungsgesetze. Bei *Anmeldegesetzen* meldet der Hersteller der zuständigen Behörde die Absicht zur Vermarktung einer neuen Chemikalie an und liefert, je nach geplanter Produktionsmenge und Nutzung, Daten zu diesem Produkt. Falls die Anmeldung anerkannt wird, kann das Produkt auf den Markt gebracht werden. Die Behörde muss sich innerhalb einer bestimmten Zeit äußern; lediglich bei begründetem Verdacht kann sie weitere Daten anfordern oder Auflagen für Inverkehrbringen oder Verwendung machen. Nur falls nicht akzeptable Schadwirkungen erkannt werden, sind – nach ausgiebiger Begründung und politischer Diskussion – ein Verbot oder Anwendungsbeschränkungen für den betreffenden Stoff möglich. Das Chemikaliengesetz ist ein solches Anmeldegesetz.

Bei *Zulassungsgesetzen* muss der Hersteller die Behörde um eine Genehmigung des Einsatzes eines bestimmten Erzeugnisses für besondere Zwecke ersuchen. Dazu sind nach einem genau geregelten Verfahren spezifische Daten einzureichen. Die Behörde hat dann die Möglichkeit, das Erzeugnis für bestimmte Zwecke und unter weiteren Auflagen (festgelegte Zeiten, Mengenbeschränkungen) zur Anwendung zuzulassen. Falls die Untersuchungen zur Toxizität nicht akzeptable Wirkungen aufzeigen, wird die Zulassung nicht gewährt. Eine einmal erteilte Zulassung kann bei neuen Erkenntnissen oder geänderter Beurteilung des Risikos auch entzogen werden. Zulassungsgesetze regeln den Einsatz von Chemikalien als Arzneimittel, als Lebensmittelzusatzstoffe und als Pflanzenschutzmittel.

Grundsätzlich kann die gesetzliche Regulierung von Chemikalien stets nur mit einer mehr oder weniger deutlichen zeitlichen Verzögerung auf neue wissenschaftliche Erkenntnisse zur Toxizität von Stoffen reagieren. Der Gesetzgeber kann erst aktiv werden, wenn Probleme mit bestimmten Stoffen aufgetreten sind oder zumindest erkennbar werden. Unvorhergesehene Schadwirkungen und neue wissenschaftliche Erkenntnisse sind daher in allen Gesetzen zur Regulierung von chemischen Stoffen juristisch durch Generalklauseln erfasst; damit lassen sich auch bisher unbekannte Gefahrenmomente einordnen.

12.3 Entwicklung gesetzgeberischer Maßnahmen im Chemikalienrecht

Die Entwicklung der Gesetze zur Regulierung von Chemikalien zielte auf drei Personengruppen mit quantitativ unterschiedlichen Expositionsszenarien ab:

1. Hersteller: Bei der Herstellung einer Substanz entstehen potenziell die höchsten Expositionen; andererseits ist die Zahl der Beschäftigten, die mit der Substanz in Berührung kommen, meist gering und überschaubar. Durch Sicherheitsmaßnahmen und spezielle Arbeitsvorschriften lassen sich Expositionen für einzelne Arbeitsplätze erheblich mindern; durch den begrenzten Personenkreis ist eine strikte Überwachung der Einhaltung von Schutzmaßnahmen möglich.
2. Anwender und Weiterverarbeiter: Bei der gewerblichen Anwendung von Chemikalien kommt ein größerer Personenkreis mit dem Stoff in Kontakt. Normalerweise liegen die potenziellen Expositionen niedriger als bei der Produktion; wegen der noch übersichtlichen Zahl exponierter Personen kann das Personal entsprechend ausgebildet und Schutzmaßnahmen durchgeführt werden.
3. Endverbraucher: Hier ist die Zahl der exponierten Personen nicht mehr einzugrenzen und schwer überschaubar; im Extremfall kann die gesamte Bevölkerung betroffen sein. Schutzmaßnahmen können nur empfohlen, nicht vorgeschrieben werden,

ihre Einhaltung lässt sich auch nicht überwachen. Normalerweise ist die Exposition aufgrund der Verteilung der Substanz über eine große Zahl an Verbrauchern gering.

Wie rasch gesetzgeberische Maßnahmen zur Regulierung von Chemikalien eingeführt oder angepasst werden können, hängt wesentlich mit dem Entwicklungsstand der chemischen Analytik zusammen. Bei Arzneimitteln und landwirtschaftlich genutzten Chemikalien konnte der Gesetzgeber frühzeitig regulierend eingreifen, da die Belastung bekannt war oder bestimmt werden konnte. Daher wurden Zulassungsverfahren für diese Substanzklassen schon vor längerer Zeit eingeführt. Diese spezifizieren im Detail Aufbau, Durchführung und Berichterstattung der erforderlichen Sicherheitsuntersuchungen. Für Arzneimittel und Pflanzenschutzmittel sind schon seit Jahren umfangreiche toxikologische Untersuchungen erforderlich. Ein wichtiger Grund für die frühe gesetzliche Regulierung von Arznei- und Pflanzenschutzmitteln war deren unmittelbare Anwendung am Menschen beziehungsweise die Aufnahme solcher Stoffe über die Nahrung. Als beschleunigende, teilweise auch auslösende Faktoren wirkten Vergiftungen, die nach Gebrauch von Arzneimitteln auftraten. Beispiele sind die Todesfälle nach Einnahme des Antibiotikums Sulfanilamid, das als Lösung in Ethylenglykol verkauft wurde (diese Vergiftungen waren mithin ein Grund für die Einrichtung der *Food and Drug Administration* in den USA) oder unerwartete, schwerwiegende embryonale Schäden durch die Anwendung bestimmter Arzneimittel während der Schwangerschaft (Thalidomid-Katastrophe in Deutschland).

Gesetzliche Bestimmungen zur Regulierung von Industriechemikalien und Prüfauflagen zur Bestimmung möglicher toxischer Wirkungen wurden jedoch erst in jüngerer Zeit erlassen. Wichtigster beschleunigender Faktor für die Gesetzgebung auf diesem Gebiet waren wieder die Fortschritte in der instrumentellen Analytik. Erst die empfindliche moderne Analytik ermöglichte es, die sehr niedrigen, aber oft weit verbreiteten Belastungen von Verbrauchern abzuschätzen. Dadurch rückte dieser Problemkreis in das öffentliche Bewusstsein und zog damit zwangsläufig gesetzgeberische Aktivitäten nach sich.

12.4 Das Chemikaliengesetz

Grundlage der gesetzlichen Regulierung von Industriechemikalien in der Bundesrepublik Deutschland ist das 1980 in Kraft getretene Chemikaliengesetz, das schon mehrmals revidiert wurde. Vor Erlass dieses Gesetzes unterlagen Industriechemikalien den verschiedensten Regulierungen; gesetzlich verankert waren lediglich abstrakte Forderungen nach dem Schutz der Gesundheit. Zur Gefahrenabwehr waren keinerlei toxikologische Untersuchungen vorgesehen. Alle durchgeführten Untersuchungen wurden auf freiwilliger Basis von Herstellern oder bestimmten Anwendern vorgenommen.

Zweck des Chemikaliengesetzes ist der vorsorgende Schutz des Menschen und der Umwelt vor den Schadwirkungen von Chemikalien. Dieses Ziel soll durch die Einführung einer Anmeldepflicht für neu auf den Markt gebrachte Stoffe, durch Regeln für den Verkauf und den Umgang mit chemischen Substanzen sowie durch Auflagen, Beschränkungen oder Verbote für besonders gefährliche Stoffe, Zubereitungen oder Stoffanwendungen erreicht werden. Das Gesetz regelt dementsprechend die Markteinführung neuer Stoffe (Anmeldung) und führt eine Einstufungspflicht nach Gefährlichkeitsmerkmalen sowie Regeln zur Verpackung und Kennzeichnung von Chemikalien ein. Weiterhin regelt das Chemikaliengesetz Schutzmaßnahmen für Beschäftigte, die mit chemischen Stoffen umgehen, und ist damit die Rechtsgrundlage der Gefahrstoffverordnung. Die Einführung einer Pflicht für Ärzte, behandlungsbedürftige Vergiftungen durch Chemikalien zu melden, dient zudem dem Zweck, weitere Vergiftungsmöglichkeiten zu erkennen und Therapiemöglichkeiten zu verbessern. Nach dem Vorsorgeprinzip kann die Produktion oder Anwendung von Stoffen, Zubereitungen und Erzeugnissen, die unter dem Gesichtspunkt des Umwelt- und Gesundheitsschutzes bedenklich sind, beschränkt oder verboten werden.

12.4.1 Das Chemikaliengesetz unterscheidet zwischen „neuen Stoffen" und „alten Stoffen"

Als das Chemikaliengesetz erlassen wurde, befanden sich bereits zahlreiche Chemikalien über lange Zeit in technischer Anwendung. Stoffe, die schon vor Inkrafttreten des Chemikaliengesetzes auf dem Markt waren, werden *Altstoffe* oder *alte Stoffe* genannt. Für die meisten dieser alten Stoffe lagen nur unvollständige Toxizitätsdaten vor, aber eine generelle Nachprüfung auf Toxizität nach heutigen Anforderungen war aus Zeit- und Kostengründen (Zeitbedarf pro Stoff: drei Jahre; Finanzbedarf: mehr als zwei Millionen Euro) nicht möglich. Andererseits verfügt man für einige alte Stoffe über umfangreiche Erfahrungen beim Menschen, die während der Jahrzehnte ihrer Handhabung gesammelt wurden. Daher nahm man alte Stoffe von der allgemeinen Prüfverpflichtung, die das Chemikaliengesetz für neue Stoffe vorsieht, aus. Der Gesetzgeber behielt sich jedoch vor, bei Verdacht auf eine Gefährdung entsprechende Untersuchungen nachzufordern. Die Zahl der alten Stoffe wird von verschiedenen Behörden auf wenigstens 100 000 geschätzt.

Durch Aufarbeitung aller Kenntnisse zur Toxikologie dieser Stoffe und durch gezielte experimentelle Untersuchungen zur Toxikologie ausgewählter Verbindungen sollen zudem Wissenslücken schwerpunktmäßig geschlossen werden. Die Auswahl der Stoffe richtet sich dabei nach gefährlichen Eigenschaften und der Belastung der Bevölkerung. Die Novelle des Chemikaliengesetzes erforderte auch eine Mitteilungspflicht zu gefährlichen Eigenschaften von Altstoffen. Der Hersteller muss danach jede Information, die zur Toxikologie eines Altstoffes anfällt, der Anmeldebehörde mitteilen (Exkurs 12.1).

12.4.2 Für Arzneimittel, Kosmetika und Tabakerzeugnisse gilt das Chemikaliengesetz nicht

Die Anmelde- und Prüfpflicht des Chemikaliengesetzes gilt nicht für Stoffe, Erzeugnisse und Zubereitungen, deren Anwendung oder Zulassung durch andere Gesetze geregelt wird (§ 2 Chemikaliengesetz). Die Anmeldeverpflichtung besteht beispielsweise nicht für Stoffe, die als Wirkstoff in zulassungspflichtigen Arzneimitteln verwendet

Exkurs 12.1: Neue Entwicklungen in der Europäischen Chemikalienpolitik

Im Moment wird auf EU-Ebene eine neue Chemikalienpolitik diskutiert, deren Ziel eine weitere Verringerung der möglichen Gesundheitsrisiken durch chemische Stoffe ist. Im Entwurf wird eine systematische Aufarbeitung der Toxikologie der meisten im Handel oder in Nutzung befindlichen Chemikalien verlangt. Eine Genehmigungspflicht zur Nutzung von Stoffen mit besonderen Gefährdungsmerkmalen (z. B. krebserzeugend oder gentoxisch) ist ebenfalls vorgesehen. Da die systematische Erarbeitung von Daten zur Toxikologie der vielen Altstoffe mit hohen Kosten verbunden ist und die Prüfungen auf Kanzerogenität und Gentoxizität einen sehr hohen Bedarf an Versuchstieren beinhalten, wird die Initiative kontrovers diskutiert.

werden. Die Nutzung dieser Stoffe wird von der Europäischen Arzneimittelgesetzgebung und dem deutschen Arzneimittelgesetz geregelt. Eine Kennzeichnungspflicht nach Gefährlichkeitsmerkmalen besteht zwar für Pflanzenschutzmittel, nicht jedoch für Gefahrstoffe bei Verwendung als Arzneimittel. Die Neufassung des Chemikaliengesetzes gilt auch für Pflanzenschutzmittel (im Gesetz *Biozide* genannt), deren Prüfung und Zulassung in § 12 geregelt ist.

Andererseits sind als Arzneimittel zugelassene Stoffe beim Umgang im Labor für experimentelle Zwecke oder beim Ansetzen von Infusionslösungen Gefahrstoffe im Sinne des Chemikaliengesetzes (Exkurs 12.2).

Exkurs 12.2: Definitionen im Chemikaliengesetz

Das Chemikaliengesetz verwendet eine ganze Reihe von Begriffen, deren Definition für das Verständnis des Gesetzestextes wichtig sind (§ 3 und 3a).

Im Sinne dieses Gesetzes sind

Stoffe:
chemische Elemente oder chemische Verbindungen, wie sie natürlich vorkommen oder hergestellt werden, einschließlich der zur Wahrung der Stabilität notwendigen Hilfsstoffe und der durch das Herstellungsverfahren bedingten Verunreinigungen, mit Ausnahme von Lösungsmitteln, die von dem Stoff ohne Beeinträchtigung seiner Stabilität und ohne Änderung seiner Zusammensetzung abgetrennt werden können;

alte Stoffe:
Stoffe, die im Altstoffverzeichnis der Europäischen Gemeinschaften – EINECS – (ABl. EG Nr. C 146 A vom 15 Juni 1990) in der jeweils jüngsten im Amtsblatt veröffentlichten Fassung bezeichnet sind;

neue Stoffe:
Stoffe, die nicht alte Stoffe im Sinne der Definition „alte Stoffe“ sind;

Zubereitungen:
aus zwei oder mehreren Stoffen bestehende Gemenge, Gemische oder Lösungen;

Erzeugnisse:
Stoffe oder Zubereitungen als solche oder in zusammengefügter Form, die bei der Herstellung eine spezifische Gestalt, Oberfläche oder Form erhalten haben, die deren Funktion mehr bestimmen als ihre chemische Zusammensetzung;

Einstufung:
eine Zuordnung zu einem Gefährlichkeitsmerkmal;

Hersteller:
eine natürliche oder juristische Person oder eine nicht rechtsfähige Personenvereinigung, die einen Stoff, eine Zubereitung oder ein Erzeugnis herstellt oder gewinnt;

Einführer:
eine natürliche oder juristische Person oder eine nicht rechtsfähige Personenvereinigung, die einen Stoff, eine Zubereitung oder ein Erzeugnis in den Geltungsbereich dieses Gesetzes verbringt; kein Einführer ist, wer lediglich einen Transitverkehr unter zollamtlicher Überwachung durchführt, soweit keine Be- oder Verarbeitung erfolgt;

Inverkehrbringen:
die Abgabe an Dritte oder Bereitstellung für Dritte; das Verbringen in den Geltungsbereich dieses Gesetzes gilt als Inverkehrbringen, soweit es sich nicht lediglich um einen Transitverkehr handelt;

Verwenden:
Gebrauchen, Verbrauchen, Lagern, Aufbewahren, Be- und Verarbeiten, Abfüllen, Umfüllen, Mischen, Entfernen, Vernichten und innerbetriebliches Befördern;

Wissenschaftliche Forschung und Entwicklung:
Durchführung wissenschaftlicher Versuche oder Analysen unter kontrollierten Bedingungen einschließlich der Bestimmung der Eigenschaften, der Leistung und der Wirksamkeit sowie wissenschaftlicher Untersuchungen im Hinblick auf die Produktentwicklung;

Verfahrensorientierte Forschung und Entwicklung:
die Weiterentwicklung eines Stoffes, bei der die Anwendungsgebiete des Stoffes auf Pilotanlagenebene oder im Rahmen von Produktionsversuchen erprobt werden.

12.4.3 Neue Stoffe sind vor der Vermarktung einer toxikologischen Prüfung zu unterziehen

Für Substanzen, Zubereitungen und Erzeugnisse, die neu auf den Markt gebracht werden sollen, besteht nach dem Chemikaliengesetz eine klar definierte Prüfverpflichtung (§ 4 Chemikaliengesetz). Durch diese Verpflichtung sollen das toxikologische Wirkprofil einer Substanz und ihre mögliche Gefährlichkeit für die Umwelt vor der Vermarktung abgeklärt werden. Die Prüfnachweise sind mit den Anmeldeunterlagen einzureichen. Die Pflicht zur Anmeldung und damit zur Erarbeitung von Daten zu Toxikologie und Umweltgefährlichkeit gilt nur bei Vermarktung von Stoffen, nicht aber für Zwischenprodukte bei einer mehrstufigen Synthese, die auf dem Firmengelände erfolgt. Die Anmeldepflicht betrifft auch lediglich neue Stoffe. Ausnahmen von der Anmeldung sind vorgesehen bei Stoffen zu Forschungszwecken und für Analysenstandards. Ausgenommen von der Anmeldepflicht sind weiterhin Polymere.

Eine strikte Durchführung sämtlicher toxikologischen Prüfungen bei jeder neu vermarkteten Substanz könnte wegen der hohen Kosten die chemische Innovation zum Erliegen bringen. Als Kompromiss wurde daher zur Prüfung von Stoffen zum Zweck der Anmeldung ein Stufenplan entwickelt. Das Ausmaß der nötigen Prüfungen richtet sich dabei nach dem erwarteten Volumen. Bei sehr geringen Mengen (weniger als 100 kg Gesamtproduktion oder weniger als eine Tonne pro Jahr) kann eine eingeschränkte Anmeldung ohne experimentelle Untersuchungen erfolgen (§ 7a Chemikaliengesetz). Dabei ist der Umfang der benötigten Daten für die eingeschränkte Anmeldung abhängig von der geplanten Produktionsmenge.

In der niedrigsten Vermarktungsstufe bis 100 Tonnen im Jahr oder Gesamtproduktion von weniger als 500 Tonnen ist (falls keine eingeschränkte Anmeldung möglich ist) eine so genannte toxikologische Grundprüfung durchzuführen (§ 7 Chemikaliengesetz). Diese beinhaltet Untersuchungen, die das Gefährdungspotenzial bei einmaliger oder kurz andauernder Exposition abklären sollen (Tabelle 12.1). Wenn von einer Substanz mehr als 100 Tonnen pro Jahr oder insgesamt mehr als 500 Tonnen über einen beliebigen Zeitraum vermarktet werden, so sind erweiterte Kenntnisse zum toxikologischen Wirkungsbild erforderlich (Zusatzprüfung erste Stufe, § 9 Chemikaliengesetz). Die geforderten experimentellen Untersuchungen sollen Effekte sichtbar machen, die bei langfristiger Einwirkung eintreten. Ab 1 000 Tonnen pro Jahr oder insgesamt 5 000 Tonnen greift die Prüfstufe 2 (§ 9a Chemikaliengesetz). Hier wird eine komplette Charakterisierung des toxikologischen Wirkungsprofils der Substanz gefordert, einschließlich Prüfungen auf krebserzeugende Wirkungen (Tabelle 12.1).

Tabelle 12.1: Bei der Anmeldung eines Stoffes erforderliche Prüfnachweise zu Toxikologie und Umweltgefährlichkeit

Grundprüfung (Produktionsmenge bis 100 t/Jahr)	Zusatzprüfung 1. Stufe (Produktionsmenge: mehr als 100 t/Jahr)	Zusatzprüfung 2. Stufe (Produktionsmenge: mehr als 1 000 t/Jahr)*
die physikalischen, chemischen und physikalisch-chemischen Eigenschaften akute Toxizität Anhaltspunkte für krebserzeugende oder erbgutverändernde Eigenschaften Anhaltspunkte für fortpflanzungsgefährdende Eigenschaften reizende und ätzende Eigenschaften sensibilisierende Eigenschaften subakute Toxizität abiotische und leichte biologische Abbaubarkeit Toxizität gegenüber Wasserorganismen nach kurzzeitiger Einwirkung Hemmung des Algenwachstums Bakterieninhibition Adsorption und Desorption	physikalische, chemische und physikalisch-chemische Eigenschaften, so weit sich die Erforderlichkeit aus den Prüfergebnissen der Grundprüfung ergibt subchronische und chronische Toxizität, so weit sich die Erforderlichkeit aus den Prüf- ergebnissen oder sonstigen Erkenntnissen ergibt fortpflanzungsgefährdende Eigenschaften krebserzeugende und erbgutverändernde Eigenschaften toxikokinetische Grundeigenschaften potenzielle biologische Abbaubarkeit sowie weitergehende abiotische Abbaubarkeit, so weit sich die Erforderlichkeit aus den Prüfergebnissen der Grundprüfung ergibt Adsorption und Desorption, soweit sich die Erforderlichkeit aus den Prüfergebnissen der Grundprüfung ergibt Bioakkumulation Toxizität gegenüber Wasserorganismen nach langfristiger Einwirkung Toxizität gegenüber Bodenorganismen und Pflanzen	toxikokinetische einschließlich biotransformatorischer Eigenschaften chronische Toxizität krebserzeugende Eigenschaften verhaltensstörende Eigenschaften fortpflanzungsgefährdende Eigenschaften peri- und postnatale Wirkungen Organ- und Systemtoxizität Mobilität, insbesondere Adsorption und Desorption abiotische und biologische Abbaubarkeit Bioakkumulation Toxizität gegenüber Fischen Toxizität gegenüber Vögeln Toxizität gegenüber anderen Organismen weitere Eigenschaften, die allein oder im Zusammenwirken mit anderen Eigenschaften des Stoffes umweltgefährlich sind

*Der Umfang der geforderten Untersuchungen ist in Schlottmann, 1993 beschrieben.

Zur Anmeldung von Chemikalien müssen umfangreiche Daten vorliegen 12.4.4

Für die Anmeldung von Chemikalien ist die Bundesanstalt für Arbeitsschutz zuständig. Diese Anmeldestelle muss in einer Frist von 60 Tagen dem Anmeldenden mitteilen, ob die Anmeldung als ordnungsgemäß anerkannt wird. Innerhalb dieses Zeitraumes können Berichtigungen und Ergänzungen gefordert werden. Bei der Anmeldung eines neuen Stoffes müssen Identitätsmerkmale (einschließlich Art und Gewichtsanteilen von Hilfsstoffen und Verunreinigungen) und analytische Bestimmungsmethoden für den Stoff selbst sowie Methoden zur Bestimmung der Umweltbelastung eingereicht werden. Zusätzlich verpflichtet die Anmeldung dazu, alle Kenntnisse zu möglichen schädlichen Wirkungen bei der Verwendung sowie Hinweise zur Toxikokinetik anzugeben. Diese Hinweise müssen in der niedrigsten Vermarktungsstufe nicht auf experimentellen Prüfungen beruhen, sondern können auf der Grundlage der physikochemischen Eigenschaften und der Struktur des Stoffes sowie unter Berücksichtigung der bekannten Toxikokinetik strukturverwandter Stoffe abgeleitet werden. Die Anmeldeunterlagen müssen außerdem die vorgesehene Einstufung, Verpackung und Kennzeichnung des Stoffes sowie Empfehlungen über Vorsichtsmaßnahmen bei Verwendung und Methoden zur ordnungsgemäßen Entsorgung enthalten (§ 7 Chemikaliengesetz). Falls der anzumeldende Stoff als gefährlicher Stoff (Abschnitt 12.5.1) einzustufen ist, muss das vorgesehene Sicherheitsdatenblatt beiliegen. Bei der Anmeldung sind Prüfnachweise vorzulegen, alle Prüfungen müssen nach vorgegebenen Methoden und GLP-Richtlinien (Exkurs 5.2) durchgeführt worden sein.

Das Prüfkonzept stellt also eine Leiter dar, die nur den Zusammenhang zwischen Marktvolumen und möglichen Expositionshöhen berücksichtigt. Allein darauf beruhen die geforderten toxikologischen Prüfungen. Jede Untersuchung zu einer Chemikalie kann jedoch überraschende Ergebnisse erbringen und neue, zuvor nicht bekannte toxische Wirkungen aufzeigen. Dies kann eine Veränderung der Planung des Untersuchungsablaufs erfordern. Weitergehende Prüfungen können bei besonders toxischen oder umweltgefährdenden Verbindungen auch schon bei niedrigen Produktionsmengen erforderlich sein; andere Untersuchungen sind möglicherweise nicht nötig, da eine Exposition gegenüber dem Stoff aus verschiedenen Gründen mit Sicherheit auszuschließen ist. Die Durchführung von Tierversuchen für nicht erforderliche Untersuchungen widerspräche dem Gedanken des Tierschutzgesetzes und würde einen unnötigen Verbrauch von Tieren und Finanzmitteln bedeuten. Die Anmeldestelle hat nach dem Vorsorgeprinzip auch die Möglichkeit, bei Anhaltspunkten (begründeter Verdacht auf Gefährlichkeit des Stoffes) Prüfnachweise vor Erreichen der vorgesehenen Höchstmengen anzufordern beziehungsweise Auflagen für den Verkauf zu erlassen (§ 11 Chemikaliengesetz).

Außerhalb Deutschlands gelten bei der Regulierung von Industriechemikalien andere Maßstäbe 12.4.5

In den Vereinigten Staaten werden Industriechemikalien durch den *Toxic Substances Control Act* (TOSCA) kontrolliert. Im Gegensatz zur Europäischen Gemeinschaft (hier ist die Vermarktung und nicht die Herstellung anmeldeplichtig) müssen neue Stoffe in den USA vor Herstellung oder Import der *Environmental Protection Agency* als zuständiger Behörde gemeldet werden (*premanufacturing notification*). Hersteller oder Importeur sind verpflichtet, in der Anmeldung alle ihnen bekannten toxikologischen oder umweltrelevanten Eigenschaften mitzuteilen. Die Art und Menge der vorgelegten Daten liegt im Ermessen des Herstellers oder Importeurs. Die Behörde hat jedoch das Recht zur Nachforderung bestimmter experimenteller Daten, falls sich im Zuge der Bearbeitung durch eine Expertengruppe Verdachtsmomente auf ein Risiko für Gesundheit oder Umwelt ergeben. Für Altstoffe erarbeitet ein Gremium Vorschläge zur experimentellen Abklärung offener Fragen; Industrie oder Importeur können zur Durchführung der entsprechenden Untersuchungen verpflichtet werden.

Auch in Japan sind toxikologische Untersuchungen Voraussetzung für die Zulassung neuer Stoffe. Im Mittelpunkt des Untersuchungsprogramms stehen hier Mutagenitätsstudien, für die detaillierte Methodenvorschriften erlassen wurden. Liefern diese Prüfungen Hinweise auf ein Gefährdungspotenzial, können die Behörden weitere Untersuchungen verlangen. Zur Abklärung toxischer Wirkungen von Altstoffen besteht ein von der japanischen Regierung finanziertes Untersuchungsprogramm, in dessen Rahmen Daten zur Toxikologie von Altstoffen erarbeitet werden.

12.5 Gefahrstoffverordnung und Chemikalienverbotsverordnung

Im Jahr 1993 wurde das bisherige System der chemikalienrechtlichen Verbote und Beschränkungen, die ihre Grundlage im Chemikaliengesetz haben, grundlegend geändert. Die Anforderungen des allgemeinen Gesundheitsschutzes sind jetzt in der neuen Chemikalienverbotsverordnung niedergelegt; diese enthält Verbote und Beschränkungen des Inverkehrbringens von Stoffen, Zubereitungen und Erzeugnissen. Die arbeitsschutzrechtlichen Verordnungen auf der Grundlage des Chemikaliengesetzes sind in der neuen Gefahrstoffverordnung beschrieben, die Verbote und Beschränkungen der Herstellung und Verwendung sowie das Kennzeichnungsrecht zusammenfasst.

12.5.1 ■ Gefährliche Stoffe müssen mit Gefahrensymbolen sowie R- und S-Sätzen gekennzeichnet werden

Die Einstufungs- und Kennzeichnungspflicht dient zur schnellen Information über die mögliche Gefährlichkeit von Chemikalien (Tabelle 12.2). Die Gefahrstoffverordnung gibt detaillierte Vorschriften für die Einstufung gefährlicher Stoffe, für die bei Umgang mit diesen Stoffen anzuwendenden Schutzmaßnahmen sowie für Maßnahmen zur Kennzeichnung, Verpackung und Lagerung von gefährlichen Stoffen. Diese sind in einem umfangreichen Regelwerk, *Technische Regeln für Gefahrstoffe*, niedergelegt. Gefahrstoffe sind neben gefährlichen Stoffen und Zubereitungen auch Erzeugnisse, die explosionsfähig sind (z. B. Ammoniumnitrat in Düngemitteln) und ungefährliche Stoffe, aus denen bei Herstellung oder Anwendung gefährliche Stoffe freigesetzt werden können. Der Hersteller oder Einführer ist verpflichtet, bei noch nicht eingestuften Stoffen deren Gefährlichkeitsmerkmale zu ermitteln (nach Anhang VI der Richtlinie 67/548/EWG, Exkurs 12.3).

Tabelle 12.2: Stoffeinstufung nach der Gefahrstoffverordnung

Gefahrstoffe	1. gefährliche Stoffe und Zubereitungen (§ 3a ChemG)	1. explosionsgefährliche Stoffe 2. brandfördernde Stoffe 3. hochentzündliche Stoffe 4. leichtentzündliche Stoffe 5. entzündliche Stoffe 6. sehr giftige Stoffe 7. giftige Stoffe 8. gesundheitsschädliche Stoffe 9. ätzende Stoffe 10. reizende Stoffe 11. sensibilisierende Stoffe 12. krebserzeugende Stoffe 13. fortpflanzungsgefährdende Stoffe 14. erbgutverändernde Stoffe 15. umweltgefährliche Stoffe
	2. Stoffe, Zubereitungen und Erzeugnisse, die explosionsfähig oder auf sonstige Weise chronisch schädigend sind;	
	3. Biozid-Wirkstoffe, die unmittelbar als Biozid-Produkte in Verkehr gebracht werden und zugleich biologische Arbeitsstoffe sind, sind zusätzlich nach der Biostoffverordnung einzustufen.	

Exkurs 12.3: Wichtige Begriffe der Gefahrstoffverordnung und Chemikalienverbotsverordnung

Das Chemikaliengesetz hat alle gefährlichen Arbeitsstoffe (also auch explosionsgefährliche, brandfördernde, leichtentzündliche Stoffe etc.) unter dem Begriff *Gefährliche Stoffe* zusammengefasst. Für den Handel mit sehr giftigen und giftigen Stoffen wie auch für die Ablegung der Sachkenntnisprüfung sind in erster Linie folgende gefährliche Stoffe von Bedeutung (siehe auch Tabelle 12.2):

- sehr giftige Stoffe,
- giftige Stoffe,
- gesundheitsschädliche Stoffe,
- ätzende Stoffe,
- reizende Stoffe,
- krebserzeugende Stoffe,
- umweltgefährliche Stoffe

Diese Stoffe wurden je nach ihrer Gefährlichkeit nach objektiven Grundsätzen neu definiert, wobei sich die Einstufung der einzelnen giftigen Stoffe und Zubereitungen aus dem Grad ihrer Giftigkeit ergibt, der anhand von Tierversuchen ermittelt wird.

Grundlage für die richtige Einstufung der gefährlichen Stoffe ist die Gefahrstoffverordnung. Stoffe und Zubereitungen sind im Sinne des §3a Abs.1 Chemikaliengesetz wie folgt einzustufen:

sehr giftig:
wenn sie in sehr geringer Menge bei Einatmen, Verschlucken oder Aufnahme über die Haut zum Tode führen oder akute oder chronische Gesundheitsschäden verursachen können;

giftig:
wenn sie in geringeren Mengen bei Einatmen, Verschlucken oder Aufnahme über die Haut zum Tode führen oder akute oder chronische Gesundheitsschäden verursachen können;

gesundheitsschädlich:
wenn sie bei Einatmen, Verschlucken oder Aufnahme über die Haut zum Tode führen oder akute oder chronische Gesundheitsschäden verursachen können;

ätzend:
wenn sie lebendes Gewebe bei Kontakt zerstören können;

reizend:
wenn sie bei kurzzeitigem, länger andauerndem oder wiederholtem Kontakt mit Haut oder Schleimhaut eine Entzündung hervorrufen können;

sensibilisierend:
wenn sie bei Einatmen oder Hautkontakt Überempfindlichkeitsreaktionen auslösen können, die durch das Immunsystem vermittelt sind;

krebserregend:
wenn sie bei Einatmen, Verschlucken oder Aufnahme über die Haut Krebs erregen oder die Krebshäufigkeit erhöhen können;

fruchtschädigend:
wenn sie bei Einatmen, Verschlucken oder Aufnahme über die Haut nicht vererbbare Schäden der direkten Nachkommenschaft hervorrufen oder deren Häufigkeit erhöhen können;

erbgutverändernd:
wenn sie bei Einatmen, Verschlucken oder Aufnahme über die Haut vererbbare Schäden zur Folge haben oder deren Häufigkeit erhöhen können;

auf sonstige Weise chronisch schädigend:
wenn sie bei wiederholter oder länger andauernder Exposition einen schweren Gesundheitsschaden verursachen können.

Eine genauere Definition der Gefährlichkeitsmerkmale steht im Leitfaden zur Einstufung und Kennzeichnung gefährlicher Stoffe und Zubereitungen (Richtlinie 1999/45/EWG). Die Definitionen von Grenzwerten nach der Gefahrstoffverordnung sind in Kapitel 1 angegeben.

Nach dem Chemikaliengesetz hat der Hersteller die Pflicht, die Eigenschaften eines Stoffes zu ermitteln und ihn nach den Ergebnissen der durchgeführten Prüfungen einzustufen. Die Einstufung von Stoffen erfolgt nach den in der Gefahrstoffverordnung festgelegten Regeln (§ 4, 4a Gefahrstoffverordnung). Im Labor neu synthetisierte Stoffe, zu denen keine Daten zur Toxikologie vorliegen, müssen mit dem Hinweis „Achtung, noch nicht vollständig geprüfter Stoff“ versehen werden. Durch die Gefahrstoffverordnung erhalten auch Grenzwerte wie MAK-Werte (Definition siehe Kapitel 1) eine rechtliche Grundlage.

Durch Einführung von Gefahrensymbolen und Gefahrenbezeichnungen sowie so genannten R- und S-Sätzen auf abgabefertigen Packungen soll versucht werden, dem Verbraucher die von den jeweiligen Stoffen ausgehenden Gefahren bewusst zu machen. Dazu sind Gefahrenhinweise in standardisierter Form in die Gefahrstoffverordnung aufgenommen worden; Abbildung 12.1 zeigt die jeweils zu verwendenden Gefahren-

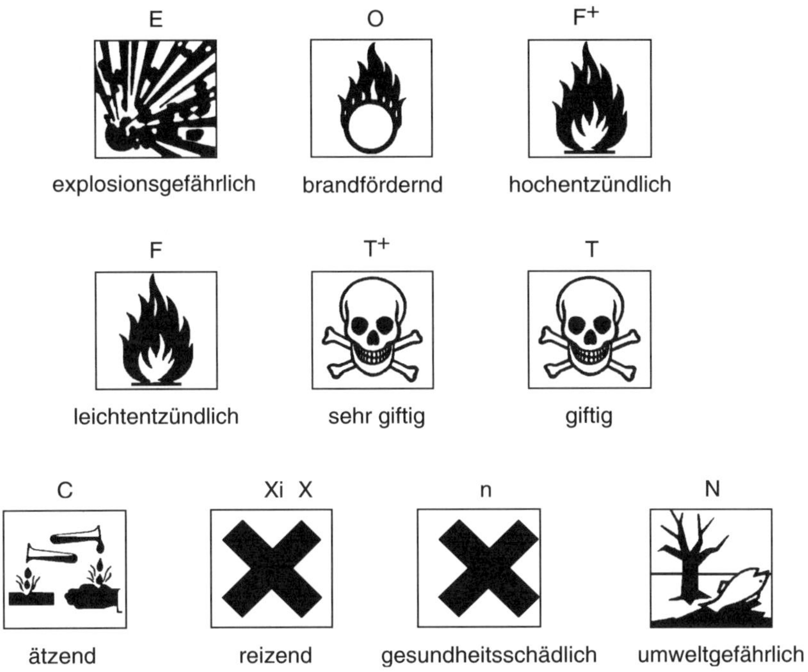

12.1 Gefahrensymbole nach der Gefahrstoffverordnung. Diese Symbole müssen – abhängig von der Einstufung – auf der Verpackung für Chemikalien angegeben werden.

symbole (§ 6 Gefahrstoffverordnung). Falls zur Charakterisierung der Gefährlichkeit eines Stoffes ein Gefahrensymbol nicht ausreicht, können auf einer Packung auch mehrere Symbole gleichzeitig abgebildet werden. Weitere Warnhinweise für den Umgang mit diesen Chemikalien lassen sich in Form der *R-Sätze* (Bezeichnung besonderer Gefahren) angeben:

Hinweise auf besondere Gefahren (R-Sätze)

R 1	In trockenem Zustand explosionsgefährlich
R 2	Durch Schlag, Reibung, Feuer oder andere Zündquellen explosionsgefährlich
R 3	Durch Schlag, Reibung, Feuer oder andere Zündquellen besonders explosionsgefährlich
R 4	Bildet hochempfindliche, explosionsgefährliche Metallverbindungen
R 5	Beim Erwärmen explosionsfähig
R 6	Mit und ohne Luft explosionsfähig
R 7	Kann Brand verursachen
R 8	Feuergefahr bei Berührung mit brennbaren Stoffen
R 9	Explosionsgefahr bei Mischung mit brennbaren Stoffen
R 10	Entzündlich
R 11	Leichtentzündlich

R 12	Hochentzündlich
R 14	Reagiert heftig mit Wasser
R 15	Reagiert mit Wasser unter Bildung hochentzündlicher Gase
R 16	Explosionsgefährlich in Mischung mit brandfördernden Stoffen
R 17	Selbstentzündlich an der Luft
R 18	Bei Gebrauch Bildung explosionsfähiger, leichtentzündlicher Dampf-Luft-Gemische möglich
R 19	Kann explosionsfähige Peroxide bilden
R 20	Gesundheitsschädlich beim Einatmen
R 21	Gesundheitsschädlich bei Berührung mit der Haut
R 22	Gesundheitsschädlich beim Verschlucken
R 23	Giftig beim Einatmen
R 24	Giftig bei Berührung mit der Haut
R 25	Giftig beim Verschlucken
R 26	Sehr giftig beim Einatmen
R 27	Sehr giftig bei Berührung mit der Haut
R 28	Sehr giftig beim Verschlucken
R 29	Entwickelt bei Berührung mit Wasser giftige Gase
R 30	Kann bei Gebrauch leichtentzündlich werden
R 31	Entwickelt bei Berührung mit Säure giftige Gase
R 32	Entwickelt bei Berührung mit Säure sehr giftige Gase
R 33	Gefahr kumulativer Wirkungen
R 34	Verursacht Verätzungen
R 35	Verursacht schwere Verätzungen
R 36	Reizt die Augen
R 37	Reizt die Atmungsorgane
R 38	Reizt die Haut
R 39	Ernste Gefahr irreversiblen Schadens
R 40	Irreversibler Schaden möglich
R 41	Gefahr ernster Augenschäden
R 42	Sensibilisierung durch Einatmen möglich
R 43	Sensibilisierung durch Hautkontakt möglich
R 44	Explosionsgefahr bei Erhitzen unter Einschluss
R 45	Kann Krebs erzeugen
R 46	Kann vererbbare Schäden verursachen
R 48	Gefahr ernster Gesundheitsschäden bei längerer Exposition
R 49	Kann Krebs erzeugen beim Einatmen
R 50	Sehr giftig für Wasserorganismen
R 51	Giftig für Wasserorganismen
R 52	Schädlich für Wasserorganismen
R 53	Kann in Gewässern längerfristig schädliche Wirkungen haben
R 54	Giftig für Pflanzen
R 55	Giftig für Tiere
R 56	Giftig für Bodenorganismen
R 57	Giftig für Bienen
R 58	Kann längerfristig schädliche Wirkungen auf die Umwelt haben

R 59	Gefährlich für die Ozonschicht
R 60	Kann die Fortpflanzungsfähigkeit beeinträchtigen
R 61	Kann das Kind im Mutterleib schädigen
R 62	Kann möglicherweise die Fortpflanzungsfähigkeit beeinträchtigen
R 63	Kann das Kind im Mutterleib möglicherweise schädigen
R 64	Kann Säuglinge über die Muttermilch schädigen

Zusätzlich zu den Gefahrenhinweisen sind auf allen Erzeugnissen, die gefährliche Stoffe, Erzeugnisse oder Zubereitungen enthalten, Sicherheitsratschläge (*S-Sätze*) anzubringen:

Sicherheitsratschläge (S-Sätze)

S 1	Unter Verschluss aufbewahren
S 2	Darf nicht in die Hände von Kindern gelangen
S 3	Kühl aufbewahren
S 4	Von Wohnplätzen fernhalten
S 5	Unter ... aufbewahren (geeignete Flüssigkeit vom Hersteller anzugeben)
S 6	Unter ... aufbewahren (inertes Gas vom Hersteller anzugeben)
S 7	Behälter dichtgeschlossen halten
S 8	Behälter trocken halten
S 9	Behälter an einem gut gelüfteten Ort aufbewahren
S 12	Behälter nicht gasdicht verschließen
S 13	Von Nahrungsmitteln, Getränken und Futtermitteln fernhalten
S 14	Von ... fernhalten (inkompatible Substanzen sind vom Hersteller anzugeben)
S 15	Vor Hitze schützen
S 16	Von Zündquellen fernhalten - nicht rauchen
S 17	Von brennbaren Stoffen fernhalten
S 18	Behälter mit Vorsicht öffnen und handhaben
S 20	Bei der Arbeit nicht essen und trinken
S 21	Bei der Arbeit nicht rauchen
S 22	Staub nicht einatmen
S 23	Gas/Rauch/Dampf/Aerosol nicht einatmen (geeignete Bezeichnung(en) vom Hersteller anzugeben)
S 24	Berührung mit der Haut vermeiden
S 25	Berührung mit den Augen vermeiden
S 26	Bei Berührung mit den Augen sofort gründlich mit Wasser abspülen und Arzt konsultieren
S 27	Beschmutzte, getränkte Kleidung sofort ausziehen
S 28	Bei Berührung mit der Haut sofort abwaschen mit viel .... (vom Hersteller anzugeben)
S 29	Nicht in die Kanalisation gelangen lassen
S 30	Niemals Wasser hinzugießen
S 33	Maßnahmen gegen elektrostatische Aufladungen treffen
S 35	Abfälle und Behälter müssen in gesicherter Weise beseitigt werden
S 36	Bei der Arbeit geeignete Schutzkleidung tragen

S 37	Geeignete Schutzhandschuhe tragen
S 38	Bei unzureichender Belüftung Atemschutzgerät anlegen
S 39	Schutzbrille/Gesichtsschutz tragen
S 40	Fußboden und verunreinigte Gegenstände mit ... reinigen (Material vom Hersteller anzugeben)
S 41	Explosions- und Brandgase nicht einatmen
S 42	Bei Räuchern/Versprühen geeignetes Atemschutzgerät anlegen u. (geeignete Bezeichnung(en) vom Hersteller anzugeben)
S 43	Zum Löschen ... (vom Hersteller anzugeben) verwenden (wenn Wasser die Gefahr erhöht, anfügen: „Kein Wasser verwenden“)
S 45	Bei Unfall oder Unwohlsein sofort Arzt hinzuziehen (wenn möglich dieses Etikett vorzeigen)
S 46	Bei Verschlucken sofort ärztlichen Rat einholen und Verpackung oder Etikett vorzeigen
S 47	Nicht bei Temperaturen über .... °C aufbewahren (vom Hersteller anzugeben)
S 48	Feucht halten mit ... (geeignetes Mittel vom Hersteller anzugeben)
S 49	Nur im Originalbehälter aufbewahren
S 50	Nicht mischen mit ... (vom Hersteller anzugeben)
S 51	Nur in gut gelüfteten Bereichen verwenden
S 52	Nicht großflächig für Wohn- und Aufenthaltsräume zu verwenden
S 53	Exposition vermeiden – vor Gebrauch besondere Anweisungen einholen
S 56	Diesen Stoff und seinen Behälter der Problemabfallentsorgung zuführen
S 57	Zur Vermeidung einer Kontamination der Umwelt geeigneten Behälter verwenden
S 59	Information zur Wiederverwendung/Wiederverwertung beim Hersteller/Lieferanten erfragen
S 60	Dieser Stoff und sein Behälter sind als gefährlicher Abfall zu entsorgen
S 61	Freisetzung in die Umwelt vermeiden. Besondere Anweisungen einholen/Sicherheitsdatenblatt zu Rate ziehen
S 62	Bei Verschlucken kein Erbrechen herbeiführen. Sofort ärztlichen Rat einholen und Verpackung oder dieses Etikett vorzeigen

Zusätzlich existieren noch Kombinationen verschiedener R-Sätze, verschiedener S-Sätze und von R- und S-Sätzen.

12.5.2 Gefährliche Stoffe müssen nach der Schwere der potenziellen Schadwirkungen eingestuft werden

Alle Gefahrstoffe sowie gefährlichen Erzeugnisse und Zubereitungen müssen nach ihrer Gefährlichkeit eingestuft und gekennzeichnet werden. Eine Liste von Stoffen, die vom Gesetzgeber hinsichtlich ihrer Gefährlichkeit bereits eingestuft worden sind, wird laufend aktualisiert und im Bundesanzeiger veröffentlicht. Falls ein Hersteller einen bereits eingestuften Stoff aus dieser Liste in Verkehr bringen will, muss er sein Erzeugnis nur mit den dort vorgeschriebenen Angaben versehen. Noch nicht eingestufte Stoffe muss der Hersteller oder Importeur anhand der Definitionen des Leitfadens im Anhang 1 der Gefahrstoffverordnung selbst einstufen. Dies ist natürlich nur dann möglich, wenn der Hersteller die wichtigsten Eigenschaften seines Produktes kennt. Eine entscheidende Rolle für die Einstufung giftiger Stoffe spielt das toxikologische Wirkungsprofil. Einige der maßgeblichen Kriterien sind kompliziert, und nur eine genaue Kenntnis der möglichen Interpretationen experimenteller Daten lässt eine Einstufung zu. Vielfach ist dafür der Sachverstand eines Toxikologen unerlässlich.

Im Prinzip sollten in die Einstufung Ergebnisse aus Tierversuchen einfließen, welche die Gefährdung des Menschen widerspiegeln; in der Praxis wird meist nur die Ratte als Versuchstier verwendet. Wichtigste Grundlage für die Einstufung sind die akut toxischen Wirkungen eines Stoffes; als Messgröße dient der LD_{50}-Wert (Kapitel 6). Für die Einstufung mit dem Gefahrensymbol T und der Gefahrenbezeichnung „Giftig“ werden die LD_{50}- beziehungsweise LC_{50}-Werte bei Aufnahme über verschiedene Wege (oral, vier Stunden durch Inhalation und durch Hautkontakt) herangezogen: Stoffe, deren LD_{50}-Wert unter 25 mg/kg liegt, sind als sehr giftig einzustufen, solche mit einem LD_{50}-Wert zwischen 25 und 200 mg/kg als giftig und jene mit einem LD_{50}-Wert zwischen 200 und 2 000 mg/kg als gesundheitsschädlich (Tabelle 12.3).

Tabelle 12.3: Einstufung sehr giftiger und giftiger Stoffe und Zubereitungen nach dem Leitfaden der Gefahrstoffverordnung

Gefahrenbezeichnung	LD_{50} Aufnahme über den Magen-Darm-Trakt bei Ratten (mg/kg Körpergewicht)	LD_{50} Aufnahme über die Haut bei Ratten oder Kaninchen (mg/kg Körpergewicht)	LC_{50} Aufnahme über die Atemwege bei Ratten (mg/l Luft in vier Stunden)
sehr giftig	< 25	< 50	< 0,5
giftig	$25 < LD_{50} < 200$	$50 < LD_{50} < 400$	$0{,}5 < LC_{50} < 2$
gesundheitsschädlich	$200 < LD_{50} < 2000$	$400 < LD_{50} < 2000$	$2 < LC_{50} < 20$

Die Verwendung von LD_{50}-Werten und starren Zahlenangaben für die Einstufung von Stoffen ist aus toxikologischer Sicht problematisch. Bei der Bestimmung von LD_{50}-Werten im Labor können abhängig von Tageszeit, Tierstamm und Tierhaltung Schwankungen auftreten. Außerdem bestehen zwischen der tödlichen Dosis beim Versuchstier und der für den Menschen schädlichen oder tödlichen Dosis oft keine eindeutigen Beziehungen. Die Todesursache ist bei verschiedenen Stoffen meist unterschiedlich; Behandlungsmöglichkeiten akuter Vergiftungen und potenzielle Folgeschäden bei Überleben der akuten Vergiftungsphase gehen nicht in die Einstufung ein. Auch die Steilheit der Dosis-Wirkungs-Kurve (Kapitel 1) wird nicht berücksichtigt.

Zusätzlich zu der Kennzeichnung auf der Verpackung muss der Hersteller eines Stoffes (auch Einführer und Inverkehrbringer) dem Abnehmer ein Sicherheitsdatenblatt übermitteln, das Informationen über den Stoff und mögliche Gefahren, Maßnahmen zur ersten Hilfe bei Vergiftung und Unfällen sowie Angaben zur Ökologie, Toxikologie und Entsorgung enthält (§ 14 Gefahrstoffverordnung, Exkurs 12.4).

Exkurs 12.4: Aufbau des Sicherheitsdatenblattes

Folgende Angaben sind erforderlich:

1. Stoff-/Zubereitungs- und Firmenbezeichnung
2. Zusammensetzung/Angaben zu Bestandteilen
3. Mögliche Gefahren
4. Erste-Hilfe-Maßnahmen
5. Maßnahmen zur Brandbekämpfung
6. Maßnahmen bei unbeabsichtigter Freisetzung
7. Handhabung und Lagerung
8. Expositionsbegrenzung und persönliche Schutzausrüstungen
9. Physikalische und chemische Eigenschaften
10. Stabilität und Reaktivität
11. Angaben zur Toxikologie
12. Angaben zur Ökologie
13. Hinweise zur Entsorgung
14. Angaben zum Transport
15. Vorschriften
16. Sonstige Angaben

Das Datenblatt muss in deutscher Sprache abgefasst sein; auch hier existiert ein Leitfaden zur Erstellung.

Stoffe, die spezifische chronische Gesundheitsschäden erzeugen können, müssen neben diesen Gefährlichkeitsmerkmalen mit weiteren R-Sätzen versehen werden. Diese Kennzeichnungspflicht gilt für Verbindungen, die krebserzeugend, mutagen, fortpflanzungsgefährdend und fruchtschädigend sind. Hier existieren zur Einstufung drei Kategorien. Eine Einstufung in die erste Kategorie, in die Stoffe mit der höchsten Gefährlichkeit aufgenommen werden, fußt praktisch immer auf Erfahrungen am Menschen. Meist sind die entsprechenden Schadwirkungen durch epidemiologische Untersuchungen nachgewiesen. Die Kategorien 2 und 3 gelten für Stoffe, die unter bestimmten Bedingungen im Tierversuch oder in biochemischen Untersuchungen Effekte auslösen, welche in Zusammenhang mit den biologischen Endpunkten Krebs, Mutagenität und Fruchtschädigung beziehungsweise Beeinträchtigung der Fortpflanzungsfähigkeit stehen. Hier gibt der Leitfaden zur Einstufung zwar viele Details an, diese sind jedoch ohne ausreichende Kenntnisse der Toxikologie nur schwer umzusetzen. Zur Durchführung der Einstufung stehen zudem nur für wenige Stoffe die nötigen Daten zur Verfügung. Stoffe, für die noch keine Kanzerogenitätsstudien, aber durch Ergebnisse von Kurzzeittests Hinweise auf ein krebserzeugendes Potenzial vorliegen, werden in Kategorie 3 eingestuft.

Für „umweltgefährliche" Stoffe gelten im Hinblick auf die Gewässergefährdung bestimmte Vorschriften zur Kennzeichnung, die auf Toxizitätsuntersuchungen an Fischen und Algen beruhen (Tabelle 12.4). Für Stoffe, die absichtlich in größeren Mengen in die Umwelt gelangen (z. B. Pflanzenschutzmittel), sind ausgiebige Untersuchungen zu ihrer Umweltverträglichkeit in gesonderten Gesetzen gefordert.

Tabelle 12.4: Einstufung „umweltgefährlicher" Stoffe nach dem Chemikaliengesetz

Gefahrenbezeichnung	akute Toxizität (96 h) LC_{50} (Fisch)
sehr giftig für Wasserorganismen	$\leq$ 1 mg/l
giftig für Wasserorganismen	1 mg/l < $LC_{50} \leq$ 10 mg/l
schädlich für Wasserorganismen	10 mg/l < $LC_{50} \leq$ 100 mg/l

Die Gefahrstoffverordnung bestimmt Schutzvorschriften beim Umgang mit Gefahrstoffen 12.5.3

Als weiteres Mittel zum Schutz vor Gefahrstoffen am Arbeitsplatz hat der Gesetzgeber Vorschriften für den Umgang mit solchen Stoffen, Herstellungs- und Verwendungsbeschränkungen für bestimmte Chemikalien (§ 15 Gefahrstoffverordnung) sowie Beschäftigungsbeschränkungen für besonders gefährdete Personengruppen (§ 15b und 15c Gefahrstoffverordnung) erlassen.

Die Vorschriften zum allgemeinen Umgang mit Gefahrstoffen sollen sicherstellen, dass Personen nur in Kenntnis der Gefährlichkeit mit Gefahrstoffen arbeiten. Hierfür sollen folgende Regelungen sorgen: Der Arbeitgeber ist verpflichtet, die Gefährlichkeit aller Stoffe, Zubereitungen und Erzeugnisse in seinem Betrieb zu ermitteln und ein Verzeichnis aller Gefahrstoffe zu führen (§ 16 – 18 Gefahrstoffverordnung); bei Einsatz besonders gefährlicher Stoffe ist zu prüfen, ob diese nicht durch weniger gefährliche ersetzt werden können (*Substitutionspflicht*). Beim Umgang mit gefährlichen Stoffen besteht die Pflicht zur Ermittlung ihrer Konzentrationen am Arbeitsplatz (*Arbeitsbereichsanalyse*). Für alle Arbeitsbereiche sind stoffbezogene Betriebsanweisungen zu erstellen, in denen auf Gefahren hingewiesen wird und erforderliche Schutzmaßnahmen festgelegt werden (§ 20 Gefahrstoffverordnung). Diese Betriebsanweisungen müssen auch Informationen zur sachgerechten Entsorgung gefährlicher Abfälle enthalten. Für das chemische Labor ist dies eine nach bestimmten Regeln zu erstellende Laborordnung. Auch hierfür existiert ein Leitfaden.

Bei der Lagerung von Gefahrstoffen ist eine Gefährdung von Gesundheit und Umwelt auszuschließen; giftige und sehr giftige Stoffe sind so aufzubewahren, dass nur fachkundige Personen Zugang haben. Durch die Pflicht zu Vorsorgeuntersuchungen soll eine kontinuierliche arbeitsmedizinische Überwachung beim Umgang mit besonders gefährlichen Stoffen und Zubereitungen eingeführt werden; Ziel ist die frühzeitige Erkennung von Erkrankungen, die auf die Einwirkung dieser Stoffe zurückzuführen sind. Für bestimmte Gefahrstoffe und Tätigkeiten gelten besondere Vorschriften (Anhang V, Gefahrstoffverordnung).

Jugendlichen und werdenden oder stillenden Müttern ist der Umgang mit besonders gefährlichen Stoffen verboten (§ 15b Gefahrstoffverordnung). Beim Umgang mit krebserzeugenden Gefahrstoffen, der der zuständigen Behörde angezeigt werden muss, sind zusätzliche Vorsorgemaßnahmen und verschärfte Auflagen zu beachten. Arbeitnehmer sind genau über die Belastung mit krebserzeugenden Gefahrstoffen zu unterrichten; der Arbeitgeber ist zur Reduktion der Belastung beziehungsweise zum Ersatz von krebserzeugenden Stoffen in Verfahren verpflichtet. Zum vorbeugenden Gesundheitsschutz am Arbeitsplatz bestehen für bestimmte Gefahrstoffe Herstellungs- und Verwendungsverbote (Anhang IV, Gefahrstoffverordnung).

12.5.4 Die Chemikalienverbotsverordnung verbietet die Produktion besonders gefährlicher Stoffe und regelt die Abgabe von gefährlichen Stoffen

Mit den in der Chemikalienverbotsverordnung niedergelegten Verboten für die Herstellung bestimmter Stoffe und den Auflagen für das Inverkehrbringen von Stoffen, Erzeugnissen und Zubereitungen sollen der Umwelt- und der allgemeine Gesundheitsschutz verbessert werden.

Nach § 1 der Chemikalienverbotsverordnung ist das Inverkehrbringen von besonders gesundheitsschädlichen oder umweltgefährdenden Stoffen, außer für besondere Zwecke und für bestimmte Abnehmer, verboten. Zu diesen Stoffen gehören unter anderem Asbest, Formaldehyd, Dioxine, bestimmte Metallverbindungen oder elementare Metalle und Teeröle (Anhang zu § 1 Chemikalienverbotsverordnung).

In der Chemikalienverbotsverordnung ist auch der Verkauf von Gefahrstoffen mit den Gefahrensymbolen T (giftig) oder T+ (sehr giftig) geregelt. Berechtigt zur Abgabe sind nur Personen mit Sachkenntnis. Zum Erlangen der Sachkenntnis ist die Ablegung einer *Sachkenntnisprüfung* nötig. Diese umfasst Fragen zu den Eigenschaften von Gefahrstoffen, zur Gefahrstoffverordnung, zum Kennzeichnungsrecht für Chemikalien und zur Toxikologie (§ 5 Chemikalienverbotsverordnung). Ausgenommen von der Prüfungspflicht sind Apotheker, Pharmazieingenieure und Drogisten sowie staatlich geprüfte Schädlingsbekämpfer. Ein Hochschulstudium in einer naturwissenschaftlichen Fachrichtung (Chemie, Biologie) alleine berechtigt nicht zum Inverkehrbringen von Gefahrstoffen; erst die Teilnahme an entsprechenden Lehrveranstaltungen in Toxikologie und Rechtskunde sowie eine erfolgreich abgelegte hochschulinterne Prüfung werden als Nachweis der Sachkenntnis anerkannt. Gefahrstoffe, die als giftig, sehr giftig, ätzend, hochentzündlich oder brandfördernd eingestuft sind oder mit dem R-Satz „Irreversibler Schaden möglich“ (R 40) bezeichnet sind, dürfen zusätzlich nur unter bestimmten Auflagen abgegeben werden (§ 3 Chemikalienverbotsverordnung).

12.6 Gesetzliche Regelungen für Pflanzenschutzmittel

Die zielgerichtete Entwicklung und der Einsatz neuer Pflanzenschutzmittel (*Pestizide*) waren eine wichtige Voraussetzung für die enorme Steigerung der Nahrungsmittelproduktion. Pflanzenschutzmittel sind biologisch aktive Stoffe, die neben den erwünschten Wirkungen auf Schadorganismen bei ihrer Anwendung oder als deren Folge auch unerwünschte Wirkungen auf Menschen, Tiere und Umwelt ausüben können. Ihre Anwendung kann auch zur Belastung weiter Bevölkerungskreise durch mögliche Rückstände in Nahrungsmitteln führen, da ein vollständiger Abbau des Wirkstoffes oft nicht stattfindet. Die Toxikologie der wichtigsten Gruppen von Pflanzenschutzmitteln ist in Kapitel 7 dargestellt.

Durch die Ausweitung des Einsatzes von Pflanzenschutzmitteln wurden neue gesetzliche Grundlagen für deren Anwendung erforderlich. Die Zulassung und die Anwendung von Pestiziden werden in Deutschland durch das Schädlingsbekämpfungsmittelgesetz geregelt, das 1966 verabschiedet und 1990 nach neueren Erkenntnissen maßgeblich novelliert wurde. In diesem Gesetz wird durch die Verpflichtung zur *Prüfung und Zulassung von Pflanzenschutzmitteln* erstmals ein verbindliches Zulassungsverfahren eingeführt. Die Zulassung von Pflanzenschutzmitteln oder Bioziden wird jetzt durch das Chemikaliengesetz geregelt. In § 12 des Chemikaliengesetzes wird die Zulassung von Bioziden geregelt.

Der Hersteller muss für die zur Zulassung angemeldeten Schädlingsbekämpfungsmittel sowohl die Wirksamkeit als auch die Umweltverträglichkeit und Unbedenklichkeit für den Menschen (bei sachgerechter Anwendung) nachweisen. Dabei ist die Vorlage toxikologischer Prüfergebnisse zwingend vorgesehen. Die Zulassung darf nur dann erteilt werden, wenn sie „den Erfordernissen des Schutzes von Gesundheit von Mensch und Tier ... nicht entgegensteht“. Die Zulassung erfolgt zunächst immer begrenzt für zehn Jahre, um die Erfassung und Berücksichtigung der möglichen langfristigen Folgen der Stoffe im praktischen Einsatz zu sichern.

Sinnvolle Prüfungsanforderungen in den Zulassungsverfahren sollten einerseits eine zuverlässige Beurteilung der Auswirkungen neuer Pflanzenschutzmittel auf die Umwelt erlauben; andererseits darf ein Übermaß an Anforderungen nicht die Weiterentwicklung zum Erliegen bringen. Der letzte Punkt gewinnt zunehmend an Bedeutung, weil aufgrund neuer wissenschaftlicher Erkenntnisse viele der früher häufig angewendeten Pestizide – zum Beispiel Organochlorinsektizide, Phenoxacarbonsäureherbizide und Chlorphenolfungizide – aus dem Handel gezogen wurden; dies hat in den letzten Jahren den Bedarf an neuen wirksamen und sicheren Verbindungen gesteigert.

Die Bundesanstalt für Arbeitsschutz ist normalerweise ebenfalls Zulassungsstelle für Pflanzenschutzmittel. Die gesundheitliche Prüfung erfolgt im Rahmen des Zulassungsverfahrens anhand der vom Antragsteller in Eigenverantwortung durchgeführten Untersuchungen. Diese Untersuchungen müssen nach GLP-Regeln (Kapitel 6) durchgeführt und alle geforderten Prüfnachweise als vollständige Versuchsberichte eingereicht werden. Art und Umfang der Untersuchungen sind im Chemikaliengesetz (§ 12) erläutert. Die geforderten Prüfungen lassen sich in vier Stufen einteilen:

- Standard-Laborprüfungen (meistens Untersuchung der akuten Toxizität),
- erweiterte Laborprüfungen (vorwiegend längerfristig),
- Halbfreiland- und Feldstudien,
- Überwachung von Gesundheitsschäden im Praxiseinsatz (nach der Zulassung).

Tierexperimentelle Prüfungen auf akute Toxizität dienen als Grundlage für die Bewertung der Gefährdung des Anwenders bei kurzzeitiger Exposition. Angaben über Auswirkungen auf den Menschen, die meist aus Erfahrungen bei der Produktion der Stoffe stammen, sollen die im Tierversuch gewonnenen Erkenntnisse ergänzen. Da Beobachtungen am Menschen bei neuen Wirkstoffen meist nur in sehr begrenztem Umfang vorliegen, müssen der Zulassungsbehörde alle gesundheitsrelevanten Kenntnisse zur Verträglichkeit des Stoffes übergeben werden.

Die Ergebnisse tierexperimenteller Prüfungen zur subchronischen und chronischen Toxizität sollen weiteren Aufschluss über das toxikologische Wirkungsprofil eines Stoffes geben. Zusätzliche Prüfungen an landwirtschaftlichen Nutztieren sowie an Vögeln sind für Pflanzenschutzmittel in den Forderungskatalog aufgenommen worden.

Liegen Hinweise auf besondere toxische Wirkungen vor, können weiterführende Untersuchungen erforderlich werden. Neben den Untersuchungen zur Toxizität in Versuchstieren sind intensive Studien zur Umweltverträglichkeit von Pflanzenschutzmitteln vorgesehen. Zur Abschätzung der Umweltverträglichkeit wird die Wirkung realistischer Umweltkonzentrationen eines Pflanzenschutzmittels (Exposition) auf repräsentative Organismen untersucht. Prüforganismen sind Algen, Wasserflöhe, Fische, Bienen, Vögel und Säugetiere.

Zur Kontrolle der Verbraucherexposition gegenüber Rückständen von Pflanzenschutzmitteln in Nahrungsmitteln sind maximal erlaubte Konzentrationen in Form von Grenzwerten festgelegt. Diese Grenzwerte sind *justitiable Größen*, also Konzentrationen, die überwacht werden müssen und nicht überschritten werden dürfen. Die Grenzwerte beruhen auf den nach dem Pflanzenschutzgesetz geforderten Studien zur subchronischen oder chronischen Toxizität. Man geht dabei von einem durchschnittlichen täglichen Obst- und Gemüseverbrauch von 400 Gramm pro Person bei einem Körpergewicht von 60 Kilogramm aus und berücksichtigt besondere Risikogruppen. Zunehmend werden auch für Abbauprodukte der Wirkstoffe in der Pflanze Grenzwerte festgesetzt.

ADI-Werte für Pflanzenschutzmittel werden auf internationaler Ebene von der Weltgesundheitsorganisation (WHO) festgesetzt. Die WHO gibt allerdings nicht für alle eingesetzten Stoffe solche Werte vor; daher werden in der Bundesrepublik Deutschland für viele Wirkstoffe eigene Werte festgelegt – zur Unterscheidung vom ADI-Wert als DTA-Werte (*duldbare tägliche Aufnahme*) bezeichnet. Häufig müssen auch für bereits von der WHO bewertete Wirkstoffe DTA-Werte festgesetzt werden, besonders dann, wenn neue Erkenntnisse zur Toxikologie dieser Verbindungen vorliegen. Eine einmalige oder geringfügige Überschreitung der Grenzwerte für Pflanzenschutzmittel in Lebensmitteln oder auch der ADI- oder TDI-Werte ist aber noch nicht mit einem Gesundheitsrisiko behaftet, da hohe Sicherheitsspannen im Prozess der Festlegung von ADI-Werten eingehalten werden und Grenzwerte für Rückstände von Pflanzenschutzmitteln in Lebensmitteln nach dem Vorsorgeprinzip sehr niedrig und nicht auf einer toxikologischen Begündung basierend festgelegt werden.

12.7 Rechtliche Regelungen zum Einsatz von Lebensmittelzusatzstoffen und Kosmetika

Dass Lebensmitteln zugesetzte Chemikalien unter Umständen die Gesundheit gefährden können, ist schon seit dem Mittelalter bekannt; bereits im fünfzehnten Jahrhundert wurde die Verwendung von gesundheitsschädlichen Zusätzen verboten – mit zum Teil drakonischen Strafen bei Verstößen. In der Neuzeit hat man im neunzehnten Jahrhundert erstmals Verbote für die Verwendung gesundheitsschädlicher Farbstoffe und anderer Zusatzstoffe (Metalle) ausgesprochen.

Für das derzeit gültige Lebensmittelrecht, das eingeführt wurde, als chemische Zusätze zu Lebensmitteln bereits in großer Zahl verwendet wurden, ist eine Liste allgemein zugelassener Zusatzstoffe erstellt worden; diese Stoffe werden als nicht gesundheitsschädlich angesehen und dürfen eingesetzt werden. Aus Sicht der Toxikologie problematisch ist dabei, dass viele der in dieser Positivliste enthaltenen Stoffe nicht mit den modernen Prüfmethoden auf toxische Wirkungen untersucht wurden. Die Aussage zur Sicherheit beruht nur auf nicht nachgewiesenen Schadwirkungen bei langjähriger Anwendung. Aus den Anmerkungen in Kapitel 11.1 ist ersichtlich, dass bestimmte Schadwirkungen so unerkannt bleiben können. Aufgrund neuer toxikologischer Erkenntnisse können zwar Stoffe, die in der Liste der allgemein zugelassenen Lebensmittelzusatzstoffe enthalten sind, in ihrer Anwendung beschränkt oder ganz verboten werden, die Durchsetzung solcher Maßnahmen ist jedoch ein langwieriger Prozess.

Neue Lebensmittelzusatzstoffe oder Stoffe, die aus Materialien im Kontakt mit Lebensmitteln in diese übertreten können, müssen ein Zulassungsverfahren durchlaufen, das eine Nutzen-Risiko-Abwägung einschließt. Wichtig ist auch die zu erwartende Exposition; sie lässt sich aus der Stoffmenge ermitteln, die vom Menschen bei Verzehr entsprechend behandelter Nahrungsmittel maximal aufgenommenen wird. Nach Abschluss der toxikologischen Untersuchungen und Einschätzung der Belastung werden ADI-Werte festgelegt.

Lebensmittelbedarfsgegenstände wie Verpackungsmaterialien sowie Lebensmittelzusatzstoffe werden von der Europäischen Lebensmittelsicherheitsbehörde (EFSA, *European Food Safety Administration*) für bestimmte Anwendungen und mit bestimmten Auflagen zugelassen. Als Grundlage dafür dienen toxikologische Studien – der Umfang ist abhängig von der ermittelten Abgabe des Stoffes aus dem Verpackungsmaterial in das Lebensmittel - sowie Untersuchungen zur Abgabe dieser Stoffe aus dem Verpackungsmaterial in die Lebensmittel.

Bei kosmetischen Mitteln gilt der Leitgedanke, dass diese bei normaler Anwendung die Gesundheit nicht schädigen dürfen. Die Kosmetikverordnung verbietet den Gebrauch bestimmter Verbindungen in Kosmetika und gibt Empfehlungen zur Prüfung der gesundheitlichen Unbedenklichkeit von kosmetischen Mitteln; diese Empfehlungen geben den Rahmen der toxikologischen Prüfung vor. Wichtigste Punkte im Prüfkatalog sind wegen der besonderen Art der Applikation Untersuchungen zur Reizwirkung auf Haut und Schleimhäute.

Weiterführende Literatur

Anhänge I und IV zur Verordnung zum Schutz vor gefährlichen Stoffen (Gefahrstoffverordnung –GefStoffV in der Neufassung vom 15.11.1999, dazu EU Richtlinien 67/548/EWG und 1999/45/EG

Gesetz zum Schutz vor gefährlichen Stoffen – ChemG – Chemikaliengestez in der Fassung vom 20. Juni 2002 (BGBl. Teil 1 Nr. 40)

Fahr O, Prager HM (1995) Die Sachkundeprüfung nach der Chemikalien-Verbotsverordnung. Wiley-VCH, Weinheim

Hörath H (Hrsg.) (1991) Giftige Stoffe – Gefahrstoffverordnung. Eine Einführung in die Gesetzes- und Giftkunde, zugleich eine Vorbereitung auf die Sachkenntnisprüfung. 3. Aufl, Wissenschaftliche Verlagsges., Stuttgart

Hörath H (2002) Gefährliche Stoffe und Zubereitungen. 6. Aufl, Wissenschaftliche Verlagsges., Stuttgart

Hörath H (2003) Gefahrstoffverzeichnis. Deutscher Apothekerverlag, Stuttgart

Schlottmann U (Hrsg.) (1193) Prüfmethoden für Chemikalien. Bonn (S. Hirzel)

Tiesler H (1993) Gefahrstoffe 1993. Wiesbaden (Universum)

Wettig K, Baumann H, Kayser D (1993) Toxikologische Prüfung von Neuen Stoffen nach dem Chemikaliengesetz. In: Bundesgesundheitsbl. 4 S. 140–142

Glossar

Adaptation Durch biochemische oder morphologische Veränderungen bedingte Anpassung einer Zelle oder eines Organismus an veränderte Bedingungen.

Agonist Substanz, die einen bestimmten (pharmakologisch wirksamen) Stoff in seiner Wirkung imitiert beziehungsweise ersetzt. Dabei besetzt der Agonist den entsprechenden → Rezeptor und aktiviert die → Signaltransduktion in der Zelle.

Allele Zustandsformen eines Gens, die zu unterschiedlicher Ausprägung des betreffenden Merkmals führen können.

Ah-Rezeptor → Rezeptor, der planare, polyzyklische Aromaten bindet (*aryl hydrocarbon*, AH).

aktiver Transport Energie verbrauchender, durch Proteine vermittelter Durchtritt eines Stoffes durch eine biologische Membran.

akut Sofort nach Verabreichung (in der Toxikologie innerhalb von 24 Stunden).

Alveolen Lungenbläschen.

Amidasen Enzyme, die Amide spalten.

Antagonist Substanz, die einen bestimmten (pharmakologisch wirksamen) Stoff unter Blockierung eines entsprechenden → Rezeptors in seiner Wirkung hemmt, ohne selbst einen Effekt auszulösen.

AP-Läsionen Durch Entfernung einer Purin- oder Pyrimidinbase entstandene Fehlstellen in der DNA.

Atmungskette In den → Mitochondrien lokalisiertes Multi-Enzym-System, das hintereinander geschaltete Redox-Systeme katalysiert; diese oxidieren Wasserstoff zu Wasser. Die in den verschiedenen Stufen frei werdende Energie wird als → ATP gespeichert.

ATP Adenosintriphosphat; der wichtigste Träger freier Energie in biologischen Systemen.

Bioaktivierung In der Toxikologie: enzymatische Umwandlung eines Fremdstoffes in eine reaktivere Verbindung.

Biomonitoring In der Toxikologie: Bestimmung eines Fremdstoffes oder seiner Metaboliten im Körper oder in Ausscheidungsprodukten.

Biotransformation Enzymatische Umwandlung von Fremdstoffen im Organismus (Bioaktivierung oder Entgiftung).

Calciumhomöostase Verteilung und Aufrechterhaltung der Calciumkonzentration in der Zelle oder in Organen.

Cholinesterase Enzym, das den → Neurotransmitter Acetylcholin spaltet.

Chromatin Spezifisch färbbare Substanz im Zellkern, die aus dem Erbgut (DNA) sowie in veränderlichen Anteilen aus RNA und Proteinen besteht; verdichtet sich (kondensiert) in den Zellteilungsphasen zu den Chromosomen.

chronisch Nach langer Zeit oder langfristiger Verabreichung.

Citratzyklus Zentraler, den Kohlenhydraten, Fetten und Proteinen gemeinsamer oxidativer Abbauweg; liefert Energie und ist eng mit der → Atmungskette verbunden.

Coenzym A In jeder Zelle vorhandenes Coenzym, das sich aus Adenosindiphosphat, Pantothensäure und Cysteamin zusammensetzt; in der aktivierten Form enthält es eine Acetylgruppe in Form eines Thioesters (Acety-CoA); ist an der Bildung energiereicher Verbindungen im Stoffwechsel beteiligt.

Cortex Rinde.

Cytochrom-P-450 Eine Hämgruppe enthaltendes Protein des Fremdstoffwechsels; katalysiert oxidative, reduktive und hydrolytische Reaktionen.

Cytoplasma Alle zellulären Elemente mit Ausnahme der Plasmamembran und des Zellkerns.

Cytosol Die löslichen Elemente des → Cytoplasma (das heißt Cytoplasma ohne Zellorganellen und → Cytoskelett).

Cytoskelett Netzwerk von Proteinfilamenten, das der Zelle ihre Gestalt gibt und ihre Bewegungen beeinflusst (zelluläres Gerüst).

Darmflora Natürlicherweise im Darm vorhandene Bakterien.

Depolarisation Abnahme der Konzentration ladungsgetragener Ionen an einer Seite der Zellmembran; führt zur Umpolarisierung (Positivierung) des Membranruhepotenzials und zur Ausbildung eines Aktionspotenzials.

DNA-Polymerase Enzym, das bei der Neubildung eines DNA-Stranges die Anlagerung der Nucleotide katalysiert.

DNA-Replikation Verdoppelung der DNA.

DNA-Transkription Umschreiben der Erbinformation in die Transportform → mRNA.

Dosis-Wirkungs-Beziehung Abhängigkeit der Wirkungsstärke von der gegebenen Stoffmenge.

endogen Im Körper selbst entstehend.

endoplasmatisches Reticulum System feiner Membranen, die von der Kernhülle ausgehend das → Cytoplasma durchziehen.

Enzyminduktion Nach Fremdstoffgabe vergrößerte Produktion von Enzymen, die zu einer erhöhten Konzentration an fremdstoffmetabolisierenden Enzymen führt.

Epidemiologie Disziplin, die die Verteilung von Krankheiten und Todesursachen in Bevölkerungsgruppen untersucht.

epigenetische Mechanismen Krebsentstehung über Mechanismen, die keine Wechselwirkung mit DNA beinhalten.

Erythrocyten Rote Blutkörperchen.

Esterasen Esterspaltende Enzyme.

exogen Von außen.

Exposition Kontakt mit einem Fremdstoff.

FAD/FADH$_2$ Flavin-Adenin-Dinucleotid; Coenzym verschiedener Oxidasen.

forensische Toxikologie Teilgebiet der Toxikologie, das sich mit dem Nachweis von Giften im Körper und in Spuren, insbesondere auch im Leichnam, sowie mit der (kriminalistischen und juristischen) Beurteilung dieser Befunde befasst.

Fungizide Substanzen für die Vernichtung schädlicher Pilze.

Funktionalisierung Einfügung funktioneller Gruppen in Moleküle.

Gastroenteritis Magen-Darm-Entzündung mit Brechdurchfall, oft als Folge einer Lebensmittelvergiftung.

Genamplifikation Vermehrung der Kopienzahl eines → Gens.

Gen DNA-Abschnitt, der eine Polypeptidkette codiert.

Genexpression Umsetzung genetischer Information in Proteine.

gentoxisch Oberbegriff, der alle möglichen DNA-Schädigungen umfasst.

Glomerulus Nierenkörperchen; von einer Kapsel umgebenes Kapillarknäuel; Ort der Abgabe des Primärharns.

Glucuronsäure An einem Kohlenstoffatom oxidierte Glucose.

Glutathion Tripeptid, das eine wichtige Rolle bei der Entgiftung spielt.

Golgi-Apparat Subzelluläre Struktur (Organelle), die dem Sekrettransport und der Lysosomenproduktion dient.

Herbizid Substanz für die Vernichtung von Unkräutern.

Initiation Erstes Stadium der Krebsentstehung; DNA-Schädigung durch einen krebserzeugenden Stoff.

Intermediärstoffwechsel Alle Veränderungen, die Nahrungsbestandteile von ihrer Resorption bis zur Ausscheidung als Stoffwechselendprodukte oder bis zum Einbau in körpereigene Strukturen erfahren.

intraperitoneal Unter dem Bauchfell.

intrinsische Aktivität Maximaler Wirkungsgrad eines Wirkstoffs bei maximaler Rezeptorbesetzung.

Inzidenz Häufigkeit einer Erkrankung in einer bestimmten Bevölkerungsgruppe.

kanzerogen Krebserzeugender Stoff.

Konjugation Kopplung eines Fremdstoffes mit einem → endogenen Substrat (→ Phase-II-Reaktionen).

LC_{50} Letale Konzentration; Konzentration eines Stoffes in der Atemluft, die zum Tode von 50 Prozent der exponierten Versuchstiere führt (abhängig von Dauer und → Exposition).

LD_{50} Letale Dosis eines Stoffes, die zum Tode von 50 Prozent der exponierten Versuchstiere führt.

Leberzirrhose Knotiger Umbau der Leber mit Narbenbildung und Zellveränderungen.

Lipasen Fettspaltende Enzyme.

LOAEL *Lowest observed adverse effect level*, Dosis, bei der erste toxische Effekte eines Stoffes beobachtet werden.

Lysosomen Abgegrenzte Bläschen im → Cytoplasma, die reich an abbauenden Enzymen (zum Beispiel Katalase) sind.

maligne Transformation Krebsartige Umwandlung einer in Kultur genommenen Zelle.

Medulla Mark; etwa die innere Markschicht der Niere.

Metastasierung Tumorabsiedlung, Bildung von Tochtergeschwulsten.

Meth-Hämoglobinämie Oxidation des Eisenatoms im Hämoglobin von der zweiwertigen in die dreiwertige Form; dadurch wird der Sauerstofftransport unmöglich.

Mikrofilamente Bestandteile des → Cytoskleletts, Actinfilamente.

Mikrosomen Bei der Zellfraktionierung aus dem → endoplasmatischen Reticulum entstehende Membranfragmente.

Mitochondrien Zellorganellen im → Cytoplasma, in denen unter anderem die → Atmungskette abläuft; die „Kraftwerke" der Zelle.

Mitose Zellteilung unter Erhalt des vollen Chromosomensatzes (zum Beispiel bei somatischen Zellen).

Monooxygenasen Enzyme, die ein Sauerstoffatom aus molekularem Sauerstoff auf andere Stoffe übertragen.

mRNA *Messenger*-RNA, Boten-Ribonucleinsäure; überträgt die Information eines DNA-Abschnitts (→ Gens) an den Ort der Proteinsynthese.

Mutation Dauerhafte Änderung der Erbinformation, die an alle Tochterzellen weitergegeben wird.

Na^+-K^+-ATPase Enzym, das an der Zellmembran unter Verbrauch von → ATP Natrium gegen Kalium austauscht.

NADH Nicotinamid-Dinucleotid in der reduzierten Form.

NADPH Nicotinamid-Dinucleotidphosphat in der reduzierten Form.

NEL *No effect level*, Dosis ohne toxische Wirkung (s. a. NOEL).

Nephron Funktionelle Einheit der Niere, bestehend aus → Glomerulus und → Tubulusapparat.

Neurotransmitter Botenstoff im Nervensystem.

Nierenrinde Die äußere Nierenschicht.

NOAEL *No observed adverse effect level*, Dosis, bei der keine toxische Wirkung eines Stoffes nachweisbar ist.

NOEL *No observed effect level*, → NOAEL, NEL.

Noxe Agens mit schädigendem Einfluss, beispielsweise eine Chemikalie oder Strahlung.

Onkogen Gen, dessen Genprodukt Zellproliferation und -differenzierung beeinflusst; wenn in einem solchen Gen Veränderungen (→ Mutationen) auftreten, kann dies zur krebsartigen Umwandlung normaler Zellen führen.

oxidative Phosphorylierung Bildung energiereicher Phosphate in der → Atmungskette.

oxidativer Stress Toxische Wrikungen durch Sauerstoffradikale.

Peritoneum Bauchfell.

Peroxisomen Zellorganellen, die Enzyme zur Wasserstoffperoxidbildung und -spaltung enthalten.

Persistenz Langlebigkeit eines Stoffes in der Umwelt oder im Organismus.

Pesitzide Stoffe, die gegen Schadorganismen eingesetzt werden.

Pfortader Größte Sammelvene des Bauchraumes, die das Blut aus Magen, Milz, Dünn- und Dickdarm der Leber zuleitet.

Phagocytose Fresstätigkeit bestimmter Zellen (Phagocyten); dient unter anderem der Abwehr des Organismus gegen Bakterien.

Pharmakologie Lehre von den Wirkungen von Arzneimitteln.

Pharmakokinetik Beschreibung der Veränderungen von Fremdstoffkonzentrationen im Organismus, insbesondere die Geschwindigkeit der Aufnahme, Verteilung, Metabolisierung und Ausscheidung einer pharmakologisch wirksamen Substanz.

Phase-I-Reaktionen Funktionalisierungsreaktionen – Oxidationen, Reduktionen, Hydrolysen –, durch die körpereigene und Fremdstoffe funktionelle Gruppen für → Phase-II-Reaktionen erhalten.

Phase-II-Reaktionen Kopplungsreaktionen an Acetyl-, Sulfat-, Glucuronyl- oder andere Gruppen, die gewöhnlich die Polarität und damit die Ausscheidungsfähigkeit von körpereigenen und Fremdstoffen erhöhen.

Pinocytose Vesikulärer Transport von gelösten Substanzen in die Zelle.

Plasma Alle nichtzellulären Blutbestandteile.

Plasmaeiweißbindung (Reversible) Bindung eines Stoffes an Proteine im Blut.

Primärharn Nach Filtration des Blutes im → Glomerulus der Niere gebildete Flüssigkeit.

Progression Drittes Stadium der Krebsentstehung, das hauptsächlich durch die Zunahme des zerstörerischen Potenzials und der Metastasierungsfähigkeit des Tumorgewebes charakterisiert ist.

Promotion Zweites Stadium der Krebsentstehung, in dem Zellen, die eine → Initiation erfahren haben, bevorzugt vermehrt werden.

Prostaglandine Gruppe von Botenstoffen und Entzündungsmediatoren.

Proteinkinasen Enzyme, die Proteine phosphorylieren.

Protoonkogen Vorläufer eines → Onkogens, meist ein wachstumsregulierendes Gen.

Resorption Aufnahme eines Fremdstoffes durch eine Membran in den Blutkreislauf.

Revertante Wiederentstandener ursprünglicher Wildtypstamm infolge einer Rückveränderung einer → Mutation.

Rezeptor Protein, das spezifisch bestimmte Substanzen bindet, wodurch Folgereaktionen in der Zelle ausgelöst werden.

Ribosomen Teils frei im → Cytoplasma bewegliche, teils an das → endoplasmatische Reticulum gebundene Zellorganellen; Orte der Proteinsynthese.

Risiko In der Toxikologie das Produkt aus Gefährlichkeit (mögliche toxische Wirkungen) und → Exposition.

Rodentizid Substanz zur Tötung von Nagetieren.

Sexualhormone Androgene, Östrogene und Gestagene.

Signaltransduktion Informationsübertragung mittels Botenstoffe.

Silikose Staublungenkrankheit.

subakut Zwischen 24 Stunden und zwei Wochen nach Stoffabgabe auftretende Wirkung.

subchronisch Zwischen zwei Wochen und drei Monaten nach Stoffabgabe auftretende Wirkung.

Synapse Ort der Erregungsübertragung zwischen zwei Nervenzellmembranen.

systemische Wirkungen Wirkungen eines Stoffes, die die Funktion des gesamten Organismus betreffen.

TD_{50} Dosis, die nach langfristiger Verabreichung in 50 Prozent der Versuchstiere einen Tumor erzeugt.

Thrombocyten Blutplättchen; sorgen für die Blutgerinnung.

Toxikodynamik Wechselwirkung eines Stoffes mit körpereigenen Strukturen, die zu toxischen Wirkungen führt.

Toxikokinetik Geschwindigkeit der Aufnahme, Verteilung, Metabolisierung und Ausscheidung eines Schadstoffes.

Toxikologie Lehre von den schädlichen Wirkungen von Chemikalien.

Toxizität Giftigkeit.

Transkription Synthese eines → mRNA-Stranges, der komplementär zur DNA eines bestimmten Abschnitts ist.

Translation Übersetzung der → mRNA-Sequenz in eine Aminosäuresequenz (Proteinsynthese).

Tubulusapparat Dem → Glomerulus nachgeschaltetes komplexes System von Kanälchen, in denen eine starke Rückresorption aus dem → Primärharn stattfindet.

Tumorsuppressorgene → Gene, die die Zellproliferation unter Kontrolle halten und dadurch die Tumorentstehung unterdrücken.

ubiquitär Überall vorhanden.

Zelldifferenzierung (Irreversible) Entwicklung von spezialisierten Strukturen und Funktionen in einer Zelle.

Index

A

Abfallentsorgung 303
Abflussreiniger 27
Abhängigkeit, psychotrope Substanzen 243
acceptable daily intake (ADI) 23, 31, 291f, 301, 324f
Acetaldehyd 81, 222f, 229, 231, 265
Acetamidofluoren 89, 107f, 294
Acetaminophen 9, 90, 96f, 103, 147
Aceton 104f, 222
Acetonitril 90
N-Acetyl-*p*-aminophenol 103
Acetylbenzylaconin 248
Acetylcholin 39–41, 200f, 249
Acetylcholinesterase 41, 200–205, 249
Acetylcholinrezeptor 41, 200f, 255
Acetylcholinvergiftung 201, 204, 249
Acetyl-Coenzym-A 86
N-Acetylcystein 87, 147
Acetylierung 86f, 108
N-Acetyltransferase 86f, 108
Aconitase 42f, 213
Aconitin 247f
Aconitum napellus 247
Acrolein 32, 222
Adaptation 327
additive Effekte 10
Addukte 231, 288
siehe auch Basen-, DNA- und Proteinaddukte
Adenin 52, 79, 85
Adenosin-5′-Phosphosulfat 84f
ADH, siehe Alkoholdehydrogenase
ADI, siehe *acceptable daily intake*
Adlerfarn 265
ADP 84
Adrenalin 40, 149, 236
Affinitätskonstante 14
Aflatoxin$_{B1}$ 77, 89, 96, 101f, 174, 262f
Aflatoxine 24, 56, 262f
Agaricus campestris 267
Agaricus xanthoderma 250
Agaritin 265
Agent Orange 209
Agonist 14, 242
Ah-Rezeptor 105f, 174f, 298
Akarizide 193, 199
Aktionspotenzial 196
Aktivierung, metabolische 89, 100f, 158, 164
Aktivkohle 149–155, 203, 215, 230, 250, 252
akute Toxizität 6, 16, 35–43, 119f, 158, 161, 167, 172, 199, 208, 211, 239, 296, 310, 321
akute Vergiftungen 2, 4, 7, 25–27, 120, 143, 166, 229
Albumin 61, 73, 124
Aldehyddehydrogenase 81, 229
Aldehydoxidasen 80
Aldehyreduktase 80
Aldrin 195
aliphatische Chlorcarbonsäuren 209
aliphatische Hydroxylierung 78
aliphatische Kohlenwasserstoffe 78, 158
Alkaloide 41, 130, 150, 247–249, 262, 264
Alkene 79
Alkine 79
Alkohol 10, 16, 104, 219, 227–234
Alkoholdehydrogenase 80, 81, 165f, 228f
Alkoholembryopathie 232
Alkoholintoleranz 234
Alkylierung 91, 98–101
Alkylphosphate 41, 151, 204f
Allel 54f, 129
Allergien 126, 179, 256f
allergische Asthmaanfälle 258
allergische Kontaktdermatitis 170
allergische Reaktionen 126, 208, 247, 257, 260
Allerthrin 207
Allylisothiocyanat 32, 105
4-Allyl-1,2-methylendioxybenzol 264
alte Stoffe (Altstoffe), Chemikaliengesetz 306f
Altstoffverzeichnis 307
Aluminium 192
Alveolargänge 63
Alveolen 63f, 170, 178, 182, 210
Amalgam 188
Amanita muscaria 251
Amanita pantherina 251
Amanita phalloides 250
α-Amanitin 154
Amanitine 250–252
Amatoxine 252
Ameisensäure 161, 165f, 222
Ames-Test 134–137, 275
AMG, siehe Arzneimittelgesetz
Amidasen 79, 80, 87
Amine 80–83, 86f, 167–170, 221,223, 235, 236, 243, 258, 260
heterozyklische aromatische 267, 269
o-Aminobenzoesäure 84

4-Aminobiphenyl 194, 221, 294
γ-Aminobuttersäure 199
Aminoglycosid-Antibiotika 44
p-Aminohippursäure 110
δ-Aminolävulinsäure 184
2-Amino-3-methylimidazol[4,5-f]chinolin 269
Aminosäurekonjugation 86
Ammoniak 110, 170, 224
Amphetaminderivate 145, 235f, 238
Amphetamine 111, 235f, 243
Amygdalin 32, 177
analytische Toxikologie 4, 116
anaphylaktischer Schock 258
Ancrod 255
Androgene 130
angeldust, siehe Phencyclidin
Anilide 208
Anilin 67, 169, 174, 222
Anisöl 264
Anmeldung von Chemikalien 311
Anophelesmücke 194
Antabussyndrom 231
Antagonist 14, 241, 249
Anthrachinone 250
Antidepressiva 130, 144f, 152, 155
Antidote 2, 146f, 250, 262
Antigen 170, 257–260
Antigen-Antikörper-Reaktionen 257
Antihistaminika 261
Antikoagulanzien 147, 214f
Antikörper 257–260, 274
Antioxidantien 97, 108, 266
biologische 95
Antiseren 256
Anwender 304
AP-Läsion 49–51
Applikationsform 8, 23, 67
APS, siehe Adenosin-5′-Phosphosulfat
Arachidonsäure 258
Aristolochiasäure 262–264
aromatische Nitroverbindungen 167f
Arsen 2, 116, 147, 171, 188f, 191, 194
Arsenik 188
Arsentrioxid 188, 192, 194, 277f
Arsenverbindungen 2, 171, 188f, 277
Arsenvergiftung 189f
Arteriosklerose 94, 224
Arzneimittelgesetz 307
Arzneimitteltoxikologie 273–279
Asbest 28, 30, 324
Asbestose 4
Ascorbinsäure 98
Aspergillus flavus 262
Asthmaanfälle 179, 258
Atemdepression 147f, 230, 242
Atmungskette 41f, 94, 99, 177
Atomabsorptionspektrometrie 116
ATP-Synthese 41
ATP-abhängige Säure-CoA-Ligasen 86
ATP-Konzentration, intrazelluläre 36–38, 41
ATP-Sulfurylase 84
Atropa belladonna 249
Atropin 41, 147, 203, 205, 248f, 245
ätzende Stoffe 169, 313
Aufnahme von Fremdstoffen 59–67
Aufnahmewege 7, 103
Auslöseschwelle 23
Ausscheidung von Fremdstoffen 60, 85, 109–112
Autopolituren 27
Autoxidation 163
Auxin 209
Azofarbstoffe 81f, 169

B

Babynahrung 33, 285
bakterielle Toxine 252–255
Bakterieninhibition 312
BAL, siehe British Anti–Lewisite
Basen 62, 98, 110, 136
Basenaddukte 52, 167
Basenpaare 52
Basenpaarsubstitution 51f
Bateman-Funktion 69
Batterien 26, 181
BAT-Wert 22
Belastung 6, 22, 25–33
Belastungsgrenzwerte 292
Belladonna 41
Benzidin 82, 167
Benzin 166
bleifreies 162
Benzochinon 89, 164
Benzodiazepine 147, 236, 238
Benzoesäure 164
Benzol 7, 75, 162–164, 194, 223
Benzonitril 208
Benzo[a]pyren(Benzpyren) 29, 77, 222
Benzylacetat 32
Berliner Blau 190
Beruhigungsmittel 130, 132, 273, 276
Beschäftigungsbeschränkungen 321
Bhopal 26
Bienen 257–260
Bier 227, 232, 249
Bilirubin 83
Bilsenkraut 248f
Bioakkumulation 310
Bioaktivierung 89–102, 169, 204, 266
biochemische Toxikologie 4
biogene Amine 258
biologische Membranen 59, 99, 180, 260
Biologischer Arbeitsplatztoleranzwert (BAT-Wert) 22

Biomarker 288
Biomonitoring 115, 117, 285, 288f
Biotransformation 59, 69, 72–88, 90, 103, 108, 159, 175, 270, 288, 290
Biotransformationsreaktionen, reduktive 81
Bioverfügbarkeit 65, 169, 183, 287
Biphenyle
  polybromierte 174
  polychlorierte 31, 130, 174
Bis-(2-Chlorethylsulfid) 171
Bispyridiniumverbindungen 208–210
Bittermandel 177
Blasenkrebs 7, 89, 169, 223
Blasentumor 167, 265, 294
Blausäure 9, 147, 171, 176f
Blei 62, 116, 130, 147, 181, 183–186, 191
Bleiarsenat 194
Bleichmittel 27
Bleirohre 33
Bleitetraethyl 183
Bleivergiftung 183–185, 191
Blinddarm 61f
Blut 60, 68, 112
Blut-Hirn-Schranke 61, 242
Blutkörperchen, rote 256, 260
Blutkrebs 89
Blutplättchen 154
Bodenpflegemittel 27
Bohnen 264, 268
Botulinustoxin 253f
Bradykardie 251, 261
Bradykinin 255, 258
British Anti-Lewisite 191
Broccoli 266
Brodifacoum 214
5-Bromdesoxyuridin 136
Bromophos 199
Bronchien 63f, 170, 201, 208, 225, 241
Bronchiolitis obliterans 210
Bronchitis 7, 175, 179, 182, 187, 225, 227
Bronchodilatatoren 154
Brustkrebs 44, 267
Bufuralol 77
Bundesanstalt für Arbeitsschutz 311, 323
α-Bungarotoxin 255
Bürstensaummembran 61
Butadien 167, 222

C

Ca^{2+}-ATPase 37–39
Ca^{2+}-Konzentration 36, 41
  intrazelluläre 36, 39
Ca^{2+}, Mg^{2+}-ATPase 197, 208
Cadmium 62, 116, 181–183, 192, 222
Cadmiumnephropathie 182
Cadmiumvergiftung 182
calciumabhängige Endonuclease 36, 48
Calciumarsenat 194
Calciumgluconat 147
Calciumhomöostase 36f, 43
Calmodulin 208
Ca-Na_2-Ethylendiamintetraacetat 191
Cannabinoid-Rezeptor 239
Cannabis 235, 239f
Captafol 211
Captan 211
Carbamate 205f, 208
Carbaminsäureester 205f
Carbaryl 205
Carbo medicinalis 151
Carbogen 148
Carbonsäuren 33, 81, 83, 86
Carboxyhämoglobin 161, 176
Catechol 32, 164
Catecholamine 149, 236
Ceruloplasmin 73
Chelatbildner 147, 190–192
Chelate 190
Chemieunfälle 27
Chemikalien
  Gefährdungspotenzial 7, 309, 312
  Grundlagen der toxischen Wirkungen 6–11
  Kennzeichnung 306, 311
  Kennzeichnungspflicht 307, 312
Chemikaliengesetz 305–312
  Definitionen 307
Chemikalienrecht 303f
Chemikalienverbotsverordnung 312–322
chemische Kampfstoffe 171
chemische Kanzerogene 22, 100, 290
chemische Kanzerogenese 44–57
chemische Läsion 10
Chinin 110
Chlorakne 173, 175, 212
Chloral 79, 159
Chloralhydrat 159
Chlor-Alkali-Elektrolyse 186
Chloralkylthiodicarboximid 210f
Chlorgas 7, 27
chlorierte Benzole 194
chlorierte Carbonsäuren 33
chlorierte Cyclodiene 194
chlorierte Cyclohexane 194
chlorierte Methane 159–161
chlorierte Phenoxycarbonsäuren 209
Chloroform, siehe auch Trichlormethan 33, 91, 158, 160f
Chlorphenole 33
Chlorphenolfungizide 325
Chlorthiamid 209
Cholesterin 90, 125, 235
Cholinesterase 171, 201–205
Choreoathetose 206f
Chrom 170, 181, 191f, 223
Chromosomenaberrationen 136–138, 288

Chromosomenbrüche 51, 53f, 136, 137
Chromosomenmutationen 51, 53f
Chromosomenschäden 289
Chromosomentranslokationen 51, 53f
chronische Polyarthritis 94
chronische Toxizität 35–44, 119, 136, 198, 310
chronische Vergiftungen 198
Chrysanthemen 206
Chrysanthemsäure 206
Ciprofibrat 56
cis-Platin 100
Citratzyklus 42f
Clitocybe-Arten 251
Clofibrat 105
Clostridium botulinum 7, 253
Cocain 110, 145, 235, 238f, 243
Coenzym-A-Thioester 86
Comet-Test 137
Corium 66
Cortex, Niere 109
Crosslinks 137
Crotalaria 264
crystal, siehe auch *speed* 236
Cumarine 213
Curare 173
Cyanide 176–178
Cycadennüsse 263
Cycasin 262–264
Cycas-Palmen 263
Cyclodiene 194–198
Cyclohexylamin 130
Cyclohexylperoxid 170
Cyclosporin 77
Cyfluthrin 207
CYP1A1, siehe Cytochrom-P-450-1A1
Cypermethrin 207
Cytochromoxidase 177
Cytochrom-P-450 76–83, 90–93, 96–99, 104–109, 159–162, 173, 229–231, 270
  und Ernährungsstatus 108
  Glucuronyltransferasen 104–106
  Isoenzyme 105
  und Sexualhormone 108
  suizidale Inaktivierung 99
Cytochrom-P-450-1A1 77, 105–108
Cytochrom-P-450-2E1 77f, 104f, 160, 229, 231
Cytochrom-P-450-abhängige Monooxygenasen 43, 76, 96
Cytochrom-P-450-Reduktase 76, 93
Cytokine 231
Cytoplasma 106, 137
Cytosin 49–52
Cytoskelett 36f
Cytosol 36–44, 54, 80, 86, 96, 229

D

Darmflora 81f, 109
Darmkrebs 192, 266
Datura strammonium 249
Daunomycin 93
DDPV, siehe Dichlorvos
DDT 6, 31, 39, 62, 67, 74, 194–198, 208
Debrisoquin 77
Deferoxamin 147, 191f
delayed neuropathy 204
Deletion 51f
Depolarisation 39f, 196, 208, 258, 261
Depurinierung 50
DES, siehe Diethylstilböstrol
Desaminierung 49f
designer drugs 235
Detergenzien 27
Deutsche Gesellschaft für Pharmakologie und Toxikologie (DGPT) 3
Dexamethason 105
Dextroamphetamin 235f
DF, siehe Deferoxamin
Diacetylmorphin, siehe Heroin
Diazepam 147, 236, 238f
Diazine 208
Dibenzo-*p*-Dioxine 172–174
1,2-Dibromethan 130, 174
Dichapetalum cymosum 43
p,p′-Dichlordiphenyltrichlorethan, siehe DDT
Dichlormethan 90, 104, 161f
2,4-Dichlorphenoxyessigsäure 210
Dichlorvos 199
Dickdarm 61f, 77, 187
Dickdarmkrebs 267f, 283
Dicumarol 147
Dieldrin 195, 198
Dieselmotor 29
Diethyldithiocarbamat 84, 191
Diethylether 158
Di(2-ethylhexyl)phtalat 56
Diethyl-(4-nitrophenyl)thionophosphat 199
Diethylstilböstrol 174
Diffusion 59–61, 65, 71, 110, 170, 176, 180, 227
1,2-Dihaloalkane, Bioaktivierung 91
5,6-Dihydrodesoxycytidin 102
Diisopropyl-fluorophosphat 173
2,3-Dimercapto-1-propanol (BAL) 190f
2,3-Dimercapto-1-propansulfonsäure 190f
Dimercaptopropansulfonat (DMPS) 147
Dimethoat 199
Dimethylaminophenol 147
p-Dimethylaminophenol 178
7,12-Dimethylbenzanthrazen (DMBA) 47
Dimethyl-2,5-dichlor-4-bromphenylthionophosphat 199
Dimethyl-2,2-dichlorvinylphosphat 199

Dimethyl-S-methylcarbamoylmethyldithiophosphat 199
Dimethylnitrosamin 49, 77, 89, 92, 224
N,N-Dimethylnitrosamin 91
p,p'-Dimethyloxydiphenyltrichlorethan 195
Dimethylsulfoxid 67
2,4-Dinitrochlorbenzol 125, 170
Dinitrophenole 209
Dinoflagellaten 255, 261
Diodenarray-Detektoren 116
Dioxine 72, 106, 172–174, 285, 301, 324
Diphacinon 214
Diphenylmethan 258
Diphenyltrichlorethane 194
Diquat 152, 154, 208–210
Disséscher Raum 112
Dissoziationskonstante 14, 258
Disulfide 37, 80
Dithiocarbamate 208
Diurese 150, 152, 230
DMBA, siehe 7,12-Dimethylbenzanthrazen
DMPS, siehe Dimercaptopropansulfonat
DNA 49
  Addukte 49f, 101, 264, 269, 288
  Alkylierung 100
  Basenmodifikationen 49–51
  Doppelhelix 49
  Doppelstrangbrüche 36, 49, 137
  Leseraster 52
  Methylierung 57, 93, 264
  oxidative Modifikation 101
  Replikation 48, 51–53, 98, 100, 137, 193
  Schäden 49–51, 55–57, 100, 136, 193
  Strangbrüche 49f
DNA-Polymerase 51
DNAse 50
Dopamin 236, 238
Dosis-Wirkungs-Beziehungen 12–23, 115, 128, 261, 281–287, 292f, 297–300
DPA, siehe D-Penicillamin
Drogen, synthetische, siehe *designer drugs*
Drogenmissbrauch 65
duldbare tägliche Aufnahme (DTA-Werte) 299, 324
Dünndarm 61f

E

E 6085, siehe Parathion
ECD, siehe Elektroneneinfangdetektor
Echium 264
ecstasy 235–238
ED_{50} 14
EDTA 191
Effektive Dosis, siehe ED_{50}
Einstufung 311
Einstufungspflicht 306
Eisen 151, 168, 177, 191
Eisen (III)hexacyanoferrat(II) 190
Eisenhut 247f
Eisensulfat, LD_{50} 6
Elapiden 255, 262
Elektrophile 87, 90, 98–100, 169
Eliminationsgeschwindigkeit 11f, 152, 228
Eliminationskinetik 69f
Eliminationskonstante 12, 70
Embryotoxizität 130, 132
Emesis 150
Emissionen 29
Enddarm 61
Endonucleasen 36f, 49, 50
Endosulfan 195
Endverbraucher 28, 304
enterohepatischer Kreislauf 112, 150, 155, 189
  Unterbrechung 152
Entgiftung 74, 82, 87–89, 95–97, 105, 108, 111, 150, 177, 188, 266, 297
Enthaarungsmittel 189
Entkalker 27
Environmental Protection Agency (EPA) 5, 119, 185, 299, 312
Enzymalterung 204
Enzyminduktion 104f, 173, 175
epicutane Applikation 125
Epidemiologie 143, 285
Epidermis 66
epigenetische Kanzerogene 297
epigenetische Mechanismen der Krebsentstehung 169
Epoxide 79, 82, 98
Epoxidhydrolase 82f, 104, 163
erb R 54
Erbrechen 150f
Ernährung 26, 31, 45, 85, 103, 108, 130, 231, 266–272, 283, 286
Erythroblasten 138
Erythrocyten 168f, 176, 182–184, 187, 201
Erzeugnisse 308
Esterasen 79f, 200, 202, 206
Estradiol 297
Ethanol 6, 15, 77, 81, 104, 147, 151, 166, 227–234
Ethen 79, 167f
1,N^6-Ethenodesoxyadenosin 101
Ethenoxid (Ethylenoxid) 79, 167
Ethylalkohol, siehe Ethanol
Ethylendiamintetraacetat, siehe EDTA
Ethylenglycol 155
Exkretion 10, 69f, 72
  siehe auch Ausscheidung von Fremdstoffen
Exposition 6–12, 22f, 281f, 284f, 287f
  Formen 7, 26–33

F

Fachapotheker für Pharmakologie und Toxikologie 3
Fach(tier)arzt für Pharmakologie und Toxikologie 3
Fachtoxikologe DGPT 3
FAD 42, 79
$FADH_2$ 41, 177
Fapy-Desoxyadenosin 102
Farbreaktionen 116, 146
Fenton-Reaktion 95
Fenvalerat 206, 207
Fertilität 130, 132, 275
Fertilitätsindex 132
fes 54
Fetotoxizität 132
Fettgewebe 30, 68–70, 72–74, 175, 197, 212, 298
Fettleber 231
Fettsäuren 99f, 109, 160, 256, 258
Fettverzehr 267
first-pass-Effekt 67
flatliner, siehe 4-Methylthioamphetamin
flavinabhängige Monooxygenasen 76, 79f
Flavonoide 266
Fleckfieber 194
Fleischkonsum 268
Fliegenpilz 251
Flüchtigkeit 157, 198
Flumazenil 147
Flunitrazepam 147
Fluoracetamid 213f
Fluoracetat 42f, 213
Fluoreszenz-*in-situ*-Hybridisation-(FISH-)Technik 138
Fluorocitrat 42
Fluorwasserstoff 147
Fluvalinat 207
Folpet 211
Folsäureantagonisten 130
Food and Drug Administration (FDA) 119, 130, 299f, 307
forcierte Diarrhö 149f
forcierte Diurese 150, 152f
forensische Toxikologie 2
Formaldehyd 29f, 81, 90, 92, 161, 165, 170, 178, 222, 258, 297, 322
Formaldehyddehydrogenase 81, 165
Formamidopyrimidin 49, 102
Fortpflanzung 45, 130
fos 54
frameshift-Mutation 52
Fremdstoffmetabolismus 108
Freund-Adjuvans 126
Frostschutzmittel 27
Frühjahrslorcheln 265
Fugufisch 26
Fungizide 193, 195, 210f
Funktionalisierungsreaktionen 76
Furanone 33
Furfural 32

G

GABA 197f, 208
Galle 60, 68, 74, 85, 92, 111f, 250
Gallensäuren 92, 111
Gaschromatographie (GC) 116
Gaschromatographie-Massenspektroskopie-Kopplung (GC/MS) 117
Gastroenteritis 187, 210
Gauss-Verteilung 17f
Gebäude, siehe Innenraumluft
Geburtsindex 132
Gefährdungsbewusstsein 28
Gefahrensymbole 312–315, 322
gefährlicher Stoff (Gefahrstoff) 314, 321
Gefährlichkeit 9, 281, 303
Gefahrstoffverordnung 22, 303f
Gegenmittel 2, 146
  siehe auch Antidote
Gehirn 61, 68f, 157, 185, 187, 197, 201, 215, 220, 239, 283
Gen 53f
Genamplifikation 51
Genexpression 53, 138
Gentoxizität 119, 269, 275, 290, 296, 299, 307
Gentoxizitätstests 134, 136f, 192, 297
Genumlagerungen 51
Genussmittel 44
Geschirrspülmittel 27
Gewässergefährdung 320
Gewerbetoxikologie 3
Giftidentifizierung 146
Giftinformationszentren 144
Giftmorde 247
Giftpflanzen 26, 247
Giftpilze 250
Gifttiere 254, 260
Giftung 89
ginger paralysis 204
Globulin 73
Glomerulus 109f
Glottis 63
GLP, siehe *Good Laboratory Practice*
Glucose 109, 124, 135, 185, 230
N-Glucosidase 252
Glucuronid 84–86, 97, 103, 107f, 111
Glucuronidierung 59, 83, 85f, 97, 107, 112
Glucuronsäure 59, 83f, 97, 206
Glucuronyltransferase 83, 104f
Glutamin 86
γ-Glutamylcysteinyl-Glycin 87
γ-Glutamyltranspeptidase 87f, 124

Glutathion 38, 87, 91, 96–98, 108, 161, 181, 269
Glutathionkonjugation 91–93, 96f, 159, 167, 175
Glutathionperoxidase 96f
Glutathionreduktase 96f
Glutathion-*S*-Transferasen 87, 92, 104, 161, 163
Glycin 86f, 206
Glycosinolate 266
Glykoside 32, 177
Gold 147
Golgi-Apparat 85, 112
Good Laboratory Practice (GLP) 118f
Grenzwerte 181, 284, 290, 292, 295, 314, 324
Grillen von Fleisch 267
Gyromitra esculenta 265
Gyromitrin 265

H

Haber-Weiß-Reaktion 95
Halbwertszeit 70, 74, 94, 112, 165, 172, 174, 182, 187, 191, 210, 221, 299
Halogene 170
Halogenwasserstoff 170
Halophenole 209
Hämangiosarkom 167, 286
Hämodialyse 150, 152, 154, 230
Hämolyse 255
Hämoperfusion 150, 152–155
Hämprotein 76, 78f, 111
Haptomer 248, 250
Harn 22, 73, 87, 109f, 152, 165, 169, 182, 185, 221
Harnleiter 109
Harnsäure 110
Harnstoffderivate 208f
Haschisch 239
Häufigkeitsverteilungen 16f
Hauptstrom 220, 222, 227
Haushaltschemikalien 27, 124
Haut 7, 60, 66f
Hautflügler 260
Hautkrebs 189, 192
Hautverträglichkeit 124, 125
HCBD, siehe Hexachlorbenzol
HCN, siehe Blausäure
Heliotropium 264
Hemmung, irreversible 106
Henlesche Schleife 109f
Hepatotoxizität 231
Herbizide 95, 152, 154, 193, 208f
Heroin 61, 145, 148, 235, 242f
Hersteller 308
Herz 63, 68
Herzinfarkt 224, 283
Herzrhythmusstörungen 43, 145, 148, 163, 213, 238, 249, 278
heterozyklische Arylamine 77
Hexachlorbenzol 31, 210, 211
Hexachlor-endomethylen-bicyclohepten-bis(oxy-methylen-)sulfoxid 195
Hexachlor-epoxy-octahydro-endo-exo-dimethano-naphtalin 195
Hexachlor-hexahydro-endo-exo-dimethano-naphtalin 195
n-Hexan 9, 162f
2,5-Hexandion 162f
high pressure liquid chromatography, siehe HPLC
Histamin 258–260
Histidinauxotrophie 134
Hochdruckflüssigkeitschromatographie, siehe HPLC
Hoden 87, 232
Hodensackkrebs 44
Holzbeizen 27
Holzschutzmittel 27, 212f
Holzschutzmittelsyndrom 212
Hormone 13, 40, 56, 108, 130, 297
Hornissen 260
Hornschicht 66
HPLC 116f
Huminsäuren 33
Hyaluronidasen 256
Hydrazine 80, 86, 209, 265f
Hydrazoverbindungen 81
Hydrolasen 44, 264
Hydrolyse 28, 49–51, 74, 76, 80, 82, 87, 96, 161, 201f, 204f
Hydroperoxide 97, 99
Hydroxycumarinderivate 214
8-Hydroxydeoxyguanosin 101
Hydroxylamine 81, 83, 169
Hydroxylierung, aliphatische 78
Hydroxylradikal 50, 94f
12-Hydroxyölsäure 250
8-Hydroxypurine 49
Hymenopterengifte 260
L-Hyoscyamin 249
Hyoscyamus niger 249
Hyperplasie 56
Hyperventilation 152, 229f
Hypoglykämie 229f

I

Ibotensäure 251
IgE-Antikörper 258
Imine 80, 100
Immissionsschutz 305
Immunglobuline 258f
Immuntoxikologie 4
Indandionderivate 213f

Indole 266
Indolyl-3-Essigsäure 209
Induktor 83, 104f, 173, 175, 198, 266
Industriechemikalien 6, 130, 157, 305, 311
industrielle Zwischenprodukte 166f
Ingestion 7
Ingwer 204, 264
Inhalation 7, 23, 60, 65, 68, 122, 157, 131, 167, 176, 183, 186, 192, 223, 319
Inhalationsanästhetika (-narkotika) 68, 158
Inhibition 16, 44, 99, 105, 310
Initiations-Promotions-Modell 48
Initiator 47
Injektion
  intracutane 125
  intraperitoneale 6, 7, 9, 67, 261
  intravenöse 6, 60, 65, 68, 103, 169, 191, 203, 215, 242, 249, 256, 260
  subcutane 6, 125, 215
Innenraumluft 29, 212
Inocybe-Arten 251
Insektizide 39, 115, 145, 154, 193–205, 207, 249, 323
Insertion 51f, 78, 91
intensivmedizinische Maßnahmen 148f
Intermediärstoffwechsel 83, 111
International Agency for Research on Cancer (IARC) 5, 270
Intoxikation, siehe Vergiftungen
intracutan, siehe Injektion
intraperitoneal, siehe Injektion
intravenös, siehe Injektion
intrinsische Aktivität 14
Invasionskinetik 69
Inverkehrbringen 308
Ionenmuster, zelluläres 37
ionisierende Strahlen 95
IQ (*imidazoquinoline*) 267, 269
Isatidin 264
Isocyanate 170
Isolan 205
Isoniazid 108
Isopropylalkohol 155
1-Isopropyl-3-methyl-5-pyrazolyl-*N,N*-dimethylcarbamat 205
Isothiocyanate 266
Isoxazole 251
Itai-Itai-Krankheit 182f

J

Jasmintee 32
Jejunum 61f

K

Kaffee 32
Kaffeesäure 32
Kakao 264
Kaliumkanäle 196
Kampferöl 264
Kanzerogene
  chemische 22, 100, 290
  epigenetische 55, 169, 297
  komplette 47
  Metalle 192
  natürliche 32
  nichtgentoxische 56, 136
kanzerogene Naturstoffe 264f
Kanzerogenese 44–57, 100, 192f, 224, 299
Kanzerogenitätsuntersuchungen 292
β-Karotin 266
Kartoffeln 32
Katalase 96, 229
Katalysatoren 95, 178, 186
Kehlkopf 63, 183
Kennzeichnungspflicht 28, 307, 312, 320
Kerosin 166
Ketonreduktase 80
Kinetik erster Ordnung 69f
Klapperschlangen 255
Klärschlamm 181
Kleiderlaus 194
klinische Toxikologie 4
Knoblauch 266
Knochen 8, 21, 68f, 72, 181, 183f, 189
Knochenmark 60, 137f, 164, 278
Knollenblätterpilz 154, 250–252
Knorpel 68f
Kobalt 147
Kobra 257
Koffein 77, 108, 238
Kohlenmonoxid 29f, 76, 143, 148, 161,168, 176f, 221f
Kohlenwasserstoffe 28, 30, 47, 78, 109, 158, 162, 166, 178, 221
  halogenierte aliphatische 158
Kokain, siehe Cocain
Kongorot 81f
Konjugationsreaktionen 78, 83f, 97
Kontaktallergene 126
Kontaktherbizide 209
Konzentrationsgifte 13f, 22, 289, 290
Konzeptionsrate 132
Kosmetika 144, 308, 325
Kosmetikverordnung 325
Kraut 266
Krebs 25, 44
  siehe auch unter einzelnen Krebsformen
Krebsentstehung
  Mehrstufenmodell 47
  nichtgentoxische Mechanismen 55
Krebshäufigkeit und Alter 53
Krebsrisiko 29, 31, 126, 224, 233, 265, 290, 295, 299
Krebsrisikoabschätzung, quantitative 295

Kreislauferkrankungen 232, 283
Kreuzotter 256f
Krummdarm 61f
Kugelfisch 26f, 255, 261f
Kupfersulfat 194, 209f

L

Lähmungen, spastische 39, 197
Läsion, chemische 10
Laktationsindex 132
Laryngitis 225
Lampenöl 27
langsame Acetylierer 108
Lasiocarpin 264
Lauch 266
LC_{50} 23, 119, 139, 319, 321
LD_{50} 6f, 9, 17f, 23, 67, 119–121, 172f, 199, 205f, 211f, 216, 253, 261, 319
Lebensmittelqualität 263
Lebensmittelzusatzstoffe 31, 127, 304, 325
Leber 60, 67f, 70, 72, 75f, 103, 109, 111f, 155
Leber-Hämangiosarkom 167, 288
Leberkrebs 7, 89, 198, 263, 286
Lebertumore 160, 175, 198, 233, 263, 294, 298
Leberzirrhose 109, 231f, 283
Lederhaut 66
letale Dosis, siehe LD_{50}
Leukämie 7, 163, 188, 277f, 283
Leukotriene 255, 258f
Lewisite 191
Limonen 32, 266
Lindan 195
Lipasen 36
Lipide 13, 43, 98–100
Lipidperoxidation 39, 99f, 160, 231
Lipophilie 103, 111, 157, 160, 176, 186, 199
Lipoprotein 73, 233
Lithium 151, 155
Lost 100, 171
Lösungsmittel 29, 33, 60, 90, 104, 121, 150, 157f, 289, 307
Lösungsmittelvergiftungen 27
LSD 235, 237, 240f, 243
Luftröhre 63, 170
Luftverschmutzung 28, 178f
Lunge 7f, 59–61, 63f, 68, 72, 79, 84, 150, 152, 163, 166, 170, 182, 184, 186, 188, 210, 223, 228, 260
Lungenerkrankungen 4, 226
Lungenkarzinom 224, 227
Lungenkrebs 7, 189, 192, 223, 283, 286
  Passivrauchen 29, 227f
  Radon 29
Lungenödem 93, 148, 170, 182, 202
Lungentumoren 161, 223, 298
Lymphocyten 170, 257, 259f
Lysergsäurediethylamid, siehe LSD
Lysolecithin 255f
Lysosomen 38f, 44

M

Magen 61f
Magen-Darm-Trakt 7, 11, 60f, 75, 84, 145, 151, 155, 181, 187, 191, 194, 200, 208, 213, 227, 250, 266
Mageninhalt 146, 148
Magenkrebs 283
Magenspülung 146, 149–151, 203, 215, 230, 250, 252
MAK-Wert 5, 22f, 314
Malaria 193f, 199
Malathion 199f
maligne Transformation 54
Malignität 49
Mancozeb 211
Maneb 211
Mangan 96, 181
Mariendistel 252
Marihuana 239
Markschicht 109
Massenspektrometer 116f
Massenwirkungsgesetz 14, 176
Mastdarm 61f
maximal tolerierte Dosis 127
Maximale Arbeitsplatzkonzentration, siehe MAK-Wert
Maximierungstest 125
Mechanismen toxischer Wirkungen 35f
mechanistische Untersuchungen 128
Medulla 109
Meeresschnecken 261
Mehrkompartimentmodelle 70
Mehrstufenmodell der chemischen Kanzerogenese 47
Meldepflicht 143f
Mellitin 260
MeIQ 261
MeIQx 261
Membranen, biologische 59f, 99, 180, 262
Membrangängigkeit 59, 71, 103, 187, 191
Meprobamat 84
2-Mercaptobenzthiazol 170
Merkaptursäuren 87
Mescalin 240
Messenger-RNA, siehe mRNA
metabolische Aktivierung 89, 100, 158
Metaboliten, toxische 12, 90 ,164
Metabonomik (Metabolomik) 139
Metalloide 180f
metallorganische Verbindungen 186
Metallothioneine 182
Metallvergiftungen, Behandlung 180, 190f

Metastasierung 16, 48f
Met-Hämoglobin 167–169, 177
Met-Hämoglobinbildner 147, 168, 177
Methamphetamin 235–237
Methanol 81, 147, 151, 155, 165f
Methoxychlor 195f
Methylazoxymethanol 264
Methylbenzol 164
3-Methylcholanthren 83, 104f
Methylenblau 147, 169
S-Methylglutathion 87
O^6-Methylguanin 49, 51
Methylierung, DNA 57, 193, 264
Methyljodid 87f
Methylisocyanat 27
4-Methylthioamphetamin 237f
Mikrofilamente 37
Mikrokern-Test 137
Mikroorganismen 198
Mikrosomen 75, 81, 86, 229
Minamata 188
Mithridates 2
Mitochondrien,toxische Effekte auf 41
Mitose 51, 136f
mittlere letale Dosis 121
Möbelpflegepolituren 27
Molluskizide 193
6-Monoacetylmorphin 242
Monocrotalin 264
Monooxygenasen
  Cytochrom-P-450-abhängige 43, 76, 96
  flavinabhängige 76, 79f
Morbidität 121
Mord 2, 26, 180, 188f, 247, 249, 279, 283
Morphin 147, 235, 242
Morphinantagonisten 147
Morphiumsulfat, LD_{50} 6
Mortalität 12, 19f, 178, 223, 232, 252, 257
mos 54
mRNA 105f, 138f
MS, siehe Massenspektrometer
MTD, siehe maximal tolerierte Dosis
Mucosa 61
Muscazon 251
Muscheln 198, 255, 261
Muscimol 251
Muscarin 200, 251
Muscarinrezeptoren 200, 202f, 249
Muskatnussöl 264
Muskulatur 68, 148, 189, 202, 207, 243, 261
Mutagenität 119, 136, 312, 320
Mutagenitätstest 134, 136
Mutationen 48f, 51, 53, 55f, 98, 129, 138, 192, 288f
Muttermilch 30, 183f, 228, 317
myb 54
myc 54
Mydriasis 145, 232

N

NAD^+ 42, 80, 84
NADH 41f, 81, 84, 177, 229
NADP 76, 229
NADPH 76, 81, 93, 229
NADPH-abhängige P-450-Reduktase 76, 81, 93
Nahrungsinhaltsstoffe 26, 31, 62, 75, 109
  natürliche 31f
Nahrungskette 61, 172, 174, 181, 186, 198, 208, 261
Nahrungsmittel 25, 31, 126, 252f, 262f, 271, 325
Nahrungsmitteltoxikologie 4
Nahrungsmittelvergiftung 252
Naja naja 257
Na^+-K^+-ATPase 37, 39
Naloxon 147, 242
2-Naphthylamin 84, 164, 221f
1-Naphthyl-*N*-methylcarbamat 205
Narkose 9, 157f, 162–164, 167, 229
Narkotika 148, 231
Nasenkrebs 44, 192
Nasen-Rachen-Raum 63
National Toxicology Program (NTP) 5
Natriumbicarbonat 149, 152
Natriumborat 209
Natriumchlorat 209
Natriumchlorid, LD_{50} 6
Natriumcyanid 173
Natriumfluoracetat 213f
Natriumkanäle 196, 238, 249, 262
Natrium-Phenobarbital, LD_{50} 6
Natriumsulfat 151
Natriumthiosulfat 147, 177
natürliche Gifte 249f
natürliche Nahrungsinhaltsstoffe, siehe Nahrungsinhaltsstoffe
Nebenstromrauch 220, 222, 227
Nebenwirkungen 44, 190, 251, 275
NEL, siehe *no effect level*
Nematozide 193
Nephron 109f
Neurotoxikologie 4
Neurotoxizität 162, 204, 275
Neurotransmitter 39, 40, 197, 200, 208, 238f
nichtgentoxische Kanzerogene 56, 136
Nickel 147, 170, 191f, 222f
Nickelsalze 258, 260
Nicotinrezeptoren 200, 202
Niere 8, 60f, 68–73, 77, 84–87, 92, 97, 109f, 152, 169, 182, 184, 189, 209, 224, 260, 264
  Gesamtdurchblutung 109
Nierenkörperchen 109
Nierentumore 55f, 160
Nifedipin 77
NIH-Shift 79

Nikotin 220f
  LD_{50} 6
Nitrat 33
Nitreniumion 89, 98, 108, 268
Nitrile 90, 177
Nitrite 147
Nitrofurantoin 93
Nitroradikalanion 93
Nitroreduktase 93
Nitrosamine 32, 81, 221, 223, 227
Nitroverbindungen 90, 147, 167f, 208
no effect level (NEL) 23
no observed effect level (NOEL) 290f
Noradrenalin 39f, 236, 238
Normalverteilung 18
Nucleophile 79, 98–100
Nucleotid 49, 136, 138
Nutzen-Risiko-Analyse 284

O

Oberhaut 66
Obidoxim 147, 203
Ochratoxine 32, 56
Ökotoxikologie 4, 115, 198
Onkogen 53f, 57, 129
Opioidrezeptoren 242
orale Antikoagulantien 147
Orfila 2
Organellen 43, 98
organische Arsenverbindungen 171
organische Peroxide 170
organische Pestizide 193f
organische Phosphorsäureester 41
Organochlorinsektizide 39, 195, 198, 325
Organochlorverbindungen 30, 39, 194f, 199, 206, 208, 210
Organophosphate 147, 154, 199–205
Organosulfide 266
Osterluzei 262, 264
Östrogene 130
Oxidation
  Cytochrom P 450-Enzyme 76
  flavinabhängige Monooxygenasen 79
oxidative Dealkylierung 92
oxidative Phosphorylierung 189, 212
oxidativer Stress 56
Oximtherapie 171, 204
Ozon 29, 170, 178f

P

PAH, siehe polyzyklische aromatische Kohlenwasserstoffe
Palmfarne 262
Pantherpilz 251
PAPS 84f
Paracetamol 145, 154
paralytic shellfish poison 262
Paraquat 72, 90, 93, 95, 152, 154, 208–210
Paraquatradikalkation 93
Parathion 67, 90, 199
Passivrauchen 29, 227f
Pearson 87, 96, 98
D-Penicillamin 147
Penicillin 110, 258
Pentachlorphenol 210, 212f
Perchlorethen 91, 93, 96, 159f
  Bioaktivierung 93
perinatale Toxizität 130, 133
Permethrin 206, 207
Peroxide, organische 170
Peroxiradikale 97, 99
Peroxisomen 56, 139, 229, 297
Peroxyessigsäure 170
Persistenz 26, 30
Pestizide 23, 26, 30, 32, 143, 171, 188, 193f, 322f
Pestizidrückstände 30f, 283
Petermännchen 262
Petersilie 32
Pflanzengifte 249f
Pflanzeninhaltsstoffe 31
Pflanzenschutzmittel 30, 193, 304f, 307, 320
  Prüfung und Zulassung 322–324
Pfortader 75, 111f
Phagocytose 63, 259
Phalloidin 252
Phallotoxine 252
Pharmakokinetik 67, 69f, 120, 127, 222, 274–276
Pharmakologie 1, 3, 13, 247, 275
Pharyngitis 225
Phase-I-Reaktionen 74f, 91
  siehe auch Funktionalisierungsreaktionen
Phase-II-Reaktionen 74f, 83
  siehe auch Konjugationsreaktionen
Phenacetin 77
Phencyclidin 241
Phenobarbital 6, 83, 104f, 297
Phenol 67, 75, 85, 163f
Phenole 252
Phenoxycarbonsäuren 208–210
Phenylbutazon 84
PhIP 269
Phosgen 27, 91, 148, 160, 170f
Phosphat 49, 83f, 101, 124, 181, 201
3′-Phosphoadenosin-5′-Phosphosulfat 84f
Phospholipase A2 256f, 260
Phospholipasen 36f, 39, 44, 255
Phospholipide 44, 76, 255
Phosphorsäureester, organische 41, 199, 204
Photosensibilisierung 126f
Phototoxizität 126f
pH-Wert
  Blut 62

Magen-Darm-Trakt 62
Urin 110, 152
physiologische pharmakokinetische Modelle 71
Physostigmin 249
Phytomenadion 215
Picrotoxin, LD_{50} 6
Pilze 32, 144, 193, 200, 240, 250, 252, 265
Pilzgifte 154, 250f
Pinocytose 63
Plasmamembran, toxische Effekte auf 39
Plasmamembranbläschen 36, 38
Plasmaproteine 72, 103, 154, 159
reversible Bindung an 73
Plasmaspiegel 12, 21
polybromierte Biphenyle 174f
polychlorierte Biphenyle 31, 130, 174f
polychlorierte Dioxine 72, 74, 175, 283
Polyethylenglykol-400 152
Polyvinylchlorid 166
polyzyklische aromatische Kohlenwasserstoffe (PAH) 30, 32, 105, 109
Poren, biologische Membranen 59, 61, 72
postnatale Toxizität 130, 133
Potenzierung 10
Pott, P. Sir 44
praktisch sichere Dosis 290
premanufacturing notification 312
probability units 17, 19
siehe auch Probit-Transformation
Probennahme 115f
Probit-Transformation 17f, 20, 22
Progression 4f, 55
Promotion 47f, 299
Promotor 47f
Prostaglandine 78, 258
Prostatakrebs 283
Proteaseinhibitoren 268
Proteasen 36f, 255
Proteinaddukte 170
Proteinsynthese 36, 43, 51, 105, 248, 250, 252
Proteinthiole 36–38
Proteomik 138f
Protoonkogene 53f
Prüfnachweise 310f, 323
Prüfstufe 311
Prüfungsrichtlinien
Arzneimittel 276f
Toxizität von Chemitkalien 121f
Prüfverpflichtung 308, 310
Pseudocholinesterasen 201
Psilocybin 240
Psychopharmaka 44, 144f, 149, 154, 231
Pteridium aquilinum 265
pulmonale Retentionsrate 63
Purinbase 51, 98
PVC, siehe Polyvinylchlorid
Pyrethrin I 206
Pyrethrin II 206
Pyrethrinsäure 206f
Pyrethroide 206–208
Pyrethrum 206, 208
Pyrimidinbase 99, 100
Pyrimidinglykole 49
Pyrrolizidinalkaloide 264
Pyrrolizidinderivate 263

Q

Qualität von Arzneimitteln 273
quantitative Krebsrisikoabschätzungen 295
Quecksilber 116, 130, 147, 181, 186f, 191
Quecksilberalkyle 186
Quecksilbersalze 7, 187
Quecksilberverbindungen 186, 188, 191
Quecksilbervergiftung 186–188
Quervernetzungen, DNA 163

R

Rachen 61–63, 166, 170, 182, 261
Radikale 43, 76, 90, 93–97, 99–101
Radikalkettenreaktionen 94, 99
Radon 29
raf 54
Ramazzini 44
ras 54
Rauchen 10, 28, 221, 223f, 227, 239, 241, 283f
Gesundheitsschäden 227
Rausch 16, 229f
Rauschgift (Rauschmittel) 235f
reaktive Sauerstoffspezies 94
reaktive Zwischenstufen 89–91, 95, 99f, 106, 108
Reduktion 74, 76, 80f, 93–95, 106, 159, 168, 187
reizende Stoffe 169f, 313
Reizgase 8, 148, 169f, 221
Reizleitung 196
Rektum 61f
renale Elimination 109f, 184
Replikation, DNA 51–53, 98, 100, 193
Repolarisation 39, 196, 207, 249
Reproduktion 130–132
Reproduktionsphase 131
Reproduktionsprüfungen 119
reproduktionstoxikologische Untersuchungen 120, 131, 136, 275
rER, siehe endoplasmatisches Reticulum, raues
Reserpin 130
Resorption 9–12, 61f, 146, 149–152, 163, 181–183, 191, 199, 203, 215, 249, 253, 255, 266
Resorptionsgeschwindigkeit 11, 67, 228
Resorptionskonstante 11

resorptive Verfügbarkeit 10
Retrorsin 264
reversed phase-Säulen 116
Revertanten 134, 135
Rezeptor 10, 13f, 41, 54, 56, 105, 174, 231, 241, 258
Rezeptor-Liganden-Interaktionen 40f
Rhodanese 177
Rhodophyllus sinuatus 250
ribosomale RNA, siehe rRNA
Ribosomen 250
Richtwerte 23, 29, 117, 165
Ricin 248, 249f, 253
Ricinolsäure 250
Ricinus communis 249
Riesenrötling 250
Rindenschicht, Niere 109
Risiko 281-302
  Abschätzung (Abwägung) 120, 281–302
  Beurteilung 295
  Charakterisierung 281f, 291f
  Management 282, 283
Risspilze 251
R-Mephenytoin 77
RNA
  messenger- 105, 106, 138, 139
Rodentizide 193, 213f
ros 54
Rostentferner 27
rote Blutkörperchen 256, 260
R-Sätze 315, 318, 320
Rückresorption
  Darm 112
  Niere 109, 110, 185
Ruhemembranpotenzial 39, 40, 196f, 207

S

Sachkenntnisprüfung 315, 322, 326
Safrol 263–265
Salicylate 152, 154f
Salmonella typhimurium 134
Salmonellen 253
Sandotter 255
Sarin 171, 199
Sassafraöl 264
Sättigungsgrad 14
Sauerstoffradikale 38, 49, 95
Säurechloride 91, 96, 170
Säuren 27, 62, 98, 110, 150
Saxitoxin 39, 261f
Schädlingsbekämpfungsmittelgesetz 323
Schimmelpilze 101, 262
Schlafkrankheit 194
Schlafmittel 89, 129, 145, 148, 231
Schlangenbisse 255f
Schlangengifte 255–257
Schleimhautverträglichkeit 124, 125
Schmerzmittel 145, 154
schnelle Acetylierer 108
Schrader-Formel 201
Schutzmaßnahmen 2, 4, 23, 28, 304, 306, 312, 321
Schwarze Mamba 257
schwarzer Pfeffer 32
Schwebstoffe 28
Schwefel 99, 193
Schwefeldioxid 7, 28–30, 170f, 178
Schwefelwasserstoff 27
Schwellendosis 290
Schwellenwert 22, 111, 231, 232, 292f, 295, 299
Schwermetalle 33, 116, 147, 151, 180f
Schwesterchromatidaustausch 136f
Scopolamin 41, 248, 249
Seeschlangen 262
Sekundär-Ionenmassenspektrometrie 117
Selbstmord 2, 180, 247, 283
„Selbstmordreaktion" 99
selected ion monitoring (SIM) 117
Semichinon-Radikalanion 94
semipermeable Membran 154
Senecio 264
Senf 32
Senfgas 91, 171
Sensibilisierung 99, 125, 170, 257, 316
sER, siehe endoplasmatisches Retikulum, glattes
Serinhydrolasen 204
Serotonin 40, 237f, 240, 258f
Serotoninrezeptoren 241
Serumalbumin 103
Seveso 27
Sexualhormone 108
Sicherheitsdatenblatt 311, 318–320
Sicherheitsfaktoren 291f
Signaltransduktion 53f, 56f
Signifikanzschwelle 292
Silibinin 252
Silikose 4
Silybum marianum 252
Sinusoide 112
sister chromatid exchanges (SCEs) 137
Smog 178 f
Soforthilfe 145
Soman 171, 199
SOP, siehe *standard operating proeedures*
Sorbit 151
Spartein 77
speed, siehe auch *crystal* 236
Speicherung von Fremdstoffen 72
Speiseröhre 8, 61f, 224, 233
Speiseröhrenerkrankungen 283
S-Phase 55
Spinnenbisse 147
src 54

S-Sätze 312, 314, 317f
standard operating procedures (SOP) 118
Staphylokokken 253
Staub 28, 178, 198, 319
Stechapfel 248f
Steroide, Transport 73
Steroidhormone 83, 175
Stickoxide 7, 29f, 148, 178, 223
Stickstoffdioxid 170
Stimmritze 63
Stoffbelastung und Krankheiten 25
Stoffverfügbarkeit 103
Stoffwechsel von Fremdstoffen 59, 73f
Stratum corneum 66f
Streptomyces pilosus 192
Strychnin 213
Strychninsulfat, LD_{50} 6
Stufenplan 120, 309
subadditive Effekte 10
subakute Toxizität 310
subchronische Toxizität 310
subcutane Injektion 6, 125, 215
Subcutis 66
Substanzkumulation 21
Sulfadimethoxin 84
Sulfanilamid 276, 305
Sulfat, aktiviertes 84f
Sulfatierung 84–86, 97, 106
Sulforaphan 266
Summationsgifte 13f, 21–23, 289, 292
Superoxiddismutase 96
Superoxidradikal 94
Superoxidradikalanion 95–97
Synapse 40, 253, 256
synaptischer Spalt 40, 197
systemische Wirkungen 7, 8

T

Tabakkrebs 223f
Tabakrauch 7, 28–30, 162, 219f
Tabun 171, 199
Taurin 83
TCDD 74, 172f
  Risikoabschätzung 298f
Technische Regeln für Gefahrstoffe 312
Technische Richtkonzentration (TRK) 23
Teeröle 322
TEPP, siehe Tetraethylpyrophosphat
TEQ, siehe toxische Äquivalenzfaktoren
Teratogenität 130, 132
Teratogenitätsprüfungen 119
Terpen-Alkaloide 248
Terpene 250
tertiäre Amine 80
Testosteron 77f
2,3,7,8-Tetrachlordibenzo-p-dioxin, siehe TCDD
Tetrachlorkohlenstoff (Tetrachlormethan) 33, 43, 77, 89f, 93, 159f, 297
12-Tetradecanoyl-phorbol-13-acetat (TPA)
Tetraethylpyrophosphat 199
Tetrahydrocannabinol 239f
Tetramethylthionin 169
Tetrodotoxin 26, 39, 261f
  LD_{50} 6
Thalidomid 89, 129f, 276, 278, 307
Thallium 189f
Thalliumsulfat 213
Thalliumvergiftung 189f
Theophyllin 154
Thiabendazol 211
Thiocarbamate 208
Thioether 80, 87
Thiole 80, 83
Thionin 147, 169
Thiophenol 84
Thiosulfat 83
Thrombocyten 233
Thymin 51f
Thymindimer 49
tierische Gifte 1, 254f
Tierversuche 3, 23, 56, 126, 128, 136, 165, 175, 192, 257, 264, 268, 284, 286f, 290–293, 295, 298–300, 313, 315, 319, 320, 323
Tigerritterling 250
T-Lymphocyten 170, 257, 260
α-Tocopherol 97f
Todesrisiken 283
Todesursachen 44, 148, 159f, 232, 238, 254, 283, 319
Tolbutamid 77
Toleranz, psychotrope Substanzen 238–242
Tollkirsche 248f
o-Toluidin 169, 222
Toluidine 208
Toluol 162, 164f, 222, 258
Topoisomerasen 50
Toxic Substances Control Act (TOSCA) 313
Toxikodynamik 10, 181
Toxikogenomik 139
Toxikokinetik 10f, 69, 159–167, 174–176, 181, 183, 185–189, 194, 199, 206, 212, 227, 286f, 296f, 311
Toxikologie
  Berufsbild 1
  Definition 1
  Geschichte 2f
  Grundbegriffe und Aufgabengebiete 1–23
  Informationsquellen 4
  wichtige Begriffe 22
toxikologische Beurteilung 16, 178, 287
toxikologische Charakterisierung 157, 287
toxikologische Grundprüfung 209
Toxine, bakterielle 252f
toxische Äquivalentfaktoren 173

toxische Proteine 249
toxische Wirkungen, Mechanismen 20, 35–56
Toxizität
  akute 6, 16, 35–43, 119f, 158, 161, 167, 172, 199, 208, 211, 239, 296, 310, 321
  chronische 35–44, 119, 136, 198, 310
  perinatale 130, 133
Toxizitätsprüfung, Untersuchungsparameter 121, 124
Toxizitätsuntersuchungen 8, 23, 119f, 277, 320
TPA, siehe 12-Tetradecanoyl-phorbol-13-acetat
Trachea 63f
Trachinus draco 262
trans-1,2-Dihydrodiole 82
Transferrin 73
Transkription 51, 105, 129
Translation 52
transplacentare Tumorinduktion 89
Transportproteine 73
Transportprozesse 71
Transportsysteme 109, 180–182
trans-Stilbenoxid 104
„*Tremor mercurialis*" 188
Triacetyloleandomycin 105
Triazine 208f
Tricarbonsäurezyklus 229
1,1,1-Trichlor-2,2-(4-Chlorphenyl)-Ethan, siehe DDT
Trichlorethanol 84, 159
Trichlorethen 79, 104, 158–160
Trichlormethan, siehe auch Chloroform 33, 91, 158, 160f
Trichlormethylradikale 93f, 160
2,4,5-Trichlorphenol 27
2,4,5- Trichlorphenoxyessigsäure 209
Tricholoma pardinum 250
Trichterlinge 251
Trikresylphosphat 204
2,2,4-Trimethylpentan 56
Trinkwasser 4, 8, 33f, 127, 160, 180, 183, 188, 209, 269, 288, 294
Triplett-Sauerstoff 94
trizyklische Antidepressiva 152, 155
TRK-Wert, siehe Technische Richtkonzentration
Tropan-Alkaloide 248f
Tsetsefliege 194
T-Syndrom 206f
Tubulus 9-11, 182, 185
Tumor 23, 47–49, 55, 286
Tumorentstehung 44, 48, 53, 56, 129, 169
Tumorsuppressorgene 53–55, 57
Tumorzelle 45–49, 277f
Turnbull's Blau 190

U

überadditive Effekte 10
Überempfindlichkeitsreaktionen 257–260, 314
Überlebensindex 132
UDP-Glucuronsäure 83, 84
UDP-Glucuronyltransferase 83, 105
UDS, siehe *unscheduled DNA synthesis*
Umweltbelastung 25, 181, 311
Umweltchemikalien 172f
umweltgefährliche Stoffe 313, 320
Umweltpersistenz, siehe Persistenz
Umwelttoxikologie 4
Umweltverschmutzung 45, 209
Unbedenklichkeit von Arzneimitteln 273f, 276
unscheduled DNA synthesis 134, 136
Unterhaut 66
Uracil 49f
Uragoga ipecacuanha 150
Urin 60, 69, 110
UTP 84
UV-Strahlung 172

V

Vanadium 181
Vasokonstriktion 221
VDI-Richtlinien 116
Vergiftungen 143–155
  akute 2, 4, 7, 25–27, 120, 143, 166, 229
  chronische 198
  Diagnose 145
  Gesamtzahl 143
  Verteilung 143f
Vergiftungsbehandlung 143–155
Verkehr, Emissionen 29
Verpackung 273, 306, 311f, 315, 318f
Verpackungsmaterialien 325
Verteilung von Fremdstoffen 68–72
Verteilungskoeffizient 60
Verteilungsräume 69f
Verwendungsbeschränkungen 321
Verwendungsverbote 322
verzögerte Neurotoxizität 204
Vinylchlorid 7, 27f, 89, 100f, 130, 130, 166f, 223
Vipera berus 255, 257
Viperiden 255f
virtually safe dose 290
Vitalfunktionen 145, 148f
Vitamin A 266
Vitamin C 266
Vitamin D 183
Vitamin K 147, 214f
Vitamine, fettlösliche 83

Vorsorgeuntersuchungen 23, 321
VX 171

W

Warfarin 214f
Waschmittel 27
Wasserstoffperoxid 94–97
WC-Reiniger 27
weiche Elektrophile 96, 98
Weintrauben 32
Weißer Giftchampignon 250
Wespen 255, 260
Wiesenchampignon 265
Wirksamkeit von Arzneimitteln 273–276
wirkungsfreie Dosis 290, 292
Wirkungsschwelle 290, 292

X

Xanthinoxidase 93
Xenon 158

Z

Zahnplomben 188
Zelle 35, 38, 45, 95, 98, 103
Zellkern 36, 38, 54, 106, 112, 137
Zellkultur 136f
Zellmembran 36f, 72, 95, 181, 199
Zellproliferation 53, 56, 174, 297, 299
Zellteilung 36, 45, 51, 53f, 56, 131, 138, 297
Zelltod 37f, 55f, 98f, 277
zellvermittelte Überempfindlichkeitsreaktionen 260
Zellzyklus 55f, 129
Zementherstellung 189
Zigaretten, siehe Rauchen und Tabakrauch
Zigarettenrauch 181, 220–226, 233
Zimtöl 264
Zink 96, 108, 130, 147
Zinkphosphid 213f
Zitrusfrüchte 266
Zulassungsverfahren 305, 323, 325
Zusatzpriifung, erste Stufe 309f
Zwei-Generationen-Versuch 131
Zwiebeln 266
Zwölffingerdarm 61f